面向21世纪课程教材

普通高等教育“十一五”
国家级规划教材

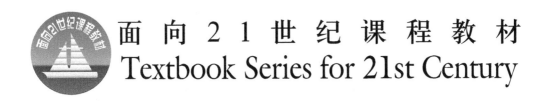

面 向 2 1 世 纪 课 程 教 材
Textbook Series for 21st Century

有 机 化 学

（第二版） 下册

尹冬冬 主编

北京师范大学
华中师范大学 编
南京师范大学

中国教育出版传媒集团
高等教育出版社 · 北京

内容提要

本书是面向21世纪课程教材和普通高等教育“十一五”国家级规划教材。

本书在第一版的基础上，做了必要的增删、调整，为个别章次增加了思考题或习题、习题参考答案，尽集体创意之所能修订而成。

本书共24章，由四篇——基础篇、机理篇、合成篇和专论篇构成，分上、下两册出版。书后配有有机分子立体形象及重要的有机反应机理等资源，请扫描书后二维码下载使用。

本书可供高等师范院校化学类专业用作教材，也可供其他各类院校有关专业选用。

图书在版编目（CIP）数据

有机化学. 下册 / 尹冬冬主编 ；北京师范大学，华中师范大学，南京师范大学编. --2版. --北京:高等教育出版社,2025.1. --ISBN 978-7-04-063472-3

Ⅰ.062

中国国家版本馆CIP数据核字第20242RR541号

YOUJI HUAXUE

策划编辑 单思易　责任编辑 陈梦恬　封面设计 杨立新　版式设计 曹鑫怡
责任校对 张 薇　责任印制 高 峰

出版发行	高等教育出版社	网　址	http://www.hep.edu.cn
社　址	北京市西城区德外大街4号		http://www.hep.com.cn
邮政编码	100120	网上订购	http://www.hepmall.com.cn
印　刷	固安县铭成印刷有限公司		http://www.hepmall.com
开　本	787mm×960mm 1/16		http://www.hepmall.cn
印　张	30.25	版　次	2003年12月第1版
字　数	560千字		2025年1月第2版
购书热线	010-58581118	印　次	2025年1月第1次印刷
咨询电话	400-810-0598	定　价	45.30元

物 料 号 63472-00

第二部分　机　理　篇

第三部分　合　成　篇

第四部分 专 论 篇

第一部分　基　础　篇

第十二章　杂环化合物

(Heterocyclic compound)

杂环化合物(heterocyclic compound)是指构成环的原子除碳原子以外还有其他原子的环状有机化合物。碳原子以外的原子称为杂原子(heteroatom),常见的杂原子有氧、硫、氮等。在自然界中存在大量的杂环化合物,再加上人工不断地合成新的杂环化合物,实际上杂环化合物是有机化合物中数量最庞大的一类,此类化合物已引起化学家越来越多的重视。

大多数杂环化合物具有芳香性,符合休克尔规则,是一种稳定的环状共轭体系,但也有些杂环化合物不具有芳香性。例如:

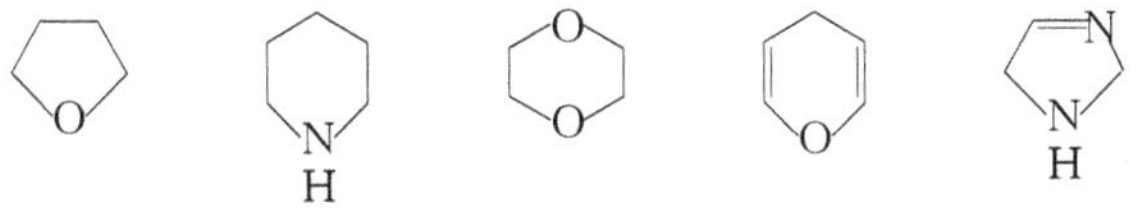

四氢呋喃　　六氢吡啶　　二噁烷　　γ-吡喃　　咪唑啉

对于一些从形式上看是含杂原子的有机化合物,但其性质与相应的开链化合物极相似,则不看作是杂环化合物,如环状内酯、环状酰胺或环状酰亚胺等。

杂环化合物有不同的分类方法,首先可以将杂环化合物分为单杂环与稠杂环两大类;根据是几元环可以把杂环分为三元、四元、五元、六元等杂环;根据杂原子数目又可以分为含一个杂原子、含两个杂原子或含三个杂原子等杂环;还可以根据杂原子种类分为含氧杂环、含硫杂环、含氮杂环和含磷杂环等。

图 12-1 列出了常见杂环化合物的分类及中文名称。英文名称将在学习过程中列出。

关于杂环化合物的命名,我国一般采用音译法,即按英文名称音译,如呋喃(furan)、噻吩(thiophene)、吡咯(pyrrole)、吡啶(pyridine)、噻唑(thiazole)、咪唑(imidazole)、嘌呤(purine)等。

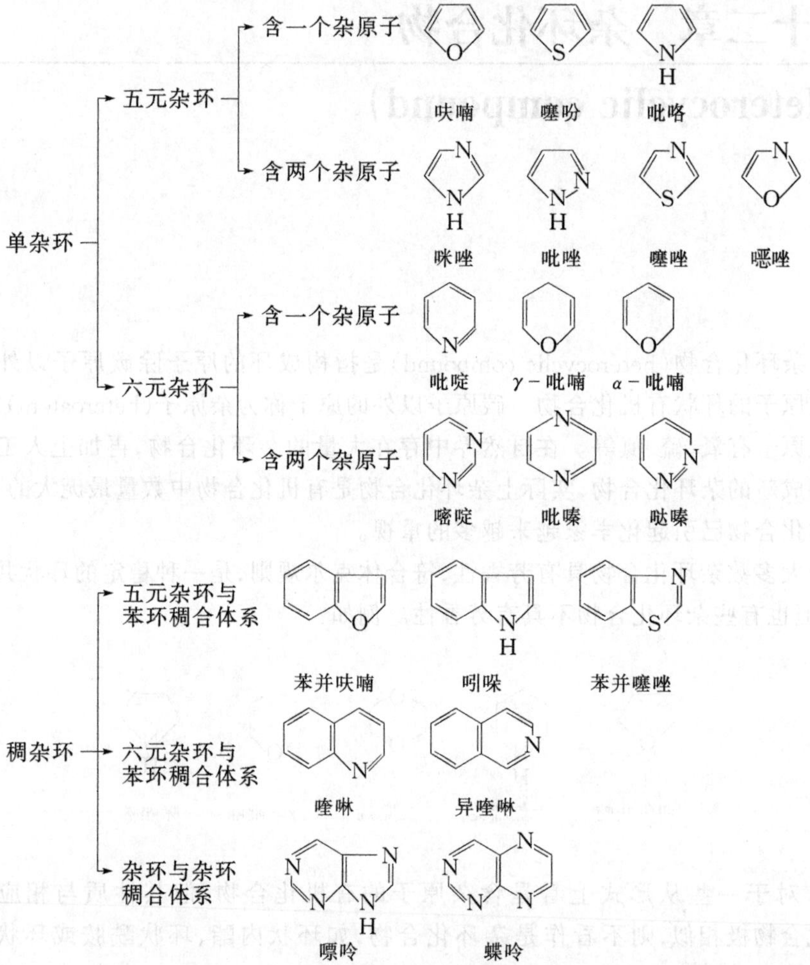

图 12-1　常见杂环化合物的分类及命名

当环上连有烷基、硝基、卤素、羟基、氨基等取代基时，以杂环为母体；当环上连有醛基、羧基、磺酸基等时，将杂环作为取代基，取代基位置用数字编号，杂原子编号应最小，如有不同种类杂原子，则按 O，S，N 的顺序由小到大编号。例如：

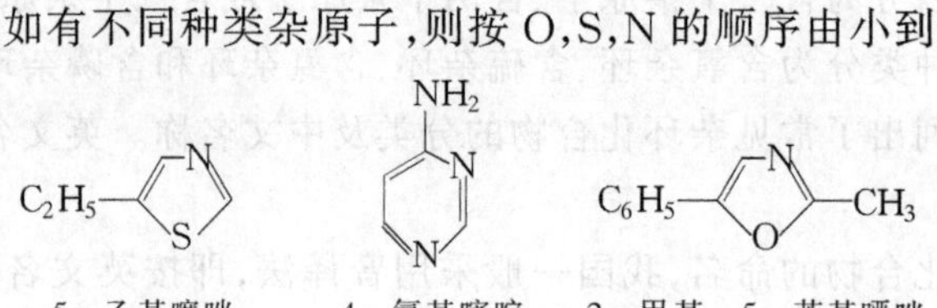

5-乙基噻唑　　4-氨基嘧啶　　2-甲基-5-苯基噁唑

2-呋喃甲醛　　3-吡啶甲酸

第一节　五元杂环化合物

一、吡咯、呋喃与噻吩

1．吡咯、呋喃、噻吩的结构

吡咯、呋喃和噻吩属含一个杂原子的五元杂环化合物。

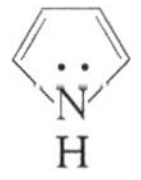

吡咯
(pyrrole)

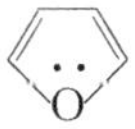

呋喃
(furan)

噻吩
(thiophene)

现代物理方法证明，吡咯、呋喃、噻吩分子中，各个原子都在同一平面内，环上每个原子都为 sp^2 杂化，每个碳原子各剩一个填充有一个电子的未杂化的 p 轨道，氮、氧、硫原子各剩一个填充有两个电子未杂化的 p 轨道，这五个 p 轨道垂直于环平面，形成了环状闭合的共轭体系，p 电子总数等于 6，符合休克尔规则（$4n+2$ 规则），所以它们都具有芳香性。吡咯、呋喃、噻吩的结构可以用下图表示：

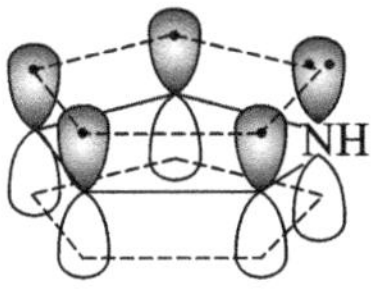

吡咯的分子结构

氮原子的杂化轨道及电子情况

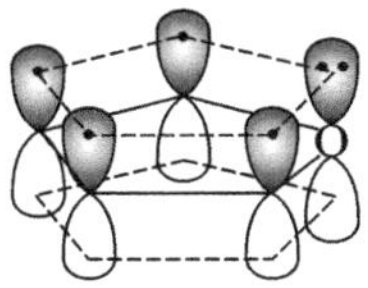

呋喃的分子结构

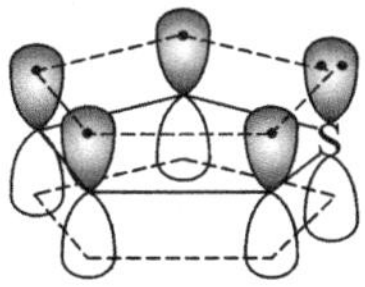

噻吩的分子结构

2．吡咯、呋喃、噻吩的性质

吡咯存在于煤焦油和骨焦油中，为无色液体，沸点 130～131℃。呋喃存在于松木焦油中，为无色液体，沸点 32℃。噻吩大量存在于煤焦油中，由煤焦油制得的粗苯中常含有噻吩，噻吩是无色液体，沸点 84℃。

呋喃、吡咯、噻吩都具有芳香性，但芳香性比苯差，实际上，三者的共振能都低于苯，苯的共振能为 151 $kJ \cdot mol^{-1}$，呋喃的共振能约为 97 $kJ \cdot mol^{-1}$，吡咯和噻吩的共振能都约为 130 kJ·mol^{-1}，所以呋喃、吡咯、噻吩环的稳定性都不如苯。

由于在氧、氮、硫三种原子中，氧原子电负性较大，呋喃环中氧原子周围 π 电子云密度较大，削弱了 π 电子的共轭，故呋喃的芳香性最小，实际上它已表现出部分二烯的性质。硫原子电负性较小，原子半径又大，因而硫原子对 π 电子的吸引力较小，噻吩环上 π 电子共轭程度增强，电子云分布较均匀，所以具有较强的芳香性。氮原子介于氧原子和硫原子之间，使得吡咯的芳香性也介于呋喃和噻吩之间。从以上分析可知有下面的芳香性顺序：

苯＞噻吩＞吡咯＞呋喃

这一性质在下面的化学反应中有所体现。

(1) 取代反应　呋喃、吡咯、噻吩都能够发生亲电取代反应，呋喃由于芳香性最小，与亲电试剂作用易得到加成产物，噻吩在亲电取代反应中活性小于呋喃和吡咯。

(a) 卤代　呋喃、吡咯、噻吩与氯或溴在常温下反应，往往生成多卤代物。当用 NBS 溴化或在低温和稀溶液中进行时，可制得一卤代物。

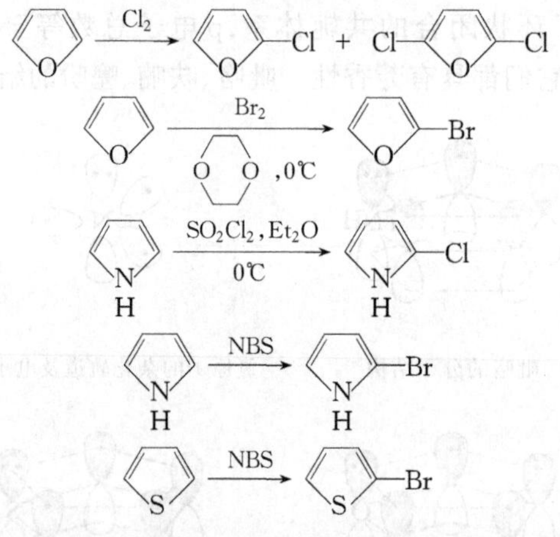

(b) 硝化　由于呋喃环与吡咯环遇强的质子酸能引起聚合反应与氧化反应，所以硝化、磺化都要采用温和的试剂，硝化时采用较温和的硝化试剂——乙酰基硝酸酯（CH_3COONO_2，由硝酸与乙酐作用制得），且反应在低温下进行。

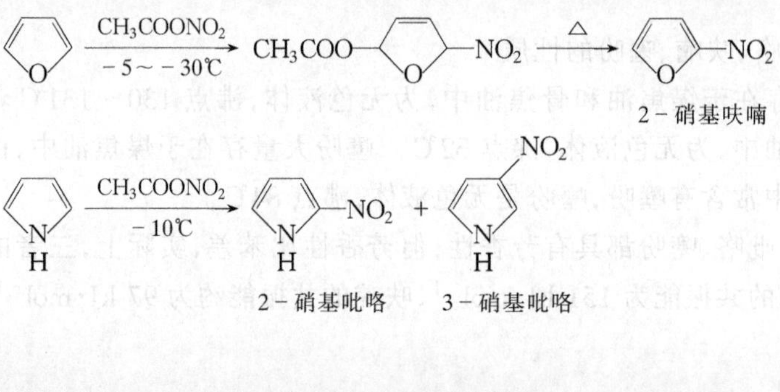

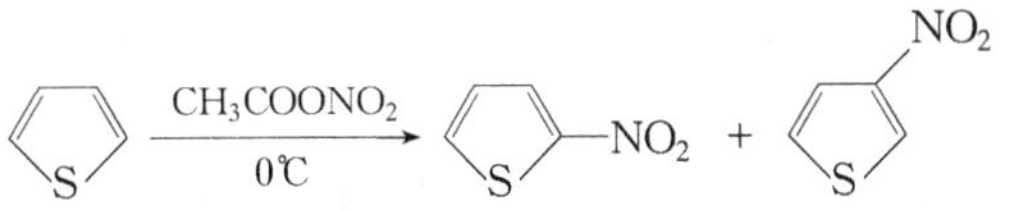

2-硝基噻吩　　3-硝基噻吩

(c) 磺化　噻吩在室温下就能用浓硫酸磺化，利用此性质可将苯中含有的少量噻吩除去。而呋喃与吡咯要采用三氧化硫-吡啶进行磺化。

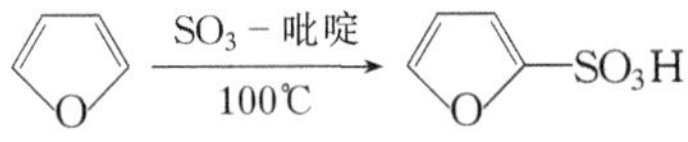

2-呋喃磺酸

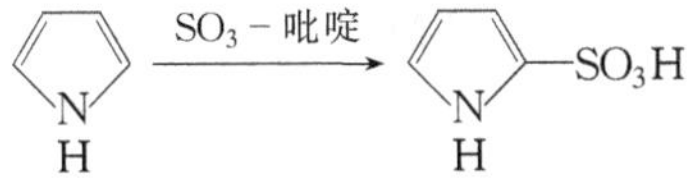

2-吡咯磺酸

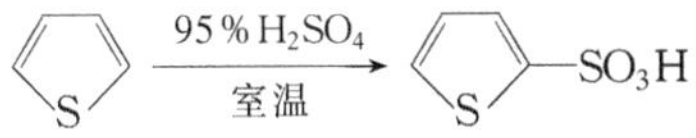

2-噻吩磺酸

(d) 傅-克酰基化　呋喃、吡咯、噻吩都易发生傅-克酰基化反应。

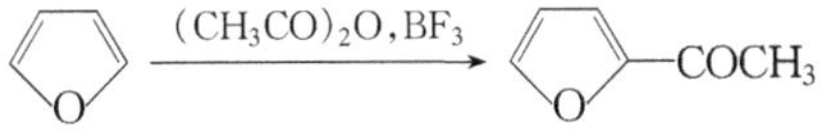

2-乙酰基呋喃

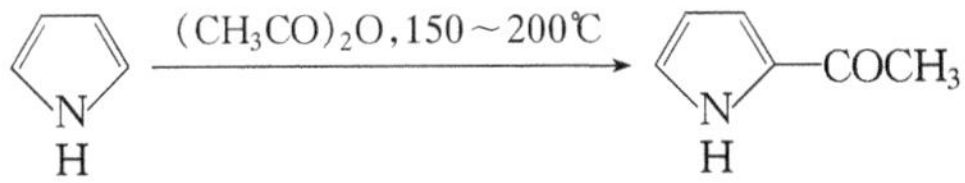

2-乙酰基吡咯

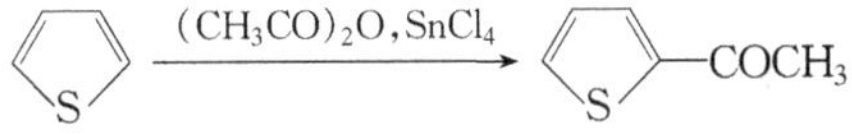

2-乙酰基噻吩

由上可知，呋喃、吡咯、噻吩亲电取代反应一般发生在2位(α位)，这是因为2位取代形成的共振结构比3位取代的共振结构稳定。以吡咯为例，其2位与3位取代的共振式如下：

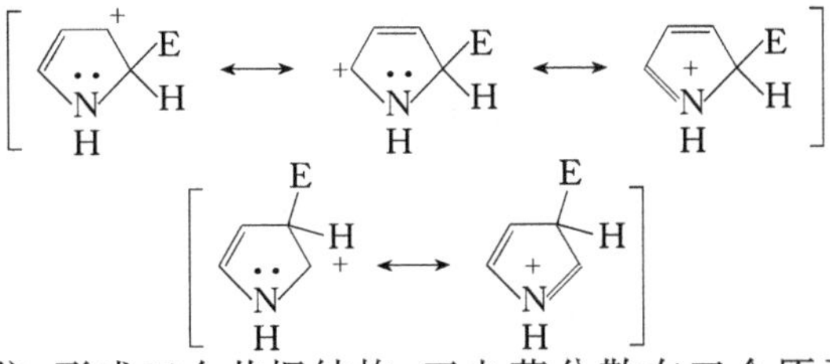

亲电试剂进攻2位，形成三个共振结构，正电荷分散在三个原子上，而亲电试剂

进攻 3 位，只形成两个共振结构，正电荷仅分散在两个原子上，显然前者生成的中间体更稳定。

(e) 吡咯氮原子上的取代反应　吡咯的 $pK_a = 16.5$，酸性与低级醇相近，实际是一种弱酸，与金属钾或 KNH_2－液氨(或 $NaNH_2$－液氨)反应，可生成吡咯钾(或吡咯钠)，与格氏试剂反应，生成卤化吡咯镁。

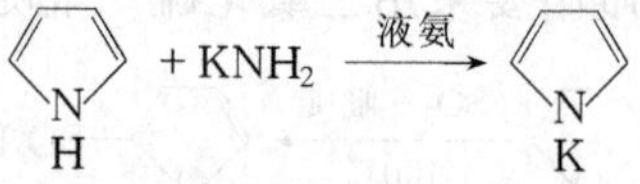

吡咯钾

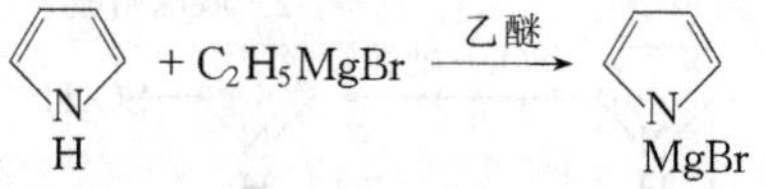

溴化吡咯镁

吡咯钾及溴化吡咯镁可以用来制备吡咯的衍生物。例如：

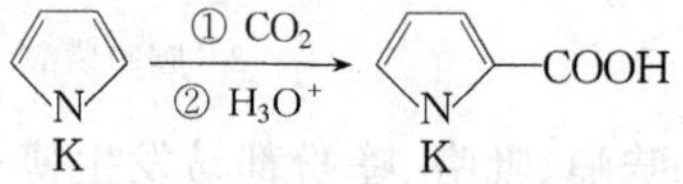

吡咯钾－2－甲酸

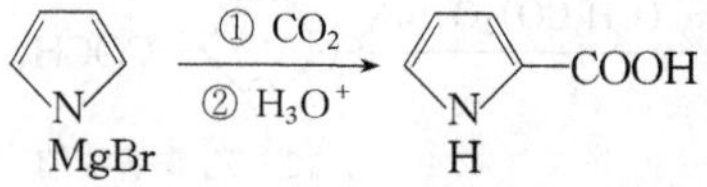

2－吡咯甲酸

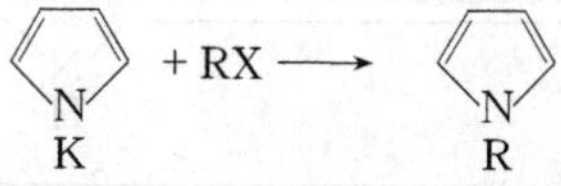

N－烷基吡咯

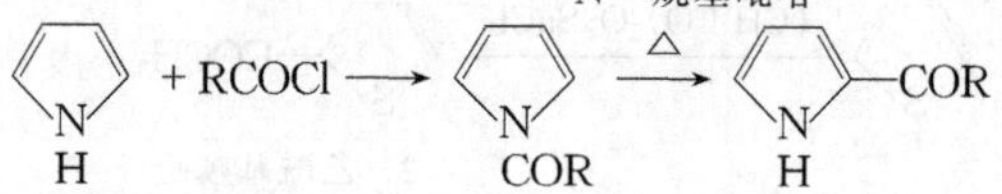

2－酰基吡咯

(2) 加成反应　呋喃、吡咯、噻吩均能进行催化加氢。噻吩加氢时随催化剂不同产物也不同，在 MoS_2 的催化下，加氢得四氢噻吩，在 Ni 催化下则开环生成丁烷，故噻吩环是四碳原料的一个方便来源。

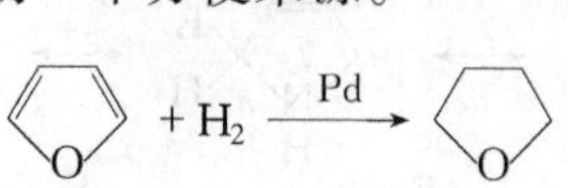

四氢呋喃

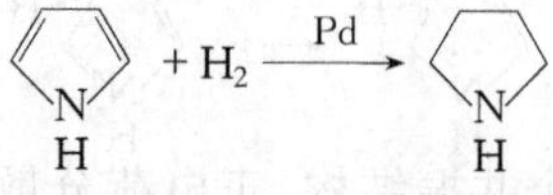

四氢吡咯

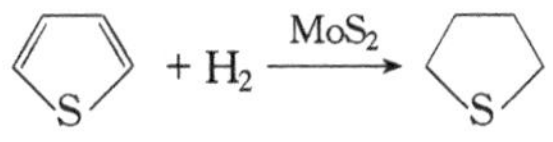

四氢噻吩

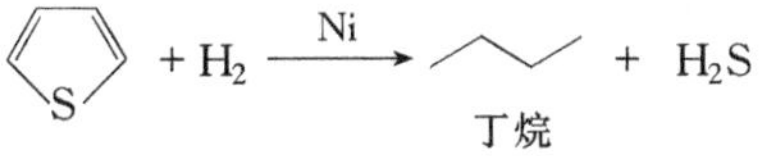

丁烷

由于呋喃的芳香性较差，具有明显的共轭双烯性质，因而可以发生狄尔斯－阿尔德反应。例如，与顺丁烯二酸酐或苯炔的反应。

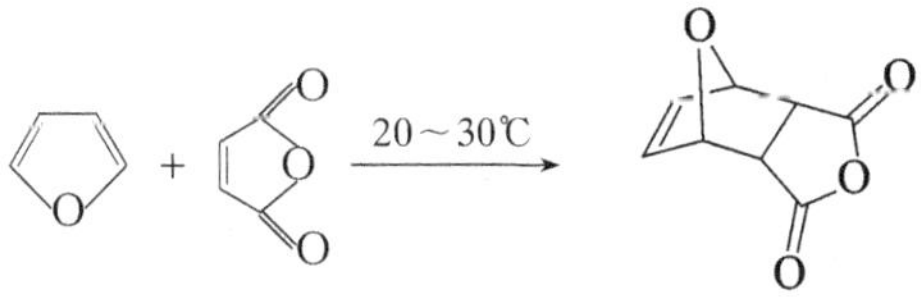

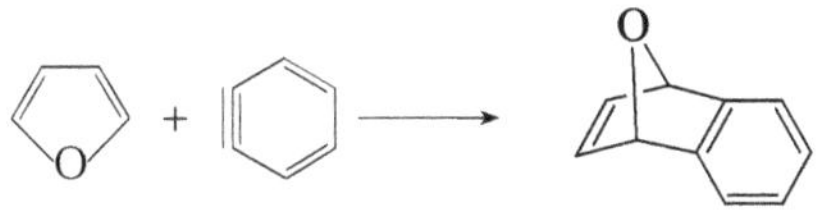

3．呋喃、吡咯和噻吩环的制法

呋喃、吡咯和噻吩环的制备方法，常采用1,4－二羰基化合物为原料。

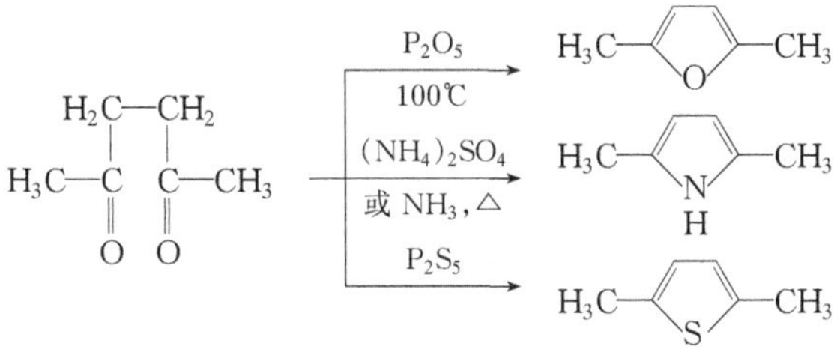

吡咯环还常用克诺尔(Knorr)合成法来合成，此法是由 α－氨基酮与 β－二羰基化合物(如 β－酮酸酯)发生缩合反应。

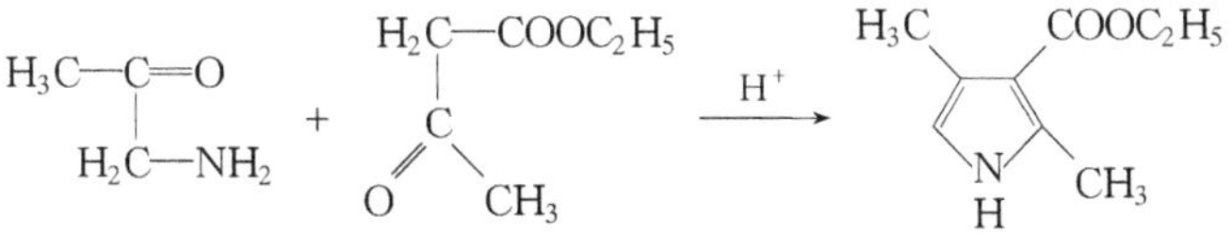

4．呋喃、吡咯的重要衍生物

(1) 糠醛　糠醛即2－呋喃甲醛，沸点162℃，为无色透明液体，放置很容易变成黄棕色，工业上由谷糠、玉米芯等农副产品用稀硫酸加压水解制得。这些农副产品中含有大量的多缩戊糖(聚戊糖)，水解后生成戊醛糖，戊醛糖脱水即生成糠醛。

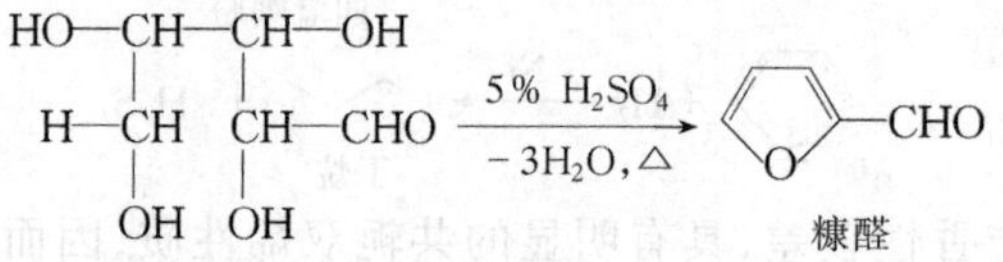

$$(C_5H_8O_4)_n + nH_2O \xrightarrow[\text{水解},\triangle]{5\% \ H_2SO_4} nC_5H_{10}O_5$$

聚戊糖 　　　　　　　戊醛糖

$$\text{HO—CH—CH—OH} \atop \text{H—CH} \quad \text{CH—CHO} \atop \text{OH OH} \xrightarrow[-3H_2O,\triangle]{5\% \ H_2SO_4}$$

戊醛糖 　　　　　　　糠醛

糠醛是重要的化工原料,它的主要反应和用途有:

(a) **歧化反应**　糠醛发生歧化反应生成 2 - 呋喃甲醇(糠醇)与 2 - 呋喃甲酸钠:

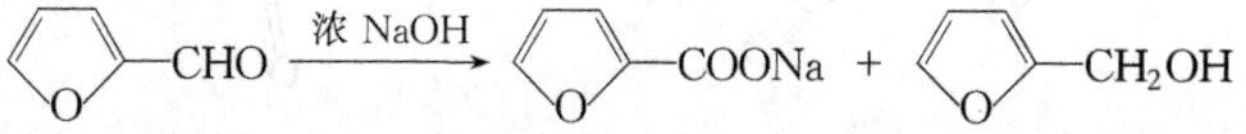

浓 NaOH

2 - 呋喃甲酸钠　　　2 - 呋喃甲醇

2 - 呋喃甲醇和糠醛均是重要溶剂。

(b) **氧化反应**　糠醛易被 $KMnO_4$ 等氧化剂氧化得到 2 - 呋喃甲酸,催化氧化则可制得重要化工原料顺丁烯二酸酐。

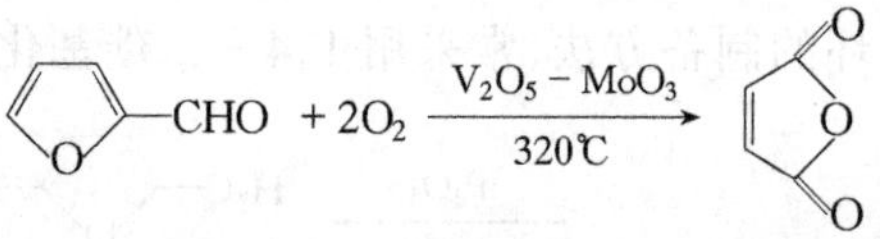

$$\xrightarrow[320℃]{V_2O_5 - MoO_3}$$

顺丁烯二酸酐

(c) **还原反应**　糠醛在 $CuO - Cr_2O_3$ 催化下氢化生成 2 - 呋喃甲醇,进一步氢化得到四氢糠醇。糠醇用来合成糠醇树脂,四氢糠醇是很好的溶剂与增塑剂。

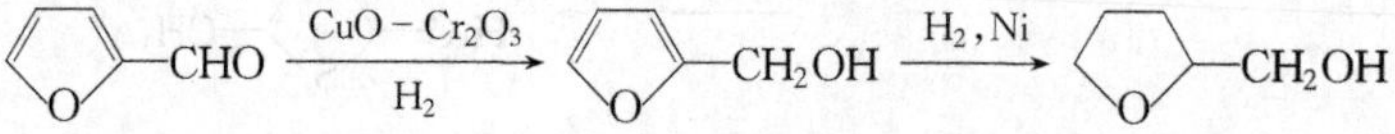

$$\xrightarrow[H_2]{CuO - Cr_2O_3} \quad \xrightarrow{H_2, Ni}$$

2 - 呋喃甲醇　　　四氢糠醇

(d) **脱羰基反应**　糠醛在 $ZnO - Cr_2O_3$ 催化下脱羰基生成呋喃,呋喃氢化即生成四氢呋喃。四氢呋喃是一种常用的溶剂。

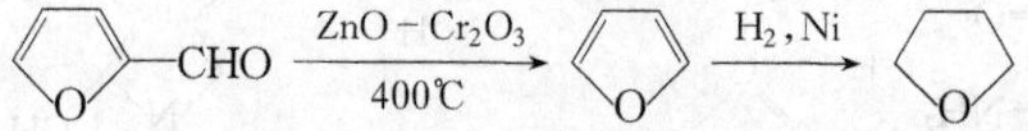

$$\xrightarrow[400℃]{ZnO - Cr_2O_3} \quad \xrightarrow{H_2, Ni}$$

呋喃　　　四氢呋喃(THF)

呋喃、2,5 - 二烷基呋喃用稀酸水解得到丁二醛与 1,4 - 二酮,这是 1,4 - 二羰基化合物的一个重要来源。

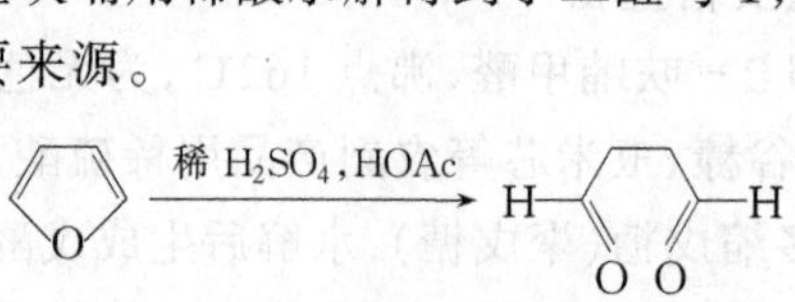

$$\xrightarrow{\text{稀} \ H_2SO_4, HOAc}$$

丁二醛

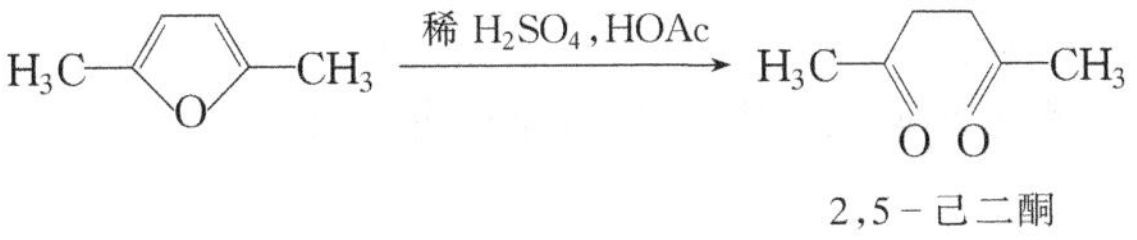

(2) 卟啉类化合物 卟啉是一类由四个吡咯环的 α-碳原子通过次甲基桥(—CH=)相连而组成的环状共轭多杂环化合物。吡咯环上没有取代基时的母体化合物被称为卟吩。天然卟啉类化合物通常以金属配合物的形式存在于生命体内,并发挥着十分重要的生理功能。例如,叶绿素是金属镁离子配位的卟啉化合物,血红素是金属铁离子配位的卟啉化合物,维生素 B_{12} 是金属钴离子配位的卟啉化合物。人体内卟啉类化合物积累过多时会造成卟啉病,也称紫质症。近年来,卟啉类化合物在肿瘤细胞的检测以及肿瘤治疗方面得到了广泛应用。

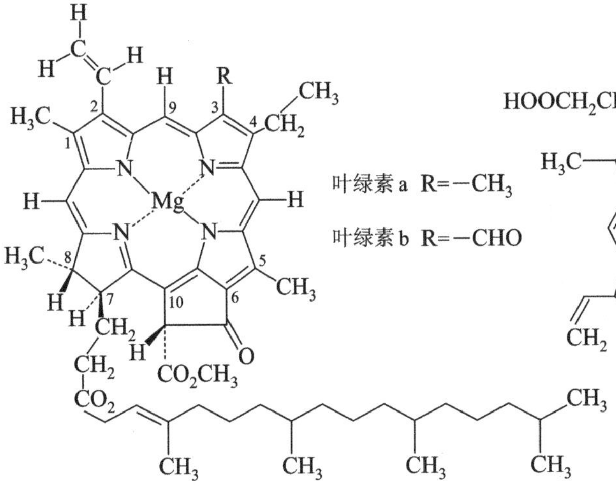

叶绿素 a,b

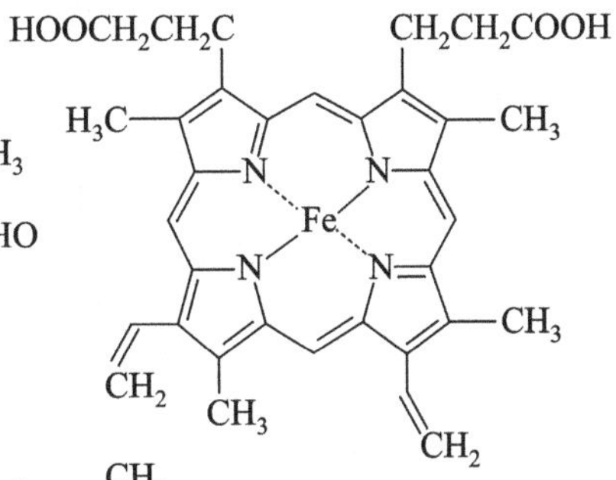

亚铁血红素

卟啉环有 26 个 π 电子,是一个高度共轭的体系。根据费歇尔的规定,卟啉环的四个次甲基桥的碳原子分别用 α、β、γ 和 δ 来编号,而四个吡咯环则分别用 A、B、C、D 表示,四个环上的碳原子依次编号为 1 至 8。

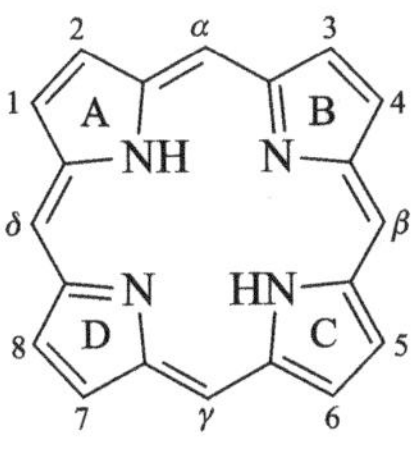

卟啉环的编号系统

(3) 含吡咯、呋喃和噻吩的稠环化合物　吲哚、苯并呋喃、苯并噻吩分子中分别含有吡咯、呋喃和噻吩环,其中以吲哚环最为重要。

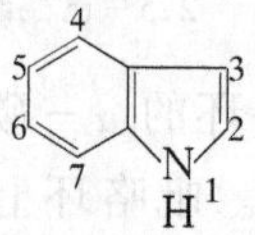
吲哚
(indole)

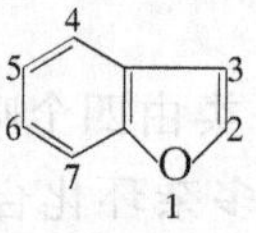
苯并呋喃
(benzofuran)

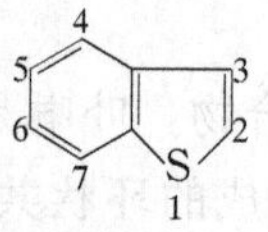
苯并噻吩
(benzothiophene)

很多重要的天然产物都含有吲哚环,如色氨酸、色胺、5-羟色胺。色氨酸是一种重要的氨基酸,色胺与5-羟色胺是人类大脑思维活动中的重要物质。吲哚的另一种衍生物 β-吲哚乙酸是一种天然的植物激素,通常被用作植物生长调节剂。靛蓝、利血平及马钱子碱等生物碱分子中也含有吲哚环。

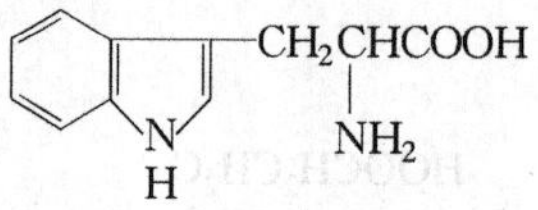
色氨酸

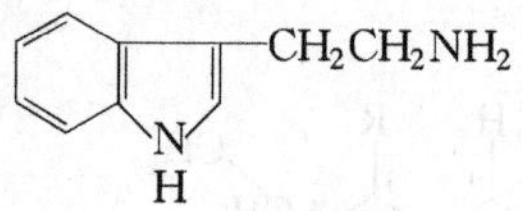
色胺

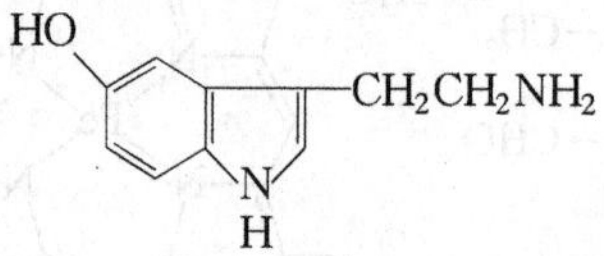
5-羟色胺

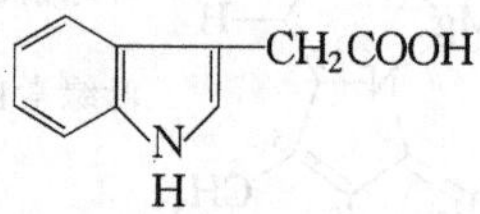
3-吲哚乙酸(β-吲哚乙酸)

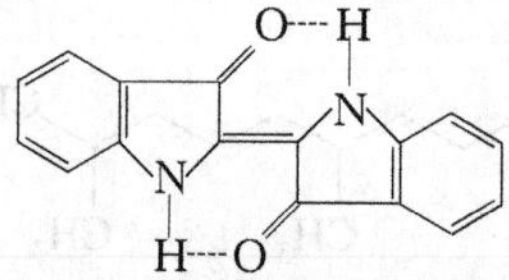
靛蓝

苯并呋喃的某些衍生物存在于花色素中,其颜色呈黄色。例如:

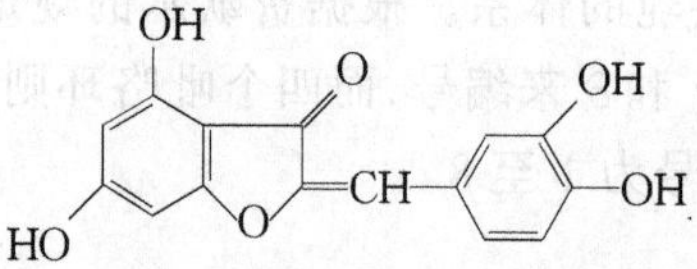

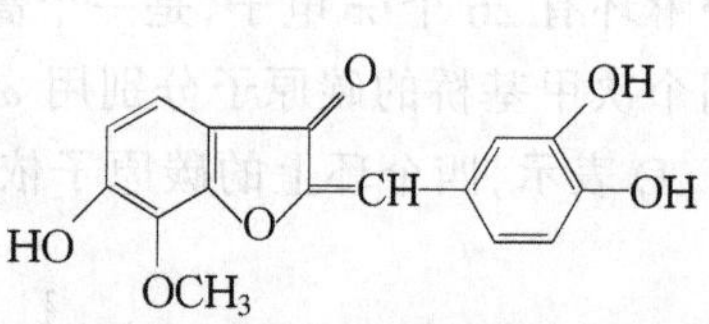

苯并噻吩的重要衍生物硫靛蓝,是红色并微带蓝色的重要染料。

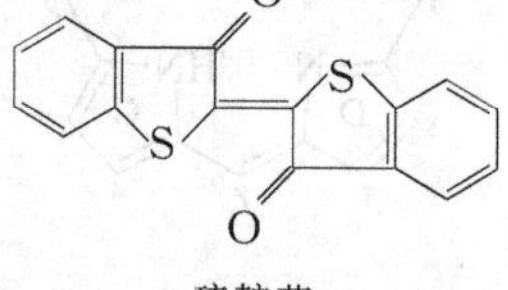
硫靛蓝

二、含两个杂原子的五元杂环

五元环中含有两个杂原子的体系称为唑(azole),根据杂原子的位置不同,可以分为 1,2 - 唑与 1,3 - 唑。当杂环化合物含有不同的杂原子时,按氧、硫、氮的顺序编号,并使杂原子的编号最小。含两个杂原子的五元杂环有噁唑、异噁唑、噻唑、异噻唑、咪唑和吡唑等。

1,2 - 唑

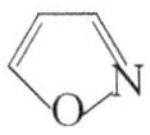

异噁唑
(isoxazole)
bp 95℃

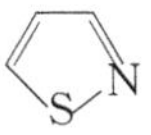

异噻唑
(isothiazole)
bp 113℃

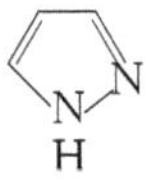

吡唑
(pyrazole)
bp 118℃,mp 70℃

1,3 - 唑

噁唑
(oxazole)
bp 70℃

噻唑
(thiazole)
bp 117℃

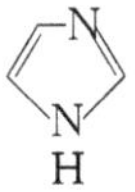

咪唑
(imidazole)
bp 263℃,mp 96℃

1. 结构与化学性质

以咪唑为例来讨论含两个杂原子五元环的结构。咪唑环上五个原子都采用 sp^2 杂化,但两个氮原子的电子分布情况不同,一个氮原子 sp^2 杂化轨道只有三个电子,另在 p 轨道上还有两个电子,而另一个氮原子 sp^2 轨道上有四个电子,其中含两个电子的 sp^2 轨道未成键,正是由于有这样一对未成键电子使咪唑的碱性大大增强,且事实上其碱性比吡咯强得多。

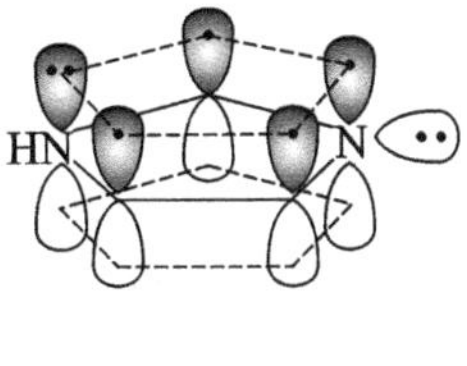

咪唑的分子结构

在噁唑、异噁唑分子中,由于氧原子的吸电子效应,使氮原子的给电子能力减弱,故碱性下降,尤其是异噁唑的碱性最弱。它们的共轭酸 pK_a 数据也证明了这一点。

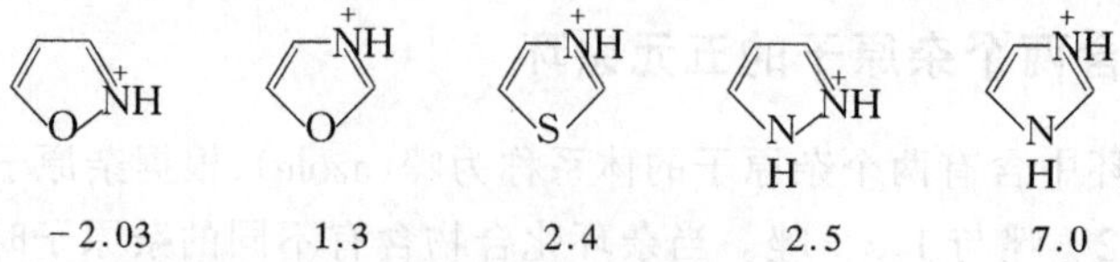

1,2-唑及1,3-唑与呋喃、噻吩、吡咯类似,都可以发生亲电取代反应,但由于唑分子中增加了一个吸引电子的氮原子,降低了环上的电子云密度,因而唑的亲电取代反应活性较呋喃、噻吩、吡咯为低。1,2-唑与1,3-唑的亲电取代反应活性顺序如下:

1,2-唑 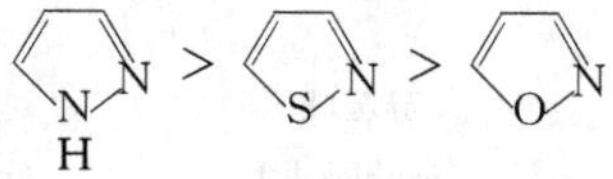

1,3-唑 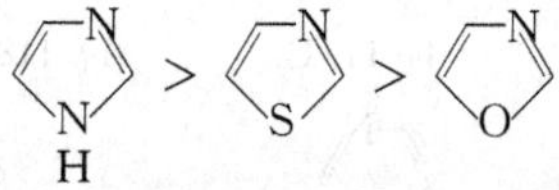

唑发生亲电取代反应时,取代的位置与呋喃、噻吩、吡咯有所差别。1,2-唑取代位置都在4位,咪唑环的取代位置也在4位,而噻唑环的取代位置都以5位为主。

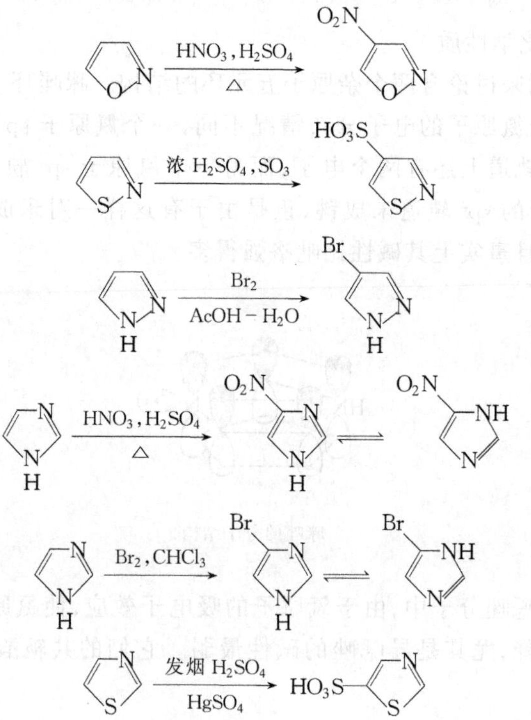

2. 1,2-唑与1,3-唑的合成

1,2-唑可采用1,3-二羰基化合物为原料来制取,如吡唑环的合成:

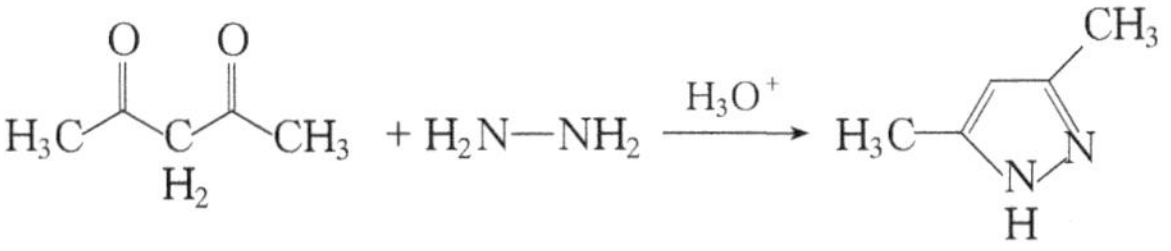

1,3-唑常采用分子链中含有杂原子的1,4-二羰基化合物合成。如咪唑、噻唑、噁唑环的合成:

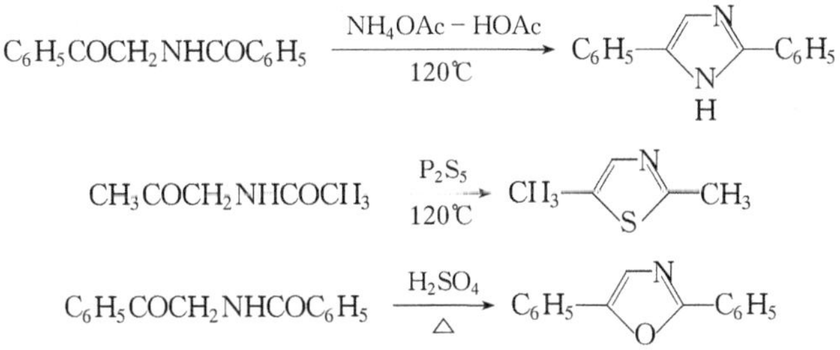

2-氨基噻唑可以通过氯乙醛与硫脲反应得到:

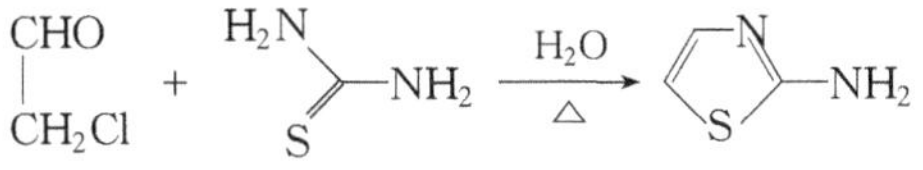

3. 咪唑、噻唑的重要衍生物

咪唑有不少重要的衍生物,如组氨酸是人体内重要的氨基酸,人体血红蛋白分子中的组氨酸,通过咪唑环与血红素的中心原子铁成键,从而增加血红素在水中的溶解度,并帮助其吸收氧气和放出氧。组氨酸在细菌作用下脱羧生成组胺,组胺对肌肉有强烈的刺激和兴奋作用,可扩张血管、降低血压,还可刺激肠胃、增加消化液,因而组胺在医药上有重要价值。

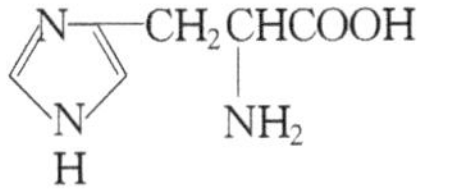

组氨酸

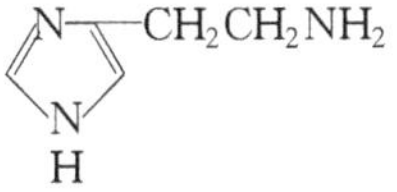

组胺

咪唑衍生物在医药以及农药领域有着广泛的用途。例如,1-[2-(2,4-二氯苯基)-2-[(2,4-二氯苯基甲氧基)乙基]-1*H*-咪唑是一种广谱抗霉菌药,是治疗脚气的药物"达克宁"的有效成分;*N*-丙基-*N*-[2-(2,4,6-三氯苯氧基)乙基]-咪唑-1-甲酰胺是一种农用杀菌剂,商品名为"咪鲜胺",对由子囊菌和半知菌引起的多种作物病害具有明显的防效。

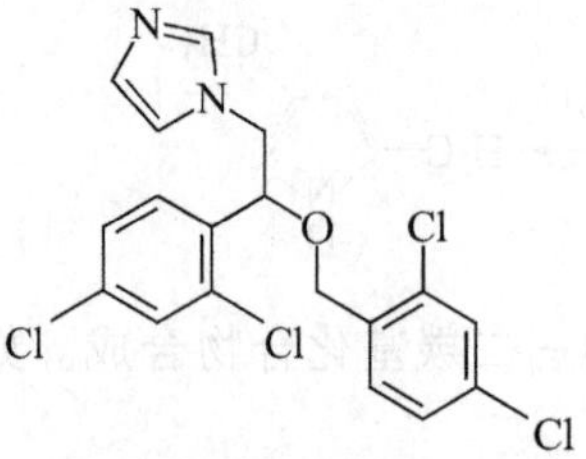

1-[2-(2,4-二氯苯基)-2-[(2,4-二氯苯基甲氧基)乙基]-1*H*-咪唑
（达克宁）

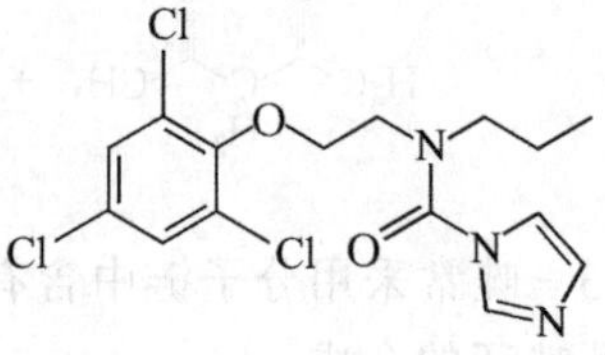

N-丙基-*N*-[2-(2,4,6-三氯苯氧基)乙基]-咪唑-1-甲酰胺
（咪鲜胺）

噻唑的重要衍生物有青霉素、维生素 B_1、磺胺噻唑和 2-巯基苯并噻唑等。

青霉素含有四氢噻唑环与一个 β-内酰胺环，是医疗上常用的一种抗生素。青霉素有下列五种，即青霉素 F、青霉素 G、青霉素 X、青霉素 K、青霉素 V。

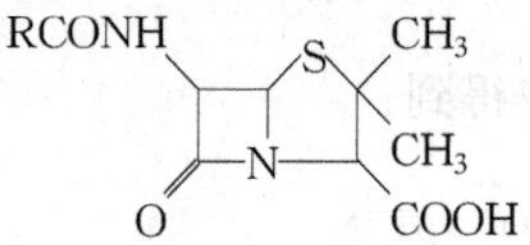

R = $CH_3CH_2CH{=}CHCH_2$—	青霉素 F
$C_6H_5CH_2$—	青霉素 G
p-$HOC_6H_4CH_2$—	青霉素 X
$CH_3(CH_2)_5CH_2$—	青霉素 K
$C_6H_5OCH_2$—	青霉素 V

维生素 B_1 含有噻唑环和嘧啶环，它广泛存在于谷类植物中，是人体必不可少的维生素，缺乏它就会得“脚气病”，严重的甚至于会瘫痪。

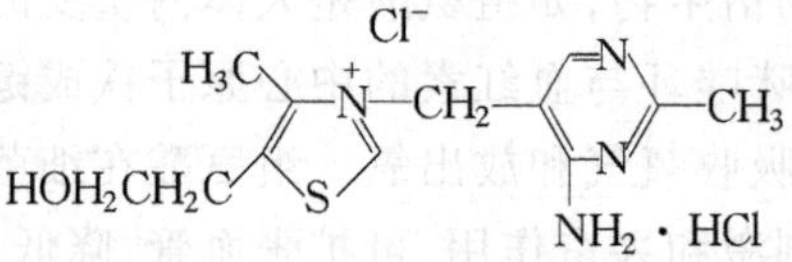

维生素 B_1

磺胺噻唑(ST)是磺胺类药物的一种，用作肠道消炎药。2-巯基苯并噻唑是一种重要的橡胶硫化促进剂。

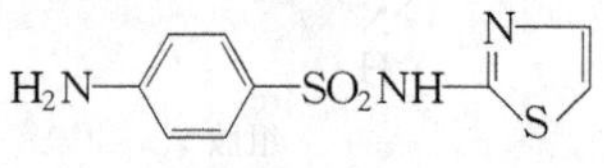

磺胺噻唑

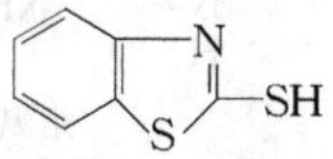

2-巯基苯并噻唑

第二节 六元杂环化合物

一、吡啶

吡啶存在于骨油和煤焦油的轻油馏分中，沸点 115℃，具有特殊的气味。吡啶

是一种有机碱,可与水、乙醇、乙醚等混溶,在有机反应中可以作为溶剂与缚酸剂。

1. 吡啶的结构

在吡啶分子中,碳原子与氮原子均以 sp^2 杂化,形成了六个 σ 键,每个原子还有一个含一个电子的 p 轨道,相互重叠形成一个闭合的共轭体系,此体系的 π 电子数为 6,符合 $4n+2$ 规律,故具有芳香性。但是氮原子上还有一个 sp^2 杂化轨道,其中有一对未成键电子,易与质子结合,所以吡啶具有碱性。吡啶的 $pK_b=8.75$,比苯胺($pK_b=9.40$)碱性强。

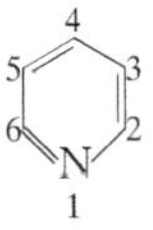

吡啶(pyridine)

bp 115.5℃

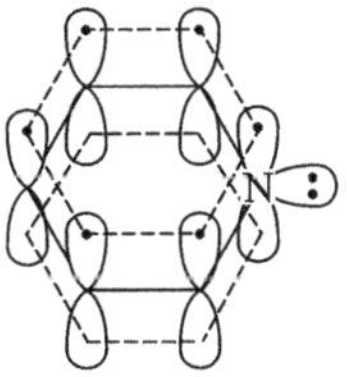

吡啶分子的结构

吡啶中氮原子的杂化轨道及电子情况

吡啶环上由于含有电负性比碳更大的氮原子,电子云强烈地向氮原子转移,所以吡啶分子具有极性。又由于环上碳原子周围的电子云密度减少,故使吡啶环亲电取代反应的活性降低,而且可以发生亲核取代反应。

2. 吡啶的化学反应

(1) 亲电取代　吡啶环上可以发生卤代、硝化、磺化等亲电取代反应,但需要在比较剧烈的条件下进行。实际上吡啶的亲电取代反应活性类似硝基苯,而且也不发生傅 - 克反应。

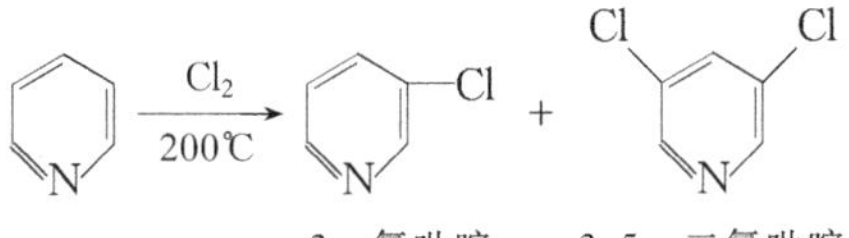

3 - 氯吡啶　3,5 - 二氯吡啶

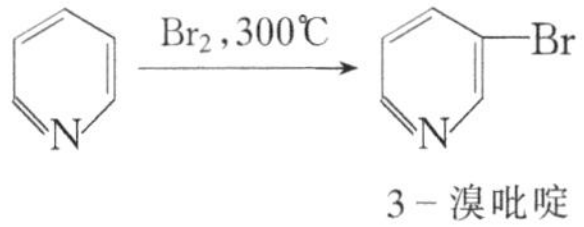

3 - 溴吡啶

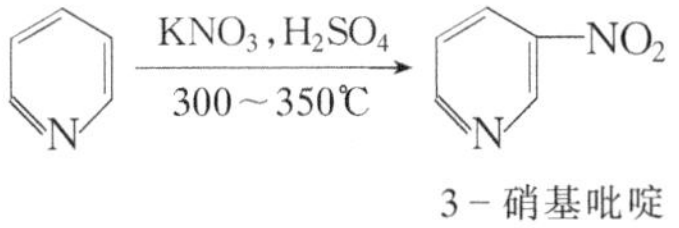

3 - 硝基吡啶

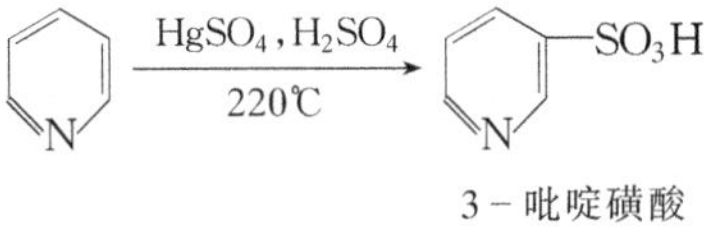

3 - 吡啶磺酸

吡啶环上氮原子邻位如连有给电子基,则亲电取代反应就比较容易进行。

如 2,5 - 二甲基吡啶的硝化反应：

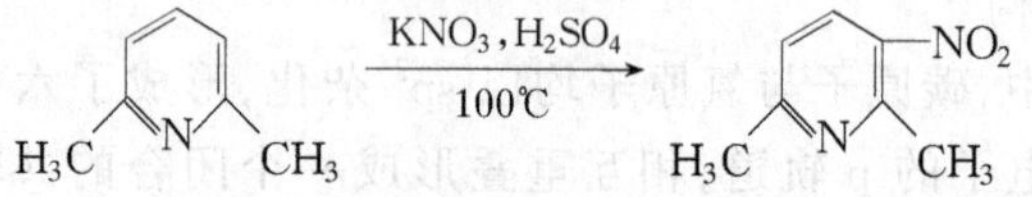

吡啶环发生亲电取代反应时取代基进入 3 位，可用反应活性中间体共振结构的稳定性来解释。当亲电试剂 E^+ 进攻 2,3,4 位碳原子时，其活性中间体的共振结构分别为

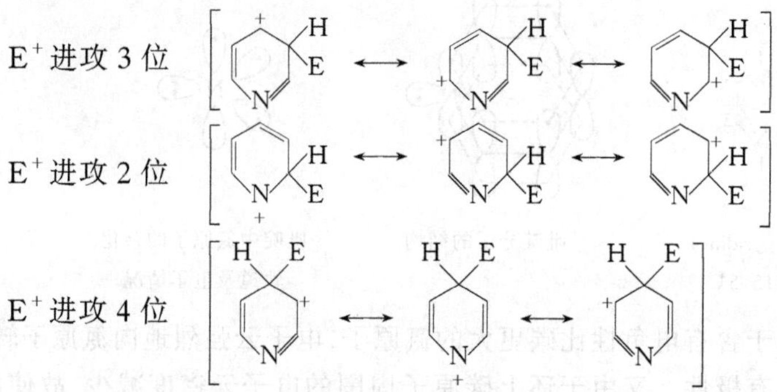

当亲电试剂进攻 2 位或 4 位时，都有一个正电荷在氮原子上的不稳定经典结构，而 E^+ 进攻吡啶环 3 位则无此不稳定的经典结构产生，因而吡啶环亲电取代主要发生在 3 位上。

(2) 亲核取代　吡啶环与邻、对位硝基卤代苯类似，也能发生亲核取代反应，例如：

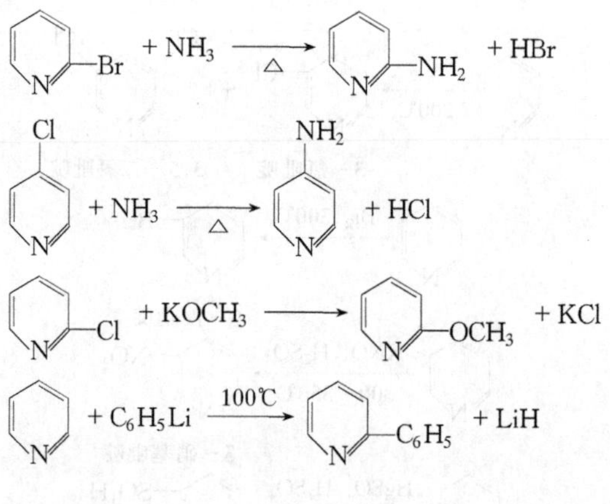

用强碱(如 $NaNH_2$)与吡啶反应，在环的 2 位上也可发生亲核取代。

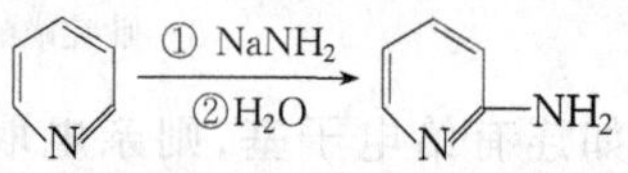

该反应的过程为

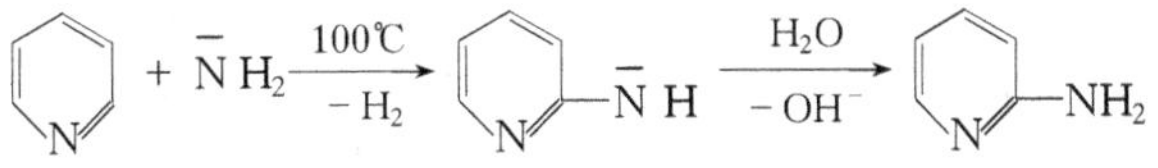

(3) 氧化反应　吡啶环不易氧化，但与过氧酸作用可生成 N－氧化物，甲基吡啶则易氧化生成吡啶甲酸即尼古丁酸。

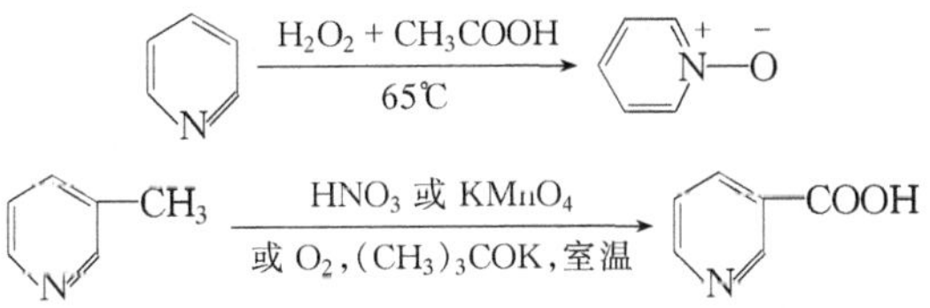

吡啶甲酸

此外，4－甲基吡啶与 2－甲基吡啶，CH_3—上的氢受氮原子吸电子的影响而变得活泼，能与醛发生缩合反应。例如：

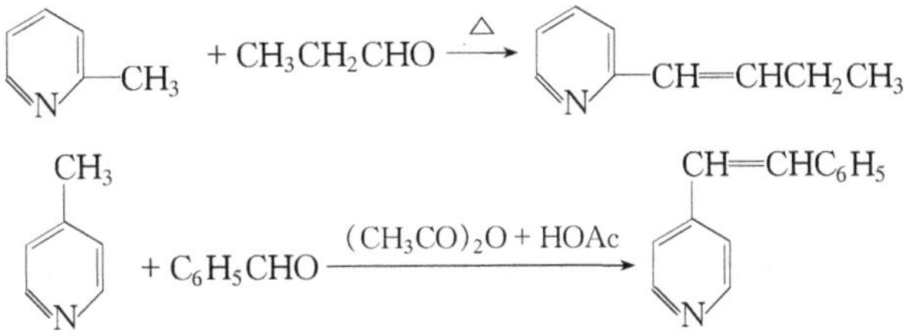

3. 吡啶环的合成

合成吡啶环最重要的方法是韩奇(Hantzsch A)合成法。由两分子 β－酮酸酯、一分子醛和一分子氨发生缩合反应即得到吡啶环。

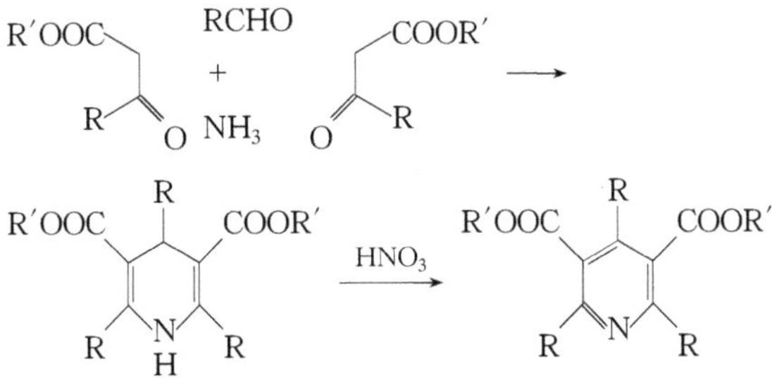

此反应过程可能是：一分子醛与一分子 β－酮酸酯先发生缩合反应，接着与另一分子 β－酮酸酯加成，再与氨发生缩合。

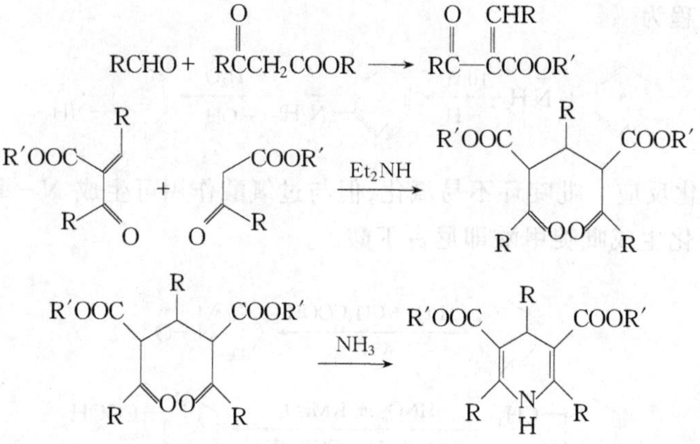

二、喹啉与异喹啉

喹啉与异喹啉都是苯并吡啶,它们存在于煤焦油中,一些天然的生物碱中也含有它们的结构,如金鸡纳碱含有喹啉环,吗啡碱含有异喹啉环。

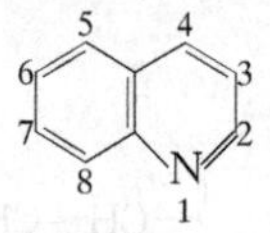

喹啉(quinoline)
bp 238℃

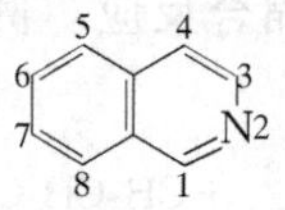

异喹啉(isoquinoline)
bp 243℃

1. 化学反应

喹啉和异喹啉比吡啶更容易发生亲电取代反应,取代位置一般在 5 位和 8 位。如硝化反应:

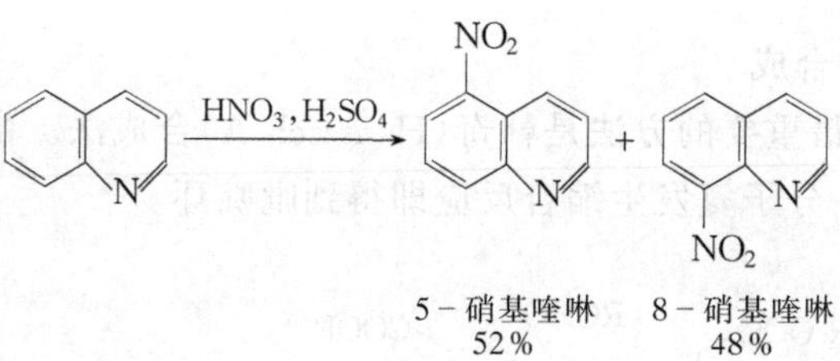

5 - 硝基喹啉 52%　　8 - 硝基喹啉 48%

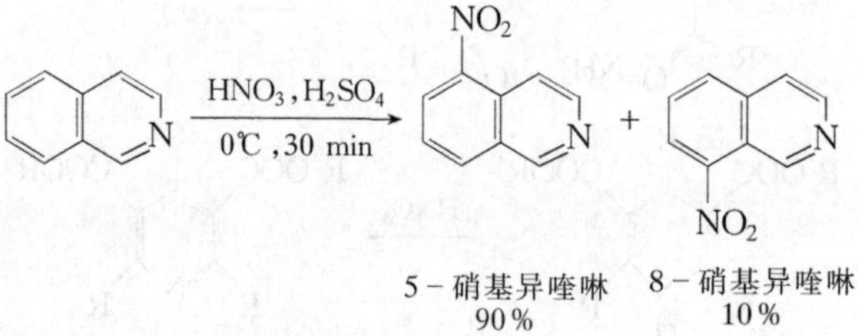

5 - 硝基异喹啉 90%　　8 - 硝基异喹啉 10%

喹啉的溴化反应比较复杂,随催化剂的不同产物也不同。

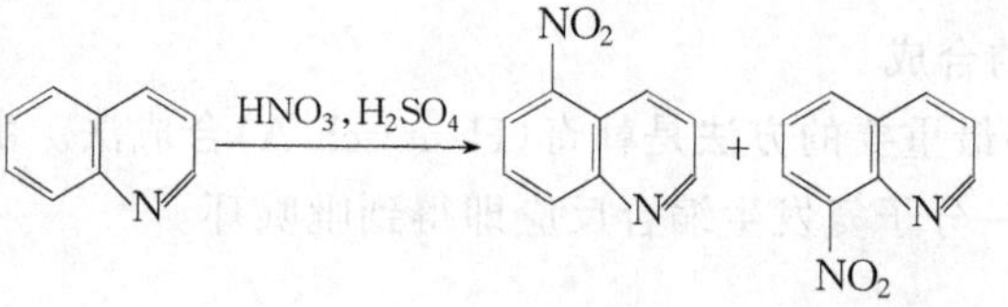

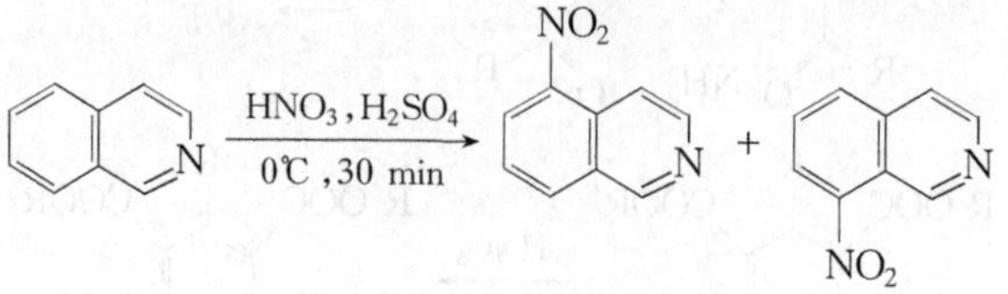

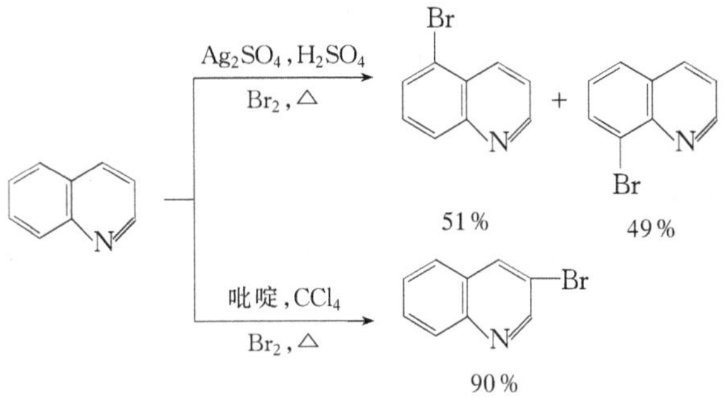

与吡啶类似，喹啉环上不发生傅－克反应。

喹啉和异喹啉也能发生亲核取代反应，喹啉环取代的位置在 2 位，异喹啉则在 1 位。例如：

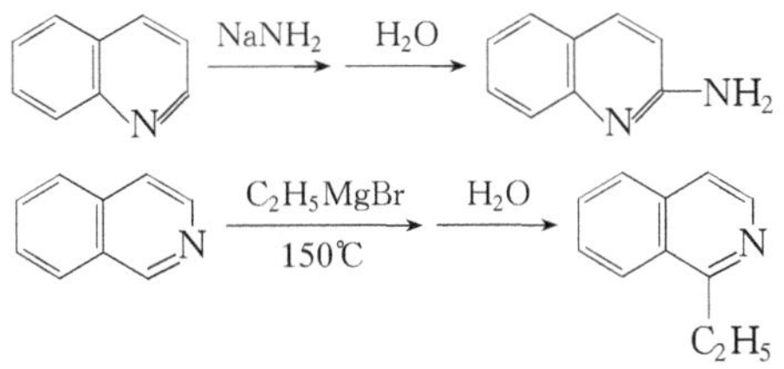

喹啉强氧化时，生成吡啶二甲酸。异喹啉用中性 $KMnO_4$ 氧化生成亚胺，用碱性 $KMnO_4$ 氧化则苯环和吡啶环都能氧化开裂，得到两种羧酸。

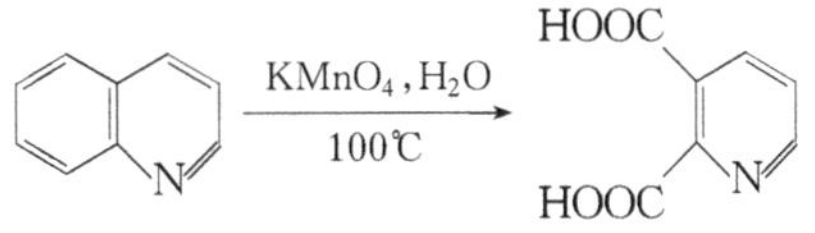

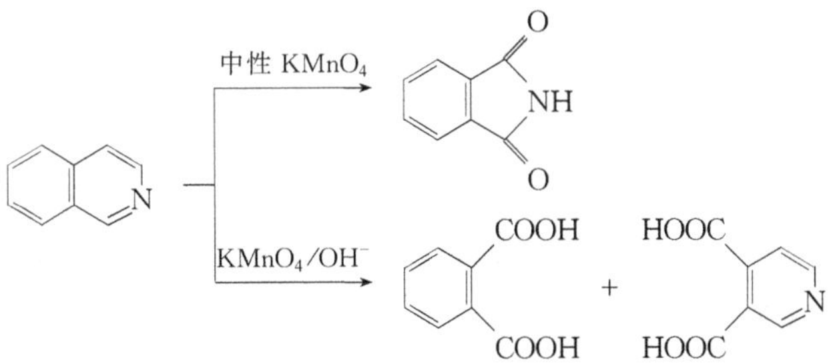

催化加氢可使喹啉还原生成 1,2,3,4－四氢喹啉，异喹啉还原生成四氢异喹啉。

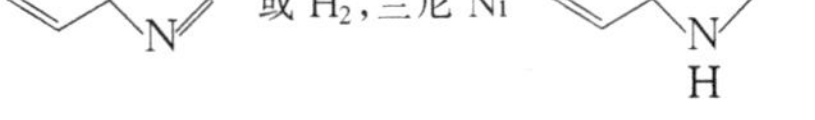

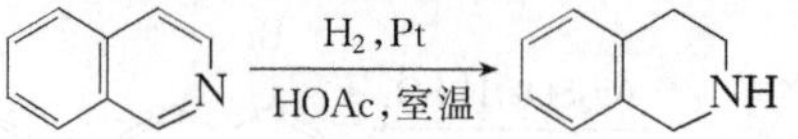

2. 喹啉环的合成

合成喹啉环最常用的方法是斯克洛浦(Skraup)合成法,采用芳香伯胺、甘油、浓硫酸共热缩合,再经氧化即得喹啉环。

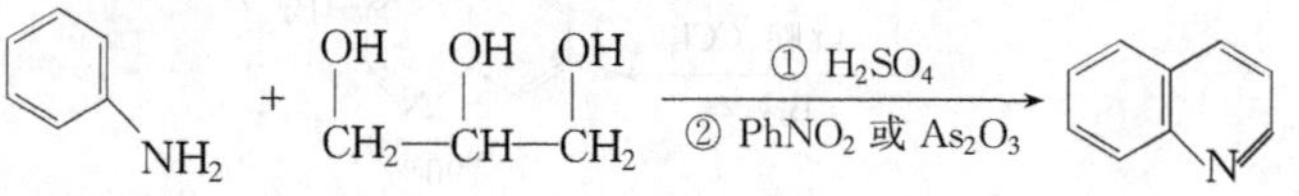

此反应的过程为:甘油先生成丙烯醛,然后与芳胺发生1,4-加成,再环化生成二氢喹啉,最后经氧化得到喹啉。

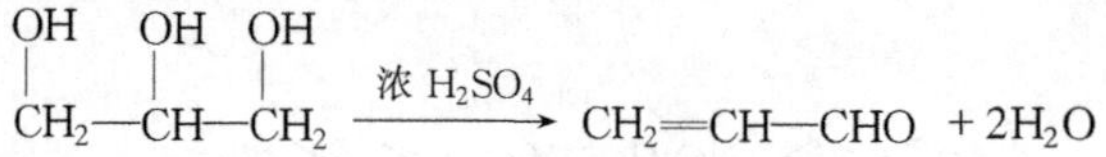

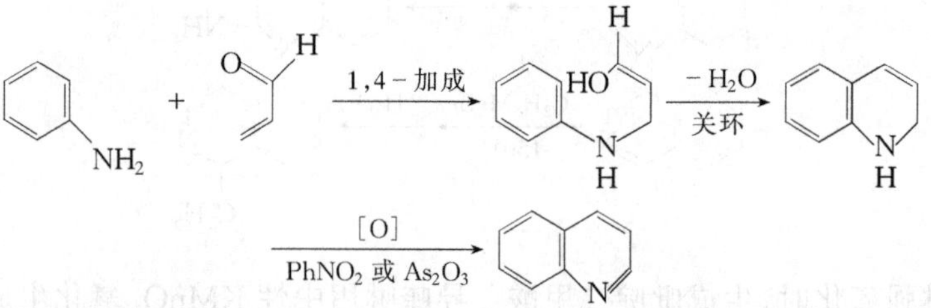

用 α,β-不饱和醛、酮代替甘油,也可以用来合成喹啉环,此方法属斯克洛浦合成法,也称为多布纳-米勒(Döebner-Miller)合成法。

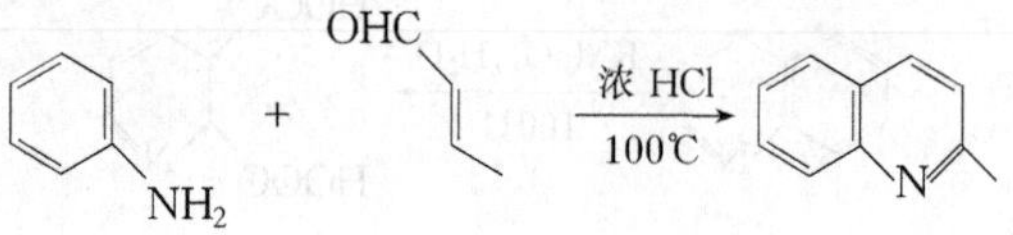

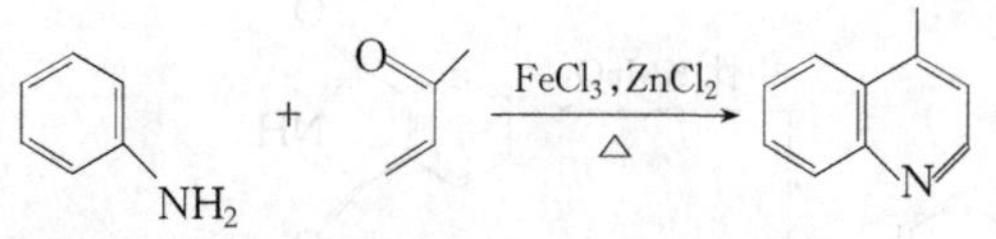

3. 喹啉与异喹啉的重要衍生物

喹啉有很多重要的衍生物,天然存在的金鸡纳碱又称奎宁,是治疗疟疾病的良药。其结构式为

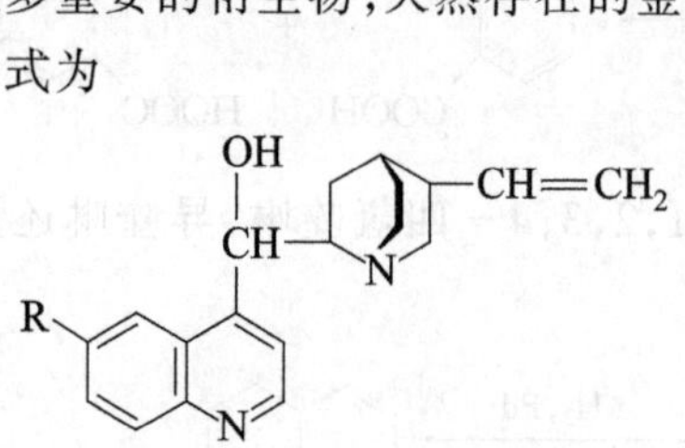

R=H 辛可宁碱

R=OCH_3 金鸡纳碱

在奎宁结构的基础上，化学家又合成出了不少抗疟疾的药物，其中最重要的有氯喹、扑疟喹啉等。

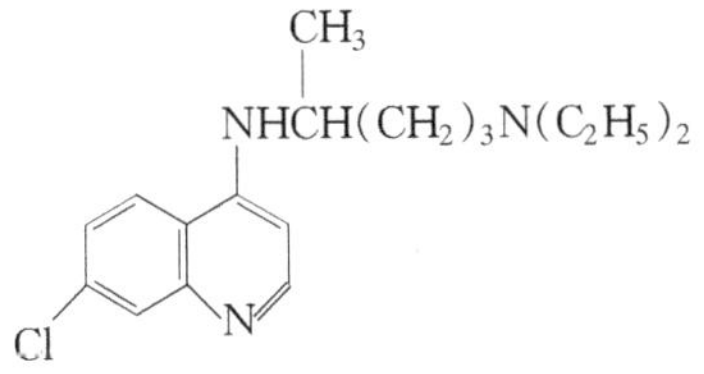

氯喹

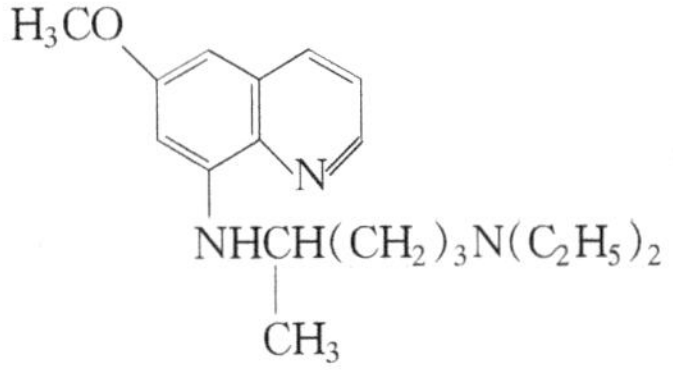

扑疟喹啉

异喹啉的重要衍生物有小檗碱和罂粟碱。小檗碱的盐酸盐（俗称盐酸黄连素）被广泛用于治疗胃肠炎、细菌性痢疾等疾病。中医常用黄连、黄柏、三颗针及十大功劳等作为清热解毒药物，其中的主要有效成分就是小檗碱。罂粟碱的药理作用介于吗啡和可待因之间，可以解除平滑肌，特别是血管平滑肌的痉挛，并可抑制心肌的兴奋性，其盐酸盐在临床上被用来治疗心绞痛和动脉栓塞等症。

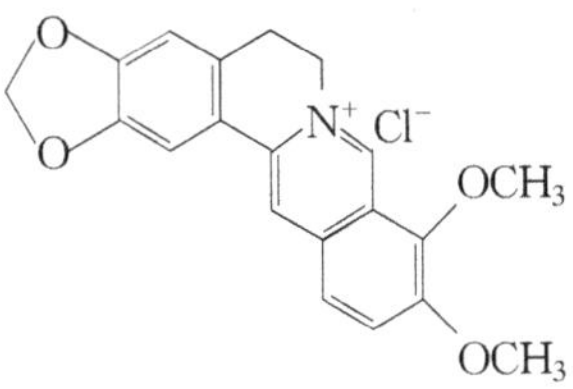

小檗碱

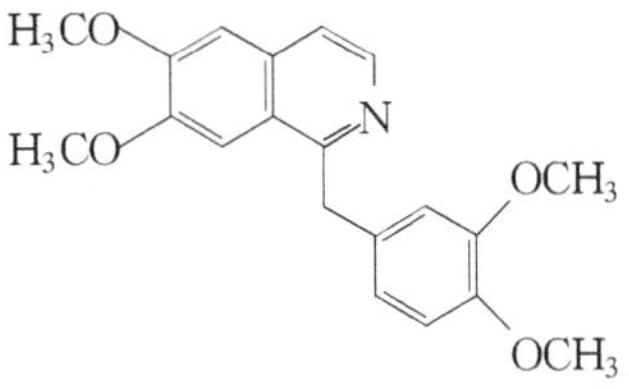

罂粟碱

三、嘧啶、嘌呤

1. 嘧啶

嘧啶是含两个氮原子六元杂环中最重要的一种，胞嘧啶、尿嘧啶和胸腺嘧啶是核酸的组成成分，维生素 B_1、安定与某些镇静、抗癌药物都含有嘧啶环，如 5－氟尿嘧啶就是一种抗癌药。

嘧啶
(pyrimidine) bp 124℃

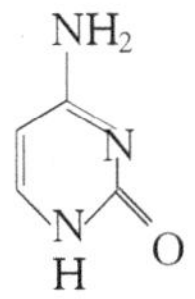

胞嘧啶
(cytosine)

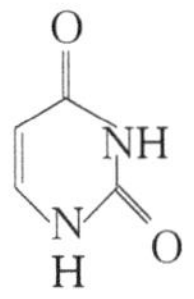

尿嘧啶
(uracil)

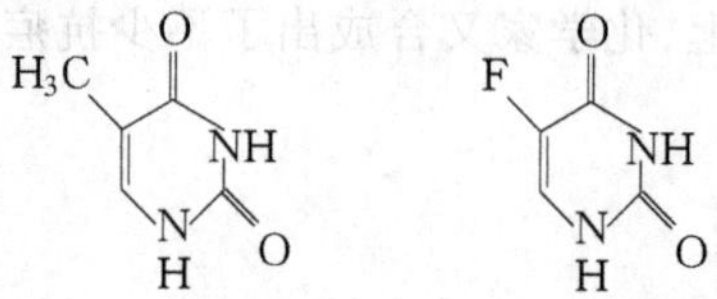

胸腺嘧啶 (thymine)　　5－氟尿嘧啶

2. 嘌呤

嘌呤是由一个嘧啶环与咪唑环稠合而成，它是由两个互变异构体组成的平衡体系。

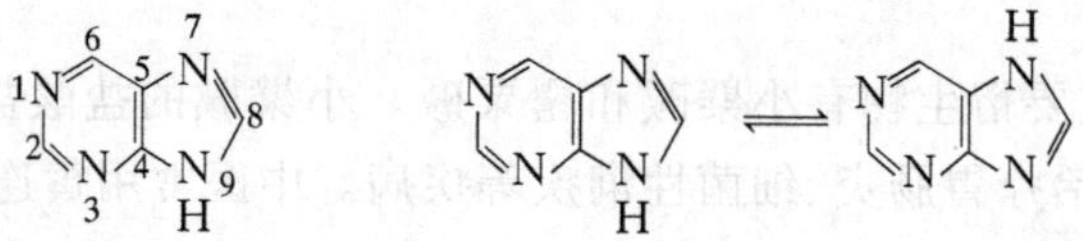

嘌呤(purine) mp 217℃　　9*H*－嘌呤　　7*H*－嘌呤

嘌呤的衍生物非常重要，在生物体中广泛存在着嘌呤的衍生物，如腺嘌呤、鸟嘌呤是核酸的组成部分，存在于血液和尿中的尿酸也是嘌呤衍生物。

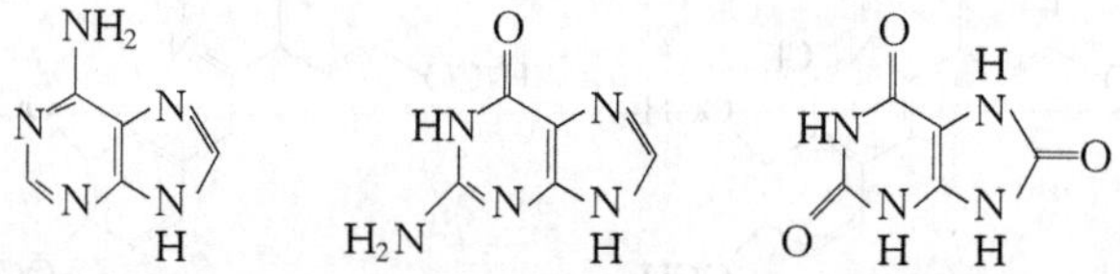

腺嘌呤(adenine)　　鸟嘌呤(guanine)　　尿酸(uric acid)

黄嘌呤是嘌呤的一种重要衍生物，存在于动物的血液、肝和尿液中，咖啡碱、可可碱与茶碱中都含有黄嘌呤的结构。

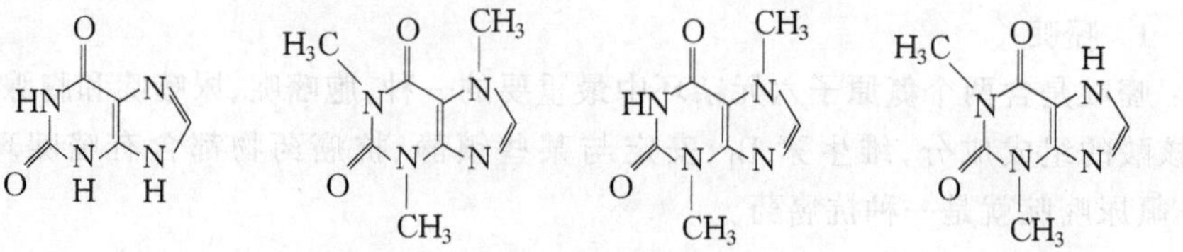

黄嘌呤　　咖啡碱　　可可碱　　茶碱

第三节 生 物 碱

一、概述

生物碱(alkaloid)是一类存在于自然界的含氮碱性化合物，生物碱主要存在于植物界中，对人和动物有强烈的生理作用，是中草药治病的有效成分。我们的祖先早在几千年前就利用中草药治疗多种疾病，我国是世界上最早利用生物碱的国家之一。除中草药外，生物碱还存在于有花的植物、昆虫、海洋生物和哺乳动物等中。

生物碱一般为结晶或粉状固体，不溶于水，溶于乙醇、乙醚和氯仿等有机溶剂中，生物碱与无机酸或有机酸生成的盐可溶于水，大多数有苦味。生物碱含有手性原子，是具有光学活性的化合物。

1. 生物碱的一般提取方法

很多生物碱可以由植物中提取，常用的为有机溶剂提取法。有机溶剂提取法的一般过程为：将已粉碎含生物碱的植物与氢氧化钙（石灰乳）或碳酸钠溶液混合，并搅拌研磨，使生物碱游离出来，然后用乙醇、乙醚或氯仿等有机溶剂浸泡提取；向有机溶剂提取液中加入 1% ~2% 盐酸，使提取出的生物碱成盐而溶于水中，浓缩水溶液后，再加入石灰乳或碳酸钠溶液，使生物碱游离出来，用有机溶剂进行第二次提取；将提取液浓缩、冷却、结晶，析出生物碱粗品。用重结晶法可以进一步将其提纯。如果所提取的植物中含有多种生物碱，则有机溶剂提取只能得到混合物，采用色谱法可以将其进行分离。

另一种提取生物碱的方法是离子交换法。这种方法是先将粉碎的植物用 0.5% ~1% 的硫酸或醋酸浸泡，使生物碱生成盐溶于水中，然后将水溶液流过带磺酸基的阳离子交换树脂，生物碱阳离子与阳离子交换树脂中的氢离子发生交换而结合于树脂上，结合在离子交换树脂上的生物碱用稀氢氧化钠溶液洗脱，洗脱液用有机溶剂提取，然后浓缩、结晶，就可得到生物碱。

如用 A 代表生物碱，P 代表阳离子交换树脂中的高分子链部分，上述的离子交换、提取过程可表示为

$$A + H_2SO_4 \longrightarrow AH^+ HSO_4^-$$

$$P—SO_3^- H^+ + AH^+ HSO_4^- \xrightarrow{\text{离子交换}} P—SO_3^- AH^+ + H_2SO_4$$

$$P—SO_3^- AH^+ + NaOH \xrightarrow{\text{洗脱}} A + P—SO_3^- Na^+ + H_2O$$

2. 生物碱的分类

生物碱的结构复杂，种类较多，多数生物碱分子中含有杂环，有的不只含有一种杂环，故可按环系将生物碱大致分类如下：

苯乙胺类生物碱：如麻黄碱、肾上腺素等。

吡啶类生物碱：如烟碱、蓖麻碱、石榴碱等。

吲哚类生物碱：如番木鳖碱、长春碱和长春新碱等。

嘌呤类生物碱：如咖啡碱、可可碱、茶碱等。

喹啉、异喹啉类生物碱：如金鸡纳碱、喜树碱、小檗碱、吗啡碱等。

颠茄碱类生物碱：如颠茄碱、古柯碱等。

二、重要的生物碱

1. 麻黄碱与肾上腺素

麻黄碱与肾上腺素属非杂环生物碱，含有苯乙胺结构。麻黄碱是我国特产药用植物麻黄中提取的生物碱，具有强心、升高血压、扩张支气管的功能，可用来治疗支气管炎和哮喘等疾病。麻黄碱分子中有两个手性碳原子，有四个旋光异构体。肾上腺素是一种无色结晶固体，熔点 211℃，可升高血压、兴奋心脏、止喘。肾上腺素分子中含一个手性碳原子，具有旋光活性。

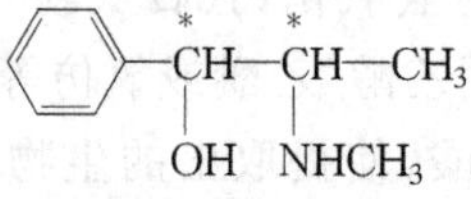

麻黄碱　mp 38℃

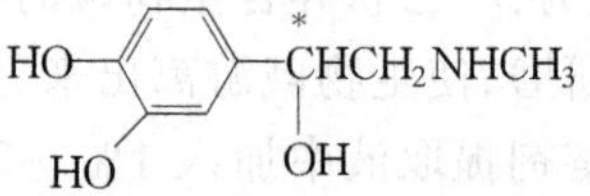

肾上腺素　mp 211℃

2. 吡啶类生物碱

吡啶类生物碱含有吡啶环或氢化吡啶环，如烟碱、蓖麻碱、毒芹碱、石榴碱、莨菪碱等。烟碱存在于烟草中，有毒，沸点 247℃，是一种农业杀虫剂。蓖麻碱存在于蓖麻油中。毒芹碱是植物毒芹的有毒成分，沸点 166℃。石榴碱存在于石榴树皮中。莨菪碱存在于莨菪、颠茄等植物中。

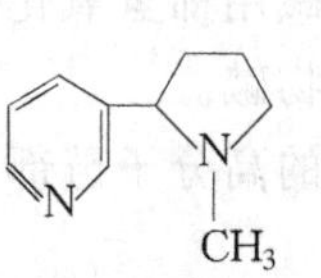

烟碱

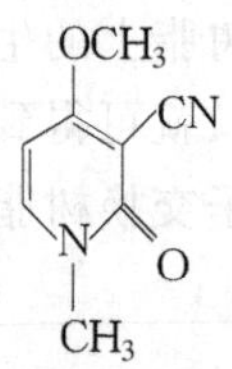

蓖麻碱

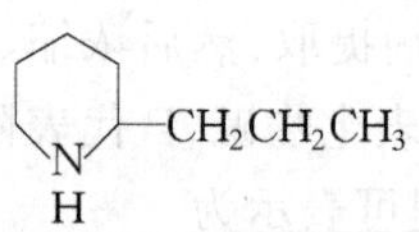

毒芹碱

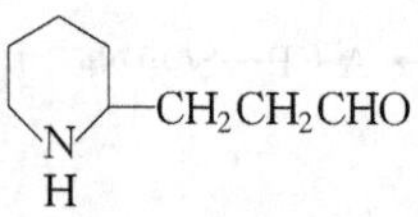

石榴碱

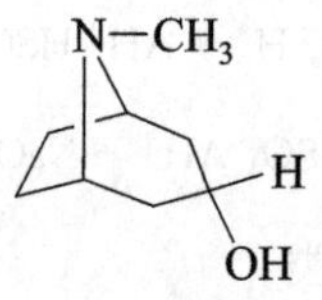

莨菪碱

3. 吲哚类生物碱

马钱子碱、利血平、长春碱等是吲哚类生物碱的典型代表。马钱子碱存在于马钱子中，有剧毒，是一种中枢神经兴奋剂。利血平是由热带或亚热带植物萝芙木属植物中提取的生物碱，能降低血压，且毒性小，使用安全。长春碱与长春新碱存在于夹竹桃科植物长春花中，具有抗癌活性。

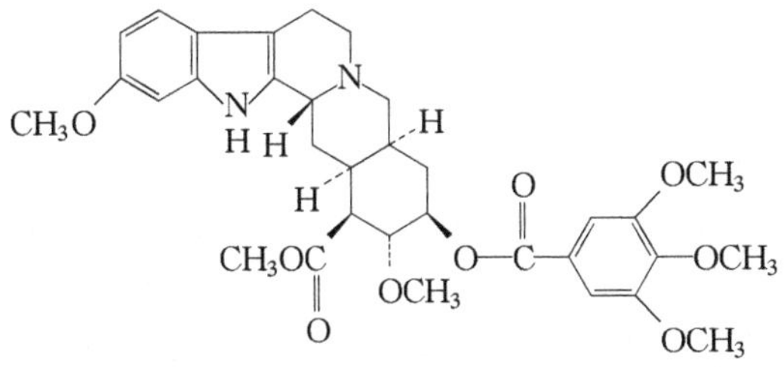

利血平 mp 266℃(分解)　$[\alpha]_D-188°(CHCl_3)$

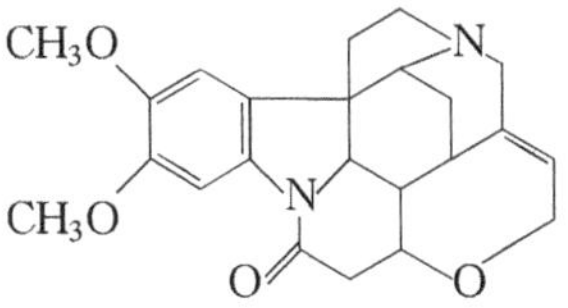

马钱子碱 mp 178℃　$[\alpha]_D-129°$

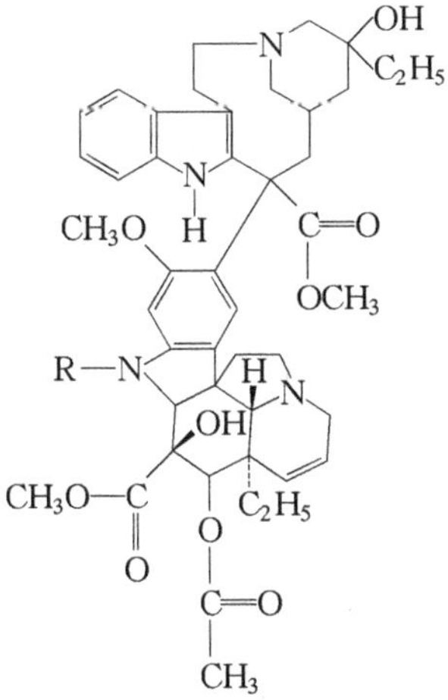

$R=CH_3$ 长春碱 mp 211～216℃　$[\alpha]_D+42°(CHCl_3)$

$R=CHO$ 长春新碱 mp 218～220℃(分解)

$[\alpha]_D+17°(CHCl_3)$

4．喹啉、异喹啉类生物碱

喹啉、异喹啉类生物碱比较多，前一节中已介绍了金鸡纳碱、小檗碱与罂粟碱，下面仅介绍吗啡碱与喜树碱。吗啡存在于鸦片中，对中枢神经有抑制作用，是医疗上的一种镇痛药与局部麻醉剂，但吗啡极易成瘾，科学家现正积极寻找无成瘾性、安全的代用品。

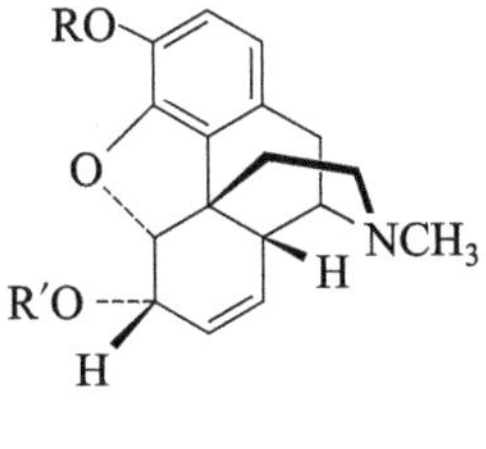

$R, R'=H$　吗啡碱

$R, R'=CH_3CO—$　海洛因

$R=CH_3, R'=H$　可待因

可待因的成瘾性比吗啡小，但镇痛作用仅为吗啡的1/10；海洛因的镇痛作用与毒性则都比吗啡高。

喜树碱是从我国内地特有的珙桐科旱莲植物喜树的皮和果实中提取得到的一类色氨酸－萜烯类生物碱，具有显著的抗癌活性，对白血病、肠癌、胃癌等多种恶性肿瘤具有显著疗效，研究发现喜树碱分子结构中的 α－羟基内酯的结构特征对抗癌活性来说是必需的。在临床使用过程中发现，喜树碱的毒副作用较大，易引起呕吐、腹泻、骨髓抑制等副作用。为此，人们合成了各种毒副作用小、抗癌谱广的喜树碱类似物用于抗肿瘤研究，其中 10－羟基喜树碱和拓扑替康是两种最具代表性的化合物。

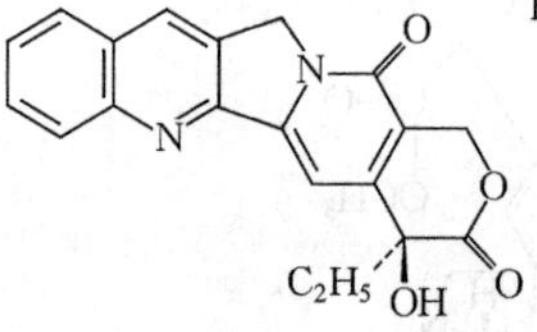

喜树碱

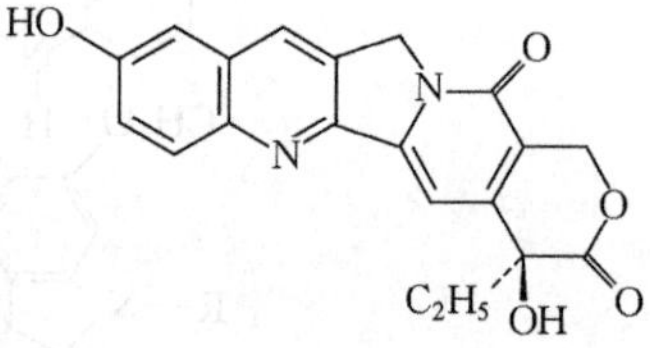

10-羟基喜树碱

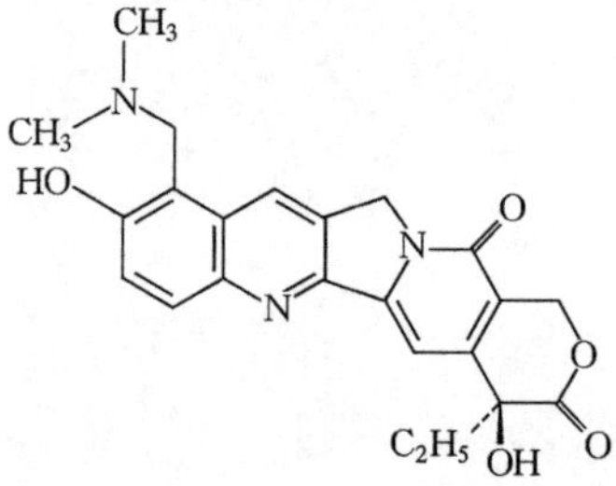

拓扑替康

5．颠茄碱类生物碱

颠茄碱和古柯碱是这类生物碱的代表。颠茄碱是存在于颠茄、曼陀罗和莨菪等茄科植物中的一种生物碱，熔点 108℃，天然存在的颠茄碱为具有旋光性的左旋体，人工提取的颠茄碱为外消旋体。

古柯碱存在于古柯树叶中，可卡因是其中的代表。古柯碱具有局部麻醉的效能，但毒性大且有成瘾性，为克服它，化学家已找到一些结构简单、药效更好的麻醉剂，如普鲁卡因、法利卡因、盐酸利多卡因等。

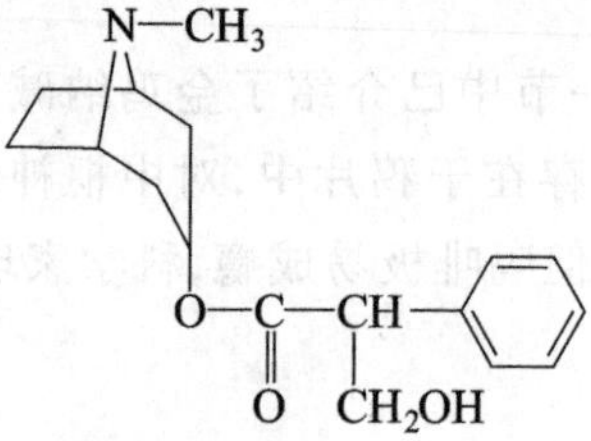

颠茄碱

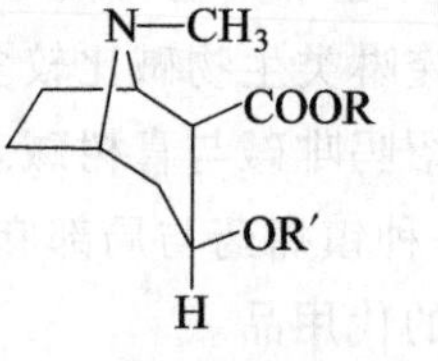

古柯碱

（R = CH_3—，R′ = C_6H_5CO— 可卡因）

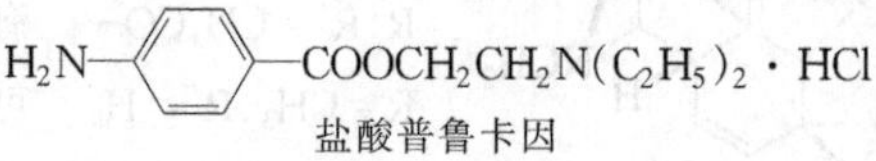

盐酸普鲁卡因

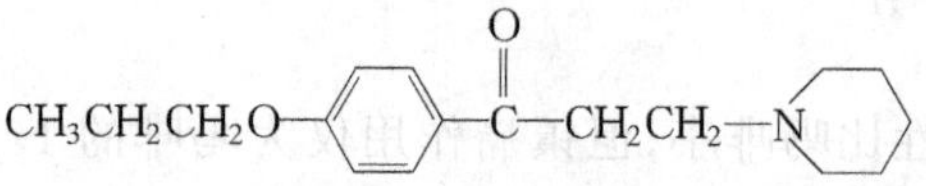

法利卡因

盐酸利多卡因

习　　题

1. 命名下列化合物：

(1) 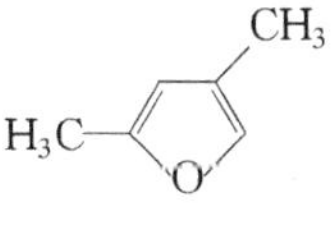

(2) 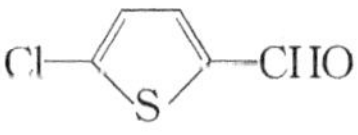

(3) 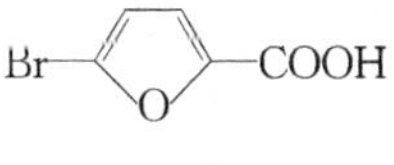

(4) 

(5) 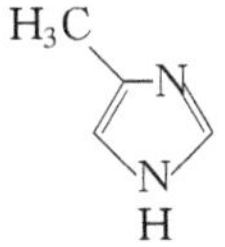

(6) 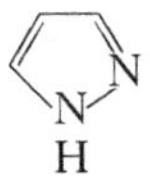

(7) 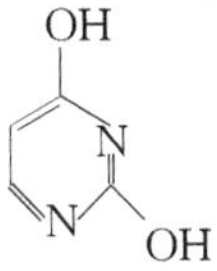

(8) 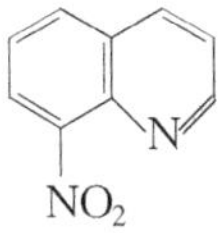

(9) 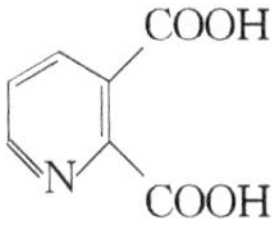

2. 写出下列化合物的结构式：

(1) 4 − 甲基 − 2 − 呋喃甲酸　　(2) 四氢糠醇　　(3) γ − 吡啶甲酸

(4) 2 − 氨基噻唑　　(5) 3 − 甲基吲哚　　(6) 8 − 羟基喹啉

3. 预测下列反应的主要产物：

(1) 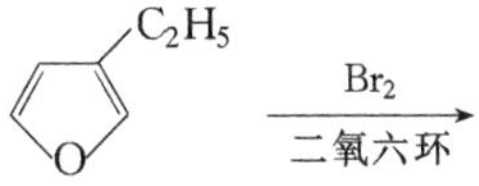

(2) 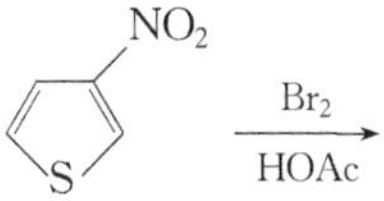

(3) 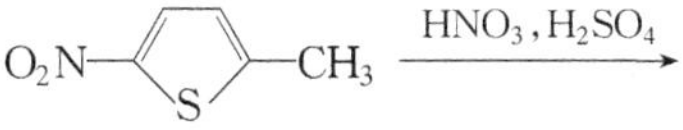

(4) 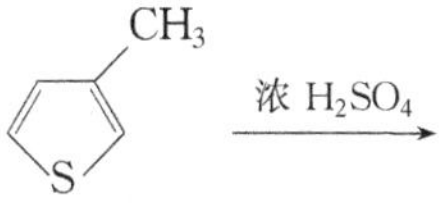

(5) 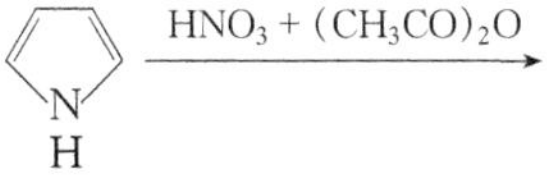

(6) 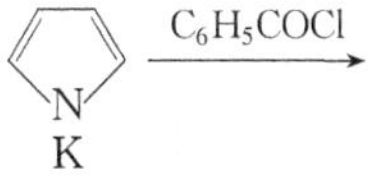

(7) 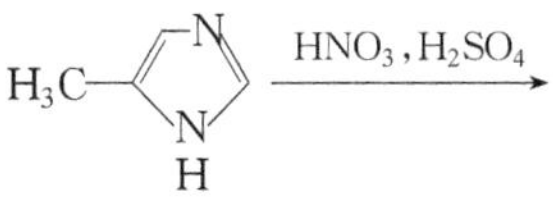

(8) 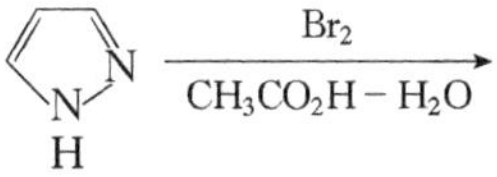

(9) 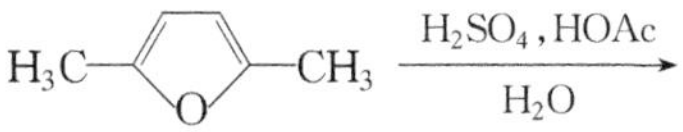

(10) 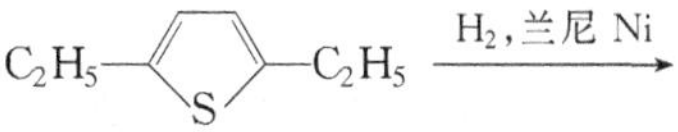

4．完成下列反应：

(1) 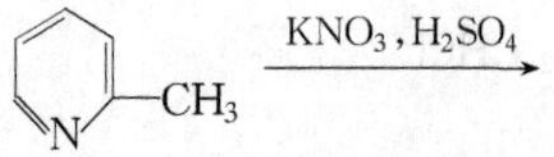

(2) 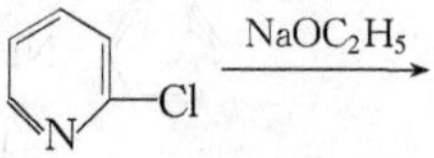

(3) 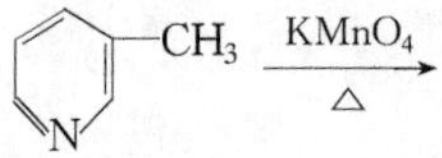

(4) 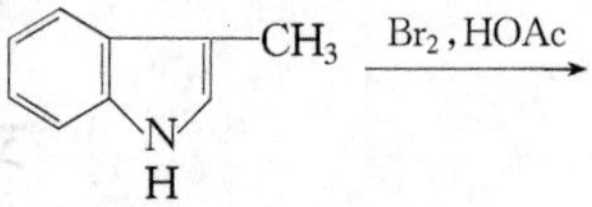

(5) 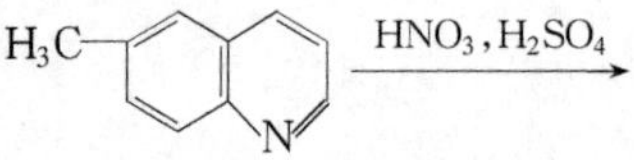

(6) 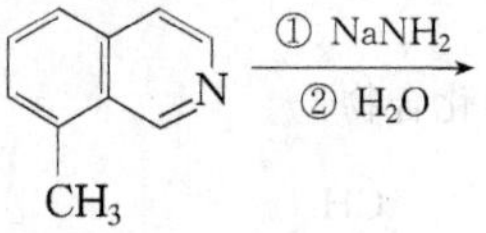

5．用简单化学方法鉴别下列各组化合物：

(1) 呋喃与四氢呋喃　　(2) 吡咯与四氢吡咯

(3) 2－甲基吡啶与3－甲基吡啶

6．试设法除去下列化合物中所含的少量杂质。

(1) 苯中混有的少量噻吩　　(2) 甲苯中的少量吡啶

(3) 吡啶中少量的六氢吡啶

7．以开链化合物、苯酚或苯胺为原料合成下列化合物：

(1) 

(2) 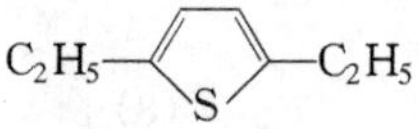

(3) 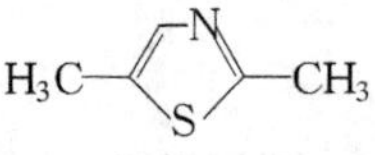

(4) 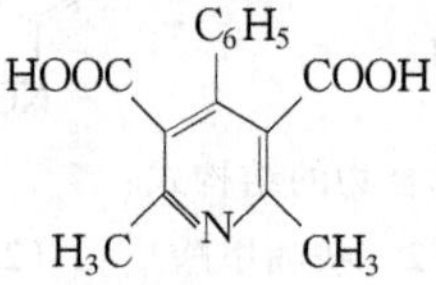

(5) 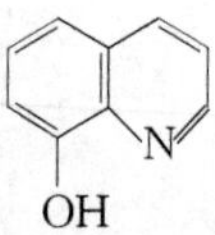

(6) 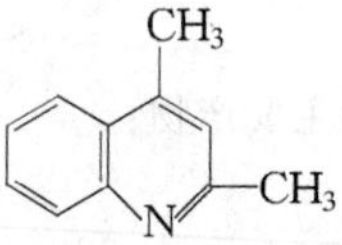

(7) 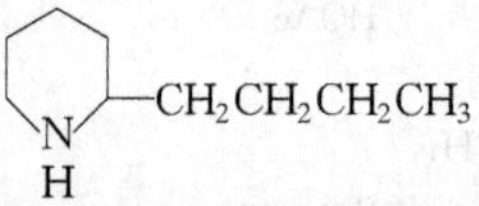

8．用指定原料合成下列磺胺药物。

(1) 用氯乙醛、硫脲、乙酰苯胺为原料合成化合物——磺胺噻唑：

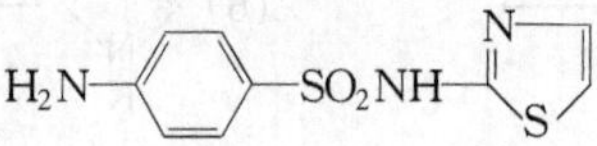

(2) 用苯胺、吡啶、乙酐为原料合成化合物——磺胺吡啶：

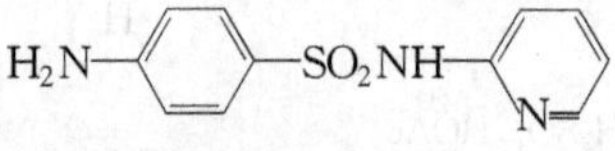

9．由甲苯和3－甲基吡啶合成下列化合物：

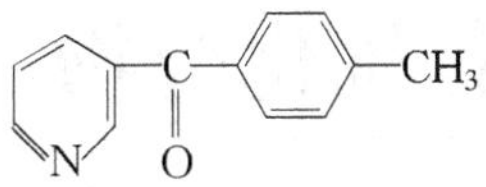

10. 由邻苯二酚与氯乙酸、甲胺为原料合成外消旋肾上腺素：

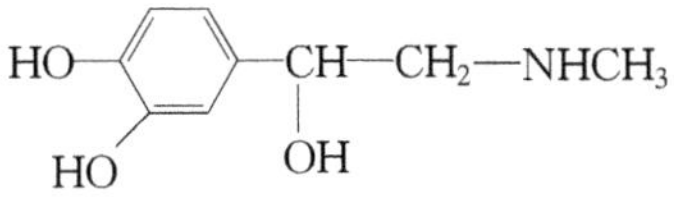

(±)-肾上腺素

第十三章　天然有机化合物

(Natural organic compound)

糖类、脂肪、蛋白质和核酸都属于天然有机化合物，它们广泛存在于自然界的动植物体内。

糖类、脂肪、蛋白质是人类营养的三大要素，是构成生物体的三大基本物质。蛋白质是构成生物机体的基本成分，常常被人们称之为“生命的基石”。

核酸与蛋白质一样，也是生物体的重要物质基础。核酸指导并参与蛋白质的合成，对生物的遗传、发育、生长、繁殖及变异都有着十分密切的关系。

第一节　糖类化合物

糖类(saccharides)化合物是自然界中分布最广的一类有机化合物，木材、棉花、小麦、蔗糖等都是糖类化合物。它们的分子式都符合通式 $C_m(H_2O)_n$，如葡萄糖 $C_6(H_2O)_6$、蔗糖 $C_{12}(H_2O)_{11}$。从前，由于人们不知道这些化合物的结构，就将它们看成是碳的水合物，所以称为碳水化合物(carbohydrate)。糖类化合物中大多数的组成与通式 $C_m(H_2O)_n$ 相符合，但也有些糖类化合物不符合通式，如鼠李糖 $C_6H_{12}O_5$(带一个甲基的戊糖)、脱氧核糖 $C_5H_{10}O_4$(存在于 DNA 中的少一个氧原子的戊糖)。由于糖类化合物的类型很多，很难找到一个普遍适用的定义，所以仍保留了历史形成的、不很确切的名称。糖类化合物按照化学结构应该是多羟基的醛或酮及其缩聚物与某些衍生物。

生命活动中三大重要的生物高分子化合物：糖类化合物、核酸、蛋白质，其中糖类化合物是一切生物体维持生命活动所需能量的主要来源，是生物体合成其他化合物的基本原料，有时它还充当结构性物质。

根据糖类化合物的结构和性质可将其分为三类：

(1) 单糖　不能水解成更简单的糖分子的糖类。如葡萄糖、果糖、阿拉伯糖等。

(2) 双糖　水解时能生成两分子单糖。如麦芽糖水解得两分子葡萄糖，蔗糖水解得一分子葡萄糖和一分子果糖。

(3) 多糖　水解时生成多个单糖分子。如淀粉水解最终可得几百或几千个葡萄糖分子。

一、单糖

单糖可以根据分子中所含碳原子的数目分为戊糖、己糖等。含有醛基的单糖称为醛糖，含有酮基的称为酮糖。这两种分类方法常合并使用，最常见的单糖含有五个或六个碳原子。例如：

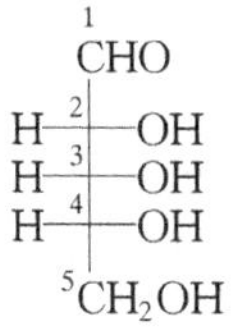

戊醛糖

D-(-)-核糖

(2*R*,3*R*,4*R*)-四羟基戊醛

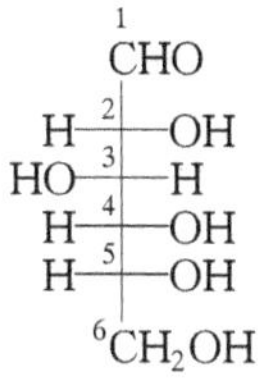

己醛糖

D-(+)-葡萄糖

(2*R*,3*S*,4*R*,5*R*)-五羟基己醛

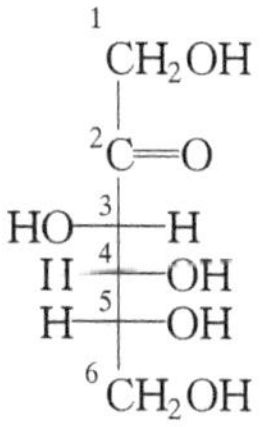

己酮糖

D-(-)-果糖

(3*S*,4*R*,5*R*)-五羟基-2-己酮

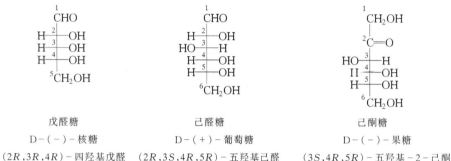

通常写糖的结构时，将羰基写在上端，碳链的编号从醛基或靠近酮基的一端开始。

由于单糖分子中常有多个手性碳原子，立体异构体很多(如上述己醛糖有 $2^4=16$ 种异构体，为八对对映体)，故普遍采用它们的来源命名。

1. 单糖的结构

单糖中最重要的是葡萄糖。我们以葡萄糖为例来讨论单糖结构的推断，其他的单糖是葡萄糖的异构体或较低级的同类化合物，结构推断的方法基本上是相似的。

葡萄糖的结构从以下实验结果得以证实：

(1) 元素分析及相对分子质量测定得分子式 $C_6H_{12}O_6$。

(2) 葡萄糖起银镜反应，与 HCN 反应(加成)，与 NH_2OH 缩合成肟，所以分子中有羰基。

(3) 葡萄糖用溴水氧化得到一个羧酸，说明分子中所含的羰基是醛基；或者用硝酸氧化生成四羟基己二酸(葡萄糖二酸)，所以是醛糖(因为醛氧化后得相应的酸，碳链不变，酮氧化后引起碳链的断裂)。

(4) 能酰化成酯，一个葡萄糖分子可与五个乙酸成酯，所以分子中有五个羟基(因为一个碳原子上不能连接两个羟基)。

(5) 还原得己六醇(如用钠汞齐还原，镍催化下的氢化等)；己六醇用 HI 彻底还原得正己烷，所以是直链化合物。

因此，葡萄糖的六个碳原子形成直链，链端是醛基，其他五个碳原子上各有一个羟基。其可能的结构如下：

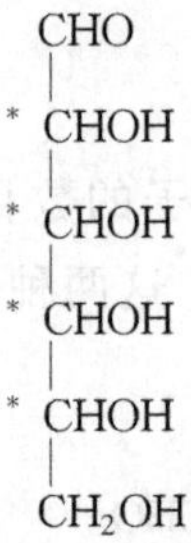

此结构中含有四个手性碳原子，应有 16 种旋光异构体，葡萄糖只是其中的一个。

在 R、S 构型表示法没有创立以前，人们用 D、L 相对构型法表示化合物的构型。在糖类、氨基酸等领域至今仍沿用这种方法对构型进行标记。

相对命名法以甘油醛为标准，人为地规定一种形式(OH 写在右边)为右旋甘油醛，另一种形式(OH 写在左边)为左旋甘油醛，并用大写字母 D 和 L 分别表示这两种构型。将其他单糖的构型式与甘油醛相比较，如编号最大的一个手性碳原子的构型与 D-(+)-甘油醛相同，就属于 D 型，如与 L-(-)-甘油醛相同，就属于 L 型。自然界中存在的葡萄糖和果糖都是 D 型单糖。

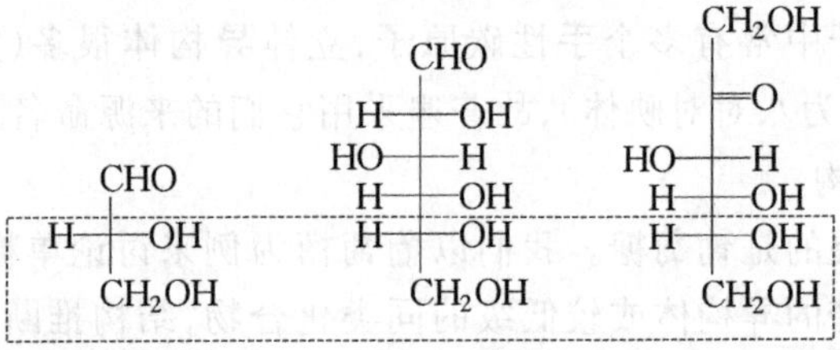

D-(+)-甘油醛　　D-(+)-葡萄糖　　D-(-)-果糖

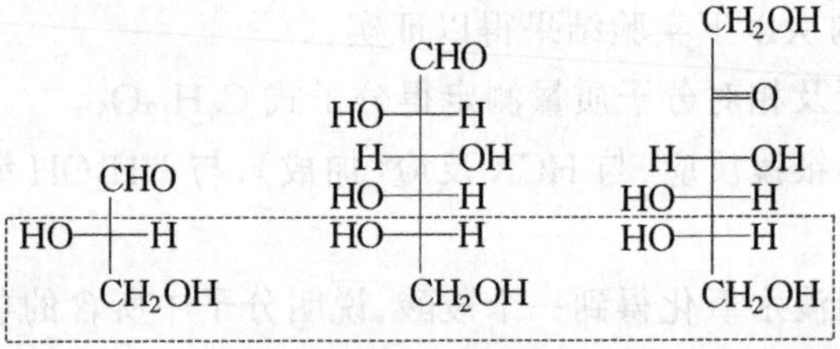

L-(-)-甘油醛　　L-(-)-葡萄糖　　L-(+)-阿拉伯糖

单糖的构型还可以有如下的简化表示方法：

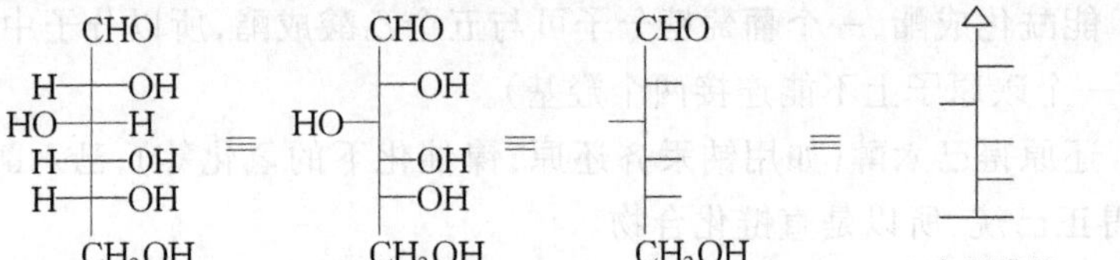

△表示醛基

羟基用短横线表示　　长横线表示CH_2OH

按照费歇尔投影式的书写规则，式中的基团是不能离开纸平面翻转的，另外规定羰基写在投影式的上端。

2．单糖的环状结构与构象

醛(酮)与一分子醇发生加成反应得到半缩醛(酮)。如果一个分子中同时含有羰基和羟基，那么在合适的条件下就可能发生分子内的这种反应，形成环状的半缩醛(酮)。如果形成的环是稳定的五元环或六元环，那么这种环状结构就容易形成而且很稳定。例如：

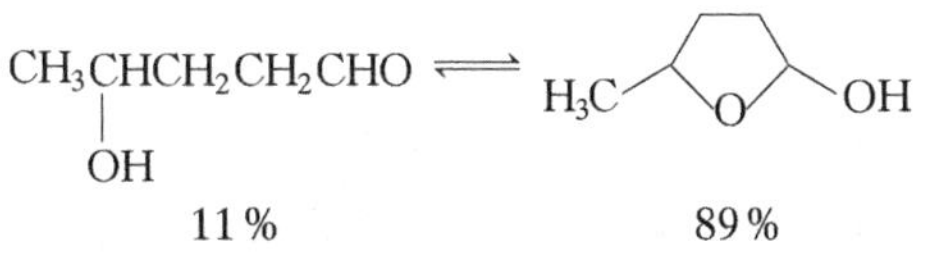

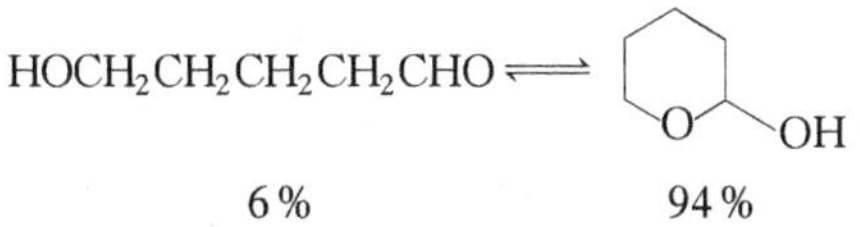

作为多羟基醛、酮，单糖主要以环状半缩醛(酮)的形式存在。开链结构在水溶液中含量极少。如D-(+)-葡萄糖开链结构约占0.1%。因此醛糖的紫外光谱中无羰基吸收谱带，也不起醛的某些反应，如不能与品红试剂发生变色反应等。

环状结构通常用哈沃斯(Haworth)的透视式来表示，以葡萄糖为例，从链式结构变为透视式的过程如下所示：

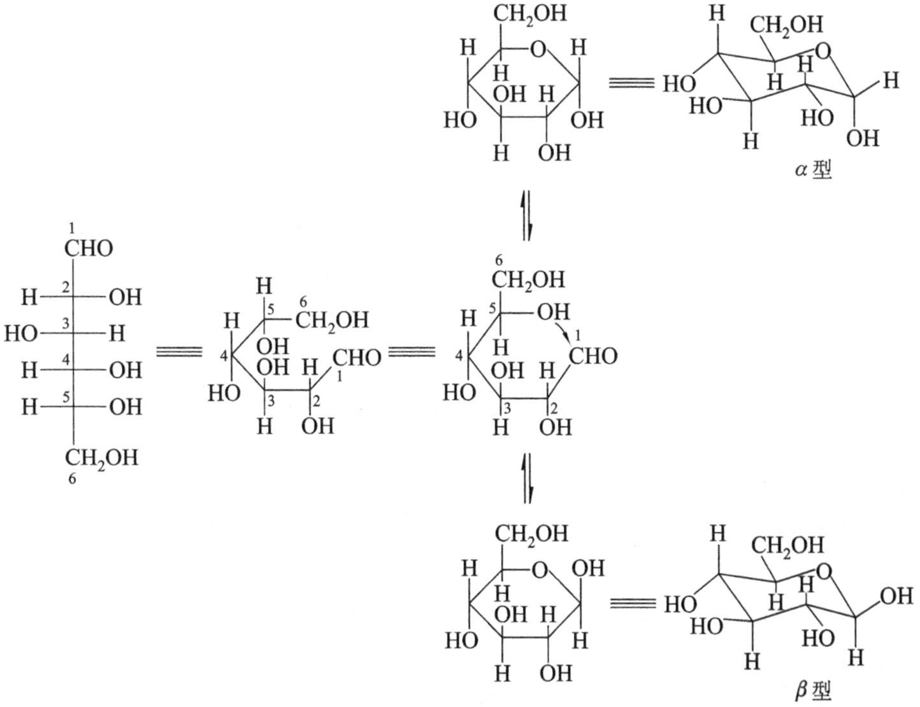

哈沃斯式　　构象式

在该透视结构式中，α 异构体和 β 异构体的区别在于半缩醛羟基的方位，半缩醛的羟基与 C_6 的羟甲基在环的同侧为 β 型，在异侧为 α 型。α 型和 β 型是端基差向异构体。

通常环状结构为五元或六元含氧杂环。具有含氧五元杂环的糖称为呋喃糖；具有含氧六元杂环的糖称为吡喃糖。

实际上葡萄糖的环状结构并不是平面的，而是以椅式构象存在的，这已经被X射线衍射法所证明。

3. 变旋现象和糖苷的形成

用葡萄糖晶体配成水溶液后，其比旋光度会逐渐变化，直至达到一恒定数值，这个现象称为变旋现象。葡萄糖在不同的条件下结晶，生成熔点为146℃ 的 α 型（50℃下从水溶液中结晶）和熔点为 150℃ 的 β 型（98℃以上从水溶液中结晶）的两种晶体。α－葡萄糖配成的溶液，比旋光度能从最初的 $+113°$ 逐渐降低至平衡时的 $+52.70°$；β－葡萄糖配成的溶液比旋光度则从最初的 $+17.50°$ 逐渐升高到 $+52.70°$。

单糖的环状构型可用来解释变旋现象：

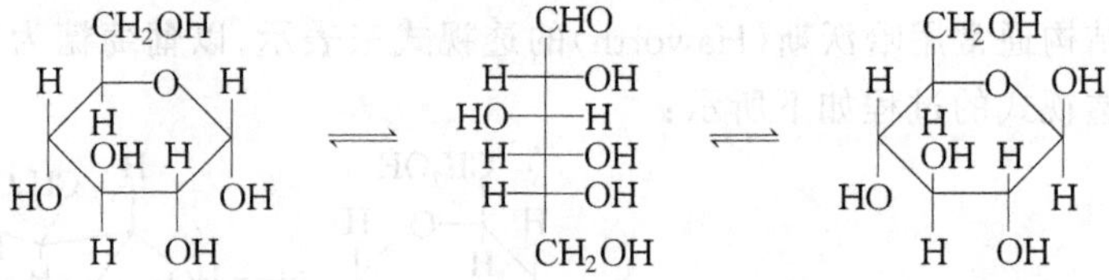

α－D－葡萄糖 ~37% $[\alpha]_D = +113°$

D－葡萄糖 ~0.1% $[\alpha]_D = +52.70°$

β－D－葡萄糖 ~63% $[\alpha]_D = +17.50°$

环状结构的葡萄糖是一个半缩醛。若往葡萄糖的甲醇溶液中通入少量氯化氢，则得到缩醛。这种由糖与醇作用生成的缩醛或缩酮称为糖苷。

糖苷也称配糖体，它是单糖或低聚糖的半缩醛（酮）羟基与另一分子中的羟基、氨基等失水产生的混合物。因此，一个糖苷可以分成两个部分，一部分是糖的残基（糖去掉半缩醛羟基），另一部分是配基（非糖部分）。糖的残基与配基所连接的键称为苷键。这样在形成的糖苷中，用构型为 α 的半缩醛羟基与配基形成 α－苷键，用构型为 β 的半缩醛羟基与配基形成 β－苷键。

糖苷的性质与缩醛（酮）类似，糖苷键在碱中是稳定的，在酸中水解又生成糖。

糖苷在自然界分布很广，化学结构较复杂，很多糖苷有明显的药理作用，常为中草药的有效成分之一。如槐花米中含芸香苷（又称芦丁），具有维持血管正常机能的作用；毛地黄中含有毛地黄苷，有强心作用；杏仁中含苦杏仁苷，有止咳平喘作用。例如：

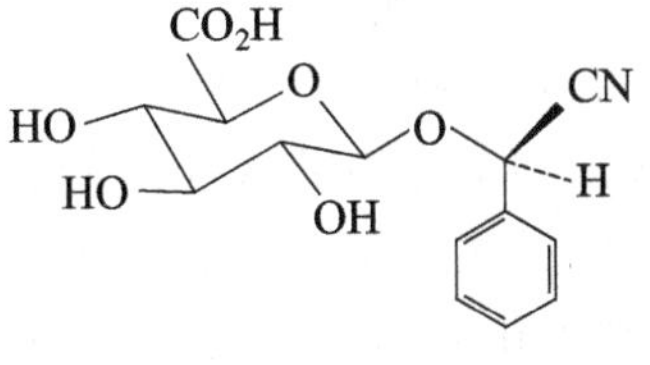

苦杏仁苷

4．糖类化合物的物理性质

糖类化合物是一种甜味分子，甜味作为一种物质的属性，与甜味物质的组成、构造、构型及构象有关。但作为一种感觉，它还与人的生理、心理及环境等因素有关。

舌尖对甜敏感，舌根对苦敏感。多糖分子很大，不能进入舌尖味觉细胞，所以感觉不出甜味。

各种糖类化合物的甜度不一样，评价甜味剂的甜度一般以10%的蔗糖溶液为标准（定为100）。根据大多数人的品尝结果得出一个统计值（部分糖的相对甜度）为：果糖173、葡萄糖0.69、半乳糖0.63、麦芽糖0.46、乳糖0.39、甘油1.08。

糖类化合物中分子有多个羟基，增加了它的水溶性，因此，单糖和低聚糖在水中尤其在热水中溶解度极大，但不溶于乙醚、丙酮等有机溶剂。多糖在水中的溶解度较小，大多数的多糖不溶解于水。

5．单糖的反应

（1）单糖的还原　单糖可以还原成糖醇。有时可将一个旋光的醇变成无旋光性的糖醇。例如：

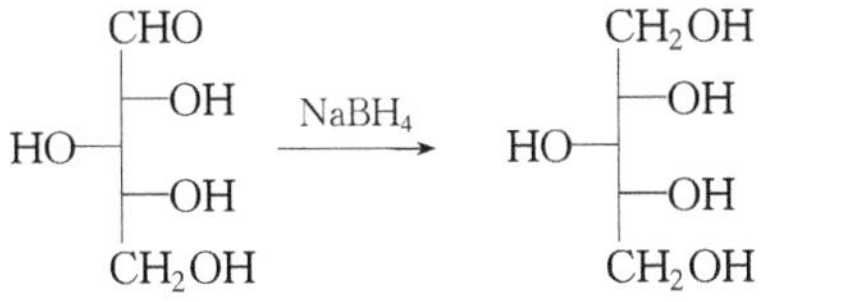

木糖　　木糖醇，无旋光性

D－葡萄糖和L－古罗糖还原后生成同一多元醇：

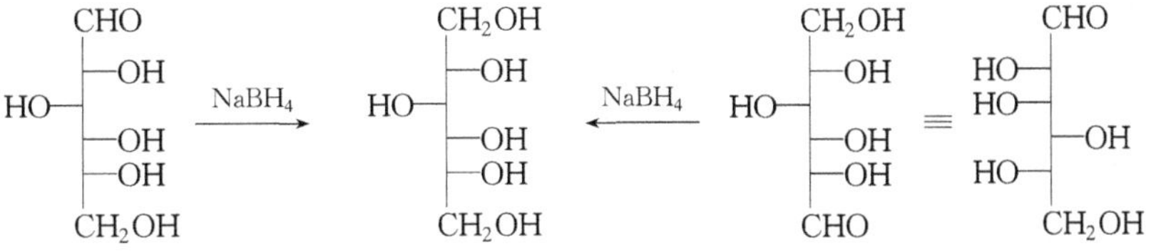

D－葡萄糖　　葡萄糖醇（山梨醇）　　L－古罗糖

(2) 单糖的氧化 糖类可以被弱氧化剂氧化。例如,与托伦试剂作用产生银镜;与费林(Fehling)试剂(由硫酸铜、酒石酸钾钠、氢氧化钠组成)作用产生砖红色沉淀;与本尼迪(Benedict)试剂(由硫酸铜、柠檬酸、碳酸钠组成)作用产生砖红色沉淀等。其中,本尼迪试剂又称检糖试剂。医学上根据生成氧化亚铜沉淀的多少及其色泽的变化,可以推测出尿中还原糖的含量。

凡是能被上述弱氧化剂氧化的糖称为还原糖,否则称为非还原糖。果糖是一种酮糖,也能被氧化,这是 α - 羟基酮特有的反应。反应的发生是由于碱催化下酮基不断异构化成醛基:

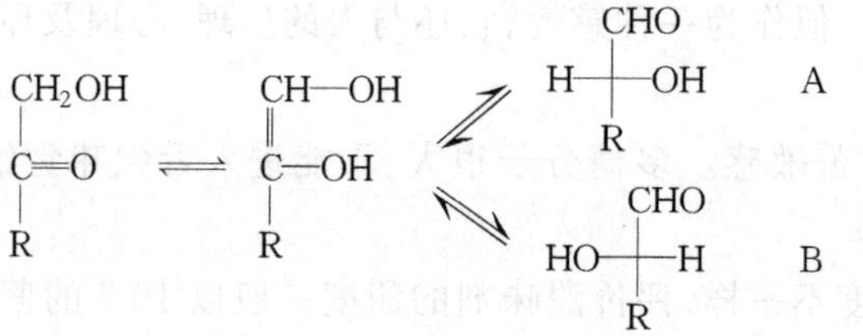

A 和 B 是差向异构体

由于糖类分子中羰基旁边的 α - 碳原子上的氢很活泼,在碱性条件下容易差向异构化,它是经过烯二醇中间体进行的(如上述表示式中的 A 和 B),如 D - 葡萄糖发生差向异构化后,一部分变回原来的 D - 葡萄糖,另一部分变成了 D - 甘露糖。D - 葡萄糖和 D - 甘露糖互为 C_2 的差向异构体。

溴水也是氧化剂,它能氧化醛糖,但不氧化酮糖,可以利用该反应来区别醛糖和酮糖。例如:

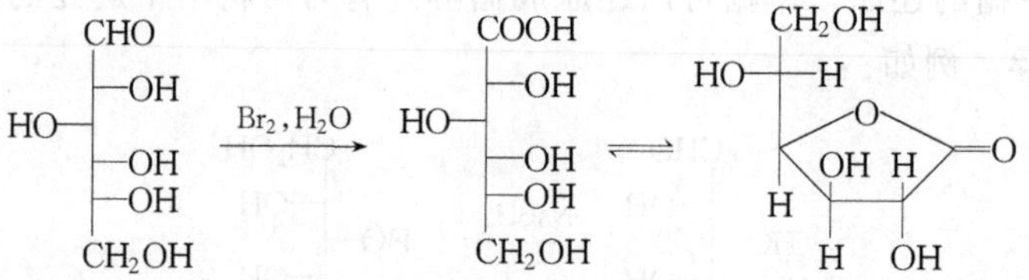

D - (+) - 葡萄糖 葡萄糖酸 D - 葡萄糖酸 - γ - 内酯

糖酸容易转化成内酯,通常难以分离得到。

溴水是酸性试剂,pH 通常在 5 左右,在使醛糖氧化成糖酸时,不会引起分子的异构化作用。

稀硝酸氧化作用比溴水强,能使醛糖氧化成糖二酸:

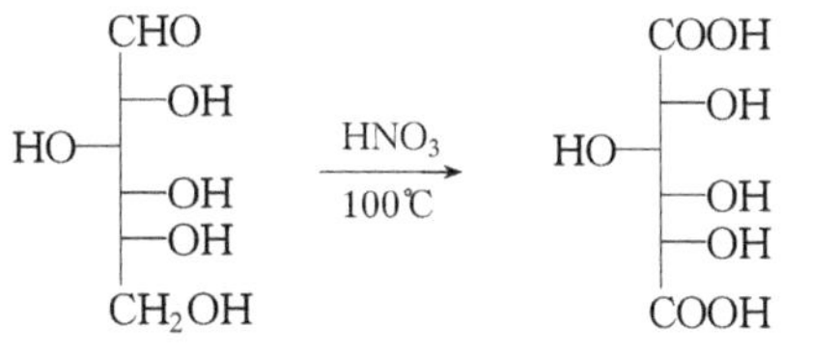

D－葡萄糖　　　　D－葡萄糖二酸

酮糖在同样条件下氧化，导致 C—C 键断裂：

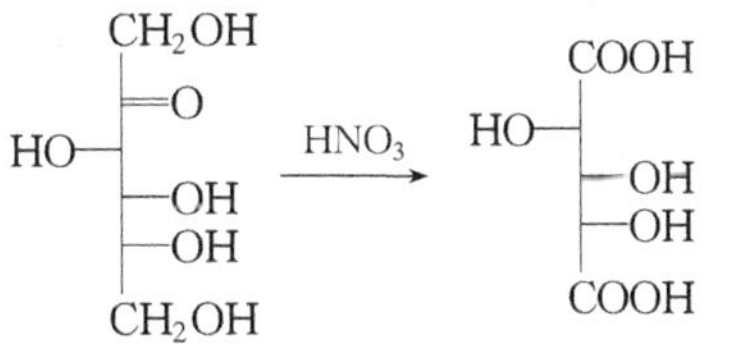

糖类是多羟基化合物，用高碘酸氧化时，所有的邻二醇的两个相邻羟基所连的 C—C 键发生断裂：

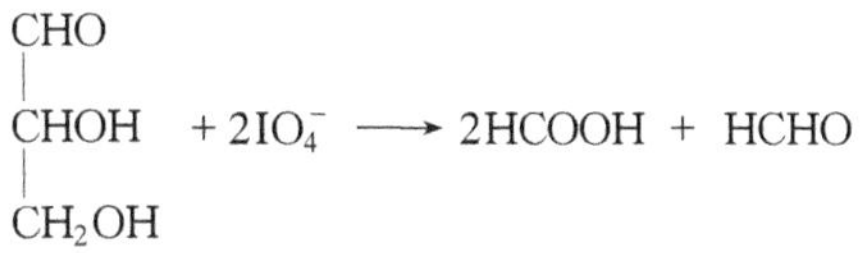

反应常常是定量完成的。每破裂一个 C—C 键，即消耗 1 mol 高碘酸，所以它是研究糖类结构最有用的手段之一。例如，D－葡萄糖氧化时，消耗 5 mol 高碘酸，生成 5 mol 甲酸和 1 mol 甲醛：

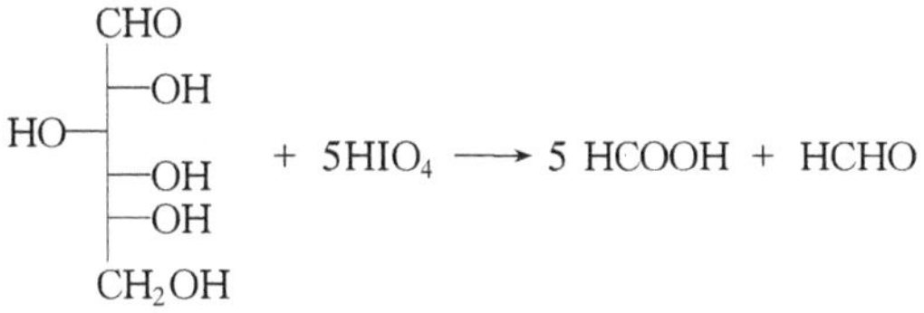

糖苷也能用高碘酸氧化：

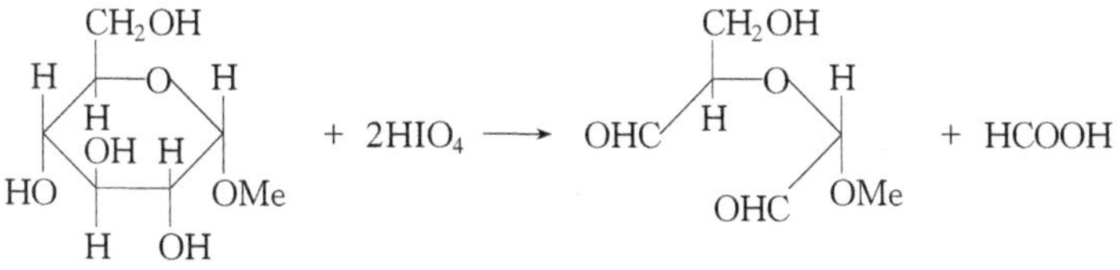

(3) 脎的生成　羰基与苯肼反应生成腙：

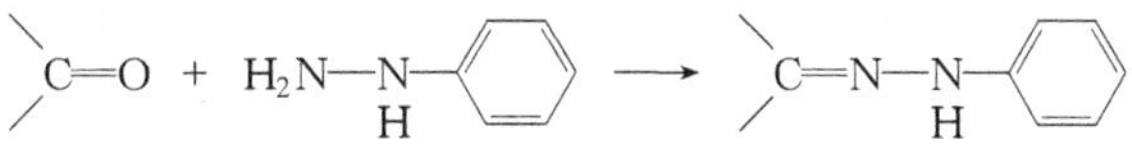

如果是 α－羟基醛或 α－羟基酮，与苯肼反应时，α－羟基会被苯肼氧化而成羰

基,羰基再与苯肼反应得到脎。

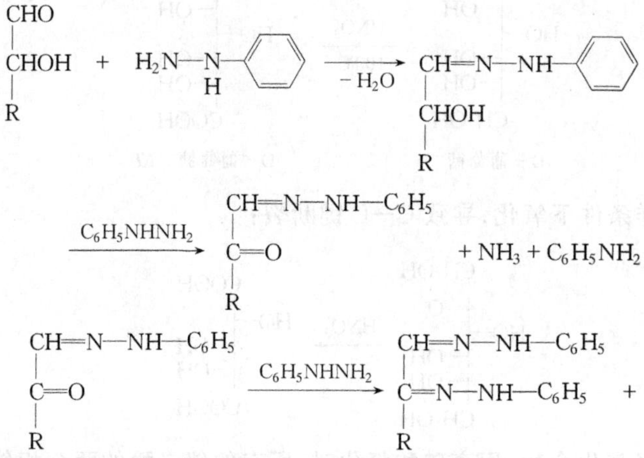

脎

糖类大多是 α－羟基醛或酮,所以也能生成糖脎:

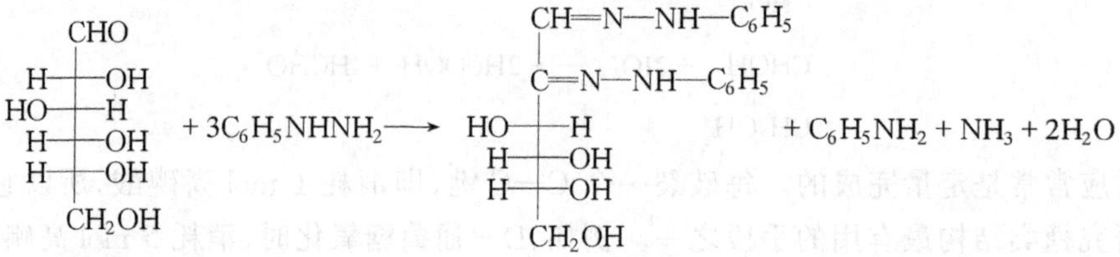

D－葡萄糖　　D－葡萄糖脎

生成糖脎的反应发生在 C_1 和 C_2 上,而且只与 C_1 和 C_2 反应成脎,这是由于氢键使脎形成稳定的六元环状结构:

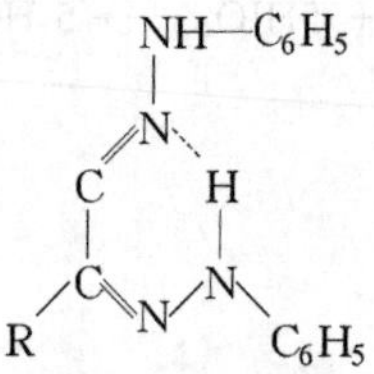

如果脎要进一步与苯肼反应,就需要破坏这个稳定结构,所以糖的其他碳原子就不能再进一步发生反应了。下列三种糖生成相同的糖脎:

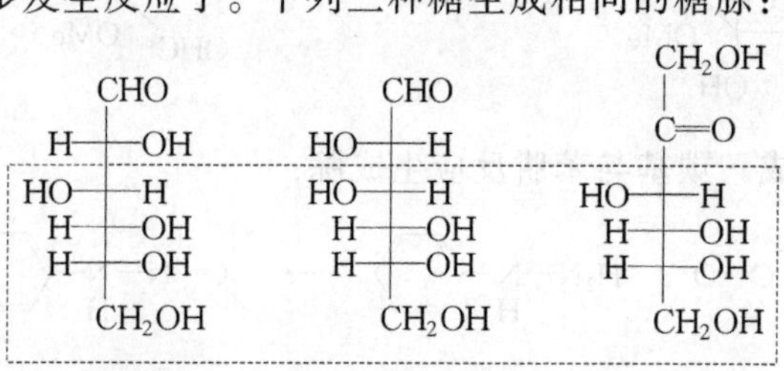

D－葡萄糖　　D－甘露糖　　D－果糖

糖脎都是不溶于水的黄色结晶，不同的糖脎晶形不同，在反应中生成的速率也不同。所以可根据糖脎的晶形及生成的时间来鉴定糖。由于糖的差向异构体可生成同一个脎，所以只要知道其中的一个构型，另一个的构型也就可以知道了。

(4) 醛糖的递升和递降　将一个醛糖变为高一级醛糖的过程称为递升。例如，由 D-(-)-阿拉伯糖可以通过以下反应得到 D-(+)-葡萄糖和 D-(+)-甘露糖：

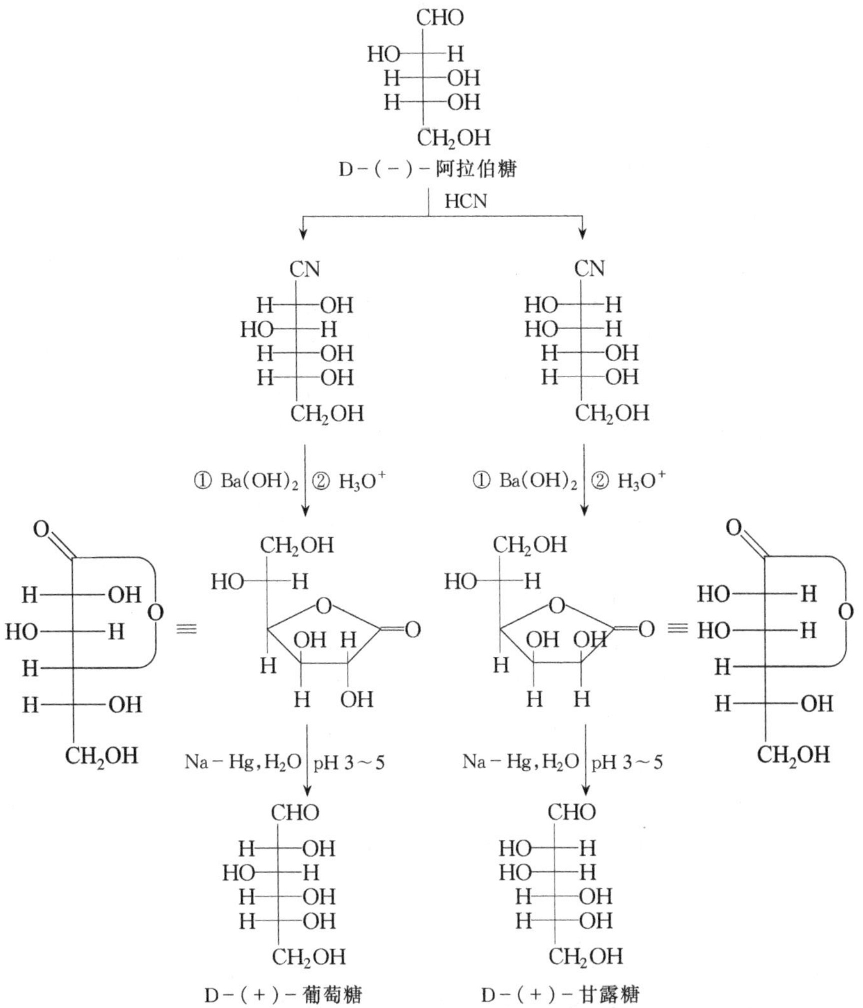

通过这种方法，还可以测定单糖的构型。因为 D-甘油醛和酒石酸的构型是已知的，通过递升的方法就可以将所有单糖的绝对构型搞清楚。

将一个醛糖变为低一级醛糖的过程叫做递降。递降可使糖变为糖酸钙后去掉碳原子：

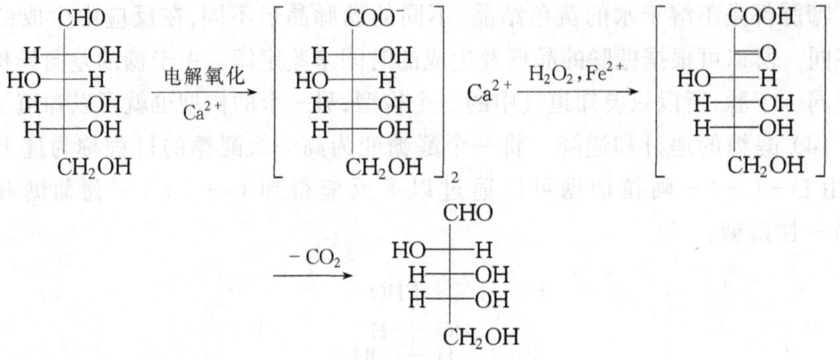
D-(-)-阿拉伯糖

二、双糖与多糖

1. 双糖

单糖分子中半缩醛羟基可以与另一分子单糖中的羟基脱水形成糖苷键，这种糖苷因为是由两个单糖分子形成的，所以称为双糖。

在自然界，构成双糖分子的单糖多是己糖。这两个单糖可以是相同的，也可以是不同的，其结构和苷是一样的，只不过双糖中的配体也是糖。组成双糖的两分子之间的苷键有两种方式。一种是一个单糖分子的半缩醛羟基和另一个单糖分子的非半缩醛羟基失水结合而成，后一个单糖分子中仍有一个半缩醛官能团存在，可以发生单糖的各种反应，因此它们仍然是还原糖，有变旋光作用，能形成脎。另一种方式中，两个单糖分子都是通过半缩醛羟基脱水而成，此时潜在的醛羰基不复存在，也不能再进行醛基的反应，所以它们是非还原糖。它们和还原剂不反应，不会和苯肼成脎，也没有变旋现象。

(1) 麦芽糖　淀粉在淀粉酶的作用下水解得到麦芽糖。麦芽中有淀粉酶，饴糖中的主要成分就是麦芽糖。谷类种子发芽时及淀粉在消化道中被淀粉酶水解即得麦芽糖。淀粉在口中嚼的时间长后可发现有甜味，就是淀粉酶水解淀粉产生了麦芽糖。麦芽糖的甜度小于蔗糖，也易溶于水，有还原性，可成脎，也有变旋现象，所以在分子中有半缩醛结构。它是由两分子的葡萄糖以 α-1,4-糖苷键连接起来的。

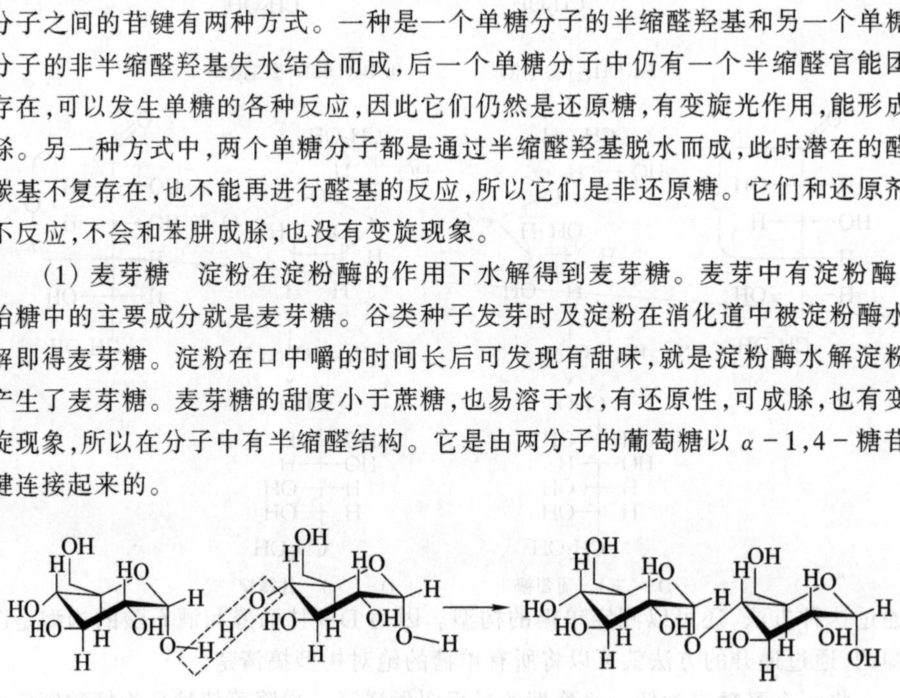
α-D-葡萄糖　α-D-葡萄糖　麦芽糖

α－麦芽糖的另一种表示方式为

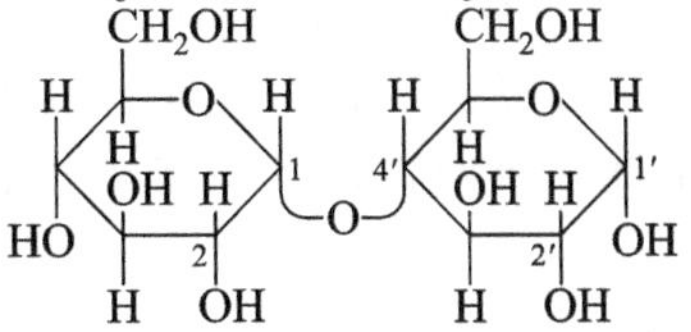

4－O－(α－D－吡喃葡萄糖苷基)－D－吡喃葡萄糖

从构象分析上看，麦芽糖中一个葡萄糖分子的 C_1 上的半缩醛羟基是直立键，而另一个葡萄糖分子中 $C_{4'}$ 位上的羟基是平伏键，因此该分子中的糖苷键是 α 型的。但是，在上述分子的右边一个葡萄糖结构中仍保留了一个半缩醛羟基，在溶液中它可以变为醛式，从而形成 α 型或 β 型（见下式）的麦芽糖，故而麦芽糖有变旋现象，能生成脎，有还原性。

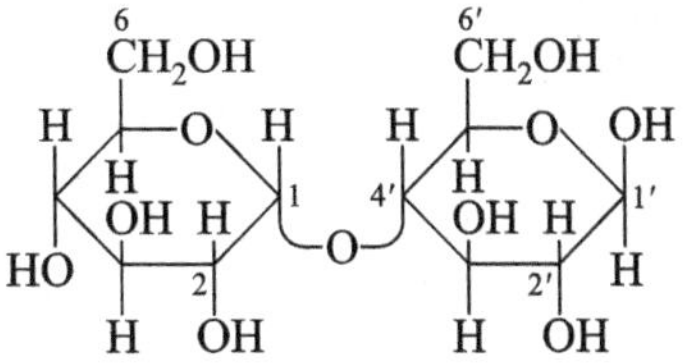

4－O－(β－D－吡喃葡萄糖苷基)－D－吡喃葡萄糖

(2) 乳糖　乳糖是由乳腺产生的，存在于人及动物的乳汁内，由一分子 D－葡萄糖和一分子 D－半乳糖缩合而成。它可以被苦杏仁酶（即 β－葡萄糖苷酶）水解，说明糖苷键是以 β－苷键结合而成的。用溴水氧化后再水解，得到 D－甘露糖和 D－葡萄糖酸，因此，乳糖是由 D－半乳糖的半缩醛 β－羟基和 D－葡萄糖的一个非半缩醛羟基结合而成的。其结构式为

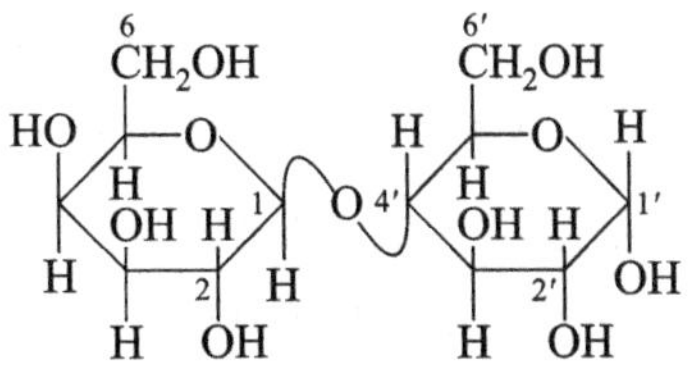

β－D－半乳糖基　　α－D－葡萄糖基

α－乳糖（当 1′－羟基在 β 位时，为 β－乳糖）

乳糖也有甜味，虽然不及蔗糖，但哺乳动物的乳汁中含有较多的乳糖，如人奶中占 6%～8%，牛奶中占 4%～6%。乳酪生产的副产品中就有乳糖。牛奶变

酸就是乳糖在乳酸杆菌作用下氧化成为乳酸的缘故。乳糖在人体内经乳糖酶作用分解为能被人体吸收利用的半乳糖和葡萄糖。

(3) 蔗糖 蔗糖不与费林试剂和托伦试剂作用,也不和苯肼反应,在水溶液中无变旋现象,所以它是非还原糖。水解后生成一分子 D-(+)-葡萄糖和一分子 D-(-)-果糖,葡萄糖和果糖各自以半缩醛羟基和半缩酮羟基脱水结合而成的。

蔗糖的结构通常用下面两种方法表示:

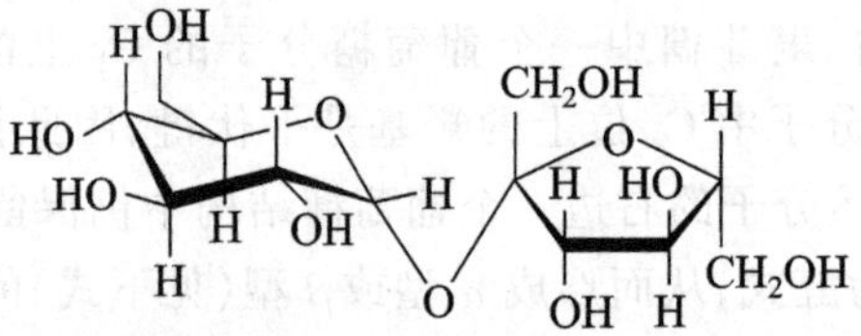

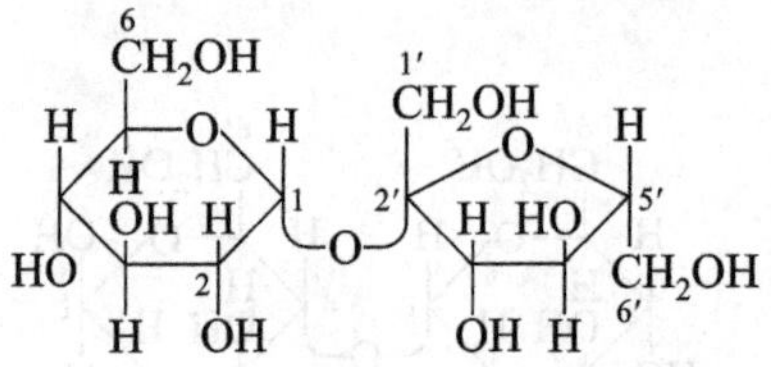

α-D-葡萄糖基 β-D-果糖基

蔗糖经甲基化后得到八甲基醚的衍生物,再经酸性水解得到 2,3,4,6-四-*O*-甲基-D-葡萄糖和 1,3,4,6-四-*O*-甲基-D-果糖的 2,5-氧环的呋喃衍生物。这个反应表明蔗糖分子中的葡萄糖部分是吡喃型的。

蔗糖可以用麦芽糖酶来水解,故在蔗糖分子中葡萄糖是 α 构型的;同样,由于它只能被能水解 D-果糖 β-苷键的转化酶所催化水解,因此它的果糖部分是 β 构型的。

蔗糖是我们主要的食用糖之一,其甜味超过葡萄糖,但不如果糖,主要存在于甘蔗和甜菜等含糖植物中。甘蔗和甜菜中的蔗糖含量分别为 14% 和 18% 左右。蔗糖是世界上产量最高的一种有机化合物,年产量达一亿吨左右。

(4) 纤维二糖 棉花等纤维素水解后得到纤维二糖。和麦芽糖相似,纤维二糖也是一个还原糖,水解后也只生成葡萄糖。但是,它不被 α-葡萄糖苷酶水解,只被能水解 β-苷键的 β-葡萄糖苷酶水解。因此在分子结构上,它和麦芽糖的惟一差别仅在于它的苷键是 β-1,4-糖苷键。虽然只是半缩醛羟基构型上的不同,但这两种双糖在生理作用上却有很大的差别。例如,人体内可以消化麦芽糖,却不能消化纤维二糖。

纤维二糖的结构为

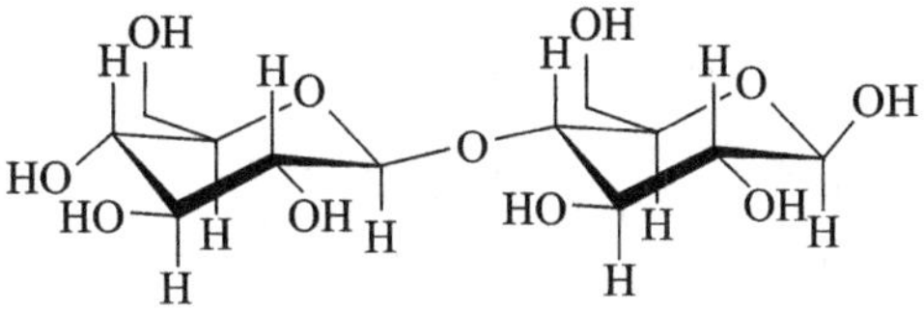

纤维二糖

4－O－(D－吡喃葡萄糖基)－D－吡喃葡萄糖

2．多糖

数目巨大的单糖分子，通过糖苷键彼此相连而成的高聚物即为多糖。多糖水解后只产生一种单糖的称为同多糖，多于一种单糖的称为杂多糖。多糖的物理性质与单糖及双糖完全不同，它们大多是不溶于水的非晶形固体，也无甜味。虽然多糖分子的末端仍有苷羟基，但其所占比例很小，所以多糖并无还原性。许多多糖化合物是我们生命活动不可或缺的物质，也是人类食物的主要成分之一。差不多所有的生物体内都含有多糖，淀粉和纤维素是与人类活动联系最多的两种多糖。

(1) 淀粉及糖原　淀粉是植物的主要能量储备，也是人类膳食中糖类的主要来源，谷物中淀粉的含量在75%以上，因此具有重要的经济价值。不同来源的淀粉其外观形状是不同的，大多是无定形的颗粒。淀粉的最终水解产物都是葡萄糖，因此它是由葡萄糖组成的同多糖。

淀粉由直链淀粉和支链淀粉两部分组成。直链淀粉是D－葡萄糖以α－1,4－糖苷键连接起来的，它的相对分子质量在几万到几十万之间。

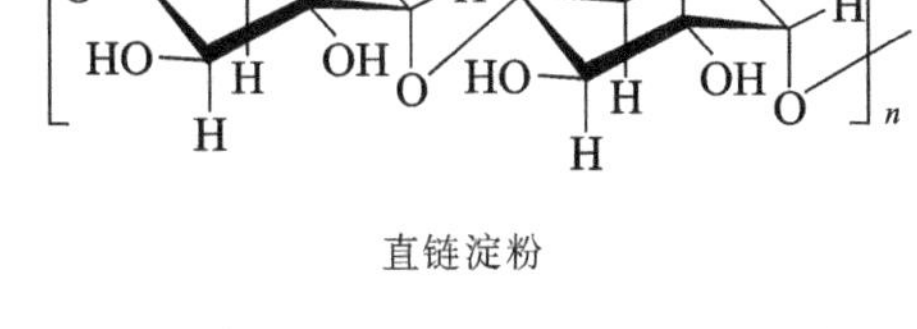

直链淀粉

直链淀粉实际上是一个螺旋状的结构，每一圈螺旋约有6个葡萄糖单元。这种柱状螺旋体刚好能容纳碘钻入并吸附，与碘形成深蓝色或紫色的包合物。此显色反应常用于检验淀粉的存在和碘量法分析终点的指示，反应迅速、灵敏。

支链淀粉是在α－1,4－糖苷键连接起来的分子上还以α－1,6－糖苷键连接了一些短链，它的相对分子质量更为庞大，可达几百万之多。

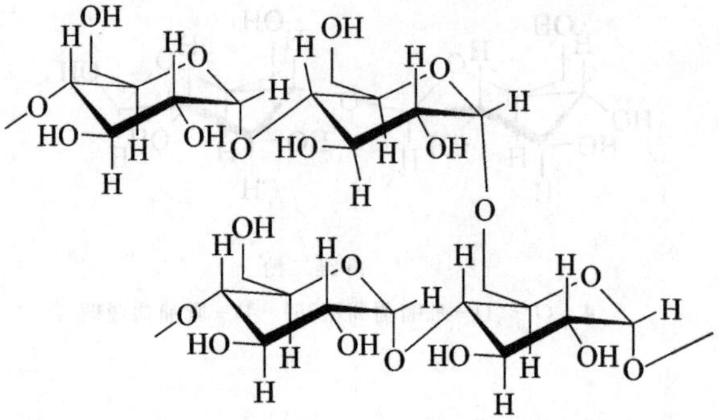

支链淀粉

不同来源的淀粉中直链淀粉和支链淀粉的比例是不一样的，即使是同一种类的稻米，由于耕作条件的差异，其中所含淀粉也有性质上的差异。糯米淀粉中几乎全是支链淀粉，在蒸熟过程中，淀粉颗粒中内外层紧密结构的螺旋链变得松弛，体积膨胀，内部结构疏松，支链结构也随之展开，但分子间的运动因支链的相互交叉要比直链结构困难得多，相对阻力也大，加上相对分子质量大，熟化后形成的高分子溶液黏度也大得多。

与植物一样，动物体内也含有大约由 100 万个 D－葡萄糖单元组成的淀粉，称为糖原或动物淀粉。由于它最早是从肝中得到的，所以又称肝糖。糖原是由 D－葡萄糖组成的，分子中主链葡萄糖的连接是以 α－1,4－糖苷键相连接，支链的连接链为 α－1,6－糖苷键，但糖原含支链较多，分子为球形，由于它的成分类似于淀粉，因此又称为动物淀粉。

动物体内一部分葡萄糖被消化以提供能量，其他部分是以糖原的形式存储在多种组织中。当需要时，肝内的糖原可分解为葡萄糖进入血液，供组织使用，这是一个在酶催化下的非常复杂的生化分解过程。肌肉中的糖原是肌肉收缩所需能量的能源。

(2) 纤维素　纤维素是自然界分布最广的天然高分子有机化合物，是植物细胞的主要成分，木材中的 50% 和棉花中的 90% 都是纤维素。

纤维素是 D－葡萄糖以 β－1,4－糖苷键连接起来的直链高分子，它的相对分子质量巨大，如棉花在 60 万，苎麻纤维的相对分子质量几乎达到 200 万。

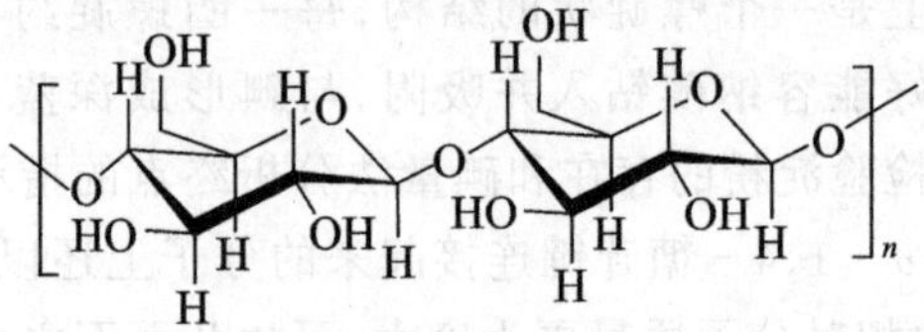

纤维素

纤维素分子的长链能依靠数目众多的氢键结合形成纤维素束。X 射线衍射和电子显微镜研究证明，纤维素分子的长链平行排列，形成纤维素束，每一束约有 100 多条纤维素分子链，几个纤维素束绞在一起形成绳束状结构，再定向排布成我们肉眼所能辨别出的纤维。因此，纤维素有很大的强度和弹性，这与相邻纤维素分子中的许多羟基互相作用生成的氢键以及与 D-(+)-葡萄糖单元的构型和它们相互之间以 β-1,4-糖苷键相结合的形式密切有关。

纤维素无味，不溶于水，没有还原性。纤维素分子中的 β-1,4-D-葡萄糖苷键是与淀粉的主要区别。人的消化道中没有能水解 β-1,4-糖苷键的纤维素酶，所以人不能消化纤维素。但食草动物消化道中有一些微生物，它们产生的纤维素酶能使纤维素水解，所以食草动物能以纤维素为食。

三、几种重要的低聚糖和糖类衍生物

1. 环糊精

环糊精(cyclodextrin，简称 CD)是直链淀粉在由芽孢杆菌产生的环糊精葡萄糖基转移酶作用下生成的一系列环状低聚糖的总称，通常含有 6～12 个 D-吡喃葡萄糖单元。其中研究得较多并且具有重要实际意义的是含有 6、7、8 个葡萄糖单元的分子，分别称为 α-、β-和 γ-环糊精。根据 X 射线晶体衍射、红外光谱和核磁共振波谱分析的结果，确定构成环糊精分子的每个 D-(+)-吡喃葡萄糖都是椅式构象。各葡萄糖单元均以 1,4-糖苷键结合成环。由于连接葡萄糖单元的糖苷键不能自由旋转，环糊精不是圆筒状分子而是略呈锥形的圆环。其中，环糊精的伯羟基围成了锥形的小口，而其仲羟基围成了锥形的大口。

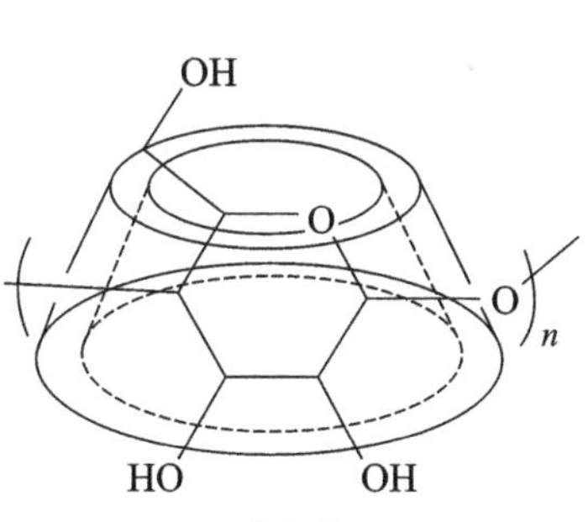

n=6, 7, 8

n=6, α-CD
n=7, β-CD
n=8, γ-CD

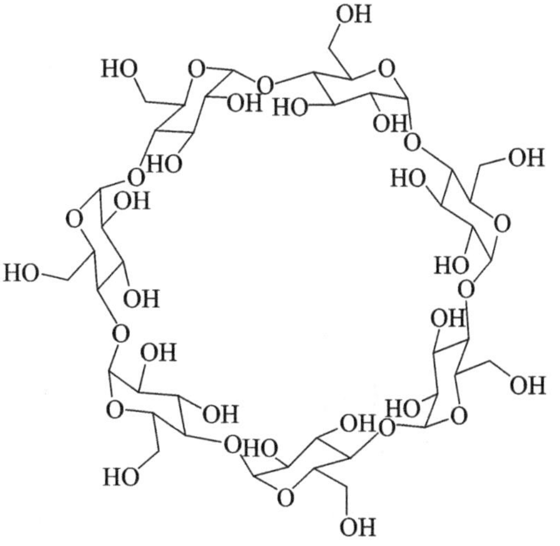

由于环糊精的外缘(rim)亲水而内腔(cavity)疏水,因而它能够像酶一样提供一个疏水的结合部位,作为主体(host)包络各种适当的客体(guest),如有机分子、无机离子及气体分子等。其内腔疏水而外部亲水的特性使其可依据范德华力、疏水相互作用力、主客体分子间的匹配作用等与许多有机和无机分子形成包合物及分子组装体系,成为化学和化工研究者感兴趣的研究对象。这种选择性的包络作用即通常所说的分子识别,其结果是形成主客体包络物(host - guest complex)。环糊精是迄今所发现的类似于酶的理想宿主分子,并且其本身就有酶模型的特性。因此,在催化、分离、食品以及药物等领域中,环糊精受到了极大的重视和广泛应用。由于环糊精在水中的溶解度和包结能力,改变环糊精的理化特性已成为化学修饰环糊精的重要目的之一。

2. 维生素 C

维生素 C 又称 L - 抗坏血酸,是六碳糖的衍生物,具有多种生理作用,其中最为突出的是促进骨胶原的形成。目前维生素 C 主要的合成方法是生物发酵法,我国是主要生产国。用全合成的方法得到抗坏血酸,是一个在理论上具有指导意义的工作,合成的全过程可表示如下:

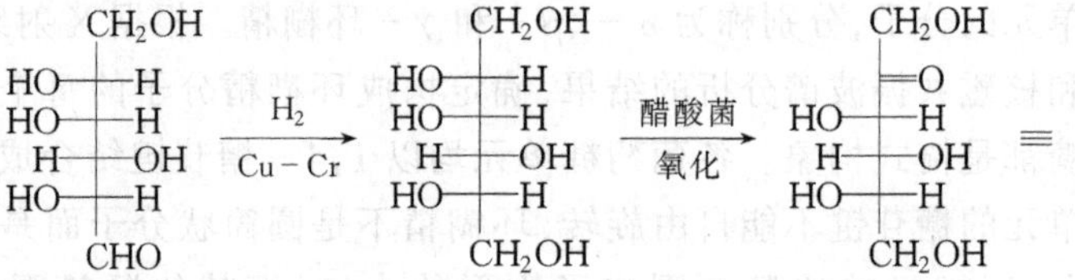

D - 葡萄糖　　L - 山梨糖醇　　L - 山梨醇

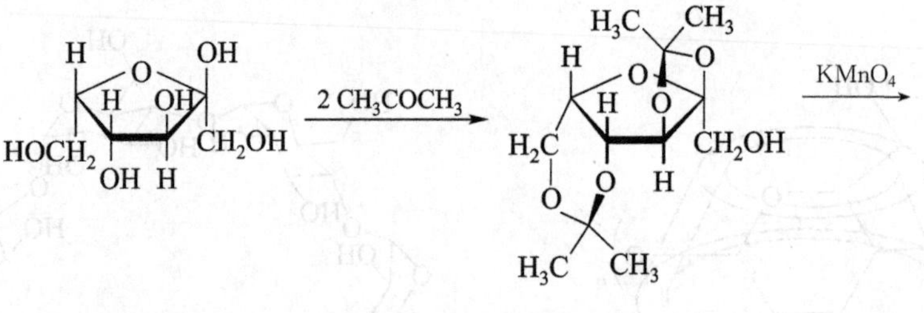

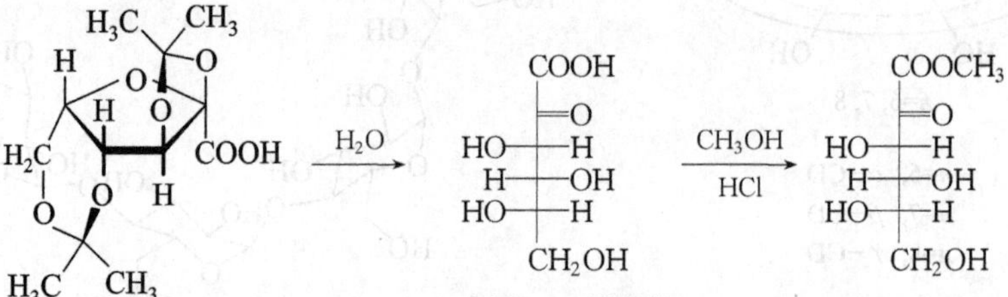

L - 古罗 - 2 - 酮糖酸

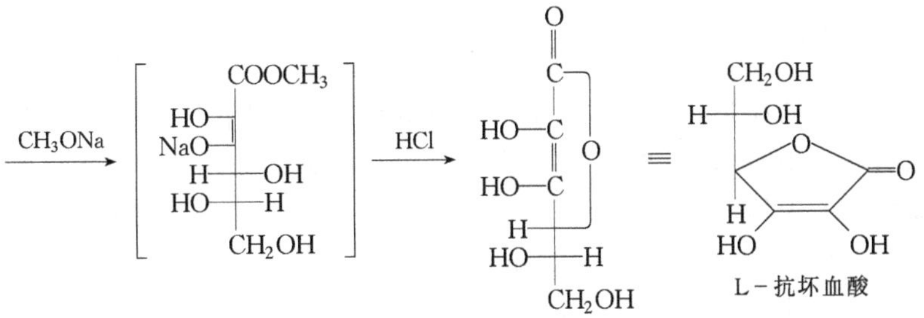

3. 氨基糖

氨基糖是糖分子中的羟基为氨基所取代的化合物的总称。作为生物体成分最常见的是葡萄糖胺和半乳糖胺，它们是己糖的2位羟基被氨基所取代的化合物。神经氨酸是一种5位具有氨基的九碳糖，但从1位到3位具有丙酮酸的结构，如除去此部分则与2位具氨基的甘露糖胺的结构一致。与此不同，也有相当多的天然的2位以外的氨基糖，其大多数是作为微生物产生的核多糖、糖苷或抗生素的成分而存在的。例如，在链霉菌属产生的卡那霉素中含有6－氨基－6－脱氧－D－葡萄糖，在嘌呤霉素中含有3－氨基－3－脱氧－D－核糖等。

肝素是包括氨基葡萄糖、葡萄糖酸等结构单元的多糖物质。这些结构单元的某些羟基和氨基被磺酸化或乙酰化，因而是一个具高负电荷的大分子。肝素具有抗凝血功能，还可抑制血小板，增加血管壁的通透性，并可调控血管新生。此外，还具有调血脂的作用。相对分子质量在1 200～40 000，抗血栓与抗凝血活性与相对分子质量大小有关。

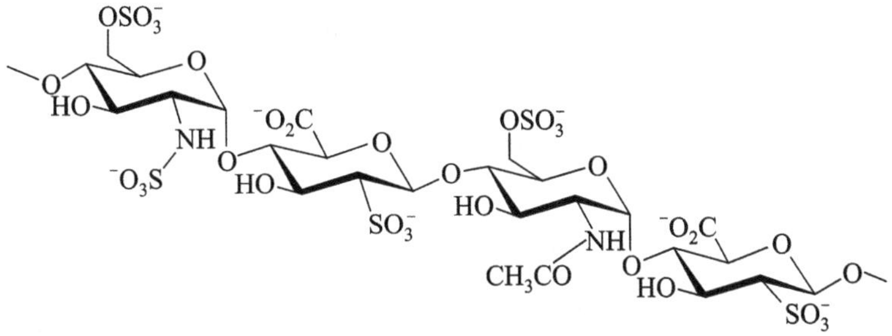

第二节　脂类化合物

脂类是生物体内一大类重要的有机化合物，它们的一个共同的物理性质是不溶于水，但能溶于非极性有机溶剂（如乙醚、丙酮、苯等）。用这类溶剂可将脂类化合物从细胞和组织中萃取出来。脂类化合物具有重要的生物学功能，它能为机体提供能量，可保护机体免受机械损伤，有些脂类化合物还具有维生素、激素的功能。

一、油脂

油脂包括油和脂肪。在常温下为液态的称为油(如菜油、豆油等),为固态或半固态的称为脂肪(如猪油)。它们大多是由直链碳链的高级脂肪酸组成的三酰甘油酯。在油中的羧酸通常为不饱和酸或相对分子质量较小的羧酸,而脂肪中的羧酸相对分子质量较大,常为饱和的羧酸。

三酰甘油酯是由一分子甘油和三分子脂肪酸结合而成的酯:

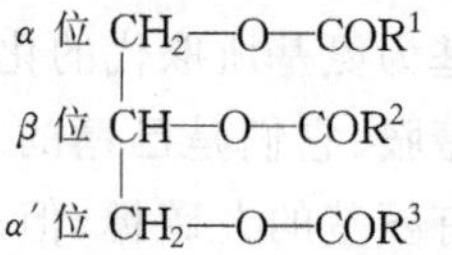

R^1,R^2,R^3 为脂肪酸的链,相同时称为单纯甘油酯,不同时则称为混合甘油酯。

二、脂肪酸

天然油脂经过水解可以得到多种脂肪酸。在组织和细胞中,绝大部分的脂肪酸作为复合脂类的基本结构成分存在,以游离形式存在的脂肪酸含量极少。饱和酸最多的是 $C_{12}\sim C_{18}$酸,动物脂肪如猪油及牛油中含有大量软脂酸和硬脂酸。不同脂肪酸之间的区别主要在于碳氢链的长度及碳碳双键的数目和位置。脂肪酸可用以下方法表示:

16:0 软脂酸,16 个碳原子的饱和酸:

$$CH_3(CH_2)_{14}COOH$$

18:1(9)或 $18:1^{\Delta 9}$ 油酸,18 个碳原子,在 9 和 10 位之间有一个碳碳双键:

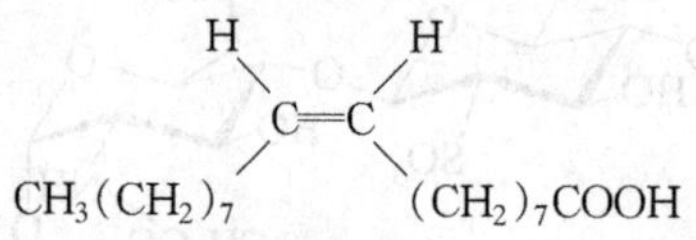

18:3(9,12,15)或 $18:3^{\Delta 9,12,15}$ 亚麻酸,具有 18 个碳原子,三个碳碳双键在 9 和 10,12 和 13,15 和 16 位碳原子之间:

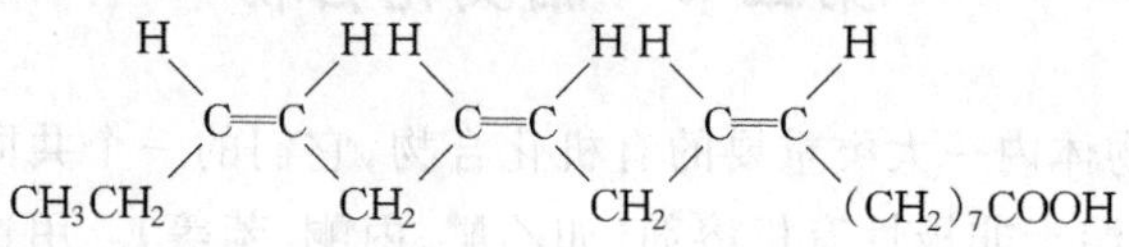

高等动、植物脂肪酸的共性如下:

(1) 多数链长为 14~20 个碳原子,都是偶数,最常见的是 16 个或 18 个碳原子;

(2) 饱和脂肪酸中最普遍的是软脂酸(16 个 C)和硬脂酸(18 个 C),不饱和脂肪酸中最普遍的是油酸；

(3) 在高等植物和低温生活的动物(如北极熊)中,不饱和脂肪酸的含量高于饱和脂肪酸；

(4) 高等动、植物的不饱和脂肪酸中一般有一个双键在 9 和 10 位；

(5) 高等动、植物的不饱和脂肪酸,几乎都具有相同的几何构型,而且都属于顺式(即 Z 构型)。

哺乳动物体内能够合成饱和脂肪酸和单不饱和脂肪酸,但不能合成亚油酸和亚麻酸。我们将维持哺乳动物正常生长所需的而体内又不能合成的脂肪酸称为必需脂肪酸(essential fatty acid)。哺乳动物体内的亚油酸和亚麻酸是从植物中获得的。

油脂通常具有如下一些性质。

(1) 水解和皂化　在酸和解酯酶的存在下,油脂在常温下即可部分水解,这是油脂在储藏过程中发生酸败现象的主要原因之一。

$$\begin{array}{l} CH_2OCOR^1 \\ | \\ CHOCOR^2 \\ | \\ CH_2OCOR^3 \end{array} + H_2O \xrightleftharpoons{\text{解酯酶}} \begin{array}{l} CH_2OH \\ | \\ CHOCOR^2 \\ | \\ CH_2OCOR^3 \end{array} + R^1COOH$$

脂的碱性水解称为皂化,其产物是脂肪酸的钠盐或钾盐(肥皂)及甘油。皂化过程实际上是水解和成盐作用的过程:

$$C_3H_5(OCOR)_3 + 3KOH \xrightarrow[\triangle]{H_2O} C_3H_5(OH)_3 + 3RCOOK$$

皂化反应是分步进行的,三个脂肪酸逐步水解下来,反应的速率取决于油脂的结构、碱的浓度及反应温度等。

皂化值是指 1g 脂肪完全皂化所需氢氧化钾的质量(单位:mg)。皂化值越大,表示脂肪酸的平均相对分子质量越小。

皂化反应是工业上制造肥皂的重要反应,是制皂和油脂工业中分析测定油脂的皂化值、酸值的依据。

(2) 酯交换反应　这是油脂的醇解反应,生成新的酯及甘油。

$$\begin{array}{l} CH_2OCOR^1 \\ | \\ CHOCOR^2 \\ | \\ CH_2OCOR^3 \end{array} + 3CH_3OH \xrightarrow[P,\triangle]{\text{催化剂}} \begin{array}{l} CH_2OH \\ | \\ CHOH \\ | \\ CH_2OH \end{array} + \begin{array}{l} R^1COOCH_3 \\ R^2COOCH_3 \\ R^3COOCH_3 \end{array}$$

油脂工业中,利用酯交换反应得到高纯度的高级脂肪酸甲酯或乙酯,还可进一步还原得到高级脂肪醇。

(3) 酸败　油脂在空气中曝露过久即产生难闻的臭味，这种现象称为酸败。引起油脂酸败的主要原因是空气中的氧以及细菌的作用，使油脂氧化分解产生低级醛、酮、羧酸等，分解出的产物具有特殊的气味。有水、光、热及微生物存在的条件下，油脂容易酸败。所以在储存油脂时，应保存在干燥的、不见光的密封容器中。

酸败的化学本质是由于油脂水解释放出游离的脂肪酸，脂肪酸再氧化成醛或酮。

中和 1 g 油脂中的游离脂肪酸所消耗的氢氧化钾的质量(单位：mg)称为酸值。酸败的程度一般用酸值表示。

精制的油脂中，由于含水分很少，其他杂质含量也低，尤其是解酯酶含量很低，因此可长期存放。

(4) 加成　油脂中不饱和键可与卤素加成，生成卤代脂肪酸，这一作用称为卤化作用。通常用碘值测定脂肪的不饱和程度。碘值是 100 g 油脂所能吸收的碘的质量(单位：g)。碘值越高，说明油脂的不饱和度越大。

(5) 油脂的硬化　油脂中脂肪酸的不饱和程度对油脂的物理及化学性质具有很大的影响，不饱和酸的熔点比较低，采用催化氢化的方法使其饱和，从而达到提高熔点的目的。这个过程就是油脂的硬化。

桐油中的桐油酸是一个具有三个碳碳双键的共轭体系：

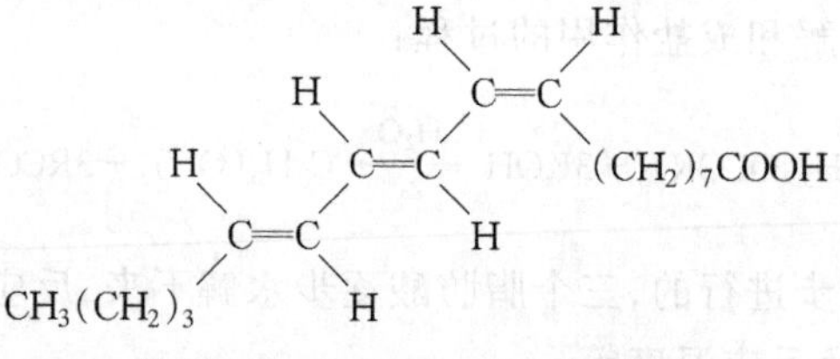

顺，反，反 - 9，11，13 - 十八碳三烯酸

桐油的共轭双键结构表现出特殊的性质，当将它涂在一个平面上与空气接触时，就逐渐变为一层干硬而有弹性的膜，所以这种油脂称为干性油。干性油变为硬膜可能与氧化及聚合有关，具体的机理尚不清楚。

三、蜡与高碳脂肪醇

蜡是由含有 C_{16} 以上的高碳脂肪酸与高碳脂肪醇所形成的酯组成。天然的蜡中往往还含有一定量的游离脂肪酸和脂肪醇。常温下蜡是固态，能溶于乙醚、苯和氯仿等有机溶剂；但蜡不被脂肪酶所水解，也不易发生皂化。

在植物的茎叶和果实的外部，有一层蜡薄膜，它可以保持植物内水分，也可以防止外界水分聚集侵蚀。在昆虫的外壳和动物的皮毛，以及鸟类的羽毛中，也存在着含量丰富的蜡。植物蜡和虫蜡不但可用于化工原料、造纸、防水剂、光泽剂及高级脂肪醇和脂肪酸的生产，还可用于水果涂层，长期保鲜。

蜂蜡是棕榈酸（软脂酸）与 C_{30} 醇所形成的酯；蜂房制得的蜡是 $C_{26} \sim C_{28}$ 酸和 $C_{30} \sim C_{32}$ 醇形成的酯；巴西蜡是由 C_{30} 醇与 C_{26} 酸形成的酯；鲸蜡的主要成分则是 C_{16} 醇及顺－9－十八碳烯－1－醇与软脂酸所形成的酯；我国盛产的白蜡的主要化学成分是 $C_{25}H_{51}COOC_{26}H_{53}$。

$C_{15}H_{31}CO_2C_{30}H_{61}$	$C_{25}H_{51}CO_2C_{30}H_{61}$	$C_{15}H_{31}CO_2C_{16}H_{33}$
蜂蜡（存在蜜蜂体内）	巴西蜡	鲸蜡（存在于鲸鱼头部）

天然的高碳脂肪醇多以酯或醚的形态存在于动植物体中，在一些海洋水生动物中，如鲸类和鲨类的体内，贮有大量以酯或醚形态存在的脂肪醇。例如，在香鲸的“脑油”中含有大量的鲸脑油（棕榈酸鲸蜡酯）；在鲨鱼的油中，可以分离得到鲨肝醇和鲨油醇；在鲸鱼的肝油中含有大量鲸肝醇。

$$CH_3(CH_2)_{14}COO(CH_2)_{15}CH_3$$

鲸脑油

$$\begin{array}{l} CH_2OCH_2(CH_2)_{14}CH_3 \\ | \\ CHOH \\ | \\ CH_2OH \end{array}$$

鲸肝醇

$$\begin{array}{l} CH_2O(CH_2)_{17}CH_3 \\ | \\ CHOH \\ | \\ CH_2OH \end{array}$$

鲨肝醇

$$\begin{array}{l} CH_2O(CH_2)_8CH{=}CH(CH_2)_7CH_3 \\ | \\ CHOH \\ | \\ CH_2OH \end{array}$$

鲨油醇

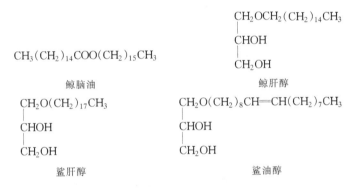

直链的高碳脂肪醇具有一些特殊的用途。例如，C_{30} 醇可促进植物生长；C_{20} 醇可用于制取抗氧剂；高碳脂肪醇可转变为高碳脂肪胺，用于阳离子表面活性剂的制备等。

四、肥皂与合成洗涤剂

日用肥皂是高碳脂肪酸（主要是硬脂酸）的钠盐，是由油脂经过皂化制得的。高碳脂肪酸钠一端是羧酸根，具有亲水性；另一端是链状烃基，具有亲油性。肥皂是一种阴离子表面活性剂，它具有降低水的表面张力及两相（如水和油）之间相界面张力的特性。

在肥皂水溶液中，多个脂肪酸盐分子的烃基相聚集并构成胶束，其外部是极性的亲水性羧基。这种无定形胶束与衣物上的油污相遇时，在机械力的作用下可将油污小滴包围在中心，形成分散于溶液中的悬浮物，而有极性的或带有静电的尘埃可与胶束的外部羧基通过静电作用顺水排出，达到洗涤清洁作用。

肥皂只有在软水中使用时，其去污作用才是良好的；在硬水中肥皂与钙、镁等离子作用生成不溶性沉淀，就大大降低或失去了它的去污力（此时肥皂的水溶性胶束被破坏)。为了克服肥皂的这一弱点,近几十年来,相继合成出了多种阴离子表面活性剂。在合成的阴离子表面活性剂中,除了含有非极性的亲油性烃基外,都含一个有高度极性的阴离子——磺酸负离子或硫酸酯负离子。

五、磷酸甘油酯(或称磷脂)

在动、植物体内还含有一类和油脂类似的化合物,它们是含磷的高级脂肪酸酯,主要存在于植物的种子、蛋黄及脑子中。在它们的结构中,甘油的第三个羟基被磷酸酯化,而其他两个羟基被脂肪酸酯化,称为磷酸甘油酯。通式为

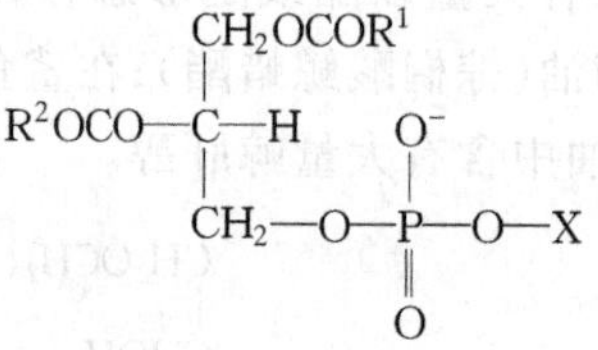

X为醇基

例如,卵磷脂(磷脂酰胆碱)是由甘油、脂肪酸、磷酸、胆碱组成的:

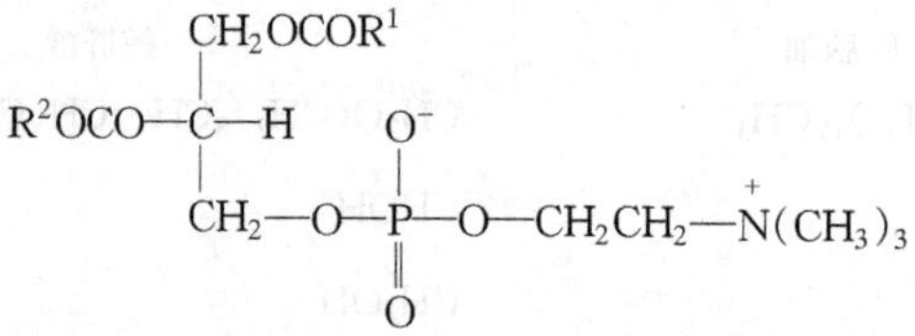

其中,胆碱$[(CH_3)_3\overset{+}{N}CH_2CH_2OH]OH^-$的结构可看成与$NH_4OH$相似。

卵磷脂所含的两个脂肪酸,通常是硬脂酸、油酸、十八碳二烯酸等。一般来说,卵磷脂分子中往往含一分子饱和脂肪酸,一分子不饱和脂肪酸,其不饱和脂肪酸常位于β位上。

卵磷脂有极性端和非极性端,可解离成两性离子。它虽然不溶于水,但容易被乳化,因其分子中含有极性的亲水基团,对水有较大的亲和力,能降低其界面张力,所以是极有效的"脂肪乳化剂"。卵磷脂有协助脂肪运输的作用,当肝合成卵磷脂不足时,肝内脂肪输出发生障碍,可使脂肪在肝中堆积,形成脂肪肝。所以卵磷脂是抗脂肪肝的因素之一,可用以防止、治疗肝中脂肪的堆积。卵磷脂中的胆碱成分在人体内可转化为乙酰胆碱,后者可以改善人的大脑机能,增强记忆力。

第三节 氨基酸与蛋白质

蛋白质在生物体内占有特殊的地位,它是生命现象的最基本的物质基础。生命是物质运动的高级形式,这种运动形式是通过蛋白质来实现的。生物体内存在的多数物质,除水之外,都含有一种或多种蛋白质。蛋白质参与有机体的结

构组成，催化细胞中化学反应并执行着无数的各式各样的主要功能。所有蛋白质均含 C,H,N,O，大多数蛋白质还含少量的 S，除此之外，有些蛋白质还含磷、铁、镍、铜、碘等。所有蛋白质的含氮量都很接近，平均为 16%，这个数值可作为蛋白质的定量测定（1 g 氮相当于 6.25 g 蛋白质）。蛋白质彻底水解得氨基酸的混合物，氨基酸是蛋白质的基本组成单位。

一、氨基酸

蛋白质水解生成的天然氨基酸有 20 余种，但它们的化学结构式都具有一个共同的特点，也就是在羧基相连的 α - C 上有一个氨基，所以称为 α - 氨基酸。α - 氨基酸的结构通式为

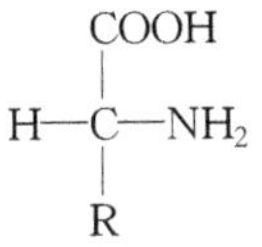

不带电形式

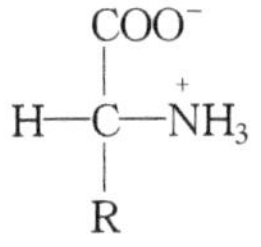

两性离子形式

氨基酸中 α - C 为不对称碳原子，所以氨基酸绝大部分都具有旋光性，其结构均具 D 型和 L 型两种立体异构体。从蛋白质水解得到的 α - 氨基酸都属于 L 型，所以习惯上书写氨基酸都不标明构型和旋光方向。

氨基酸常用的名称大多来自来源或其性质。例如，微具甜味的甘氨酸，从天门冬植物中得到的天冬氨酸，蚕丝中的丝氨酸，等等。1975 年，IUPAC 对蛋白质中 20 多种氨基酸每个都给予了一个正式命名及用一个字母或三个字母组成的通用缩写符号，并规定了它们的碳架结构（见表 13 - 1）。缩写符号由其英文名称的前三个字母组成，这种符号在表示蛋白质和肽链的结构时被广泛采用。

表 13 - 1　一些常见的氨基酸

名称	英文缩写	结构式	等电点(25℃)
含一个氨基一个羧基的中性氨基酸			
甘氨酸	Gly(甘)	$CH_2(NH_3^+)—COO^-$	5.97
丝氨酸	Ser(丝)	$HO—CH_2—CH(NH_3^+)—COO^-$	5.68
苏氨酸	Thr(苏)	$CH_3—CH(OH)—CH(NH_3^+)—COO^-$	5.60
丙氨酸	Ala(丙)	$CH_3—CH(NH_3^+)—COO^-$	6.02

续表

名称	英文缩写	结构式	等电点(25°C)
缬氨酸	Val(缬)	$CH_3—CH(CH_3)—CH(NH_3^+)—COO^-$	5.97
亮氨酸	Leu(亮)	$CH_3—CH(CH_3)—CH_2—CH(NH_3^+)—COO^-$	5.98
异亮氨酸	Ile(异亮)	$CH_3—CH_2—CH(CH_3)—CH(NH_3^+)—COO^-$	6.02
含一个氨基两个羧基的酸性氨基酸			
天冬氨酸	Asp(天冬)	$^-OOC—CH_2—CH(NH_3^+)—COO^-$	2.98
天冬酰胺	Asn	$H_2N—C(=O)—CH_2—CH(NH_3^+)—COO^-$	5.41
谷氨酸	Glu(谷)	$^-OOC—CH_2—CH_2—CH(NH_3^+)—COO^-$	3.22
谷氨酰胺	Gln	$H_2N—C(=O)—CH_2—CH_2—CH(NH_3^+)—COO^-$	5.65
含两个氨基一个羧基的碱性氨基酸			
赖氨酸	Lys(赖)	$H_3\overset{+}{N}—CH_2CH_2CH_2CH_2—CH(NH_3^+)—COO^-$	9.74
精氨酸	Arg(精)	$H_2N—C(=NH_2^+)—NH—CH_2CH_2CH_2—CH(NH_3^+)—COO^-$	10.76
含硫氨基酸			
半胱氨酸	Cys(半胱)	$HS—CH_2—CH(NH_3^+)—COO^-$	5.07
蛋氨酸(甲硫氨酸)	Met(蛋)	$CH_3—S—CH_2CH_2—CH(NH_3^+)—COO^-$	5.75
含芳环的氨基酸			
酪氨酸	Tyr(酪)	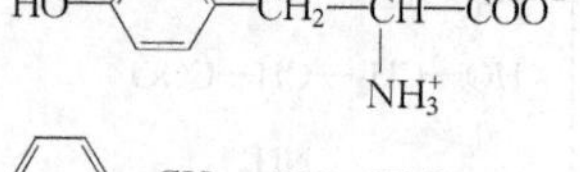	5.66
苯丙氨酸	Phe(苯丙)	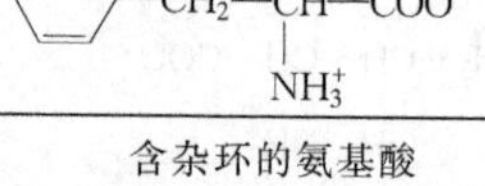	5.48
含杂环的氨基酸			
组氨酸	His(组)	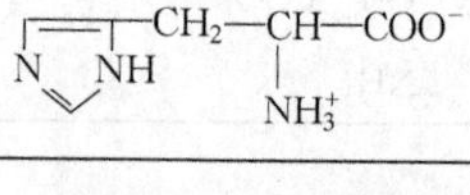	7.59

续表

名称	英文缩写	结构式	等电点(25°C)
脯氨酸	Pro(脯)	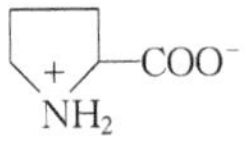	6.48
色氨酸	Trp(色)	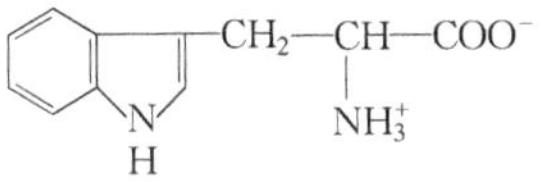	5.89

1. 氨基酸的酸碱性质

氨基酸的熔点很高，一般大于200℃，并都在熔化时分解；一般溶于水而不溶于有机溶剂；介电常数高。当氨基酸溶于水后，水的介电常数增加。这些事实表明，氨基酸是两性离子。

氨基酸在水溶液中大多数是以两性离子形式存在的，所以它既能像酸一样解离出质子，又能像碱一样接受质子。

氨基酸的离子化状态与溶液的 pH 有关：

$$\underset{\displaystyle NH_3^+}{\overset{}{RCHCOOH}} \underset{}{\overset{H^+}{\rightleftharpoons}} \underset{\displaystyle NH_3^+}{RCHCOO^-} \underset{}{\overset{OH^-}{\rightleftharpoons}} \underset{\displaystyle NH_2}{RCHCOO^-}$$

在某一 pH 时，氨基酸所带净电荷为 0，在电场中既不向阳极移动，也不向阴极移动，此时氨基酸所处溶液的 pH 称为该氨基酸的等电点，以 pI 表示。

等电点时，氨基酸主要以两性离子形式存在，但也存在少量且等量的正、负离子，另外还存在极少量的中性分子。

等电点时，氨基酸的溶解度最小，容易沉淀，利用这一性质可以分离制备某些氨基酸，利用各种氨基酸等电点的不同，可以通过电泳法、离子交换法等在实验室或工业生产上进行混合氨基酸的分离或制备。

2. 氨基酸的化学性质

氨基酸中氨基表现出的典型反应除了烃基化和酰基化外，还能与亚硝酸反应，生成 α－羟基酸并快速放出氮气，这是一个定量反应，1 mol 氨基酸放出 1 mol氮气，通过定氮测定氨基酸的含量，可判断蛋白质的水解程度。随着蛋白质的水解，氨基氮的量逐渐上升，但总氮量不变。通常以氨基氮与总氮量之比值表示蛋白质水解的程度，比值越大，水解程度越高。

$$\underset{\displaystyle NH_2}{RCHCOOH} + HNO_2 \longrightarrow \underset{\displaystyle OH}{RCHCOOH} + N_2\uparrow + H_2O$$

氨基与甲醛作用后转化为亚胺或醇胺，碱性消失，因此可以用碱来滴定羧基的量，这个方法称为甲醛滴定法。

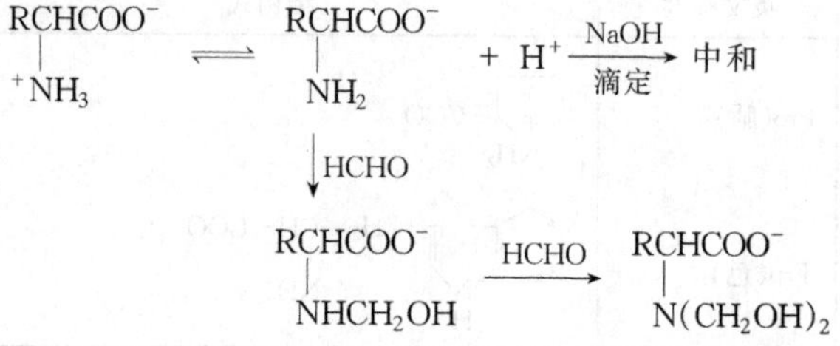

羟甲基氨基酸

氨基酸分子在溶液中主要是以两性离子形式存在，不能直接用酸、碱滴定。加入甲醛就可以使平衡向右移动，从而游离出质子，这样就能用酸碱滴定法来滴定。

通过氨基酸的甲醛滴定法，可以求得氨基酸的含量。但这种方法的误差常在10%左右，只可大体判断蛋白质水解的程度或合成的速率。

氨基上的氮原子具有亲核性，因此能与烃基化试剂反应，如与2,4－二硝基氟苯反应：

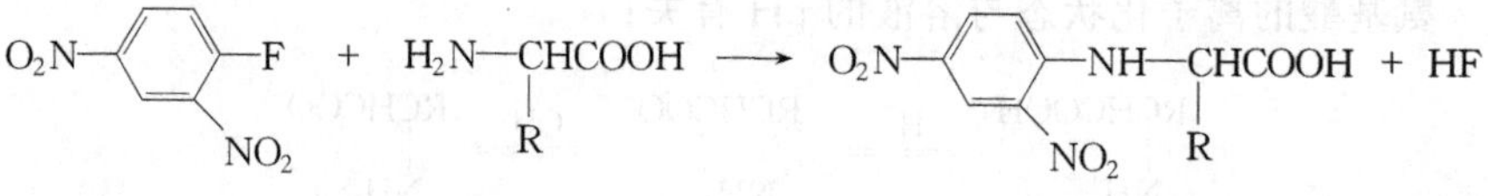

DNP－氨基酸

该反应发生在弱碱性溶液中，它首先被英国的桑格(Sanger F)用来鉴定多肽或蛋白质的末端氨基，曾经广泛应用于测定氨基酸在多肽或蛋白质中的排列顺序。

氨基酸中的羧基表现出的主要反应与通常的羧基相似，如可以酯化、酰胺化、还原等：

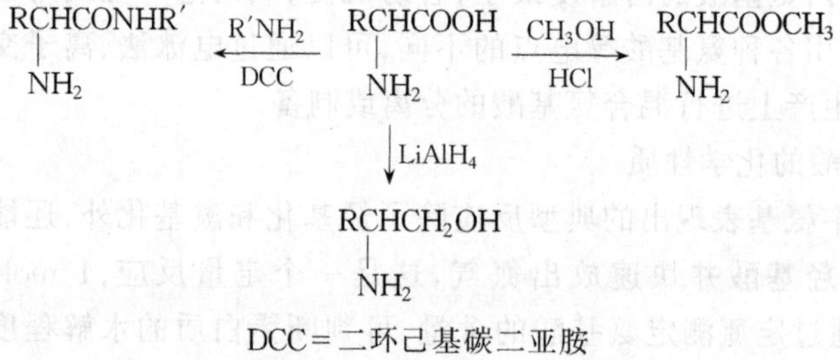

DCC＝二环己基碳二亚胺

同时，氨基酸还具有由氨基和羧基共同表现出来的一些特殊的性质。如氨基酸的两性分子性质就是因为这两个基团共同存在造成的。再如 α－氨基酸和水合茚三酮的醇溶液反应，得到一种蓝紫色的物质，其反应机理为

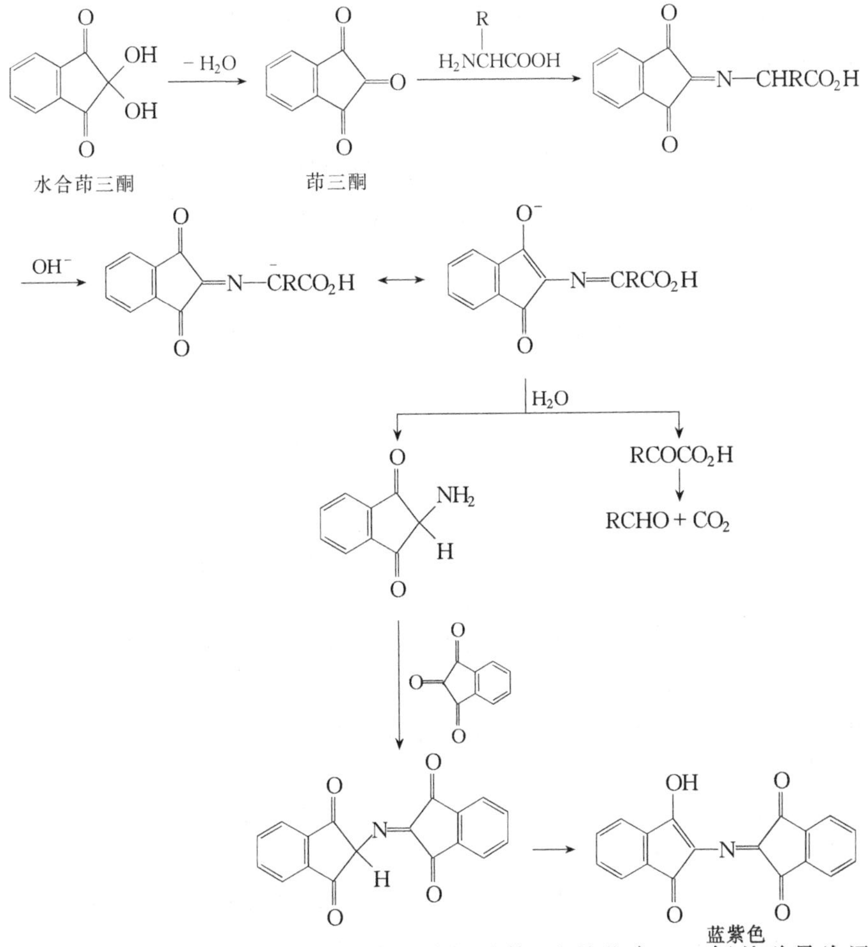

该反应非常灵敏，灵敏度为 1μg。除了脯氨酸外，这是鉴定 α－氨基酸最为迅速简便的分析方法。蓝紫色化合物颜色的深浅与来自氨基酸的氨基数目成正比，其最大吸收峰在波长 570 nm 处。采用纸层析、离子交换层析和电泳等技术分离氨基酸时，常用茚三酮溶液作显色剂，用作氨基酸的定性和定量分析。

3．氨基酸的制备

许多氨基酸可以通过某些易得到的蛋白质水解生成。如谷氨酸一钠（俗称味精）就是面粉中的蛋白质（面筋）的水解产物，胱氨酸是动物毛发水解的产物。

通过有机合成制备的氨基酸常常是外消旋的。如可以以醛酮为主要原料得到氨基酸：

$$RCHO \underset{}{\overset{NH_3,\ -H_2O}{\rightleftharpoons}} RCH{=}NH \xrightarrow{HCN} \underset{\displaystyle NH_2}{\overset{}{RCHCN}} \xrightarrow{H_3O^+} \underset{\displaystyle NH_2}{RCHCO_2H}$$

α－卤代酸的氨解也是制备氨基酸的好方法。由于生成的氨基酸上的氨基碱性较弱，故多取代的产物并不多。

$$\mathrm{RCH(Br)CO_2H} \xrightarrow{\mathrm{NH_3}} \mathrm{RCH(NH_2)CO_2H}$$

要得到纯的氨基酸，可以用盖伯瑞尔合成法：

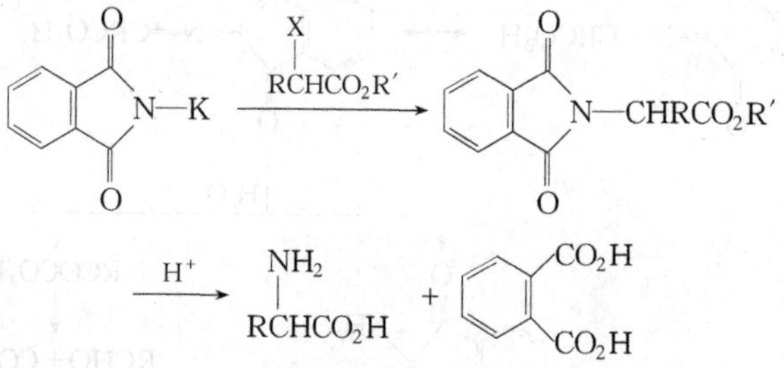

这些化学合成法得到的氨基酸为外消旋体，常需要拆分。常用的拆分方法有结晶法和酶法分离。例如，D－/L－丙氨酸先酰化，*N*－酰基衍生物用马钱子碱或光活性的(－)－麻黄碱作用得到非对映异构体的两种盐而予以分离。也可以在某些酶的作用下，使外消旋氨基酸的 *N*－酰基化物或氨基酸酯中的某一种分解成游离的氨基酸而得到分离。不对称合成 L－α－氨基酸的工作也已取得不少进展和成功。

工业上脯氨酸由明胶水解制得，L－氨基酸用吲哚、丙酮酸和氨在色氨酸酶作用下生产，光活性的赖、缬、亮、异亮、苏、精、苯丙、酪、组、脯等 L－氨基酸主要由微生物发酵法生产，而甘、丙和蛋氨酸仍主要用合成法制取。生物体系中氨基酸的合成在酶的催化下进行，多由 α－酮酸经还原氨基化产生，NADH(nicotinamide ademine dinucleotide hydrogen)为还原剂，其化学原理和实验室里的合成完全一样。

氨基酸是人工合成肽和蛋白质的原材料。在医药卫生上，用适当比例配制的氨基酸混合物可以直接注射到人体血液以补充营养，部分地代替人的血浆。对创伤、烧伤手术后的病人有增进抗病力，促进康复的作用。某些氨基酸对特殊疾病还有治疗功效，如半胱氨酸有抗辐射和治疗心脏机能衰弱的效果。有些“必需氨基酸”在人体和动物营养上有维持正常发育的保健功用。在食品烹调上，可利用氨基酸增加鲜味，促进食欲。最常用的“味精”就是谷氨酸一钠盐，其他像天冬氨酸、甘氨酸、丙氨酸、组氨酸、赖氨酸等也都有鲜味，可用作增鲜剂。

二、肽

肽是由两个或两个以上的氨基酸通过肽键连接所形成的化合物。肽键是一个氨基酸的羧基和另一个氨基酸的氨基去一分子水缩合而形成的键。例如：

$$H_2N-\overset{\overset{\displaystyle R^1}{|}}{CH}-COOH + \boxed{H}-NH-\overset{\overset{\displaystyle R^2}{|}}{CH}-COOH \xrightarrow{-H_2O} H_2N-\overset{\overset{\displaystyle R^1}{|}}{CH}-\boxed{CONH}-\overset{\overset{\displaystyle R^2}{|}}{CH}-COOH$$

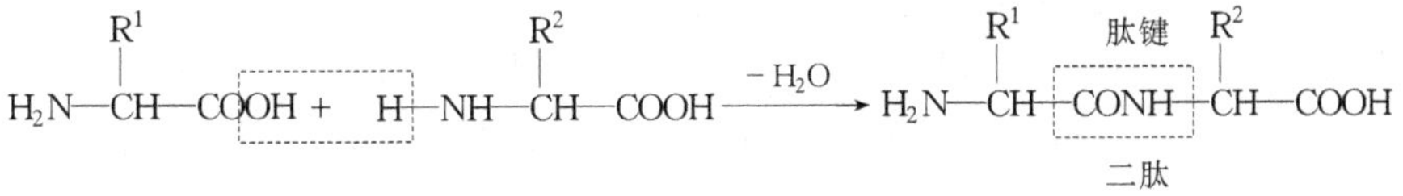

肽键是氨基酸在蛋白质分子中的主要连接方式。

　　两分子氨基酸形成的肽称为二肽。二肽仍有自由氨基和羧基,故能继续形成三肽或四肽等。多个氨基酸由多个肽键结合起来形成的肽称为多肽(polypeptide),相对分子质量大于 10 000 的肽通常称为蛋白质。形成肽键的氨基酸可以是相同的,也可以是不同的。两个不同的氨基酸成肽时,会有两种可能的结合方式,一个氨基酸给出羧基上的一个羟基成肽后留下游离的氨基,而另一个氨基酸给出一个氨基上的氢成肽后留下羧基。肽链的氨基一端称为 N 端,留有羧基的一端称为 C 端。为了研究和交流的统一方便,科学家在描述肽链时都遵从规定,将肽链中带自由氨基的一端即 N 端放在结构式的左端,该氨基酸称为 N 端氨基酸,而带有自由羧基的一端即 C 端放在结构式的右端,该氨基酸称为 C 端氨基酸。肽的书写和命名都据此模式由左到右排列,即从 N 端开始书写到 C 端为止,称为某酰某酰某酸。例如：

$$H_2NCH-NHCHC-NHCH_2CO_2H$$

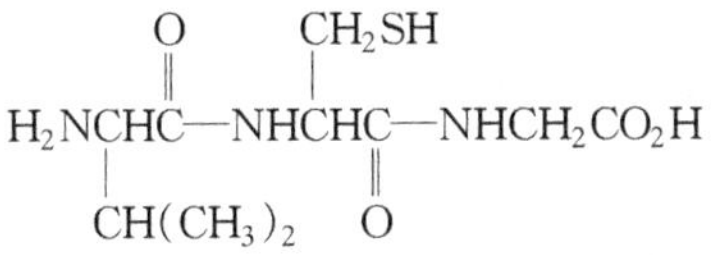

上述三肽被命名为缬氨酰半胱氨酰甘氨酸。但这样的命名显然有点繁琐,故可以将其简称为缬－半胱－甘肽或缬·半胱·甘肽或缬半胱甘肽。若用英文缩写符号来表示,这个三肽可命名为 Val—Cys—Gly 或 Val·Cys·Gly。

　　1. 肽结构的测定

　　因为 n 种不同的氨基酸形成多肽时可以有 $n!$ 种不同的排列方式,要研究肽及由肽组成的蛋白质,则首先必须测定肽的结构。

　　首先用超离心法、渗透法和 X 射线衍射法测定多肽的相对分子质量,然后彻底水解为游离的氨基酸,色氨酸在这一过程中有部分水解。各种氨基酸的混合物经纸层析分离,用茚三酮显色的方法与已知氨基酸比较可以鉴别氨基酸的存在,通过比色的方法测定各种氨基酸的相对含量,从而得到各种氨基酸的数目。1958 年以来,由氨基酸自动分析仪来进行这一工作已经非常迅速方便,样品只要达到微克数量级就能测定。

　　含半胱氨酰基的多肽或蛋白质中的两个—SH 基常常氧化成二硫化物,或者是分子内成环,或者是两条肽链用二硫键(—S—S—)联在一起。测定结构时可用过氧酸氧化断裂二硫键成磺酸或用过量的乙硫醇处理，生成的—SH 再用碘乙酸转变为硫醚，以免被氧化为二硫化物。

根据多肽的相对分子质量和所含氨基酸的相对含量，能够得出多肽的分子式。但是氨基酸在肽链中的排列次序的测定要困难得多，这个工作一般是借助于部分水解和端基分析这两个方法来进行的。

部分水解法是将多肽分解成多个小分子肽的方法。许多蛋白质水解酶通常只能水解一定类型的肽键，即它们都是高度专一性的，利用不同的蛋白质水解酶可以分解不同的肽键。例如，胰蛋白酶可以专门水解赖氨酸或精氨酸的羧基形成的肽键，因此用它来催化水解某一多肽，得到的肽 C 端将肯定是赖氨酸或精氨酸。糜蛋白酶则专一性水解由芳香氨基酸如苯丙氨酸、酪氨酸、色氨酸的羧基形成肽键。而胃蛋白酶的选择性较差，可水解苯丙氨酸、色氨酸、赖氨酸、谷氨酸、精氨酸的羧基形成的肽键。

除了应用各种有专一活性的酶以外，利用溴化氰水解法也可以得到由蛋氨酸羧基形成的肽键断裂后的小肽产物。

端基分析法可分为 N 端和 C 端两种方法，利用这两个氨基酸残端和专门的标记化合物反应，再经水解后来加以鉴定。例如，肽链 N 端和 2,4 - 二硝基氟苯(DNFB)作用生成 N 端带有 2,4 - 二硝基氟苯的肽(DBP)，水解后只有这个氨基酸带有该取代基团，而且各种带有 DNFB 的氨基酸都是黄色的，容易通过层析比较比移值 R_f 得到鉴定结果。通过这个方法，即可识别肽中的 N 端氨基酸。

还有一种标记 N 端的化合物是硫氰酸苯酯(PITC)，它和 N 端的氨基酸反应生成苯氨基硫代甲酸衍生物。后者在无水氟化氢作用下发生关环作用，形成一个取代二氢噻唑酮的衍生物而从肽链上断裂下来。取代二氢噻唑酮在酸性条件下重排为取代苯基乙内酰硫脲，后者经分离后用色谱或质谱方法可与标准样品比较。失去了 N 端的肽链回收后再重复这个程序就可以再进行 N 端氨基酸的标记和鉴别，一步步重复可以一步步将次生肽从 N 端断开来降解，从而可以分拆整个肽链。应用这个原理设计成功的自动分析仪已能精确测定多达 60 个氨基酸以下的多肽结构，这被称为埃德曼(Edman)降解法。

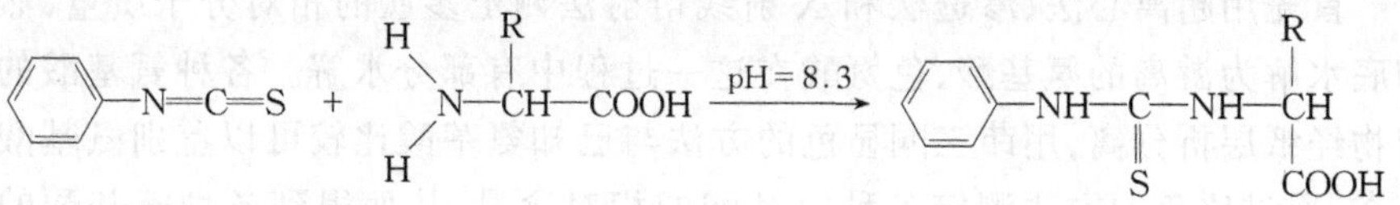

PITC

PIC - 氨基酸(苯氨基硫甲酰氨基酸)

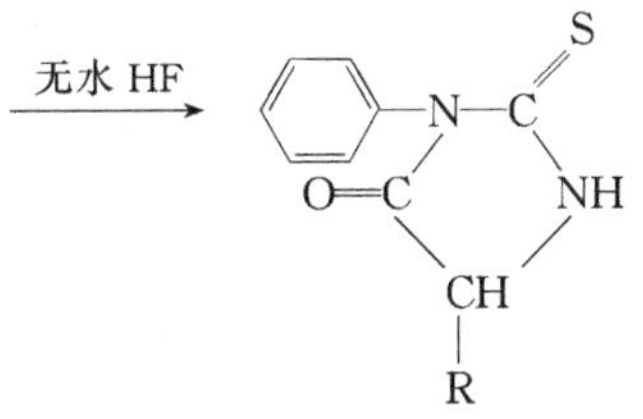

$$\xrightarrow{\text{无水 HF}}$$

苯基乙内酰硫脲氨基酸(酸中极稳定)

　　C 端的标记方法可由羧肽酶来进行。在这个酶作用下,只有最靠近羧基那个肽键水解。该方法虽然也可一步步重复操作,测定时从酶的水解液中定取出一点样品,并以各种氨基酸出现的先后次序分析出氨基酸从 C 端起排列顺序,但肽链超过六七个时可靠性就开始差了。

　　另一个方法是利用无水肼和多肽的反应,在 105℃ 加热一段时间后,不在端的氨基酸都形成相应的肼化物,继续反应生成不溶于水的苯腙衍生物被除去,C 端氨基酸得以鉴定。

$$\text{—NHCHCONHCHCO}_2\text{H} \xrightarrow{\text{NH}_2\text{NH}_2} \text{—NHCHCNHNH}_2 + \cdots + \text{H}_2\text{NCHCO}_2\text{H}$$

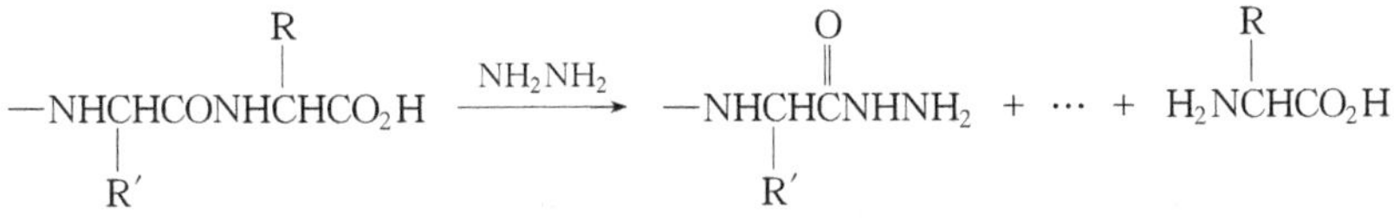

　　肽链结构的确定主要利用小片段重叠的原理,即用两种或两种以上的方法将肽链切断,各自得到一系列肽段,将肽段分离纯化,测定其顺序,然后用找重叠肽的方法得出其顺序。例如,有一九肽,胰蛋白酶水解得下列肽段:Ala—Ala—Trp—Gly—Lys,Thr—Asn—Val—Lys。胰凝乳蛋白酶水解得肽段:Val—Lys—Ala—Ala—Trp,Thr—Asn,Gly—Lys。根据重叠肽推知九肽顺序为

　　　　Thr—Asn—Val—Lys—Ala—Ala—Trp—Gly—Lys

　2. 肽的合成

　　要使各种氨基酸按照一定的次序在指定的羧基和氨基之间排列成肽,需解决好两个问题。一个是官能团羧基和氨基的活化,使之在温和的条件下就能够反应。另一个是将同一分子中的这两个官能团中的一个保护起来不反应,选择性地留下一个羧基或氨基去构成所需的肽键结构,反应完后再定量地去掉保护基,同时还不影响分子中的其他部分特别是已接好的肽链。此外还要注意氨基酸侧链上的官能团在反应成肽前后不受影响。天然多肽中的氨基酸除甘氨酸外都是有光学活性的,任何一步发生外消旋化的副反应都会给分离提纯带来很大困难。

　　常用的保护氨基的方法是将其和氯甲酸苄酯反应后,得到氨基保护的酰胺,它可以由催化氢化或在醋酸中用冷 HBr 水解方法还原分解出氨基来。经这样处理后,用氯甲酸苄基保护的氨基酸的羧基可以和另一种氨基酸的氨基反应成肽:

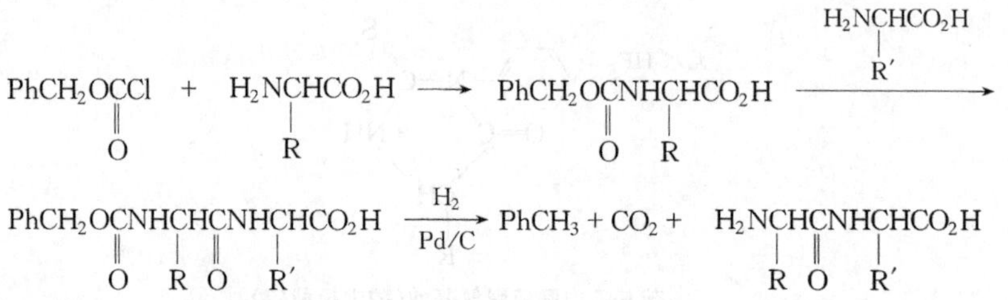

$$PhCH_2OCCl + H_2NCHCO_2H \longrightarrow PhCH_2OCNHCHCO_2H \xrightarrow[\substack{| \\ R'}]{H_2NCHCO_2H}$$
$$\quad\ \ \underset{O}{\|} \qquad\quad \underset{R}{|} \qquad\qquad\quad \underset{O}{\|}\ \ \ \underset{R}{|}$$

$$PhCH_2OCNHCHCNHCHCO_2H \xrightarrow{\substack{H_2 \\ Pd/C}} PhCH_3 + CO_2 + H_2NCHCNHCHCO_2H$$
$$\quad\ \ \underset{O}{\|}\ \ \ \underset{R}{|}\ \underset{O}{\|}\ \ \underset{R'}{|} \qquad\qquad\qquad\qquad\qquad\quad\ \underset{R}{|}\ \underset{O}{\|}\ \underset{R'}{|}$$

用氯甲酸叔丁酯经同样处理生成的酰胺链在强酸中不稳定而分解出叔丁基正离子和氨基甲酸,前者转变成异丁烯逸出,后者失去二氧化碳恢复为氨基酸。

$$(CH_3)_3COCCl + H_2NCHCO_2H \longrightarrow (CH_3)_3COCNHCHCO_2H \xrightarrow[\substack{| \\ R'}]{H_2NCHCO_2H}$$
$$\qquad\quad \underset{O}{\|} \qquad\quad\ \underset{R}{|} \qquad\qquad\qquad \underset{O}{\|}\ \ \ \underset{R}{|}$$

$$(CH_3)_3COCNHCHCNHCHCO_2H \xrightarrow{\substack{H_2 \\ Pd/C}} (CH_3)_2C\!=\!CH_2 + CO_2 + H_2NCHCNHCHCO_2H$$
$$\qquad\quad \underset{O}{\|}\ \ \ \underset{R}{|}\ \underset{O}{\|}\ \ \underset{R'}{|} \qquad\qquad\qquad\qquad\qquad\qquad\quad \underset{R}{|}\ \underset{O}{\|}\ \underset{R'}{|}$$

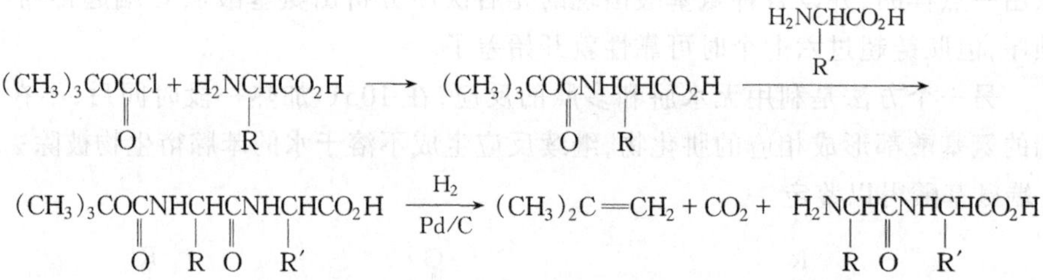

氯甲酸苄酯中的苄氧甲酰基常用 Z—或 Cbz—来表示,而氯甲酸叔丁酯中的叔丁氧甲基常用 Boc—来表示。分子中有多少氨基时分别用这两个保护基或者以邻苯二甲酸酐为保护剂反应生成邻苯二甲酰亚胺来处理,利用不同的分解方法可以保留某个酰胺键或某个保护基。

羧基一般可将其作为酯基保护起来。常见的如甲酯、乙酯和苄酯,酯基比酰胺键易于水解,可由稀碱催化水解为羧酸盐。此外,苄酯还可以用氢解的方法除去,叔丁酯则用温和的酸性水解方法。

氨基酸侧链中的巯基、羟基可将其转化为苄硫和苄基醚的形式,反应后分别用 Na/NH$_3$ 和氢解的方法除去苄基保护基,侧链中的氨基可转变为对甲基苯磺酰基,反应成肽后也可以用 Na/NH$_3$ 作用分解除去对甲苯磺酰基。

将两个分别保护过氨基和羧基的氨基酸直接反应并不容易形成肽键,故这两个官能团需要事先活化。常用的方法是将羧基转变为酰氯或酯或混合酸酐以增加羧基的亲电能力。酰氯的活性太大,易产生其他副反应,故用得最多的是酯和酸酐。

利用高效专一的缩合剂或脱水剂如二环己基碳二亚胺(DCC),也可以使羧基和氨基有效形成酰胺键,这是应用最为广泛也最为有效的一种方法。反应在常温下进行,中间体无需分离,产率也很高。此外,N-羟基丁二酰亚胺也是一个活化羧基的优良试剂。

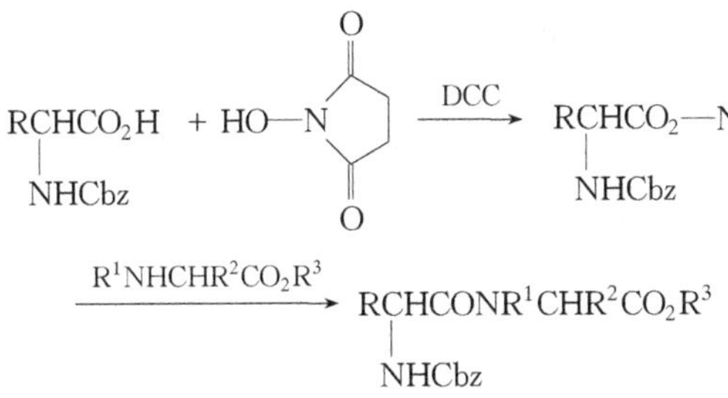

从这些简单的介绍中可以看出，合成肽的工作是一个比较复杂的有机合成系列反应，即使是合成二肽，也至少包括保护一个氨基酸上的氨基、活化羧基进行反应形成肽键、去氨基保护基这样三步过程。合成多肽时往往先制备几种较小的肽，再进行偶联，常常需要几十步甚至几百步反应，再考虑一下每步反应的产率，就会发现一个多肽制备成功是多么的不容易。上述合成肽的方法是在溶液中进行的，每步反应产物都要分离精制，不光消耗大量溶液，费时日久，产率也随之降低。

多肽固相合成法以快速简便的操作和较高的产率显示了这一方法的优越性和新颖性。该方法主要是在不溶性的由苯乙烯和对苯二乙烯共聚树脂(P)的表面上进行反应。树脂表面上已经进行了氯甲基化，它和一个氨基酸反应时，苄基氯反应生成苄酯并接在树脂上，该树脂和氨基已用 Boc 基团保护过的另一种氨基酸在 DCC 存在下振荡，生成一个仍挂在树脂上的氨基被保护的二肽，用三氟乙酸或 HOAc/HCl 去掉 Boc 基团后再和另一个氨基酸反应，如此重复不断构成新的肽键，直到达到所需的肽的氨基酸数目和类型，最后一步用氢溴酸和三氟乙酸处理，使肽链从树脂上分离下来，树脂也恢复为溴甲基化的树脂，可以继续用于固相合成。固相多肽合成的方法已经应用于自动化的仪器操作上，使合成速率大大加快，过去需要几年时间才能完成的合成工作，在仪器上进行只要十几天就可以了。梅里菲尔德(Merrifield)也因其出色的多肽固相合成工作而荣获 1984 年诺贝尔化学奖。

固相合成方法的优点是可以用过量的试剂，使偶联反应更快、更有效，多余的试剂、副产物、溶剂容易洗涤除去，只有产物在树脂上，省去了重结晶和层析的分离操作，操作相对较为简单并可实现自动化。其缺点是生成的多肽在最后一步完成后才进行提纯，即使每步的产率都达到 99%，也有 1% 未起反应，而且得到的多肽中会混有缺少一个或多个杂质肽，这给提纯工作带来很大的困难。如梅里菲尔德合成一个由 124 个氨基酸组成的多肽核糖核酸酶，包括 369 个反应，10 000 多步操作，每步反应的平均产率高达 90%，花费 6 个星期完成了合成，总产率达 17%，但最终的提纯工作却花了 4 个多月才得以完成。

通过重组 DNA 技术还可得到肽类药物、疫苗等。越来越多的小肽可作为药物，具有重要的应用价值，但由于它们天然存在量极微而难以提取及纯化，故化学合成小肽成为重要的途径。如化学合成的二肽——L－天冬酰苯丙氨酰甲酯(L－aspartyl－L－phenylalanyl methyl ester)，就是一种人造甜味剂，商品名为“Nutra Sweet”，其结构式如下：

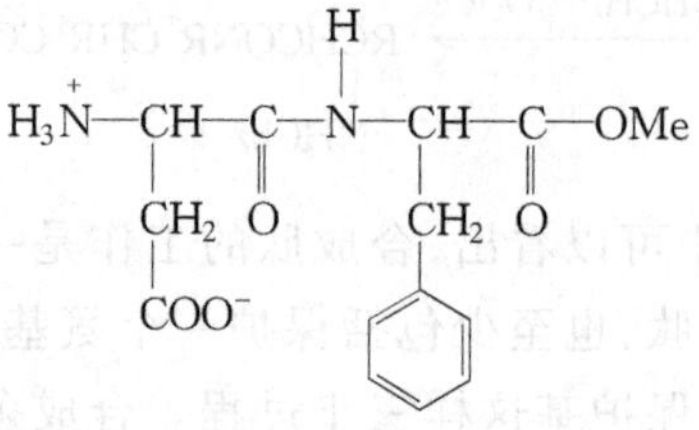

自然界中的肽有着重要的生理作用，如谷－半胱－甘肽存在于大多数细胞之中，除了只有几个氨基酸组成的小肽化合物外，生物体内还广泛存在着有重要生理活性作用的多肽化合物，它们作为激素如胰岛素、血小板活化因子，也可以作为神经调节剂如脑啡肽、神经生长因子、胰酶分泌肽等，这些多肽能结合于特定的受体并刺激酶的活化和合成。同时，有的多肽也是一类生物调节剂，可以促进前列腺素、甲状腺素、糖蛋白等的释放，因此，某些多肽化合物可以用来治疗一些疾病。在细胞内，多肽是由比较大的肽经一系列酶催化的降解反应而产生的。目前，基因工程是一个合成多肽化合物的重要手段，但对于肽链长度小于20个氨基酸的多肽，则常常通过化学合成的方法得到。

三、蛋白质

通常将相对分子质量较大、结构较复杂的多肽称为蛋白质(protein)。因此，蛋白质用酸彻底水解后得到的产物也是各种 α－氨基酸。但是，蛋白质还具有更复杂的特殊的空间构象。因此蛋白质的定义可以这样表达：多肽的相对分子质量达到一定的程度且具有一定的空间结构就称为蛋白质。

多肽与蛋白质的差别：① 相对分子质量不同(通常蛋白质的相对分子质量在10 000以上)；② 蛋白质有一定的空间结构，有特定的构象，特定的构象是肽和蛋白质的主要差别。

1. 蛋白质的四级结构

蛋白质的一级结构是指肽链中氨基酸的排列顺序，主要连接键为肽键。

蛋白质分子中并不总是一条简单的肽链，可以有分枝和环状，肽链中可在同一条链上有二硫键，二硫键是连接肽链内或肽链间的主要桥键，它在分子中起着稳定肽链空间结构的作用。一般来说，二硫键数目越多，蛋白质结构的稳定性也越强。生物体内起保护作用的皮、角、毛、发的蛋白质中二硫键最多。

蛋白质的空间结构是指蛋白质分子中原子和原子团在空间的排列分布和肽

链的走向。它是以一级结构为基础的。尽管肽键为单键,可旋转形成无数构象,但由于蛋白质分子中存在大量的肽键及其他基团,基团间的相互作用使旋转受到限制,从而使蛋白质具有一定的构象。

蛋白质的空间结构通常从二级结构、三级结构、四级结构(由两条以上肽链形成的蛋白质才可能有四级结构)水平来研究。

蛋白质的二级结构是指多肽链本身的折叠和环绕的方式。主要讨论主链的构象,不讨论侧链的构象。它包括 α－螺旋、β－折叠、β－转角以及无规卷曲。图 13－1 即为 α－螺旋示意图。

α－螺旋是 1951 年由鲍林等人研究了羊毛、猪毛等的 α－角蛋白的 X 射线衍射模型后提出的。它不仅存在于纤维状蛋白质中,也存在于球状蛋白质中。它的多肽链像螺旋一样卷曲,天然蛋白质中绝大多数为右手螺旋,每 3.6 个氨基酸残基螺旋上升一周,每圈螺旋的高度为 0.54 nm,每个氨基酸残基沿轴上升 0.15 nm,每个氨基酸残基沿轴旋转 100°；同一肽链内相邻螺圈之间形成氢键,氢键的取向几乎与中心轴平行,每个残基的氨基与前面隔了 3 个残基的羰基形成氢键,典型的 α－螺旋的氢键环上原子数为 13 个。

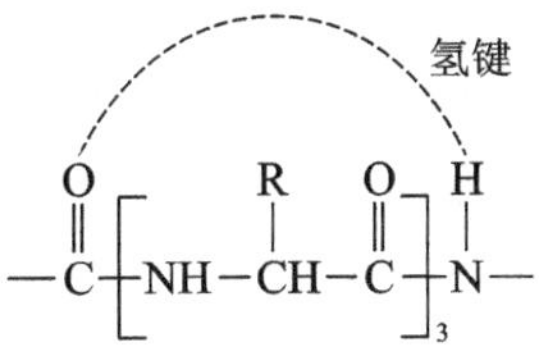

β－折叠也是由鲍林等人于 1951 年提出的,最早发现于纤维状蛋白中,它与 α－螺旋的不同之处在于:β－折叠的肽链比较舒展,只是它的主链的骨架进行了一定的折叠;β－折叠是链间形成氢键,主链的骨架必须进行一定的折叠才有利于形成氢键,见图 13－2。

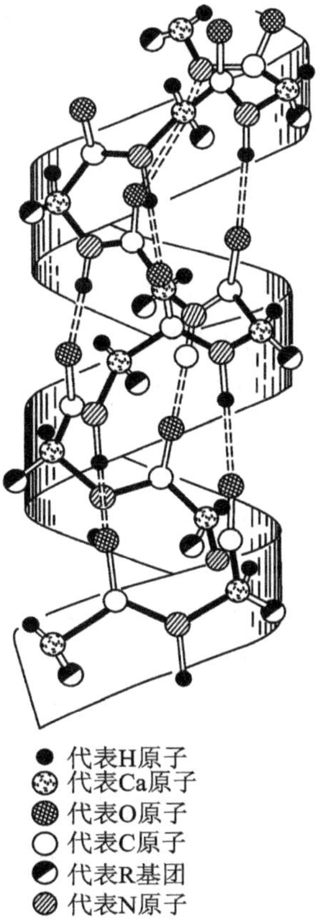

图 13－1　α－螺旋肽链中相邻两个肽键之间的关系示意图

蛋白质分子在二级结构的基础上进一步卷曲折叠,构成一个很不规则的具有特定构象的蛋白质分子。这种由 α－螺旋、β－折叠、β－转角等二级结构之间相互配置而成的构象称为三级结构。

氨基酸侧链上各种分别带有正电荷或负电荷的基团之间的相互吸引可以形成盐键;相同性质的

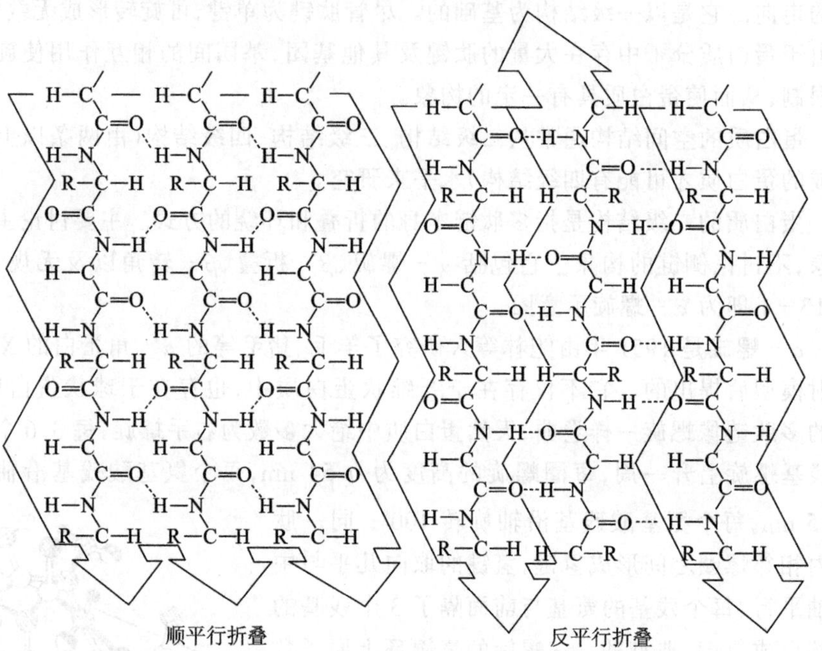

图 13－2 β－折叠的肽链中相邻两个肽键之间的关系示意图

疏水基团之间能够形成疏水键；侧链靠近时又可以产生范德华力或氢键而相互吸引；两个半胱氨酸之间则可以产生二硫键，等等。这些作用统称为次级作用，次级作用对蛋白质三级结构的形成和稳定存在起着重要的作用。在二级结构基础上折叠是有固定形式的，每一种蛋白质都在给定的条件下按特定的方式形成三级结构。

三级结构对蛋白质的性质和生理功能产生很大影响。如在球蛋白中，折叠结构使之尽可能将中性氨基酸中非极性的疏水基团包在多肽链内以保持一定的几何构型，起到一个基架的作用并排斥水分子的进入。而极性的基团，如酸性或碱性氨基酸中的亲水基团曝露在外，它们可以和极性溶剂形成氢键。因此，球蛋白可以在水中形成水溶性胶体。

许多蛋白质分子是由两条或多条肽链所组成的，每条肽链都有各自独立的一级、二级和三级结构。不同的肽链之间并无共价键链，但它们也可依靠次级作用相互吸引靠拢。也有一些蛋白质是由若干个简单的蛋白质分子组成。蛋白质中由一条或多条肽链组成的最小单位称为亚基，亚基的数目大多为偶数，以 α－亚基、β－亚基命名，不少复杂的蛋白质分子由于亚基之间的副键的作用，而继续构成它独特的空间结构，这就是蛋白质的四级结构。单独的亚基大多数是没有生物活性的，而具有完整的四级结构的蛋白质分子将具有特定的生理活性，这些蛋白质分子中的亚基数目、种类和空间结构中相互的缔合吸引作用所造成的构象都有严格的排列方式。

蛋白质四级结构的比较如图 13－3，图 13－4，图 13－5，图 13－6 所示。

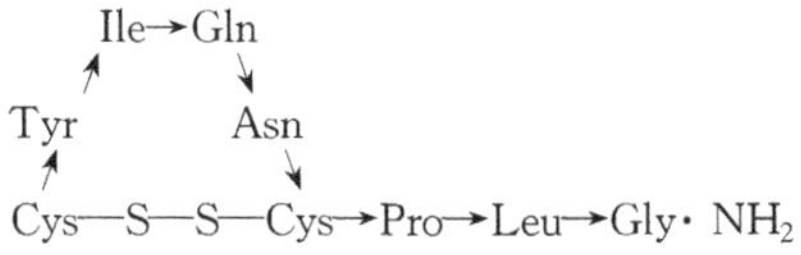

图 13－3　蛋白质的一级结构示意图

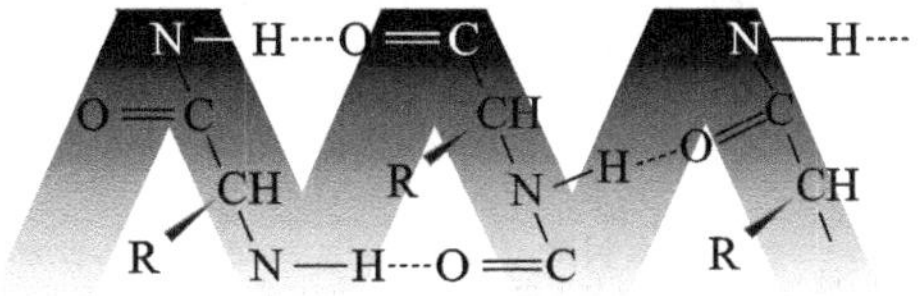

图 13－4　蛋白质的二级结构示意图

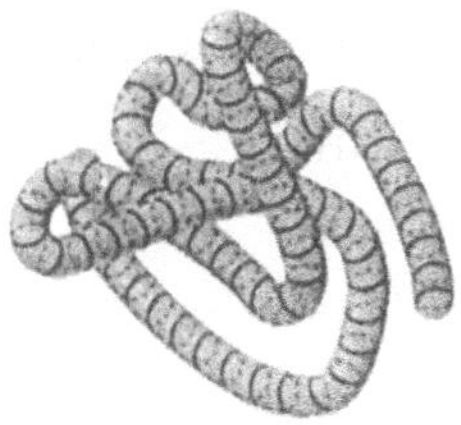

图 13－5　蛋白质的三级结构示意图

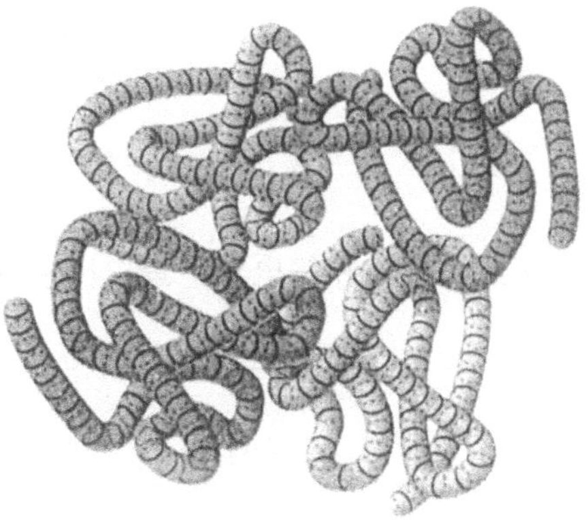

图 13－6　蛋白质的四级结构示意图

桑格经过近 10 年的努力，正确地给出了牛胰岛素的一级结构，这在生物化学和有机化学领域中都是有划时代意义的一件大事。他的工作为胰岛素的实验室合成奠定了基础，促进了蛋白质结构的研究，为此荣获 1958 年诺贝尔化学奖。牛胰岛素由 17 种 51 个氨基酸及两条肽链 A、B 所组成，在 A_7 和 B_7 及 A_{20}和 B_{19} 之间有二硫键相连，在 A 链的 A_6 和 A_{11}之间也通过二硫键成环（见图13－7）。从 1959 年开始，我国化学家经过 6 年的努力，于 1965 年在世界首次成功地完成了人工全合成牛胰岛素的工作，这标志着人类在探索生命现象的征途中跨出了重要的一步，反映出我国科学界的科技创新水平，具有重要的理论意义。

2. 蛋白质的性质

蛋白质既然是由氨基酸组成，那么其理化性质必定有一部分与氨基酸相同或相关，例如，两性解离及等电点、紫外吸收性质、呈色反应等。但蛋白质又是由许多氨基酸组成的高分子化合物，也必将有一部分化学性质与氨基酸完全不同，从而表现出单个氨基酸分子所未有的性质，如相对分子质量高、胶体性质、沉淀、变性和凝固等。认识蛋白质在溶液中的性质，对于蛋白质的分离、纯化，以及结构与功能的研究等都极为重要。

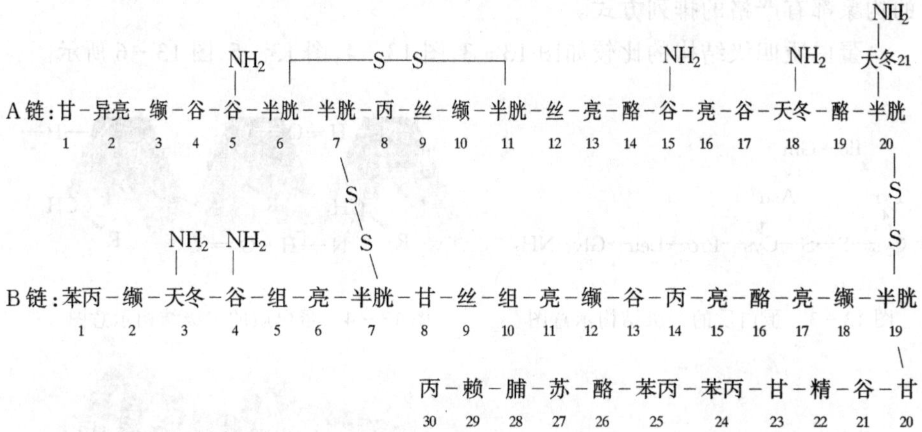

图 13－7　牛胰岛素的结构图

(1) 酸碱性质和等电点　蛋白质中可解离的主要基团是侧链上的基团：

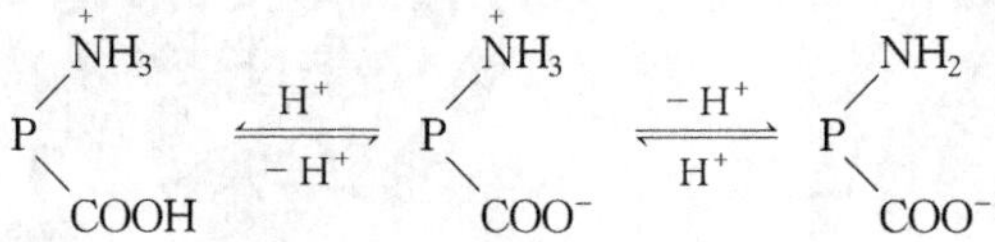

两性离子

等电点指蛋白质在某一定 pH 的环境中，所带正电荷与负电荷恰好相等，也就是总的净电荷为 0，此时的 pH 称为蛋白质的等电点。

在等电点时，蛋白质的溶解度最小，因为没有净电荷，胶体不稳定；导电性、黏度、渗透压也最小。

(2) 胶体性质　蛋白质是高分子化合物，由于相对分子质量大，它在水溶液中所形成的颗粒具有胶体溶液的特征。蛋白质水溶液是一种比较稳定的亲水胶体，这是因为蛋白质颗粒表面有大量极性基团，它们与水有亲和性，很易在蛋白质颗粒表面形成一水化层，水膜的存在使蛋白质颗粒相互隔开，颗粒之间不会碰撞而聚成大颗粒。水化膜是维持蛋白质胶体稳定的重要因素之一。另外蛋白质颗粒在非等电点状态时带有相同的电荷，使蛋白质颗粒之间相互排斥，保持一定距离，不致互相凝聚沉淀。

蛋白质溶液还具有黏度大、扩散速率慢等高分子溶液的性质，它一般也不能透过半透膜，利用半透膜分离纯化蛋白质的方法叫作透析。人体的细胞都具有半透膜性质，使不同的蛋白质合理地分布在细胞内外不同的部位分别发挥作用，这对维持正常的电解质和水的平衡分布及调节各类物质的代谢作用均具有重要的意义。

(3) 变性作用和水解　当蛋白质在某些物理和化学因素影响下,如加热、加压、超声、光照、辐照、振荡、搅拌、干燥、脱水,或强酸、强碱、重金属,以及有机溶剂乙醇、丙酮等作用下,缔合的肽链松展开来,它的多级空间结构被破坏而不复存在。此时,虽然蛋白质中的肽链并无断裂,但蛋白质的物理化学性质和生物特性都被改变了,即产生了蛋白质的变性作用。

对蛋白质的变性现象虽然早就有所了解,但对其机制的认识是通过对蛋白质多级结构有了正确而完整的认识之后才逐渐明了的。肽链中的作用力主要分为三类:第一是氢键,第二是疏水基团之间的作用力,第三是极性基团之间的作用力。在这些作用力的共存下肽链形成一定的构象,外界环境变化时,构象就会产生变化。在变性的早期阶段,空间构象尚未深度破坏,变性作用是可逆进行的,如血红蛋白在低浓度的水杨酸钠溶液中变性,除去水杨酸钠后其天然性质仍得以恢复。此时,变性破坏的只是蛋白质的三级和四级结构。但变性过度,蛋白质分子的二级和三级结构都彻底变化后,蛋白质将不能再恢复到其原有的结构,这样的变性就成为不可逆的了。因此,变性从分子水平上考虑,可以由微小结构上的改变到全部肽链的重新排列。

变性后的蛋白质最显著的特点是溶解度降低、黏度增加和难以结晶,更容易被蛋白酶催化水解。常识告诉我们,蛋白微热后就凝固变为不透明的硬块,这就是一种不可逆的深度变性作用。变性作用带来的另一个重要影响是蛋白质原来有的生理活性完全丧失。蛋白质的变性和人类的生活生产活动密切相关。例如,种子要在适当的条件环境下保存以免其变性而失去发芽的能力;疫苗、制剂、免疫血清等蛋白质产品在储存、运输和使用过程中也要注意防止变性;延迟和制止蛋白质变性也是人类保持青春、防止衰老的一个有效过程。另一方面我们又可以用注入酒精和加热、辐照等手段使病菌和病毒的蛋白质变性而起到治病、消毒和灭菌等作用。变性后的煮熟蛋白质更易被人体吸收,酸奶是牛奶经发酵而成,其所含的蛋白质变性后也比鲜牛奶更易消化吸收,营养价值也更高一点。

蛋白质在水溶液中受到酸、碱等催化剂的影响连一级结构都受到破坏后即发生了水解作用,此时可以产生一系列中间产物,直到最终水解产物氨基酸。水解完全时,自由氨基氮的量就成为恒定的了。

(4) 沉淀　蛋白质从溶液中析出的现象即蛋白质的沉淀。沉淀出的蛋白质有些是变性的,有些并未变性。使蛋白质沉淀的主要方法有下面几个。

(a) 盐析　往蛋白质水溶液中加入氯化钠等中性电解质盐,使蛋白质分子表面的电荷被中和,失去电荷的蛋白质颗粒就开始凝聚,从溶液中析出,这种作用称为盐析。如牛奶中加入食盐就可看到结块现象。如果盐析时溶液的 pH 正好在等电点上,其盐析效果更佳,沉淀出的蛋白质在这样的场合下,一般不会变性。

(b) 加热　加热可使某些蛋白质变性凝固沉淀出来,这与热运动使氢键破坏有关,加热灭菌是使细菌体内的蛋白质凝固失去生理活性。

(c) 加脱水剂　丙酮、甲醇和乙醇等亲水性强的有机溶剂加到蛋白质溶液中后,这些有机溶剂的亲水能力很强,使蛋白质胶体颗粒表面的水化膜消失而产生沉淀或进入肽链空隙引致溶胀作用使氢键和分子间力受到破坏。这个过程中还往往引起变性作用,75%的乙醇有最强的灭菌作用,也是此性质所产生的效果。

(d) 化学试剂　钨酸、鞣酸、三氯乙酸、苦味酸和磷钨酸等生物碱试剂既能使生物碱沉淀也能使蛋白质沉淀,这些试剂与蛋白质结合后生成不溶性的盐,Hg^{2+},Ag^{+},Cu^{2+}等重金属离子也会和蛋白质结合生成沉淀,此时蛋白质往往也发生变性作用。利用这个性质在临床上可用来救治重金属盐中毒的患者,给他们口服生鸡蛋清和生牛奶,使其和重金属离子结合成不溶性的能沉淀的蛋白质,然后在催吐剂作用下将它们呕出达到解毒的作用。

蛋白质的凝固、沉淀和变性有一定关系,但变性不一定就会沉淀,凝固的变性蛋白质也不一定沉淀,在等电点附近蛋白质最易沉淀。此外,沉淀还有可逆和不可逆两种。可逆沉淀中沉淀出的蛋白质分子的各级结构基本没有变化,消除掉沉淀因素,沉淀蛋白质就会重新溶解,而不可逆沉淀则不会再重新溶解了。用盐析法沉淀的蛋白质是可逆的,用重金属盐离子的方法得到的是不可逆的沉淀的蛋白质,用有机溶剂方法沉淀的蛋白质在初期是可逆的,时间长了以后也成为不可逆的了。

(5) 颜色反应　伯胺和含有 α - 氨基酰基官能团的化合物与茚三酮反应均能生成蓝紫色物质,蛋白质也有同样的反应现象并可用于它的定性和定量分析。

碱性蛋白质溶液中滴加硫酸铜稀溶液,铜离子与四个肽键上的氮原子形成紫红色的配位化合物,肽键越多,颜色越深,因为双缩脲在碱性溶液中和 0.5% $CuSO_4$ 溶液反应产生紫红色,故蛋白质的这个呈色反应又称为蛋白质的双缩脲反应。

蛋白质遇到硝酸,在芳香氨基酸的侧链芳香环上发生硝化反应,产生黄色,这称为蛋白黄反应。做实验时皮肤不慎溅上硝酸会留下黄色的痕迹就是蛋白黄反应的结果。

3. 蛋白质的生理功能及合成

细胞内除水以外,其余 80% 的物质都是蛋白质。一个很小的由 100 个氨基酸组成的蛋白质中,20 种不同氨基酸的排列有 20^{100} 种不同的方式。组成一个蛋白质的氨基酸种类、数量及它们的排列顺序和构象是一定的,不能改变一个,不然就会引起蛋白质性质和其生理功能的变化。例如,正常人的血红蛋白和镰刀形红细胞疾病的患者的血红蛋白不同,其差别仅仅在于前者 β 链上第六个氨基酸是谷氨酸,后者在同样的位置上却是缬氨酸。这一细小的差异使前者的红细胞呈双凹盘形，但后者的却是镰刀形，它储存输送氧气的功能不及前者，造成贫血症状。

许多遗传性疾病的致病原因就是某个蛋白质中的某个氨基酸发生改变所造成的。已经发现，在血红蛋白的一条 β 链上的 146 个氨基酸中，人与马有 26 处不同，与猪有 10 处不同，而与大猩猩只有 1 处差别，反映出生物体系中某些蛋白质的一级结构上的差别和物种进化也有关系。

蛋白质的营养价值对生物体而言，一是维持组织的生长、更新和修复，二是氧化供给热能。但食进的蛋白质不会百分之百被消化吸收，消化的程度大小用消化率来表示，不同蛋白质的消化率既与其结构有关，也与其加工和烹饪有关。大多数植物性食物的蛋白质比例低而不全，但大豆蛋白属全蛋白，有很高的营养价值。但是，这些蛋白质多存在于由纤维素所组成的植物细胞内，由于人体不能消化纤维素，因此也妨碍了对植物蛋白的吸收。食物经加工处理后可以改善其营养价值。煮熟的黄豆，其消化率为 65%，磨成豆浆后可达 85%，豆浆中的蛋白质变性凝固后，制成豆腐、豆腐干等的消化率可达 95%，几乎与动物蛋白的消化率相仿。空气中的氮和无机盐中的氮不会在人体内转变为蛋白质中的氮，糖类和脂肪也不会转化为蛋白质，人体只能从食物中来获取蛋白质。营养学研究表明，从蛋白质中消化吸收的氮量和代谢排出的氮量是相等的，即达到所谓的氮平衡。每天从食物中摄入的蛋白质在人体内经过代谢后，新的蛋白质不断补充到组织细胞中，而旧的蛋白质被替代出来。据研究，人体内每天有 3% 左右的蛋白质得到更新。正常人的蛋白质需要量约为每天每千克体重 1.2 g，否则就难以维持正常的氮平衡。

利用微生物也可以进行人造蛋白质的工业化生产。某些专“吃”石油的酵母菌能在纯石蜡和粗汽油等烃类底物上生长发酵，给其提供必要的水、氧、微量元素和合适的 pH 等生长繁殖条件，碳氢化合物在酵母菌内被氧化成对应的脂肪酸后而降解，1 t 链烷和 0.11 t 氨在 500 kg 酵母菌上一昼夜可以得到 1.2 t 左右的干酵母，比动物、植物产生蛋白质的速率还要快。将其脱油、脱色、脱脂后其蛋白质含量可达 60%，大于大豆，类似鱼粉，营养价值可与乳、肉相当，还含有维生素和氨基酸、糖类等营养物质，完全可供动物和人食用。

第四节　核酸化学

一、核酸的概念

核酸是由几十甚至几千个核苷酸聚合成的，并且具有一定空间结构的高分子化合物。

1868 年瑞士外科医生米歇尔(Miescher F),首次从外科绷带上脓细胞的细胞核中分离出了一种有机物质,它的含磷量之高超过当时任何已被发现的有机物,并且有很强的酸性。因为当时是从细胞核中发现的,所以称为核酸。

核酸根据所含糖类的不同分为脱氧核糖核酸(DNA)和核糖核酸(RNA),无论动物、植物还是微生物细胞中都含有 DNA 和 RNA,核酸约占细胞干重的 5%～15%。病毒是一类含核酸和蛋白质的感染颗粒,其中的核酸为 DNA 或 RNA。真核细胞中,绝大部分(约 98%)DNA 与蛋白质结合形成染色质存在于细胞核中,其余的分布在细胞器中。RNA 主要有三种,即核蛋白体 RNA(rRNA)、转运 RNA(tRNA)以及信使 RNA(mRNA),它们主要存在于细胞质中,约占总量的 90%。

核酸是遗传的物质基础,DNA 是遗传信息的储存和携带者,RNA 主要参与遗传信息的表达。

二、核酸的组成

组成核酸的主要元素有 C,H,O,N,P 等。与蛋白质相比较,核酸的元素组成上有两个特点,一是核酸一般不含 S,二是核酸中 P 的含量较多并且较恒定,通常为 9%～10%。因而,核酸定量分析的方法之一是测定样品中磷的含量。

核苷酸是核酸的基本组成单位,它是由碱基、磷酸、戊糖三者组成的。而核酸常和蛋白质结合在一起形成核蛋白:

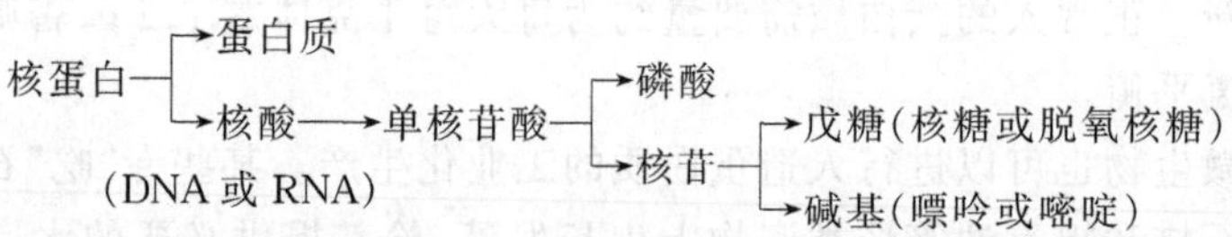

核酸中的戊糖有核糖和脱氧核糖两种,均为 β－呋喃型,为了与含氮碱基分子中的碳原子相区别,戊糖的碳原子顺序以 1′～5′表示。

β－D－核糖(存在于 RNA 中):

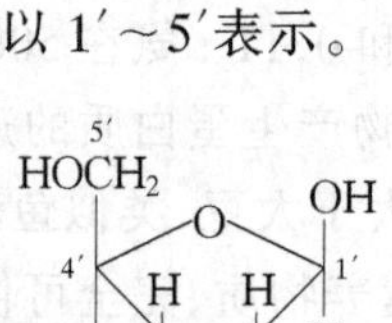

β－D－2－脱氧核糖(存在于 DNA 中):

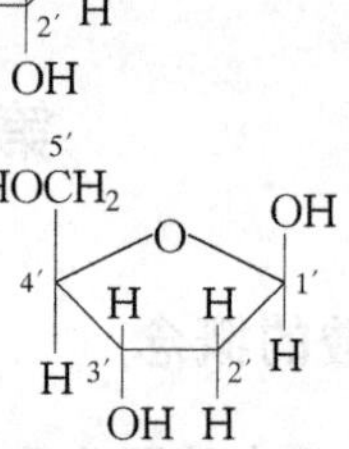

某些 RNA 中还含少量的 D－2－甲氧基核糖：

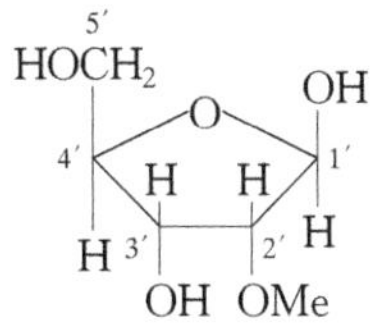

核苷酸中的碱基分为两类：嘌呤碱和嘧啶碱。嘧啶碱包括以下三种：

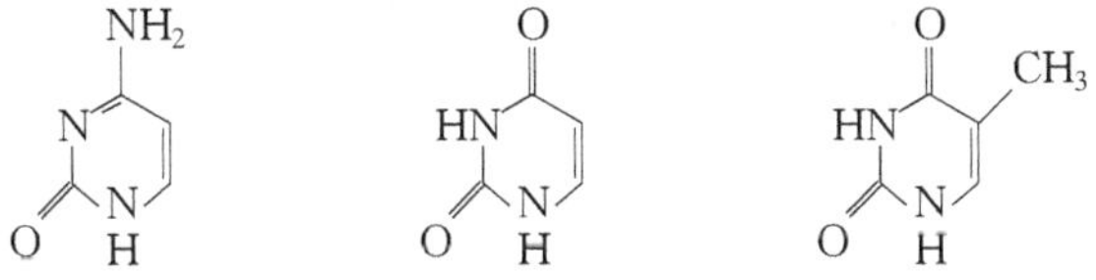

胞嘧啶(C)　尿嘧啶(U)　胸腺嘧啶(T)

胞嘧啶为 DNA 和 RNA 两类核酸所共有，胸腺嘧啶只含于 DNA 中。嘌呤碱包含两种：

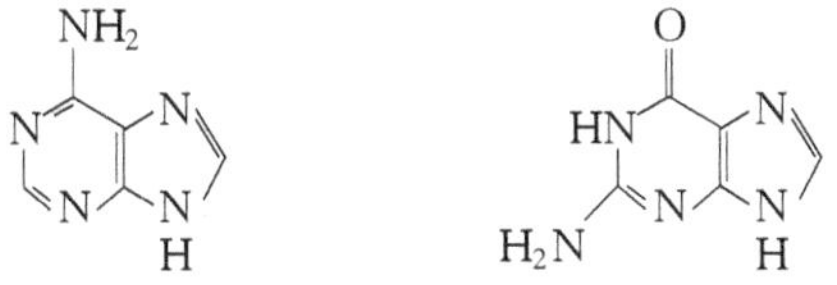

腺嘌呤(A)　鸟嘌呤(G)

另外还有少量修饰碱基，它是基本碱基经过修饰而来的。修饰大多是在原来的碱基上进行甲基化，此外还有硫代、甲硫代，碱基上乙酰化，碱基上带各种侧链等。

修饰是生物体自身进行的，并非人为。它在体内存在的量很少，所以又称稀有碱基。例如：

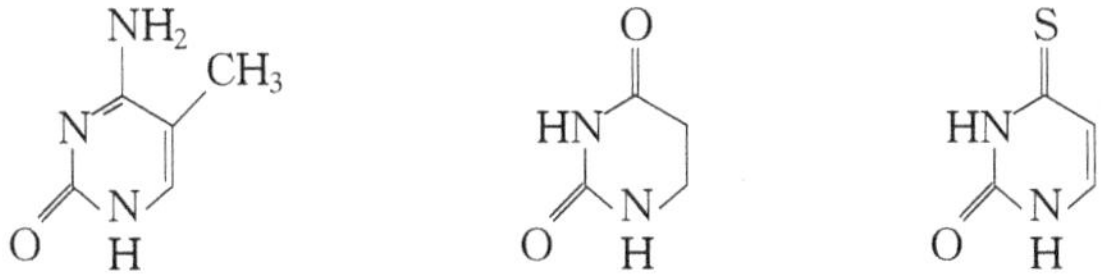

5－甲基胞嘧啶　二氢尿嘧啶　4－硫尿嘧啶

核酸中碱基的酮基或氨基，均位于碱基氮原子的邻位，可以发生酮式－烯醇式或氨式－亚氨式之间的结构互变：

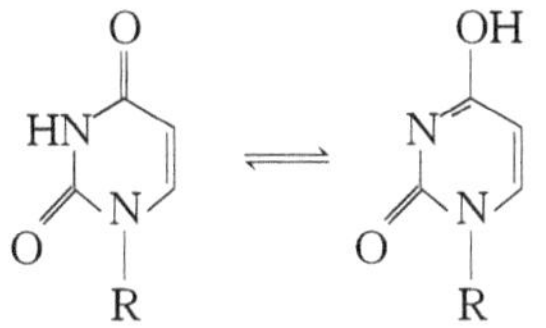

酮式　烯醇式

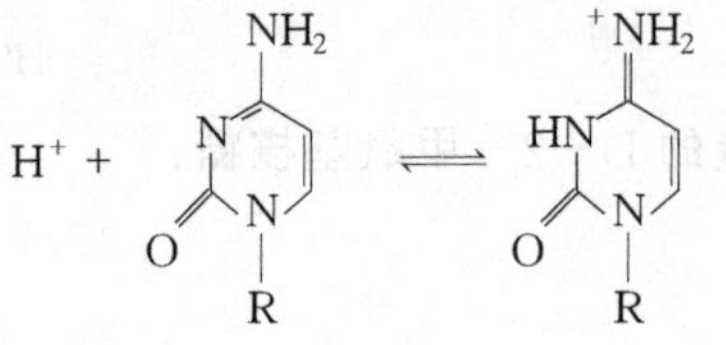

这两种互变异构可引起DNA结构的变异，在基因突变和生物进化中具有重要作用。

核苷是一种糖苷，由戊糖和碱基缩合而成，是核苷酸水解的产物。糖的第一位碳原子(C_1)与嘧啶碱的第一位氮原子(N_1)或与嘌呤碱的第九位氮原子(N_9)连接。例如：

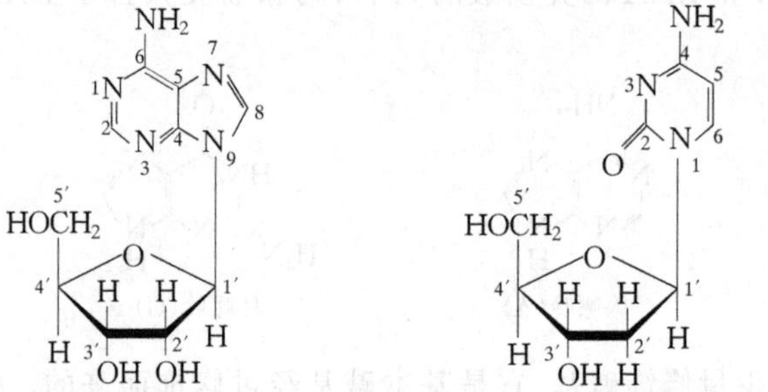

腺嘌呤核苷
(糖与嘌呤1′,9－相连)

胞嘧啶脱氧核苷
(糖与嘧啶1′,1－相连)

由于糖环中的C_1是手性碳原子，所以有α,β两种构型。核酸分子中的核苷键均为β－糖苷键。

核苷酸是核苷的磷酸酯，是核酸的基本构成单位。核苷酸的核糖有三个自由的羟基，可以磷酸酯化分别生成2′,3′,5′－核苷酸。脱氧核苷酸的糖上只有两个自由羟基，只能形成3′－和5′－脱氧核苷酸。

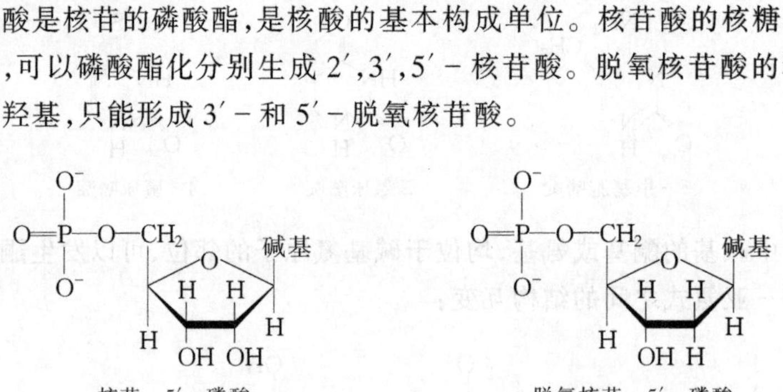

核苷－5′－磷酸

脱氧核苷－5′－磷酸

在生物体内以游离形式存在的单核苷酸为核苷－5′－磷酸，腺苷酸(AMP)与一分子磷酸结合成腺苷二磷酸(ADP)，腺苷二磷酸再与一分子磷酸结合成腺苷三磷酸(ATP)：

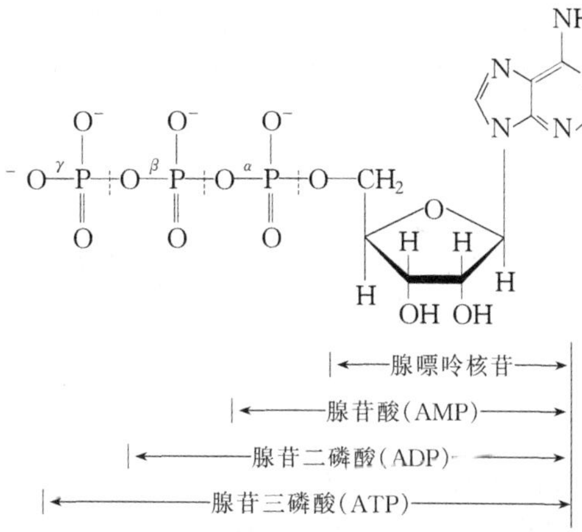

ATP 含有两个高能磷酸酯键(～P),高能磷酸酯键水解时释放出大量的能量,它在所有生物系统化学能的储藏和利用中起着关键作用。

三、核酸的结构

DNA 和 RNA 在结构上有两点差别:DNA 中是脱氧核糖,而 RNA 中是核糖;DNA 中的碱基没有尿嘧啶(U),而 RNA 中的碱基没有胸腺嘧啶(T)。成键时核苷酸之间通过 3′－羟基和相邻核苷酸的戊糖上的 5′－磷酸相连,构成 3′,5′－磷酸二酯键。

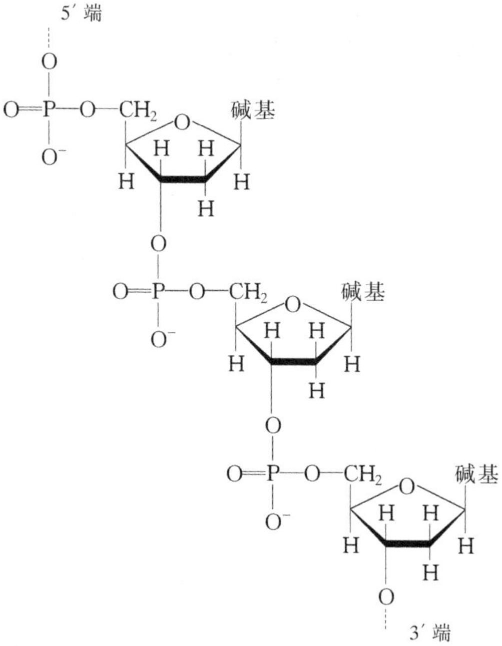

由于所有核苷酸间的磷酸二酯键有相同的走向，所以 RNA 和 DNA 链都有特殊的方向性，没有支链，而每条线性核酸链都有一个 5′端和一个 3′端：

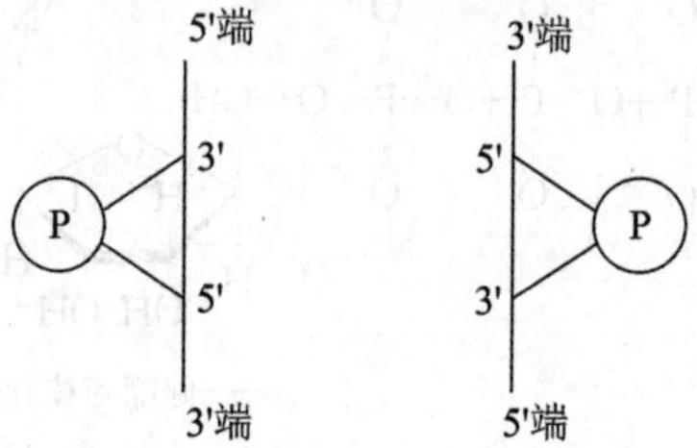

天然的、完整的核苷酸链 5′端常是游离的磷酸基，3′端带游离的羟基。

在 DNA 分子中核苷酸的排列顺序可用简化的方法表示：

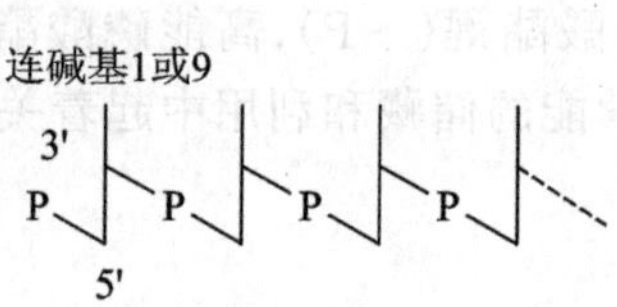

或

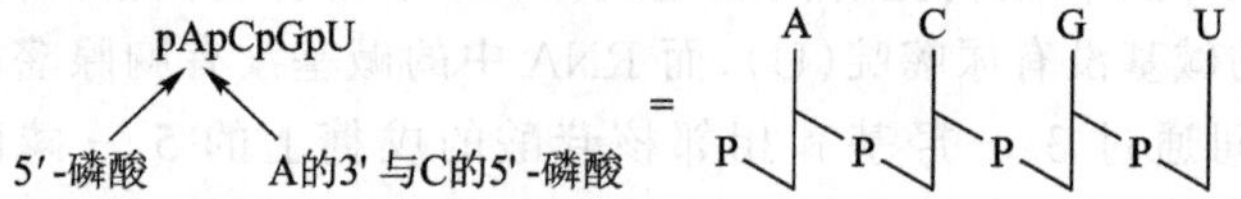

DNA 分子的排列顺序可通过核酸酶的作用进行研究。

1953 年，沃森(Watson)和克里克(Crick)首次提出了 DNA 结构的右手双螺旋模型。认为 DNA 分子是由两条多核苷酸链以相反的方向平行围绕同一中心轴形成的右手螺旋结构(见图 13－8)。

两条多核苷酸链通过碱基对之间的氢键相连，一条链上的嘌呤必须和另一条链上的嘧啶匹配，这样它们之间的距离正好相符，且配对时必须 AT 配对，GC 配对。腺嘌呤 A 和胸腺嘧啶 T 之间形成两个氢键，鸟嘌呤 G 和胞嘧啶 C 之间形成三个氢键：

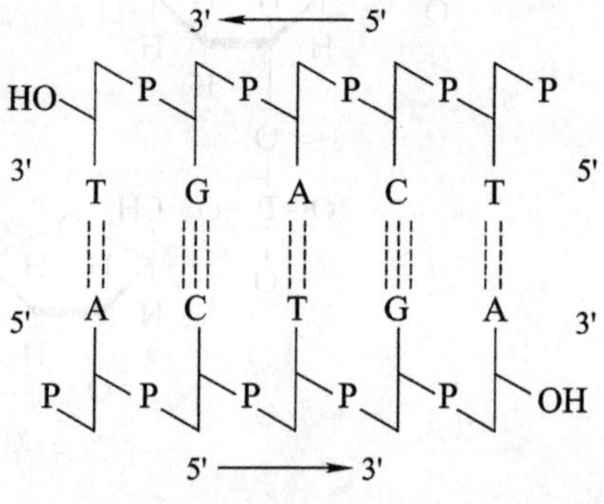

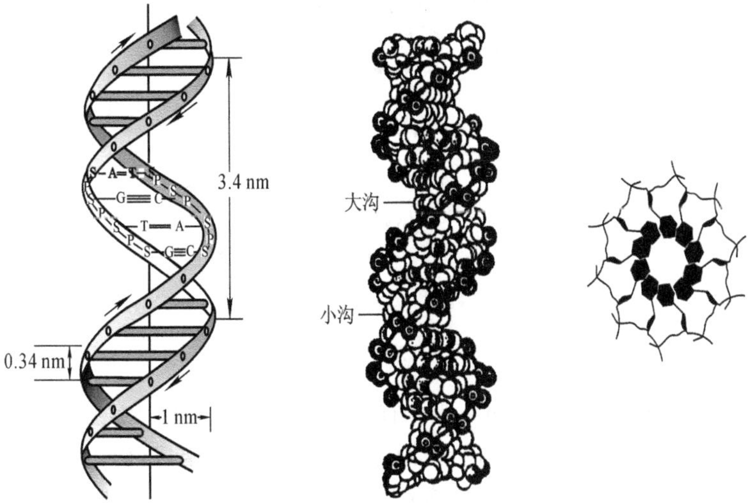

(a) 表示螺旋的结构及方向　(b) 表示分子中原子的排列　(c) 是双螺旋结构的截面

图 13－8　DNA 双螺旋结构示意图

在双螺旋结构中，双螺旋获得稳定的因素有：碱基对之间的氢键；碱基堆积力（指芳香族碱基 π 电子间的相互作用引起的，当碱基堆积成有规律的结构时就形成了疏水核心，这使得双螺旋内部不存在游离水分子，有利于互补碱基间形成氢键，这是双螺旋稳定的主要因素）；双螺旋外侧带负电荷的磷酸基团同带正电荷的阳离子之间形成的离子键。

和 DNA 相比，RNA 虽然也可以由于碱基的互补同样成为一个双股螺旋，但由于核糖的 2′位上还存在一个羟基，它能深入到分子密集的部位，使类似于 DNA那样的双螺旋结构难以形成。另一方面，DNA 中只有 3′，5′位上有两个羟基，它们无选择地都是磷酸酯化的，而 RNA 中有三个自由的羟基，因此，磷酸二酯键可以在 3′，5′位上发生，也可以在 2′，5′位之间形成。RNA 分子中核苷酸之间的连接方式与 DNA 分子中的连接方式相同，都是 3′，5′－磷酸二酯键。

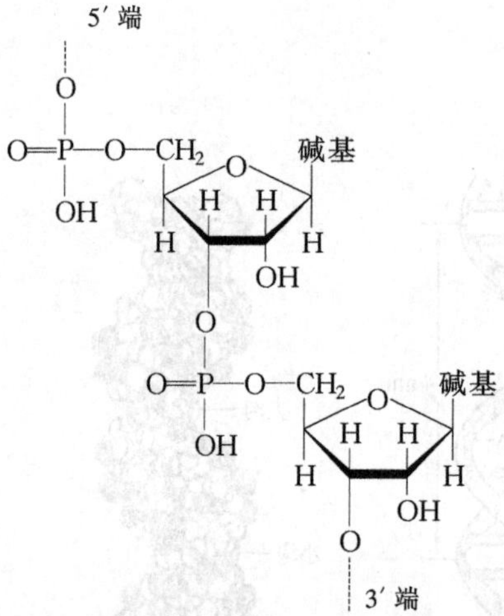

RNA 的碱基组成不像 DNA 那样有严格的规律。天然 RNA 分子是一条单链，其许多区域自身发生回折，使可以配对的一些碱基相遇，而由 A(腺嘌呤)与 U(尿嘧啶)，G(鸟嘌呤)与 C(胞嘧啶)之间的氢键连接起来，构成如 DNA 那样的双螺旋，不能配对的碱基则形成环状突起。

目前了解得比较清楚的是酵母丙氨酸转移核糖核酸 tRNA，它的结构是三叶草结构，如图 13－9 所示。

X 射线衍射表明，tRNA 是一个倒 L 形的结构，分子中存在着维持三级结构的氢键，这个氢键包含有碱基和核糖之间形成的氢键或碱基和磷酸之间形成的氢键(见图 13－10)。

从功能上看，RNA 可分为三种：

(1) rRNA(又称核糖体 RNA，核蛋白体 RNA，ribosomal RNA)　rRNA 是细胞中含量最多的一类 RNA，它的相对分子质量很大，代谢稳定。它与蛋白质结合，形成核蛋白，存在于细胞质之中，它的生物功能是蛋白质的合成场所。所以，rRNA 是以核蛋白体的形式在生物合成蛋白质的过程中提供适合的部位，就像是自动化装配机。

(2) tRNA(又称转移 RNA，transfer RNA)　tRNA 约占细胞中 RNA 的 15%，它的主要功能是在蛋白质生物合成过程中作为氨基酸的受体，携带活化的氨基酸到生长中肽链的正确位置，起转移氨基酸的作用。不同的 tRNA 在细胞液中特异地接收不同的氨基酸，再转运到核蛋白体上，当 tRNA 将所运载的氨基酸按一定位置释放后，又成为游离形式的 tRNA，再重新运载新的氨基酸。

天然蛋白质的 20 种氨基酸都有自己特定的 tRNA 来与其对应，而且一种氨基酸常有数种 tRNA，所以 tRNA 的种类可达数十种。它们在 ATP 提供能量和

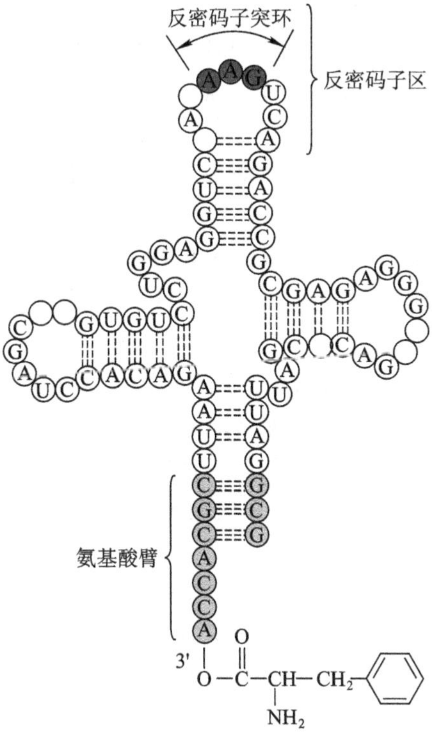

图 13－9　tRNA 的三叶草二级结构(未标注的为稀有碱基)

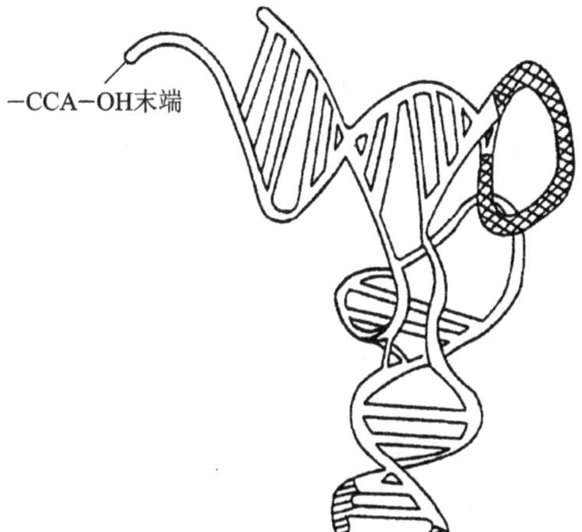

图 13－10　tRNA 的三级结构

酶的作用下,可分别与特定的氨基酸结合。

在蛋白质合成时,带有不同氨基酸的各个 tRNA 就能较为准确地在 mRNA 分子上依次与 mRNA 上的密码相结合。通过这种“对号入座”和 tRNA 作中间媒介,氨基酸就可排列成一定的顺序。

所以,tRNA 的主要功能是接收并携带氨基酸至核糖体上,在核糖体上照 mRNA 的顺序装配成蛋白质。

(3) mRNA(又称信使 RNA,messenger RNA) mRNA 约占细胞中 RNA 的 5%或更少,在细胞核内以 DNA 为模板合成,碱基序列与 DNA 相当(只是以 U 代替了 T),所以又称 D-RNA。

它的主要功能是将 DNA 上的遗传信息传到核糖体上,每种蛋白质都有一种和其相对应的模板(即 mRNA)。所以,mRNA 起着传递信息的作用,在合成蛋白质肽链中指导氨基酸的排列顺序,起模板作用。

mRNA 的种类很多,但量很少,它在代谢上是不稳定的,在蛋白质合成后很快分解。

蛋白质合成的遗传密码包含于 DNA 的碱基顺序之中。DNA 被转录为 mRNA(将以 DNA 为模板,通过碱基配对的方式合成 mRNA 的过程称为转录),mRNA 又决定所形成的多肽链中氨基酸的顺序(将以 mRNA 为模板指导多肽链合成的过程称为转译,又叫翻译),因此我们所讨论的密码实际上是指mRNA 中核苷酸排列顺序与蛋白质中氨基酸排列顺序的关系。

四、核酸的性质

核酸和核苷酸既有磷酸基,又有碱性基团,所以都是两性电解质,因磷酸的酸性强,通常表现为酸性。

通常情况下,线形分子的黏度大于不规则线团,又大于球形分子。另外,高分子溶液大于普通溶液。而 DNA 分子为线形不对称分子,分子大,黏度极高,RNA 分子的黏度小得多。

1. 核酸的紫外吸收

由于核酸所含的嘌呤和嘧啶分子中都有共轭双键,使核酸分子在 250~280 nm波长处有光吸收,其最大吸收峰接近 260 nm。

核酸的光吸收值比单体核苷酸的光吸收值之和少 30%~40%,称为减色效应,这是由于碱基的紧密堆积重复排列所致。

核酸降解变性后,碱基暴露,摩尔吸收系数 κ 增加,称为增色效应。所以,可以根据摩尔吸收系数 κ 的数值判断核酸是否变性。

2. 核酸的变性与复性

DNA 双链以碱基之间形成氢键,相互配对而连接在一起。氢键是一种次级键,能量较低,容易受到破坏而使 DNA 双链分开。氢键的形成是一个自由能降低的过程,可以自发生成,所以局部分离的碱基对又可以重新形成氢键,恢复其双螺旋结构。这使 DNA 能在生理条件下迅速分开和再形成,从而保证 DNA 生物学功能的行使。

(1) 变性　核酸受某些物理或化学因素(如温度过高,低盐浓度,酸碱过强等)的影响,双螺旋破坏,氢键断裂,碱基有规律的堆积破坏,引起核酸物理或化学性质的改变,生物功能减少或丧失。

DNA 的变性常伴随着一些物理性质的改变,如黏度降低,光密度的改变(减色效应)等。

温度的影响使螺旋向线团的改变引起紫外吸收急剧升高,黏度下降,比旋光度下降,生物功能减少或丧失,这种变性称为热变性。

利用增色效应可在波长 260 nm 处监测温度引起的 DNA 变性过程。

温度变化时,当紫外吸收达到最大变化值的 1/2 时,相应的温度称为该核糖核酸的熔点(T_m)。熔点在核酸的研究中很有用,它有时称为比旋温度或解链温度。通常它的大致范围为 70～80℃。

影响 T_m 值的因素有:

(a) T_m 与 DNA 的均一性有关,样品越均一,变性温度的范围越窄,曲线越陡。所以,T_m 值可以作为均一性的指标。

(b) T_m 与 DNA 中 GC 含量有关,GC 含量越高,T_m 值就越大,DNA 越稳定。

(c) T_m 与盐的离子强度有关,DNA 在高离子强度溶液中,T_m 值高,变性温度的范围窄。在低离子强度溶液中则相反。所以,DNA 样品一般保存在 1 $mol \cdot L^{-1}$ KCl溶液中。

RNA 的变性与 DNA 相似,但由于有非螺旋区,所以变性温度不像 DNA 明显,变性曲线不如 DNA 陡,变性温度范围宽。

(2) 复性　变性 DNA 去除变性条件后两条互补链重新结合起来,恢复双螺旋结构的过程,称为复性。

复性后核酸的吸收系数下降,比旋光度增高,黏度增加,生物活性得到部分或全部恢复。

复性的速度与下列因素有关:

(a) 样品的性质　样品越均一越易恢复。

(b) DNA 浓度高,易复性。

(c) DNA 片段越大,扩散速率越慢,复性越慢。

(d) 温度低,互补链碰撞机会小,复性慢,所以复性的最佳温度是比熔点低 25℃。

(e) 溶液中盐离子浓度越高,复性越快。

五、核酸的生物学功能

DNA 是主要的遗传物质,在 DNA 上储存了大量的遗传信息(遗传信息是指 DNA 分子上核苷酸的排列顺序),这些遗传信息通过 DNA 的复制(见图 13-11),就从亲代转给了子代。然后生物体通过转录来合成 RNA(即用碱基配对的方式合成与 DNA 核苷酸序列相对应 RNA 的过程)。

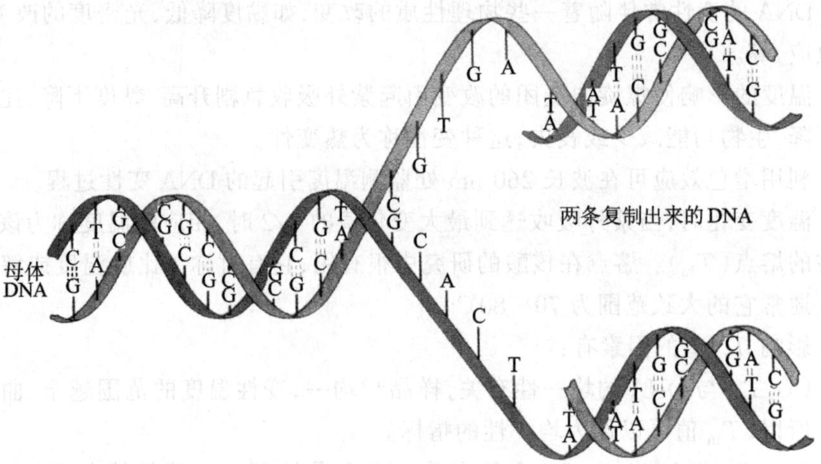

图 13-11 DNA 自我复制示意图

生物体内主要的 RNA 分子都是通过转录过程合成的,其中信使 RNA 可以指导蛋白质的合成,即根据 mRNA 分子上每三个相毗邻的核苷酸(三联体密码,遗传密码)决定一种氨基酸的规则合成具有特定氨基酸顺序的肽链,该过程称为翻译或转译。

mRNA 分子上的三联体密码决定肽链将含有何种氨基酸残基以及这些氨基酸残基的排列顺序。而这些密码又是从 DNA 分子上转录来的,所以 DNA 实际上为多种多样的蛋白质进行了编码。

在一条 DNA 分子链上含有多个基因。基因是遗传的最小功能单位,它是决定某种蛋白质分子结构的一段 DNA,当基因上一对碱基或少数碱基发生了改变时就引起基因突变。基因的变异是可以遗传给子代的,变异工作的正确操作对培养新的良种有重要的指导意义。

DNA 的体外重组称为基因工程。它是将一种生物的染色体 DNA 感兴趣的 DNA 用适当的酶将其切下,接到运载工具上,再通过一定的方法转移到另一种生物细胞中,使被切下的 DNA 能复制、转录、翻译,表现出这段 DNA 的原有的遗传性质,并代代相传。通过基因工程可在分子水平上定向地改造生物。

六、基因组计划简介

20 世纪 80 年代末,国际“人类基因组图谱工程”(HGP)启动。我国科学家参加了这项工程,承担了 1% 的测序任务,我国成为继美、英、日、德、法之后第六个 HGP 参与国。

2000 年 6 月,人类基因组工作草图已经全部完成,标志着这一被认为是继“曼哈顿原子弹计划”和“阿波罗登月计划”之后的人类自然科学史上最大的研究计划已经取得了重大的突破性进展。

人类的遗传奥秘犹如一部天书,要找出 10 万个基因的位置和作用,需经过测序、拼接和标注这三个步骤来完成。而要真正理解其中所包含的遗传信息,则还有很多更复杂、更困难的工作要做。

人类基因组计划的实施将对科学、经济、道义和国际事务等各方面都产生难以预计的巨大影响。

习　　题

1. 写出下列化合物的稳定的构象式:

(1) α - D - 吡喃半乳糖　　(2) β - D - 吡喃葡萄糖

2. 用反应机理表示为什么 1 分子果糖与苯肼反应形成脎时要消耗 3 分子苯肼。

3. 将 D - 果糖从开链式的费歇尔投影式改写为 α - 及 β - 吡喃果糖的哈沃斯式。

4. 完成下列反应式:

(1) 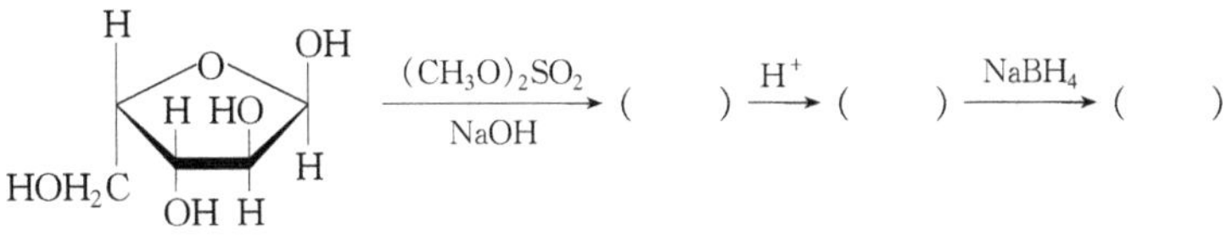

(2) 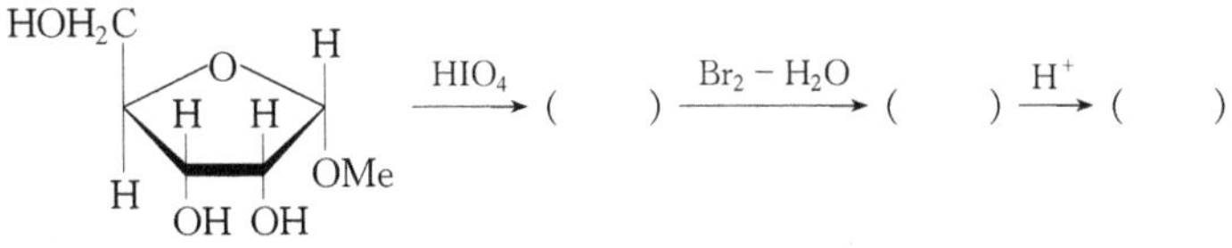

(3) 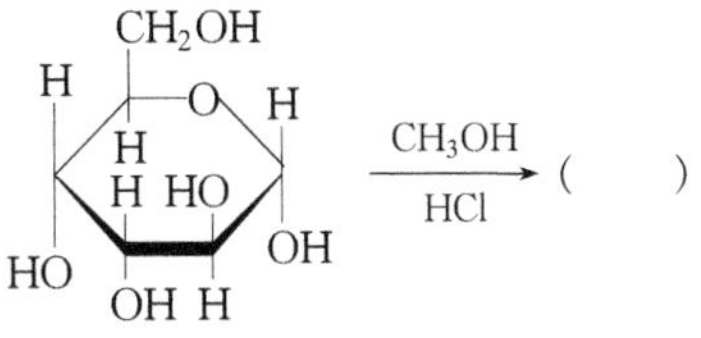

5. 用实验证明葡萄糖的半缩醛结构是由分子中 5 位羟基与醛基缩合而成的。

6. 请解释葡萄糖的变旋现象。

7. 海藻糖是一种非还原性二糖，没有变旋现象，不能生成脎，也不能用溴水氧化成糖酸，用酸水解只生成D－葡萄糖，可以用α－葡萄糖苷酶水解，但不能用β－葡萄糖苷酶水解，甲基化后水解生成两分子2,3,4,6－四－O－甲基－D－葡萄糖，试推测海藻糖的结构。（提示：不同的酶水解不同类型的键，如α－葡萄糖苷酶只水解α－糖苷键。）

8. 苯甲醚用次氯酸氯化时，生成60%的对位异构体和40%的邻位异构体。但在反应中加入一定量的α－环糊精，则得到99%以上的对位异构体，所得邻位异构体不到1%，试解释之。

9. 用化学方法区别下列各组化合物：

(1) 蔗糖与淀粉　　(2) 麦芽糖与蔗糖

(3) 甲基葡萄糖苷与麦芽糖　　(4) 甲基葡萄糖苷、2－甲基葡萄糖和3－甲基葡萄糖

10. 某己醛糖A氧化得旋光的二酸B，将A递降为戊醛糖后再氧化得不旋光的二酸C，与A生成相同糖脎的另一己醛糖D氧化得不旋光的二酸E。试推测A～E的构型。

若将A与硫酸二甲酯作用，再水解，然后用硝酸氧化得两个二酸，其构型分别如下，试推测A的环状结构。

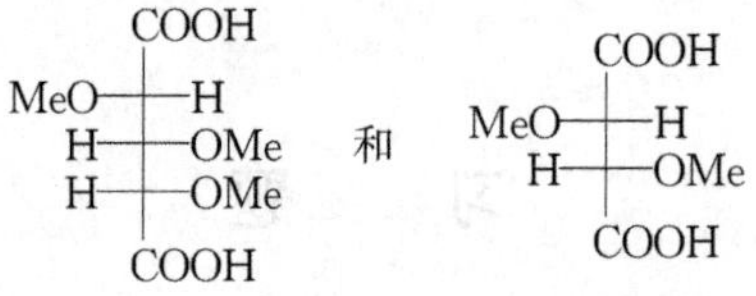

11. 一化学式为$C_{11}H_{20}O_{10}$的双糖A，可被α－葡萄糖苷酶或β－核糖苷酶水解，生成D－葡萄糖及D－核糖，A不能还原费林试剂，A用硫酸二甲酯甲基化生成七甲基醚B，B酸性水解生成2,3,4,6－四－O－甲基－D－葡萄糖及2,3,5－三－O－甲基－D－核糖。分别写出A和B的哈沃斯结构式。

12. 如何用化学方法鉴别下列各组化合物？

(1) 苹果酸和谷氨酸　　(2) 色氨酸乙酯和苯丙氨酸

13. 写出脂肪酸20∶4(5,8,11,14)的结构。

14. 完成DNA的双螺旋结构，并注明3′和5′：

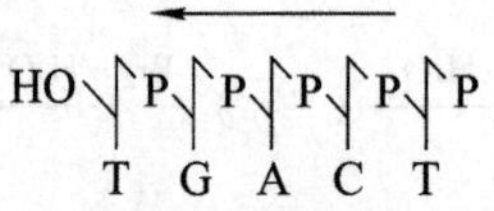

15. 一个八肽化合物由天冬氨酸、亮氨酸、缬氨酸、苯丙氨酸及两个甘氨酸和两个脯氨酸所组成，终端分析法表明N端是甘氨酸，C端是亮氨酸，酸性水解给出缬－脯－亮，甘－天冬－苯丙－脯，甘以及苯丙－脯－缬的碎片，给出这个八肽的结构。

16. DNA和RNA在结构上及生理功能上有什么主要的区别？

第十四章　周环反应

(Pericyclic reaction)

在前面的章节中,我们学过了离子型反应、游离基反应。这些反应过程是分步进行的,首先形成正离子、负离子或游离基,然后再完成反应。但在某些情况下,反应并不是按照这种机理进行的,如下面的几个例子:

例 1

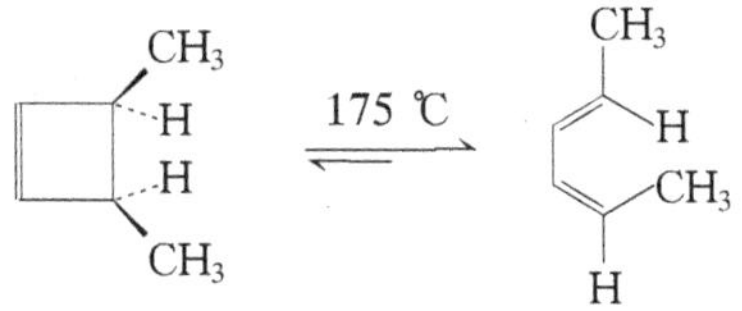

顺 - 3,4 - 二甲基环丁烯在加热时生成(Z,E) - 2,4 - 己二烯,纯度达 99.995%,立体取向性极高。按照常理,(E,E)式应该更加稳定,此反应中为什么不形成更稳定的(E,E)产物呢?

例 2

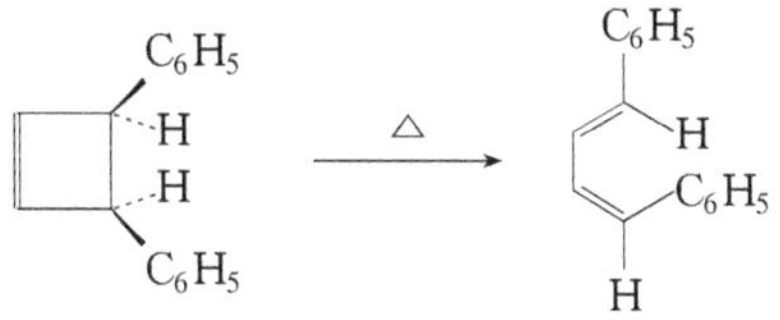

这个例子中,用较大的苯基取代了例 1 中的甲基,但产物的立体选择性仍高达 99%,也不生成更稳定的(E,E)产物,为什么?

例 3

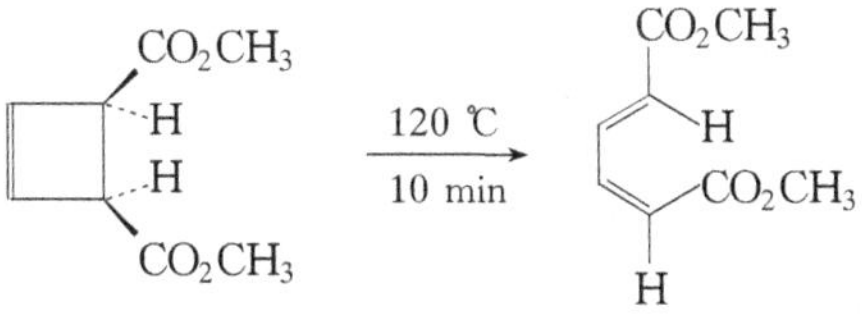

该例中,取代基的电性发生了改变,为什么也不生成更稳定的(E,E)产物?

上述问题通过取代基的立体效应都不能说明。1965 年,伍德沃德(Woodward R B)和霍夫曼(Hoffmann R)提出协同反应中轨道对称性守恒原则,并根据这一原则预测协同反应能否进行及其立体化学特征，即在有些反应中起关键作用的是轨道的对称性。伍德沃德和霍夫曼的工作是近代有机化学中的重大成果之一。此后，日本科学家福井谦一提出了前线轨道理论，为此霍夫曼和福井谦一共同获得了1981年诺贝尔化学奖。

于是，我们就可以将有机反应归纳为两大类：一类是通过形成活泼中间体，如碳正离子、碳负离子、游离基进行的反应；另一类是通过一个环状过渡态完成的，反应过程中，键的形成和断裂是协同进行的，称为周环反应。

周环反应主要包含三种类型：电环化反应（electrocyclic reaction）、环加成反应（cycloaddition reaction）和 σ 迁移反应（sigmatropic rearrangement）。前面已学习过的狄尔斯－阿尔德反应，即属于环加成反应。

周环反应有以下重要特征：

(1) 反应在加热或光照条件下进行，很少受溶剂极性、酸碱催化剂、游离基引发剂（或抑制剂）的影响。

(2) 反应过程中旧键的断裂和新键的形成是同时进行的，即反应是按协同方式进行的，形成了一个环状过渡态。所以在反应的过程中，没有离子或游离基形成。

(3) 反应常具有高度的立体选择性。

第一节 电环化反应

在线形共轭体系的两端，由两个 π 电子生成一个新的 σ 键或其逆反应都称为电环化反应。例如：

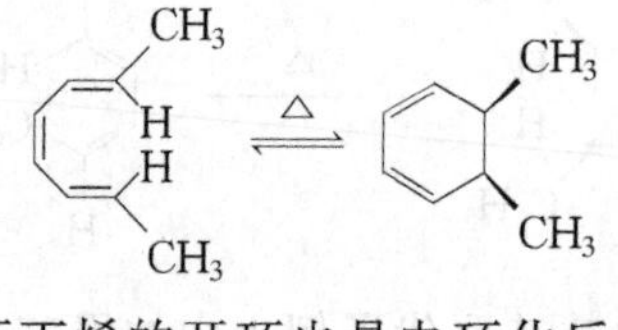

上述的顺－3,4－二甲基环丁烯的开环也是电环化反应。

一、含4个 π 电子的体系

在将分子轨道理论用于反应机理的研究中，福井谦一认为分子轨道中能量最高的填有电子的轨道（电子的最高占有轨道，又称HOMO轨道）和能量最低的空轨道（LUMO轨道）是协同反应的重要轨道。例如，2,4－己二烯有4个 π 电子，组成4个分子轨道，如图14－1所示。

HOMO和LUMO都处在前线，所以统称为前线轨道（FMO）。

讨论(Z,E)－2,4－己二烯的成环反应，根据微观可逆性原则正反应和逆反应所经过的途径是相同的，所以，分析的结果同样适用于开环反应。

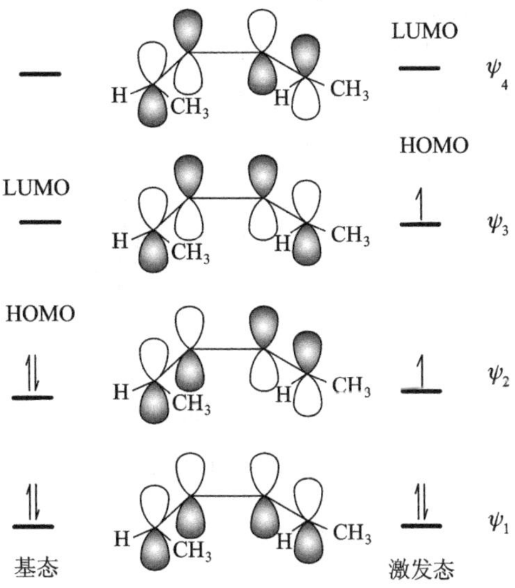

图 14-1 (Z,E)-2,4-己二烯的 π 轨道以及在基态、激发态时的 HOMO/LUMO

电环化反应中一个 π 键变成环烯烃分子中的 σ 键,所以必须考虑 π 轨道的对称性。热反应只与分子的基态有关,此例中 4 个 π 电子填充于 ψ_1 和 ψ_2 中。反应中起关键作用的是最高已占轨道(HOMO)。当在基态时,起反应的是 ψ_2,为了成键,必须顺旋才能位相相同,从而形成新的 σ 键。

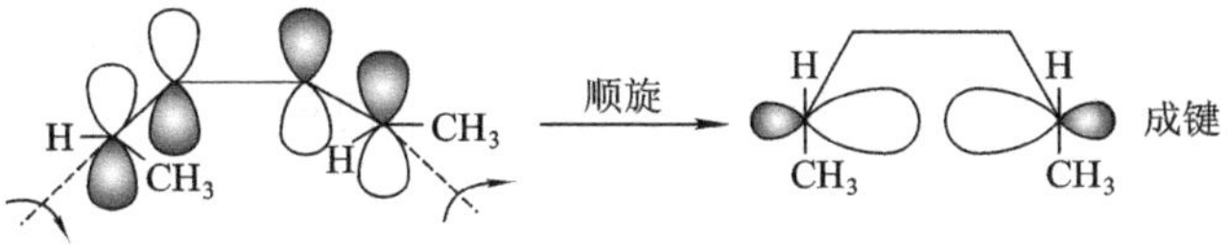

顺旋也能按下面的方式旋转:

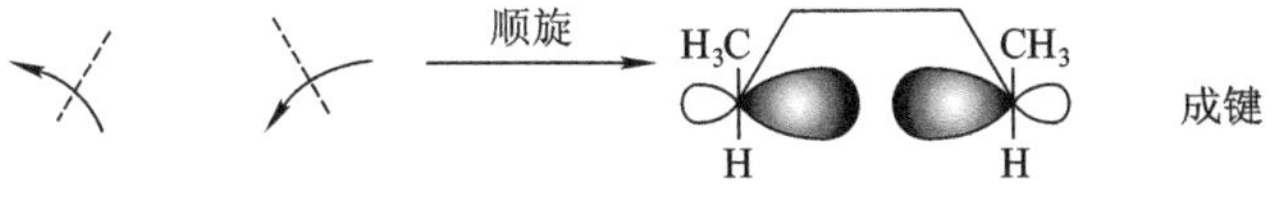

当基态对旋时,由于位相相反,不能成键:

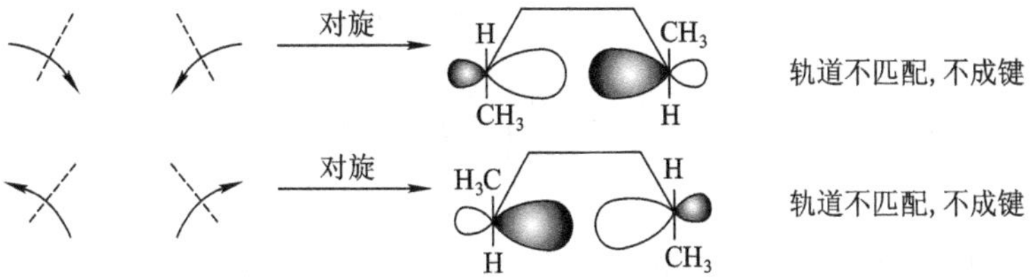

所以，对旋是轨道对称性禁阻的途径。

(Z,E)－2,4－己二烯顺旋成环得到顺－3,4－二甲基环丁烯，顺－3,4－二甲基环丁烯顺旋开环得到(Z,E)－2,4－己二烯。

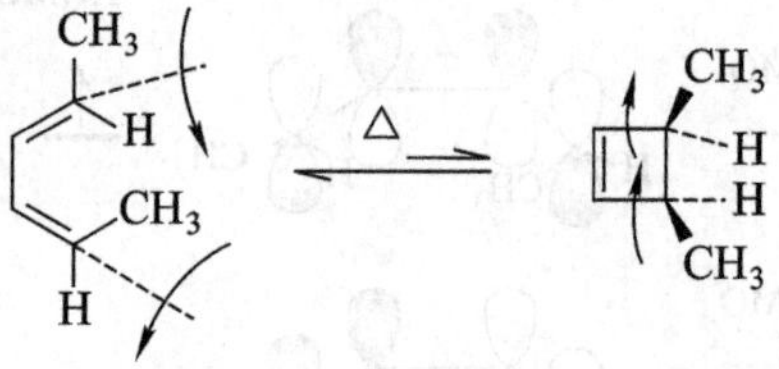

其他含有 $4n$ ($n=1,2,3,\cdots$)个 π 电子的共轭多烯，基态时因 HOMO 的轨道形式与 4 电子结构相同，所以，顺式旋转而环化：

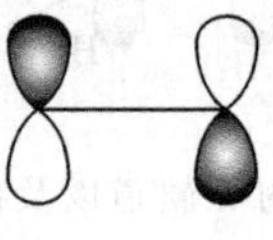

光照下，2,4－己二烯分子中一个电子从 ψ_2 激发至 ψ_3，分子处于激发态，此时 HOMO 为 ψ_3，这是一个对称的分子轨道。它的两种旋转结果如下：

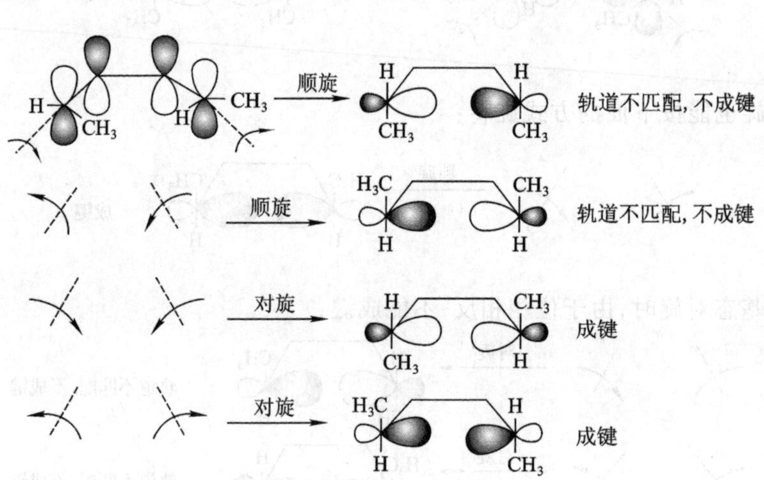

所以，(Z,E)－2,4－己二烯光照下对旋能成键闭环：

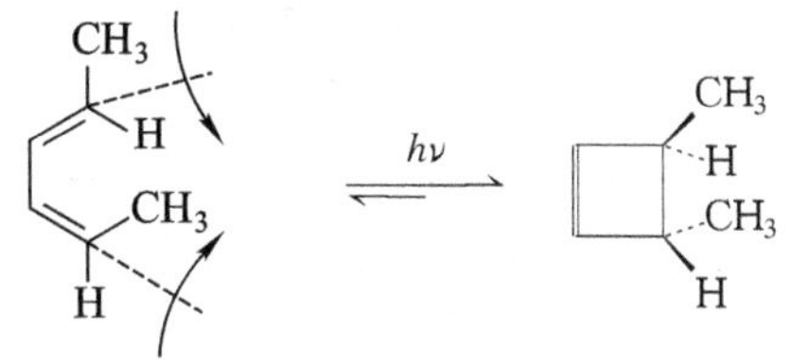

关于 2,4-己二烯电环化反应的实验结果总结如下：

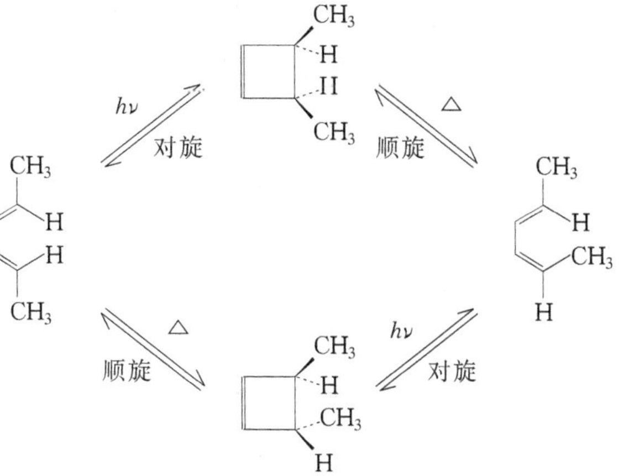

电环化反应是可逆的，由于共轭二烯比环丁烯更稳定，所以，常是环丁烯开环。

二、含 $4n+2$ 个 π 电子的体系

以 6 电子的 2,4,6-辛三烯的分子轨道为例，如图 14-2 所示。

在热反应中，HOMO 是 ψ_3，是对旋允许的：

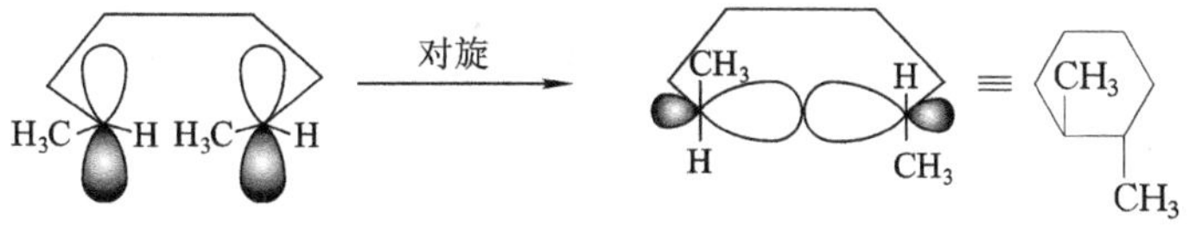

例如：

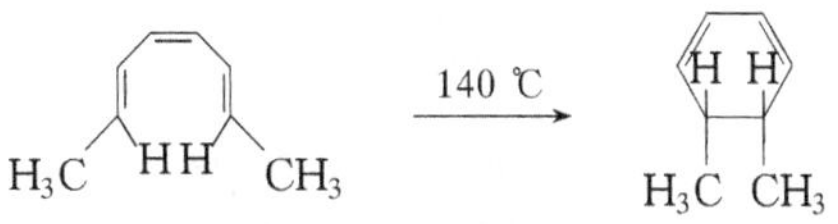

其他含 $4n+2$ 个 π 电子的共轭多烯烃的电环化反应方式也基本相似，例如：

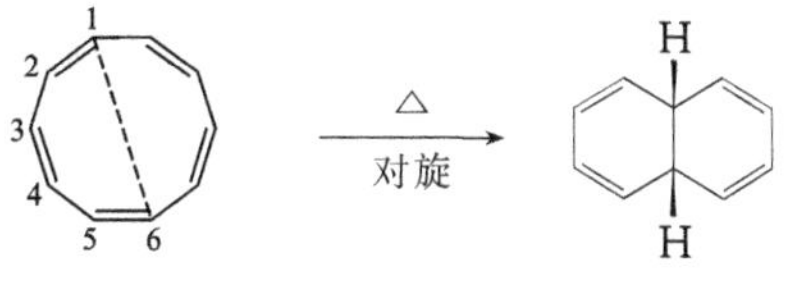

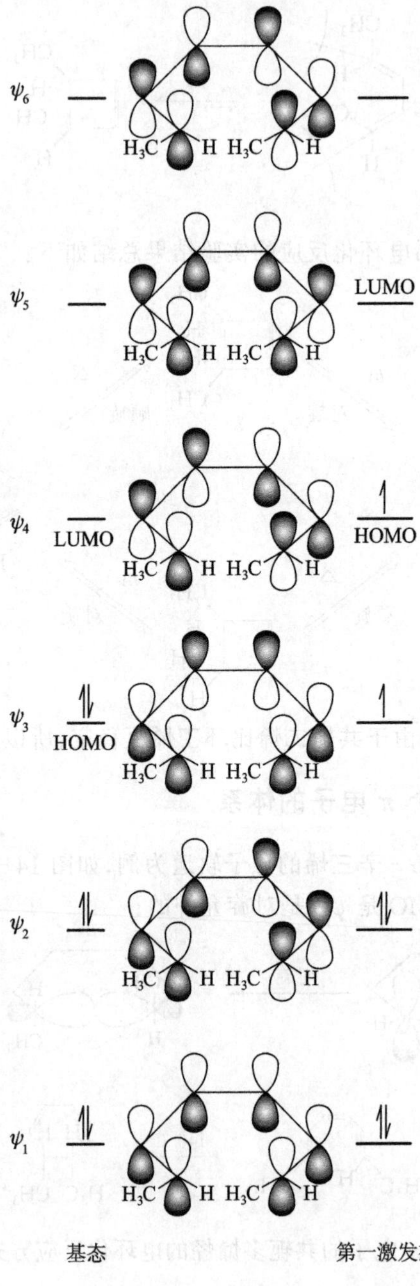

图 14－2 2,4,6－辛三烯的 π 轨道

电环化反应的选择规律归纳如下：

π电子数	热反应	光反应
$4n$	顺旋	对旋
$4n+2$	对旋	顺旋

这个规律可以这样来记忆：

基态时，$4n$ 个π电子 HOMO 轨道是反对称的，所以顺旋。

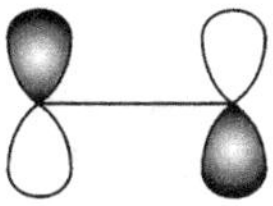

基态时，$4n+2$ 个π电子 HOMO 轨道是对称的，所以对旋。

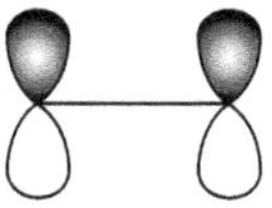

在激发态时，其轨道状态与此相反。

要得到预期的产物，除了对称性外，还要注意空间位阻的影响。例如：

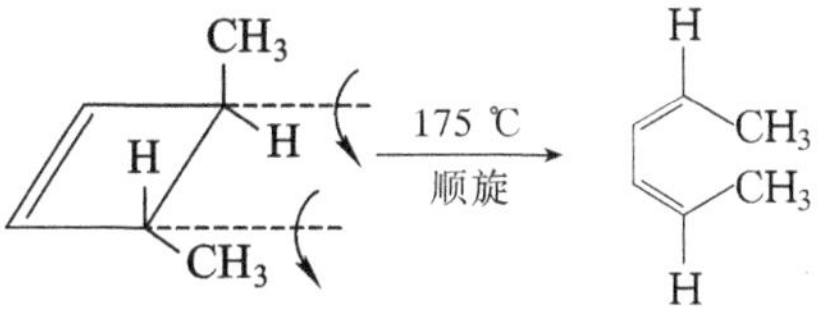

有较大的空间位阻

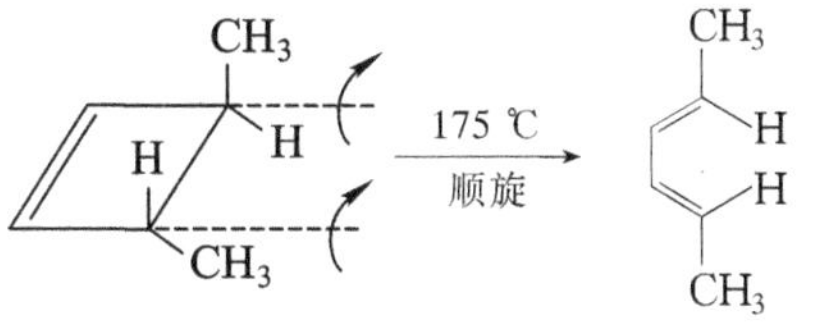

空间位阻小，是主要产物

第二节 环加成反应

环加成是在两个π电子共轭体系的两端同时生成两个σ键而闭合成环的反应。

环加成可以根据两个π电子体系中参与反应的π电子数目分类，例如：

[2+2]环加成 

[4+2]环加成 

环加成的逆反应称为开环反应(cycloreversion)。开环与成环遵循同一规律。

一、[2+2]环加成

根据前线轨道(FMO)理论,双分子反应中,起作用的是一分子的HOMO和另一分子的LUMO,反应中,它们的轨道必须匹配。例如,两个乙烯分子面对面互相接近,热反应中,一个乙烯分子的HOMO为 ψ_1 轨道:

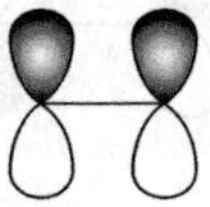

另一个乙烯分子的LUMO为 ψ_2 轨道:

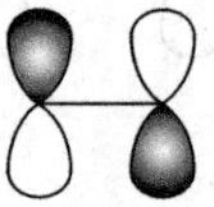

它们的位相不同,所以是轨道对称性禁阻的。

但在光反应中,一个乙烯分子处于激发态,它的HOMO为 ψ_2,另一个乙烯分子的LUMO也为 ψ_2 轨道:

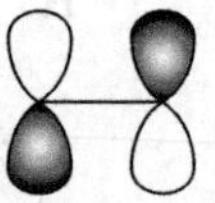

它们的位相相同,可以重叠成键,所以是轨道对称性允许的,即

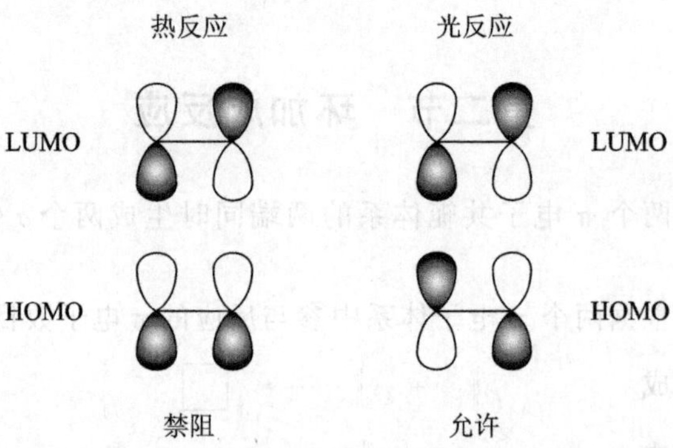

[2+2]环加成

所以，[2+2]环加成在面对面的情况下，热反应是禁阻的，光反应是允许的。例如：

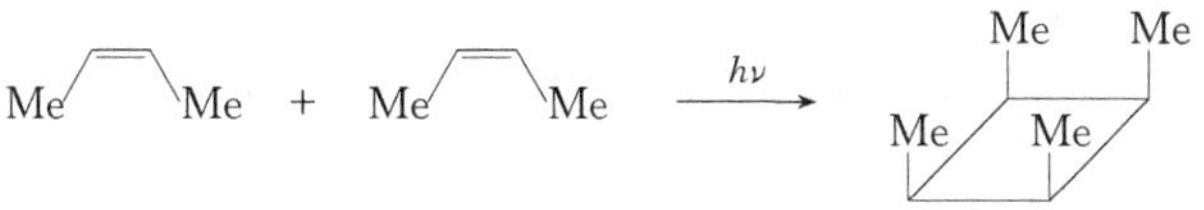

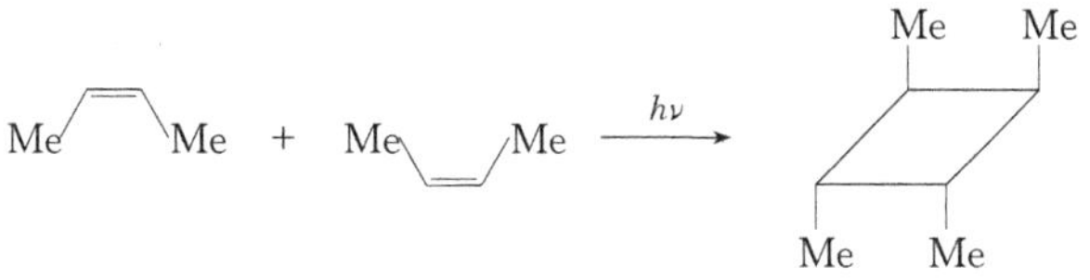

二、[4+2]环加成

1,3－丁二烯和乙烯的加成，当为热反应时，对称性允许：

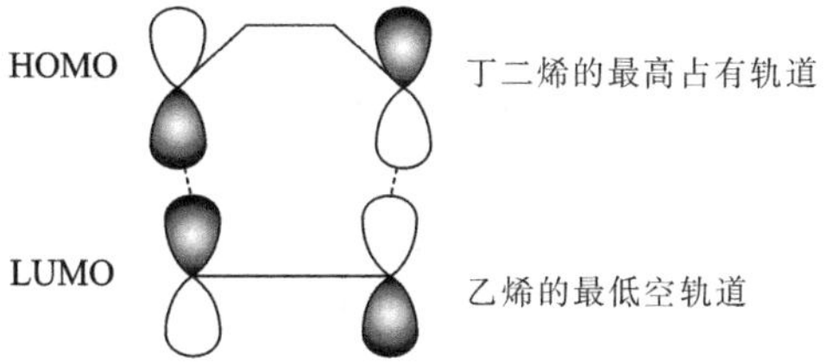

或

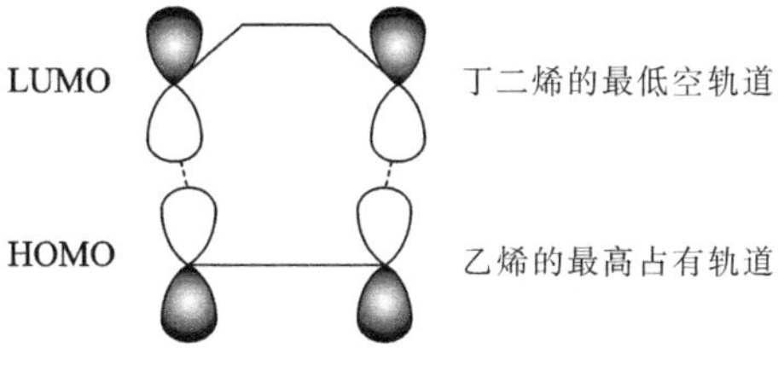

所以，[4+2]环加成热反应是允许的。

但是在光照下，轨道的对称状态发生了变化：

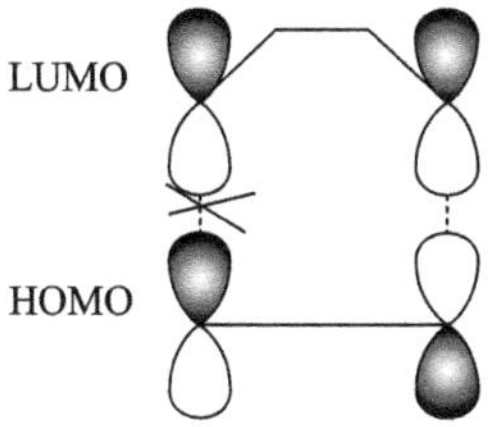

或

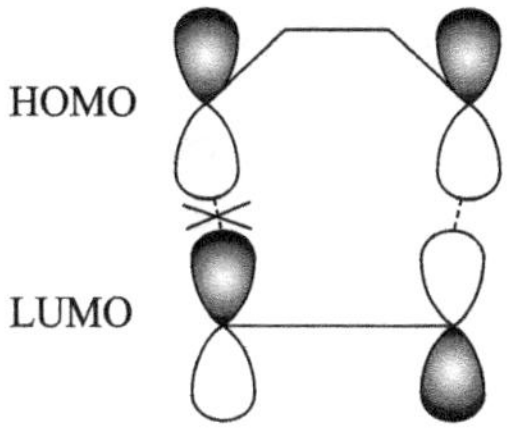

这是对称不允许的。

所以,[4+2]环加成是热反应允许、光反应禁阻的反应。

[4+2]环加成中狄尔斯-阿尔德反应是最重要的实例,它是立体专一性的顺式加成反应。二烯和亲二烯体中取代基的立体关系均保持不变:

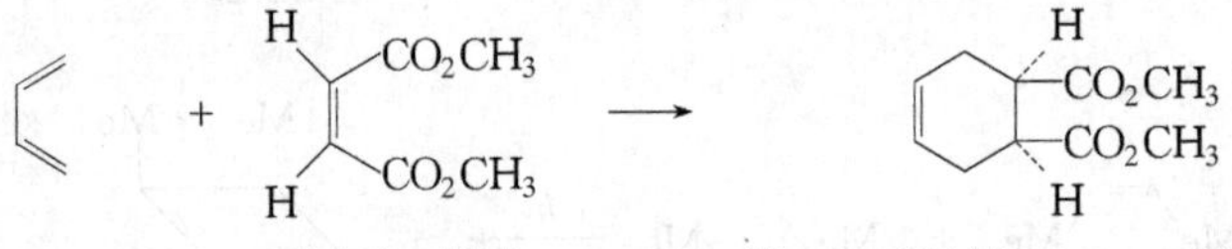

1,3-丁二烯　马来酸二甲酯　顺-4-环己烯-1,2-二甲酸二甲酯

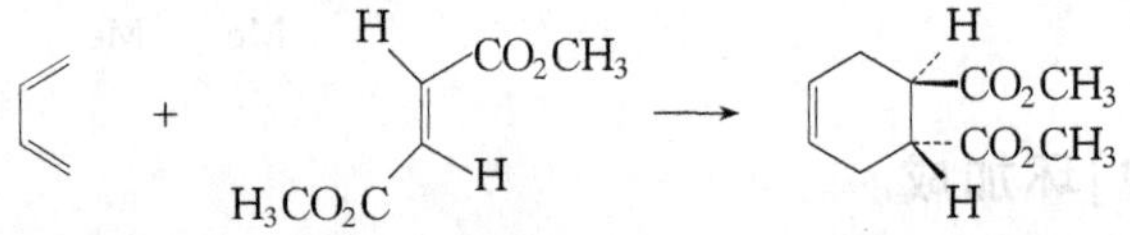

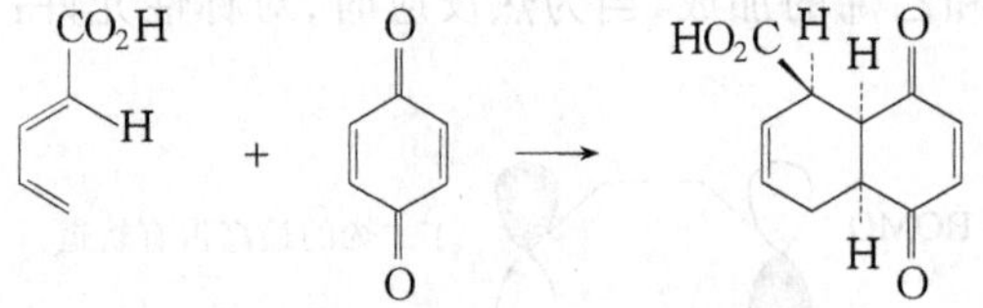

需要注意的是,[2+2]和[4+2]不是指轨道总数,而是指 π 电子个数。例如,下述反应属于1,3-偶极环加成反应,都可以用[4+2]的反应机理来解释。

(1) 烯烃的臭氧化

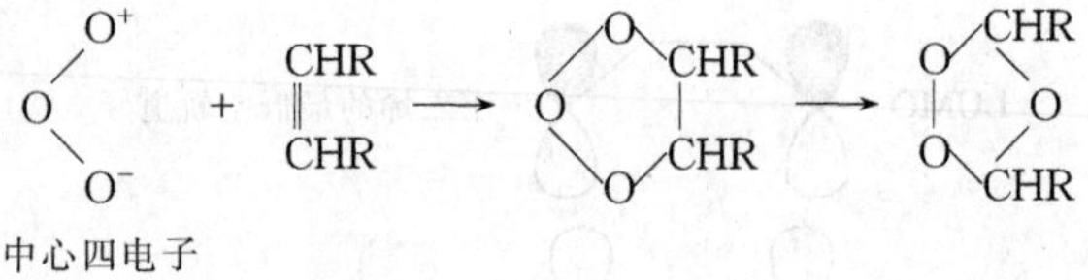

三中心四电子

(2) 重氮甲烷的1,3-偶极加成

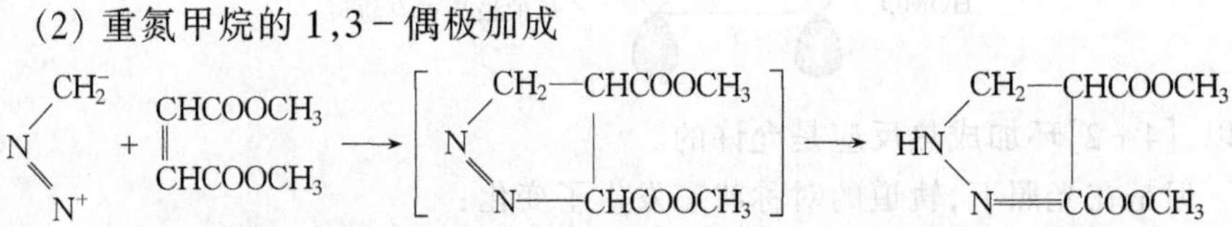

(3) 乙烯加氢反应

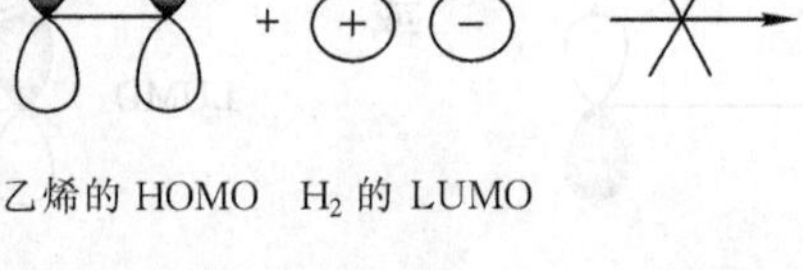

乙烯的 HOMO　H_2 的 LUMO

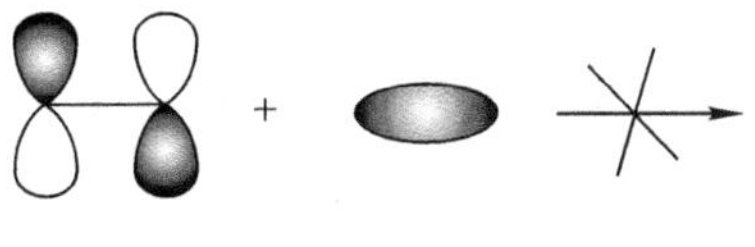

所以，乙烯加氢是热反应禁阻的。

但是，当加入 Ni 等过渡金属催化剂后，热反应就允许了：

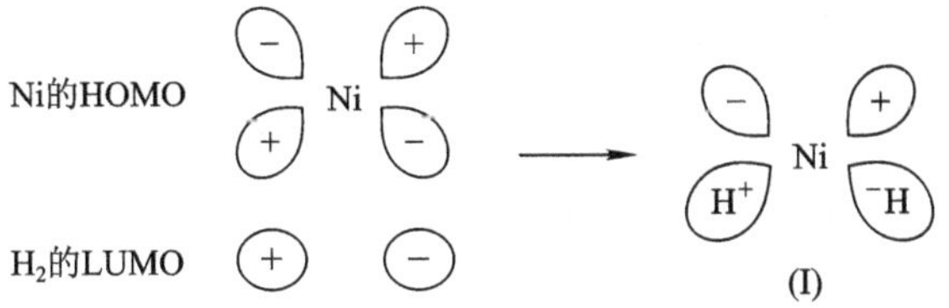

Ni 原子用其 HOMO 与氢气的 LUMO 形成中间产物(Ⅰ)，这时氢气分子变成了氢原子，这是对称性允许的反应，其后，中间产物(Ⅰ)作为 HOMO 与乙烯的 LUMO对称匹配形成 C—H σ 键：

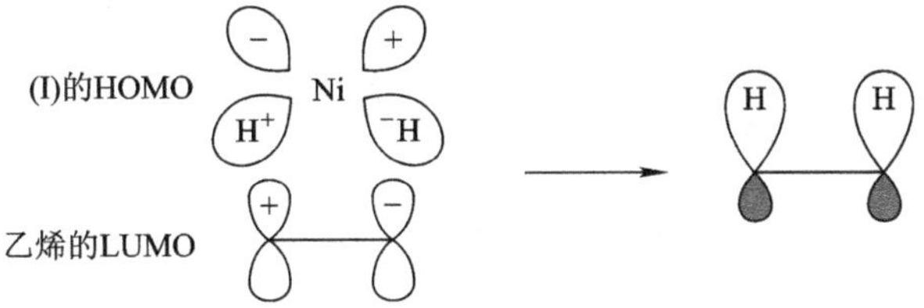

所以，乙烯加氢必须在过渡金属催化剂的作用下进行。

思考题 14.1 请解释下述反应：

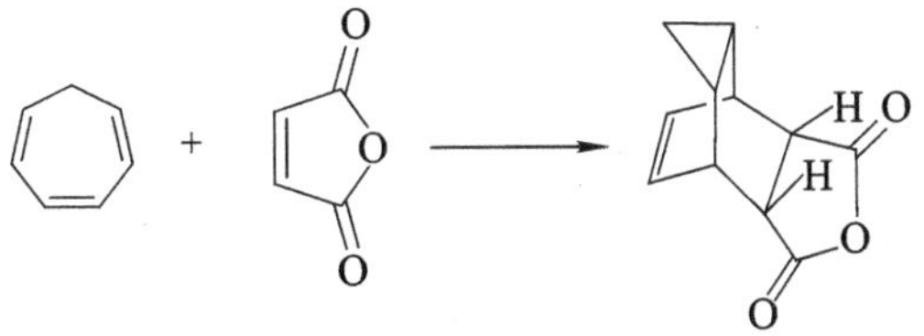

第三节 σ 迁移反应

用氘标记的戊二烯在加热时，C_5 上一个 H 原子迁移到 C_1 上，π 键也随着移动：

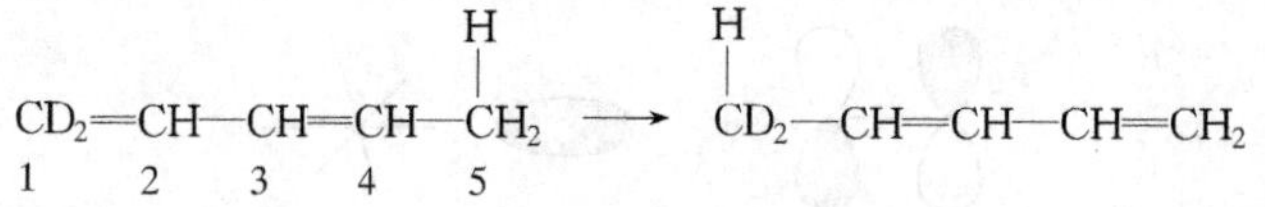

我们把这种一个原子上的 σ 键迁移到另一个 C 原子上，随之共轭链发生转移的反应称为 σ 迁移反应。C—C 或 C—O 键也可以发生 σ 迁移，例如：

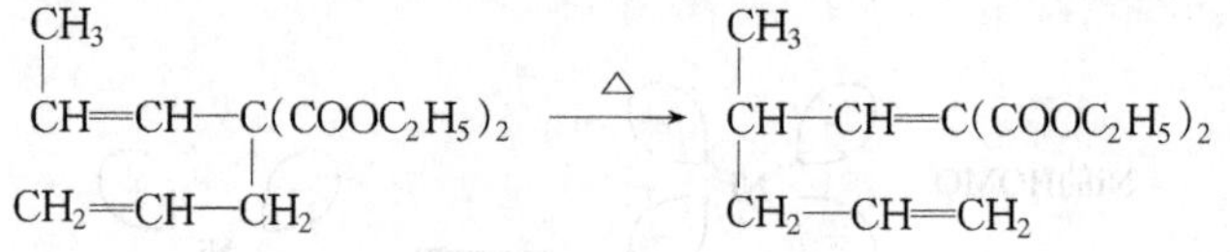

这是含 C—C 键的 σ 迁移，又称科普重排。

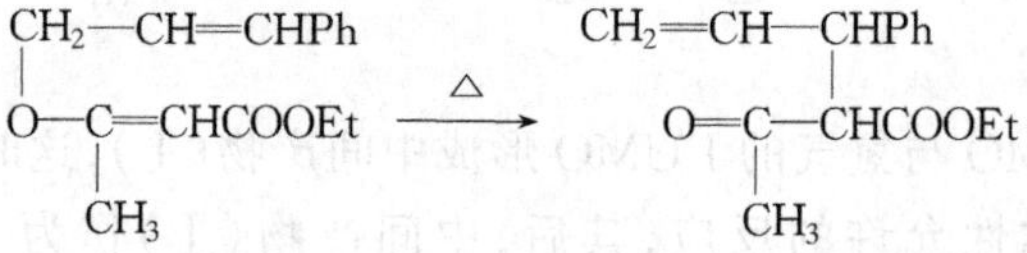

这是含 C—O 键的 σ 迁移，又称克莱森重排。

和前面所学的重排反应不同的是，σ 迁移反应中不存在通常的正离子、负离子、卡宾等中间体，这些反应都是协同进行的。旧 σ 键的断裂和新 σ 键的生成以及 π 键的移动是协同进行的。

一、氢原子参加的[1,j]迁移

对[1,3]迁移来说，氢原子的迁移有以下两种方法：

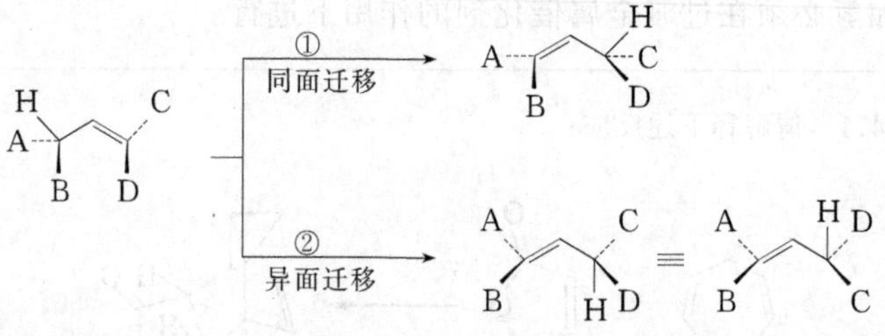

氢原子处于烯丙位，在断裂时已相当于 sp^2，所以，可以将 C_1 上迁移的氢原子近似地看作是在 p 轨道上，故而该体系为三电子体系，三个原子轨道组成三个分子轨道。从前线分子轨道(FMO)分析，该体系的 HOMO 是 ψ_2。

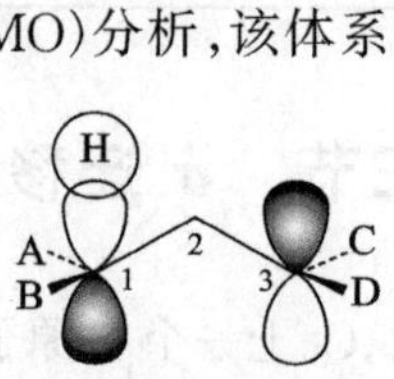

H迁移时，C_1—H键的断裂和C_3—H键的生成以及C_2—C_3间的双键向C_1—C_2间移动是协同进行的。

同面迁移：

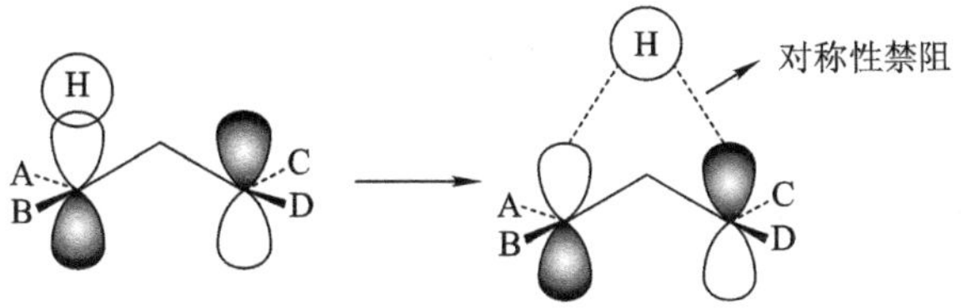

异面迁移：

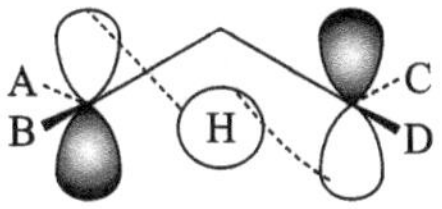

这是对称性允许的，但由于空间阻碍，这样的过渡态活化能很大，不利于协同反应的进行。所以，[1,3]H迁移是轨道对称性禁阻的。

对[1,5]H迁移来说，它的同面迁移和异面迁移的情况如下：

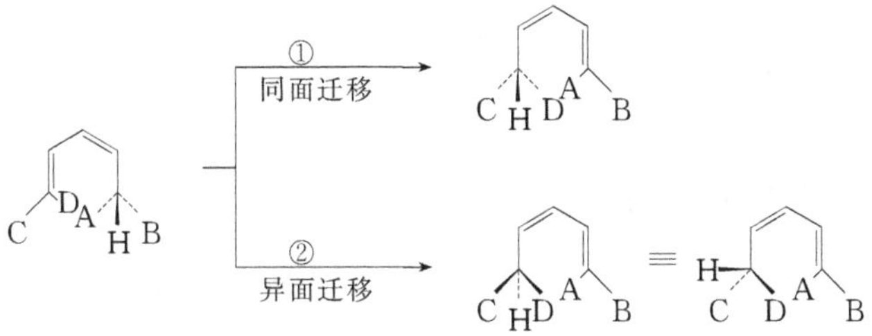

前线轨道理论认为这个体系的最高占有分子轨道(HOMO)是ψ_3，HOMO轨道如下：

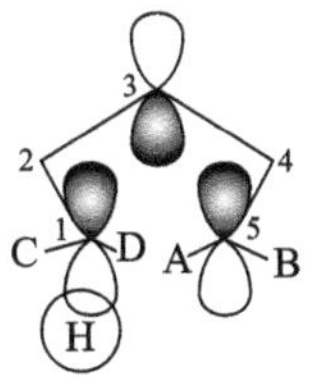

C_1是sp^3杂化，但由于在断裂时已相当于sp^2，所以，可以将C_1上迁移的氢原子近似地看作是在p轨道上。同面迁移反应是对称性允许的，反应能量较低，而异面迁移是禁阻的：

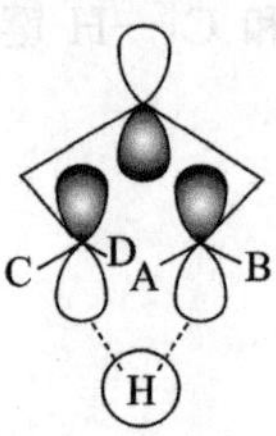

所以基态时,H 的迁移是[1,5]迁移。例如:

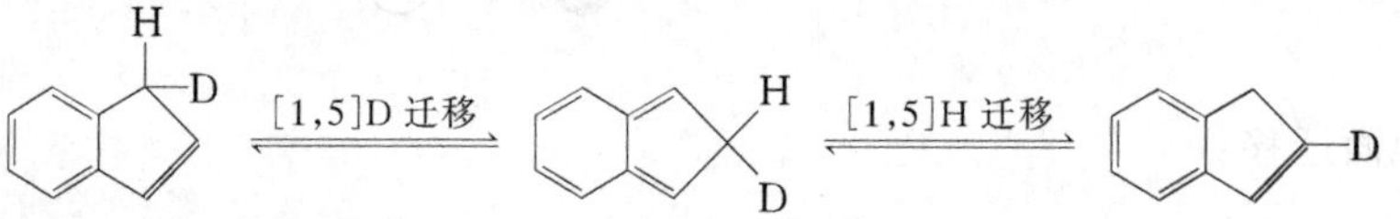

在碱催化下,也可能发生[1,3]σ 迁移,但[1,5]σ 迁移绝对优先于[1,3]σ 迁移。再如:

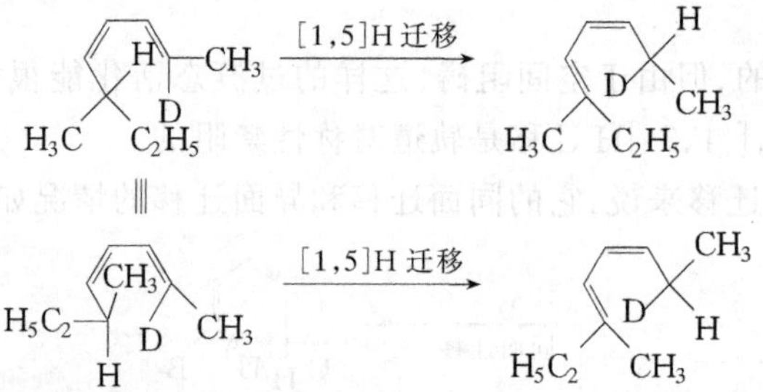

二、碳原子参加的[1,*j*]迁移

在[1,3]迁移中,如迁移的是碳原子,由于碳原子上 p 轨道的另一瓣与 C_3 上 p 轨道同一边的一瓣位相相同,可以重叠,这样的过渡态是轨道对称性允许的,空间条件也是可能的。需注意的是,迁移后碳原子的构型发生转化。

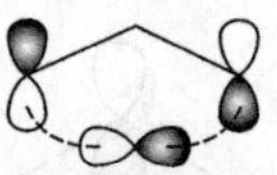

碳原子参加的[1,5]迁移,过渡态与氢原子参加的[1,5]迁移相似,反应后碳原子的构型保持不变。

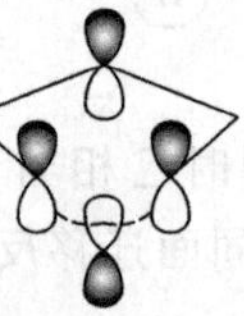

下面的化合物(Ⅰ)加热至 300 ℃可以发生[1,3]C 迁移,形成化合物(Ⅱ):

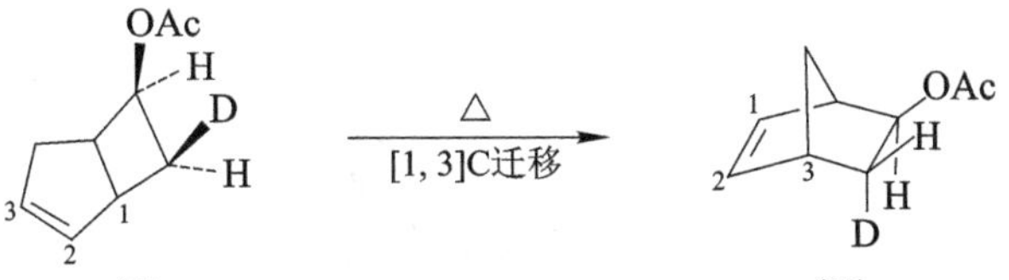

(Ⅰ) (Ⅱ)

其迁移反应过程的轨道变化如下所示。从中可以明显地看出,在化合物(Ⅰ)转化为(Ⅱ)的过程中,迁移基团氘代亚甲基的构型发生了翻转。

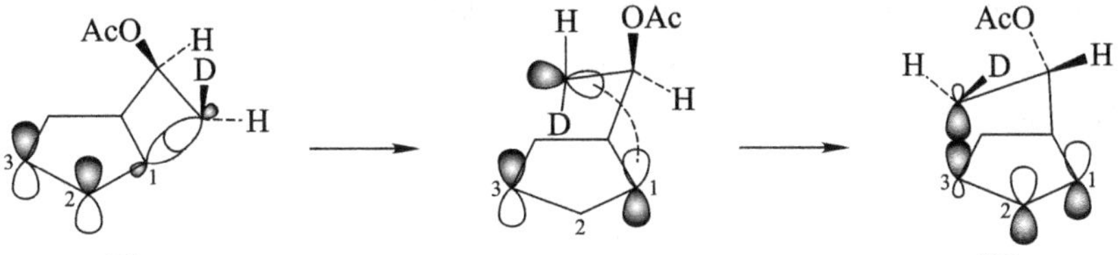

(Ⅰ) (Ⅱ)

再看下面的涉及 σ 碳迁移的例子:

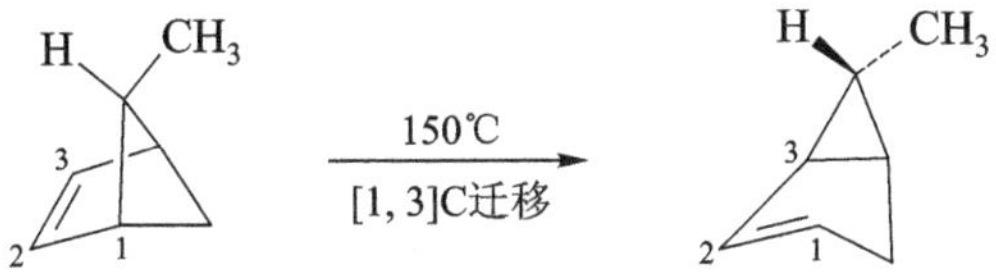

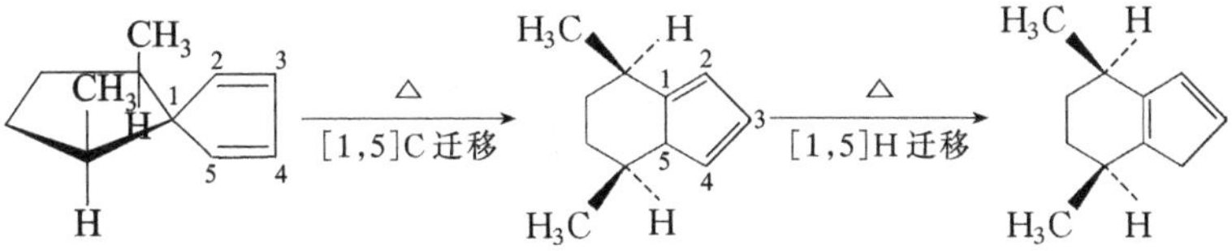

三、[3,3]迁移

最简单的[3,3]迁移为

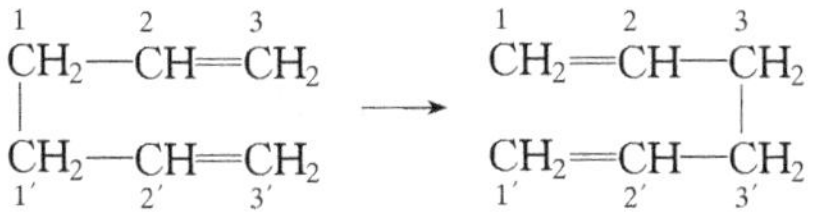

假定 σ 键断裂,生成两个烯丙基游离基,其最高占有分子轨道(HOMO)中,3,3′两个碳原子上 p 轨道最靠近的一瓣位相相同,可以重叠:

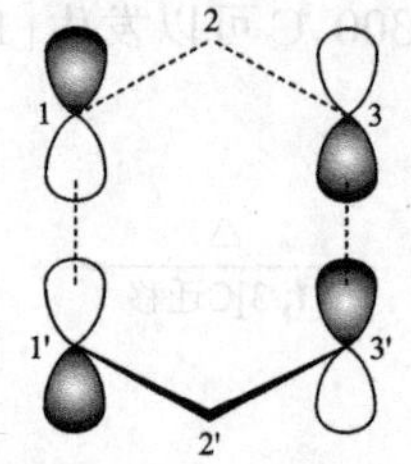

1,1′间 σ 键断裂与3,3′间 σ 键的形成是协同进行的。这样的过渡态是轨道对称性允许的,空间条件也是可能的。

[3,3]迁移是例证最多的 σ 迁移反应。例如,3,4-二甲基-1,5-己二烯分子中有两个手性碳原子是内消旋体,发生科普重排反应后生成(Z,E)-2,6-辛二烯:

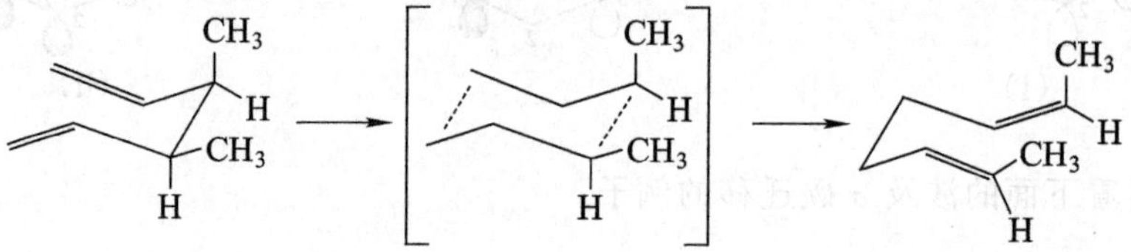

即

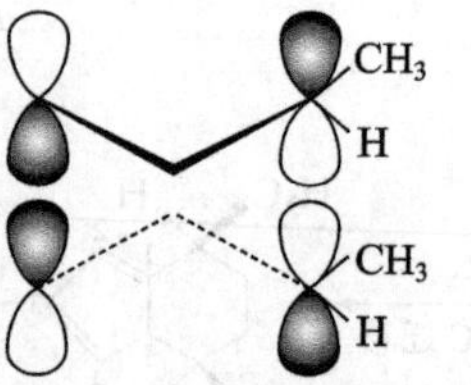

克莱森重排也是[3,3]迁移的结果:

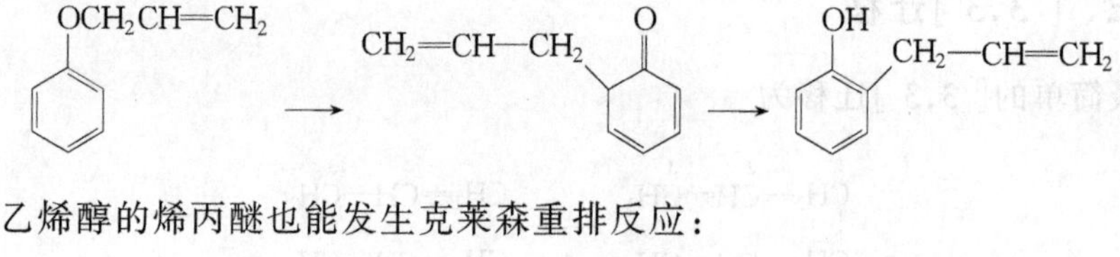

乙烯醇的烯丙醚也能发生克莱森重排反应:

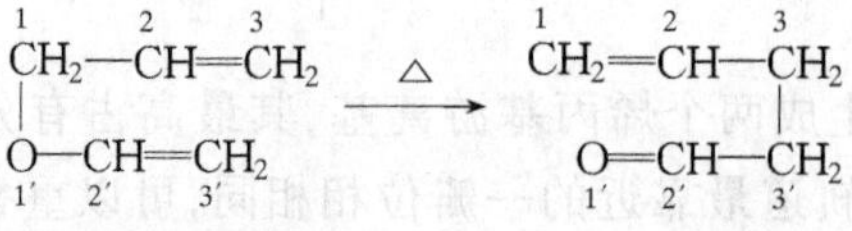

3-乙烯氧基丙烯　　　　4-戊烯醛

在酚醚的重排中，若两个邻位都被占据，则烯丙基迁移到对位上，实际上它经过了两次[3,3]迁移。

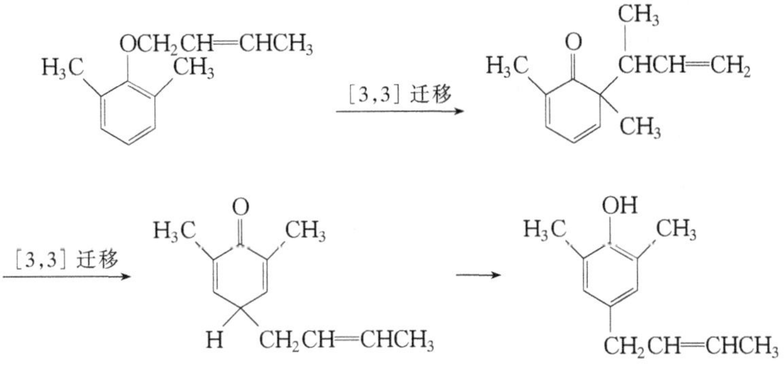

[3,3]迁移在合成上有很多应用实例，例如：

（1）由 $C_6H_5CH=CHCH_2Cl$ 和 C_6H_5ONa 合成 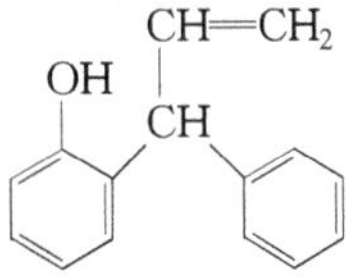。

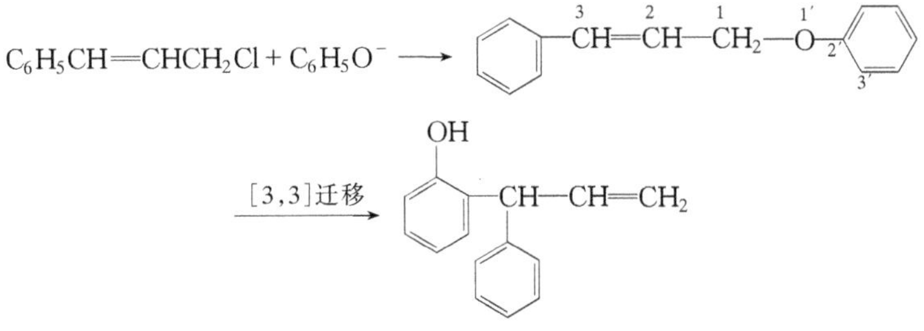

（2）由 $OHC-\underset{CH_3}{\underset{|}{CH}}-\underset{CH_3}{\underset{|}{CH}}-CHO$ 和 $CH_2=P(C_6H_5)_3$ 合成 $CH_3CH=CHCH_2CH_2CH=CHCH_3$。

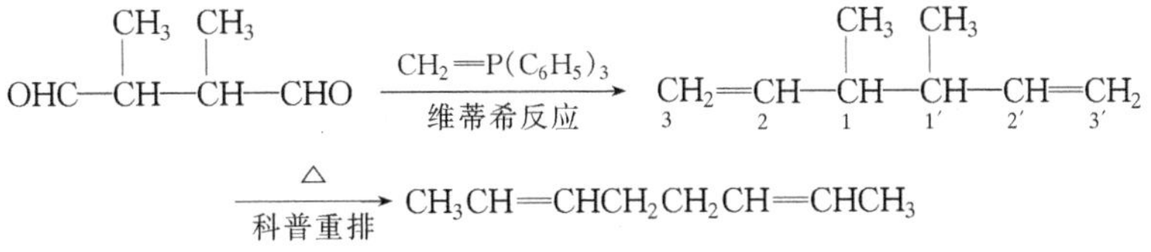

习　　题

1. 完成下列反应式：

(1) 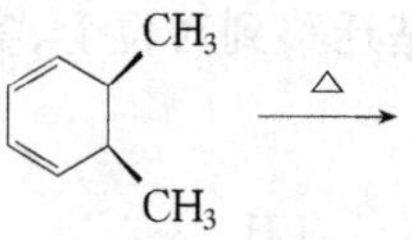

(2) 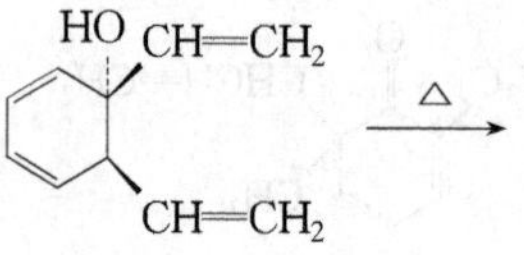

(3) 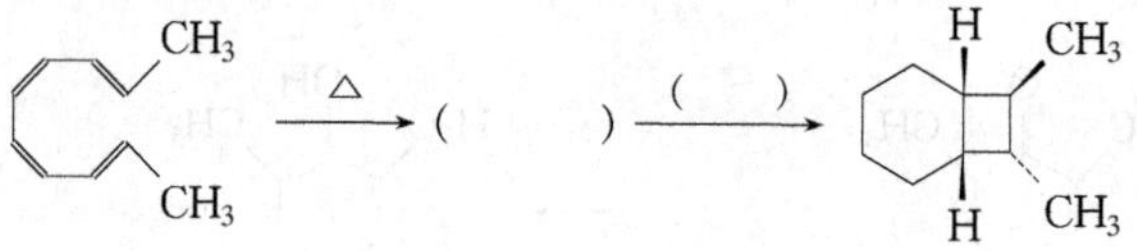

(4) 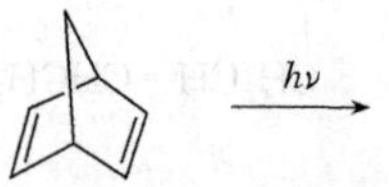

(5) 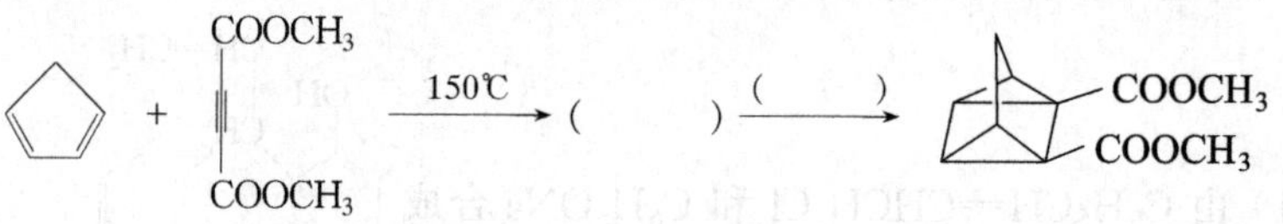

(6) 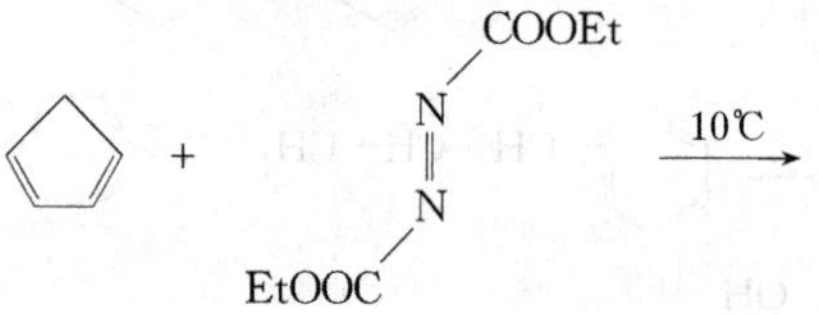

(7) 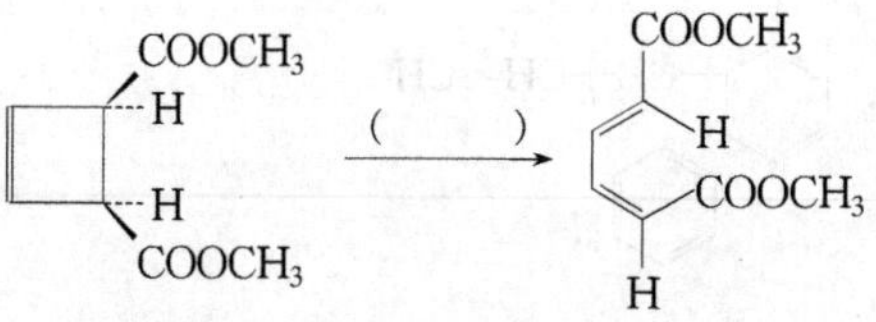

(8) 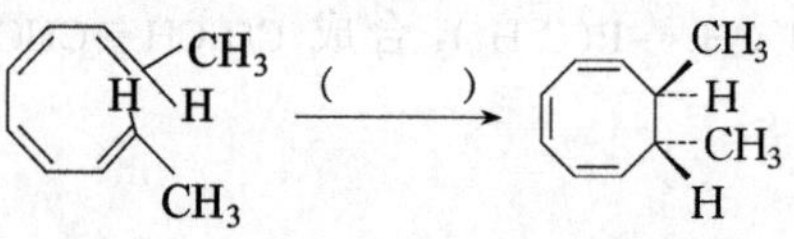

(9) 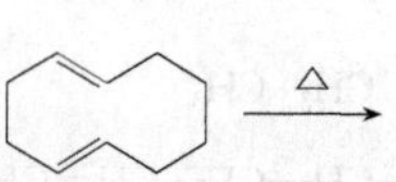

(10) 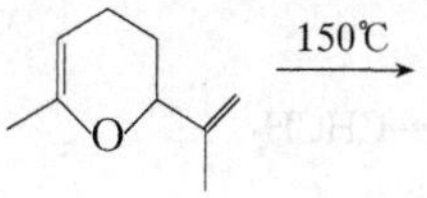

(11) 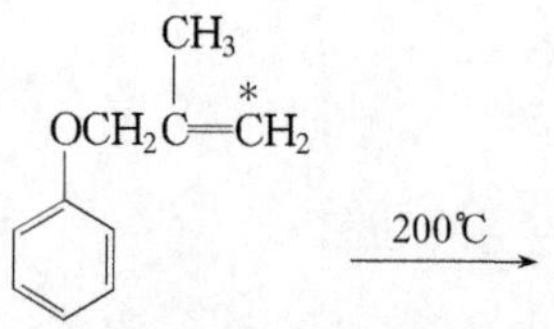

(12) 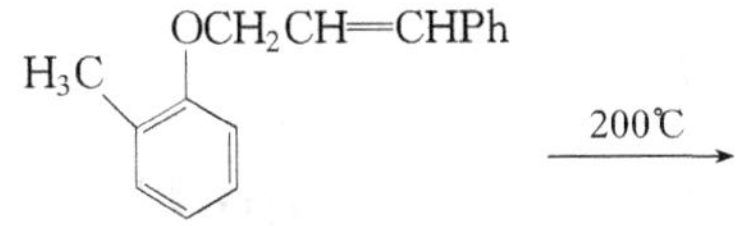

(13) 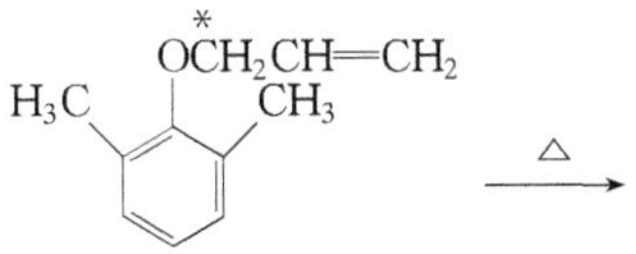

(14) 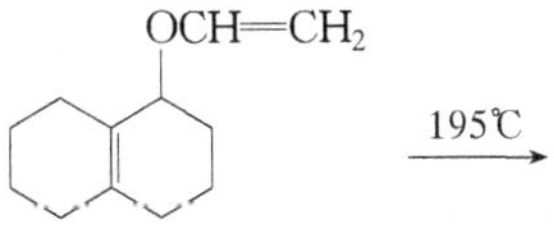

2. 说明下列反应的类型：

(1) 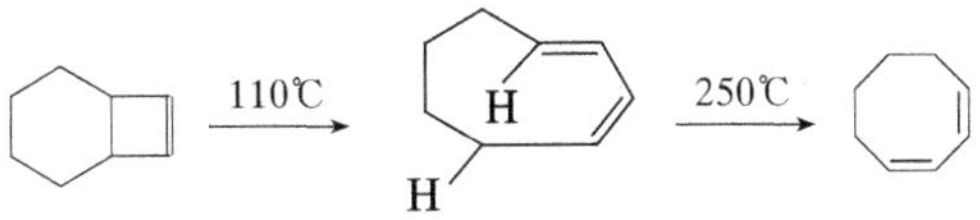

(2) 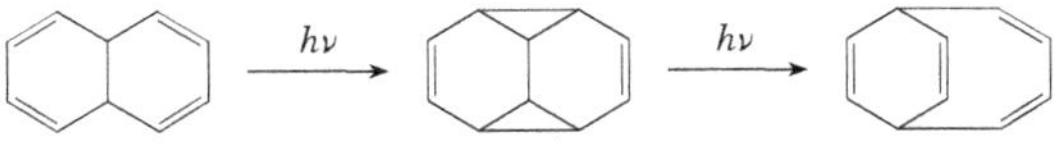

(3) 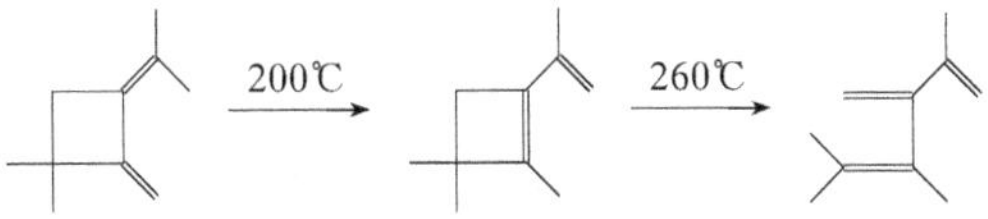

(4) 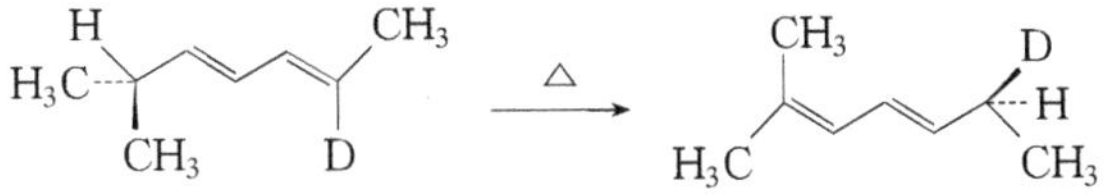

3. 写出合理的反应机理：

(1) 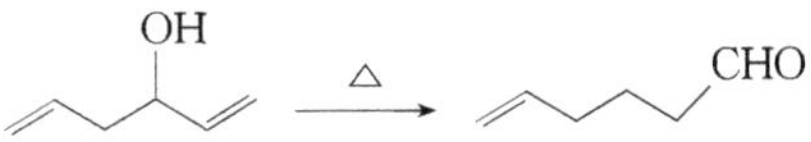

(2) 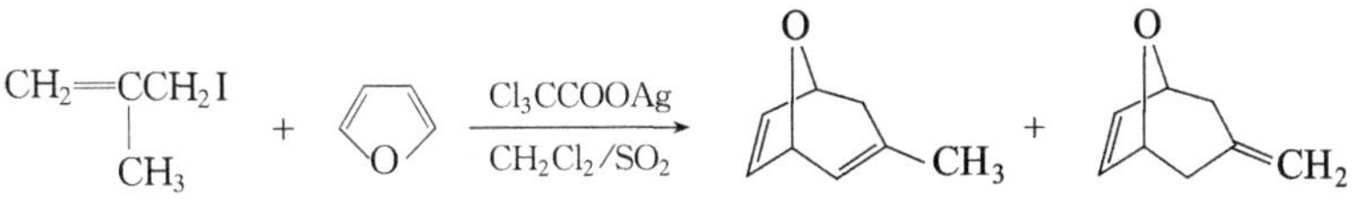

(3) 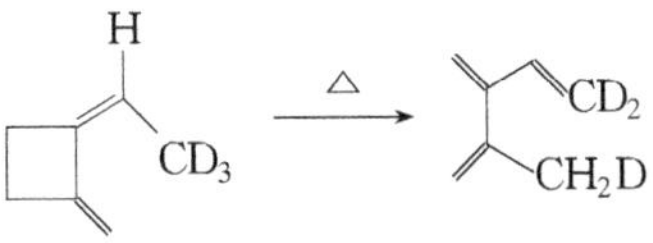

(4) 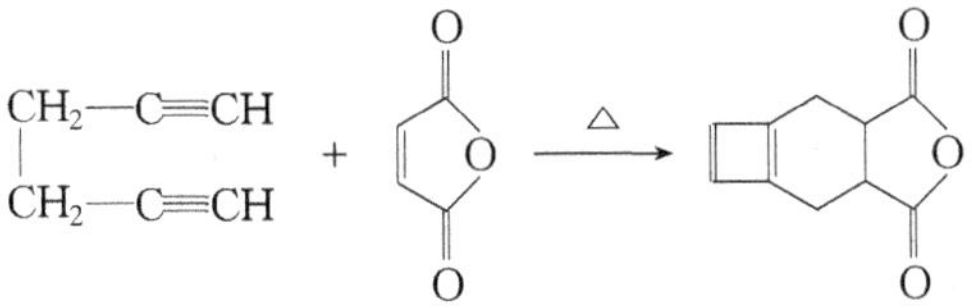

第十五章　合成高分子化合物

(Synthetic macromolecular compound)

高分子物质广泛存在于自然界中,人类的衣、食、住、行等都离不开高分子物质。对人类极其重要的蛋白质、核酸、多糖也可称为生物高分子。19 世纪中叶后,化学家利用高分子化学反应开始对天然高分子进行改性,制得硝化纤维、醋酸纤维、硫化橡胶等。由于天然高分子物质及其改性还不能满足近代工业、交通、国防、农业和人类日益增长的物质生活需要,20 世纪初,化学家开始研究开发合成高分子化合物并探索其重要用途,同时建立了高分子学科并发展了相关理论。

20 世纪 20 年代,施陶丁格(Staudinger H)第一次提出了"大分子"的概念,认为高分子物质都是由长链的大分子所组成。在此理论的指导下,以煤、石油、天然气和农副产品为原料的高分子合成迅速发展起来,聚氯乙烯、醇酸树脂、聚苯乙烯、聚醋酸乙烯酯等高分子产品相继问世。20 年代末卡罗瑟斯(Carothers W H)对缩聚反应作了系统研究,30 年代弗洛里(Flory P J)总结出一系列缩聚反应的规律,二人的研究工作为建立缩聚反应理论奠定了重要的基础,促使聚酯、聚酰胺(尼龙)等实现了工业化生产。随着 30～40 年代链式聚合理论和共聚理论的建立,更多的高分子产品投入了工业生产,如丁苯橡胶、丁腈橡胶、丁基橡胶、高压聚乙烯、聚氨酯、有机氟聚合物、有机硅聚合物和 ABS 共聚物等。50 年代随着齐格勒－纳塔催化剂的出现和定向聚合理论的提出,在低压或常压下合成出了聚乙烯、聚丙烯,同时由于阴离子聚合、阳离子聚合和结晶高分子的有关理论的建立,大大促进了高分子化学和高分子材料工业的发展。

在 20 世纪 60 年代,具有高强度的工程塑料和耐高温高分子化合物被先后研制开发,满足了航空、航天事业和特殊工业的需要;70 年代出现了多种高分子混合物(即高分子合金);80 年代各种功能高分子、精细高分子的研究、开发获得了重大进展,为高分子材料展示了广阔的前景。高分子化合物的分子设计也已提到议事日程,有人把 20 世纪末起称为高分子时代,足以证明高分子科学的重要地位。

第一节　高分子化合物的基本概念

一、高分子化合物的含义

高分子化合物是由成千上万个原子,以共价键连接而组成的相对分子质量很大(一般为 $10^4 \sim 10^7$)的化合物,简称高分子。

高分子化合物虽然相对分子质量很大,但化学组成却比较简单,一般由相同的结构单元多次重复组成,实际上,合成的高分子化合物都是以小分子化合物为原料,通过一定的聚合反应而成,所以化学家常把高分子化合物称为聚合物(polymer)或高聚物(high polymer),而把合成聚合物的小分子原料称为单体(monomer),由单体合成聚合物的反应称为聚合反应(polymerization)。例如,聚丙烯腈是由丙烯腈聚合而成:

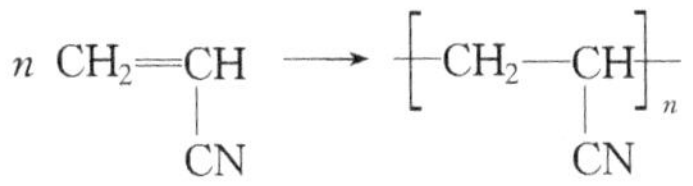

$$n\ CH_2{=}CH \longrightarrow \left[CH_2{-}CH \right]_n$$
$$\qquad\qquad | \qquad\qquad\qquad |$$
$$\qquad\quad CN \qquad\qquad\qquad CN$$

聚丙烯腈的重复结构单元为 $CH_2{=}CH{-}CN$ 。

组成高分子的重复结构单元称为链节,重复结构单元的数目"n"称为链节数。聚合物的相对分子质量等于聚合度(DP)和链节相对式量的乘积:

$$M_{聚合物} = M_{链节} \times DP$$

聚合度表示高分子链中所含结构单元的数目。在均聚物中,结构单元数目与结构单元重复的次数 n 是相等的。

对于一定结构的小分子化合物,其相对分子质量总是一定的。而合成的高分子化合物,由于反应条件不同,反应概率不同,聚合度往往有差别,故所形成高分子的相对分子质量并不完全相同。由同一种单体聚合得到的高分子,其结构也不一定相同。如丁二烯聚合,随着反应方法、反应条件的不同,会得到 1,2-加成或 1,4-加成聚合物或同时有 1,2-加成及 1,4-加成的聚合物,考虑立体异构中的顺反异构,1,4-加成的聚合物又有顺-1,4-聚丁二烯与反-1,4-聚丁二烯。

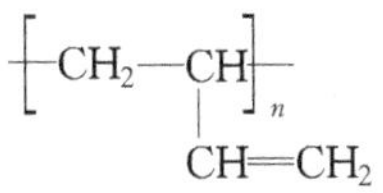

$$\left[CH_2{-}CH \right]_n \qquad\qquad \left[CH_2{-}CH{-}CH_2{-}CH{=}CH{-}CH_2 \right]_n$$
$$\qquad\quad | \qquad\qquad\qquad\qquad\qquad |$$
$$\quad CH{=}CH_2 \qquad\qquad\qquad\qquad CH{=}CH_2$$

　　　1,2-加成聚合物　　　　　　　1,2-加成与1,4-加成聚合物

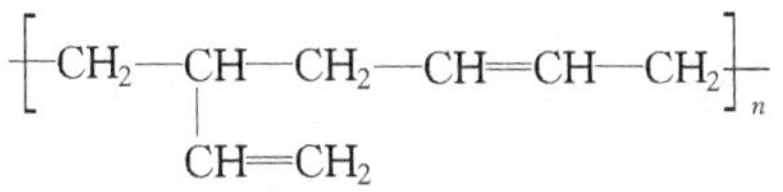

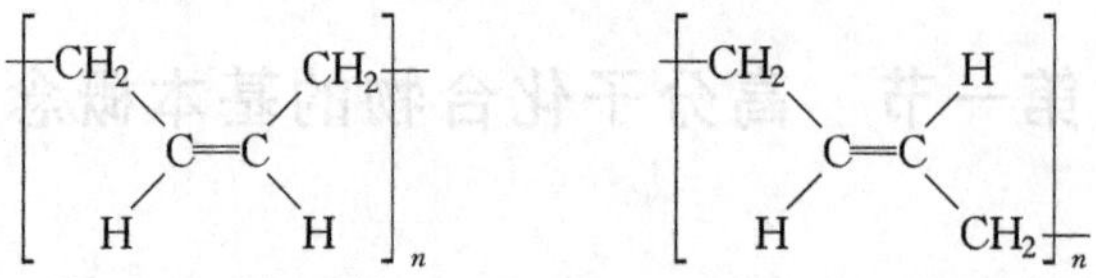

顺-1,4-聚丁二烯　　反-1,4-聚丁二烯

高分子具有的这种相对分子质量与结构的多样性,称为高分子化合物相对分子质量和结构的多分散性。所以高分子化合物实际上是由化学组成相同,而相对分子质量不同,结构也不一定相同的同系聚合物组成的混合物。由于高分子化合物相对分子质量的多分散性,因此其相对分子质量与聚合度一般仅具平均的意义,通常平均相对分子质量与平均聚合度分别用 $\overline{M}$ 和$\overline{\mathrm{DP}}$来表示。

与小分子化合物相比,高分子化合物除了具有相对分子质量的多分散性与结构的多样性外,还有小分子化合物所不具有的特性,如高强度、高黏度、高弹性,在溶剂中能溶胀,大分子链有柔顺性,能形成薄膜或形成纤维等。这些特点给高分子化合物带来一系列重要的用途。

二、高分子化合物的结构

高分子化合物的结构有分子结构和聚集态结构,高分子化合物的分子结构又有三个层次:① 分子链的键接方式;② 分子链的构型;③ 分子链的构象。

高分子化合物的聚集态结构与高分子化合物的物理机械性能关系极为密切,在第三节中再作专门介绍。这里只讨论高分子化合物的分子结构。

1. 高分子链的键接方式

根据高分子链的键接方式不同,可以生成不同几何形状的高分子,通常可归纳为三类,即线型高分子、支链型高分子和体型高分子。参见图 15-1。

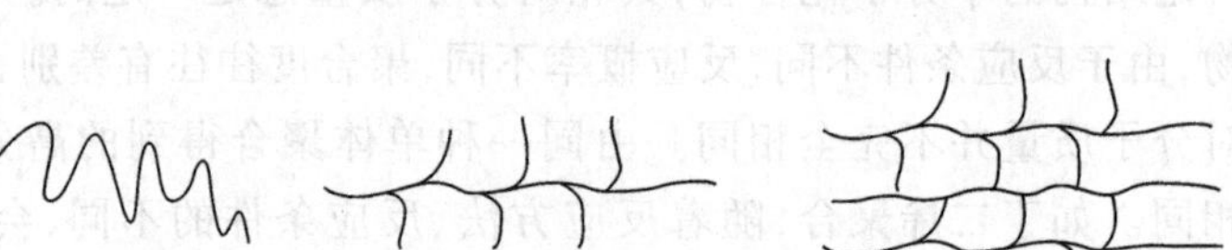

图 15-1　高分子链的三种键接方式示意图

线型高分子是由很多重复结构单元连接成线状分子,分子长度可达几百纳米,直径却不到 1 nm,由于分子链细长,其自然状态大多是卷曲的。多种烯类聚合物如聚氯乙烯、聚苯乙烯、聚丙烯,各种合成纤维如聚酯、聚酰胺、聚丙烯腈等都是线型高分子化合物。例如聚氯乙烯:

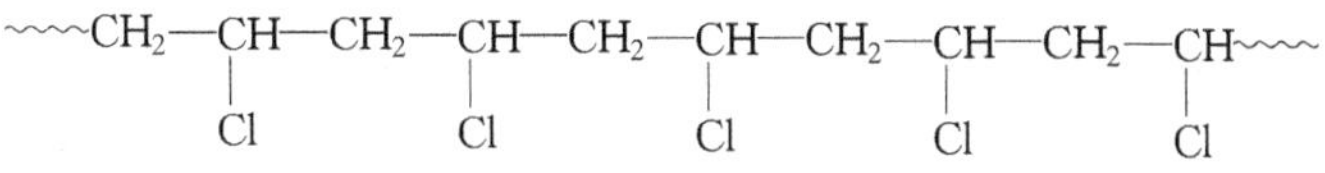

支链型高分子是在线型高分子上带有很多支链，支链有长有短，有的像树枝状，高压聚乙烯和接枝共聚物是典型的支链型高分子化合物。例如高压聚乙烯：

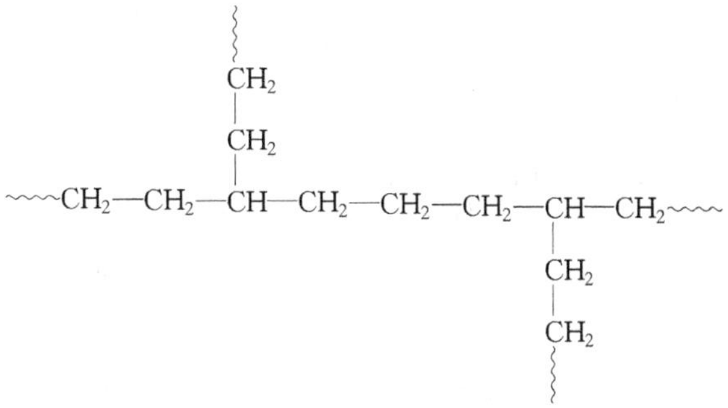

线型高分子和支链型高分子加热能塑化、熔融，具有热塑性，且能溶于适当的溶剂。

体型高分子即网状高分子，其聚合物称为网状聚合物或交联聚合物。体型高分子是借助多官能团单体反应进行交联或借助某种助剂将线型聚合物交联而得到。交联程度低的高分子在溶剂中能溶胀，加热时能软化，但不熔融。交联程度高的高分子，加热不软化、不塑化、不熔融，也不溶于溶剂，实际上为热固性塑料，不能反复塑化加工。如高度交联的酚醛树脂、脲醛树脂、环氧树脂与不饱和聚酯树脂就是这样一类交联聚合物。橡胶（天然橡胶、丁苯橡胶、顺丁橡胶等）通过硫化，使原先的线型聚合物生成了交联聚合物，增加了橡胶的弹性和强度。

2. 高分子链的构型

高分子链中各结构单元在空间固定的排布称为高分子链的构型，构型不同的高分子，即互称为高分子的立体异构体。当重复结构单元为 $\left[CH_2-\overset{\overset{\large R}{|}}{CH}\right]$ 时的聚合物，就有立体异构。如 $R = CH_3-$，即聚丙烯，甲基处在链平面同一侧的，称为等规（全同）立构；甲基有规则地交替处在链平面两侧时，称为间规（间同）立构；甲基无序地随意分布在平面两侧，则称为无规立构。等规或间规立构聚合物也称立构规整聚合物，这种规整结构能赋予聚合物很多优良的性能。图 15－2 为聚丙烯分子的立体异构情况。

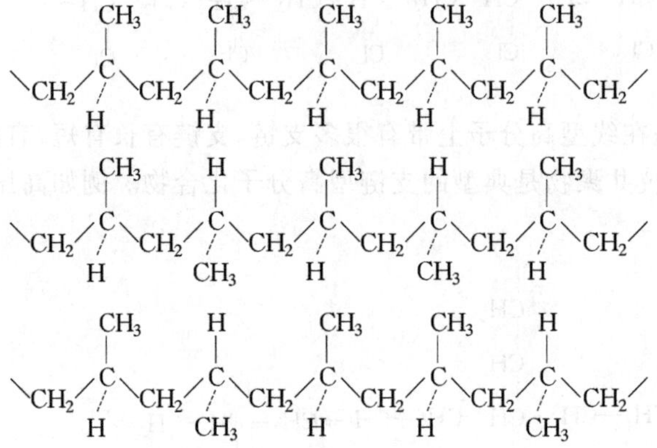

等规立构

间规立构

无规立构

图 15-2 聚丙烯分子的立体异构示意图

当高分子主链中含有不饱和键时，会出现顺反异构，也使高分子链产生不同构型。如前面提到的顺-1,4-聚丁二烯与反-1,4-聚丁二烯。

高分子链的顺反构型对聚合物的性质关系极大，如顺-1,4-聚丁二烯是弹性极好的橡胶（顺丁橡胶），反-1,4-聚丁二烯则是一种塑料。

此外，高分子链还可以呈现不同的构象形态，如线型聚合物分子链，可以呈现锯齿状链、折叠的链和螺旋状的链，也可以呈现无规则缠结的柔软线团。

三、高分子化合物的分类

高分子化合物可以分成天然高分子和合成高分子两大类，天然高分子又可分为天然无机高分子（云母、石棉、石墨、金刚石等）和天然有机高分子（淀粉、纤维素、蛋白质、核酸等），下面重点讨论合成高分子。

合成高分子化合物从不同的角度出发，又有几种不同的分类方法。

1. 按聚合物的性能和应用分类

按照聚合物制成材料的性能和应用，可将合成高分子化合物分为五大类，即塑料、橡胶、合成纤维、涂料、黏合剂与密封材料。根据加工时不同情况又可将塑料分为热塑性塑料与热固性塑料。热塑性塑料包括线型或支链型聚合物，受热时可熔融、流动，可以多次重复加工成型，如聚乙烯等。热固性塑料为体型聚合物，不熔、不溶，只能在加工中固化成型，此后再不能加热塑化重复成型，如酚醛树脂等。

2. 按照聚合物的主链结构分类

按照聚合物的主链结构可将高分子化合物分为碳链聚合物、杂链聚合物与元素有机聚合物三类。

(1) 碳链聚合物　此类聚合物的分子链完全由碳原子组成，如聚氯乙烯、聚苯乙烯等由烯类单体经加聚反应生成的聚合物。

(2) 杂链聚合物　高分子主链上除碳原子外，还含有氧、氮、硫等元素的原子，如聚酯、聚酰胺、聚醚等。

(3) 元素有机聚合物　此类高分子主链不含碳原子，而是由硅、铝、氧、氮、硫、磷等原子组成，侧基为有机基团，如有机硅聚合物。

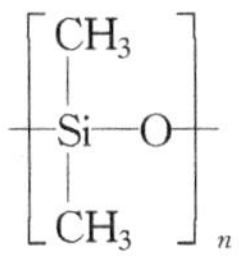

聚二甲基硅氧烷

此外，还可以根据不同的聚合反应来进行分类，将通过加成聚合（加聚）反应得到的聚合物称为加聚物；而通过缩合聚合（缩聚）反应得到的聚合物称为缩聚物。

四、高分子化合物的命名

高分子化合物的命名比较复杂而且也不够统一，有几种命名法目前都被采用。

常用的有通俗命名法，也称为习惯命名法，参照单体名称来命名聚合物，即在单体名称前面冠以“聚”字，如聚乙烯、聚氯乙烯、聚甲基丙烯酸甲酯、聚己内酰胺等。对于一些由两种不同单体缩聚生成的聚合物，除了在单体名称前冠以“聚”字外，名称中还应反映出高分子主链中的特征基团，如由己二酸和己二胺缩聚得到的聚合物称为聚己二酰己二胺，由对苯二甲酸二甲酯与乙二醇反应制得的聚合物称为聚对苯二甲酸乙二醇酯。

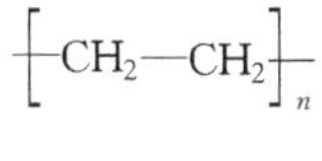

聚乙烯

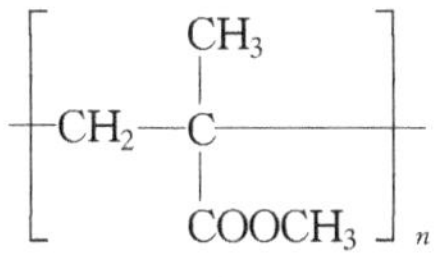

聚甲基丙烯酸甲酯

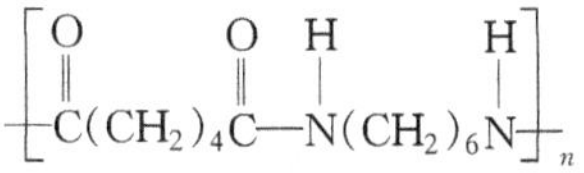

聚己二酰己二胺

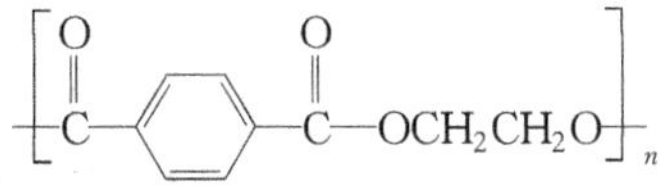

聚对苯二甲酸乙二醇酯

由两种单体经缩聚反应而成的聚合物，如果其结构不很明确，往往在单体名称后加上“树脂”二字来命名。如由苯酚和甲醛缩聚生成的聚合物称“酚醛树脂”，尿素和甲醛缩聚生成的聚合物称“脲醛树脂”，甘油和邻苯二甲酐合成的聚合物叫“醇酸树脂”，由环氧氯丙烷与双酚 A 合成的聚合物称“环氧树脂”等。现

“树脂”这一名词应用范围已经扩大，未加工成型的聚合物往往也称为“树脂”，如聚丙烯树脂、聚氯乙烯树脂等。

一些高分子化合物，还常用商品名称或习惯名称，尤其在合成纤维中使用较多。国外将聚酰胺类称为尼龙（nylon），如尼龙－6表示聚己内酰胺，尼龙－66表示聚己二酰己二胺，这里第一个数字代表己二胺中碳原子数，第二个数字代表己二酸中碳原子数。聚酯（纤维）在国外称为达克纶（dacron），聚丙烯腈纤维称为奥纶（orlon）。在我国，通常用“纶”字作为合成纤维的商品名后缀，将聚酯纤维称为涤纶，尼龙－6纤维称为锦纶，聚丙烯腈纤维称为腈纶，聚乙烯醇缩甲醛纤维称为维（尼）纶，聚丙烯纤维称为丙纶。

有时为了方便，还采用英文名或英文名缩写来作为一些聚合物的代号，如teflon（聚四氟乙烯），PE（聚乙烯），PVC（聚氯乙烯），PAN（聚丙烯腈），PP（聚丙烯），PS（聚苯乙烯），ABS（丙烯腈－丁二烯－苯乙烯共聚物）等。

由于目前高分子化合物的命名不够严格，比较混乱，为了全面反映聚合物的组成和结构，IUPAC制定了一套系统命名法，这种命名法虽很严谨，但却较为繁琐，未能得到广泛应用。

第二节　高分子化合物的合成反应

高分子化合物是通过聚合反应合成的，聚合反应是多种多样的，主要有两种分类方法。

(1) 按照单体和聚合物在组成、结构上的变化来分类　可将聚合反应分为加聚反应与缩聚反应。这是较早的一种分类方法。加聚反应指烯类单体通过加成聚合生成高分子化合物的反应，反应中没有低分子析出，故聚合物的组成与单体相同。缩聚反应指单体官能团间通过缩合聚合形成聚合物的反应，这种聚合物也常称为缩聚物。在生成缩聚物的同时，伴有小分子副产物的失去，因而缩聚物与单体的化学组成不同，同时在结构上缩聚物的主链中，通常有官能团间反应生成的键（如酯键、酰胺键等）。

(2) 根据聚合反应的机理和动力学来分类　可将聚合反应分为链式聚合反应和逐步聚合反应，烯类单体的聚合与开环聚合反应绝大多数是链式聚合反应。链式聚合中的活性中心可以是游离基、阴离子、阳离子和配位离子，因此又可进一步分为：游离基聚合、阴离子聚合、阳离子聚合和配位聚合。逐步聚合反应为：大多数缩聚反应、加成缩合反应（如酚醛树脂的合成）、聚加成反应（如聚氨酯的合成）、氧化偶联聚合反应等。一般认为，这种按反应机理的分类方法更为合理一些。

一、逐步聚合反应

1. 缩聚反应

缩聚反应是最重要的、最常见的逐步聚合反应，合成纤维的主要品种（聚酯、聚酰胺）、很多工程塑料（聚碳酸酯、聚砜、聚酰亚胺、芳香族聚酰胺等）以及不饱和聚酯等都是通过缩聚反应制得的。

(1) 缩聚反应的特点　缩聚反应主要有以下特点：

(a) 由于缩聚反应通过官能团之间的反应放出了小分子化合物（水、卤化氢、醇、氨等），所以缩聚物与单体有不同的化学组成。

(b) 参加缩聚反应的单体应具有两个或两个以上的官能团（或官能度①）。

(c) 缩聚反应整个过程是逐步进行的，反应一开始，单体就很快消失，都转变成了低聚物，故转化率一开始就急剧增加，随后变化不大，聚合物的相对分子质量随着反应时间延长而逐步增加。

(d) 缩聚反应大都为可逆平衡反应，反应到一定程度后就达到平衡，相对分子质量变化不大，要继续增加相对分子质量就必须及时移走产生的小分子化合物，打破平衡，但随着反应时间延长，聚合物相对分子质量增加，体系黏度增大，低分子物不易除去，同时还伴有副反应，故缩聚物的相对分子质量一般都低于加聚物。

(2) 缩聚反应的分类　按照产物的分子结构可将缩聚反应分为线型缩聚与体型缩聚两类。在线型缩聚中，参加反应的单体的官能度都为 2，聚合产物为线型分子。在体型缩聚中，参加反应的单体至少有一种其官能度大于 2，缩聚产物为体型分子。

(3) 缩聚反应的基本过程　下面以线型缩聚为例，如以 aAa 代表二元酸，bBb 代表二元醇，它们缩聚生成聚酯的反应过程如下。

首先是两种单体作用生成二聚体：

$$\mathrm{aAa + bBb \rightleftharpoons aABb + ab}$$

然后二聚体同单体作用生成三聚体或二聚体聚合成四聚体：

$$\mathrm{aABb + aAa \rightleftharpoons aABAa + ab}$$
$$\mathrm{aABb + aABb \rightleftharpoons aABABb + ab}$$

生成的三聚体、四聚体又可以继续与单体、二聚体、三聚体等作用，生成链长不同

① 单体的官能度，指在反应中实际能起反应的官能团数。严格讲，官能度与官能团是有差别的，如己二酸用两个羧基反应，官能度为 2，如只用一个羧基反应，则官能度为 1；酚醛树脂合成中，苯酚的官能团（—OH）为 1，但其官能度（邻、对位氢）却为 3。

的低聚物，低聚物之间再发生反应生成相对分子质量较高的聚合物。

$$aABABb + aABb \rightleftharpoons aABABABb + ab$$

$$\cdots\cdots$$

$$a \text{-}[AB]_m\text{-} b + a \text{-}[AB]_n\text{-} b \rightleftharpoons a \text{-}[AB]_{m+n}\text{-} b + ab$$

上述这种线型缩聚过程不会无限制地进行下去，反应终止的原因主要有：

(a) 热力学平衡的限制　因缩聚反应是可逆平衡反应，随着产物相对分子质量增加，体系黏度增大，不断增加的低分子产物不易除去，而低分子的反应物浓度又不断减小，结果平衡不利于向生成大分子方向移动。

(b) 单体组分的摩尔比不同　由于原料纯度差别、反应中某些官能团发生变化及化学计量的不严格，都可能造成体系中某种官能团过量，反应达到一定程度后，大分子端基都被过量的官能团占据。

(c) 单官能团物质封端　体系如含有单官能团物质可以封闭端基。例如：

$$2Ra + bB\text{-}[AB]_m\text{-}b \rightleftharpoons RB\text{-}[AB]_m\text{-}R + 2ab$$

此外，单体或低聚物成环反应、分子链裂解等副反应也影响高分子链进一步增长。实际上，由于以上原因，造成缩聚物的相对分子质量比加聚物要低，缩聚物相对分子质量一般为 10^4 数量级，加聚物则多为 $10^5 \sim 10^6$ 数量级。

(4) 几种重要的缩聚物　下面介绍几种重要的缩聚物，包括聚酯、聚酰胺、聚碳酸酯、聚砜、芳香族聚酰胺和聚酰亚胺，它们都是工程塑料的重要品种，均具有优异的机械性能，如可以代替金属制造机械部件，有的还可以制造合成纤维。

(a) 聚酰胺(尼龙)　聚酰胺分子中含有酰胺基团，生成了大量氢键，故具有良好的机械性能，尤其是抗冲击强度、抗压强度优异。抗冲击强度是所有工程塑料中最高的。尼龙还具有优良的耐磨性能、耐油性、耐溶剂性能，其阻燃性能也很好，具有自熄性。尼龙加工方便，可用多种方法成型。由于性能优良，因此尼龙被广泛用作工程塑料，在机械、汽车、电器和化工设备上均有广泛应用，此外还大量地用来制造合成纤维。

尼龙－66 是尼龙中的典型代表，是由己二胺与己二酸缩聚而成：

$$nH_2N(CH_2)_6NH_2 + nHOOC(CH_2)_4COOH \xrightarrow{\text{缩聚}} H\text{-}[NH(CH_2)_6NH\overset{O}{\overset{\|}{C}}(CH_2)_4\overset{O}{\overset{\|}{C}}]_n\text{-}OH + (2n-1)H_2O$$

尼龙－66

实际生产中是己二胺与己二酸先生成尼龙－66 盐，尼龙－66 盐再缩聚即制得尼龙－66。

$$\overset{+}{\text{H}_3\text{N}}(\text{CH}_2)_6\overset{+}{\text{NH}_3}\cdot {}^-\text{OOC}(\text{CH}_2)_4\text{COO}^-$$

尼龙 – 66盐

（b）聚对苯二甲酸乙二醇酯　聚对苯二甲酸乙二醇酯是由对苯二甲酸与乙二醇缩聚得到的聚酯类聚合物,由于它具有优良的尺寸稳定性和耐磨性,吸水性又好,因此被大量地用来制造合成纤维（聚酯纤维）。聚酯纤维实际上已占到世界上合成纤维产量的一半左右,是合成纤维中的第一大品种。聚对苯二甲酸乙二醇酯的合成反应为

$$n\,\text{HOCH}_2\text{CH}_2\text{OH} \;+\; n\,\text{HOOC}\!-\!\!\!\bigcirc\!\!\!-\!\text{COOH} \xrightarrow{\text{缩聚}}$$

$$\text{H}\!\left[\text{OCH}_2\text{CH}_2\text{O}\overset{\overset{\text{O}}{\|}}{\text{C}}\!-\!\!\!\bigcirc\!\!\!-\!\overset{\overset{\text{O}}{\|}}{\text{C}}\right]_n\!\text{OH} \;+\; (2n-1)\text{H}_2\text{O}$$

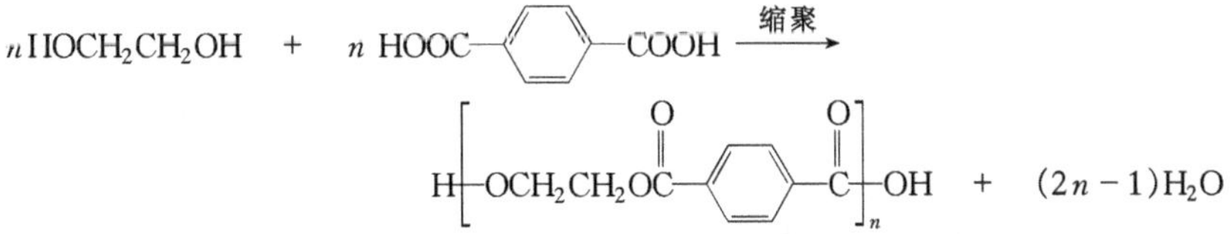

聚对苯二甲酸乙二醇酯

（c）聚碳酸酯　常见的双酚 A 型聚碳酸酯是由双酚 A 和光气缩聚而成：

$$n\,\text{HO}\!-\!\!\!\bigcirc\!\!\!-\!\overset{\overset{\text{CH}_3}{|}}{\underset{\underset{\text{CH}_3}{|}}{\text{C}}}\!-\!\!\!\bigcirc\!\!\!-\!\text{OH} \;+\; n\,\text{Cl}\!-\!\overset{\overset{\text{O}}{\|}}{\text{C}}\!-\!\text{Cl} \longrightarrow$$

双酚A

$$\text{H}\!\left[\text{O}\!-\!\!\!\bigcirc\!\!\!-\!\overset{\overset{\text{CH}_3}{|}}{\underset{\underset{\text{CH}_3}{|}}{\text{C}}}\!-\!\!\!\bigcirc\!\!\!-\!\text{O}\overset{\overset{\text{O}}{\|}}{\text{C}}\right]_n\!\text{Cl} \;+\; (2n-1)\text{HCl}$$

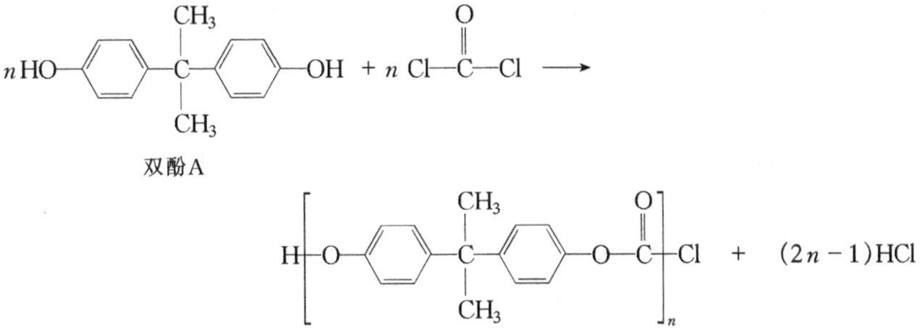

聚碳酸酯

聚碳酸酯具有特别高的韧性,硬度和抗冲、抗张、抗压、抗弯曲强度,透明,电绝缘性良好,广泛用于无线电、电子、机械、仪器仪表、医疗器械、汽车及飞机制造等工业中。

（d）聚砜　目前聚砜多是采用双酚 A 与 4,4′ – 二氯二苯砜缩聚而成,其反应式为

$$n\,\text{HO}\!-\!\!\!\bigcirc\!\!\!-\!\overset{\overset{\text{CH}_3}{|}}{\underset{\underset{\text{CH}_3}{|}}{\text{C}}}\!-\!\!\!\bigcirc\!\!\!-\!\text{OH} \;+\; n\,\text{Cl}\!-\!\!\!\bigcirc\!\!\!-\!\overset{\overset{\text{O}}{\|}}{\underset{\underset{\text{O}}{\|}}{\text{S}}}\!-\!\!\!\bigcirc\!\!\!-\!\text{Cl} \longrightarrow$$

双酚A　　　　　　　　　　4,4′ – 二氯二苯砜

$$\text{H}\!\left[\text{O}\!-\!\!\!\bigcirc\!\!\!-\!\overset{\overset{\text{CH}_3}{|}}{\underset{\underset{\text{CH}_3}{|}}{\text{C}}}\!-\!\!\!\bigcirc\!\!\!-\!\text{O}\!-\!\!\!\bigcirc\!\!\!-\!\overset{\overset{\text{O}}{\|}}{\underset{\underset{\text{O}}{\|}}{\text{S}}}\!-\!\!\!\bigcirc\right]_n\!\text{Cl} \;+\; (2n-1)\text{HCl}$$

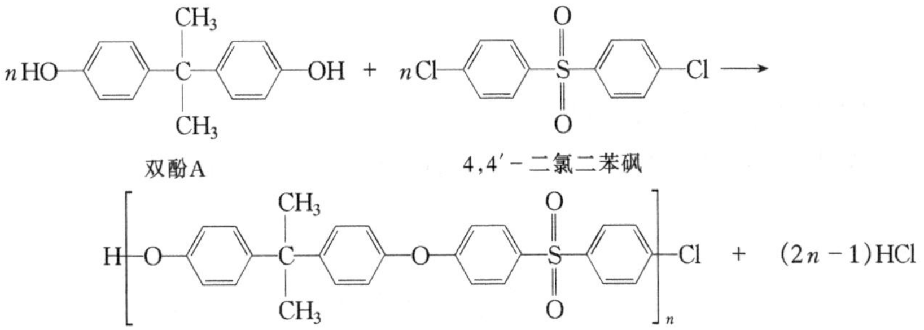

聚砜

聚砜具有高硬度、高抗冲强度、优良的耐热性、耐低温性和电性能，还具有优异的抗蠕变性和尺寸稳定性，故可以作为耐高温、耐低温（－100～160 ℃）、高强度的结构材料，用于机械、电子、汽车、航空、航天等部门。

(e) 芳香族聚酰胺　对（或间）苯二胺与对（或间）苯二甲酰氯缩聚可制得芳香族聚酰胺，例如：

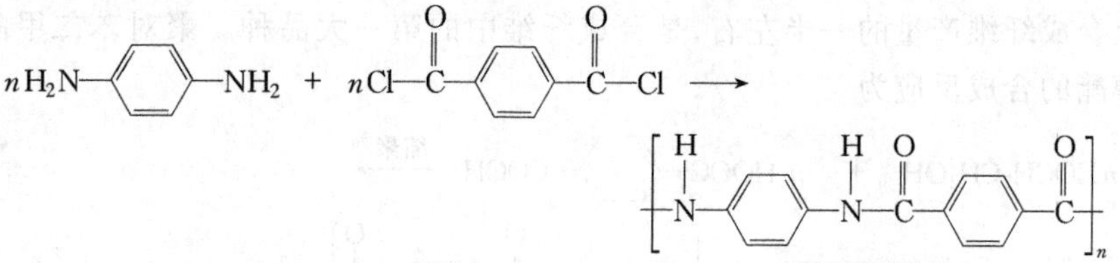

芳香族聚酰胺

芳香族聚酰胺具有优异的耐热性能，可用于制作耐高温的纤维，这种纤维可耐 200 ℃以上的高温。

(f) 聚酰亚胺　芳香族聚酰亚胺常用均苯四甲酸酐和二胺类缩聚而成，例如：

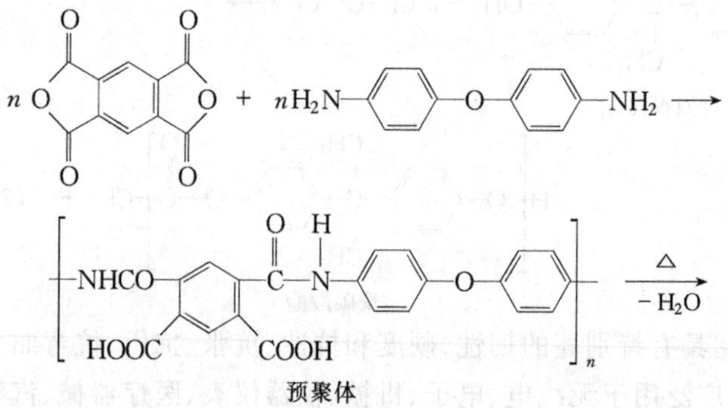

预聚体

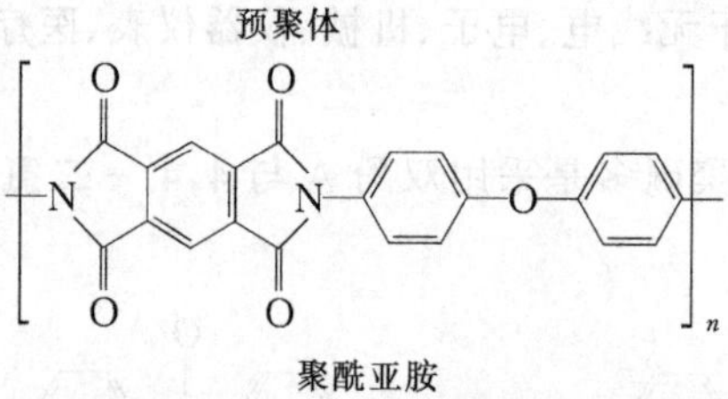

聚酰亚胺

聚酰亚胺有特别优异的耐热性、耐低温性能，还具有很好的耐磨性、耐溶剂性、电绝缘性和抗辐射性能，可在－240～260 ℃范围内长期使用，故可用作特殊场合下的结构材料。

2. 其他逐步聚合反应

逐步聚合反应除缩聚反应外，还包括：氧化偶联聚合、加成缩合聚合和逐步加成聚合等。

(1) 氧化偶联聚合　通过氧化偶联反应生成聚合物的反应称为氧化偶联聚合，目前已知有酚类、炔类、芳烃、芳胺和硫醇能进行此类聚合。如酚氧化偶联生成芳香族聚醚：

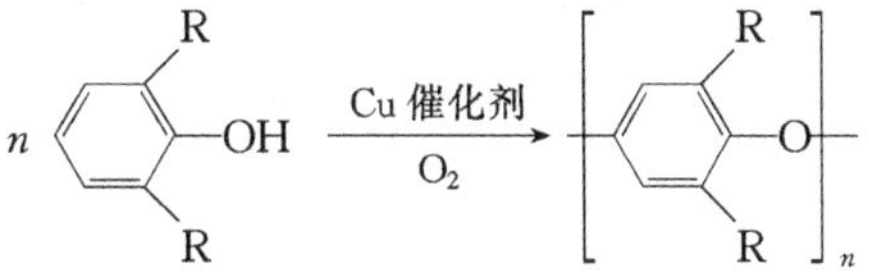

聚苯醚是耐热性与机械强度非常好的工程塑料。反应经过游离基中间体进行，但不是链式反应，而是一种逐步聚合反应。

(2) 加成缩合聚合　酚醛树脂、脲醛树脂、三聚氰胺－甲醛树脂和环氧树脂等都是通过加成缩合反应逐步聚合成的聚合物。

如脲醛树脂的合成反应可简单表示为

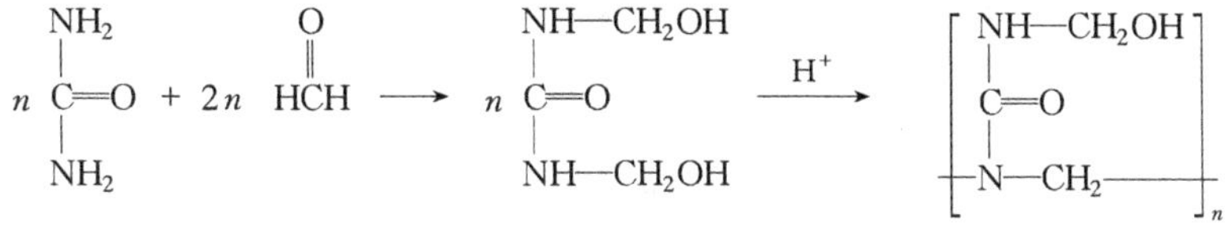

目前常用的双酚 A 型环氧树脂就是通过双酚 A 与环氧氯丙烷加成缩合得到的：

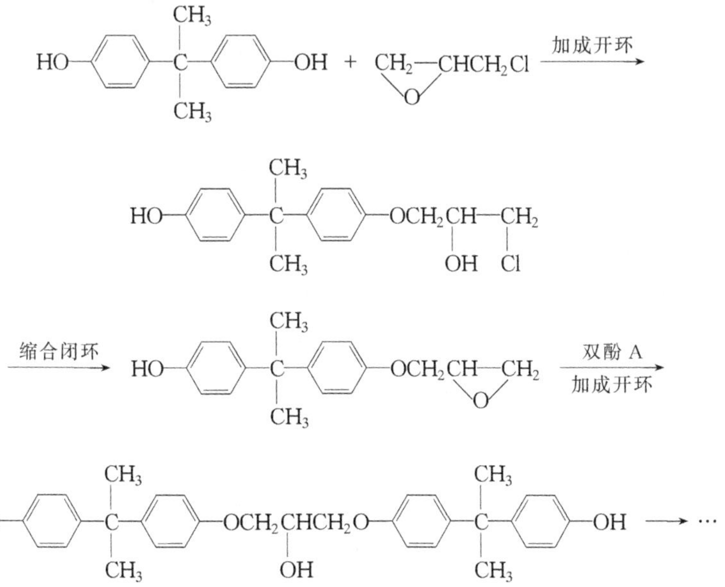

不断重复加成开环、缩合闭环的过程，即可得到环氧树脂。环氧树脂黏结力很

强,耐溶剂,耐腐蚀,抗冲击性好,广泛用作黏合剂、涂料与层压材料。

(3) 逐步加成聚合　在这类反应中单体通过逐步加成聚合生成聚合物,也称逐步加聚反应,反应中无小分子析出。典型例子是聚氨酯的合成反应。

聚氨酯是聚氨基甲酸酯的简称,分子中含有—NHCOO—的结构。由二异氰酸酯与二元醇通过逐步加成聚合即生成聚氨酯。

$$n O = C = N - R - N = C = O + n\ HOR'OH \longrightarrow \left[\begin{matrix} O & H & & H & O \\ \| & | & & | & \| \\ C - N - R - N - C O - R'O \end{matrix} \right]_n$$

二异氰酸酯　　　　　　　　　　　　　　　　　　聚氨酯

二、游离基聚合反应

游离基聚合反应也称游离基加聚反应,反应的活性中心是游离基,是使单烯烃和共轭二烯烃类聚合成高分子化合物的重要方法。很多聚合物如聚氯乙烯、聚苯乙烯、聚丙烯腈、聚四氟乙烯、聚醋酸乙烯酯、聚氯丁二烯及丁二烯－苯乙烯共聚物等,都是通过游离基聚合反应合成的。

1. 游离基聚合反应的特点

(1) 游离基聚合反应必须产生活性中心——游离基　物理能量激发(光、热或高能辐射)或加入某种化学物质作引发剂均可产生游离基。

(2) 游离基聚合反应属链式反应　必有链引发、链增长、链终止三个基元反应,还可能有链转移反应。

(3) 游离基聚合反应可看作是不可逆过程　游离基一旦产生,链增长速率极快,链引发、链增长到链终止只需很短的时间即可完成,延长反应时间可以提高转化率,而对相对分子质量几乎无多大影响。

2. 引发剂

除物理因素如光、热、高能辐射(如^{60}Co、γ 射线)能产生游离基外,采用引发剂是实验室和工业上常用的方法。

引发剂一般是含有某种弱键(其键的分解能低)易在受热或光照条件下分解成游离基的物质。如有机过氧化合物、偶氮化合物、无机盐过氧化物和氧化还原体系等,常用的有过氧化二苯甲酰、偶氮二异丁腈、过硫酸钾、过硫酸盐加亚铁盐等。例如,过硫酸钾及过硫酸盐加亚铁盐生成游离基的反应:

$$KO - \overset{\overset{\textstyle O}{\|}}{\underset{\underset{\textstyle O}{\|}}{S}} - O - O - \overset{\overset{\textstyle O}{\|}}{\underset{\underset{\textstyle O}{\|}}{S}} - OK \longrightarrow 2KO - \overset{\overset{\textstyle O}{\|}}{\underset{\underset{\textstyle O}{\|}}{S}} - O\cdot$$

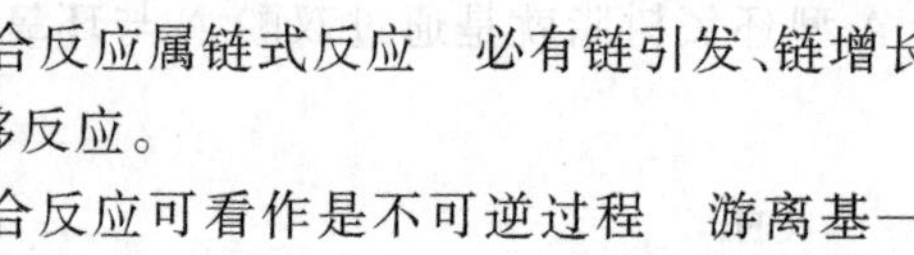

$$S_2O_8^{2-} + Fe^{2+} \longrightarrow SO_4^{2-} + Fe^{3+} + SO_4^-$$

活性较高的引发剂有过氧化二碳酸二异丙酯、过氧化二碳酸二环己酯和偶氮二异庚腈等。

$$(CH_3)_2CHOC—O—O—COCH(CH_3)_2$$

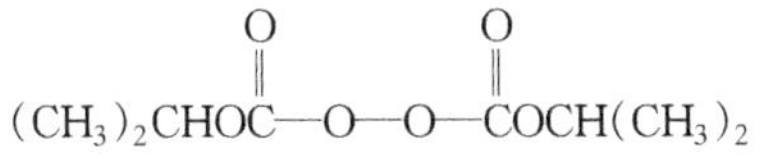

过氧化二碳酸二异丙酯

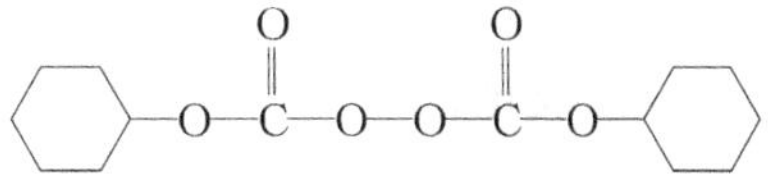

过氧化二碳酸二环己酯

$$(CH_3)_2CHCH_2C—N=N—CCH_2CH(CH_3)_2$$

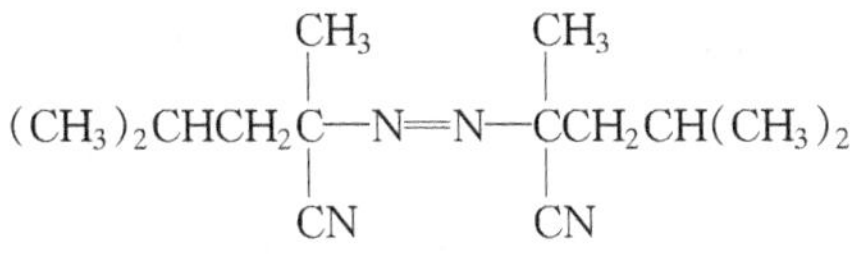

偶氮二异庚腈

3．游离基聚合反应机理

游离基聚合反应主要包括：链引发、链增长、链终止和链转移等过程,现以烯类单体为例说明如下。

（1）链引发　当采用引发剂引发时,包括两步反应,首先由引发剂产生出初级游离基,然后初级游离基与单体作用生成单体游离基：

$$I(引发剂) \longrightarrow R· + ·R$$

初级游离基

$$R· + CH_2=CH \longrightarrow R—CH_2—CH·$$

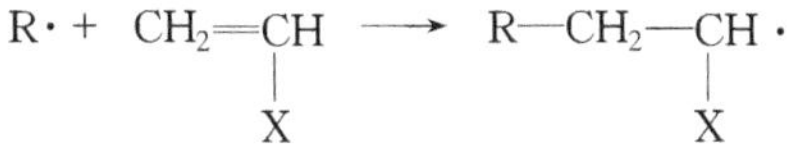

单体游离基

第一步反应活化能较高,约 125 kJ·mol^{-1},是吸热反应,反应速率小;第二步所需活化能低,仅 21~33 kJ·mol^{-1},是放热反应,反应速率高。所以引发剂的分解速率决定引发反应的速率。

（2）链增长　单体游离基不断地和单体分子结合生成链游离基的过程称为链增长过程,此过程也即是游离基与单体重复加成的过程。

$$R—CH_2—CH· + CH_2=CH \longrightarrow$$

$$RCH_2CH—CH_2—CH· \xrightarrow{CH_2=CHX} RCH_2CHCH_2CHCH_2CH· \longrightarrow \cdots$$

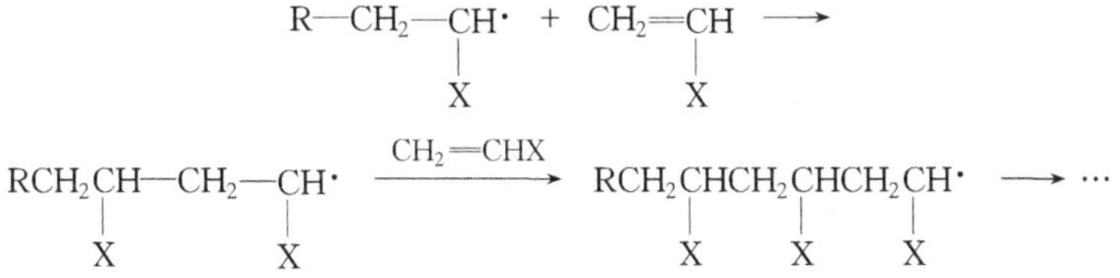

链增长的活化能与单体游离基生成所需活化能相近,也仅为 21~33 kJ·mol^{-1},故链增长反应速率很快,单体游离基在瞬间就能结合成千上万个单体,生成大分子游离基。例如,聚合度约为 1000 的聚氯乙烯大分子链,在 10^{-2}~10^{-3}s 内即可生成。

（3）链终止　链终止有双基结合与双基歧化两种方式。

双基结合：

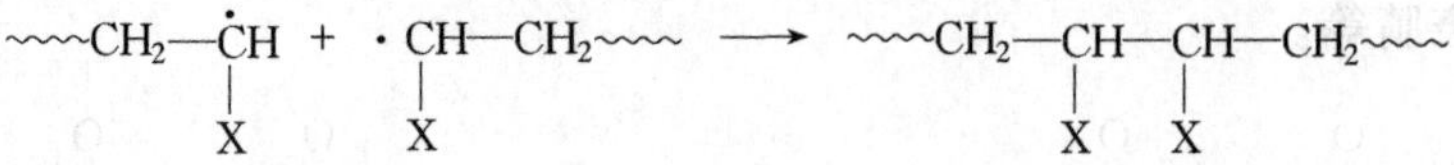

$$\sim\sim CH_2-\dot{C}H + \dot{C}H-CH_2\sim\sim \longrightarrow \sim\sim CH_2-CH-CH-CH_2\sim\sim$$

双基歧化：

$$\sim\sim CH_2-\dot{C}H + \dot{C}H-CH_2\sim\sim \longrightarrow \sim\sim CH_2-CH_2 + CH=CH\sim\sim$$

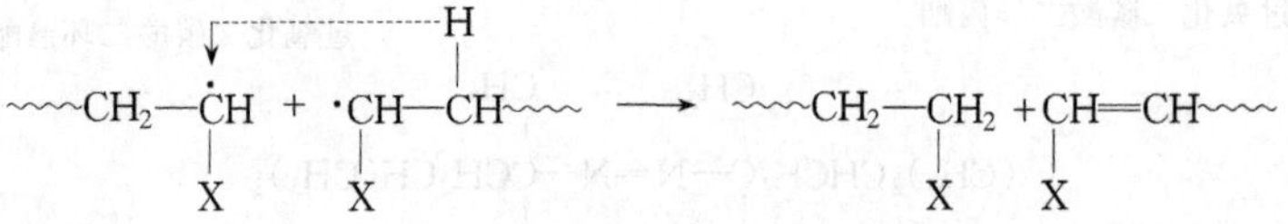

不同的高分子,其终止方式可能不同。如苯乙烯在 60 ℃ 以下进行游离基聚合,主要以双基结合方式终止;甲基丙烯酸甲酯在 60 ℃ 以上聚合时,以双基歧化为主。实际上对于 1,1－二取代的烯类单体($CH_2=CXY$),其聚合反应的链终止方式因位阻的原因,多以双基歧化为主。

(4) 链转移　增长着的链游离基,还可以向单体分子、溶剂分子或链转移剂分子、引发剂分子和大分子进行转移。

向单体转移：

$$\sim\sim CH_2-\dot{C}H + CH_2=CH \longrightarrow \sim\sim CH=CH + CH_3-\dot{C}H$$

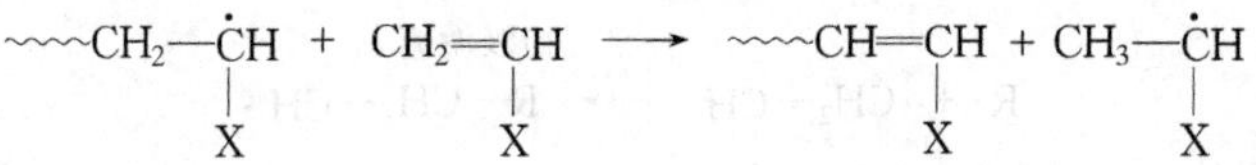

向溶剂或链转移剂转移：

$$\sim\sim CH_2-\dot{C}H + HY \longrightarrow \sim\sim CH_2-CH_2 + Y\cdot$$
$$(如CH_3OH)$$

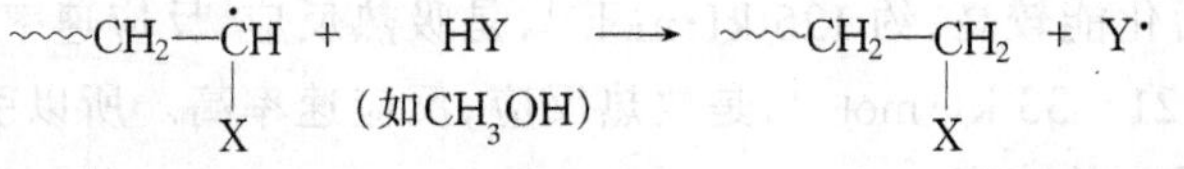

向引发剂转移：

$$\sim\sim CH_2-\dot{C}H + R-R \longrightarrow \sim\sim CH_2-CHR + R\cdot$$

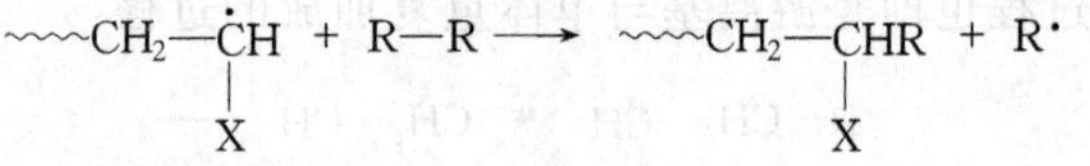

向大分子转移：链游离基向大分子转移,结果能产生支链型高分子和部分交联高分子。

$$\sim\sim CH_2-\dot{C}H + \sim\sim CH_2-\overset{}{\underset{}{C}}\sim\sim \longrightarrow \sim\sim CH_2-CH_2 + \sim\sim \dot{C}H_2-\dot{C}\sim\sim$$

$$\sim\sim CH_2-\dot{C}\sim\sim + CH_2=CH \longrightarrow \sim\sim CH_2-\overset{CH_2\dot{C}HX}{\underset{X}{C}}\sim\sim$$

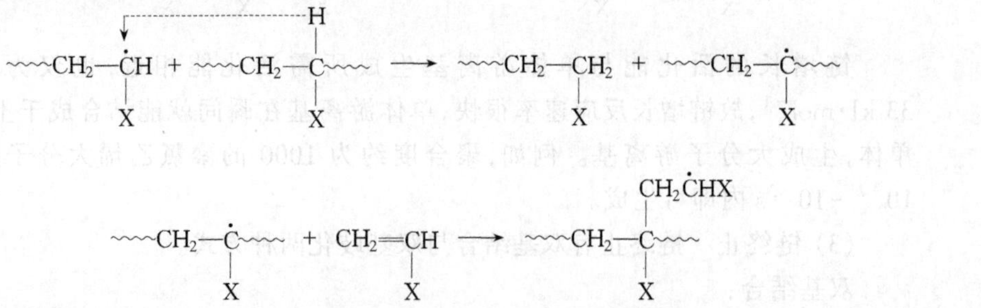

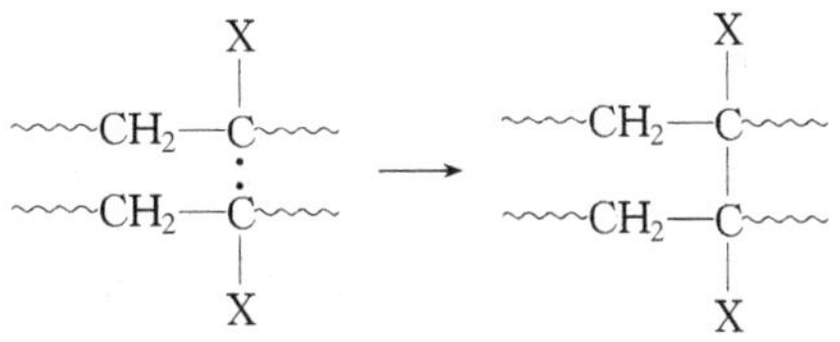

4. 聚合反应实施方法

常用的聚合反应实施方法有：本体聚合、溶液聚合、悬浮聚合及乳液聚合等。

(1) 本体聚合　本体聚合是指只有单体和引发剂，不加其他介质而进行的一种聚合方法。本体聚合的优点是聚合产品纯度高，可以制得透明的产品，并可直接聚合成型；缺点是因体系很黏稠，聚合热不易扩散，易造成局部过热，且聚合物相对分子质量分布较宽，聚合过程中自动加速现象明显。为了改进，工业上采用两段聚合，即先在较低温度下预聚合至一定转化率，再送入聚合釜或模型中继续聚合。

本体聚合的高分子产品有聚苯乙烯、聚甲基丙烯酸甲酯、高压聚乙烯等。

(2) 溶液聚合　溶液聚合是将单体和引发剂溶于适当溶剂中进行聚合的方法。溶液聚合的优点是聚合热容易散发，聚合温度易于控制，可避免局部过热，能消除自动加速现象。缺点是单体浓度低，聚合反应速率和产物相对分子质量都较低，设备利用率也不高，当需要聚合物从溶剂中分离出时，回收溶剂麻烦。因此，工业上溶液聚合主要用于那些直接使用聚合物溶液的场合，如涂料、黏合剂和合成纤维纺丝液等。

(3) 悬浮聚合　悬浮聚合体系主要包括单体、引发剂、分散剂和分散介质(水)四个组分，借助分散剂和剧烈搅拌，使单体分散成直径为 10^{-3}～2 mm 的悬浮液，油溶性的引发剂使聚合反应在单体的微小液滴中进行。悬浮聚合一般以水为分散介质，分散剂有水溶性聚合物(聚乙烯醇、明胶、羟乙基纤维素等)及难溶的无机物(如碳酸钙、碳酸镁、磷酸镁等)，分散剂用量为单体的 0.1%～0.5%。

悬浮聚合的优点是聚合热容易散发，体系的黏度低，生成的珠状聚合物可以直接使用，因此特别适合制备离子交换树脂等产品，此外工业上采用悬浮聚合法制备的聚合物有聚氯乙烯、聚苯乙烯和苯乙烯-二乙烯苯共聚树脂等。

(4) 乳液聚合　乳液聚合是指在搅拌下借助乳化剂的作用，使单体分散在乳浊液中进行的一种聚合方法。乳液聚合的产物为胶乳。乳液聚合主要用于合成橡胶，如丁苯橡胶、丁腈橡胶的生产。乳液聚合体系主要由四个组分组成：① 单体。② 分散介质，通常为纯净的水。③ 引发剂，常采用水溶性引发剂。④ 乳化剂，是一种表面活性剂，常用的乳化剂有阴离子型乳化剂(如脂肪酸钠、烷基硫酸钠、烷基磺酸钠等)和非离子型乳化剂，如环氧乙烷聚合物：

$R \leftarrow OCH_2CH_2 \rightarrow_n OH$　　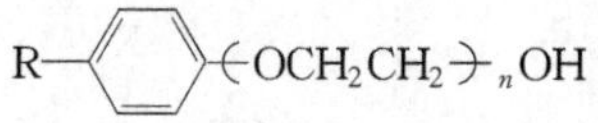

乳化剂用量可占单体质量的0.2%～5%，乳化剂的作用是降低体系界面张力，使单体分散成细小液滴，形成乳浊液，乳化剂分子还会吸附在单体液滴表面形成保护层，使乳液稳定。除以上主要组分外，有时还加入相对分子质量调节剂（如十二碳硫醇）和pH缓冲剂（磷酸盐）等。

乳液聚合的优点是：以水为介质，体系黏度低，易传热，聚合温度容易控制，且聚合速率快，产物相对分子质量高，特别适合于制取黏性的聚合物和直接应用乳液的场合。

三、离子型聚合反应

离子型聚合是单体在引发剂或催化剂作用下，按离子型机理转化为聚合物的过程，一般将离子型聚合反应分为阳离子聚合与阴离子聚合两类。配位聚合也涉及离子，但其反应机理特殊，在本节（四）中再专门讨论。

1. 离子型聚合的单体

多数烯类单体都能按游离基聚合反应机理聚合，离子型聚合的单体则有高的选择性，一般含有给电子基的烯类单体易于发生阳离子聚合，因给电子基能够稳定正离子；而连有吸电子基的烯类单体，由于能稳定负离子，所以有利于阴离子聚合；甲醛既可进行阳离子聚合，又能进行阴离子聚合。

（1）易于进行阳离子聚合的单体有：

$CH_2{=}C(CH_3){-}CH_3$　　$CH_2{=}CH(OR)$　　$CH_2{=}CH(Ph)$　　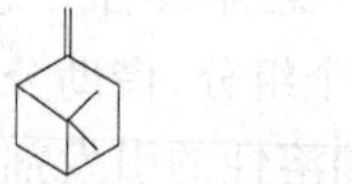

（2）易于进行阴离子聚合的单体有：

$CH_2{=}C(CN)_2$　　$CH_2{=}C(CN){-}COOC_2H_5$　　$CH_2{=}CHNO_2$　　$CH_2{=}CHCN$

$CH_2{=}C(CH_3){-}CN$　　$CH_2{=}CHCOOCH_3$　　$CH_2{=}C(CH_3){-}COOCH_3$

2. 阳离子聚合

阳离子聚合也要采用引发剂，引发剂的碎片能进入聚合物中。较早的教科书也有把离子型聚合的这种引发剂称为"催化剂"的，现逐渐不被采用。

阳离子聚合的引发剂有：质子酸（H_2SO_4，H_3PO_4，HX，Cl_3CCOOH 等），路易斯酸（BF_3，$AlCl_3$，$TiCl_4$，$SnCl_4$ 等）。路易斯酸作引发剂，还需加入 H_2O，ROH，

HCl,RCl 等作助引发剂,来作为质子或碳正离子的供给体。例如:

$$BF_3 + H_2O \longrightarrow F_3B \leftarrow OH_2 \longrightarrow H^+[BF_3OH]^-$$

$$AlCl_3 + HCl \longrightarrow H^+[AlCl_4]^-$$

$$SnCl_4 + HCl \longrightarrow H^+[SnCl_5]^-$$

下面是 BF_3 与水引发的异丁烯阳离子聚合的机理。

链引发:

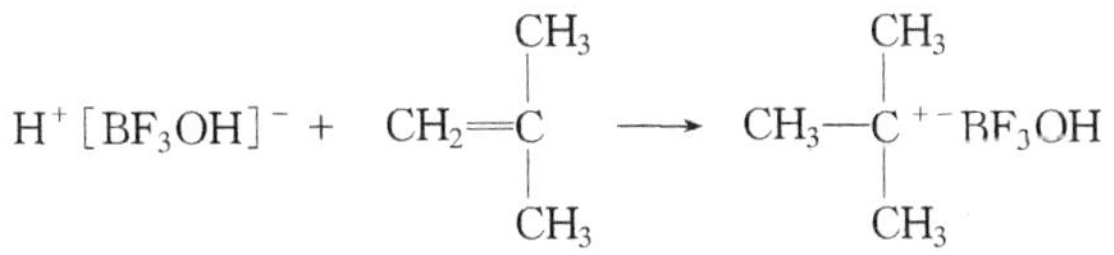

链增长:

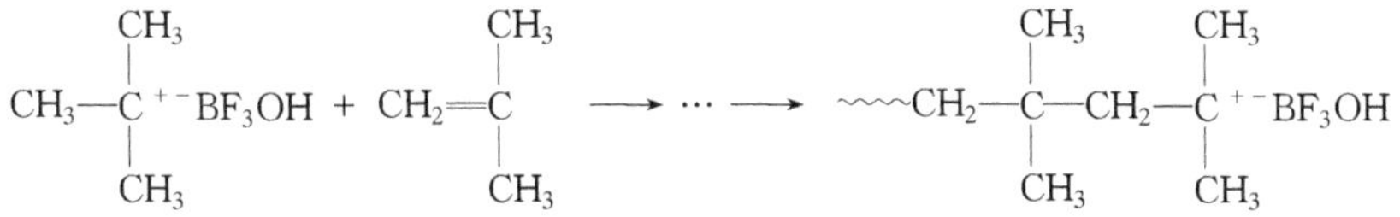

链终止与链转移:大分子链可以通过失去质子或结合负离子而终止。

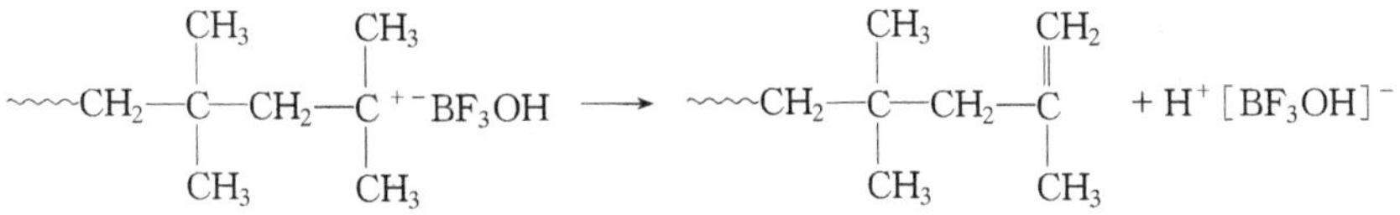

或

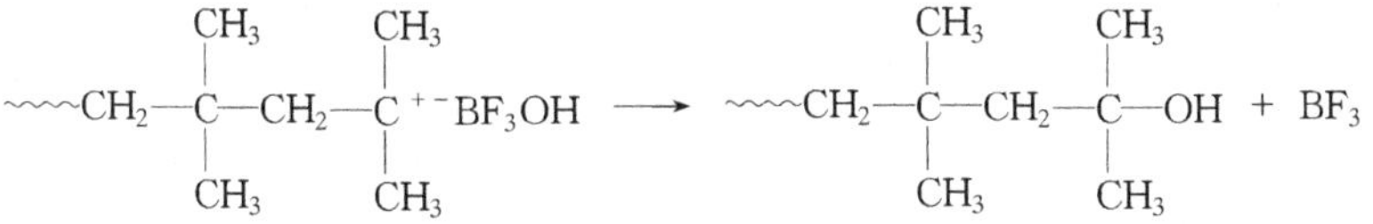

大分子链还可以向单体转移,结果动力学链并未终止,而是产生了新的分子链。

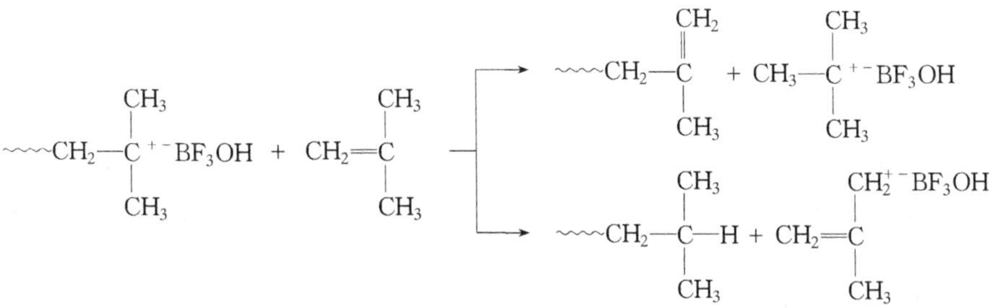

3．阴离子聚合

阴离子聚合的活性中心是负离子,引发剂为碱金属(Li,Na,K)、碱(K_2CO_3,

Na_2CO_3，KOH，$NaNH_2$，KNH_2，BuLi 等）和格氏试剂等能产生碳负离子的物质。

现以正丁基锂作引发剂引发苯乙烯的聚合为例来讨论阴离子聚合的机理。

链引发：

$$n-C_4H_9Li + CH_2{=}\underset{\displaystyle C_6H_5}{\underset{|}{CH}} \longrightarrow n-C_4H_9{-}CH_2{-}\underset{\displaystyle C_6H_5}{\underset{|}{\bar{C}H}}\,Li^+$$

链增长：

$$n-C_4H_9{-}CH_2{-}\underset{\displaystyle C_6H_5}{\underset{|}{\bar{C}H}}\,Li^+ + nCH_2{=}\underset{\displaystyle C_6H_5}{\underset{|}{CH}} \longrightarrow n-C_4H_9{+}CH_2\underset{\displaystyle C_6H_5}{\underset{|}{CH}}{+}_n CH_2{-}\underset{\displaystyle C_6H_5}{\underset{|}{\bar{C}H}}\,Li^+$$

链终止：加入链终止剂（水、醇等）或体系中的杂质都可使聚合反应终止。

$$n-C_4H_9{\left[CH_2\underset{\displaystyle C_6H_5}{\underset{|}{CH}}\right]_n}CH_2{-}\underset{\displaystyle C_6H_5}{\underset{|}{\bar{C}H}}\,Li^+ + HY \longrightarrow n-C_4H_9{\left[CH_2\underset{\displaystyle C_6H_5}{\underset{|}{CH}}\right]_n}CH_2{-}\underset{\displaystyle C_6H_5}{\underset{|}{CH_2}} + LiY$$

$$HY = H_2O, ROH$$

$$\sim\sim CH_2{-}\underset{\displaystyle C_6H_5}{\underset{|}{\bar{C}H}}\,Li^+ + CO_2 \longrightarrow \sim\sim CH_2{-}\underset{\displaystyle C_6H_5}{\underset{|}{CH}}{-}COOLi$$

阴离子聚合在高分子工业与高分子化学中都具有重要意义，化学家采用金属钠引发，利用异戊二烯及丁二烯的阴离子聚合，制得了橡胶。特别是 Szrwarc M 于 1956 年首次报道了通过阴离子聚合制得活性高分子［也称活性聚合物（living polymer）］，使阴离子聚合越来越受到人们的重视。

阴离子聚合在适当的条件下，可以不发生链转移和链终止反应，增长中的活性链直到单体耗尽仍能保持活性，因而形成了活性高分子，这一过程也称为活性聚合。

活性聚合有以下主要特点：① 引发剂快速引发，聚合一定时间后即能达到平衡产率；② 第二次投入单体，还可以继续聚合；③ 活性链浓度［P^*］基本不变；④ 聚合物的相对分子质量与转化率的关系为一直线。第④条是活性聚合最根本的特征，因而是判断是否为活性聚合的依据。

利用活性聚合能够合成一些特定结构的聚合物。加入适当链终止剂可以得到含有某种指定端基的聚合物；加入第二单体，可以得到嵌段聚合物；在活性链的链端引入双键、羟基、环氧乙烷等结构，可以得到大分子单体，然后又可制得具一定结构的支链聚合物。此外，通过活性高分子还可以制得梳形聚合物与星形聚合物。

四、配位聚合

20 世纪 50 年代初齐格勒(Ziegler K K)与纳塔(Natta G)分别采用过渡金属催化剂,在低压或常压下合成出了聚乙烯与聚丙烯,开创了一类新的聚合反应——配位聚合反应。配位聚合是指烯类单体的碳碳双键与过渡金属原子(活性中心)进行配位活化,然后在金属-碳键上进行插入而实现链的增长的一种聚合过程。配位聚合能够生成高度立体规整性的聚合物,因此曾被称为“定向聚合”,此观点虽然反映了聚合产物的结构,却未反映聚合反应的机理,而且除配位聚合可以生成立体规整性聚合物外,其他的聚合方法也可能生成,所以采用过渡金属催化剂的聚合称为配位聚合得到了大多数化学家的认同。

在齐格勒-纳塔催化剂发现以前,乙烯通过游离基聚合生成聚乙烯需要在 150～300 MPa 高压与 200 ℃温度下进行,而在高温、高压下进行丙烯的游离基聚合只能得到液体状的小分子化合物。齐格勒用三乙基铝-四氯化钛作催化剂,可使乙烯在常压或低压下(0.2～1.5 MPa)聚合,得到高度结晶聚乙烯(又称高密度聚乙烯)。纳塔用三乙基铝-三氯化钛作催化剂,使丙烯聚合得到结构规整的高相对分子质量的固体聚丙烯。他们开创性的工作使配位聚合受到化学家的高度重视,接着,其他 α-烯烃(1-丁烯、4-甲基-1-戊烯等)、丁二烯、异戊二烯等都先后通过配位聚合制造出具有特殊性能的塑料或橡胶。目前采用齐格勒-纳塔催化剂,通过配位聚合反应合成的聚合物产品有:聚乙烯、聚丙烯、顺丁橡胶、异戊橡胶、乙丙橡胶等。

1. 齐格勒-纳塔催化剂

齐格勒-纳塔催化剂主要由两个组分——主催化剂和共催化剂——组成。

(1) 主催化剂　周期表中ⅣB 族至Ⅷ族过渡金属的卤化物,如 $TiCl_4$,$TiCl_3$,VCl_3,$CoCl_2$,$NiCl_2$,$ZrCl_4$ 等均可作为配位聚合的主催化剂,其中以 $TiCl_3$ 用得最多。

(2) 共催化剂　共催化剂主要是ⅠA～ⅢA 族的金属烷基化合物,如 Be,Mg,Al 的烷基化合物,其中以烷基铝使用最广泛,常用的有 $(C_2H_5)_3Al$,$(C_2H_5)_2AlCl$,$(i-Bu)_3Al$等,采用$(C_2H_5)_3Al$ 时聚合速率最大,且能得到较高立体规整度的聚合物,因而用得最多。

(3) 第三组分　仅采用上述两种主要组分作齐格勒-纳塔催化剂,催化效果并不能令人满意。如用 $TiCl_3-(C_2H_5)_3Al$ 催化丙烯聚合时,催化活性虽高,但产物立体规整度仅为 80%左右;如用 $TiCl_3-(C_2H_5)_2AlCl$ 作催化剂,能将立体规整度提高到 90%以上,但催化活性又大大降低。添加第三组分可以提高催化剂的活性与定向能力。目前选择第三组分还没有成熟的理论,主要凭经验,第三组分多为氧、氮、磷、硅等的有机物或无机卤化物,如醚、酯、胺、二氯化镁等。

采用了第三组分催化剂，催化效率可提高 50 倍至 100 倍。20 世纪 90 年代有报道，采用二甲基二茂锆与甲基铝氧烷组成的新催化剂，催化乙烯聚合，其催化效率可达到一亿倍，1 g 锆可得到 100 t 聚乙烯树脂。

2．配位聚合机理

配位聚合的机理目前还未达到完全的共识，多数科学家认同的机理为单金属活性中心机理，此机理认为烯烃与过渡金属原子配位及金属－碳键上的插入反应是此聚合反应的关键，并提出了过渡金属活性中心模型为

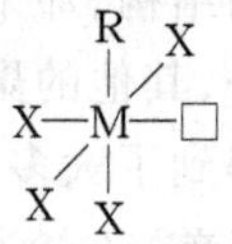

M 代表过渡金属，□ 代表配位空位，R 代表烷基或聚合链。在该活性中心上进行的配位聚合过程可表示如下（以丙烯聚合为例）：

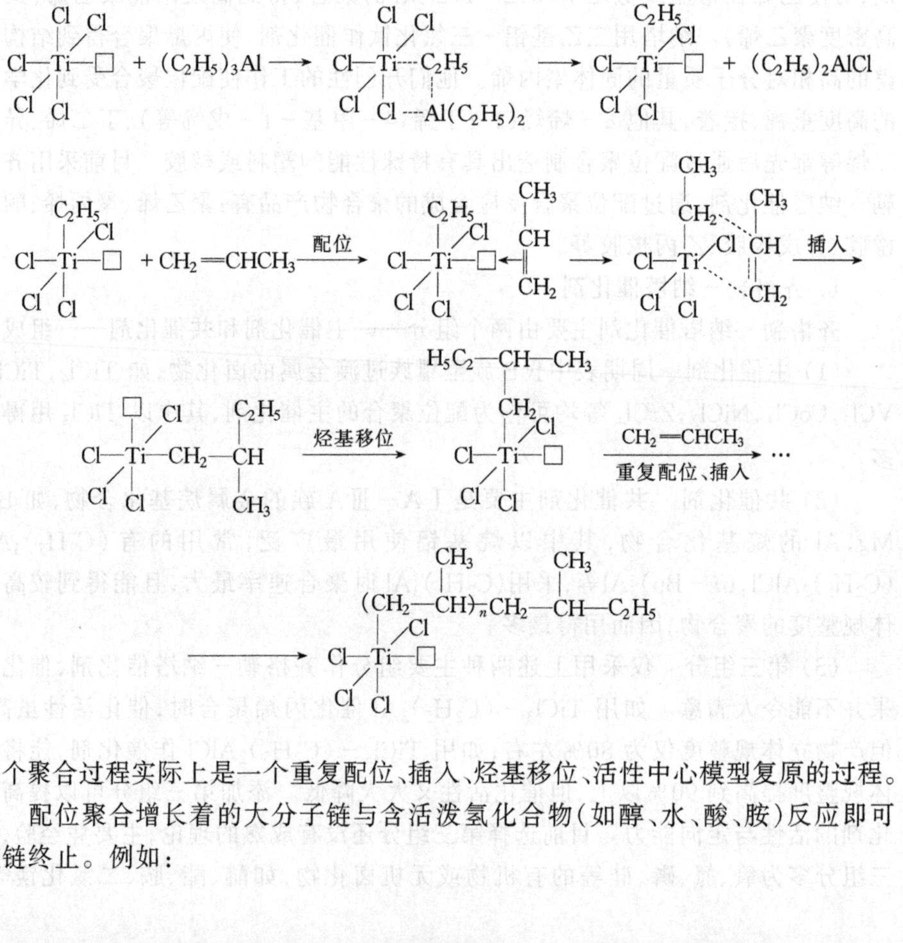

整个聚合过程实际上是一个重复配位、插入、烃基移位、活性中心模型复原的过程。

配位聚合增长着的大分子链与含活泼氢化合物（如醇、水、酸、胺）反应即可使链终止。例如：

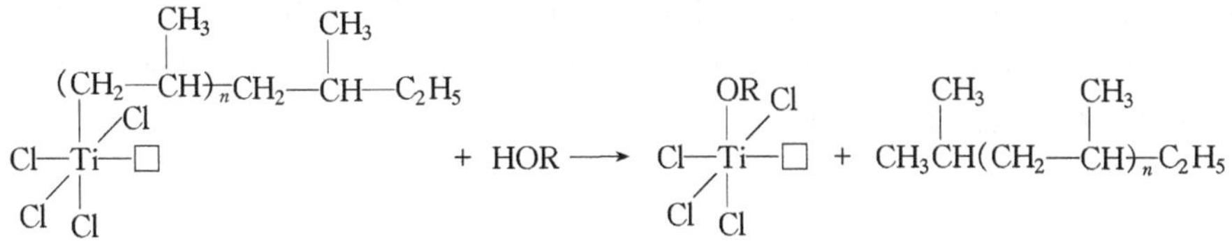

第三节　高分子化合物的结构与物理性能

一、高分子化合物的聚集态和相态

聚合物的性能不仅与高分子的相对分子质量和分子结构有关，而且与高分子的聚集态结构紧密相关。

根据分子堆砌密度和力学特性，低分子物质具有气态、液态和固态三种聚集状态。聚合物由于相对分子质量大，分子链又长，分子间作用力很大，往往超过化学键的键能，因而不会被汽化，故聚合物的聚集状态只有固态和液态。

从热力学概念出发，根据分子排列的规整程度，低分子物质又具有气相、液相和晶相三种相态。液相即无定形相，有时也称为非晶相。若分子排列完全无序则为气相；若分子在三维空间排列有序，有一定晶格，并能维持远程有序的结构，即为晶相；液相则指远程无序，近程有序，且近程有序会因热运动而不断破坏和重建。

高分子化合物的相态比低分子物质要复杂，液体聚合物，其相态为液相，而固体聚合物具有晶相和非晶相两种相态。在非晶相聚合物中，由于长的分子链和分子间较大的作用力，使其具有某种程度的有序排列，而不是完全混乱无序的，这与液体状的小分子化合物不同。在结晶性聚合物中，也不像低分子结晶一样，并不全部都呈晶相，而往往是结晶区和非晶区两相结构共存。由于结晶聚合物分子链很长，结构又复杂，即使形成了晶核也难以长大，因此，结晶聚合物是由许多结晶性的微晶体分散在非晶区所构成。

非晶相聚合物没有一定的熔点，耐热性能和机械强度都比晶相的低。结晶聚合物分子间作用力大，具有较高的熔点，其耐热性和机械强度都高。

二、线型非晶聚合物的物理状态

除配位聚合物外，很多烯类聚合物与橡胶多为线型非晶聚合物。这类聚合物链主要具有两种运动单元，一种是大分子链整体，另一种是链段，链段是由若干个链节组成的具有独立旋转能力的最小部分。线型非晶聚合物在不同的温度范围内，具有玻璃态、高弹态和黏流态三种不同的力学聚集态，这一性质就是由于高分子链的运动单元在不同温度下产生不同的运动形式所引起的。各态的特征主要以形变能力(伸长率或压缩率 $\Delta L/L$)来表示,图 15－3 即表示线型非晶聚合物在不同温度下的形变能力。

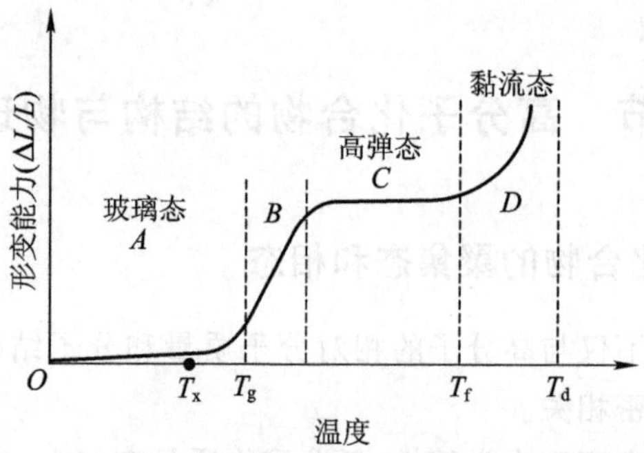

图 15－3　线型非晶聚合物的形变能力－温度曲线

A. 玻璃态;B. 玻璃化转变区;C. 高弹态;D. 黏流态;

T_x. 脆化点;T_g. 玻璃化温度;T_f. 流动温度;T_d. 分解温度

(1) 当温度较高时,整个高分子链和链段都能移动,在外力作用下,分子间相互滑动,产生不可逆的形变,即黏性流动形变,除去外力后,不会恢复原状。此时聚合物实际上呈流动的黏液状态,故称为黏流态。

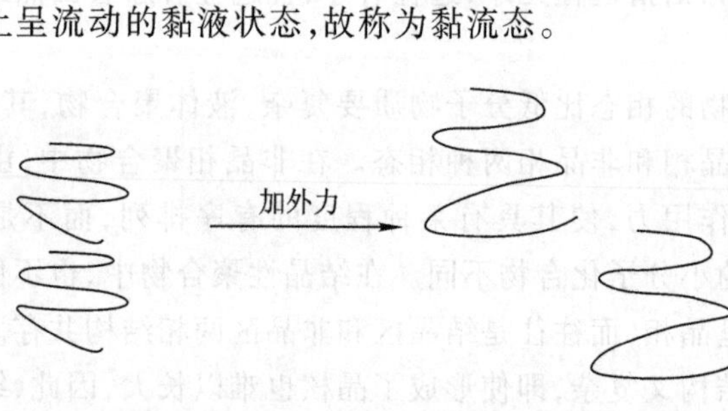

(2) 当温度下降时,聚合物黏度大大增加,直至成为弹性状态,此时,分子动能减少、活动迟缓,分子间不会滑动,但链段可以运动,使分子链的一部分可以卷曲或伸展,加外力时产生弹性形变,去外力后会恢复原状,这种状态称为高弹态。聚合物在高弹态下柔软且富有弹性。

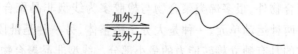

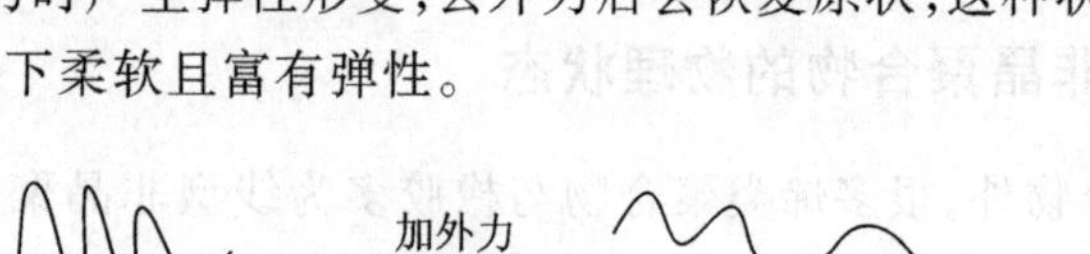

(3) 当温度继续下降,整个分子链的活动和链段的运动都已冻结,分子的状态和相对位置都被固定下来,聚合物变得坚硬,加外力时,仅能发生很小的形变(微观上仅能发生诸如键角、键长、侧基和小链节等较小运动单元的运动),且形变与受力大小成正比,即服从虎克定律,当外力除去后,形变可立刻恢复,这种形变称为普弹形变,此时聚合物处于玻璃态。

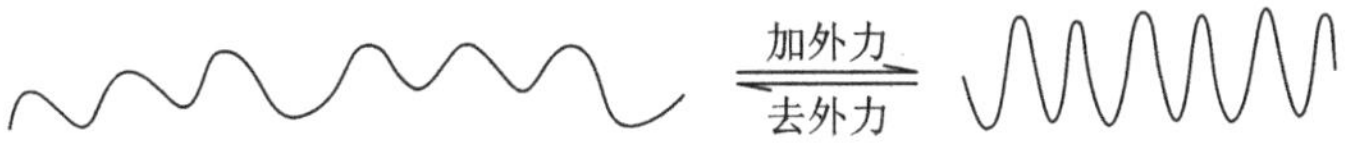

从高弹态转变为黏流态的温度称为流动温度(T_f),从高弹态变为玻璃态的温度称为玻璃化温度(T_g)。在玻璃态下,聚合物虽然较坚硬,具有一定的强度,但并不脆,因此可被广泛用作材料。当温度达到更低的温度,在外力作用下分子链会断裂,这一温度(T_x)称为脆化点,脆化点是高分子性能的终止点,此时聚合物即不能使用。当温度进一步高于黏流态的温度,最后可达到聚合物分解温度(T_d)。

线型非晶聚合物的物理状态除与温度密切相关外,还与相对分子质量有关。当聚合物相对分子质量太低时,其分子的链段运动就相当于整个分子链的运动,此时玻璃化温度和黏流态的温度几乎重合,聚合物不出现高弹态。随着聚合物相对分子质量增大,在一定温度下,出现仅链段能运动分子链不运动的情况,于是出现高弹态。如果对聚合物进行适度交联,限制分子链间的滑动,则会导致只有高弹态而没有黏流态。

在室温下处于黏流态的聚合物为流动性树脂,有的可作黏合剂,处于高弹态的聚合物称为橡胶,处于玻璃态的有塑料。作为塑料使用的聚合物,希望玻璃化温度越高越好,这样塑料使用的温度范围较宽,可以耐高温。而既耐热又耐寒,性能优良的橡胶则要求玻璃化温度要低,流动温度要高,从而使橡胶能在更宽的温度范围下使用,如天然橡胶的使用温度范围为 -73～122 ℃。

三、结晶聚合物的物理状态

线型非晶聚合物的性能可用四种温度(脆化温度、玻璃化温度、流动温度、分解温度)来表示,聚合物的应用不能脱离其在一定温度范围的性质。塑料使用的下限温度为脆化温度,使用的上限温度为玻璃化温度;橡胶使用的下限温度是玻璃化温度,使用的上限温度肯定低于流动温度。

对于结晶聚合物,其形变 - 温度曲线与非晶聚合物的明显不同。图 15 - 4 表示结晶聚合物的形变能力 - 温度曲线。

由图 15 - 4 可以看出,结晶聚合物在熔点以下无高弹态。当加热至熔点以上时,如聚合物的相对分子质量相当大,晶区熔化后出现高弹态,这对加工成型

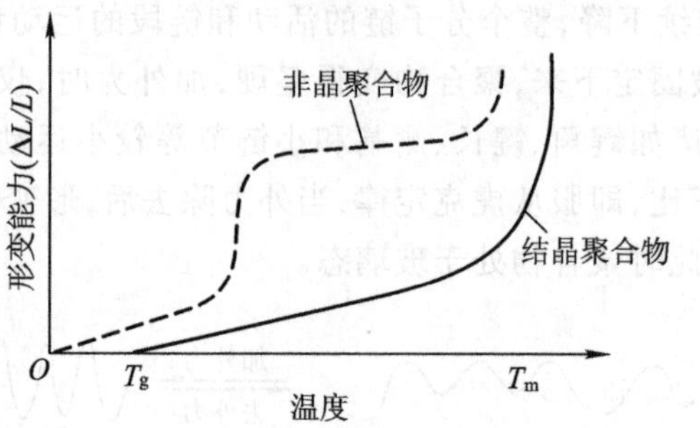

图 15-4 结晶聚合物的形变能力-温度曲线

是不利的;如果聚合物的相对分子质量较小,则可能由玻璃态直接转变为黏流态。

由于结晶聚合物在玻璃化温度以上不转变成高弹态,因而使用温度范围在脆化点与熔点之间,扩大了聚合物使用的温度范围,实际上大大提高了聚合物的耐热性能,对聚合物作为塑料或制成纤维都是有利的。

作为纤维的聚合物,是由线型高分子组成,有适当的相对分子质量,而且一定具有结晶,实际上纤维既具有结晶区,也存在一些非晶区。结晶高分子由于排列有序,大大增强了分子链间的作用力,导致聚合物的密度、强度、硬度等物理力学性能的提高,同时使熔点、耐热性、抗溶剂性和耐化学腐蚀性能等得到提高。适当的相对分子质量有利于成纤聚合物在一定的溶剂下溶解或加热能熔融,以满足合成纤维制作过程中的要求。聚合物相对分子质量太大,会导致溶解和熔融困难。聚酯、聚酰胺、聚丙烯腈与等规聚丙烯等都是含结晶的聚合物,都是很好的成纤原料,因而被广泛用作合成纤维。

四、“白色”污染与可降解塑料

当今社会,塑料的应用已渗透到工业、农业、交通运输业与日常生活的各个领域,品种繁多的塑料制品给人们的生活带来了极大的方便。但由于传统的塑料极难在自然环境中降解,给环境产生了严重的“白色”污染。如何防治“白色污染”,减少和消除塑料废弃物对土壤、水质及生物的危害,是当前紧迫的任务。

首先是应向市场推出可降解塑料,以替代长期使用的不能降解塑料。目前可降解塑料大致可分为三类:

(1) 光降解塑料 此类塑料借助光敏剂的作用,在自然环境中通过光照后可被降解。常用的光敏剂有三氯化铁、乙酰丙酮钴等过渡金属盐类及二苯甲酮、对苯醌、1,4-萘醌等有机物。

(2) 生物降解塑料 通过自然界微生物的作用即可降解。

(3) 光－生物双降解塑料 能同时被光降解和生物降解的塑料。由于光降解塑料需要光照，废弃塑料一旦埋入土壤中会停止其光降解过程，通过在塑料制造中加入淀粉、纤维素等多糖物质，即可达到光－生物双降解之目的。

生物降解塑料由于对环境更加友好，对生物体危害性更小，有的降解或代谢产物完全无毒，甚至可以参与生物体(如人体)代谢，因而成为重点发展目标。目前已问世的生物降解塑料主要有聚乳酸、脂肪族聚酯类、聚 β－羟基丁酸酯、聚天冬氨酸等。尤其是聚乳酸，被微生物降解的产物为二氧化碳和水，能参与人体代谢，可以作为药物胶囊与手术缝合线、各类食品及饮料的包装材料等。

习 题

1. 写出下列加聚物分子的结构式。

(1) 聚苯乙烯 (2) 聚丙烯腈 (3) 聚甲基丙烯酸甲酯

(4) 丁腈橡胶 (5) 丁苯橡胶 (6) 顺丁橡胶

2. 写出下列缩聚物分子的结构式。

(1) 聚对苯二甲酸丁二醇酯 (2) 聚碳酸酯(双酚 A 型)

(3) 聚对苯二酰对苯二胺 (4) 聚酰胺－1010(尼龙－1010)

3. 解释下列名词的含义：单体、高聚物、加聚物、缩聚物、链节、聚合度、引发剂。

4. 高分子化合物的分子结构与聚集态结构各指什么？

5. 试比较游离基加聚反应与缩聚反应的主要特点。

6. 解释下列名词的含义：玻璃化温度、流动温度及脆化点。

7. 如何提高塑料的耐热性能？

8. 具备哪些条件的高聚物才可用于制造合成纤维？

9. 如何从丙烯出发合成聚丙烯腈？

10. 从天然气出发合成聚醋酸乙烯酯：

$$\left[\begin{array}{l} CH_2—CH—— \\ \qquad\quad | \\ \qquad\quad OCOCH_3 \end{array} \right]_n$$

11. 从环己烷出发合成尼龙－66：

$$\left[NH(CH_2)_6NHCO(CH_2)_4CO \right]_n$$

12. 以丙酮、苯酚、碳酸二甲酯或光气为原料合成聚碳酸酯。

第二部分　机　理　篇

第十六章　亲电反应机理

(Mechanism of electrophilic reaction)

亲电反应是有机化学的基本反应。主要是指富电子的双键及三键的亲电加成反应和芳香体系的亲电取代反应。

第一节　碳碳重键的亲电加成反应

碳碳双键包含一个强的 σ 键和一个弱的 π 键，π 电子因受原子核的束缚力较小，比 σ 电子容易极化。由于它的存在，屏蔽着碳原子，不利于亲核试剂的进攻，却有利于亲电试剂的进攻。碳碳双键最特征的反应是由缺电子试剂 E 与双键的加成，即亲电加成反应。

烯烃的亲电加成反应可用通式表示：

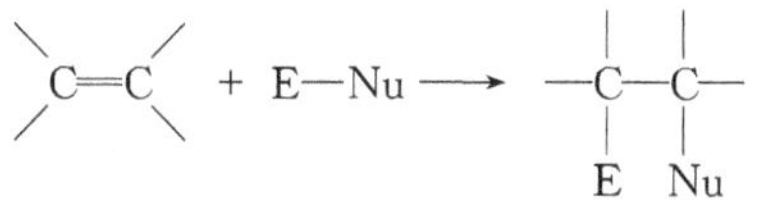

反应是分步进行的，首先是 E 加到双键碳原子上，然后是 Nu 加到另一个双键碳原子上，而且在进行加成反应时是反式的加成，得到符合马氏规则的加成产物。它的主要根据来自于下面两个实验。

(1) 当烯烃和溴反应时，若在反应体系中加入其他亲核试剂（如氯离子、硝基离子等），除生成的 1,2－二溴化物（Ⅰ）外，还有混杂的加成产物（Ⅱ）的生成：

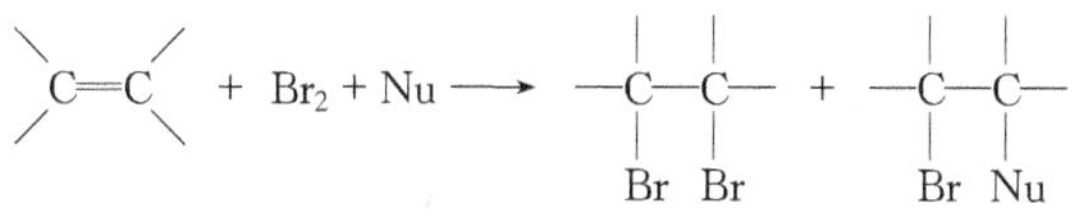

$Nu = Cl^-, NO_3^-$ 等　　（Ⅰ）　　（Ⅱ）

(2) 简单的链状烯烃与溴等的加成，在一般情况下，多数具有立体选择性。烯烃与溴的加成是反式加成。例如，顺式 2－丁烯与溴加成，得到一对对映体：

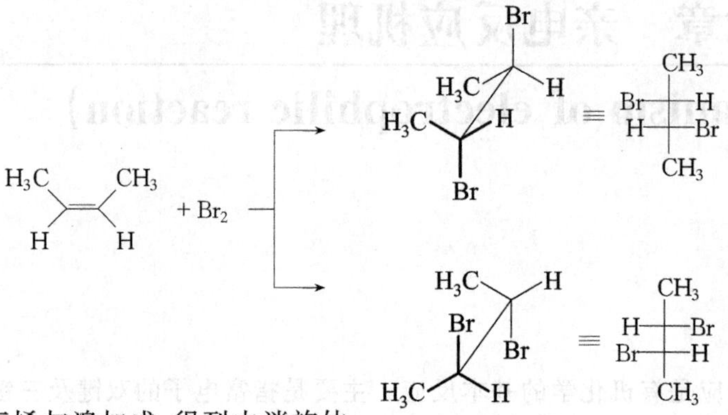

反式 2－丁烯与溴加成，得到内消旋体：

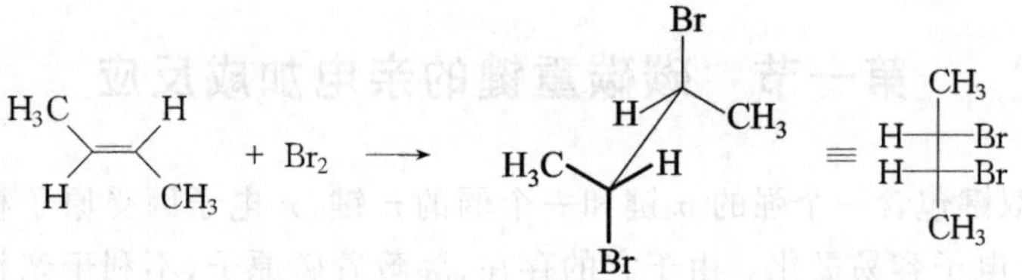

动力学的研究表明，不同亲电试剂与烯烃的加成表现出两种不同的反应级数。

一、双分子亲电加成

双分子亲电加成是二级反应，$v = k$[烯烃][亲电试剂]，用 Ad_E2(bimolecular electrophilic addition)表示。

这一类亲电加成反应，还可分成碳正离子中间体机理和环状鎓离子两种机理：

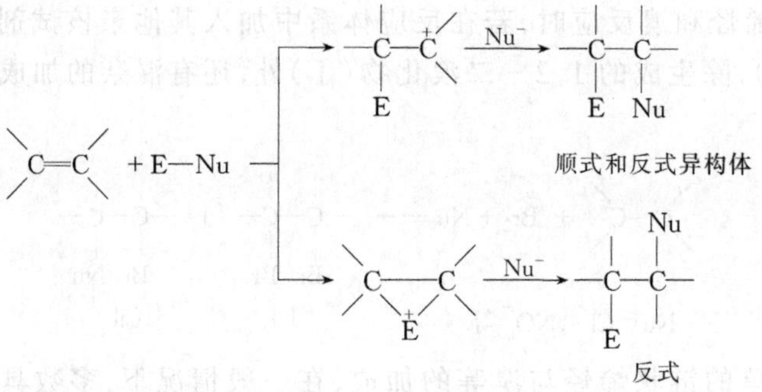

1. 碳正离子的机理

当反应中生成稳定的碳正离子时，第一步生成碳正离子的过程是速率控制步骤,按这种机理进行的加成反应通常不具有立体选择性。例如,顺－1,2－二甲基环己烯的酸性水合反应,生成大约等量的顺式和反式异构体。

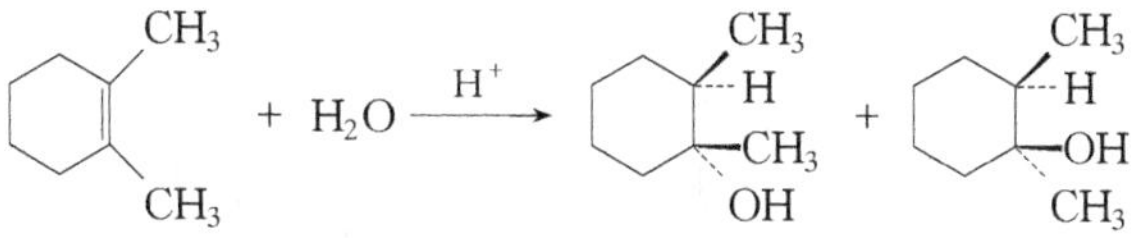

顺式　　反式

DCl 与顺－1－苯基丙烯的加成得到较多的赤型(式)异构体和较少的苏型(式)异构体(赤型和苏型可参见第二十章第一节一、8.):

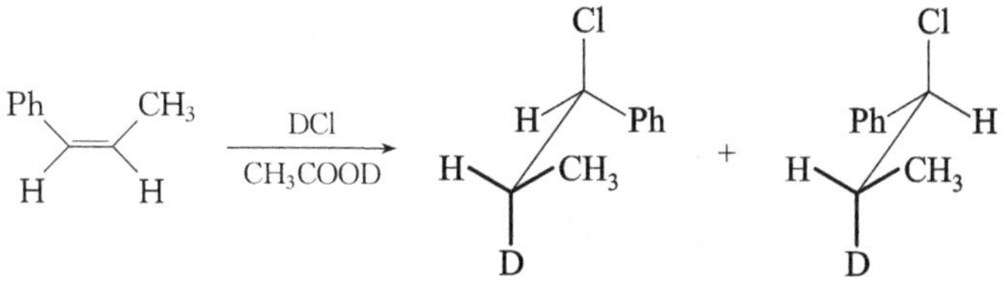

苏型　　赤型

对于这一反应,因生成碳正离子中间体,理应得到等量异构体。为了解释异构体相差较多的现象,可利用离子对的概念来说明。

某些烯烃的加成反应,除了得到正常的产物外,还得到重排的产物,这可以作为反应按碳正离子中间体机理进行的证据。

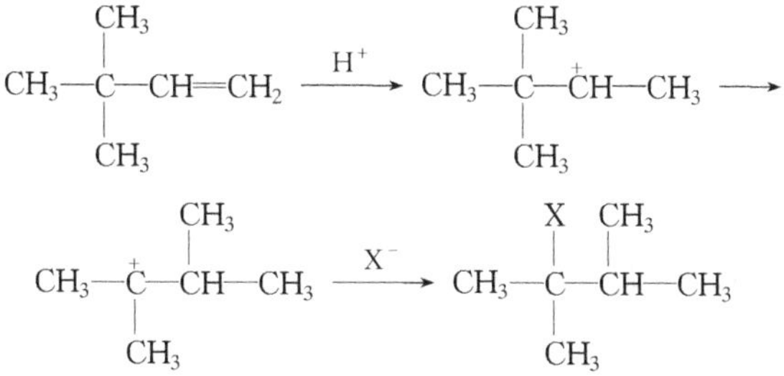

2. 鎓离子机理

烯烃与溴的加成反应,也是按照 Ad_E2 机理进行的。但在反应过程中,烯烃与溴首先生成 π 络合物,然后溴正离子与 π 键进行亲电加成,生成三元环状正离子中间体,即溴鎓离子,最后溴负离子从体积较大的溴鎓离子的反面进攻原双键碳原子之一,生成 1,2－二溴化物。例如:

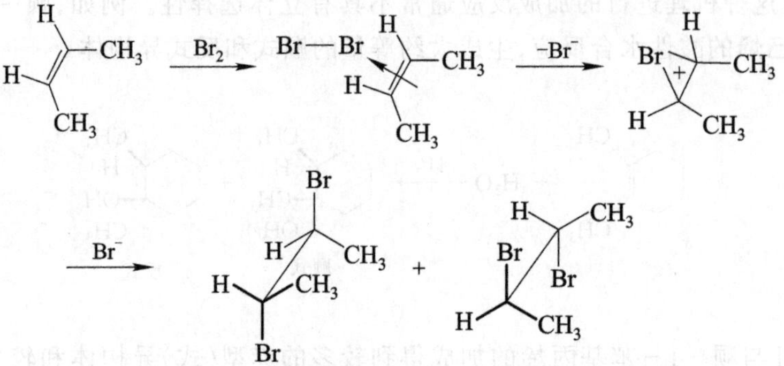

简单和非共轭烯烃被认为生成溴鎓离子，因为相应的碳正离子是比较不稳定的，溴鎓离子所有的原子均具有八电子结构，而碳正离子只有六个电子。

鎓离子的存在得到了实验的证明。例如，在 −60 ℃，在液态二氧化硫中，2，3-二甲基-2，3-二溴丁烷与 SbF_5 反应，导致离子对的生成，核磁共振谱图表明了溴鎓离子的存在（12 个相同的氢原子）：

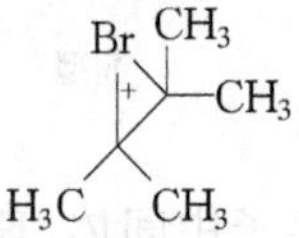

下列溴鎓离子作为三溴盐也被分离出来。由于亲核试剂难以从鎓离子的背面进攻，所以它是稳定的。

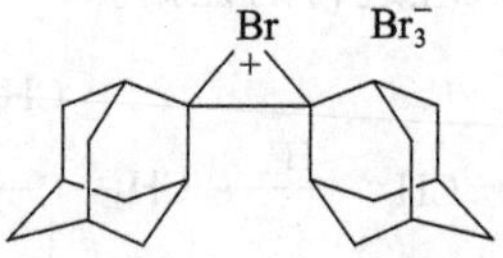

二、亲电加成反应的立体化学

大多数亲电试剂与烯烃的加成是反式加成，例如：

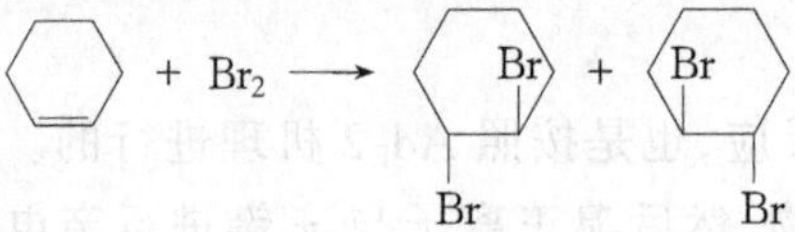

1. 试剂的影响

烯烃与不同亲电试剂加成时，立体选择性是不同的。例如，反-1-苯基丙烯分别与溴化氢、氯气及溴加成，得到反式加成物的产率分别为 12%、33% 和

88%,这是由于溴鎓离子最稳定,而氢鎓离子最不稳定所致。鎓离子越稳定,反应过程中就越容易生成该鎓离子,试剂的亲核部分从鎓离子的背面进攻,形成反式加成物。

卤鎓离子稳定性减小的次序为:I>Br>Cl,故加氯的立体选择性是最小的,而溴和碘的反式加成产物则较多。

羟汞化反应一般具有立体选择性,大多数无环和单烯烃的羟汞化反应是反式加成过程。与溴化反应相似,羟汞化反应也生成了桥状汞鎓离子中间体:

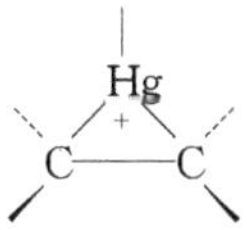

亲核试剂从汞鎓离子的背面进攻,生成反式加成物。例如,烯烃与乙酸汞的水溶液反应,首先生成汞鎓离子中间体,然后水从汞鎓离子的背面进攻原双键碳原子之一,生成加成物(下面只写出了一种产物):

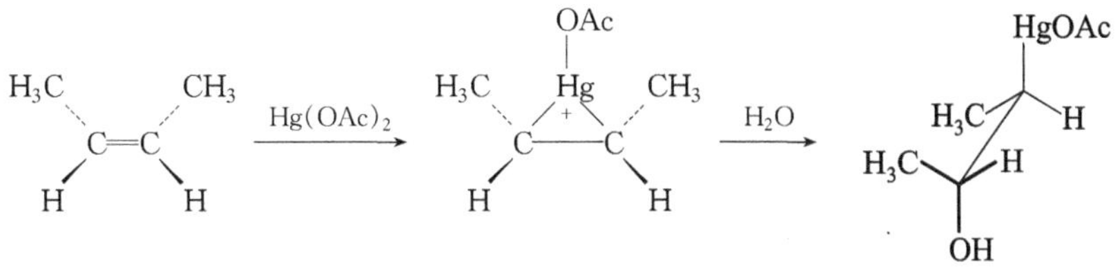

通过羟汞化-还原反应还可以合成醇。例如:

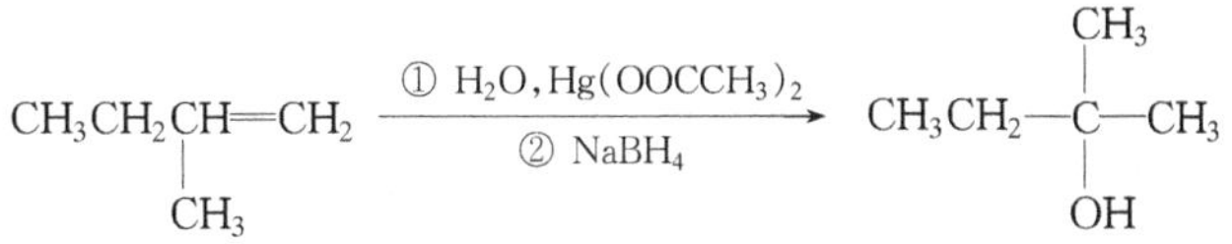

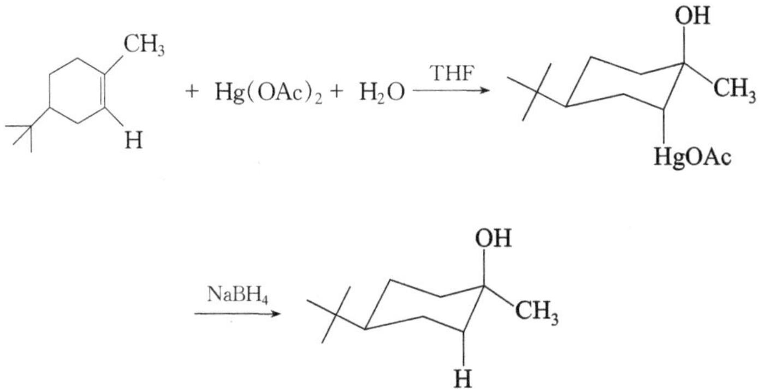

加成的方向应考虑最终产物的稳定性,—OH 在 a 键比—CH_3 在 a 键稳定。

与此类似的是烷氧汞化－脱汞法得到醚的反应。该反应机理与羟汞化相似，只是将试剂水换成了醇。通过这种溶剂汞化反应得到的醚，可避免碳骨架的重排，产物符合马氏规则。

$$(CH_3)_3CCH\!=\!CH_2 + CH_3OH \xrightarrow{\ Hg(OAc)_2\ }$$

$$(CH_3)_3CCH\!-\!CH_2\!-\!Hg\!-\!OAc \xrightarrow{\ NaBH_4\ } (CH_3)_3CCHCH_3$$
$$\qquad\quad | \qquad\qquad\qquad\qquad\qquad\qquad\qquad |$$
$$\qquad\ OCH_3 \qquad\qquad\qquad\qquad\qquad\qquad OCH_3$$

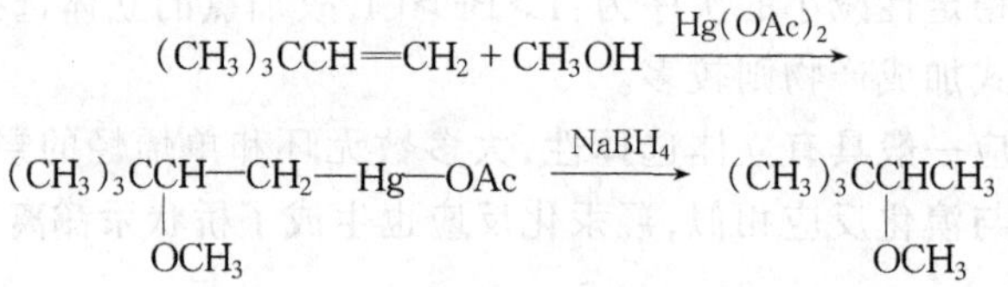

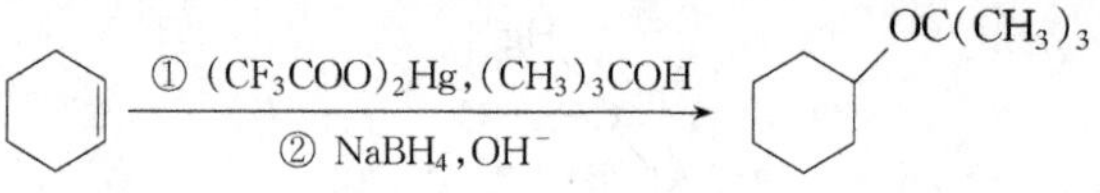

90％

该反应的优点是：不重排；不像威廉森合成法，它没有消除反应。因此这类反应作为其他方法的补充，在合成特定结构的有机物时，发挥重要作用。

芳硫基氯化物(ArSCl)和亚硝酰氯与烯烃的加成，也发生立体选择性的反式加成。例如：

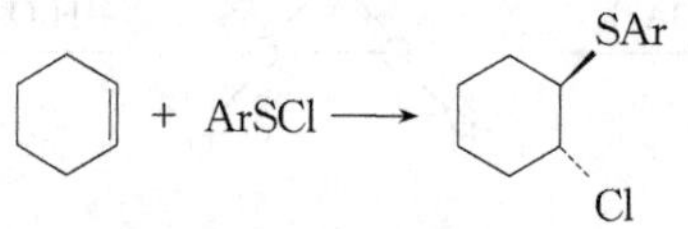

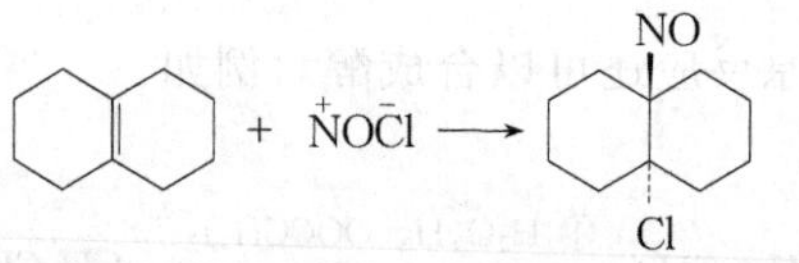

造成这种结果的原因，也是由于生成鎓型离子中间体的缘故：

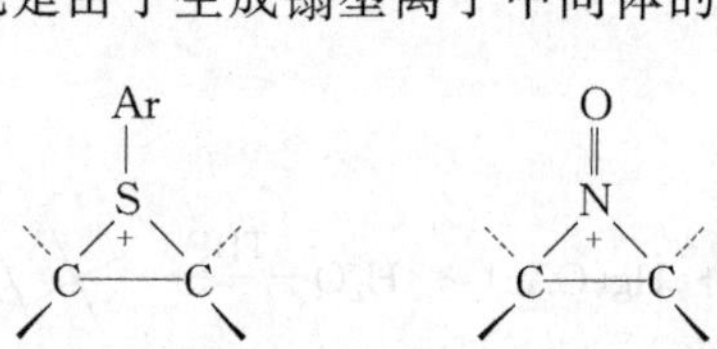

然而对于某些亲电试剂，则通常与 C═C 双键进行顺式加成，其中一个比较典型的例子是硼氢化反应。例如：

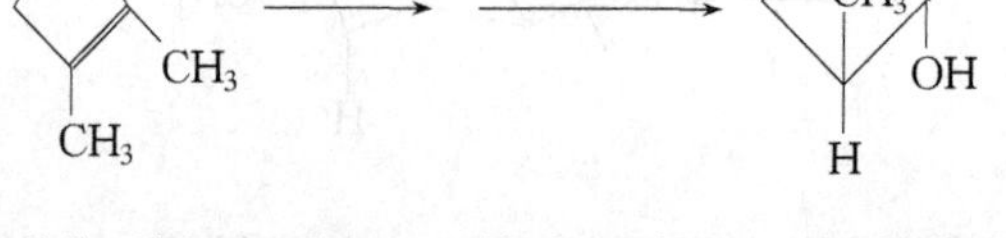

顺式加成究竟按何种机理进行，目前尚无定论。通常认为，烯烃的双键碳原

子之一将电子转移到硼的空轨道中,硼上的氢将电子转移到另一个双键碳原子上(因氢的电负性比硼大),经过四中心过渡态,最后得到产物。另一种可能的机理是:烯烃与硼烷首先生成 π 络合物,然后转变成产物。

$$CH_3-CH=CH_2 \xrightarrow{(BH_3)_2} \begin{array}{c} \overset{\delta+}{CH_3-CH}\overset{\delta-}{-CH_2} \\ | \quad\quad | \\ H\cdots B-H \\ | \\ H \end{array} \longrightarrow \left[\begin{array}{c} \overset{\delta+}{CH_3\to CH}\overset{\delta-}{-CH_2} \\ | \quad\quad | \\ H\cdots\cdots B-| \end{array} \right]$$

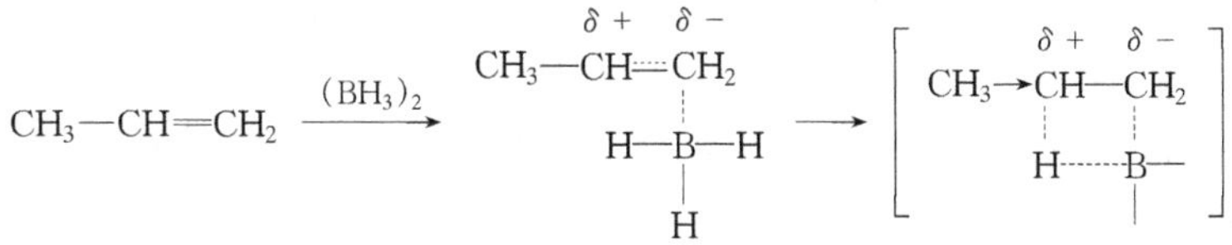

硼氢化反应可以将烯烃转变为醇。但是这个反应的产物和前面讨论过的烯烃的羟汞化－还原反应或烯烃在酸催化下直接水化所得产物的结构不同,烯烃硼氢化反应得到反马氏加成的产物。这在有机合成上有着重要的意义,可以制备难以用其他方法由烯烃制备的醇。例如:

$$CH_3-CH=CH_2 \xrightarrow{(BH_3)_2} \xrightarrow{H_2O_2,OH^-} CH_3-CH_2-CH_2OH$$

$$\begin{array}{c} CH_3 \\ | \\ CH_3-C=CH_2 \end{array} \xrightarrow{(BH_3)_2} \xrightarrow{H_2O_2,OH^-} \begin{array}{c} CH_3 \\ | \\ CH_3-CH-CH_2OH \end{array}$$

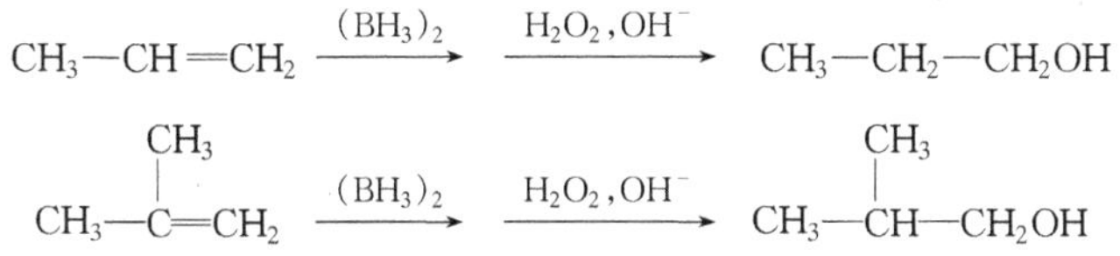

思考题 16.1　完成下列反应式:

(1) $\begin{array}{c} H_3C \\ \diagdown \\ \diagup \\ Ph \end{array}$ $\xrightarrow[\text{② NaBH}_4]{\text{① Hg(OAc)}_2,\text{HOCH}_3}$ 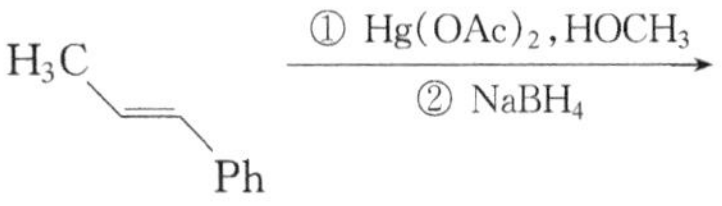

(2) $\begin{array}{c} H_3C \\ \diagdown \\ \diagup \\ Ph \end{array}$ $\xrightarrow[\text{② H}_2O_2,OH^-]{\text{① (BH}_3)_2}$ 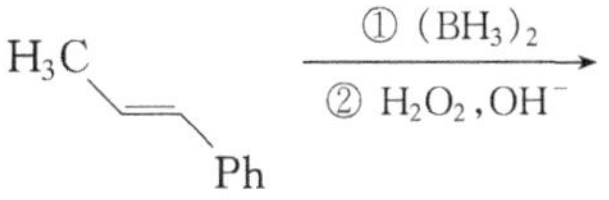

四氧化锇和高锰酸钾氧化烯烃的反应,也是这两个试剂对烯烃分别发生顺式加成,其中包括一个顺式环状酯的中间体。

2. 反应物的影响

当同一亲电试剂与不同的烯烃进行加成反应时,其立体选择性也不同。C＝C 键与卤化氢加成的立体选择性,主要依赖于烯烃的结构。非共轭环状烯烃如环己烯、1,2－二甲基环戊烯、1,2－二甲基环己烯及异丁烯与 HX 的加成主要是反式加成。例如:

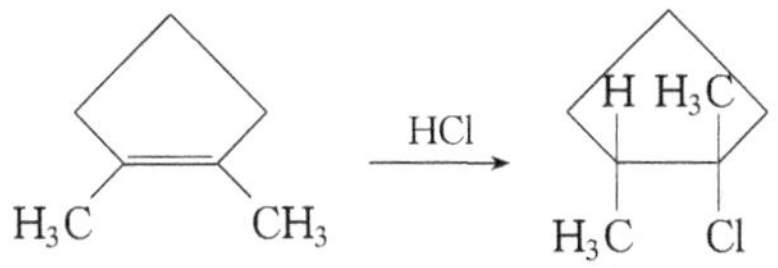

91％

但当双键碳原子之一与一个能稳定生成的碳正离子中间体的基团如苯基共轭时，则立体选择性将发生变化。例如，卤化氢与顺－或反－1－苯基丙烯、4－叔丁基－1－苯基环己烯加成时，主要生成顺式加成物。因为在这些反应中生成了苄基型碳正离子，正电荷可以离域在苯环上而得到稳定，故 C—H 键生成的同时，并不很需要另一分子 HX 立刻与之作用生成 C—X 键。另外，碳正离子生成后，与 X^- 可以形成离子对，而质子和卤离子原来就在分子的同侧，这样 X^- 与碳正离子结合形成了顺式加成产物。

溴与烯烃的加成也有类似现象，即双键碳原子上连有苯基的烯烃与溴加成时，顺式加成产物增多。例如，溴分别与反－2－丁烯及反－1－苯基丙烯作用，所得反、顺加成物之比分别为 100∶1 及 88∶12。当双键碳原子连接的苯基增多时，所得反、顺加成物之比为 1∶9。当双键碳原子所连接的苯基上有给电子基时，因能使碳正离子得到稳定，所得反式加成产物也降低：

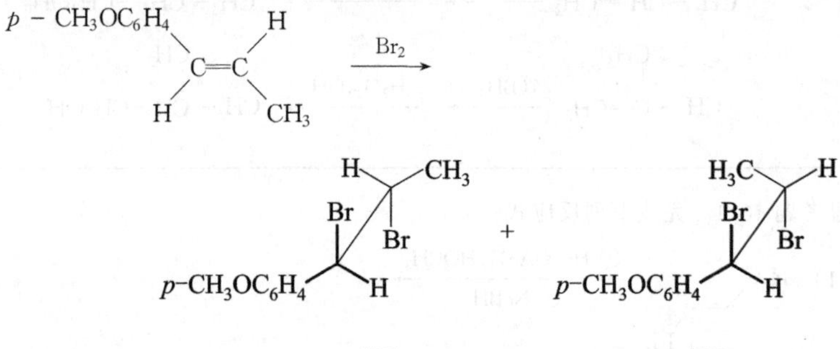

63％ 37％

某些芳烃与卤素的加成反应，通常也是以顺式加成为主。例如：

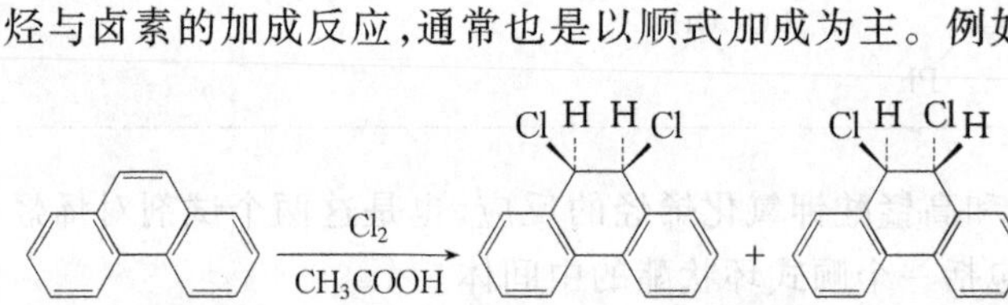

35％ 10％

在桥状鎓离子的开环过程中，如果有适当的基团存在时，因存在邻基参与作用，将对加成的立体化学结果产生影响。例如，氯与顺丁烯二酸是反式加成，而与顺丁烯二酸钠则是顺式加成。因为氯与顺丁烯二酸钠形成氯鎓离子后，—COO^- 参与反应而生成 α－内酯，Cl^- 再进攻原双键碳原子时，必须在环的背面，同时要远离仍然存在的—COO^-，这样 Cl^- 就与原来的氯原子处于同侧进攻原双键碳原子，故生成顺式加成产物。—COOH 对于氯鎓离子的开环作用不能提供邻基参与，故仍按反式加成进行。

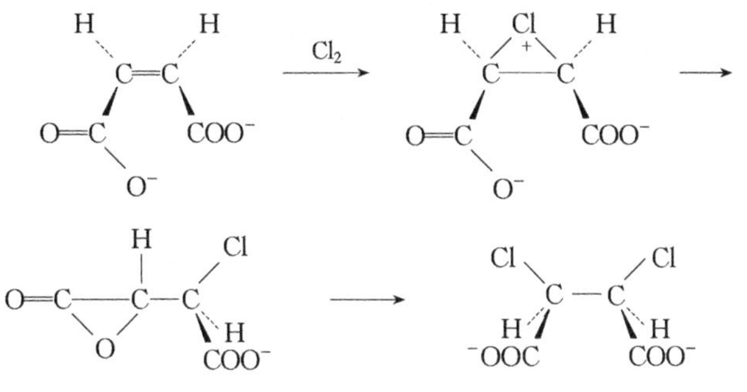

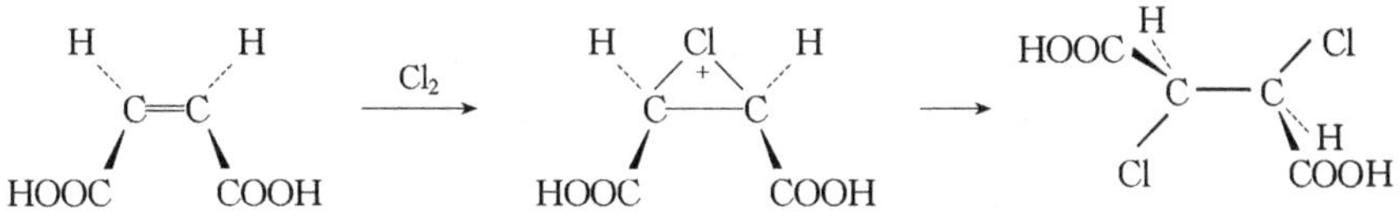

炔烃及其衍生物与卤素、卤化氢等反应，也常常优先进行反式加成。例如：

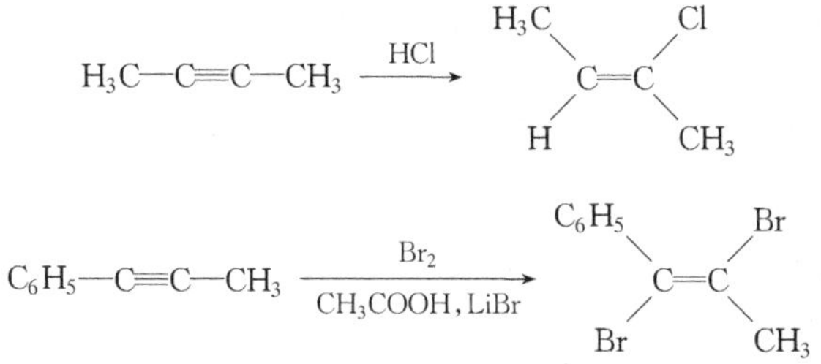

炔烃与卤素等的加成类似于烯烃，其反式立体选择性可用类溴鎓离子中间体来解释。例如：

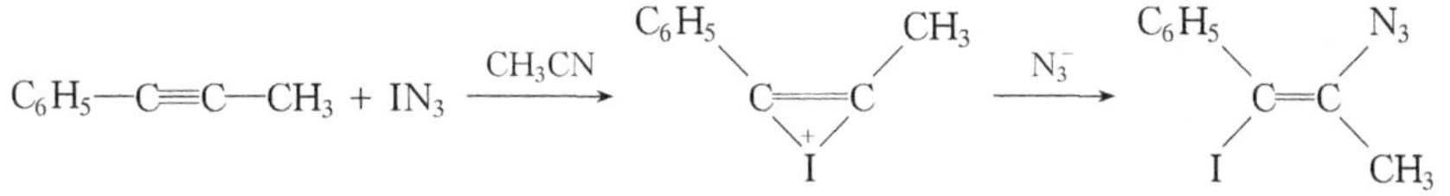

3．溶剂的影响

更换溶剂也能改变烯烃亲电加成反应的立体化学。例如，顺－1，2－二苯乙烯与溴在不同溶剂中进行加成时，内消旋和外消旋产物的比例不同，即顺式和反式加成产物的比例不同。

增加溶剂的极性有利于立体选择性的顺式加成。因为溶剂的极性越大，介电常数越高，越有利于生成碳正离子中间体。生成较稳定的内消旋产物，被认为经过了非环状的碳正离子中间体。而外消旋混合物则经过溴鎓离子中间体，通过具有立体选择性的反式加成生成。

在不同的溶剂中进行炔烃的亲电加成反应时，加成的立体化学也不同。例如，苯乙炔与溴的加成，在不同的溶剂中生成产物的比例如下：

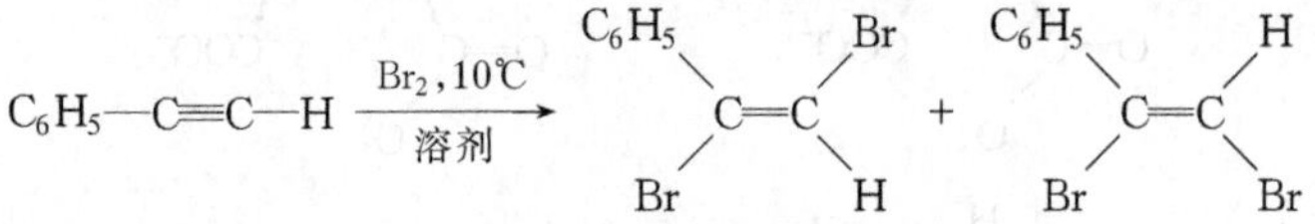

溶剂	产物比例	
$CHCl_3$	82%	18%
CH_3COOH	70%	30%
$CH_3COOH + LiBr$	97%	3%

不饱和烃加成的立体选择性，除受上述因素影响外，其他因素如温度的变化也影响着加成的立体化学。例如，1,2－二甲基环己烯与氯化氢的加成，在接近室温时是反式加成，而在－78℃时则以顺式加成为主。

此外，如果在反应过程中，加入与亲电试剂相同的负离子，将增加反式加成产物的比例。例如，2－戊烯在乙酸溶液中于 25 ℃与氯反应，在无添加剂时，反式加成物(2,3－二氯戊烷)为 52%，加入添加剂如 LiCl 后，反式加成物为 69%。

三、亲电加成反应的活性

烯烃进行亲电加成反应的速率，不仅与烯烃的结构有密切关系，而且与试剂的亲电性强弱及反应条件等因素有关。

1. 烯烃结构对加成速率的影响

烯烃容易进行亲电加成反应，是由于 C═C 键间的电子云密度较高，容易与亲电试剂结合。因此，C═C 键间的电子云密度越高，则亲电加成反应越容易进行。考察反应的过渡态或活性中间体也得出同样的结论。因为烯烃与亲电试剂的加成，无论中间体是鎓型离子还是碳正离子，都带有正电荷。凡能分散中间体正电荷的取代基(如烷基等)，都能使中间体得到稳定，故反应加速。

双键碳原子所连接的取代基依次增多时，对反应速率的影响并不按比例增加。因为当取代基逐渐增多时，过渡态的“拥挤”程度增加。

此外，双键碳原子上连有苯基时，比连有烷基更能加速反应的进行，这是因为苯基能使中间体的正电荷离域程度增大，所起的稳定作用也大。

与上述情况相反，双键碳原子上连有吸电子基(如卤素、氰基等)时，由于吸电子基吸引电子的结果，降低了 C═C 键间的电子云密度，不利于亲电试剂的进攻。从过渡态或活性中间体考虑，吸电子基对中间体起着去稳定的作用，不利于反应的进行。

随着吸电子基的增多及吸电子能力的增强，亲电加成的活性降低。例如，丙

烯的 α－氢原子依次被一个、二个和三个氯原子取代后，亲电加成的活性依次降低：

$$CH_3CH{=}CH_2 > ClCH_2CH{=}CH_2 > Cl_2CHCH{=}CH_2 > Cl_3CCH{=}CH_2$$

如果吸电子基较多且较强时，如 $F_2C{=}CF_2$ 和 $(NC)_2C{=}C(CN)_2$，则不能进行亲电加成，而进行亲核加成。

一般来说，在两个双键碳原子上连有三个或四个强吸电子基时，将进行亲核加成。例如，Cl_2 和 HF 通常是亲电试剂，但事实证明，以下两个反应都是亲核加成反应：Cl_2 与 $(NC)_2C{=}CHCN$ 反应时，率先进攻底物分子中反应中心碳原子的是 Cl^-；HF 与 $F_2C{=}CF_2$ 反应时，率先进攻底物分子中反应中心碳原子的是 F^-。显然，吸电子基促进亲核加成反应，同时抑制亲电加成反应。因为吸电子基使双键碳原子上的电子云密度降低，同时稳定碳负离子中间体。

2. 亲电试剂对加成速率的影响

卤化氢与同一种烯烃反应时，加成速率由快到慢的顺序是

$$HI > HBr > HCl > HF$$

这一顺序与其酸性强弱的顺序是一致的。其中氟化氢对烯烃的加成最难，它除了对烯烃起加成作用外，还起着催化聚合作用。在非极性溶剂中，质子无疑是由 HX 提供的，但在极性溶剂特别是羟基溶剂中，质子很可能由溶剂的共轭酸提供。例如，在水中是由 H_3O^+ 提供的质子。

对于一个给定的烯烃，混合卤素如 ICl、BrCl 等的加成速率顺序是

$$ICl > IBr > I_2 \qquad BrCl > Br_2$$

这些事实与其异裂的难易程度相符。因为在 E—Nu 分子中，如果 Nu 是一个吸电子能力较强的卤素，则 E 将是一个较强的亲电试剂。在混合卤素中，原子序数大的原子是偶极的正端，原子序数小的原子，因电负性较大，是偶极的负端。故有以上反应速率顺序。

值得注意的是，除上述两种因素影响加成反应的活性外，溶剂的影响也不能忽视。一般说来，在极性较高的溶剂中进行反应时，反应速率较大。

四、亲电加成反应的定向

如果烯烃和亲电试剂都不是对称的，如 $CH_3CH{=}CH_2$ 和 HX，加成就出现了方向问题，即区域选择性(regioselectivity)问题。当试剂加到双键上只有一种取向时，称为区域专一反应(regiospecific reaction)。如果加成的一种取向是有利的，但不是惟一的方向，此反应过程是区域选择性的。

不对称试剂加到不对称烯(或炔)烃上是按照马氏规则进行的。例如：

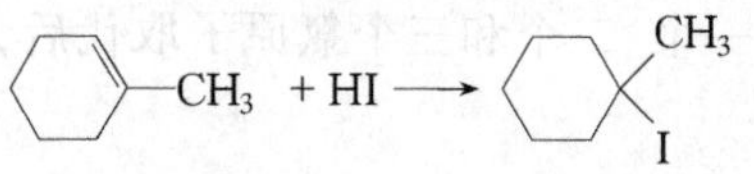

但对于某些亲电反应,如包含强吸电子基的烯烃与不对称亲电试剂的加成,从表面上看是反马氏规则的。例如:

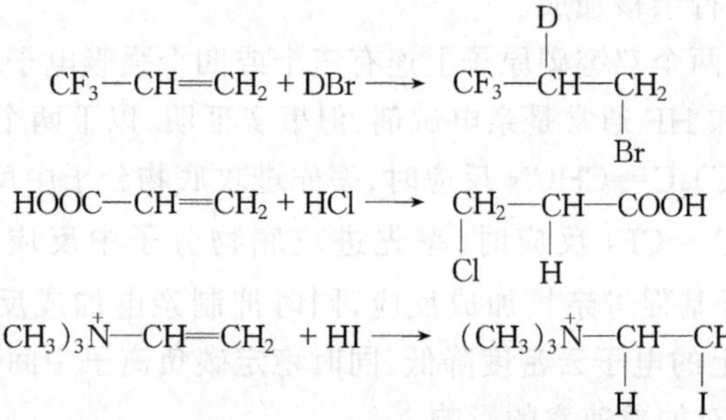

双键的亲电加成反应机理能用来解释几乎所有符合马氏规则和反马氏规则的反应。例如:

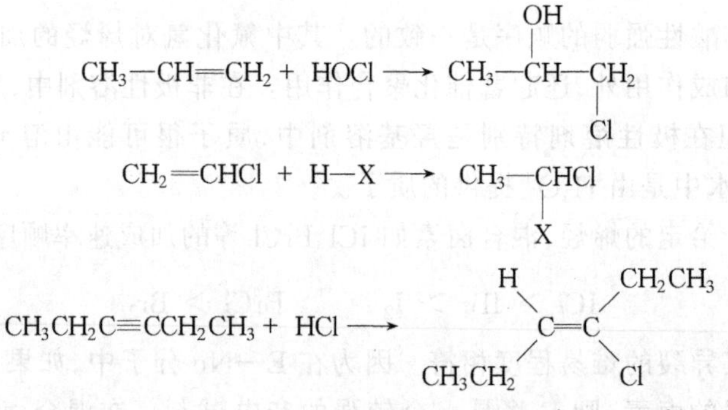

(*Z*)-3-氯-3-己烯

思考题 16.2 2-丁烯与溴的加成反应,反应物有一对顺反异构体:顺-2-丁烯和反-2-丁烯。它们与溴的反应产物是否相同?请用合理的反应机理说明。

第二节 芳环上的亲电取代反应

苯环的芳香性使苯的性质不同于普通的不饱和化合物,它所发生的最主要的反应是亲电取代反应。在反应中,苯环上的 H 被卤素(X)、硝基(NO_2)、磺酸基(SO_3H)、烷基(R)、酰基(COR)等原子或原子团取代。

一、反应机理

芳香族亲电取代反应中，首先进攻芳香环上反应中心碳原子的是正离子或偶极分子(诱导偶极)的正端。如果是一个正离子，它进攻芳香环后，先形成一个碳正离子，这种类型的离子称为芳基正离子或称 σ 络合物。

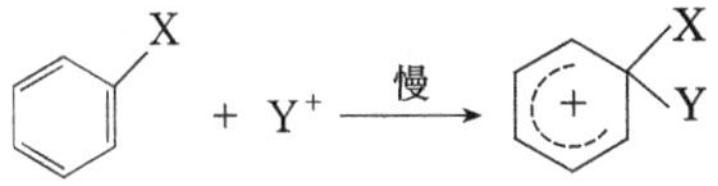

在芳基正离子中，芳香环的基本结构已不存在。芳基正离子能以不同的方式变得稳定，最可能的途径是失去 X^+ 或 Y^+，使其恢复芳香结构。这就是亲电取代反应的第二步。

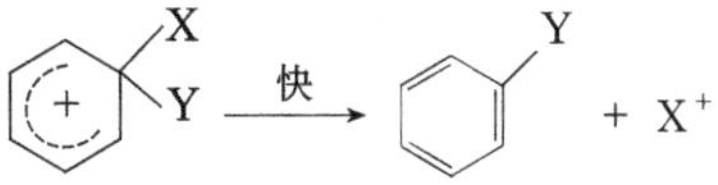

第二步反应通常比第一步快，因此第一步生成芳基正离子的反应是决定反应速率的步骤，并且为二级反应。

如果首先进攻芳香环上反应中心碳原子的不是正离子，而是一个偶极分子，则 Z 必定带有负电荷。

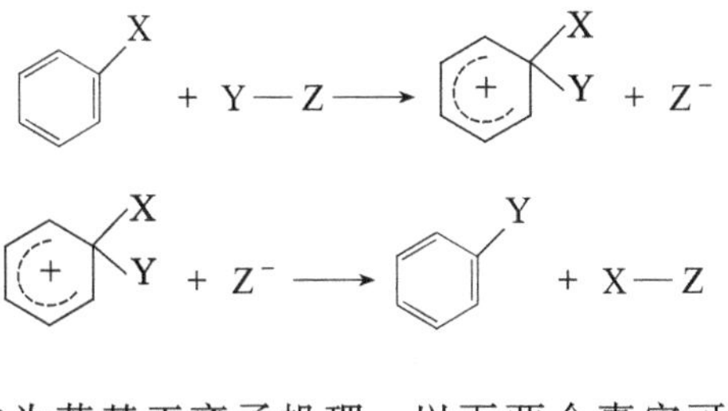

这个反应机理称为芳基正离子机理。以下两个事实可以证明该机理的存在。

1. 同位素效应

在研究反应机理时，最常用的手段之一是测定反应物的同位素效应。同位素取代可以影响反应的动力学。在测定同位素效应时，最常用氢的同位素氘来取代氢原子。从化学上讲，氘和氢的主要区别在质量上，氘原子的质量是氢原子质量的两倍，这是在所有的元素中质量差别最大的同位素(偶尔也用氚来取代氢测定同位素效应)。由于 C—H 键比 C—D 键活泼，因此 C—H 键断裂的活化能比 C—D 键断裂的活化能低，进而 C—H 键反应的速率比 C—D 键反应的速率大。同位素效应可以表示如下：

$$动力学同位素效应 = k_H/k_D$$

如果在决定反应速率的步骤中涉及 C—H 键的断裂,所观察到的同位素效应(k_H/k_D)为 5~8。这就是说,氢的反应速率是氘的 5~8 倍。如果在决定反应速率的步骤中不涉及 C—H 键的断裂,同位素效应(k_H/k_D)为 1。

利用苯(C_6H_6)和重氢取代的苯(C_6D_6)在同样的条件下进行亲电取代反应,测定它们的反应速率并进行比较,如果氢离子在亲电试剂进攻之前先离去,或者氢离子的离去和亲电试剂的进攻同时发生,那么苯和重氢取代苯的反应速率就应该不同,表现出同位素效应。但是实验结果表明,除个别情况外,苯和重氢苯发生亲电取代反应的速率是相同的,没有明显区别。这个结果说明 C—H 键和 C—D 键的断裂不是决定反应速率的步骤。决定反应速率的步骤是 σ 络合物的生成,这与芳基正离子机理是一致的。

苯的卤化作用和硝化作用不存在同位素效应。然而磺化作用却存在同位素效应:因为磺化反应生成的正离子中间体脱质子的速率,比生成正离子中间体的速率要慢。

2. 芳基正离子中间体的离析

芳基正离子的离析,能够有力地证明芳基正离子机理。例如,1,3,5-三甲苯和氟乙烷及催化剂 BF_3 在 -80 ℃反应时,得到的芳基正离子中间体以固体形式离析,熔点为 -15 ℃。

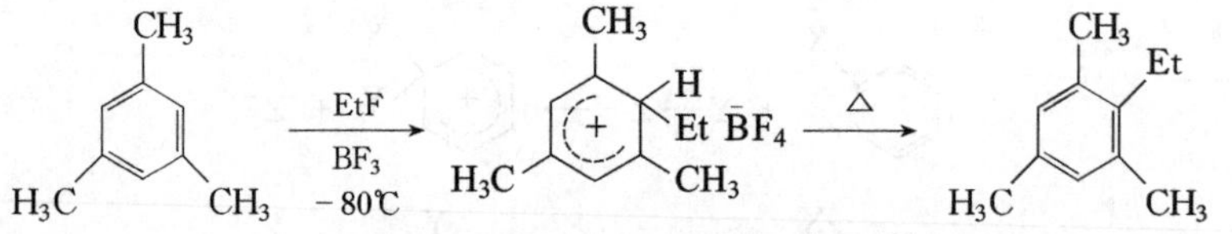

芳基正离子中间体

当正离子进攻芳香体系时,在由芳香环得到一对电子以前,首先生成 π 络合物:

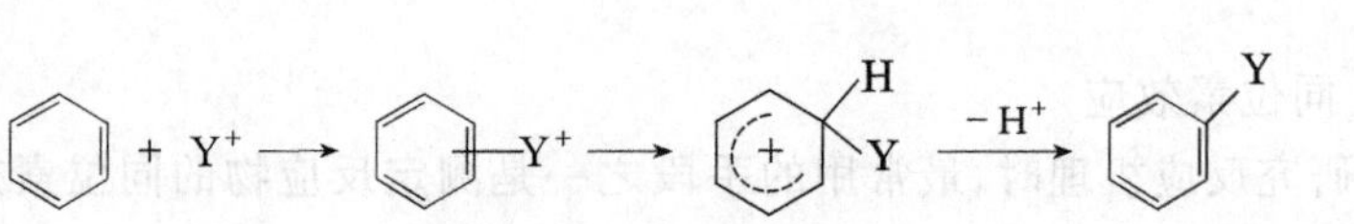

芳基正离子的稳定溶液或 π 络合物(与 Ag^+,Br_2,I_2,苦味酸,HCl 等)的稳定溶液是已知的。例如,当芳香烃只用 HCl 处理时即能形成 π 络合物,但是当用 HCl 加路易斯酸(如 $AlCl_3$)时,则得到芳基正离子。这两种溶液的性质极不相同。例如,芳基正离子的溶液为有色的并能导电(表明存在正、负离子),而由苯

和 HCl 生成的 π 络合物是无色的并且不能导电。而且当用 DCl 形成 π 络合物时，不发生重氢交换。因为在亲电试剂和芳香环之间没有共价键。但是当 DCl 和 $AlCl_3$ 生成芳基正离子时，则有重氢交换。

二、取代定位规则的理论解释

在第四章第一节，我们已经讨论过苯环上的取代定位规则。但必须指出的是：定位规则是通过实验归纳得到的经验规律，是一个概括性的法则，是有一定的使用范围的：

(1) 取代定位规则仅预示反应的主要产物　通常所谓邻对位定位基或间位定位基的定位作用，是指在普通条件下邻、对位取代物为主要的产物或间位取代物为主要的产物。并不是说第二个取代基绝对不进入间位(邻对位定位基)，或不进入邻、对位(间位定位基)。

(2) 有例外的情况存在　例如，$-CCl_3$ 从结构上来看为饱和原子团，应为邻对位定位基，但实际上它为间位定位基；而$-CH=CH_2$，$-CH=CH-COOH$ 等原子团，从结构上来考虑为不饱和原子团，应为间位定位基，但实际上它们却为邻对位定位基。

(3) 反应条件对其定位效应有影响　例如，氯原子在通常温度下为邻对位定位基，但在 500～600 ℃再进行氯化时，主要生成间位取代产物。

自从霍洛曼(Holleman)在 1895 年总结出定位规则以后，化学家们相继提出了一些理论解释。

取代苯的电子云密度不是均匀分布的。当苯环上的氢原子被任何一个原子或原子团取代后，电子云分布的对称性被破坏，使苯环中电子云分布发生改变。

各类定位基对苯环上电子云密度的影响是不一样的，有的使苯环上的电子云密度增高，有的则使苯环上的电子云密度降低。一般认为取代基对芳环的影响是诱导效应和共轭效应的综合结果。

下面我们用芳基正离子中间体的相对稳定性来解释定位效应。

当 Z 为给电子的原子团(邻对位定位基)时，如果新引入的取代基 Y 进入邻位或对位，则 Z 与共轭体系中带部分正电荷的碳原子直接相连接，使正电荷非定域程度加大，使芳基正离子稳定性加大；若 Y 的取代发生在间位时，则 Z 隔一个碳原子与共轭体系中带部分正电荷的碳原子相连接，在此种情况下，Z 对正电荷的非定域程度比 Z 在邻、对位时小，即这种芳基正离子的稳定性小，因此取代反应发生在邻、对位。以甲苯为例，亲电试剂 E^+ 进攻邻位，得到的芳基正离子为

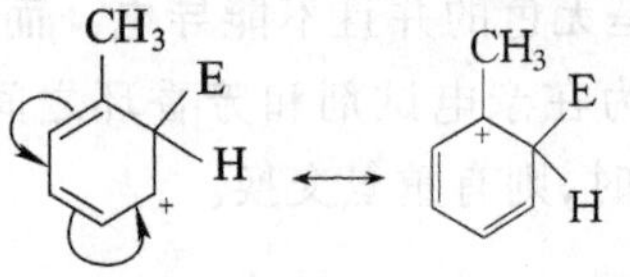

甲基稳定了碳正离子，所以芳基正离子稳定。

若亲电试剂 E^+ 进攻间位，得到的芳基正离子为

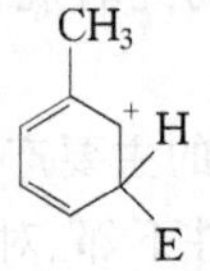

正电荷无法移至甲基所能作用的位置，所以芳基正离子不稳定。

若亲电试剂 E^+ 进攻对位，得到的芳基正离子为

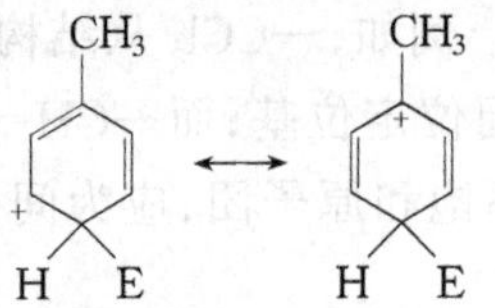

甲基稳定了碳正离子，芳基正离子稳定。

当 Z 为吸电子的原子团（间位定位基）时，若取代反应发生在邻位或对位，由于和 Z 直接相连的碳原子带有部分正电荷，使正电荷更为定域。所以这种芳基正离子的稳定性小；而当 Y 取代在间位时，Z 和不带部分正电荷的碳原子直接相连，使正电荷进一步非定域，因此这种芳基正离子中间体更稳定，所以取代反应发生在间位。以硝基为例，硝基是一个强吸电子的基团，它的吸电子性表现在两个方面：

(a) N 和 O 的电负性较大，具有强的吸电子诱导效应。

(b) 硝基的电子结构为 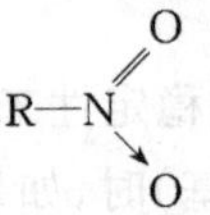，即

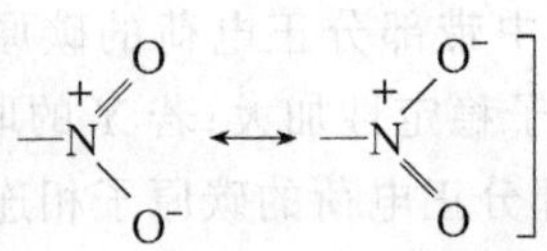

硝基与芳环形成共轭结构，由于氮的缺电子特征，使苯环上 π 电子向硝基转移，苯环上 π 电子云密度下降。

当硝基苯与亲电试剂 E^+ 反应时，E^+ 进攻硝基的邻、间、对位，生成的碳正离子稳定性比较如下：

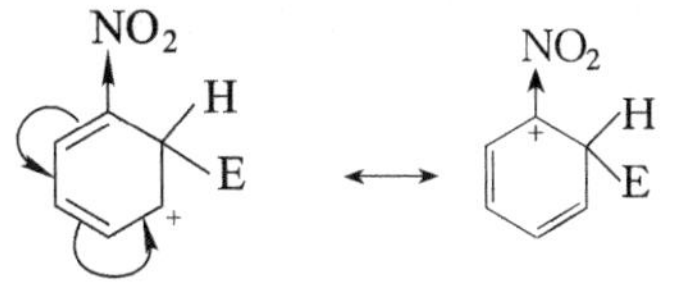

"+"与吸电子基相连,不稳定

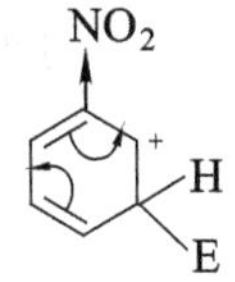

"+"不与吸电子基直接相连,相对稳定

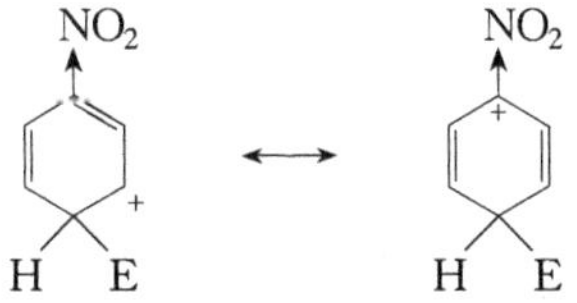

不稳定

所以硝基为间位定位基。

对其他间位定位基如—CF_3、—$\overset{+}{NR_3}$ 等的解释与硝基类似,主要考虑吸电子诱导效应。

此外,给电子的原子或原子团使苯环的电子云密度增高,因而使苯环活化;而吸电子的原子或原子团使苯环的电子云密度降低,因而使苯环的活性降低。

任何一个基团,无论它是致活的或是致钝的,它对邻、对位的影响是最强的,这是因为共轭效应只能到达邻、对位,而不能到达间位。

第三节 亲电重排反应

迁移基团以缺电子的形式迁移到富电子中心的重排反应,称为亲电重排或称为正离子重排。

亲电重排不如亲核重排多见,但一般原理是一致的,首先要形成一个负离子。例如,以金属钠处理 Ph_3CCH_2Cl,主要得到重排产物 Ph_2CHCH_2Ph:

$$Ph-\underset{Ph}{\overset{Ph}{C}}-CH_2Cl \xrightarrow{Na} Ph-\underset{Ph}{\overset{Ph}{C}}-\bar{C}H_2Na^+ \longrightarrow Ph-\underset{Ph}{\overset{Ph}{\bar{C}}}-CH_2Na^+ \xrightarrow{ROH} Ph_2CHCH_2Ph$$

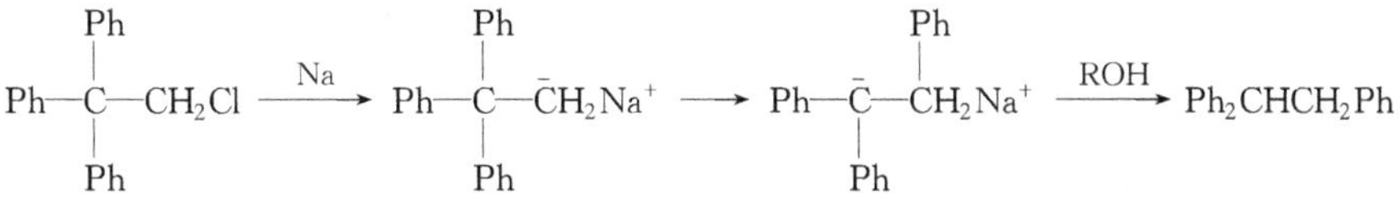

其过渡态为

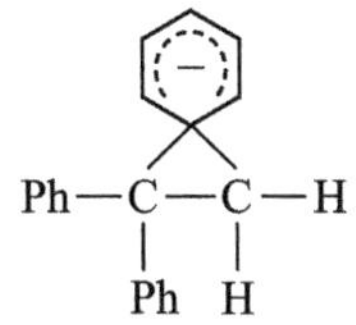

芳香基的迁移一般是这样的亲电机理。大多数碳负离子是通过强碱夺取质子而得到的。

一、法沃斯基重排

α－卤代酮(氯、溴或碘)在碱的作用下加热,重排而生成相同碳原子数的羧酸。

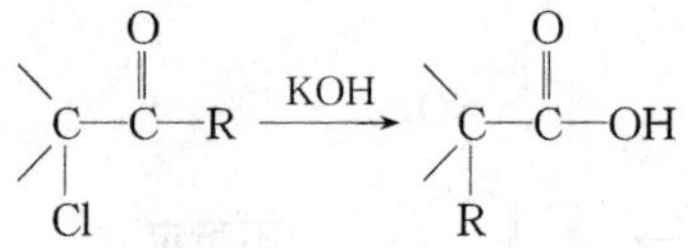

如果碱为 RO^-,则重排为相应的羧酸酯,以胺类为碱则得到相应羧酸的酰胺,这样的重排反应称为法沃斯基(Favourskii)重排。例如:

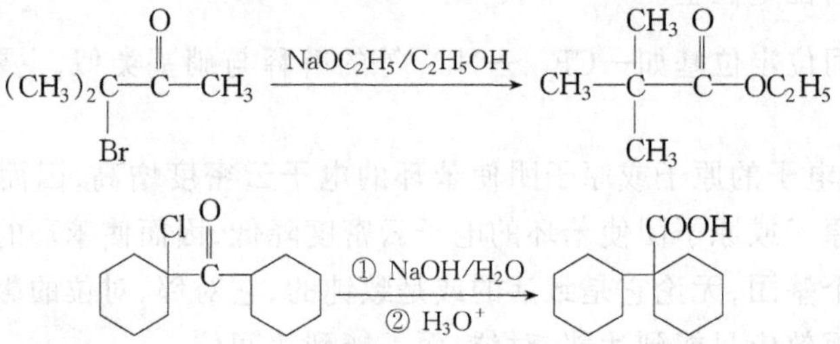

α－卤代环酮重排得到环缩小的产物。例如:

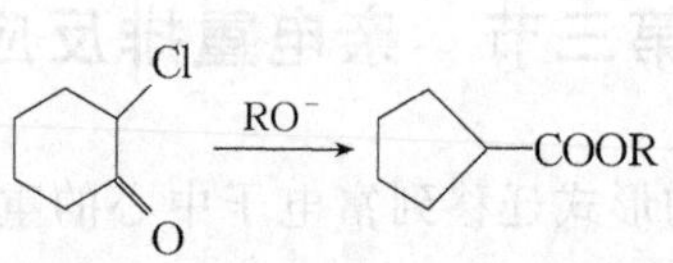

重排反应的机理包含有环丙酮中间体的生成,这是分子内由最初生成的碳负离子取代卤素的结果,然后 RO^- 进攻羰基,开环而完成重排。究竟应从底物羰基的哪一侧开环,主要取决于开环后生成碳负离子的稳定性。

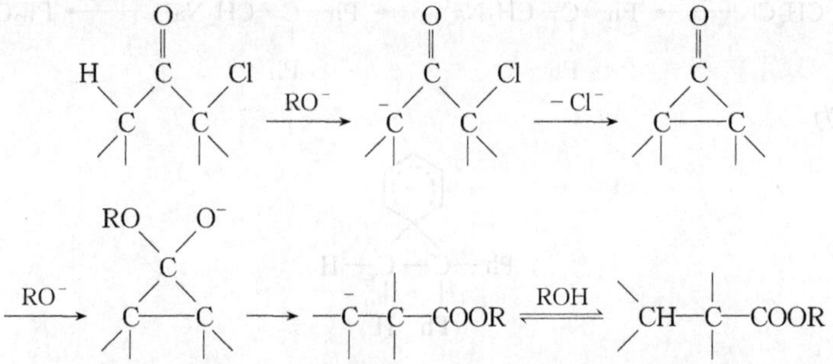

目前环丙酮中间体虽然没能分离得到，然而却用呋喃通过狄尔斯－阿尔德反应捕获，或用标记碳原子^{14}C的实验得到证实。例如，α－氯代环酮在醇钠的作用下，进行的法沃斯基重排：

当把羰基碳原子和连有卤素的碳原子各掺以等量的^{14}C标记原子时，重排的结果在产物中羰基仍含50%^{14}C，与反应前一样，说明重排反应没有直接影响到羰基碳原子。而环上的50%^{14}C却变成C_1和C_2各半，各含25%^{14}C，说明存在两种开环方式，而且两种开环方式概率是相等的，但这种开环方式只适合对称的环丙酮中间体结构。

如果生成的环丙酮中间体是不对称的，环丙酮开环时，从哪边打开，主要取决于生成碳负离子的稳定性，因此下列化合物是按如下方式开环的：

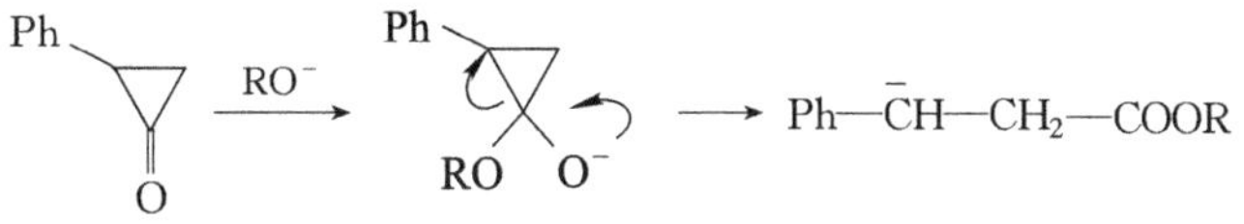

所以下面的两种氯代酮重排，只得到同一种重排产物。

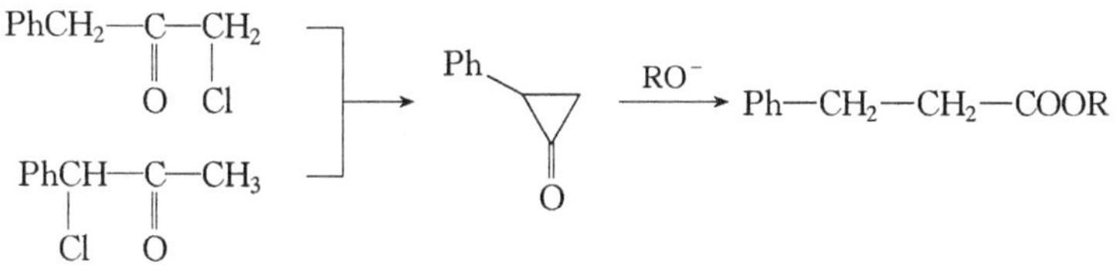

根据反应机理的要求，很明显，进行法沃斯基重排反应，羰基不含卤素的一侧必须至少具有一个氢原子。强碱试剂在重排反应中的作用首先是夺取质子而产生碳负离子。一般认为夺取质子产生碳负离子和环丙酮中间体的生成是控制反应速率的步骤。环丙酮中间体的生成和卤负离子的离去，实验证明一般为协同反应，相当于分子内的S_N2反应，反应具有立体专一性。例如：下列两个异构体在乙醚溶液中用$NaOCH_3$处理，分别得到立体专一性的重排产物，表明连有氯的碳原子都发生了构型翻转。

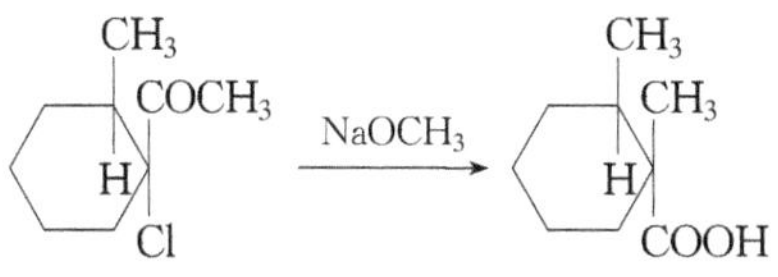

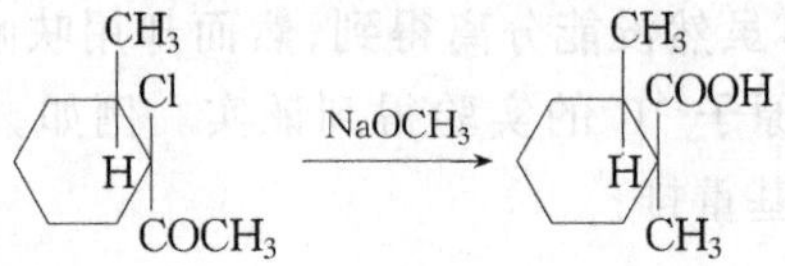

二、斯蒂文斯重排

在碳原子上连有吸电子基的季铵盐,用强碱处理,烃基由氮原子迁移到邻近负离子上,而生成叔胺的反应称为斯蒂文斯(Stevens)重排。

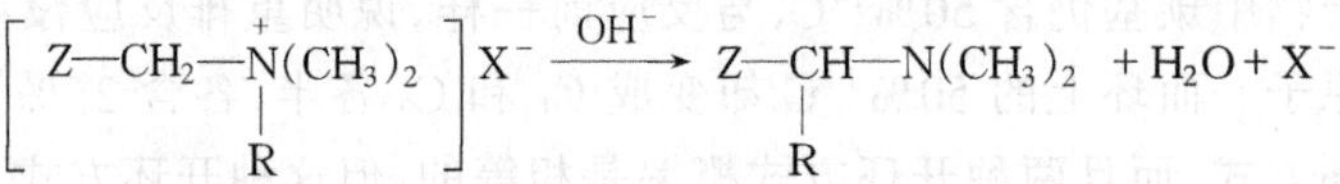

式中,Z 为 CH_3CO-,C_6H_5CO-,C_6H_5-,$CH_2=CH-$等;常见的迁移基团 R 为烯丙基、苄基、α-苯乙基、二苯甲基等;碱试剂通常为 KOH,NaOH,NaOR 和 $NaNH_2$等。

斯蒂文斯重排的反应机理,一般认为:第一步是强碱夺取与 Z 相连的亚甲基上的 α-氢原子,形成碳负离子,然后迁移基团从氮原子迁移到碳负离子的中心碳原子上,而生成叔胺。

若以具有旋光活性的且迁移基团为手性基的季铵盐进行重排反应,结果迁移基团的构型保持不变。例如:

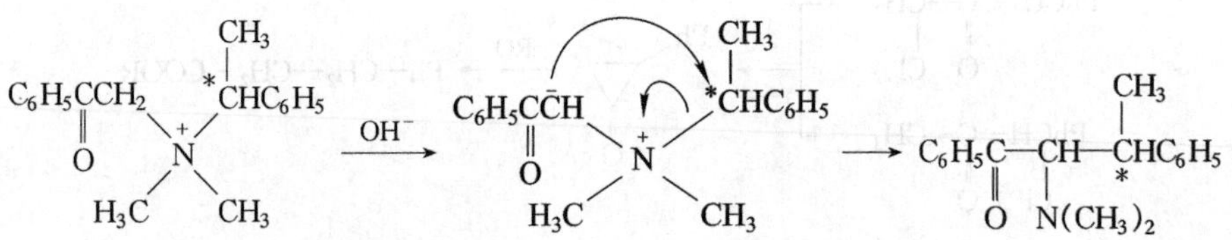

迁移基团是 $-\overset{\overset{CH_3}{|}}{\overset{*}{C}H}-C_6H_5$ 。

叔锍盐和季铵盐相似,也发生与斯蒂文斯重排类似的重排反应。例如:

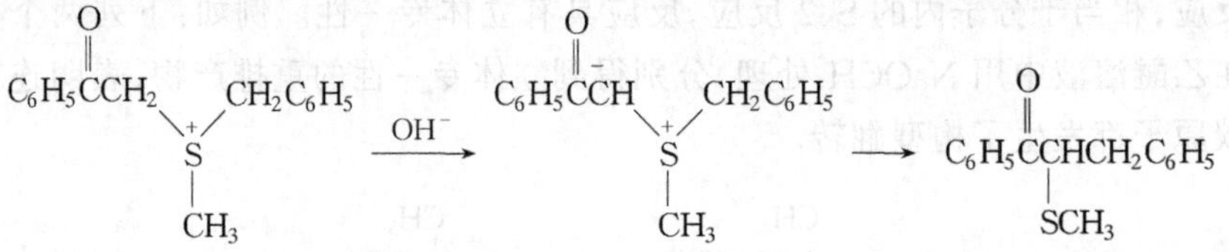

三、维蒂希重排

醚在醇溶液中与烷基锂作用，醚分子中的烷基或芳基迁移到碳原子上，重排成醇，这样的重排反应称为维蒂希(Wittig)重排。与斯蒂文斯重排相似，但需要比较强的碱，如烷基锂、苯基锂、氨基钠及氨基钾等，所不同的是迁移基团由氧原子迁移到碳原子上。

$$R{-}CH_2{-}O{-}R' + R''Li \longrightarrow R{-}\underset{\displaystyle R'}{\underset{|}{CH}}{-}OLi + R''H$$

一般 R 和 R′可以是烷基，也可以是芳基。例如：

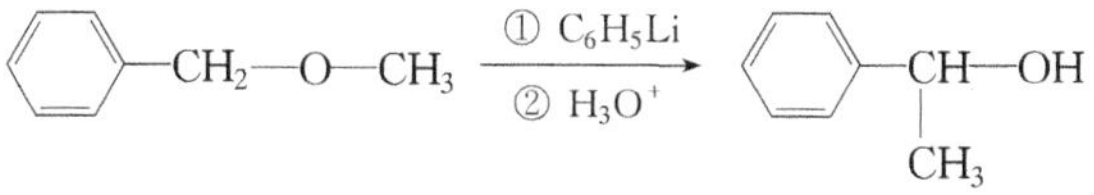

其反应机理为亲电迁移重排：

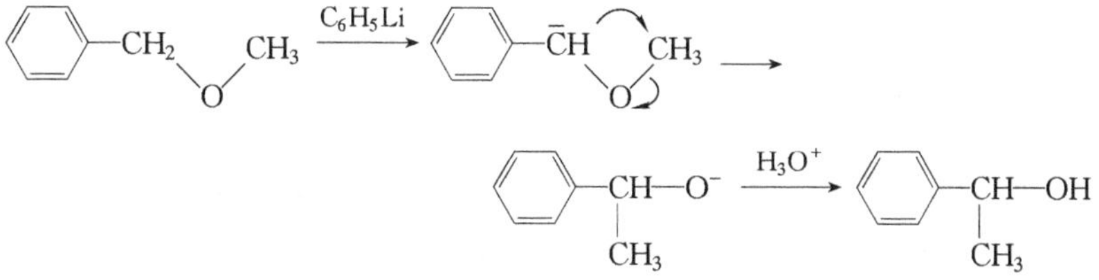

迁移基团是 $-CH_3$ 。

强碱的作用首先生成碳负离子中间体。哪个基团迁移主要取决于所形成碳负离子的稳定性，通常只有苄基或烯丙基具有足够的活性，可以形成稳定的碳负离子。醚另一端的 R′可以是烷基、芳基和乙烯基等。

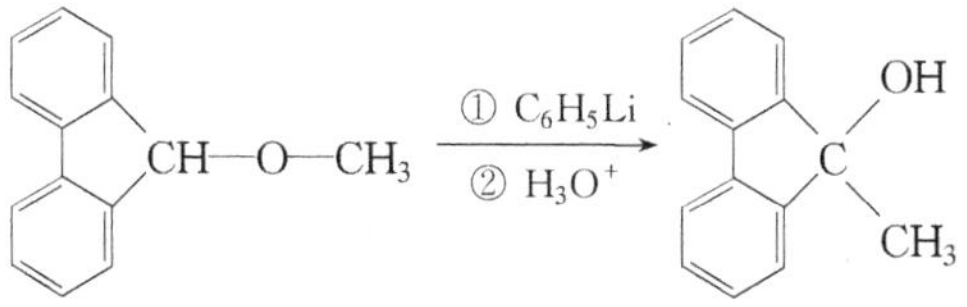

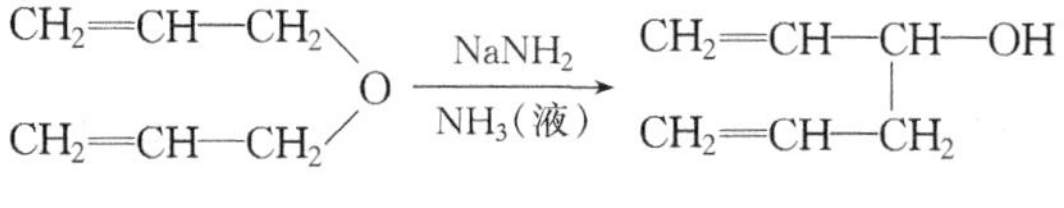

迁移基团重排能力的顺序大致为

$$CH_2{=}CH{-}CH_2{-},C_6H_5CH_2{-} > CH_3CH_2{-} > C_6H_5{-}$$

环氧乙烷类型化合物,在路易斯酸或二烷胺锂(强碱)作用下,常常发生与维蒂希重排类似的反应,而生成醛或酮。例如:

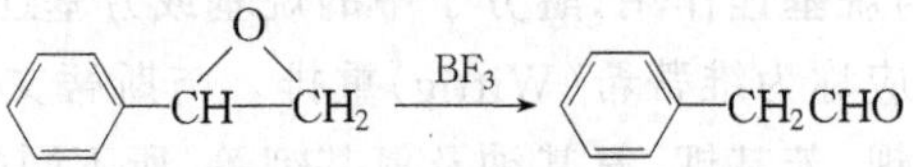

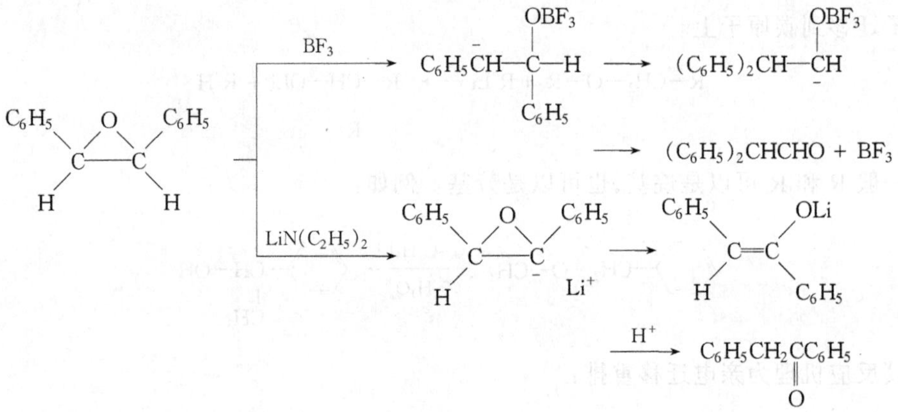

维蒂希重排也属于分子内的亲电重排。

四、弗瑞斯重排

酚类的羧酸酯在傅-克反应催化剂路易斯酸如三氯化铝、二氯化锌或三氯化铁等存在下,加热,则发生酰基的迁移,重排到邻位或对位,而生成邻、对位酚酮的混合物,称为弗瑞斯(Fries)重排反应。最简单的反应如下:

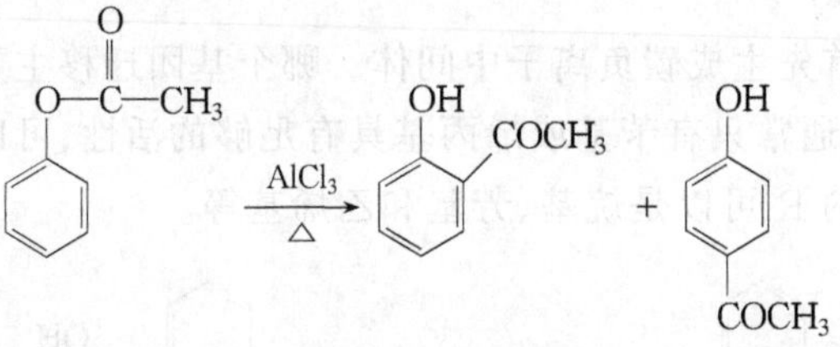

邻位或对位异构体生成的比例与反应的温度、溶剂和催化剂有关,一般低温有利于生成对位产物,而高温有利于邻位产物的生成。而且对位异构体在 $AlCl_3$ 存在下,加热,也会转变为邻位异构体,这可能是由于邻位的羟基和羰基可以形成分子内氢键的缘故。

弗瑞斯重排的反应机理,现在看法还不完全一致,有人认为是分子内的重排,有人认为是分子间的重排,都有一定的实验根据,也都不足以完全确定。但反应的第一步,肯定是先由催化剂与酯形成过渡络合物,然后进行重排。因此,它的机理实际上是路易斯酸催化下芳环的亲电取代反应。例如:

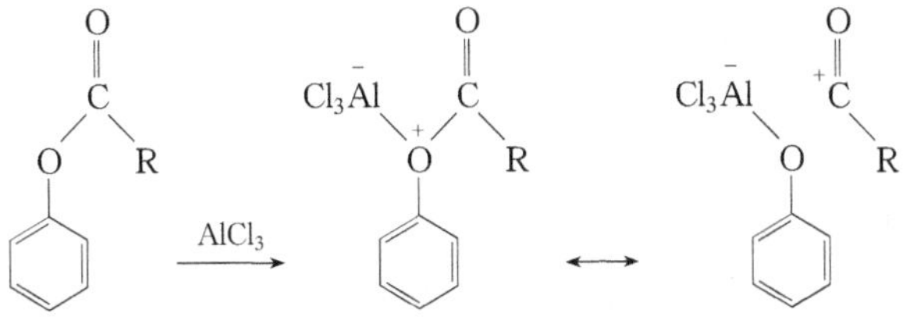

所形成的酰基正离子与苯环发生亲电取代反应即得重排产物。

第四节　脂肪族亲电取代反应

由亲电试剂进攻引起的亲电取代反应（electrophilic substitution，S_E），是芳香族化合物中最常见的反应，这主要是因为芳环上的大 π 键提供了丰富的电子，使亲电试剂容易靠近反应物；而亲电试剂从脂肪族化合物分子中得到 σ 电子靠近反应物分子引起亲电取代反应，则比较困难。当与反应物分子中的离去基团相连的碳原子易形成碳负离子时，则亲电取代反应能够发生，因此碳负离子的形成和稳定性，是脂肪族亲电取代反应中的一个关键问题。

在脂肪族亲电取代反应中，被取代的原子或原子团通常有三种：① 氢原子是常见的被取代的基团，尤其是酸性较强的氢原子容易被取代，如端基炔氢（RC≡CH）及羰基化合物 α 位上的氢原子；② 带正电荷的金属离子如 Li^+、Na^+ 等；③ 碳正离子，在这类亲电取代反应中发生了碳碳键的断裂，脱掉碳正离子。

一、反应机理

脂肪族亲电取代反应机理与饱和碳原子的亲核取代反应有些类似，但远没有亲核取代反应研究得那么清楚。现在一般认为，脂肪族亲电取代反应机理有单分子机理（S_E1）、双分子机理（S_E2）和内部协助的双分子机理（S_Ei）三种。

1. S_E1 机理

在 S_E1 机理中，反应分两步进行，第一步生成碳负离子为决定速率的步骤。

$$① \quad R-X \xrightarrow{慢} R^- + X^+$$

$$② \quad R^- + E^+ \xrightarrow{快} R-E$$

许多有机化合物（如羰基化合物）的碱催化取代反应就遵从 S_E1 机理。例如：

$$CH_3-\overset{\overset{O}{\|}}{C}-CH_3 + OH^- \xrightarrow{慢} CH_3-\overset{\overset{O}{\|}}{C}-\overset{-}{C}H_2 + H_2O$$

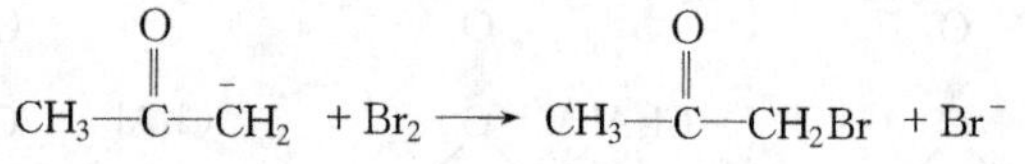

$$CH_3-\overset{\overset{\displaystyle O}{\|}}{C}-\overset{-}{C}H_2 + Br_2 \longrightarrow CH_3-\overset{\overset{\displaystyle O}{\|}}{C}-CH_2Br + Br^-$$

在决速步中不涉及亲电试剂 Br_2 ,故应属 S_E1 反应。

羰基化合物中氢与重氢交换也遵从 S_E1 机理,该反应中重氢交换速率和外消旋化速率一样,并且还有明显的同位素效应,说明反应决定速率步骤中涉及 C—H 键的断裂。

$$CH_3CH_2-\overset{\overset{\displaystyle CH_3}{|}}{\underset{\underset{\displaystyle H}{|}}{C}}-\overset{\overset{\displaystyle O}{\|}}{C}-C_6H_5 + H_2O \xrightarrow{\quad OD^- \quad} CH_3CH_2-\overset{\overset{\displaystyle CH_3}{|}}{\underset{\underset{\displaystyle D}{|}}{C}}-\overset{\overset{\displaystyle O}{\|}}{C}-C_6H_5$$

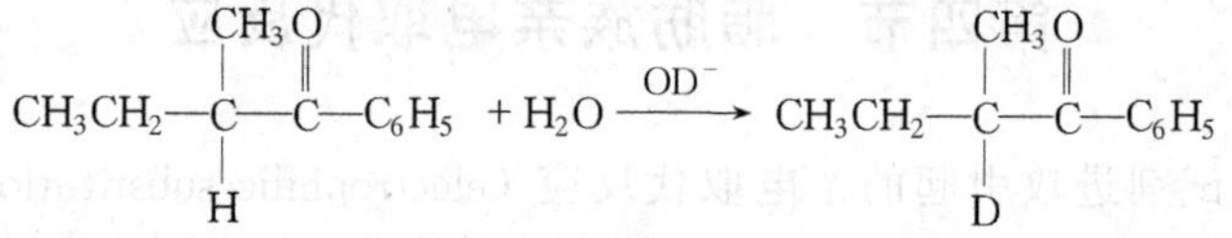

由小双环组成的桥环化合物,桥头碳原子能形成角锥形的碳负离子,因而可以发生 S_E1 反应。值得注意的是:这种桥头碳原子极难形成平面构型的碳正离子,几乎不可能发生 S_N1 反应。

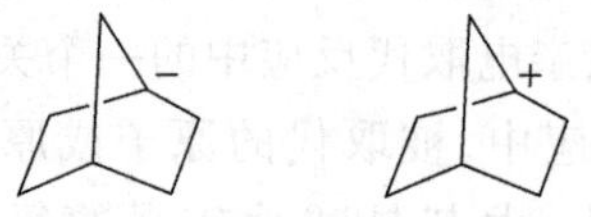

可以生成   极难生成

S_E1 机理的立体化学比较复杂,不仅与烃基结构密切相关,还受碱 – 溶剂体系的影响很大。一个旋光的反应物发生 S_E1 反应后,会产生构型保持、外消旋化与构型转化几种情况。例如,旋光的 2 – 苯丁烷发生下面的 H – D 交换:

$$C_6H_5-\overset{\overset{\displaystyle CH_3}{|}}{\underset{\underset{\displaystyle C_2H_5}{|}}{C}}-D + ROH \xrightarrow{\quad ROK \quad} C_6H_5-\overset{\overset{\displaystyle CH_3}{|}}{\underset{\underset{\displaystyle C_2H_5}{|}}{C}}-H + ROD$$

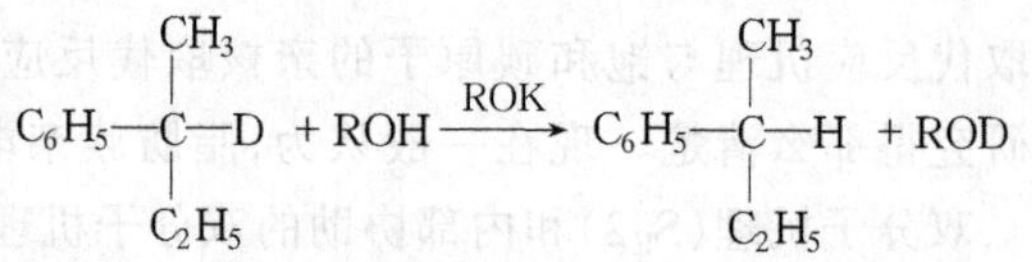

通过测定同位素交换的速率常数 k_e 和消旋化的速率常数 k_a 的比例,能够研究反应的立体化学。当 $k_e/k_a \gg 1$ 时,表明构型保持不变; $k_e/k_a = 1$ 时意味着外消旋化; $k_e/k_a = 1/2$ 时,外消旋化的速率为同位素交换速率的 2 倍,则表明构型转化。例如:

当碱 – 溶剂体系为叔丁醇钾 – 叔丁醇时, $k_e/k_a = 10$,产物构型保持不变,其机理如下:

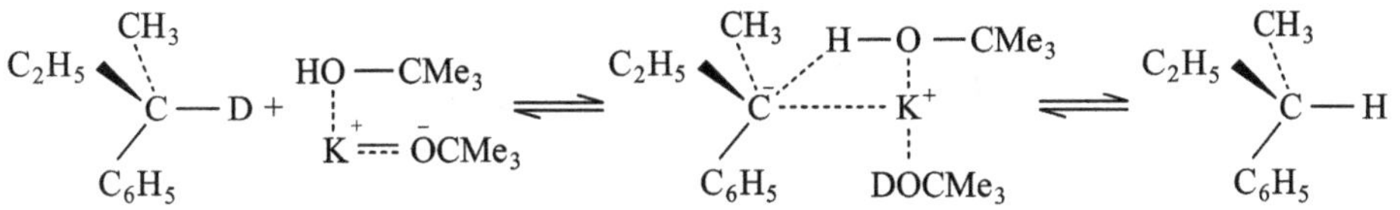

构型保持

当碱－溶剂体系为叔丁醇钾－叔丁醇/DMSO 时，$k_e/k_a=1$，产物外消旋化，其机理如下：

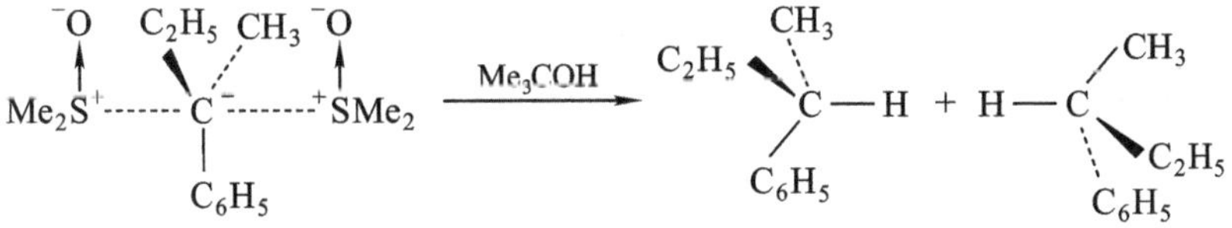

外消旋化

当碱－溶剂体系为 $HOCH_2CH_2OCH_2CH_2O^-K^+$/乙二醇时，$k_e/k_a=0.7$，此时则发生构型转化。其可能的机理如下：

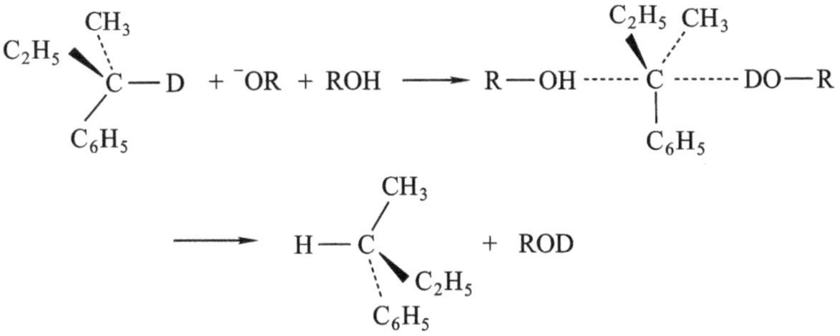

构型转化

2．S_E2 与 S_Ei 机理

脂肪族亲电取代反应的双分子机理，在旧键断裂的同时形成新的化学键，但是在试剂进攻的方式与立体化学方面与 S_N2 有着明显的差别。

在典型的 S_N2 反应中亲核试剂总是带着一对电子，由离去基团的背面进攻中心原子，发生构型转化；而在 S_E2 反应中，进攻试剂是带有空轨道的体系，既可以从离去基团的前边(同一边)进攻，也可以从离去基团的后边进攻，这两种方式又分别称为 S_E2(前边)和 S_E2(后边)。现分别表示如下：

S_E2(前边)

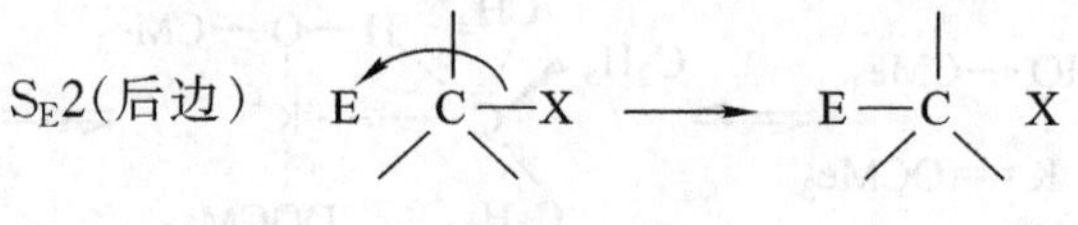

具有光学活性的反应物在不对称碳原子上发生亲电取代时，按 S_E2(前边)机理进行，其构型保持不变，而按 S_E2(后边)的机理进行，则发生构型转化，所以根据立体化学的不同可以区别 S_E2(前边)与 S_E2(后边)两种机理。

S_E2 反应在亲电试剂从离去基团的前边进攻时，还有一种方式，即在反应过程中，亲电试剂的一部分可以和离去基团成键，从而帮助离去基团离去，为区别 S_E2(前边)的反应方式，对此种有“内部协助”的双分子反应特称为 S_Ei 机理。

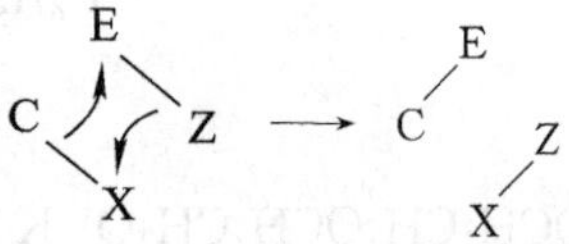

S_Ei 反应的立体化学特征为：构型保持。例如，旋光的 2－甲基－1－溴代环丙烷与丁基锂作用，生成的甲基环丙基锂的构型保持不变。

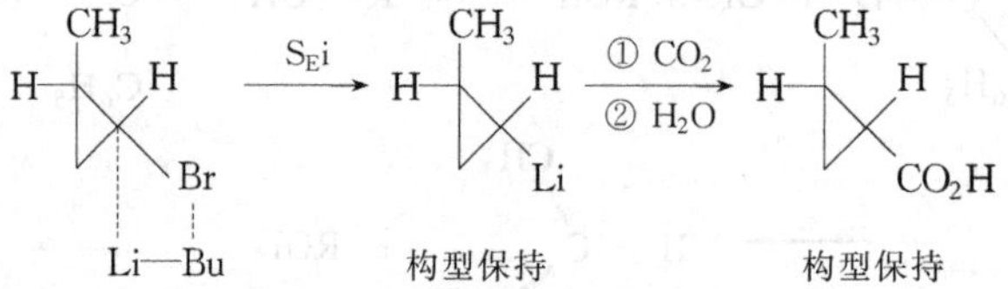

二、影响脂肪族亲电取代反应活性的因素

目前对于脂肪族亲电取代反应活性的研究还很不够，下面仅从反应物的结构、离去基团和溶剂效应三个方面进行初步探讨，其结论只具有一些倾向性，供学习者参考。

1. 反应物结构的效应

在 S_E1 与 S_E2(后边)两种机理的反应中，反应底物结构对脂肪族亲电取代反应活性的影响研究得比较清楚。

在 S_E1 反应中，从碳原子上脱掉质子往往是决速步，氢原子的酸性大小就决定了其质子脱去的难易，所以给电子基团降低反应速率，吸电子基团提高反应速率，这与 S_E1 反应中形成碳负离子的稳定性大小是一致的。

在 S_E2(后边)反应中，与 S_N2 反应类似，空间阻碍对反应的影响起很大的作用，反应物中不同烷基对反应活性的影响与 S_N2 反应相似，即有如下顺序：

$$CH_3- > C_2H_5- > CH_3CH_2CH_2- > (CH_3)_2CH- > (CH_3)_3C-$$

对于 S_E2(前边)机理与 S_Ei 机理的反应,由于对反应条件很敏感,条件稍有改变对反应影响较大,研究报道常不一致,所以难以排出不同取代基的反应活性顺序。

2. 离去基团的效应

在 S_E1 与 S_E2 反应中,C—X 键的极性越大,X 带着正电荷越容易离去,反应活性就越大。

通常认为:离去基团是正电性的碳时,有利于 S_E2 机理的反应进行;离去基团为金属正离子时有利于 S_E1 机理的反应进行。但研究报道却不是这样,正电性的碳作为离去基团通常遵从 S_E1 机理,而金属正离子作为离去基团却有 S_E2、S_Ei 和 S_E1 几种不同的情况,说明影响反应的因素较为复杂,有待进一步的研究。

3. 溶剂的效应

溶剂极性大小对脂肪族亲电取代反应的机理及反应速率都会产生影响。随着溶剂极性的提高,将有利于离子的形成,故有利于 S_E1 机理;而且在 S_E2 与 S_Ei 两种机理中,更有利于 S_E2,这是因为在极性大的溶剂中,试剂 E—Z 中的 Z 易被溶剂化,使它不容易进攻离去基团,故难以协助其离去,因而 S_Ei 反应会减少,通过 S_E2 机理进行的亲电取代反应会增加。

另一方面溶剂极性的增加,有利于增加反应物 C—X 的极性,有利于离去基团的离去,所以会提高 S_E2 反应的速率。

三、反应的典型实例

脂肪族亲电取代反应的典型实例有:质子解与氢 - 氘交换,亲电烷基化反应,烷烃硝化反应,金属化反应,重氮偶合反应等。

1. 质子解和氢 - 氘交换

烷烃或环烷烃在超酸,如 FSO_3H-SbF_5,$HF-SbF_5$,$HF-BF_3$,FSO_3H 等的作用下,可以发生质子解与氢 - 氘交换。C—H 键和 C—C 键都可以发生质子解反应。

$$R—H + DF—SbF_5 \longrightarrow R—D + HF—SbF_5$$

$$R—R + HF—SbF_5 \longrightarrow R^+ + R—H + SbF_6^-$$

质子化烷烃中间体的形成,已得到核磁共振谱的证明。例如,甲烷质子化生成了下面的过渡态与中间体:

$$CH_4 + H^+ \rightleftharpoons \left[CH_3\cdots\langle^{H}_{H} \right] \rightleftharpoons CH_3^+ + H_2$$

异丁烷在叔碳上发生氢－氘交换经过下面过渡态：

$$(CH_3)_3C—H + D^+ \longrightarrow \left[(CH_3)_3C\cdots\langle^{H}_{D} \right]^+ \longrightarrow (CH_3)_3C—D + H^+$$

新戊烷在质子解中，C—H 键与 C—C 键均可以发生下列反应：

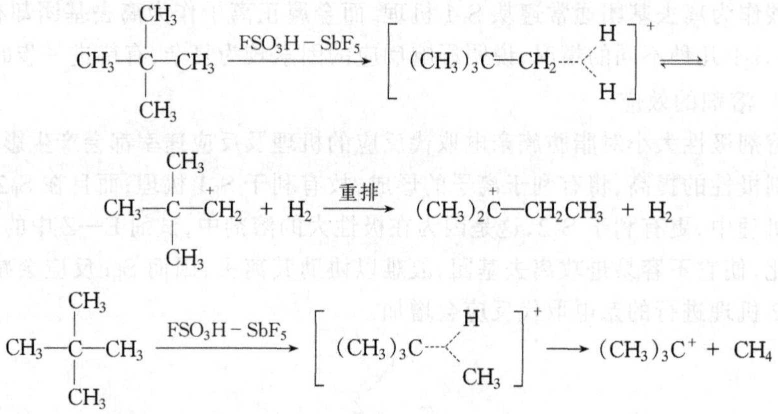

用强碱处理烯烃，可使碳碳双键发生位移，形成热力学更稳定的体系。

$$RCH_2—CH═CH_2 + B^- \longrightarrow R\bar{C}H—CH═CH_2 + HB$$

$$R\bar{C}H—CH═CH_2 \longleftrightarrow RCH═CH—\bar{C}H_2 \xrightarrow{HB} RCH═CH—CH_3 + B^-$$

环烷烃如金刚烷在 DF－SbF_5 中，也能发生氢－氘交换反应。

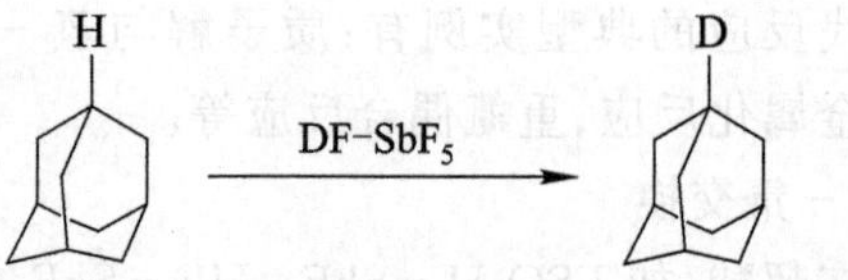

2. 烷基化反应

烯烃与烷烃可以发生亲电烷基化反应，反应是通过形成的烷基碳正离子进攻烯烃而进行的。丙烯或异丁烯都可以发生下面的烷基化反应，如丙烯的反应如下：

$$CH_3CH═CH_2 + H^+ \longrightarrow CH_3\overset{+}{C}H—CH_3$$

$$CH_3\overset{+}{C}H\!-\!CH_3 + (CH_3)_3C\!-\!H \longrightarrow CH_3CH_2CH_3 + (CH_3)_3C^+$$

$$(CH_3)_3C^+ + CH_3CH\!=\!CH_2 \longrightarrow CH_3\overset{+}{C}H\!-\!CH_2C(CH_3)_3$$

$$CH_3\overset{+}{C}H\!-\!CH_2C(CH_3)_3 + H^- \longrightarrow CH_3CH_2\!-\!CH_2C(CH_3)_3$$

3. 硝化反应

脂肪烃如烷烃的硝化,采用硝酸或 N_2O_4 进行气相硝化,是按游离基机理进行的。采用稳定的氮鎓离子如 $NO_2^+PF_6^-$ 在液相中进行硝化,可避免游离基反应,发生的是亲电取代反应。如甲烷的亲电硝化反应:

$$CH_4 \xrightarrow{\;NO_2^+PF_6^-\;} \left[\; CH_3\cdots\overset{\displaystyle H}{\underset{\displaystyle NO_2}{\diagdown}} \;\right]^+ \longrightarrow CH_3NO_2 + H^+$$

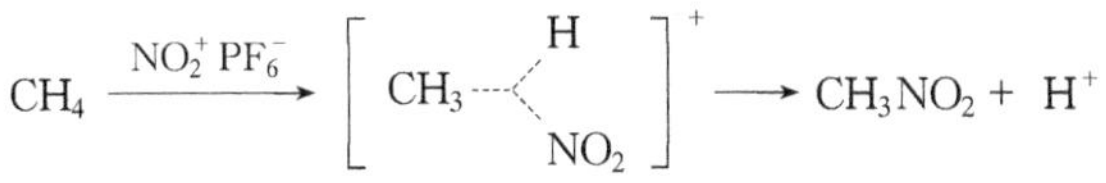

烷烃发生亲电硝化反应时,不仅有 C—H 键断裂,还有 C—C 键断裂的产物生成。例如,叔丁烷的硝化反应:

$$
\underset{\displaystyle CH_3}{\overset{\displaystyle CH_3}{CH_3\!-\!\underset{|}{\overset{|}{C}}\!-\!H}} \xrightarrow{\;NO_2^+PF_6^-\;}
\begin{cases}
\left[\,(CH_3)_3C\cdots\overset{\displaystyle H}{\underset{\displaystyle NO_2}{\diagdown}}\,\right]^+ \longrightarrow (CH_3)_3C\!-\!NO_2 + HF \\[4mm]
\left[\,(CH_3)_2C\cdots\overset{\displaystyle CH_3}{\underset{\displaystyle NO_2}{\diagdown}}\overset{\displaystyle H}{}\,\right]^+ \longrightarrow CH_3NO_2 + (CH_3)_2CHF
\end{cases}
$$

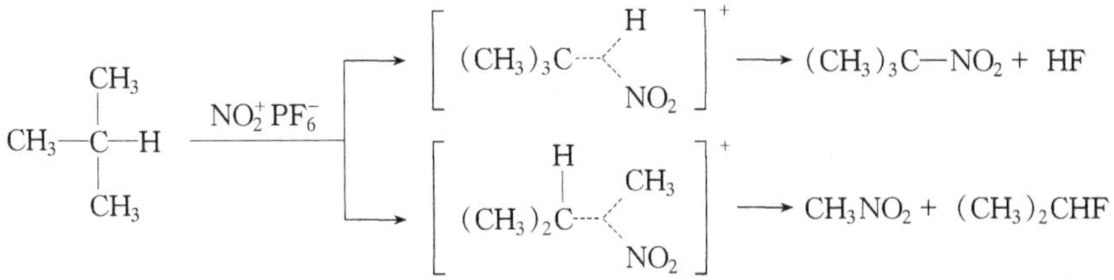

4. 金属化反应

金属化反应是脂肪族化合物重要的亲电取代反应,在制备有机金属化合物中较为重要,能形成稳定的碳负离子的脂肪族化合物容易进行金属化反应,例如,乙酰乙酸乙酯、丙二酸二乙酯、氰基乙酸酯等在强碱作用下易形成碳负离子的钠盐。而脂肪烃只有存在稳定碳负离子的共轭效应和 sp 杂化碳原子(端基炔)时,才易发生金属化反应。例如:

$$CH_2\!=\!CH\!-\!CH_2\!-\!CH\!=\!CH_2 + BuLi \longrightarrow CH_2\!=\!CH\!-\!CHLi\!-\!CH\!=\!CH_2$$

$$HC\!\equiv\!CH + 2PhLi \longrightarrow LiC\!\equiv\!CLi$$

$$RC\!\equiv\!CH + PhLi \longrightarrow RC\!\equiv\!CLi$$

$$CH_2\!=\!CH\!-\!OCH_3 + t\text{-}BuLi \longrightarrow CH_2\!=\!CLi\!-\!OCH_3$$

$$(C_6H_5)_3C\!-\!H + K \longrightarrow (C_6H_5)_3C\!-\!K$$

能进行亲电取代的金属有:Li,Na,K 等活泼金属。对于像端基炔等含有酸性氢的化合物,格氏试剂可以夺去质子,实现金属化反应。

$$R\!-\!C\!\equiv\!C\!-\!H + R'MgX \longrightarrow R\!-\!C\!\equiv\!C\!-\!MgX + R'H$$

利用有机金属化合物与金属卤化物进行交换，可以制得较不活泼金属的有机化合物。例如，Zn，Cd，Hg，Al，Sn，Pb，Co，Pt 的有机化合物。

$$RM + M'X \rightleftharpoons RM' + MX$$

格氏试剂是常用的反应物，例如：

$$RMgX + ZnCl_2 \longrightarrow RZnX + MgCl_2$$
$$RMgX + HgCl_2 \longrightarrow RHgX + MgCl_2$$

选用活泼金属 M′取代 R—M 中较不活泼的金属 M，是常见的金属化反应。由于汞的活泼性不高，烃基汞化较容易进行，故常以二烃基汞与 Li，Na，Be，Mg，Al，Zn 等反应制备活金属的有机化合物。例如：

$$R_2Hg + Mg \longrightarrow R_2Mg + Hg$$

5. 重氮偶合反应

脂肪族化合物中的 C—H 键如果具有较强的酸性，就可以在碱的作用下，与重氮盐偶合：

$$Z{-}CH_2{-}Z' + ArN_2^+ \xrightarrow{B} Z{-}\overset{\overset{\displaystyle Z'}{|}}{C}{=}N{-}NHAr$$

常用的碱为乙酸钠。化合物 $Z{-}CH_2{-}Z'$ 中的 Z 和 Z′可以为：—CHO，—COR，—COOR，—COO⁻，—CONR$_2$，—CN，—NO$_2$，—SO$_2$R 及—SO$_2$NR$_2$ 等吸电子基团。这种偶合反应是按 S_E1 机理进行的：

$$Z{-}CH_2{-}Z' \xrightarrow{B} Z{-}\overset{\overset{\displaystyle Z'}{|}}{C}H^- \xrightarrow{{}^+N_2Ar}$$
$$Z{-}\overset{\overset{\displaystyle Z'}{|}}{C}H{-}N{=}N{-}Ar \longrightarrow Z{-}\overset{\overset{\displaystyle Z'}{|}}{C}{=}N{-}NHAr$$

重氮偶合反应在成环反应中有一定用途。例如，邻氨基苯乙酮重氮化后偶合环化，生成 3，4－二氮杂－1－萘酚。

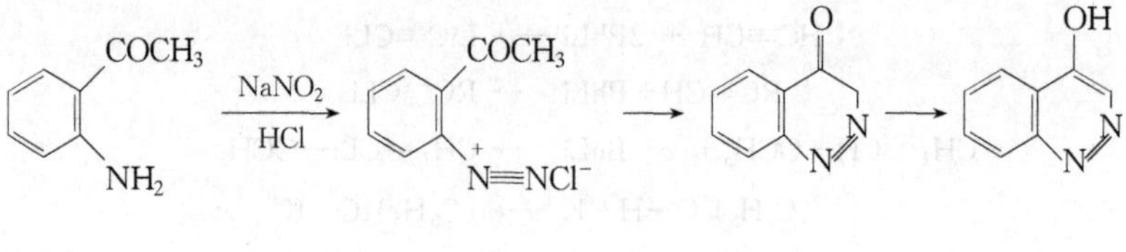

习　题

1. 比较并解释烯烃与 HCl，HBr，HI 加成时反应活性的相对大小。

2. 解释下列反应：

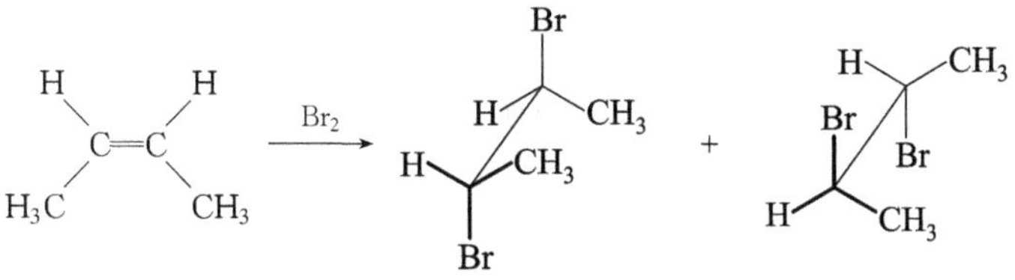

顺式　　S,S　　R,R

3. 写出异丁烯二聚反应的机理，为什么常用 H_2SO_4 或 HF 作催化剂，而不用 HCl，HBr，HI？

4. 苯乙烯在甲醇溶液中溴化，得到 1－苯基－1，2－二溴乙烷及 1－苯基－1－甲氧基－2－溴乙烷，用反应机理解释。

5. 解释：

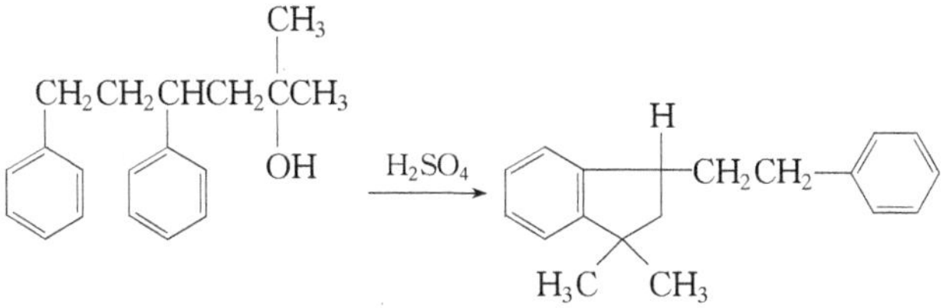

85%

6. 解释下列反应机理：

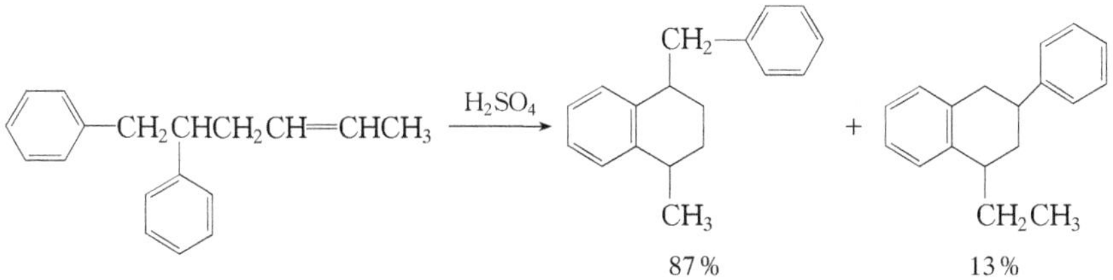

87%　　13%

7. 写出 HI 与下列化合物反应的主要产物：

(1) $CH_3CH=CHCH_2Cl$　　(2) $(CH_3)_3\overset{+}{N}CH=CH_2$

(3) $CH_3OCH=CH_2$　　(4) $CF_3CH=CHCl$

(5) $(CH_3CH_2)_3CCH=CH_2$

8. 完成下列反应式：

(1) 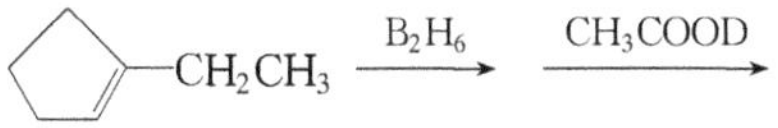

(2) 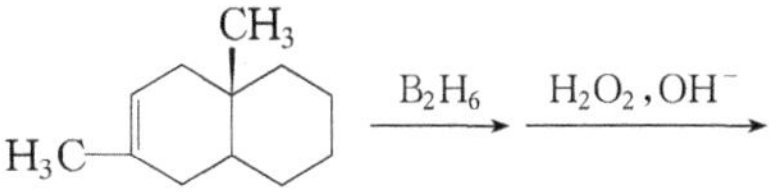

(3) 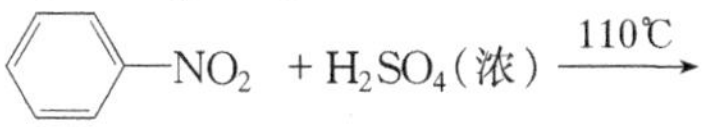

(4) 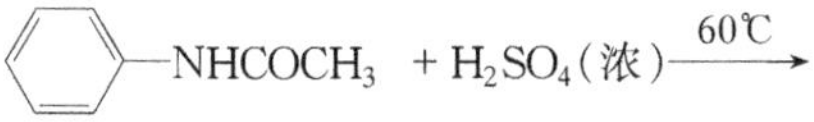

(5) 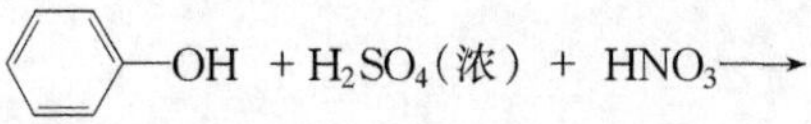

(6) 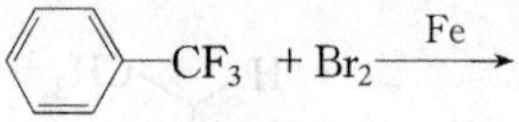

(7) 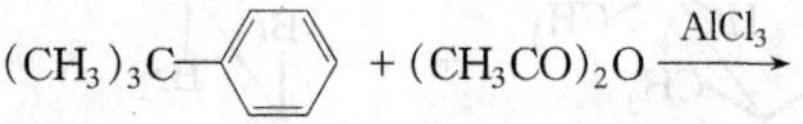

(8) 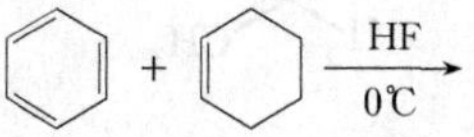

(9) 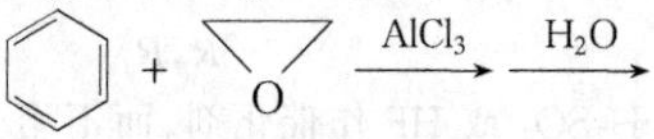

(10) 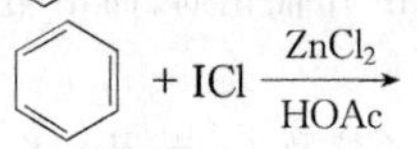

(11) 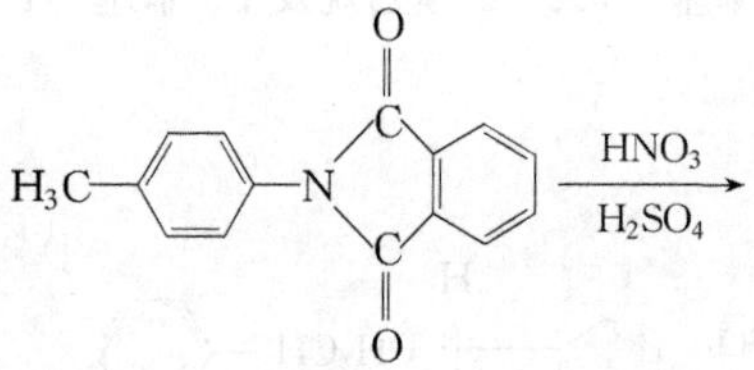

(12) 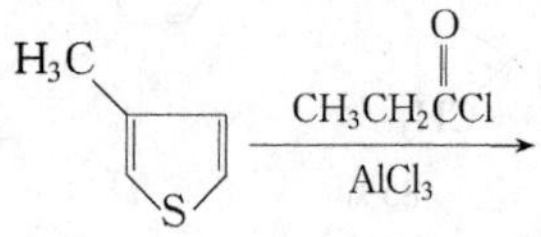

(13) 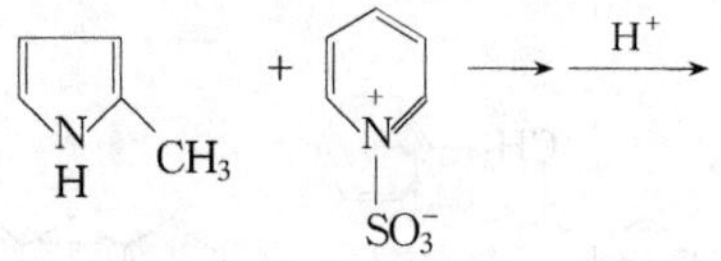

(14) 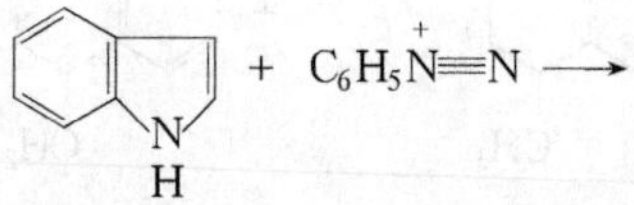

(15) $(CH_3)_2C(Br)-COCH_3 \xrightarrow[C_2H_5OH]{C_2H_5ONa}$

(16) $C_6H_5C(=O)-CH_2-\overset{+}{N}(CH_3)_2(CH_2C_6H_5)\ Br^- \xrightarrow{NaOH}$

第十七章　亲核反应机理

(Mechanism of nucleophilic reaction)

第一节　碳碳双键的亲核加成反应

一般说来,双键的亲核加成反应不如亲电加成反应普遍。对其机理也不如亲电加成研究得透彻。研究得较多的是 α,β - 不饱和醛、酮分子中碳碳双键上的亲核加成。

炔类化合物能与各种亲核试剂发生加成,而与亲电试剂的加成比相应的烯烃要困难。

一、碳碳双键的亲核加成

当碳碳双键上连有强吸电子能力的原子或原子团时,双键碳上 π 电子云密度大大降低,不利于亲电加成而有利于亲核加成的进行。例如,下列化合物分子中,由于 α - 碳原子与强吸电子基团—CN 或—CF_3 相连,使得 β - 碳原子上电子云密度降低许多。当它们和亲核试剂作用时,即可发生亲核加成反应。

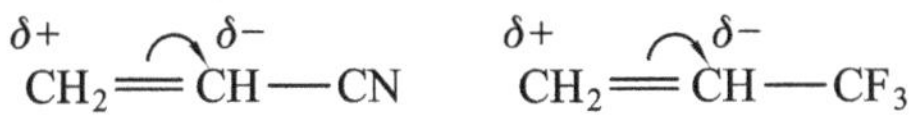

$$CH_2{=}CH{-}CN + EtOH \xrightarrow{KOH} EtOCH_2{-}CH_2{-}CN$$

$$CH_2{=}CH{-}CF_3 + EtOH \xrightarrow{EtONa} EtOCH_2{-}CH_2{-}CF_3$$

这个反应的机理可以认为是:亲核试剂首先进攻电子云密度降低的 β - 碳原子生成碳负离子,然后试剂的亲电部分再与 α - 碳原子结合。

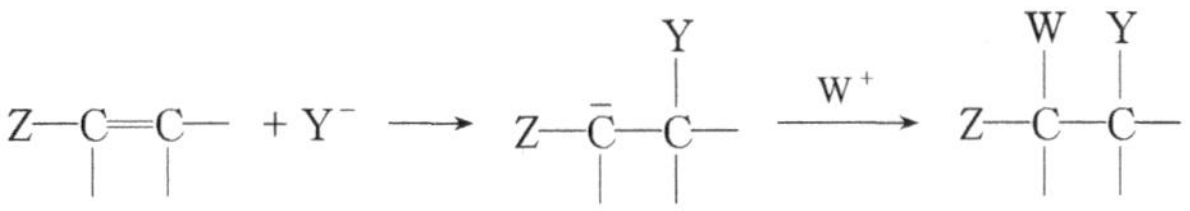

Z 为吸电子的基团,如—CHO,—COR,—COOR,—$CONH_2$,—NO_2,—COOH 及—CN 等。

α,β－不饱和醛、酮、酯、腈类的碳碳双键上发生亲核加成的反应比较普遍。例如，不饱和醛、酮与 HCN 加成生成氰醛、氰酮。

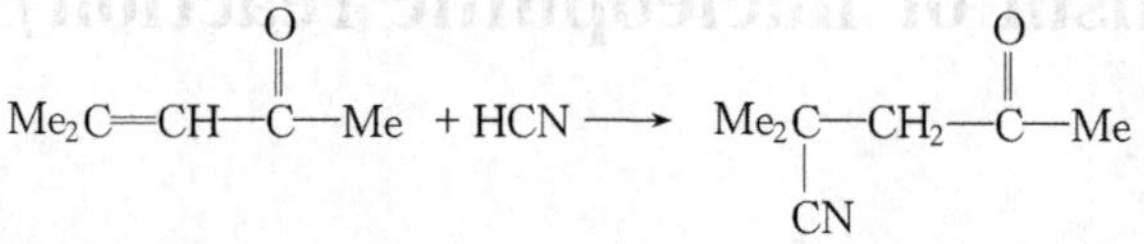

二、迈克尔加成

α,β－不饱和羰基化合物——醛、酮、酯，以及腈类分子中的双键与活泼亚甲基化合物在碱性催化剂的作用下，发生的共轭加成即迈克尔（Michael A）加成，是亲核机理的反应。丙烯腈与乙酰乙酸乙酯，肉桂酸乙酯与丙二酸二乙酯的反应就是此类反应的典型实例。

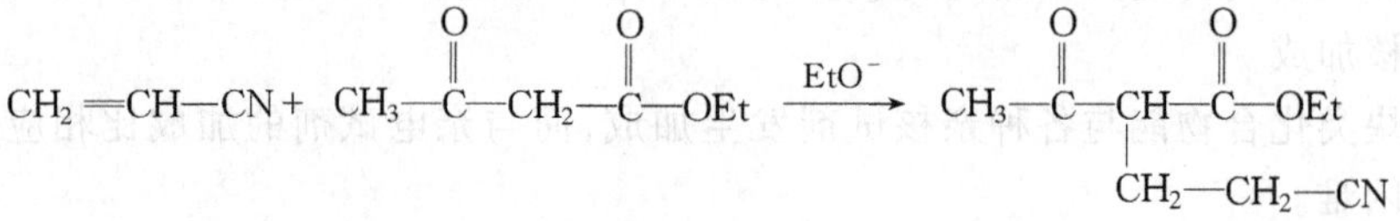

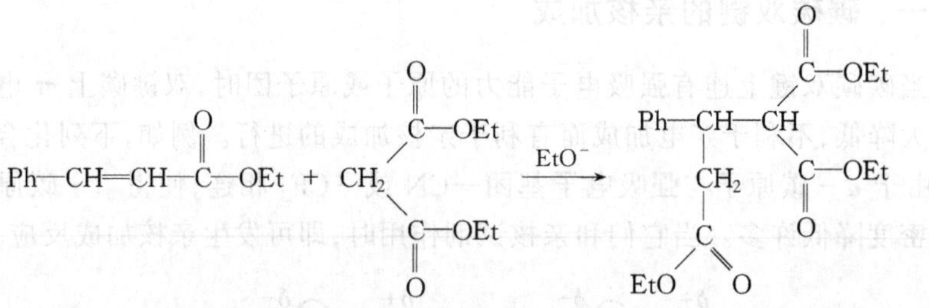

迈克尔加成反应的机理是在强碱的作用下，活泼亚甲基化合物失去一个质子生成碳负离子，后者作为亲核试剂进攻 α,β－不饱和羰基化合物分子中双键上的 β－碳原子，得到一个新的碳负离子，最后质子（即进攻试剂的亲电部分）再加到双键上的 α－碳原子上。例如，肉桂酸乙酯与丙二酸二乙酯的反应机理如下：

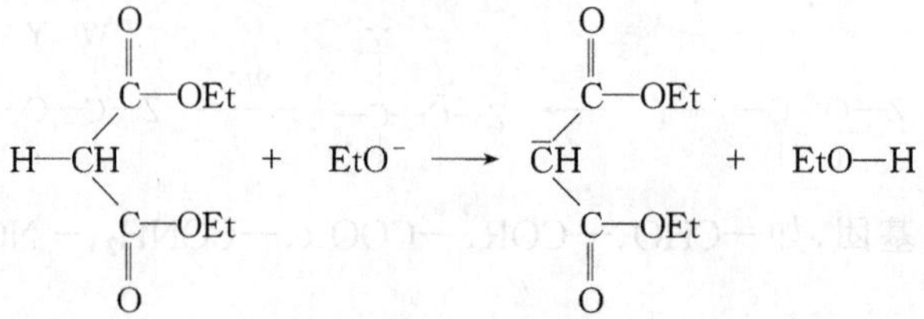

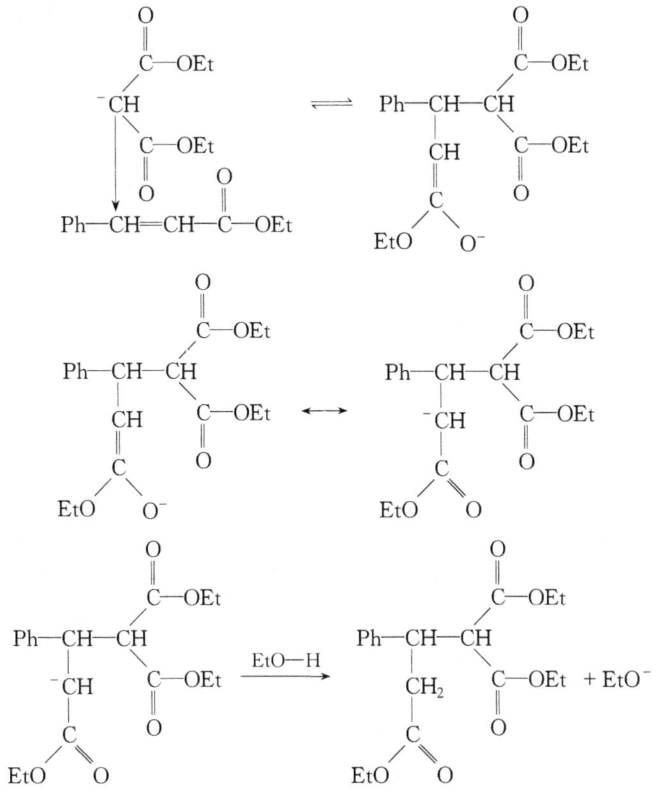

共轭加成的立体化学是反式加成。例如：

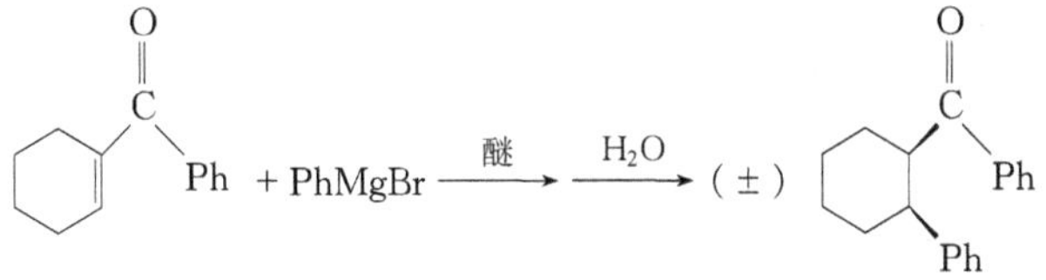

首先是苯基溴化镁中的 Ph—进行共轭加成，BrMg—再与共轭体系中的氧原子结合，水解后生成烯醇，互变异构得最终的产物，其总结果是：Ph—与 H—处于反式位置。

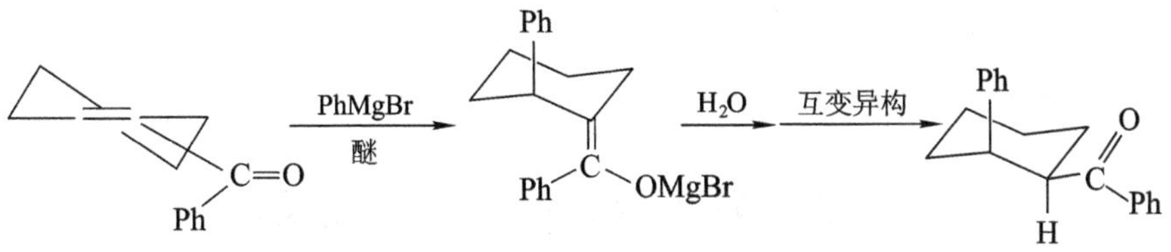

迈克尔加成反应在有机合成上很有用，它是合成某些环状化合物的有效方法。例如：

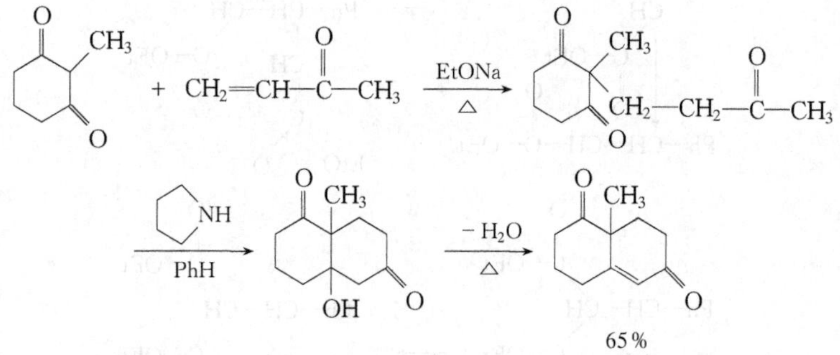

这个反应称为罗宾逊增环反应(Robinson annulation reaction)。此反应于1935年由罗宾逊(Robinson R)发现，指的是：在碱(如醇钠、氨基钠等)的催化作用下，环酮与甲基乙烯酮或其等价化合物作用，生成双环 α,β－不饱和酮的反应。

该反应实际上是环酮在碱的催化下，先与甲基乙烯酮发生迈克尔加成，生成中间体酮，后者再经分子内的羟醛缩合而得羟基酮，最后羟基酮脱水生成双环 α,β－不饱和酮，这是特殊形式下的迈克尔加成反应及羟醛缩合反应的综合应用。在萜类和甾族化合物的合成中经常应用。

由于甲基乙烯酮容易发生聚合反应，实际应用时常用其前身曼尼希碱(Mannich base)季铵盐代替。曼尼希碱季铵盐在碱性条件下，易分解生成甲基乙烯酮，新生成的甲基乙烯酮无须分离出来，可立即参加反应。

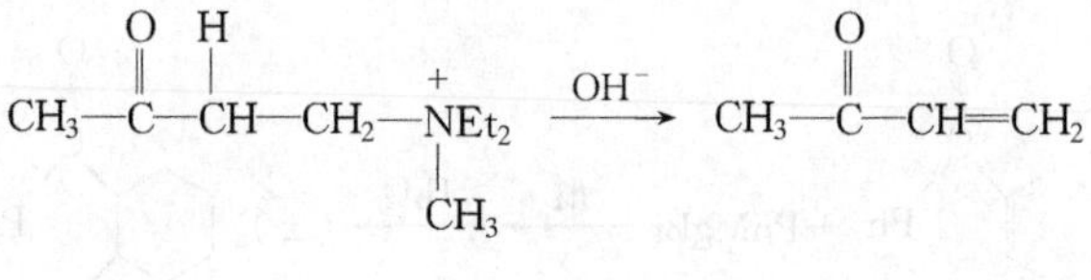

思考题17.1　由丙二酸二乙酯及苯甲醛合成(要求用到迈克尔加成反应)下列产物：

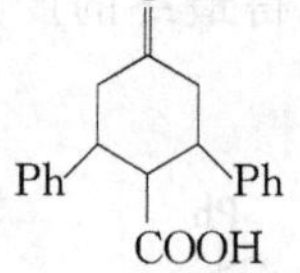

第二节　碳氧双键的亲核加成反应

羰基在有机化合物中是一种极为常见的官能团，主要指的是醛、酮分子中的羰基,它们的反应机理已得到广泛的研究。

羰基在静态时就具有强极性,碳原子上带有部分正电荷,表现出亲电性,可以与亲核试剂发生亲核加成反应。亲核加成反应是发生在羰基上的最重要的一类反应。

羰基上碳氧双键的极性还影响到 α - 碳上氢原子的活性,使其活化发生移变,同时使 α - 碳成为碳负离子,继而发生一系列的反应。

一、羰基的亲核加成

羰基加成反应的主要问题是负离子首先进攻羰基碳原子还是正离子首先进攻羰基碳原子。许多实验证明是负离子首先进攻羰基碳原子,发生亲核加成反应。例如,酮类和 HCN 的加成反应为双分子反应,加入碱能使反应加速,加入酸则使反应减慢。这表明 H^+ 不参加决定反应速率的步骤,而 CN^- 和羰基碳原子加成生成羰基腈负离子的反应为决定反应速率的步骤。碱能加速这个反应,是由于碱与 HCN 作用生成强亲核试剂 CN^-。

1. 醛、酮与强亲核试剂的加成

在中性或碱性条件下,强亲核试剂与羰基按下列机理进行反应:

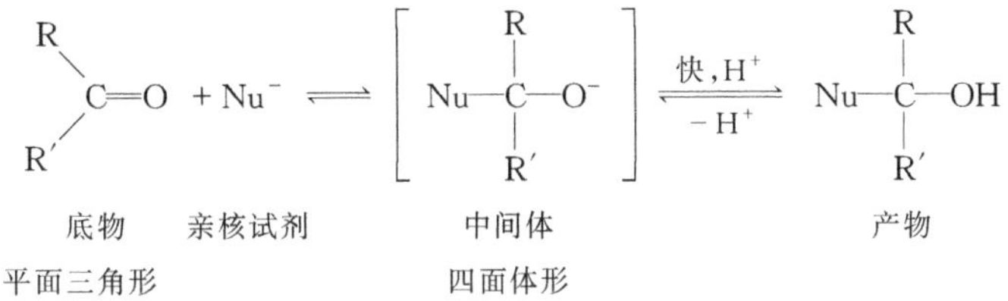

Nu^- = HCN, $NaHSO_3$, $LiAlH_4$, $NaBH_4$, RMgX, RLi 等。

例如,醛或酮在氢化铝锂(或硼氢化钠)的作用下还原:

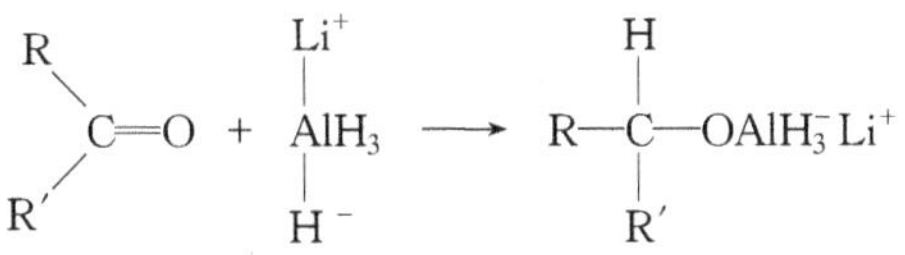

产物中还有氢负离子,可以继续与羰基反应,总反应表示如下:

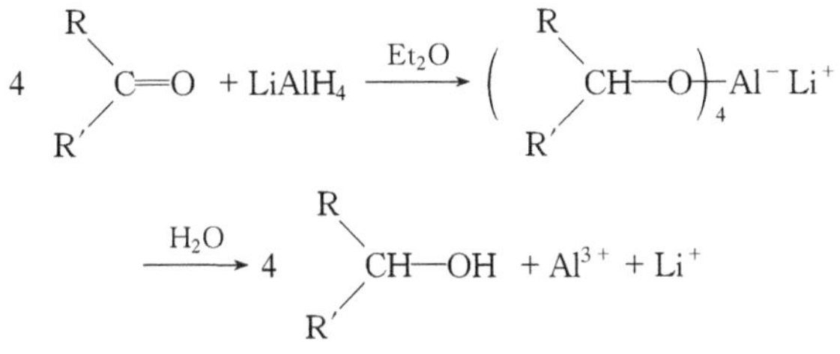

　　此外,醛、酮与较强的亲核试剂,如与格氏试剂的加成反应,与 HCN 或 NaHSO₃ 的加成反应,均按以上方式进行。

　　2. 醛、酮与弱亲核试剂的加成

　　当试剂为弱亲核试剂时,常常需要加入酸作催化剂。酸中的质子首先进攻羰基上的氧原子,氧原子提供一对电子与质子结合,使羰基质子化。羰基的质子化提高了羰基的活性,使得弱亲核试剂与羰基上的碳原子能顺利结合。

$$\underset{R'}{\overset{R}{C}}=O + H^+ \overset{快}{\rightleftharpoons} \underset{R'}{\overset{R}{C}}-\overset{+}{O}H$$

质子化羰基

$$Nu^- + \underset{R'}{\overset{R}{C}}=\overset{+}{O}H \overset{慢}{\rightleftharpoons} Nu-\underset{R'}{\overset{R}{C}}-OH$$

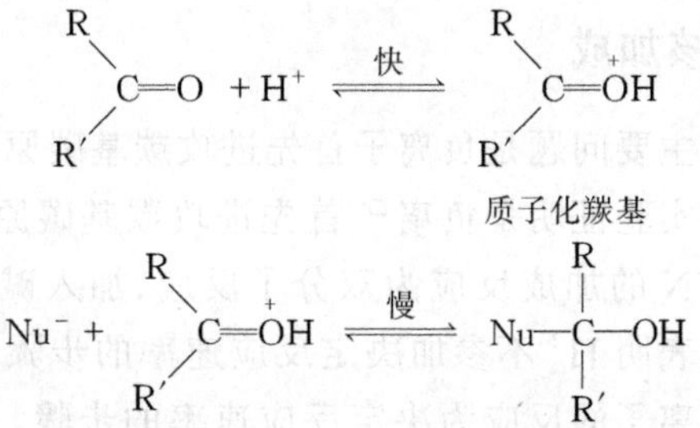

　　例如,醛在酸催化下与醇作用生成半缩醛、缩醛的反应:

$$\underset{H}{\overset{R}{C}}=O \overset{H^+}{\rightleftharpoons} \underset{H}{\overset{R}{C}}=\overset{+}{O}H \overset{ROH}{\rightleftharpoons} R-\underset{H}{\overset{OH}{\underset{|}{C}}}-\overset{+}{O}R \overset{-H^+}{\rightleftharpoons} R-\underset{H}{\overset{OH}{\underset{|}{C}}}-OR$$

醛　　　　　　　　　　　　　　　　　　　　　　　半缩醛

$$R-\underset{H}{\overset{OH}{\underset{|}{C}}}-OR \overset{H^+}{\rightleftharpoons} R-\underset{H}{\overset{\overset{+}{O}H_2}{\underset{|}{C}}}-OR \overset{-H_2O}{\rightleftharpoons} \underset{H}{\overset{R}{\overset{+}{C}}}-OR$$

$$\underset{H}{\overset{R}{\overset{+}{C}}}-OR \overset{ROH}{\rightleftharpoons} R-\underset{H}{\overset{\overset{+}{O}R}{\underset{|}{C}}}-OR \overset{-H^+}{\rightleftharpoons} R-\underset{H}{\overset{OR}{\underset{|}{C}}}-OR$$

缩醛

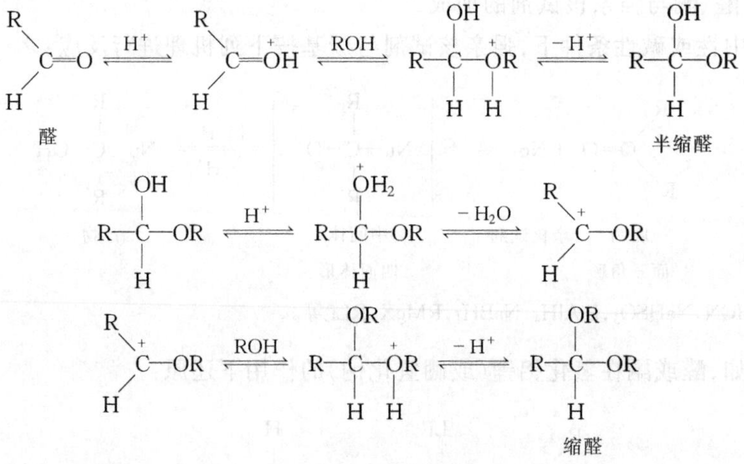

　　又如,醛或酮在酸催化下与氨或氨衍生物的反应,实质上是加成－消除机理的反应:

$$\underset{R}{\overset{R}{C}}=O \overset{H^+}{\rightleftharpoons} \underset{R}{\overset{R}{C}}=\overset{+}{O}H \overset{H_2NB}{\rightleftharpoons} R-\underset{R}{\overset{OH}{\underset{|}{C}}}-\overset{+}{N}H_2B \overset{快}{\rightleftharpoons} R-\underset{R}{\overset{\overset{+}{O}H_2}{\underset{|}{C}}}-NHB$$

$$R-\underset{R}{\overset{\overset{+}{O}H_2}{\underset{|}{C}}}-NHB \overset{-H_2O}{\rightleftharpoons} \underset{R}{\overset{R}{\overset{+}{C}}}-NHB \overset{-H^+}{\underset{快}{\rightleftharpoons}} \underset{R}{\overset{R}{C}}=N-B$$

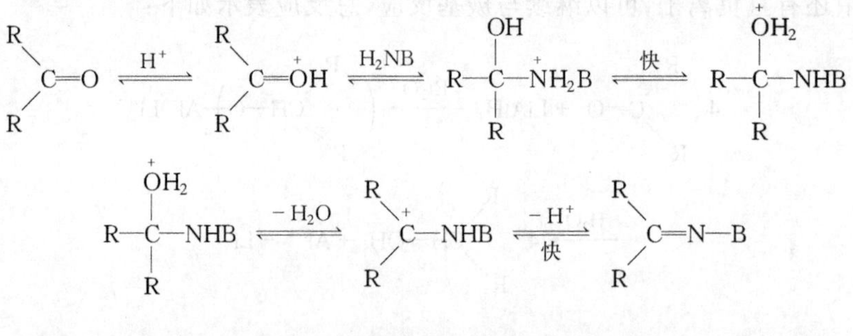

3. 羧酸衍生物与亲核试剂的加成

羧酸衍生物的水解、醇解、氨解反应均按加成－消除机理进行：

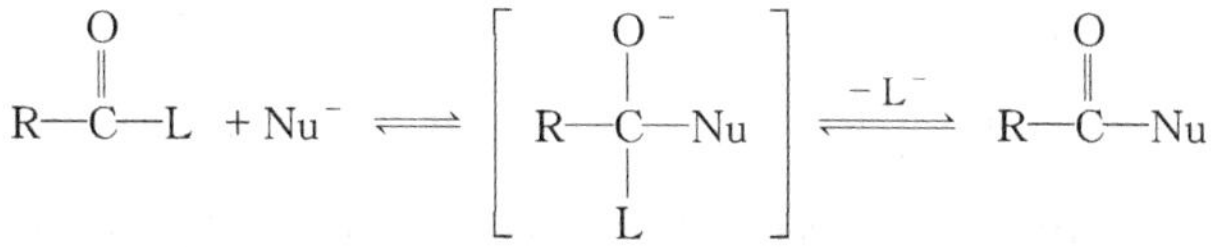

L = X—, RCOO—, RO—, H_2N— 等；　Nu^- = HO^-, H_2O, ROH, NH_3等。

羧酸衍生物与亲核试剂的反应能力，由强到弱的顺序为：酰卤、酸酐、酯、酰胺。酰卤与亲核试剂的反应能力，由强到弱的顺序为：酰氟、酰氯、酰溴、酰碘。

二、影响羰基活性的主要因素

影响羰基活性的主要因素，决定于与羰基相连的基团的性质(即电子效应与空间效应)及试剂的亲核性。其原因可从与羰基相连的烃基的电子效应，以及亲核试剂的强弱来说明。

有机化学工作者在长期的实践中发现，不同的羰基化合物与同一种亲核试剂反应时，所需的反应条件及反应进行的程度存在着很大的差异，于是就提出了羰基与亲核试剂反应活性的概念。

由表 17－1 可以较清楚地看出：在 0～25℃ 的温度下，用 1 mol 亚硫酸氢钠与不同的羰基化合物反应 1 h 后，得到产物的产率。说明了不同羰基化合物的羰基活性的确存在着很大的差异。

表 17－1　不同羰基化合物与 $NaHSO_3$ 加成产物的产率

羰基化合物	反应产率/%	羰基化合物	反应产率/%
$H_2C{=}O$	70～90	$CH_3COCH(CH_3)_2$	3
$RCH{=}O$	70～90	$CH_3CH_2COCH_2CH_3$	2
$(CH_3)_2C{=}O$	22	$PhCOCH_3$	1
$CH_3COC_3H_7-n$	12	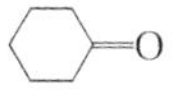	35

1. 与羰基相连的烃基电子效应和空间效应的影响

在羰基与亲核试剂的加成反应过程中，反应的决速步骤是：亲核试剂(通常为负离子)进攻羰基碳原子并与其结合的步骤。因此，羰基的活性主要决定于碳原子上的正电荷量，羰基碳原子上正电荷量越大，亲核加成越容易进行，反应速率就越快。

一般说来，醛的活性大于酮；甲醛的活性大于其他的醛；酯、酰胺、羧酸的活性极小。羰基上连有吸电子的原子或原子团时，活性增加；反之，活性减小。常见羰基化合物亲核加成时，活性由强到弱的顺序如下：

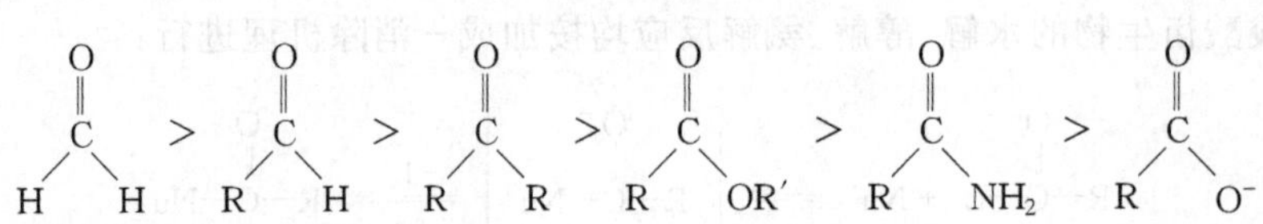

之所以有这样的活性顺序，其原因在于 R—，R′O—，NH_2—，O^- 等原子团中：R—对羰基同时存在有 $+I$ 效应与 $+C$ 效应；R′O—，NH_2—及 O^- 对羰基的 $+C$ 效应都大于 $-I$ 效应，表现出给电子性能。其给电子性能越强，羰基碳上的正电荷越少，发生亲核加成反应的活性就越差。由表 17－2 中的数据可以看出不同取代基对羰基活性的影响。

表 17－2　取代苯甲醛珀金反应的产率

RCHO 中的 R—	产率/%	RCHO 中的 R—	产率/%
苯　基	45～50	2－氯苯基	71
2－甲基苯基	15	3－氯苯基	63
3－甲基苯基	23	4－氯苯基	52
4－甲基苯基	33	2,6－二氯苯基	82
2,6－二甲基苯基	0		

大量的实验事实证明了：羰基的亲核加成反应中，电子效应对反应活性有较大的影响。此外，取代基的空间效应也是影响羰基反应活性的重要因素之一。一般说来，羰基碳原子周围空间阻碍越大，亲核加成越难进行。例如，六甲基丙酮和二新戊基酮，由于羰基周围的空间阻碍相当大，因此很难和亲核试剂发生加成作用。

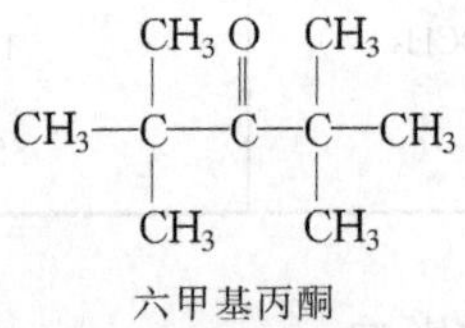

六甲基丙酮

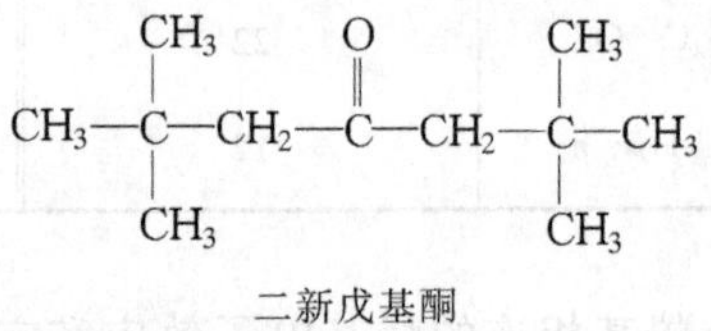

二新戊基酮

2. 试剂亲核性的影响

试剂的亲核性越强，平衡常数越大。常用的亲核试剂可按强弱分类如下：强亲核试剂有 $LiAlH_4$，$NaBH_4$ 等，反应过程中能提供负氢；中等强度的亲核试剂有 CN^-，RLi，RMgX 等，反应过程中能提供负离子、R^- 或 $R^{\delta-}$；弱亲核试剂有 H_2O，ROH，RSH，RNH_2 等，反应过程中能提供氧、硫或氮上的孤对电子。

水是一个相当弱的亲核试剂，除了甲醛、乙醛和 α－多卤代醛、酮外，其余醛、酮都难于与水加成生成水合物。见表 17-3。

表 17-3 一些醛、酮生成水合物的平衡常数

羰基化合物	K（水溶液,25℃）	羰基化合物	K（水溶液,25℃）
H—CHO	2280	$CF_3-\overset{O}{\overset{\|}{C}}-CF_3$	1.2×10^6
CH_3—CHO	1.06	$CF_3-\overset{O}{\overset{\|}{C}}-H$	2.9×10^4
CH_3CH_2—CHO	0.85	$CF_3-\overset{O}{\overset{\|}{C}}-\bigcirc$	7.8×10^1
$(CH_3)_2CH$—CHO	0.61	$CF_3-\overset{O}{\overset{\|}{C}}-CH_3$	3.5×10^1
$(CH_3)_3C$—CHO	0.23	$CH_3-\overset{O}{\overset{\|}{C}}-CH_3$	1.4×10^{-3}

三、羰基加成的立体化学

由于羰基碳原子是 sp^2 杂化的,于是羰基具有平面构型,亲核试剂(Nu:)无论从其上方还是从其下方进攻羰基碳原子,概率是近于相等的,即亲核试剂对羰基的加成,在立体化学上是非选择性的。

如果羰基上相连的两个基团 R＝R′时,情况较为简单;如果 R≠R′时,羰基碳原子则是潜手性的,与亲核试剂加成的结果,生成了具有手性碳原子的化合物。

$$\begin{array}{c} R \\ \diagdown \\ C=O \\ \diagup \\ R' \end{array} + Nu-H \longrightarrow R-\overset{OH}{\underset{R'}{\overset{\|}{C^*}}}-Nu$$

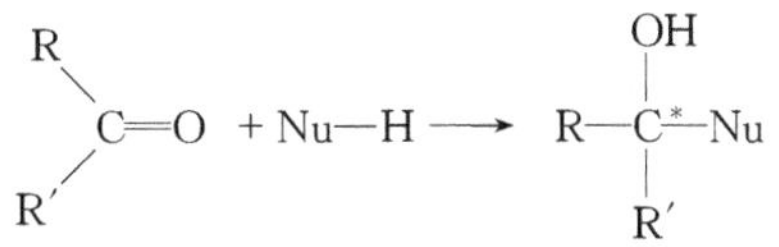

由于亲核试剂从分子平面的上方、下方进攻羰基的概率近于相等,所以生成的是一个外消旋体。

$$\begin{array}{c} R \\ \diagdown \\ C=O \\ \diagup \\ R' \end{array} + H:Nu \longrightarrow \begin{array}{c} R'\ R\ OH \\ \diagdown|\diagup \\ C \\ | \\ Nu \end{array} + \begin{array}{c} Nu \\ | \\ C \\ \diagup|\diagdown \\ R'\ R\ OH \end{array}$$

$$(\pm)$$

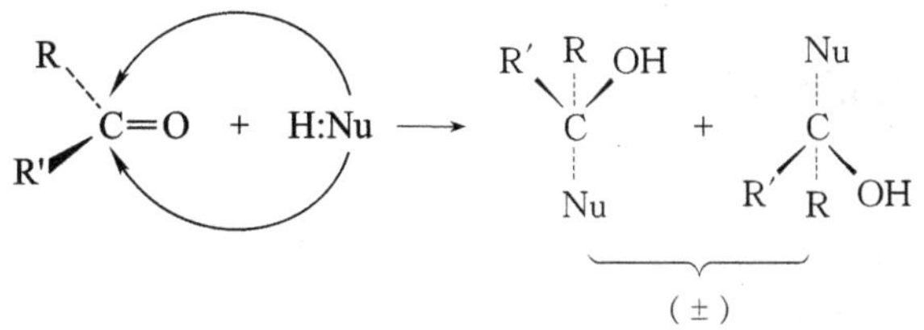

当羰基直接与手性碳原子相连(即 α-碳原子为手性碳原子),而羰基发生

加成又新生成一个手性碳原子时，所生成的两个非对映异构体的量是不相等的，可由克拉姆(Cram)规则来预测主要产物。例如，(*R*)-2-甲基丁醛与氢氰酸的加成反应：

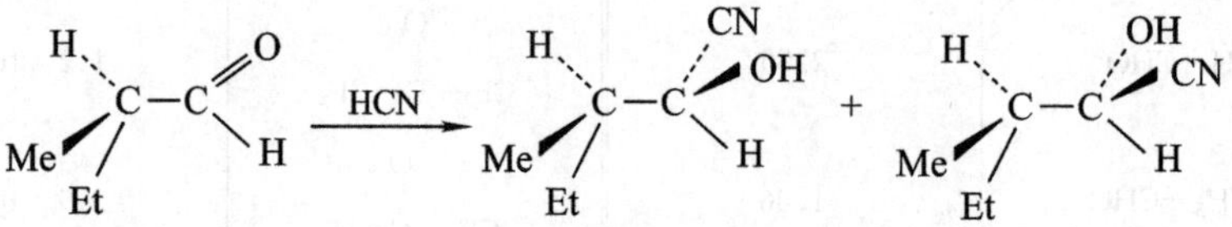

(*R*)-2-甲基丁醛　　　　主要产物

又如，(*R*)-2-苯基-2-氨基苯乙酮与对氯苯基溴化镁的加成反应：

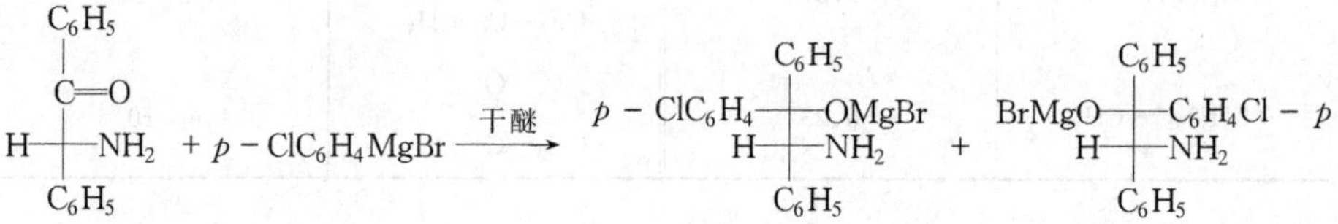

主要产物

当羰基所在平面的两边空间条件不同时，若加成时某一面占优势(空间位阻小)，则其产物为主要产物。这种情况，在亲核试剂的体积大小有明显差别时，更为突出。例如：

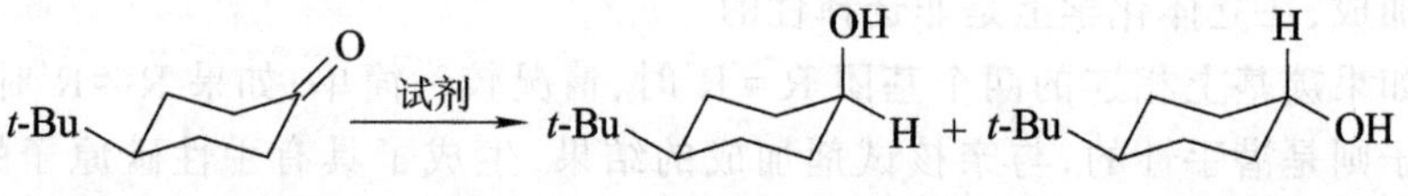

(Ⅰ)　　　　(Ⅱ)

试剂	产物(Ⅰ)产率/%	产物(Ⅱ)产率/%
$NaBH_4$	20	80
$LiBH(CH(CH_3)CH_2CH_3)_3$	93	7

四、重要的亲核加成反应

1. 羟醛缩合反应

在碱性催化剂存在下，醛、酮的 α-碳原子加到另一分子醛、酮的羰基碳原子上的缩合作用，称为羟醛缩合反应，这是增长碳链的重要反应之一。

碱性催化剂的作用在于，结合 α-碳原子上的质子，从而使得 α-碳原子转变为碳负离子，后者作为亲核试剂与另一分子醛或酮的羰基碳加成，生成新的碳碳键。

以乙醛为例，其羟醛缩合反应的机理为

$$H{-}CH_2CHO + OH^- \rightleftharpoons {}^-CH_2CHO + H_2O$$

$${}^-CH_2CHO + CH_3CHO \rightleftharpoons CH_3\overset{\overset{\displaystyle O^-}{|}}{C}H{-}CH_2CHO$$

$$CH_3\overset{\overset{\displaystyle O^-}{|}}{C}H{-}CH_2CHO + H_2O \rightleftharpoons CH_3\overset{\overset{\displaystyle OH}{|}}{C}H{-}CH_2CHO + OH^-$$

反应若发生在分子内，则能形成碳环。例如：

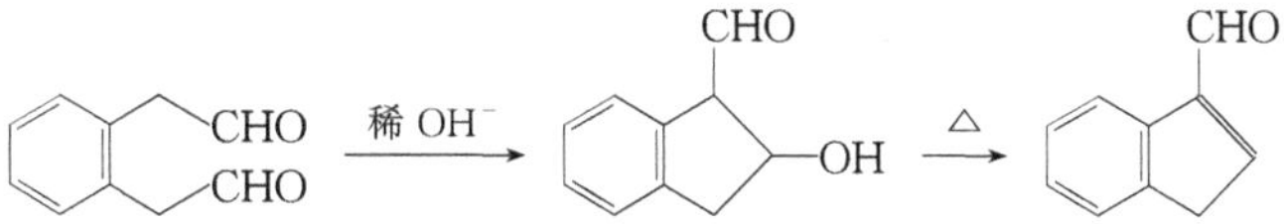

交叉的羟醛缩合反应又称为克莱森－施密特反应。反应时，一分子含有 α－H的醛、酮分子中的 α－碳加到另一分子无 α－H 醛、酮分子中的羰基碳上。例如：

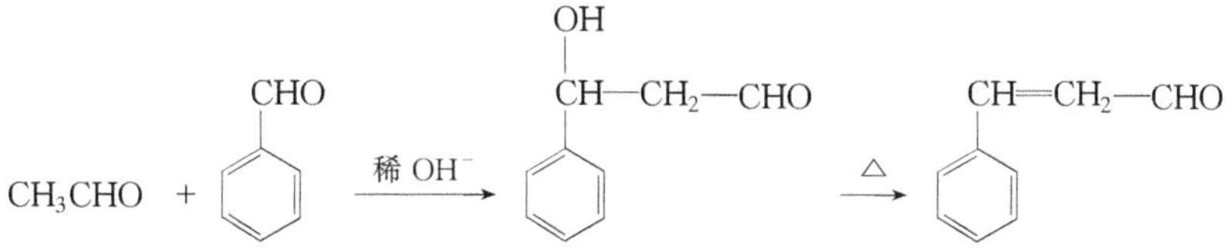

从理论上讲，这种缩合反应应有两种产物。然而在实验过程中可将有 α－H 的醛，滴加到没有 α－H 的醛的稀碱溶液中的方法来控制反应，确保大多数情况下以交叉缩合产物为主。

当分子中有碳碳双键与醛、酮的羰基共轭时，反应遵循插烯（系）规则。所谓插烯规则指的是：羰基旁加入一个或多个连续不断的碳碳双键，也就是加入 n 个乙烯基（$n=1,2,3,\cdots$）时，与共轭体系相连的两头基团，仍保持着与没有插进乙烯基时同样的性能。例如：

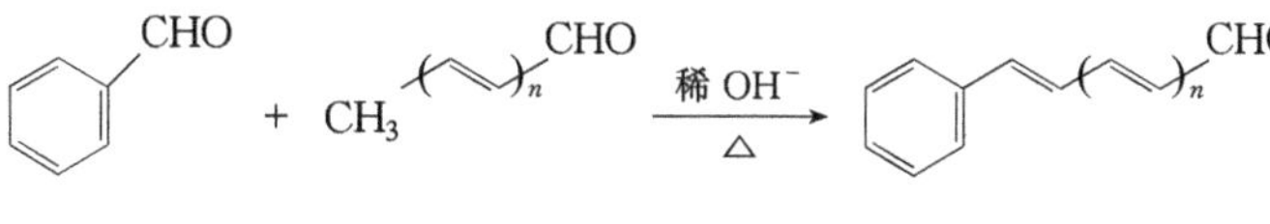

2．与格氏试剂的反应

这是由羰基化合物制备伯、仲、叔醇及羧酸的好方法。醛、酮与格氏试剂加成的机理比较复杂。通常认为，其机理和醛、酮与氢化锂铝反应的机理相似：格氏试剂分子中带有部分负电荷的烷基碳，首先进攻醛、酮分子中带有部分正电荷的羰基碳，直接生成镁的烷氧基化合物，后者水解生成醇。

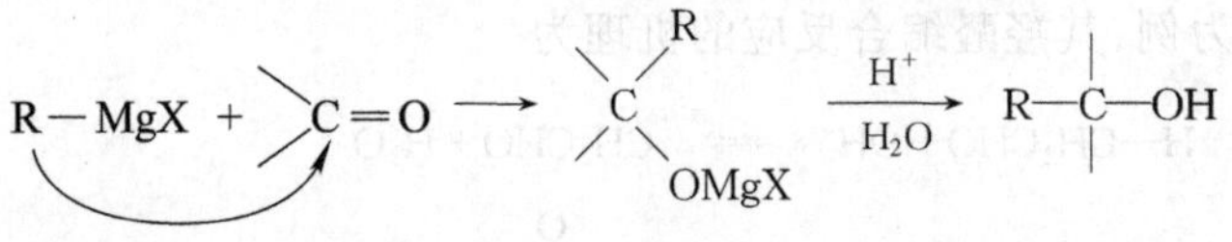

除上述离子机理外，有人还提出：反应经过了负离子游离基中间体阶段，称为单电子转移途径的游离基机理，镁中少量过渡金属杂质对此机理有利。例如：

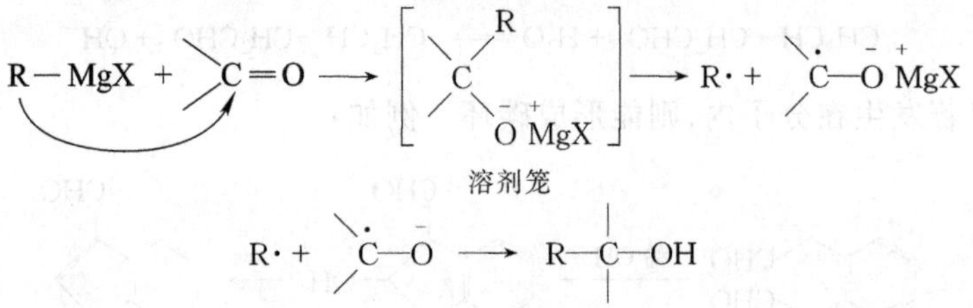

反应过程中 R·如果与负离子游离基（该负离子游离基与 ^+MgX 都存在溶剂笼中）作用，即得产物。

如果 R·从溶剂中夺取一个氢，则生成烷烃；如果两个负离子游离基相互结合，可以得到二醇。

3. 柯罗瓦诺格反应

通常不含 $\alpha-H$ 的醛或酮，若与具有通式 $A—CH_2—A'$（A、A′为强吸电子基）的含有活泼氢化合物的缩合反应称为柯罗瓦诺格（Knoevenagel）反应。

反应在少量弱碱性催化剂（氨、一级或二级胺、吡啶、六氢吡啶或喹啉等）存在下进行，得到 α,β-不饱和酸或酯等化合物。

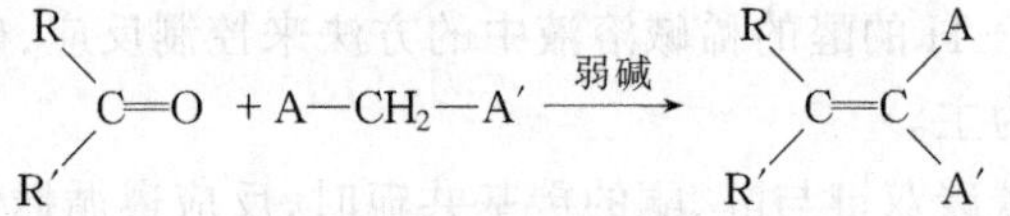

A 和 A′为：—CHO，—COR，—COOR，—CN，$—NO_2$，—SOR，$—SO_2R$，$—SO_2OR$ 等

例如，苯甲醛在三乙胺的存在下与乙酰乙酸乙酯，或在六氢吡啶存在下与丙二酸二乙酯的反应。

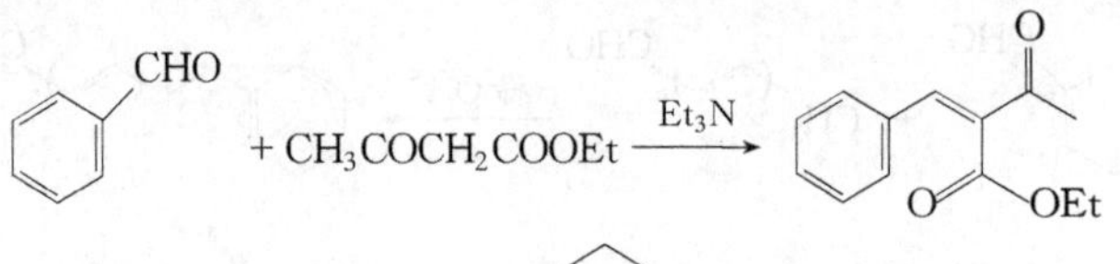

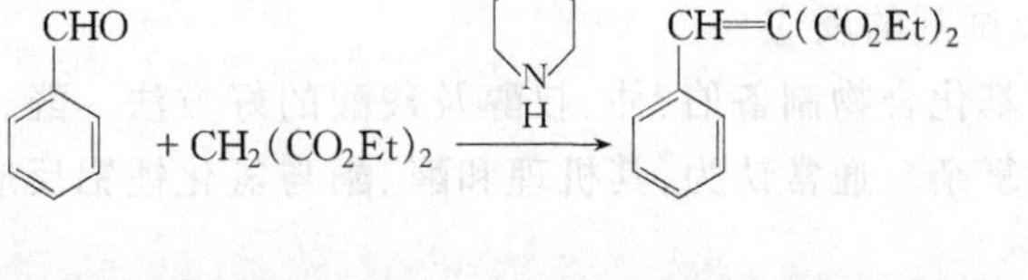

其他含有活泼氢的化合物，如氯仿、硝基甲烷、环戊二烯等也能与不含 α－H 的醛或酮发生此类反应。例如：

$$PhCHO + CH_3NO_2 \xrightarrow{NaOH} PhCH{=}CHNO_2$$

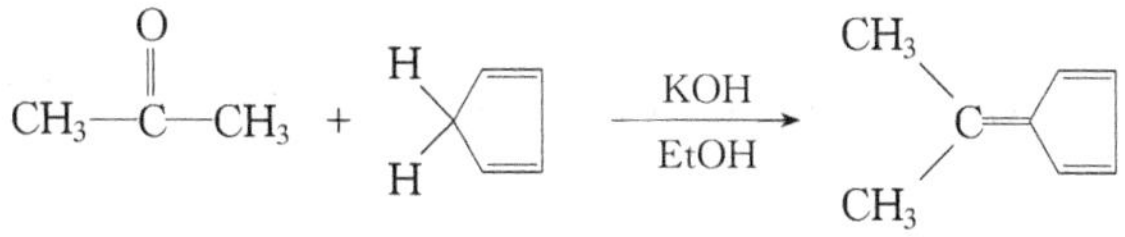

此反应要求活泼亚甲基上的氢有足够的酸性；一般不用醇钠、醇钾等强碱，而用较弱的有机碱。这是为了避免醛、酮的自身缩合作用。

以苯甲醛在碱如六氢吡啶存在下与丙二酸二乙酯的反应为例，其机理如下：

$$CH_2(CO_2Et)_2 \underset{}{\overset{B:}{\rightleftharpoons}} {}^{-}CH(CO_2Et)_2 + HB^{+}$$

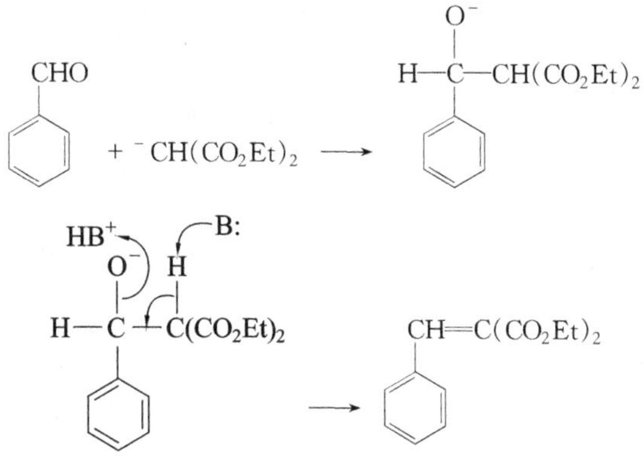

思考题 17.2　请写出下列反应的产物并为其拟定合理的机理：
在乙酸铵存在下，环己酮与氰基乙酸乙酯的反应（反应产率 65%～75%）。

---

4. 珀金反应

珀金（Perkin W H Jr）反应是芳香醛和酸酐，在相应的羧酸碱金属盐的存在下，发生类似交叉羟醛缩合的反应，其结果生成 α，β－不饱和芳香取代羧酸。

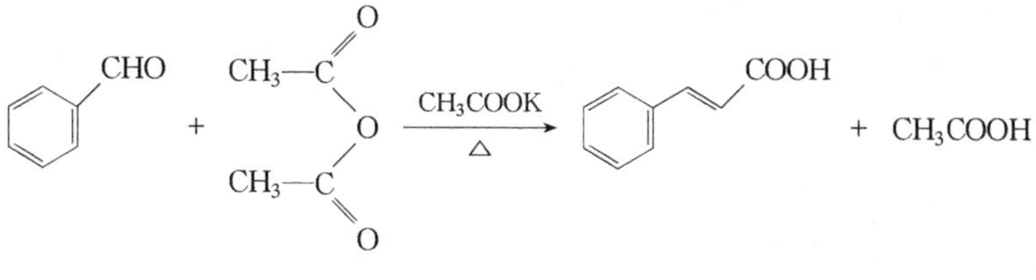

其机理如下：

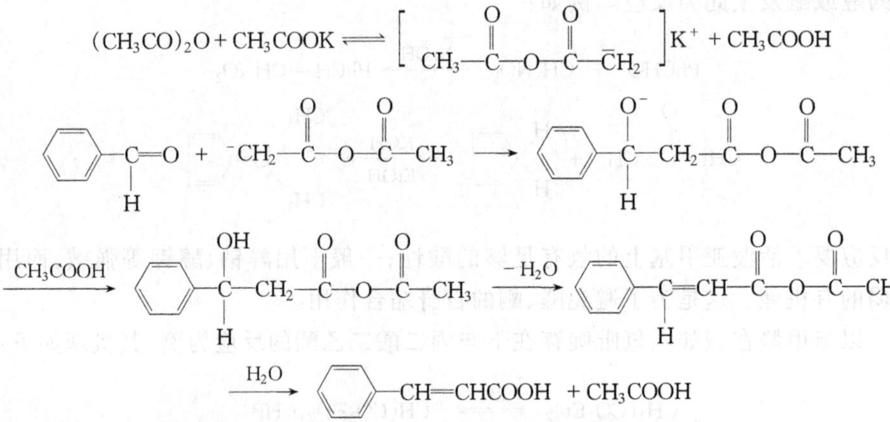

若用丙酸酐和苯甲醛缩合则得到的产物为 α - 甲基肉桂酸。

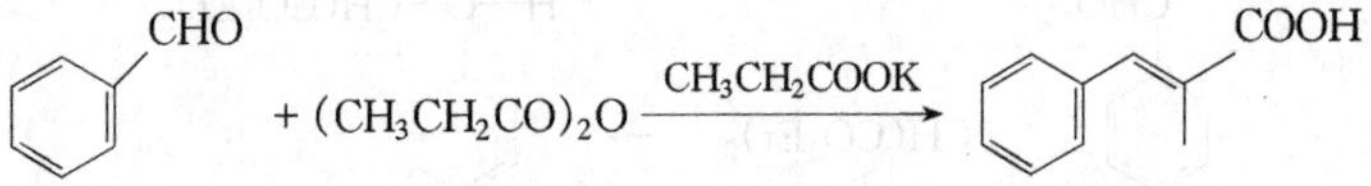

此类反应通常局限于芳香醛类及某些杂环醛(如呋喃甲醛)，不适用于脂肪醛。

取代苯甲醛在此类反应中的活泼性，与取代基的性质以及取代基和醛基的相对位置有关。吸电子基如 X—、O_2N—等，无论在什么位置均增加反应的速率与产率。其影响的大小程度，由强到弱的顺序为：邻>间>对。

香豆素的合成是珀金反应在有机合成上应用的典型实例[参见第十章第三节五、2.(4)]。

香豆素是一大类衍生物的母体，这些衍生物中有些存在于自然界，有些通过合成制得，有的与葡萄糖结合在一起，其中不少具有经济价值。例如，双香豆素——3,3′-亚甲基-双(4-羟基香豆素)——可用作抗凝血剂。香豆素可用于制香料和多种化学品的原料，在电镀液中(镀锌、镉、镍)可减少起孔，增加光亮度。

5. 维蒂希反应

醛、酮与磷叶立德(phosphorus ylides)作用，得到增长碳链烯烃的反应称为维蒂希反应，又叫作羰基烯化反应。

我们在第九章第三节 三、1.(8)中已讨论过维蒂希反应，此处将重点研究其机理及特点。

维蒂希反应中生成的磷叶立德，大多是对水和空气都不稳定的固体。因此，在合成过程中，通常不将其分离出来，而是直接进行下一步反应。

反应中磷叶立德作为亲核试剂,实质上是一个碳负离子反应中进攻羰基上的碳原子,生成了正、负电荷分离的中间体,接着通过四元环过渡态生成产物烯烃及三苯氧膦:

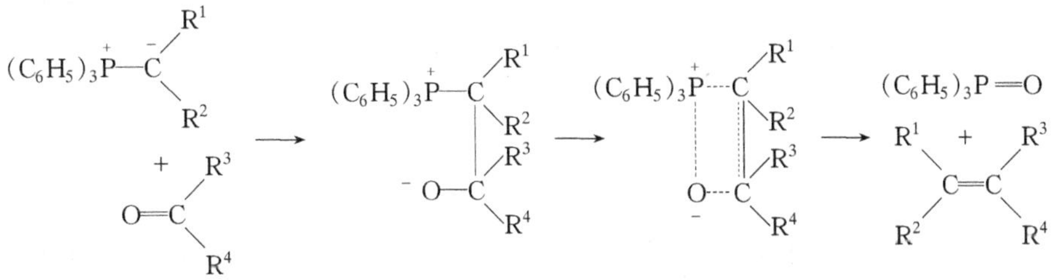

反应的立体化学过程如下:

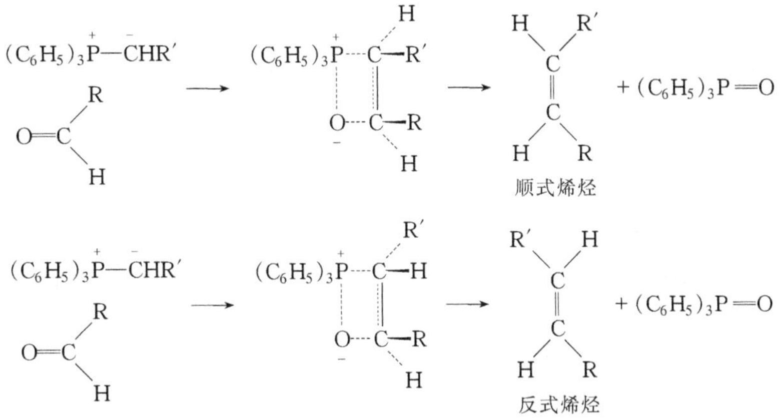

大量实验事实说明:反应在极性溶剂中,如 DMF 中有利于生成顺式烯烃;在非极性溶剂中,如苯中有利于生成反式烯烃。通常状况下,一般有利于反式烯烃的生成。通过改变溶剂极性和反应温度,可使顺式的产量最大限度地得到提高。例如,梨小食心虫性外激素的人工合成:

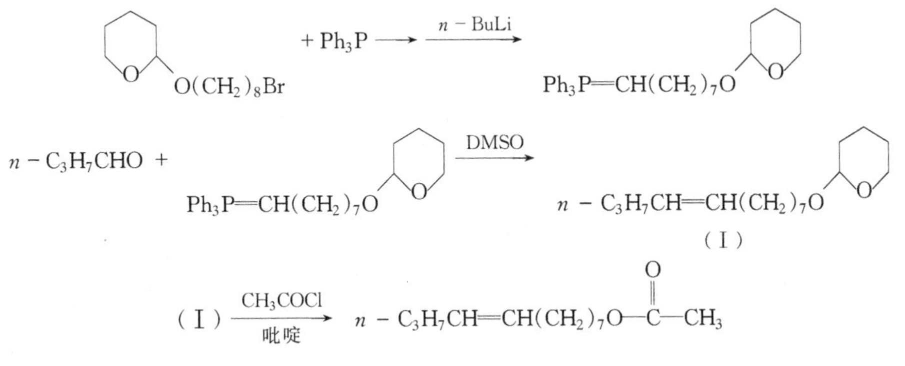

由于 α,β-不饱和醛、酮与磷叶立德反应时,只发生羰基上的亲核加成(1,2

－加成)反应,因而产物中双键的位置是固定的,对合成萜类和多烯类化合物非常有用。例如,维生素 A 的合成:

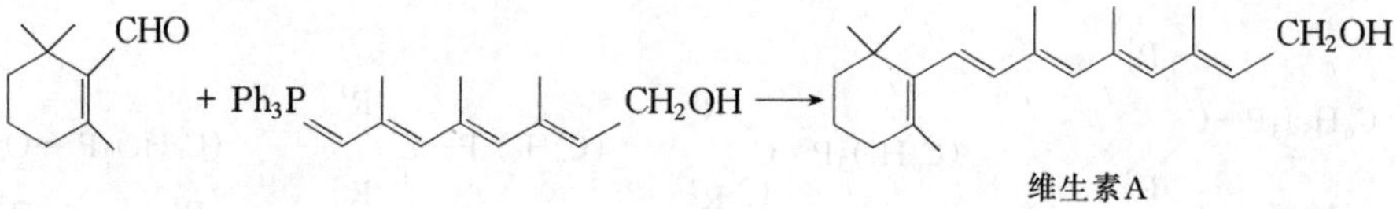

维生素A

6. 烯胺的生成

我们已经讨论过醛、酮的羰基与羰基试剂(氨及氨衍生物)的反应。例如,与氨、伯胺的反应:

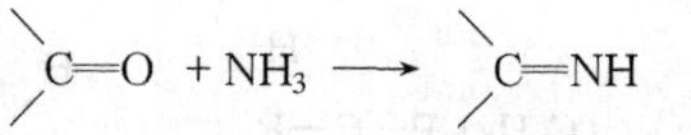

亚胺,不稳定

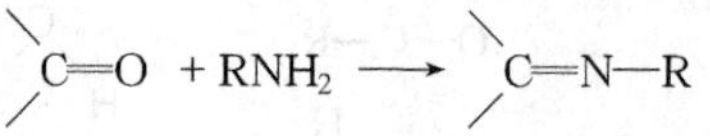

取代亚胺,不稳定

当醛、酮与仲胺反应时,生成的产物通常也不稳定,很容易失水,生成烯胺(enamine)。烯胺是一种良好的亲核试剂及相当有用的有机合成中间体。

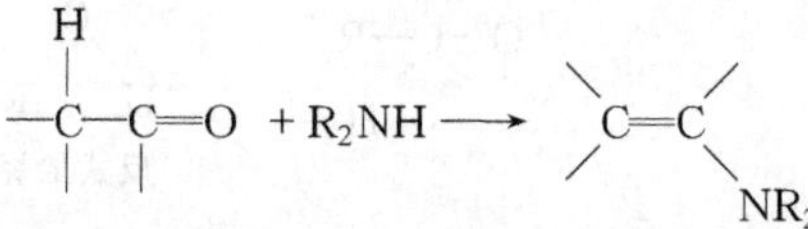

烯胺

例如,烯胺与酰氯发生酰化反应,经酸性水解后,可制得 1,3－二酮。下列反应式表明:环己酮与四氢吡咯发生亲核加成反应,生成烯胺,再由烯胺制取 1,3－二酮的反应:

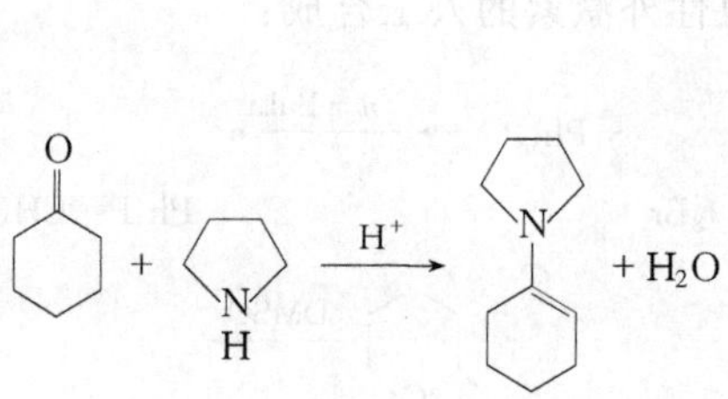

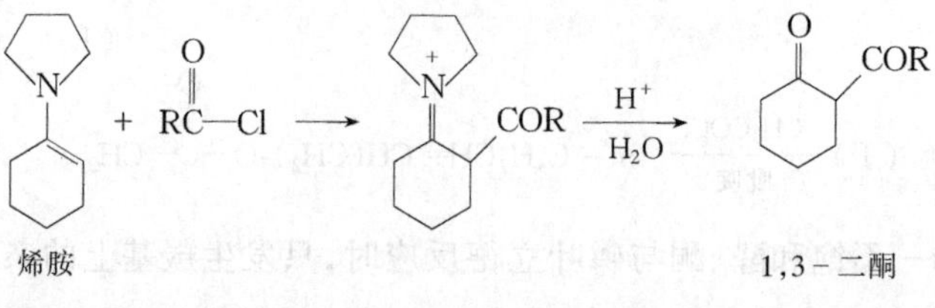

烯胺　　　　1,3－二酮

反应的总结果,相当于在环己酮的 α 位引入了酰基。

烯胺与活泼的卤代烃,如氯苄反应,可使烯胺烃基化,水解后得到在原来酮羰基的 α 位(2 位)引入苄基的产物。

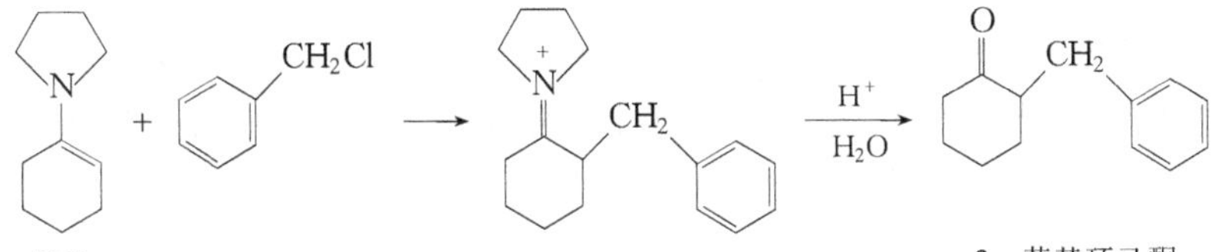

烯胺　　2-苄基环己酮

烯胺还能发生迈克尔加成反应。例如,2-甲基丙醛与吗啉(1,4-氧氮杂环己烷)发生亲核加成反应,生成烯胺,再由烯胺与丙烯腈反应,在醛基 α 位引入2-氰(基)乙基的反应过程。

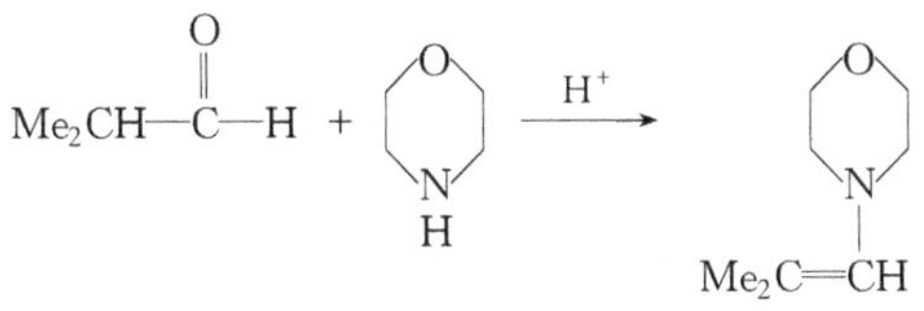

烯胺

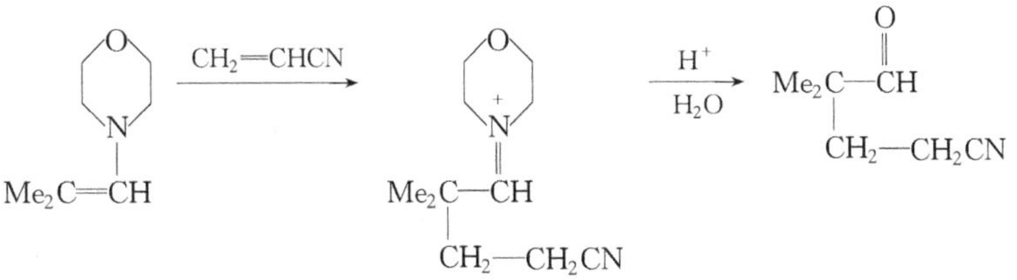

思考题 17.3　由指定起始物合成:

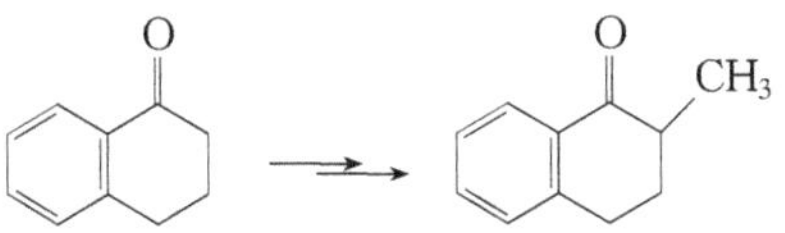

---

7. 曼尼希反应

在弱酸性条件下,含有 α-氢的醛、酮与甲醛及二级或一级胺,发生氨甲基化,得到 β-氨基羰基化合物的反应,称为曼尼希(Mannich)反应。例如:

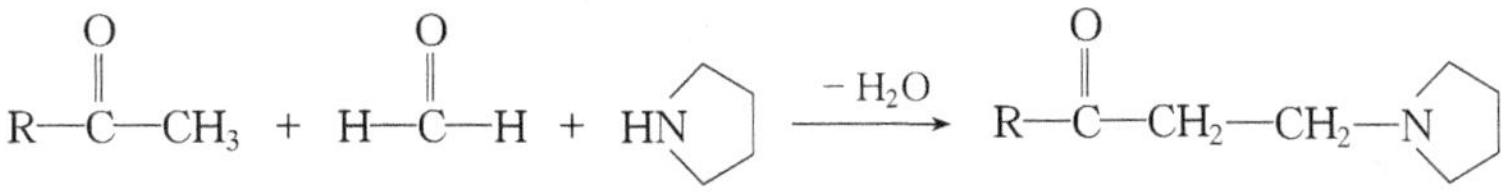

在氯化氢乙醇溶液中,烷基芳基酮与甲醛及芳胺盐酸盐可发生曼尼希反应,

生成 β-芳氨基酮。

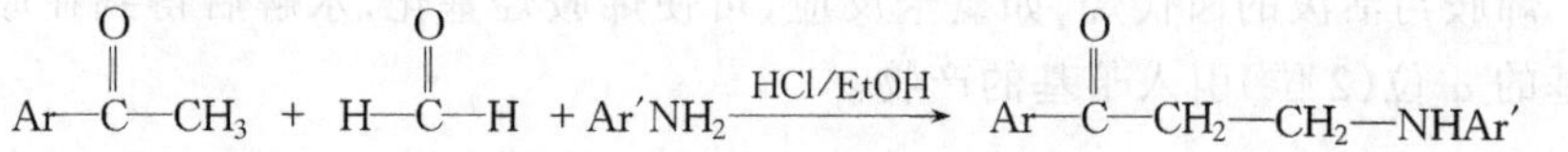

这个反应在有机合成上有着较为广泛的应用。用此反应可以在较温和的条件下，合成一些结构复杂的天然含氮有机化合物——色氨酸、托品酮(tropinone)等。例如，托品酮的合成：

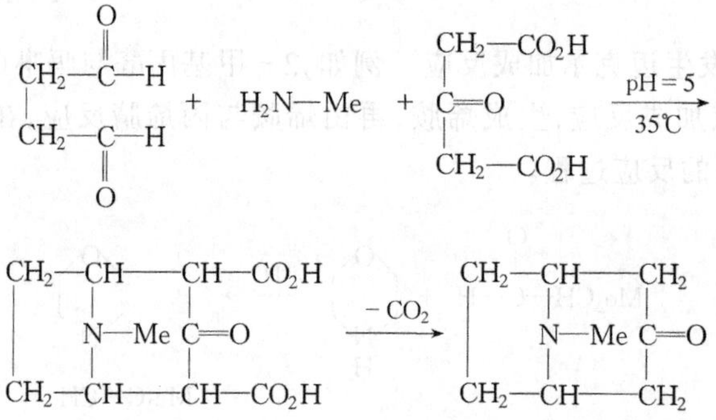

托品酮

除了含有 α-氢的醛、酮外，许多含有活泼氢的化合物都可以发生曼尼希反应。例如，酚、乙酰乙酸乙酯、丙二酸二乙酯、邻苯二甲酰亚胺及琥珀酰亚胺等。

其机理多年来一直有争议，一般认为：胺与甲醛的加成物在酸性溶液中，转化为亚胺正离子(iminium ion)，亚胺正离子再进一步与含有活泼氢的烯醇化合物反应，生成 β-氨基羰基化物，又称曼尼希碱(Mannich base)。例如：

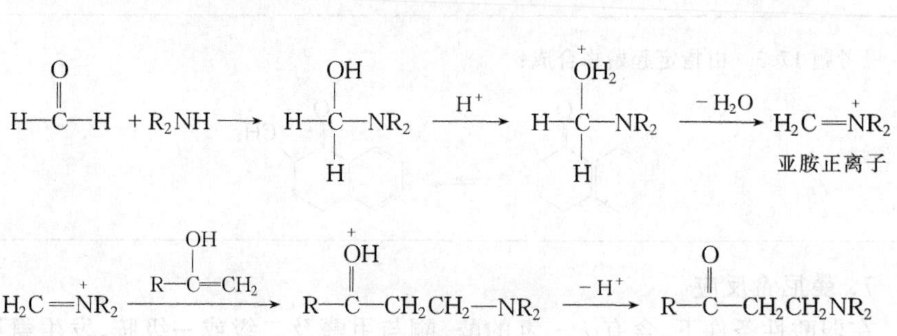

第三节　亲核取代反应

有机化合物受到某类试剂的进攻，使分子中的一个原子或原子团被这个试剂所取代的反应称为取代反应。可用下列通式表示：

$$\underset{底物}{R-L} + \underset{试剂}{A} \longrightarrow \underset{产物}{R-A} + \underset{离去基团}{L}$$

取代反应可分为异裂取代和均裂取代两大类。参见表 17－4。

表 17－4　取代反应的分类

取代反应	异裂	亲核取代：亲核试剂进攻底物，简称 S_N
		亲电取代：亲电试剂进攻底物，简称 S_E
	均裂	游离基取代：游离基进攻底物，简称 S_H

这些取代反应，根据决速步骤所涉及的分子数目，可分为单分子反应或双分子反应。如果这些取代反应发生在分子内各基团之间，则称为分子内取代反应。

发生在饱和碳原子上的亲核取代反应很多。例如，卤代烃和氢氧化钠（或钾）、醇钠（或钾）、酚钠、硫醇钠、氨（或胺）、羧酸钠等试剂作用，可生成一系列不同官能团的化合物。

$$RCH_2X \xrightarrow{NaOH} RCH_2OH \qquad 醇$$

$$RCH_2X \xrightarrow{R'ONa} RCH_2OR' \qquad 醚$$

$$RCH_2X \xrightarrow{ArONa} RCH_2OAr \qquad 酚醚$$

$$RCH_2X \xrightarrow{R'SNa} RCH_2SR' \qquad 硫醚$$

$$RCH_2X \xrightarrow{过量\ NH_3} RCH_2NH_2 \qquad 一级胺$$

$$RCH_2X \xrightarrow{过量\ R'NH_2} RCH_2NHR' \qquad 二级胺$$

$$RCH_2X \xrightarrow{R'COONa} RCH_2O-\overset{\overset{\large O}{\|}}{C}-R' \qquad 酯$$

又如，醇与氢卤酸、三卤化磷（或五卤化磷）及二氯亚砜等试剂作用，可生成卤代烃。

$$RCH_2OH \xrightarrow{HX} RCH_2X \qquad (X = Cl, Br, I)$$

$$RCH_2OH \xrightarrow[或\ PX_5]{PX_3} RCH_2X \qquad (X = Cl, Br)$$

$$RCH_2OH \xrightarrow{SOCl_2} RCH_2Cl$$

如果亲核试剂分子中的亲核原子为碳原子时，取代的结果形成了新的 C—C 键，从而得到碳链增长的产物。例如，卤代烃与炔钠或与氰化钠的反应：

$$RCH_2X + R'C\equiv\overset{-}{C}\overset{+}{Na} \longrightarrow RCH_2C\equiv CR'$$

$$RCH_2X + NaCN \xrightarrow{EtOH} RCH_2CN$$

从表面上看，以上反应似乎有着很大的区别。然而就其实质，都是亲核取代反应。

一、亲核取代反应

由于底物结构、反应条件等方面的差异，亲核取代反应有着不同的机理。这些不同的机理，经过分析、归纳，主要有两种，即 S_N1 机理和 S_N2 机理。

1. S_N1 机理

按 S_N1 机理进行的反应是分两步进行的。第一步，底物分子中的中心原子与离去基团之间的价键发生断裂，生成碳正离子（活泼中间体）和离去基团，这是反应的决速步骤；第二步，碳正离子迅速与试剂结合生成产物。反应总速率只与底物浓度成正比而与试剂浓度无关。例如：

$$(CH_3)_3C{-}Br \xrightarrow[-\ Br^-]{慢} (CH_3)_3C^+ \xrightarrow{OH^-,快} (CH_3)_3C{-}OH$$

由于碳正离子呈平面构型，所以反应的结果使中心碳原子的构型发生了外消旋化（或差向异构化）。

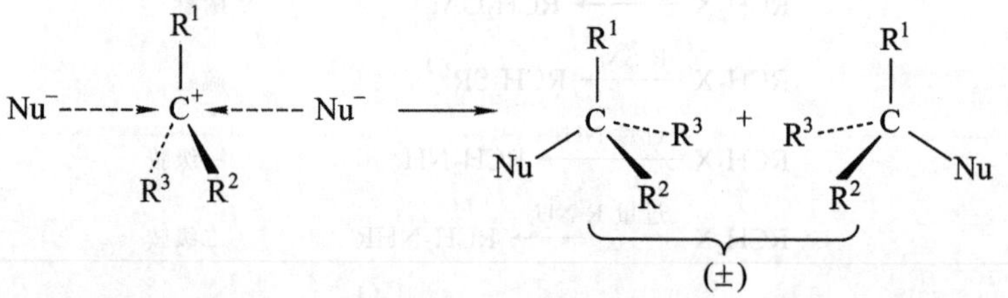

大多数情况下，两种产物的比例并不各占 50%，占优势的产物是构型翻转的产物，即试剂从离去基团背面进攻反应中心原子所得的产物。例如，(*R*)-1-苯基氯乙烷的水解反应（20% H_2O，80% CH_3COCH_3），生成的产物中，98%为外消旋产物，2%为构型翻转的产物。

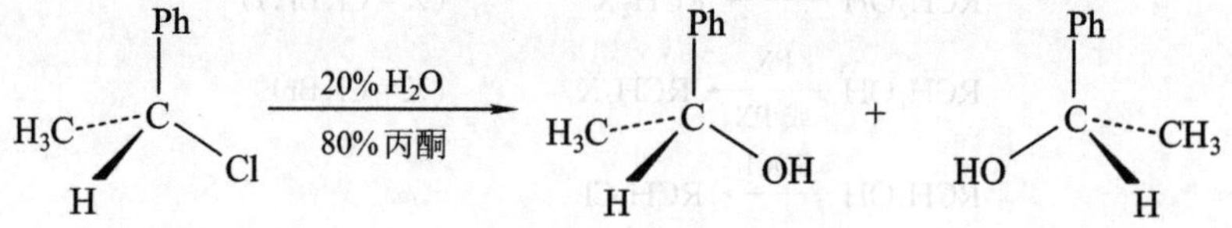

(*R*)-1-苯基氯乙烷　　　49%构型保持产物　　　51%构型翻转产物

两种产物的比例,取决于亲核试剂的浓度与碳正离子的稳定性。

(1) 试剂浓度的影响　试剂浓度低时,主要得到外消旋产物。这是因为,碳正离子有“充裕的时间”转化成平面构型,并与离去基团分离,试剂从碳正离子所在平面的两边进攻的概率几乎相同的缘故。反之,如果试剂浓度高,构型翻转产物的比例就随着浓度的增大而增加。

(2) 碳正离子稳定性的影响　反应过程中生成的碳正离子稳定性较高时,离去基团可以在试剂进攻中心原子之前远远地离开碳正离子,这时试剂从碳正离子所在平面的两边进攻的概率完全相同,得到外消旋产物。反之,如果碳正离子的结构不够稳定,构型翻转产物的比例就随着碳正离子稳定性的降低而增加。

之所以碳正离子的结构不够稳定时,构型翻转产物的比例会增加,原因来自两个方面:① 离去基团在离开中心原子时,是带着成键电子对离去的,而亲核试剂又都是富电子的,相互间存在着斥力;② 离去基团不能够在试剂进攻中心原子之前远远地离开碳正离子,这时试剂从离去基团离去的方向进攻中心原子时,还受到了离去基团的空间阻挡作用,其结果使试剂从离去基团的背面进攻占据优势,这种现象称为“遮蔽效应”。

2. S_N2 机理

按 S_N2 机理进行的反应是协同反应。例如,(*S*)-(+)-2-溴辛烷与氢氧化钠的反应,按 S_N2 机理的条件反应时,试剂从离去基团的背面进攻中心碳原子,得到构型翻转的产物——(*R*)-(-)-2-辛醇。

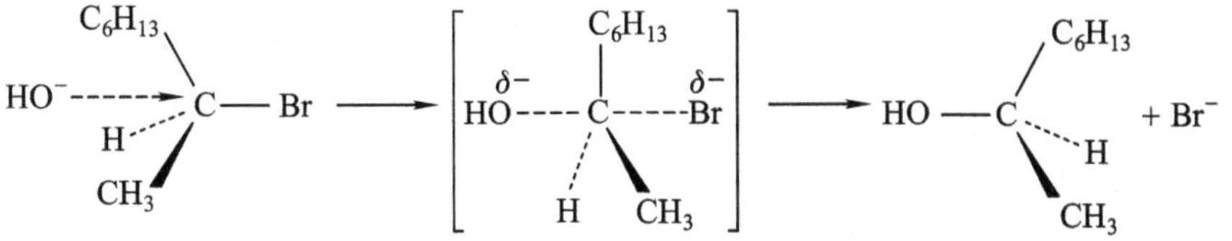

如果将光活性的2-碘辛烷与放射性同位素碘离子在丙酮中进行交换反应,在同样的条件下,发现消旋化速率是交换速率的两倍。从消旋这个事实,说明手性碳原子的构型发生了变化,证实了放射性同位素的确是从碘原子所连接的碳原子背面,进攻中心碳原子的。

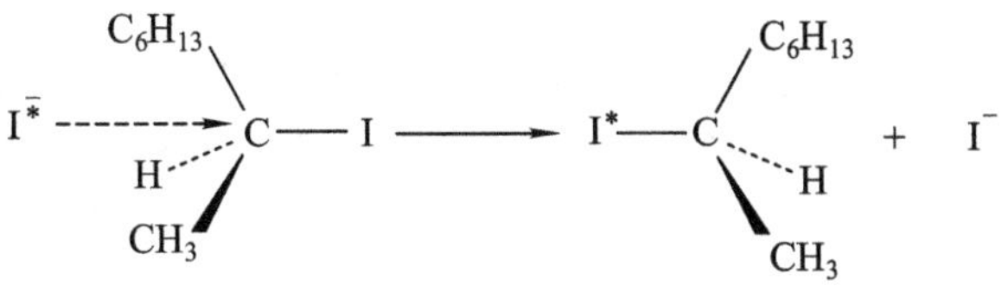

(*S*)-2-碘辛烷　　　(*R*)-2-碘(同位素)辛烷

大量事实证明：所有按 S_N2 机理进行的反应，都发生构型的转化，这种立体化学特征成为判断反应是否按 S_N2 机理进行的重要依据。

二、影响亲核取代反应的因素

1. 底物结构的影响

这是影响亲核取代反应最重要的因素。

(1) 对 S_N1 反应的影响　因为 S_N1 反应决定速率的步骤是生成碳正离子的步骤，所以任何能使碳正离子稳定的因素，都将有利于反应按 S_N1 机理进行。

碳正离子的相对稳定性，可用其生成热、溶解速率常数及光谱数据等表示。例如，甲基碳正离子的生成热为 1100 $kJ \cdot mol^{-1}$，叔丁基碳正离子的生成热为 800 $kJ \cdot mol^{-1}$，表明叔丁基碳正离子比甲基碳正离子稳定。

影响碳正离子稳定性的主要因素有：电子效应、空间效应和溶剂效应等。

我们在以前的章节中已经讨论过，烷基碳正离子的稳定性由强到弱的顺序为：叔碳正离子、仲碳正离子、伯碳正离子。为此在反应过程中，伯与仲碳正离子重排成叔碳正离子的例子很多。其稳定性顺序，可以用诱导效应及 $\sigma - p_{空}$ 超共轭效应来解释(参见第三章第二节)。

烯丙基碳正离子、苄基碳正离子是较稳定的碳正离子。其稳定性可用 $p_{空} - \pi$ 共轭效应来解释，参见图 17 - 1。

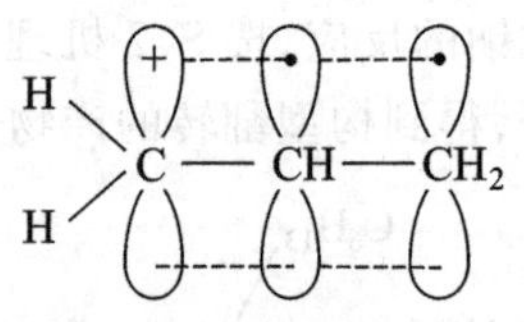

图 17 - 1　烯丙基碳正离子中 $p_{空} - \pi$ 共轭效应示意图

在苯环上有给电子的原子或原子团，如二甲氨基、甲氧基及甲基等，由于这些基团的给电子效应，使得碳正离子的中心碳上，空 p 轨道的正电荷得到分散，而变得稳定；如果在苯环上有吸电子的原子或原子团，如硝基、三氯甲基及氯等，由于这些基团的吸电子效应，使得碳正离子的中心碳上，空 p 轨道的正电荷变得更加集中而不稳定。

由于电子效应的影响，连接在碳正离子中心碳上的原子及原子团，对碳正离子的稳定能力由大到小的顺序为

$$R_2N— > RO— > Ar— > RCH{=}CH— > R— > H$$

大多数碳正离子都是平面构型的，由于其中心碳上所连原子、原子团的电子效应与体积大小不同，这些原子、原子团彼此间的键角就可能偏离 120°。例如，异丙基碳正离子中，两个甲基之间产生的斥力使得它们之间的键角大于 120°。原子、原子团越大，这种作用力——背张力或称后张力(back strain)——越大。

当有背张力的卤代烃分子中，碳卤键发生断裂时，中心碳原子在由 sp^3 杂化转变为 sp^2 杂化状态的过程中，原子、原子团之间的键角将变大，有利于碳正离子的形成，因而有利于 S_N1 反应的进行。

由于溶剂的极性能使碳正离子溶剂化而得到稳定，所以溶剂效应在碳卤键发生断裂形成碳正离子的过程中，起着重要的作用。一般说来，溶剂的极性大，有利于 S_N1 反应的进行。例如，在有水存在的溶剂中，叔丁基氯生成叔丁基碳正离子时只需要 134 $kJ \cdot mol^{-1}$ 的能量，而在气相时却需要 707 $kJ \cdot mol^{-1}$ 的能量。

(2) 对 S_N2 反应的影响　因为 S_N2 反应是协同反应。反应过程中，试剂从离去基团的背面进攻中心碳原子，形成过渡态，随后新键生成，旧键断裂生成产物。所以，任何有利于过渡态形成的因素，都将有利于反应按 S_N2 机理进行。

反应底物的中心碳上所连烃基越多，空间位阻越大，中心碳上的电子云密度越大，过渡态的形成越困难，发生 S_N2 机理的反应也越困难。

我们知道，烯丙式及苄基式卤代烃，由于烯丙基碳正离子、苄基碳正离子是较稳定的碳正离子，在 S_N1 机理的反应中表现出良好的活性。

此外，我们还知道烯丙式及苄基式卤代烃，在 S_N2 机理的反应中也表现出良好的活性。这是因为：在 S_N2 机理的反应过程中，过渡态中心碳原子的 p 轨道与碳碳双键或苯环上的 p 轨道共轭，使过渡态的能量降低，易于生成的缘故。参见图 17－2。

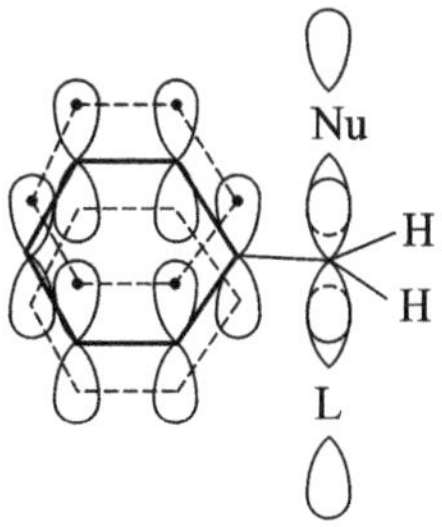

图 17－2　苄基式卤代烃在 S_N2 反应中过渡态示意图

下列化合物(Ⅰ)与(Ⅱ)，在 S_N1 及 S_N2 机理的反应中活性都很差。例如，化合物(Ⅱ)当 X＝Cl 时，在 30％KOH 溶液中加热 21 h，都不反应。原因在于二者形成碳正离子时，受到环的影响，很难转化为平面构型；且亲核试剂接近中心碳原子时，受到环的空间阻碍大。

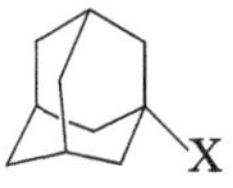

(Ⅰ)

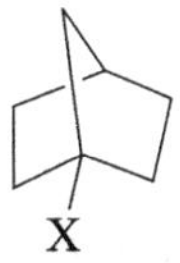

(Ⅱ)

此外，还有一些结构特殊的化合物在亲核取代反应中有特殊的活性。例如，当卤素原子与乙烯基、乙炔基、芳基相连时，发生亲核取代反应困难，即此类化合物不活泼或更直接地说："不发生反应"。原因在于分子中的离去基团不易离去，这是由于 sp 或 sp^2 杂化碳原子比 sp^3 杂化碳原子的电负性大，形成的 C—X 键更牢固；离去基团与重键之间存在着 p－π 共轭现象，也使得 C—X 键更牢固的缘故。参见下列结构：

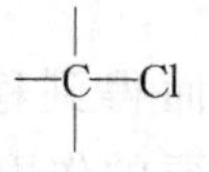
（Ⅰ）

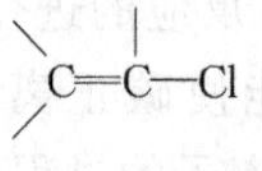
（Ⅱ）

（Ⅰ）中 C—Cl 键长为 0.178 nm，（Ⅱ）中 C—Cl 键长为 0.173 nm，因此（Ⅱ）中的 C—Cl 键比（Ⅰ）中的牢固，不易断裂。

思考题 17.4　请比较下列化合物进行 S_N2 反应时的反应速率：

(1) 1－溴丁烷，2－甲基－1－溴丁烷，2,2－二甲基－1－溴丁烷

(2) 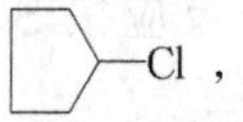，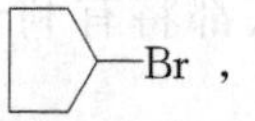，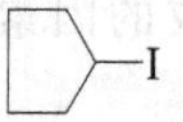

---

2. 离去基团的影响

无论按哪种机理进行的亲核取代反应，离去基团（被取代的原子或原子团）总是带着一对电子离开中心碳原子的，所以离去基团对 S_N1、S_N2 反应的影响，基本上是相似的。

在讨论离去基团离开中心碳原子的难易时，溶剂的影响是肯定的。但是当烃基相同而离去基团不同时，从理论上讲离去基团电负性大者，应当更容易带着一对电子离去。例如，1－金刚烷基苯磺酸酯在乙醇中发生溶剂解反应时的速率，随着苯环上取代基（Z）吸电子能力的增大而加快。

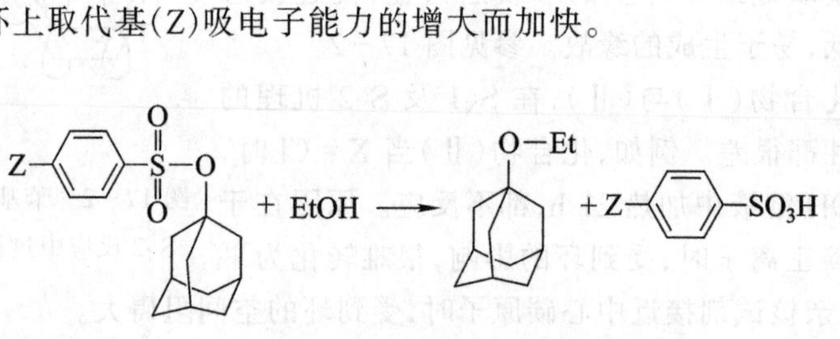

Z	—OCH_3	—CH_3	H	—Cl	—NO_2
相对速率	1.0	1.6	3.1	8.4	55

因为 Z 在离去基团的对位，既有 $-I$ 效应又有 $-C$ 效应，且方向一致，使得离去基团容易带着与金刚烷基成键的一对电子离去。

溶剂解时相对速率的数据说明，离去基团接受负电荷的能力越大，越有利于反应的进行，即反应速率越快。

又如，叔卤代烷在乙醇/水溶液中进行水解时的相对速率：

$$(CH_3)_3C{-}X + H_2O \xrightarrow{80\%\,EtOH} (CH_3)_3C{-}OH + HX$$

X	F	Cl	Br	I	OTs
相对速率	10^{-5}	1	39	99	$>10^5$

以上数据说明：底物的稳定性对离去基团的离去是有影响的，底物越稳定，C—X 键能越大，X 越不是好的离去基团。

离去基团的离去能力，常用其共轭酸的 pK_a 值作为参照，当共轭酸的 pK_a 值小于 5 时，这样的离去基团是好的离去基团。即 H—X 的酸性越强，X 的碱性越弱，就越是好的离去基团。例如：

$p-CH_3C_6H_4SO_3^-$，I^-，Br^-，H_2O，Cl^- 共轭酸的 pK_a 值都小于 0；CF_3COO^- 和 CH_3COO^- 共轭酸的 pK_a 值分别为 0.2 和 4.8，都小于 5，是好的离去基团。

CN^-，$C_6H_5O^-$，RNH_2，R_3N 共轭酸的 pK_a 值均在 9～10 的范围内，是较好的离去基团。

强碱性基团，如—OH，—OR，—SR 等都不是好的离去基团。然而将它们质子化，转变为带有正电荷的基团$-\overset{+}{O}H_2$，$-\overset{+}{O}R_2$，$-\overset{+}{S}R_2$ 后，其离去能力将会大幅度增加。

思考题 17.5　请说明下列反应事实：反应(1)不能发生；反应(2)能顺利进行。

$$ROH + NaBr \not\longrightarrow RBr + NaOH \qquad (1)$$

$$ROH + NaBr + H_2SO_4 \longrightarrow RBr + Na_2SO_4 + H_2O \qquad (2)$$

离去基团碱性越弱，其离去能力越强。因此，离去基团（对大多数反应物都适用）的离去能力（由强到弱）顺序为：$RSO_3^- > RCO_2^- > C_6H_5O^-$。

例如，由于 RSO_3^- 的离去能力比 RCO_2^- 强，因此磺酸酯在含水的乙醇溶液中很容易发生水解反应，得到原来的醇，而羧酸酯在同样的条件下发生水解反应却要难得多。

无论按哪种机理进行的亲核取代反应，离去基团总是带着一对电子离开中心碳原子的。因此，离去基团离去能力强不仅对 S_N1 反应，而且对 S_N2 反应都是有利的，都使它们的速率加快，但对 S_N1 反应的影响更为显著。

3．溶剂极性的影响

在第六章已经初步讨论过溶剂极性对 S_N1、S_N2 机理反应的影响。了解到增加溶剂的极性对底物解离成正、负离子有利,因而可以使 S_N1 反应加速。

　　溶剂极性对 S_N2 机理反应的影响比较复杂。S_N2 机理的反应是协同反应,过渡态形成的难易是反应难易的关键。例如,当正离子与中性试剂、中性底物与负离子、正离子与负离子反应时,由于生成的过渡态中没有离子存在,电荷得到了分散或消失。因此,增加溶剂极性,不利于过渡态的形成,使反应速率降低。反之,当中性底物与中性试剂反应时,生成的过渡态反而比底物的电荷增加。因此,增加溶剂极性,有利于过渡态的形成,使反应速率增加。

　　以下实例将有助于您进一步理解以上规律。

　　例 1　正离子与负离子反应时,过渡态电荷分散(由正、负离子转变为带有部分正、负电荷),增加溶剂极性时,反应减速。

$$HO^- + CH_3 \!-\! \overset{+}{\underset{\underset{CH_3}{|}}{\overset{\overset{CH_3}{|}}{S}}} \longrightarrow \left[\overset{\overset{H}{} \quad \overset{H}{}}{HO \overset{\delta-}{\cdots} C \overset{\delta+}{\cdots} \overset{CH_3}{\underset{CH_3}{S}}} \atop \underset{H}{} \right] \longrightarrow HO\!-\!CH_3 + (CH_3)_2S$$

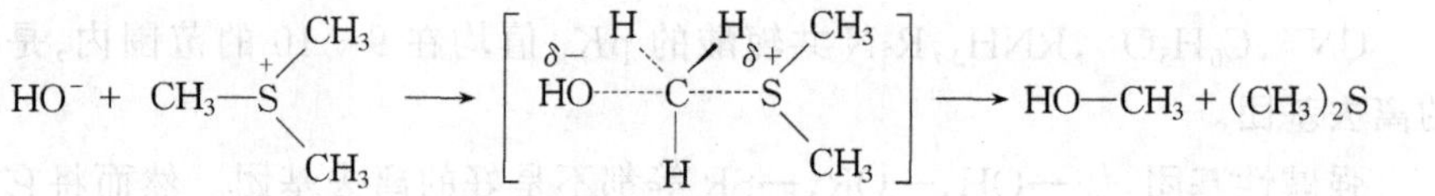

　　例 2　中性底物与中性试剂反应时,过渡态电荷增加(由中性原子转变为带有部分正、负电荷),增加溶剂极性时,反应加速。

$$\overset{H}{\underset{H}{O}}\!: + (CH_3)_2CH\!-\!Br \longrightarrow \left[\overset{H}{\underset{H}{\overset{\delta+}{O}}} \overset{CH_3 \ CH_3}{\underset{H}{\overset{\cdots}{C}}} \overset{\delta-}{\cdots} Br \right] \longrightarrow HO\!-\!CH(CH_3)_2 + H^+ + Br^-$$

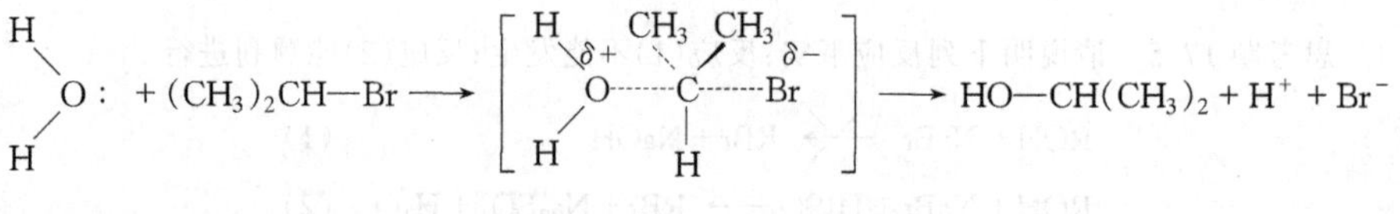

　　溶剂极性的大小常由介电常数来衡量,溶剂的介电常数越大,极性越强。详见表 17-5 和表 17-6。

表 17-5　常用质子溶剂的介电常数

溶剂	介电常数	极性大小
H_2O	80	大
HCOOH	59	↓
CH_3OH	33	
C_2H_5OH	24	
CH_3COOH	6	小

表 17－6　常用非质子溶剂的介电常数

溶剂	介电常数	极性大小
$(CH_3)_2SO$	45	大
$HCON(CH_3)_2$	38	↓
CH_3CN	38	↓
$(CH_3CH_2)_2O$	4	↓
C_6H_6	3	↓
$CH_3(CH_2)_3CH_3$	2	小

三、离子对理论和邻基参与作用

1. 离子对机理理论

动力学和立体化学特征是确定亲核取代反应按 S_N1 机理还是按 S_N2 机理进行的重要依据。但有些有机化合物，如 1－苯基－1－氯乙烷等仲卤代烃发生 S_N 反应时的动力学和立体化学特征，都介于 S_N1 与 S_N2 两者之间。早期的研究工作认为：这类化合物的 S_N 反应，一部分按 S_N1 机理进行，另一部分按 S_N2 机理进行。

20 世纪 50 年代后期，美国化学家温思坦（Winstein S）提出用离子对的概念，解释脂肪族化合物的亲核取代反应。按其理论：底物在极性溶剂中解离为正、负离子的过程可分为共价底物、紧密离子对、溶剂间隔离子对及溶剂化离子（碳正离子与离去基团负离子）几个阶段，并可用图形方程式形象地表示出来。

$$\underset{\text{共价底物}}{R—L} \underset{-k_1}{\overset{k_1}{\rightleftharpoons}} \underset{\text{紧密离子对}}{[R^+L^-]} \underset{-k_2}{\overset{k_2}{\rightleftharpoons}} \underset{\text{溶剂间隔离子对}}{[R^+ \| L^-]} \underset{-k_3}{\overset{k_3}{\rightleftharpoons}} \underset{\text{溶剂化离子（自由离子）}}{[R^+] + [L^-]}$$

若亲核试剂在底物解离过程中的不同阶段，与各阶段所对应的底物反应，将得到不同构型的产物。反应的立体化学可用图 17－3 表示。

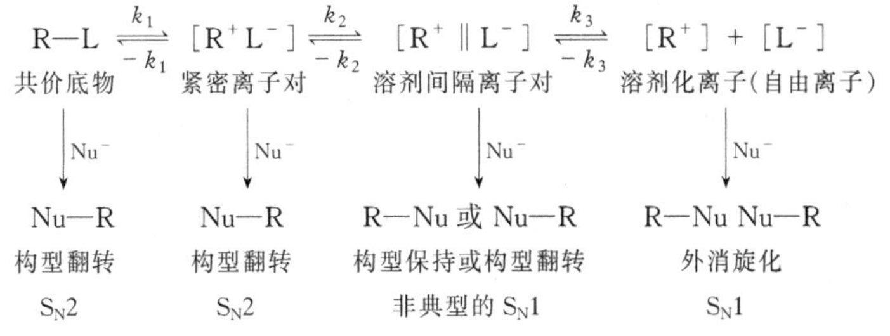

图 17－3　亲核取代反应的立体化学示意图

每一阶段底物在反应中的重要性,主要取决于底物和溶剂的性质。一般来说碳正离子越稳定,共价底物解离成溶剂间隔离子对和溶剂化离子(自由离子)的可能性越大;溶剂的极性越强,对这一过程的进行越有利。反之,如果碳正离子的稳定性差,溶剂的极性又不强,再加上亲核试剂的亲核性强,浓度大,这样一来就不利于解离过程的进行,在生成溶剂间隔离子对之前就发生了亲核取代反应,于是只能够得到构型翻转的产物。例如,1－苯基－1－氯乙烷在40%水/丙酮溶液中水解的结果95%外消旋化,5%构型翻转;若在80%水/丙酮溶液中则98%外消旋化,2%构型翻转。

2. 邻基参与作用

在研究S_N1机理反应的过程中发现,某些亲核取代反应的产物既不是外消旋的,也不是构型翻转的产物,而是构型保持的产物。例如,(*S*)－2－溴丙酸在浓NaOH作用下,反应生成(*R*)－乳酸,构型发生了翻转,由此可判断是按S_N2机理进行的反应。但是,当(*S*)－2－溴丙酸与弱碱Ag_2O(湿)反应,却生成了(*S*)－乳酸,即生成了构型保持的产物,这是为什么呢?若用"邻基参与"的机理,就能够较好地解释这一实验事实。

邻基参与机理认为:反应的第一步,在Ag^+的参与下,(*S*)－2－溴丙酸发生了分子内的S_N2反应(S_Ni反应),经过三原子过渡态,生成了手性碳原子构型翻转的环状内酯。

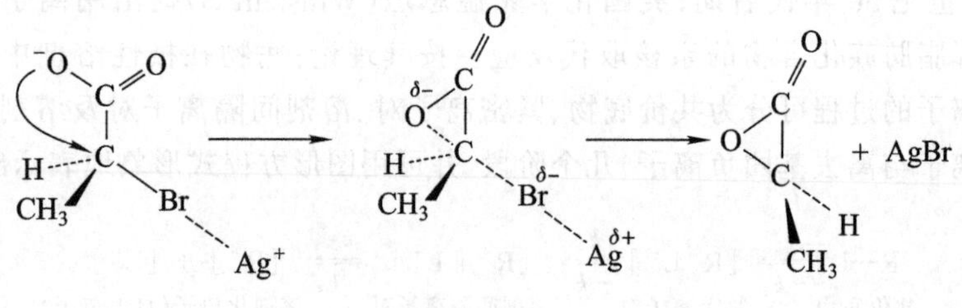

三原子过渡态

反应的第二步,水作为亲核试剂从环状内酯环的背面,进攻原中心碳原子开环,生成了构型再次翻转的产物。

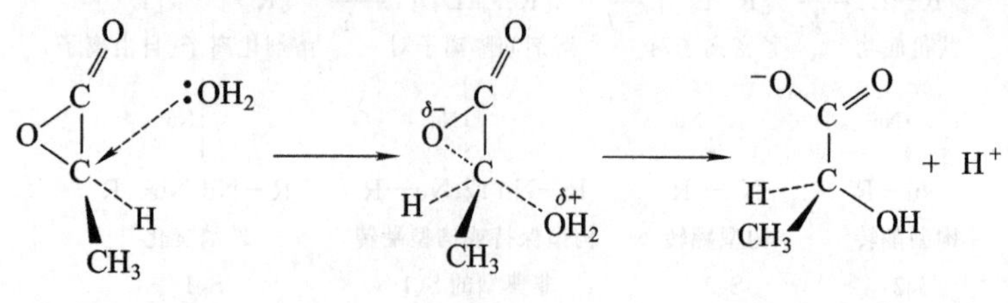

三原子过渡态

两次 S_N2 反应的总结果得到了构型保持的产物。这是因为,在 Ag^+ 的帮助下,分子内的亲核基团—COO^- 参与了进攻其邻近部位中心碳原子的取代反应,这种作用称为邻基参与作用。

当一个分子中有一个潜在的亲核性取代基,其所处位置又有利于从离去基团的背面进攻中心碳原子时(通常在离去基团的 β 位),可以预料会发生邻基参与作用。这一作用的存在,往往有利于亲核取代反应的进行,使反应速率加快,因此,又称邻基促进作用。例如,β-氯乙醇在碱的作用下,生成环氧乙烷的反应,就存在着邻基促进作用。

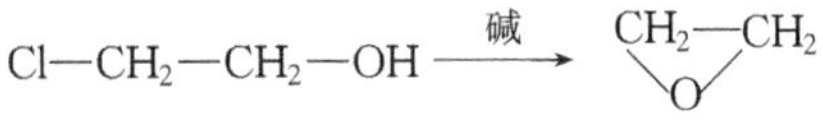

四、芳香族化合物的亲核取代反应

芳香族化合物一般难以发生亲核取代反应,氯苯的水解就是具有说服力的一个实例,欲使反应顺利进行,必须采用较为剧烈的反应条件。

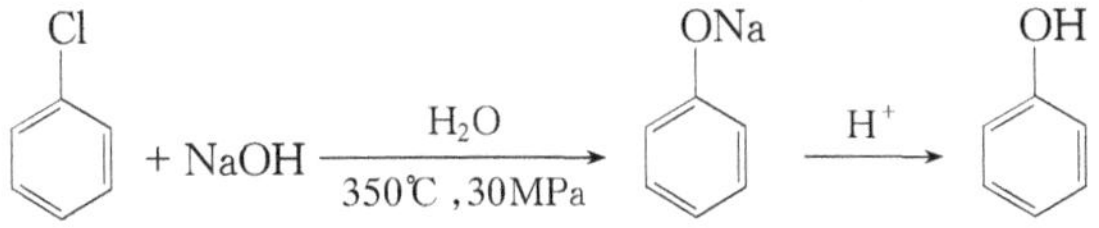

然而适用于脂肪族亲核取代反应的试剂,如上例中的 NaOH,还有 RONa,NH_3,CuCN 等,也常可用于芳香族的亲核取代反应,不同之处在于芳香族亲核取代对反应条件的要求较高。

当芳环上取代基的邻、对位有强吸电子基团(—NO_2、—CN、—COR 及—CF_3等)存在时,该底物发生亲核取代反应将变得容易。例如,1,2,3,4,5,6-六氯代苯的水解反应,比起氯苯要容易进行得多。2,3,4,5,6-五氯苯酚是个强酸,可用于木材防腐及防治白蚁。

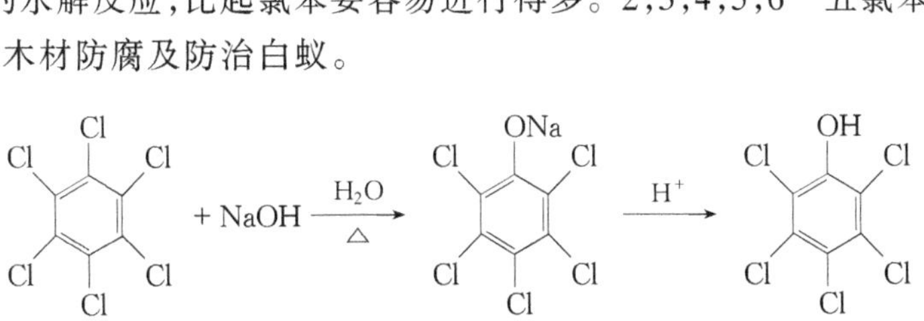

由于强吸电子基团的存在,使得生成加成中间体这一关键步骤被活化,因而硝基芳烃等是亲核取代反应的良好底物。

1. 加成中间体机理

这个机理是芳香族化合物发生亲核取代反应的重要机理。该机理的反应分两步进行,即底物先与亲核试剂加成,生成稳定性较大的加成中间体,而后消除原有的取代基生成产物。此机理又称为加成-消除机理。

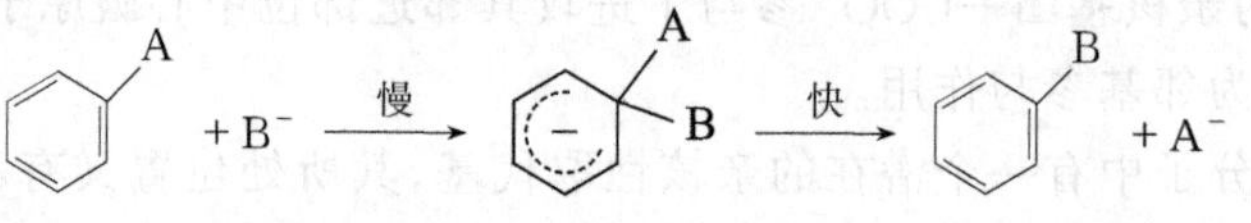

由于反应过程中生成的加成中间体稳定性较大，因而能够从反应体系中分离得到，常常称为麦森海默(Meisenheimer)络合物。例如，硝基芳烃与醇钠反应过程中，生成的加成中间体是个有色的、稳定的盐，其结构已用核磁共振谱图证实。

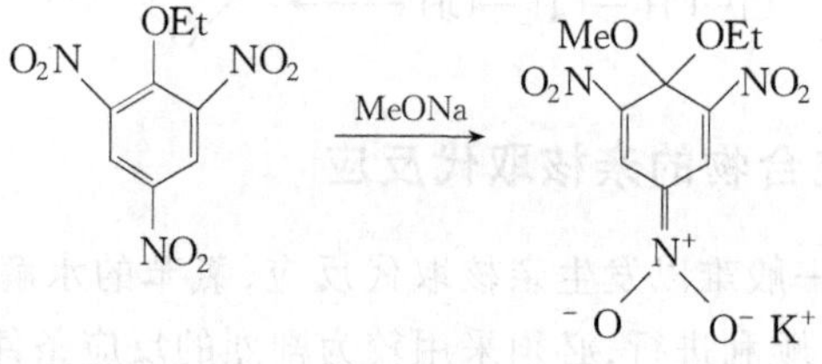

许多亲核试剂，如氰基、胺、硫醇及烯醇与硝基芳烃反应，均可得到类似的络合物。

2. 苯炔机理

某些芳香族亲核取代反应，可以发生在不含活化基团的芳环上，反应需要强碱作催化剂。该机理的反应分两步进行，即在强碱的作用下，底物的苯环上先消除一些分子，生成高度不稳定的"苯炔"，而后再发生加成反应。此机理又称为消除-加成机理。

例如，氯苯与氨基钾共热，能转变为苯胺：

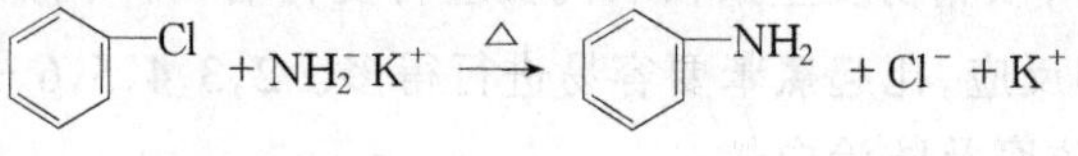

其反应机理如下：

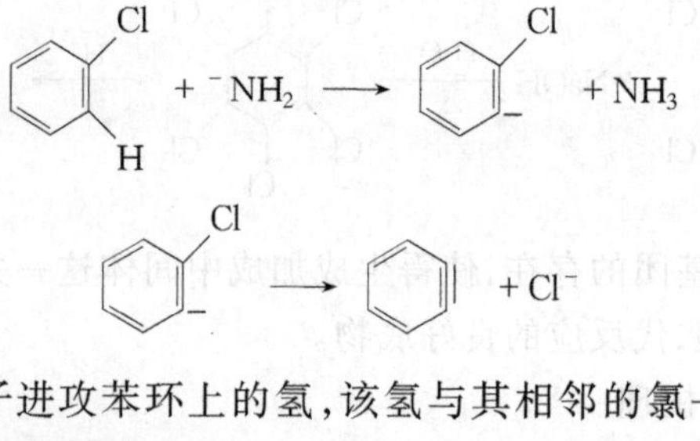

其过程为：氨基负离子进攻苯环上的氢，该氢与其相邻的氯一同消除得到苯炔，后者再与氨迅速加成，生成苯胺。

苯炔的存在可以用光谱证明。此外，用共轭的二烯类化合物，经过狄尔斯-

阿尔德反应,可将其"捕获",证明其存在。例如:

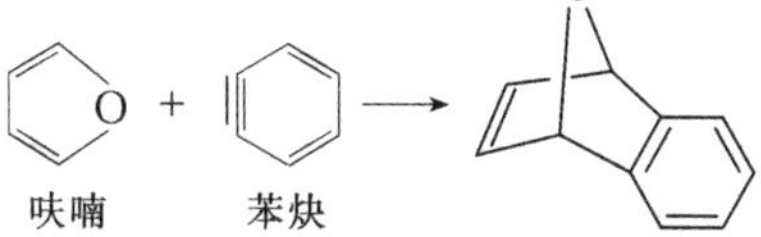

苯炔的结构有几种表示方法。例如,上面两个反应式中所采用的方法——借用苯的凯库勒结构式,外加一个价键表示一个弱的 π 键;如用分子轨道理论的概念表达,则应用下式表示。

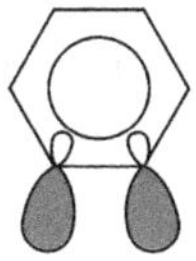

苯炔结构示意图

第四节 亲核重排反应

大多数的有机反应,只是反应物分子的某些部分,如官能团发生了变化,而分子的其余部分没有变动,即碳胳(碳骨架)没有发生改变。但也有不少有机反应,在试剂、介质和温度等条件的影响下,发生了碳胳的改变或原子、原子团位置的转移,这些反应称为分子重排反应,又称为重排反应(rearrangement reaction)。例如,我们已经研究过的频哪醇重排(参见第八章第一节五)等。

能引起重排的因素很多,一般说来:分子在试剂、介质等条件的作用下,暂时产生一个不稳定的活性中心,这个不稳定的活性中心促进分子内某些原子、原子团的迁移,通过进一步的变化,生成较稳定的产物,因而发生分子重排。

一、分类

1. 按机理分类

按机理重排反应可分为:① 亲核重排(缺电子重排或负离子迁移重排);② 亲电重排(负离子重排或正离子迁移重排);③ 游离基重排;④ 周环反应。其中类型①、②、③有一个共同的特点,就是反应物分子中的一个原子或原子团,在原分子范围内从原位置(迁移起点)迁移到一个新的位置(迁移终点),烃基是常见的迁移基团。下图较为直观地表示了这三种类型重排反应的特点。

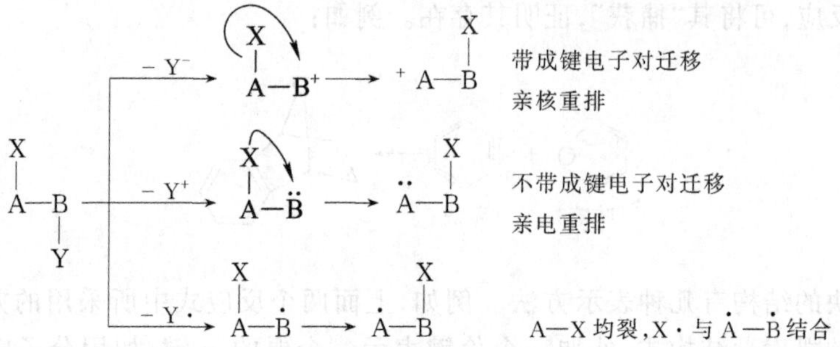

这三种情况中,类型①涉及的反应最多,也最为重要。而类型④则是先形成过渡态,在反应物分子中某些共价键发生断裂的同时,形成新的共价键,即反应物分子内共价键协同变化而发生的重排反应。

2. 按共价键结合次序的改变及发生的位置分类

按共价键结合次序的改变及发生的位置,在分子内还是在分子间,重排反应又可分为:① 分子内重排;② 分子间重排。

类型①的重排反应,发生在每个分子的内部,与体系中其他分子的存在无关,发生迁移的原子或原子团始终没有脱离原来的分子,即迁移起点与迁移终点都在同一分子中。其特征是:不会发生交叉重排,无交叉重排的产物生成。例如,将两种反应物 W^*—A—B 与 V—A—C 混合,重排的结果只能有 A—B—W^* 和 A—C—V 生成,肯定不会有 A—B—V 或 A—C—W^* 生成,并且 W^* 的构型保持不变。

类型②的重排反应与通常的先分解再结合的反应很相似,在重排的过程中,迁移的原子或原子团在没有迁移到新的位置以前,就完全与原来的分子脱离,然后再结合到迁移终点上去。这类重排反应容易受到反应条件的影响,如果有其他分子存在时,很可能发生其他的反应,而生成交叉重排产物。此类重排反应的产物常为外消旋体。

3. 重排机理的确定

重排反应机理的研究工作是很艰巨的。凡是会影响反应机理的各种因素,例如,底物的结构,试剂、溶剂的性质,温度及催化剂的性能等,都必须进行研究。下面列举两种方法说明之。

(1) 交叉实验法 欲确定一个分子重排反应究竟是分子内还是分子间的重排反应,可以利用两种具有相似结构的反应物混合后进行反应,分析在产物中是否出现交叉产物来予以断定。例如,将肉桂基苯醚和丙烯基-β-萘醚的混合物加热时,每一种化合物都各自进行重排,并没有发现交叉产物。因此可以断定,这种重排反应是在分子内进行的重排反应。又如,将苯氨基重氮苯和β-萘酚的混合物,在盐酸的作用下得到的对氨基偶氮苯很少,主要产物为β-萘酚与重氮苯的偶联产物,即有交叉产物生成。因此可以断定,这种重排反应是在分子间进行的重排反应。

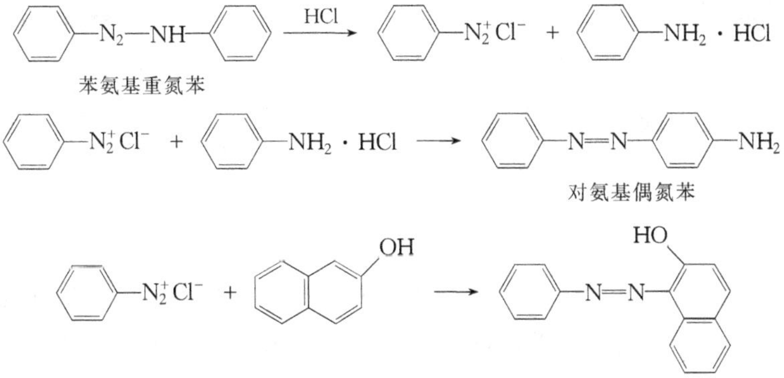

(2) 示踪原子法　克莱森(Claisen)重排反应的机理就是采用此法证明为[3,3]σ 迁移反应的。例如,烯丙基芳基醚在热的作用下,重排为 2－烯丙基苯酚的反应,反应式如下(C^* 代表^{14}C):

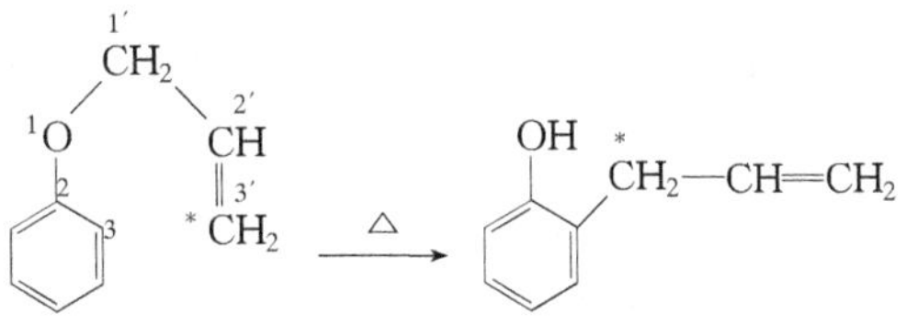

二、缺电子碳胳重排反应

缺电子重排反应又称亲核重排。其特点在于:反应物分子先在迁移终点形成一个缺电子的活性中心,迁移的原子或原子团带着成键(键裂)电子对发生迁移,并通过进一步变化生成稳定的产物。

此类重排反应过程中形成的缺电子活性中心,主要涉及碳正离子及缺电子的氮。

1. 瓦格涅尔－米尔魏因重排

瓦格涅尔－米尔魏因(Wagneer－Meerwein)重排是在研究莰醇转变为莰烯时发现的,就其实质是碳正离子重排反应。其机理如下:

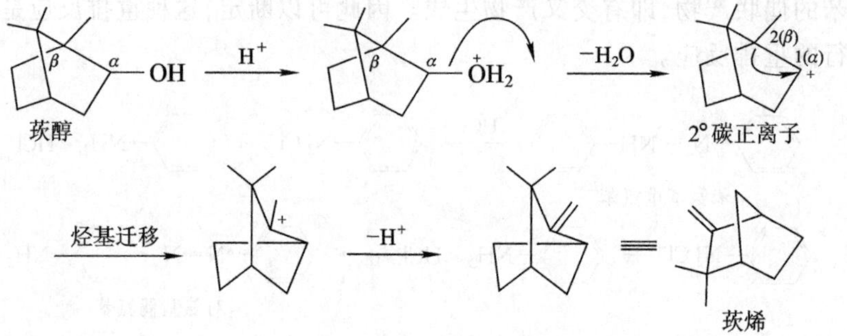

事实上，当1°或2°醇的β－C上具有两个或三个烷基或芳基时，在酸的作用下，醇的羟基首先质子化，然后脱去水，α－C成为碳正离子——反应的活性中心，接着β－C上的碳原子或者是烷基（芳基）带着一对成键电子迁移到α－C上，生成稳定的产物。

这个重排反应又属于分子内的1,2－重排反应，在萜类化学中很重要，萜类化合物的许多异构化作用中，往往存在着此类重排反应。例如，α－蒎烯在－60℃低温时，与HCl发生加成反应，生成的加成物α－蒎烯氯化氢很不稳定，在－10℃时，发生瓦格涅尔－米尔魏因重排生成氯化莰。

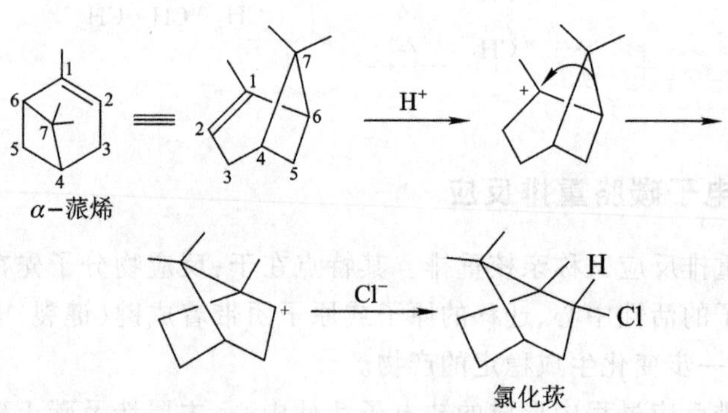

2．频哪醇重排

当频哪醇（四取代乙二醇）在酸的作用下，发生重排得到结构不对称酮的反应，称为频哪醇重排（pinacol rearrangement），又称呐夸重排。其机理如下：

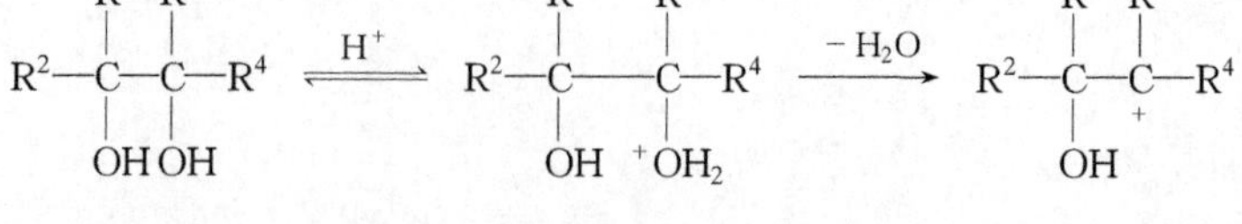

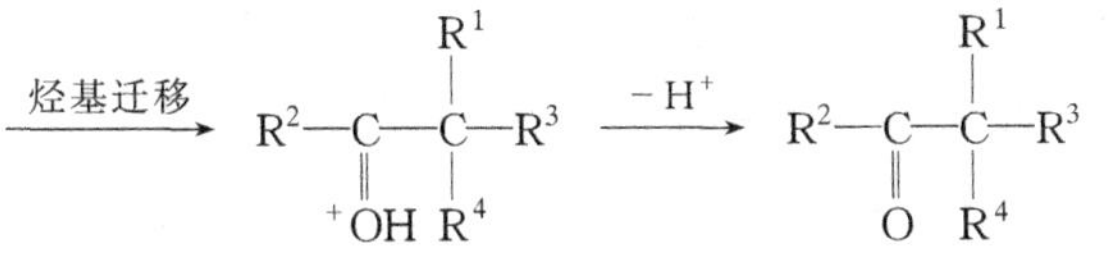

当与羟基相连的碳原子上连有不同的取代基时，重排产物常常是混合物。哪种产物占优势，取决于取代基迁移能力的强弱，迁移基团上的电子云密度越大，亲核能力越强，越容易发生迁移。例如：

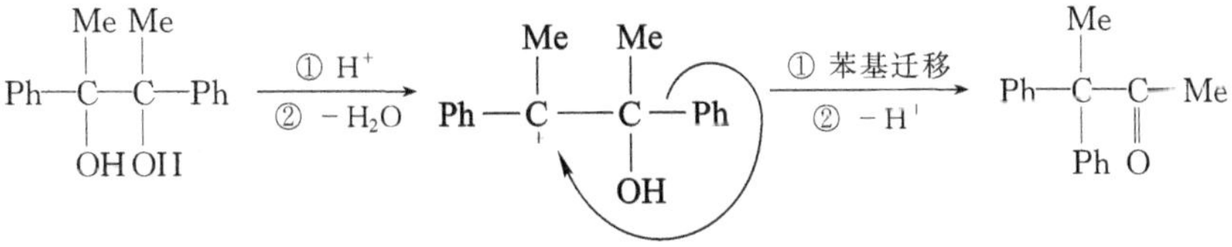

一般情况下，基团重排由易到难的顺序为：Ar—，R—，H—。只有在个别情况下 H 的迁移才会比烷基、芳基快。例如：

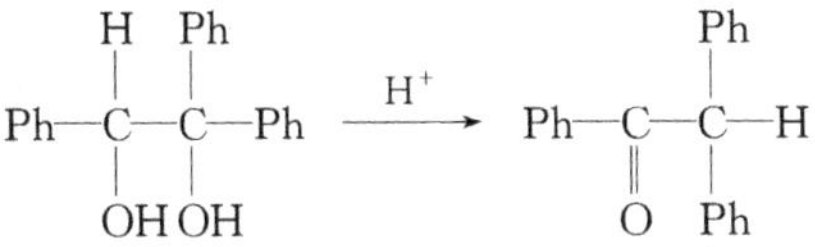

酮

若不是 H 迁移占优势，产物是醛而不是酮：

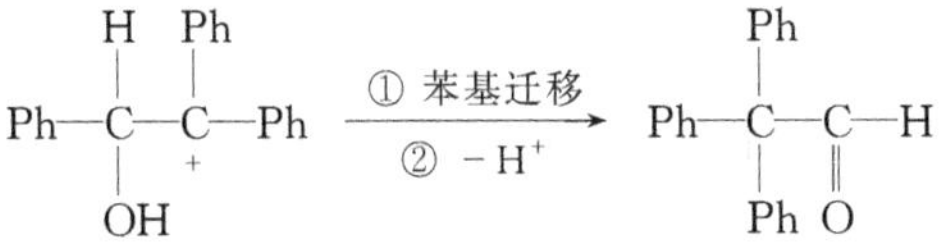

醛

思考题 17.6　请为下列环扩大的反应拟定合理的反应机理。

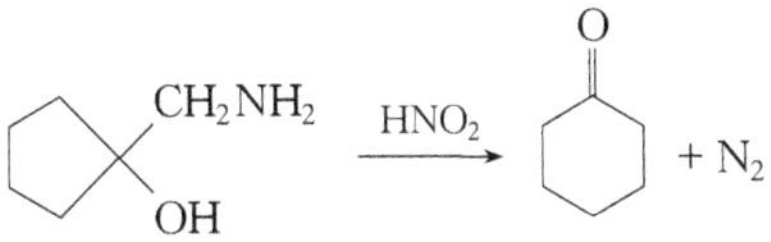

思考题 17.7　由环戊酮为起始原料合成下列螺环化合物（提示：首先合成频哪醇）。

螺[4.5]癸-6-酮

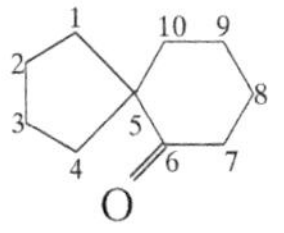

频哪醇重排的立体化学研究表明，迁移基团和离去基团应处于反式位置。

例如,在稀硫酸的作用下,顺－1,2－二甲基－1,2－环己二醇迅速重排,经甲基迁移得到环己酮。若在相同的条件下,反应物为反－1,2－二甲基－1,2－环己二醇时,则发生环缩小的反应。

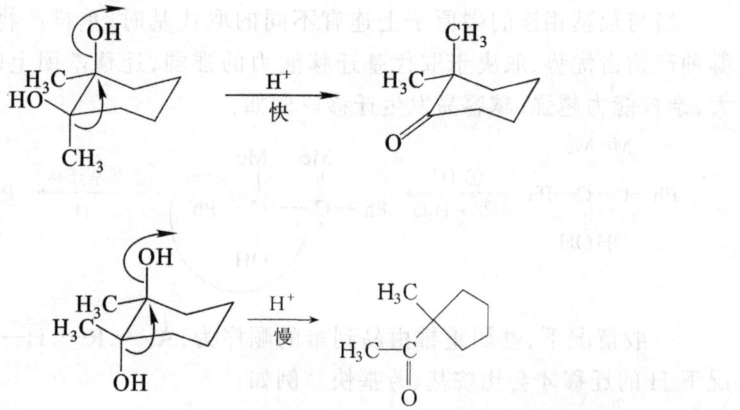

又如,在硫酸的作用下,7,8－二苯基－7,8－苊二醇的顺式异构体的重排反应速率比其反式异构体快6倍。

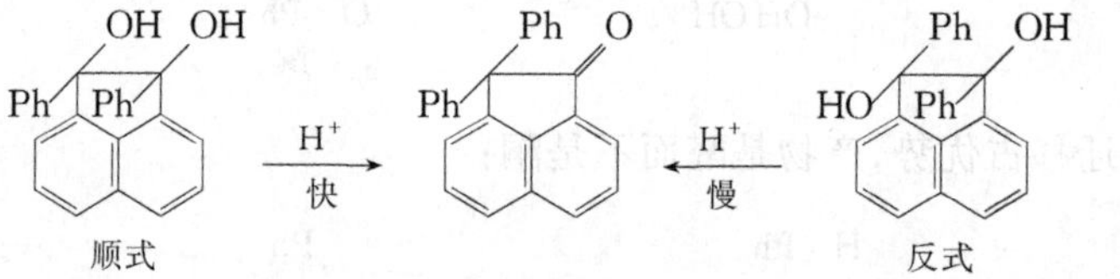

其他的邻二醇、氨基醇、卤代醇,只要在反应过程中能生成类似碳正离子结构者,都可以发生类似的频哪醇重排反应。例如,2－溴代醇及2－氨基醇的重排反应。这两类反应均有一个明显的特点,就是缺电子碳毫无疑问是和—Br或—NH_2相连的碳原子。

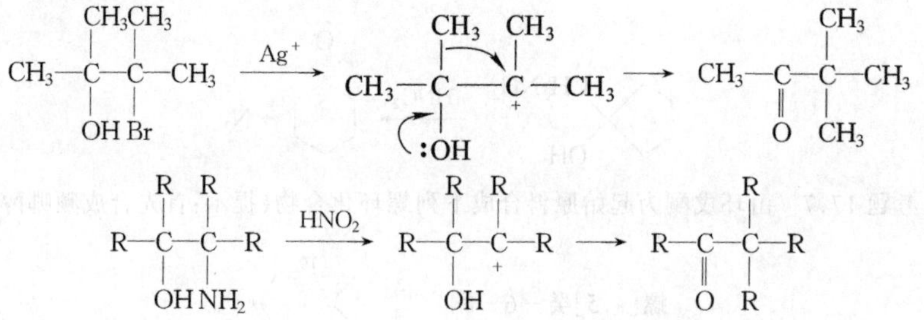

某些结构不对称的邻位二醇,在用酸处理时也可以发生频哪醇重排反应。两个羟基究竟哪一个首先与质子结合,取决于哪一个羟基上的电子云密度较大。例如,由下列反应的结果可知:反应物分子中连在亚甲基上的羟基与质子结合的

能力就不如另一个羟基强。

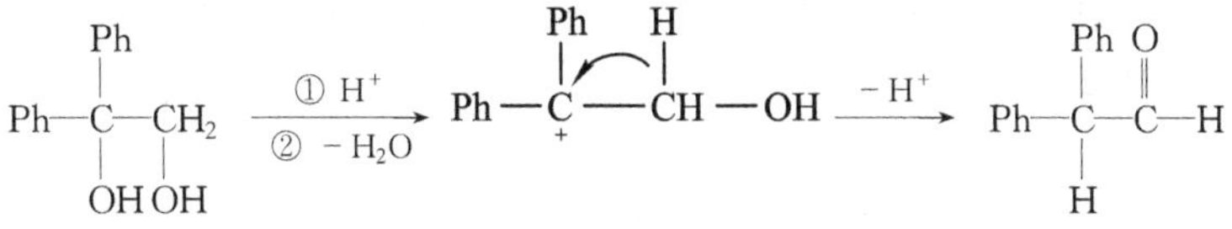

主要产物

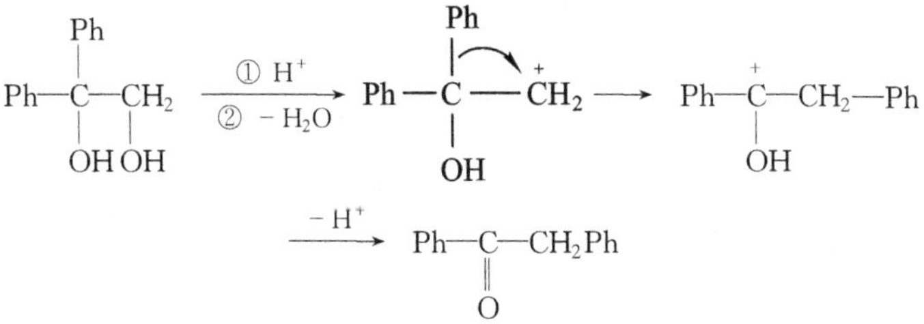

3. 捷米扬诺夫重排

当脂肪族伯胺与亚硝酸作用时，除了生成结构相对应的醇外，还得到其他的产物，其中包含了重排反应的产物。例如，丙胺与亚硝酸的反应：

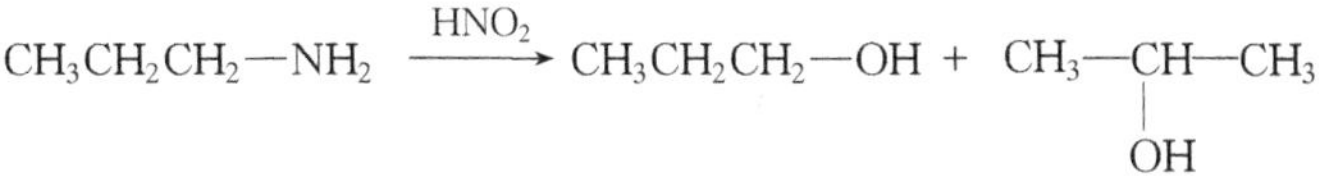

42%　　52%

当脂肪族伯胺——2,2－二甲基丙胺——与亚硝酸作用时，几乎得到了100% 的重排产物。重排反应发生时，可能首先生成了不稳定的碳正离子并发生重排，这种由脂肪族伯胺与亚硝酸作用而发生的重排称为捷米扬诺夫(Gemiyangnouf)重排。

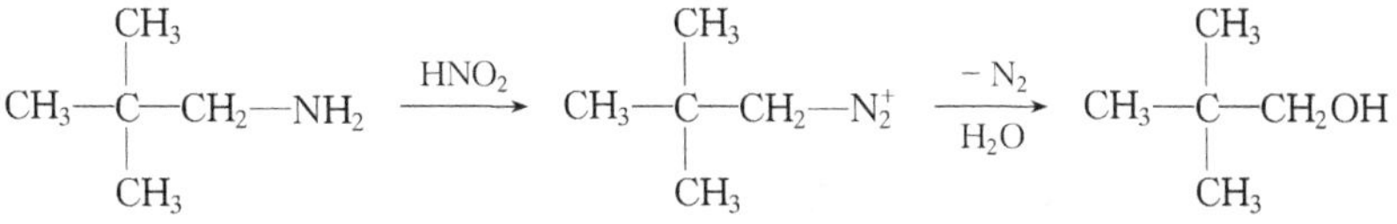

未重排产物≈0%

其重排机理如下：

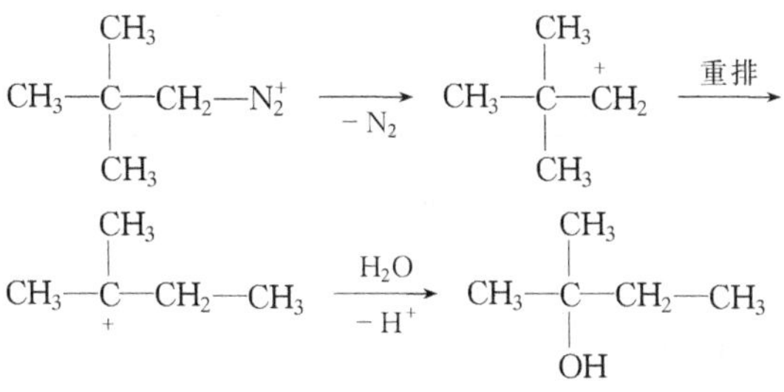

重排产物≈100%

若反应物为脂环族伯胺，当其与亚硝酸作用时，则生成环扩大或环缩小的产物。例如，环戊胺与亚硝酸的反应除了生成环戊醇和环戊烯外，还生成了环缩小的产物——环丁基甲醇和亚甲基环丁烷。

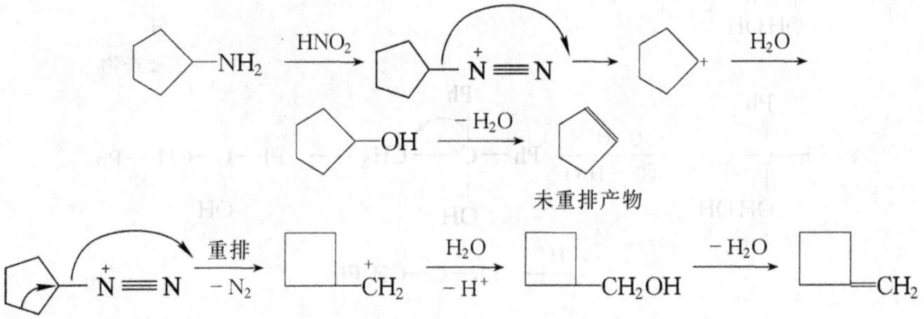

实验表明，此重排反应可较好地应用于五元、六元及七元环的制备。例如：

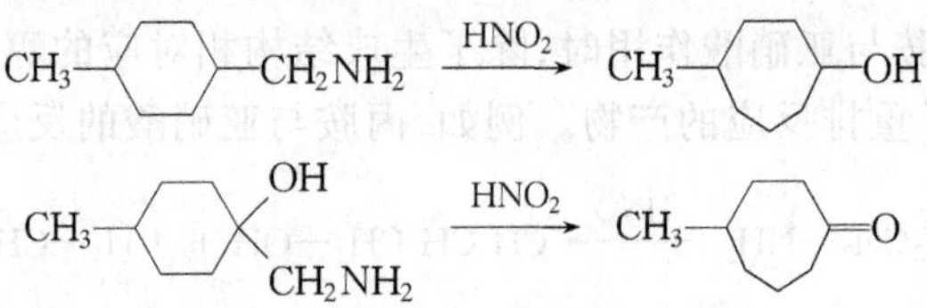

4．二苯基乙二酮或二苯基羟基乙酸重排

二苯基乙二酮在强碱作用下，发生重排反应生成二苯基羟基乙酸盐的反应，称为二苯基乙二酮或二苯基羟基乙酸(benzilic acid)重排：

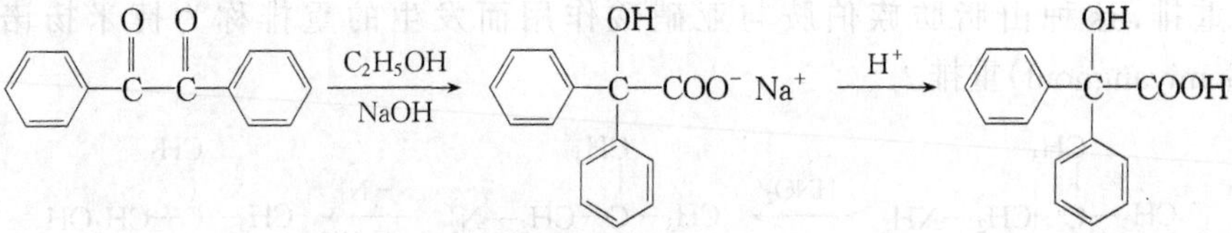

反应速率与反应物的浓度及碱的浓度成正比。

$$v = k[\mathrm{PhCO{-}COPh}][\mathrm{OH^-}]$$

其机理为

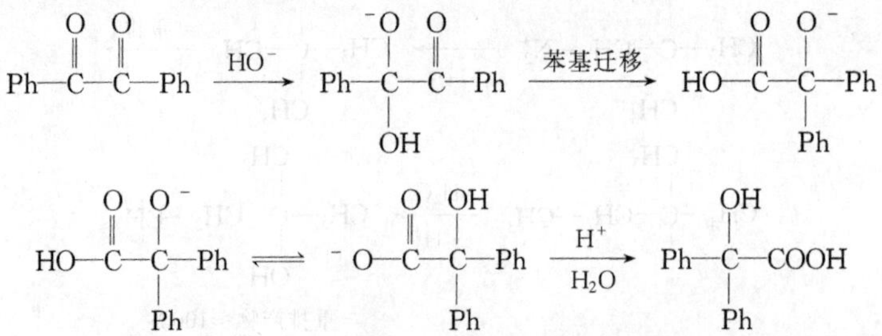

该机理的特点在于：反应中没有碳正离子中间体生成，借助于羰基上 π 键的打开，一对 π 电子转移到氧原子上，使原羰基上的碳原子能够接受带着成键电子对的迁移基团。

这类反应不局限于芳香族化合物，对于其他类化合物，如 O－醌类、脂肪族、脂环及杂环类 α－二酮，也都可以发生此反应。例如：

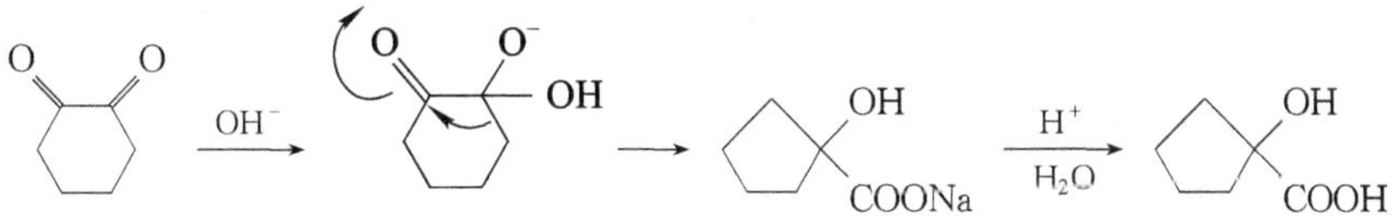

5. 拜尔－维利格重排

这个重排反应又叫作拜尔－维利格(Beayer－Villiger)氧化反应，原因在于这是用过氧酸氧化酮，酮分子中插入氧原子转变为酯的反应。

$$R-\overset{\overset{O}{\|}}{C}-R' \xrightarrow{R''CO_3H} R-\overset{\overset{O}{\|}}{C}-O-R' + R''COOH$$

若为环酮则得到内酯。例如，环己酮用过氧酸氧化的反应：

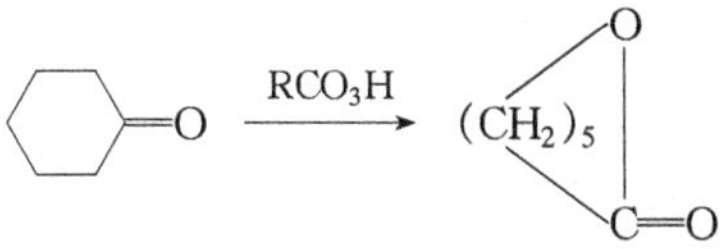

不同基团的迁移能力不同，下列顺序(由易到难)可供参考：

$$H > Ph- > \text{叔烃基} > \text{仲烃基} > \text{伯烃基} > -CH_3$$

这个顺序是与基团亲核性大小有关的，亲核性越大，迁移趋势越大。

芳基迁移能力大小的顺序为

例如：

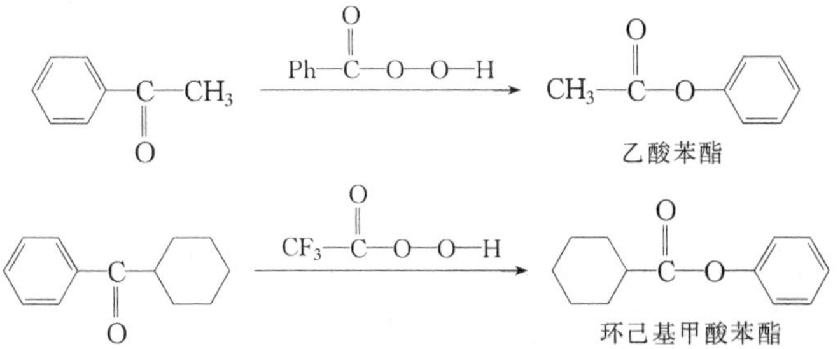

常用的过氧酸为：过氧化苯甲酸、过氧乙酸、过氧三氟乙酸以及过氧硫酸、三氟化硼－过氧化氢（$BF_3-H_2O_2$）等，过氧三氟乙酸是已知的反应性最强的过氧酸。

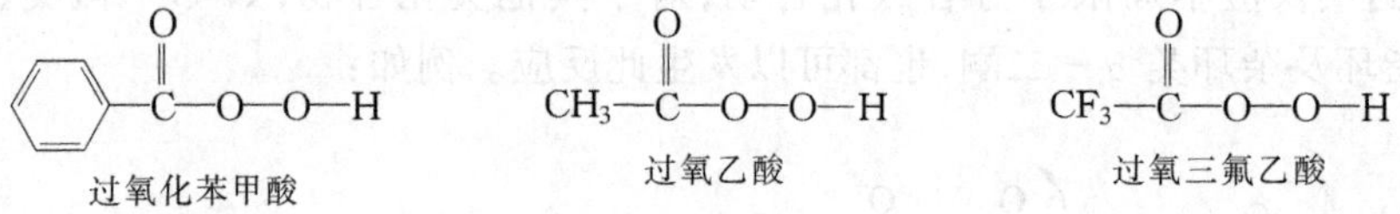

其反应机理如下：

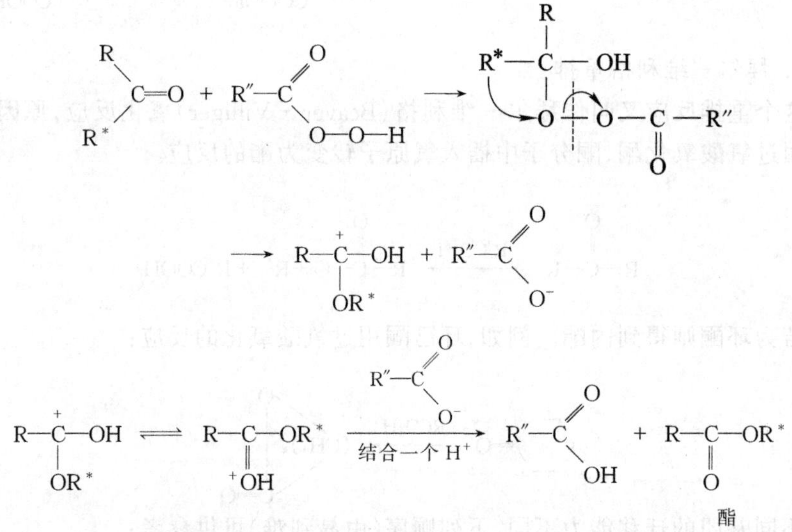

利用^{18}O证明了酮羰基上的氧原子与酯羰基的氧原子是一样的：

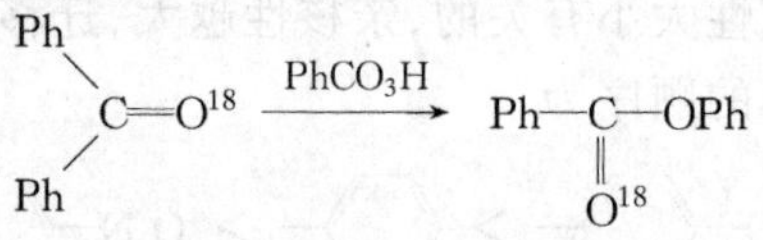

若 R^* 为手性基团，在其迁移过程中构型保持不变。例如，具有光学活性的 α－苯基乙基甲基酮用过氧酸处理，重排后得到具有光学活性的酯。

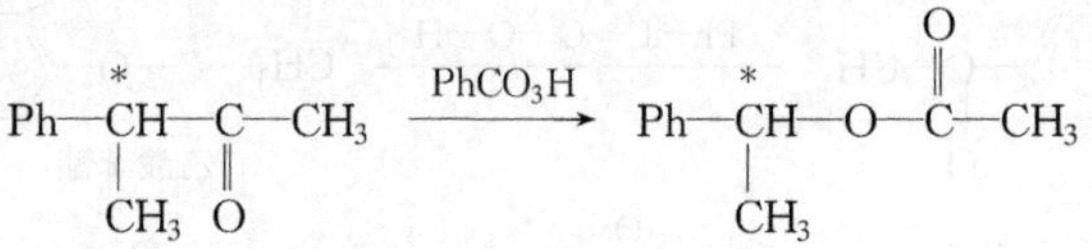

此反应在合成上也有广泛的应用。例如，可通过拜尔－维利格重排反应合成蚊虫产卵引诱剂的中间体。

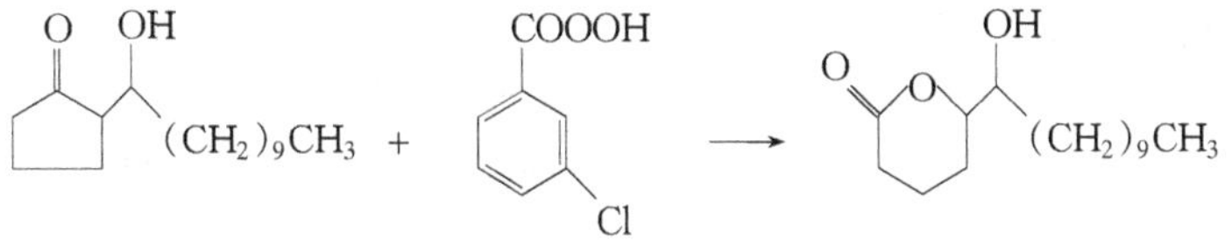

间氯过氧化苯甲酸

6. 贝克曼重排

酮肟在五氯化磷、浓硫酸或其他酸性催化剂作用下，可发生分子重排，生成取代酰胺，这个反应称为贝克曼重排。例如：

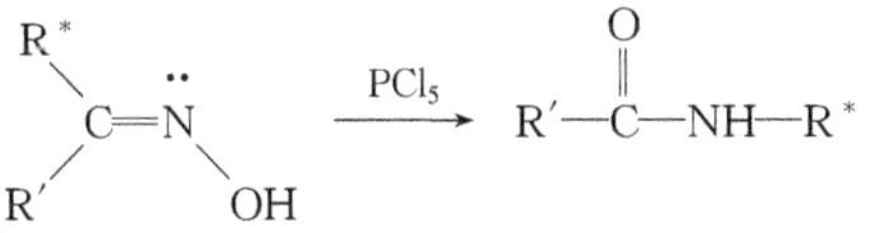

贝克曼重排的机理较为复杂。大量的实验事实表明：在贝克曼重排反应中，迁移基团与羟基处于反式位置。例如，二苯乙二酮单肟，苯基与羟基处于反式位置，重排后生成对应的酰胺。

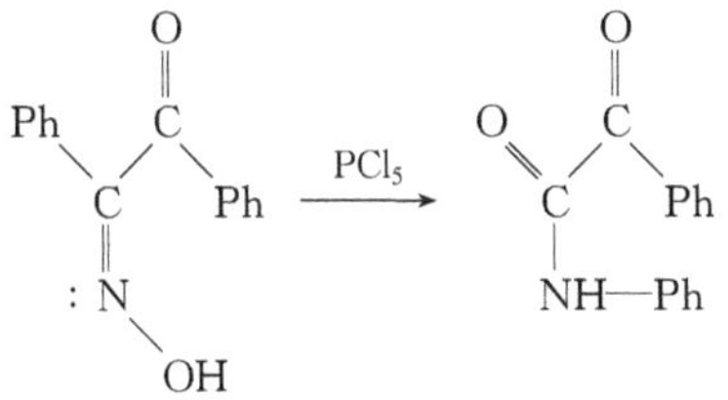

含有手性碳原子的基团 R^* 在重排中迁移，其构型保持不变。例如，下列反应的结果生成约 99% 光学纯酰胺。

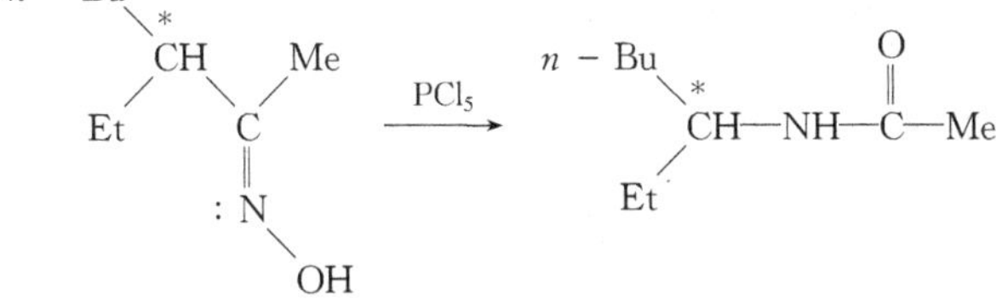

贝克曼重排反应在有机合成中有着较为广泛的应用。例如，可合成 ω－氨基酸等。其中最重要的实例是由环己酮制得环己酮肟，后者经过重排生成尼龙－6的原料——ε－己内酰胺。

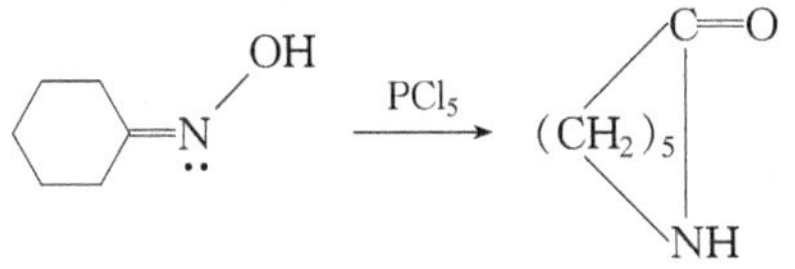

7. 氢过氧化物重排

烃用空气或过氧化氢氧化生成氢过氧化物,后者在酸的作用下—O—O—键断裂,烃基从碳原子迁移到氧原子上的反应叫作氢过氧化物重排。

$$R-\underset{\underset{R}{|}}{\overset{\overset{R}{|}}{C}}-H \xrightarrow{[O]} R-\underset{\underset{R}{|}}{\overset{\overset{R}{|}}{C}}-O-O-H \xrightarrow{H^+} \underset{R}{\overset{R}{>}}C=O + ROH$$

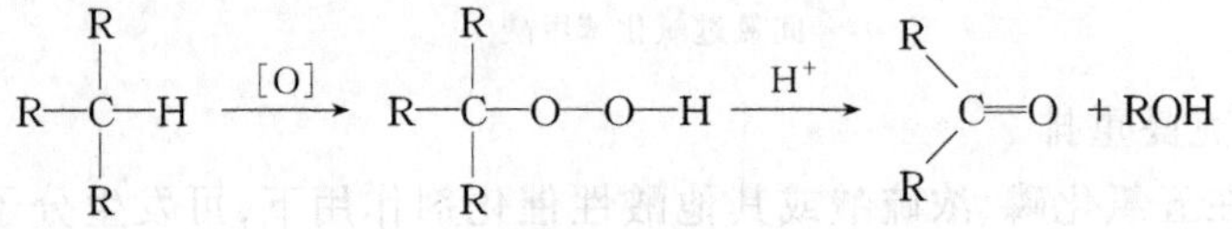

氢过氧化物

氢过氧化物重排的反应机理为

$$R'-\underset{\underset{R''}{|}}{\overset{\overset{R}{|}}{C}}-O-O-H \xrightarrow{H^+} R'-\underset{\underset{R''}{|}}{\overset{\overset{R}{|}}{C}}-O-\overset{+}{O}H_2 \longrightarrow R'-\overset{+}{\underset{\underset{R''}{|}}{C}}-OR + H_2O$$

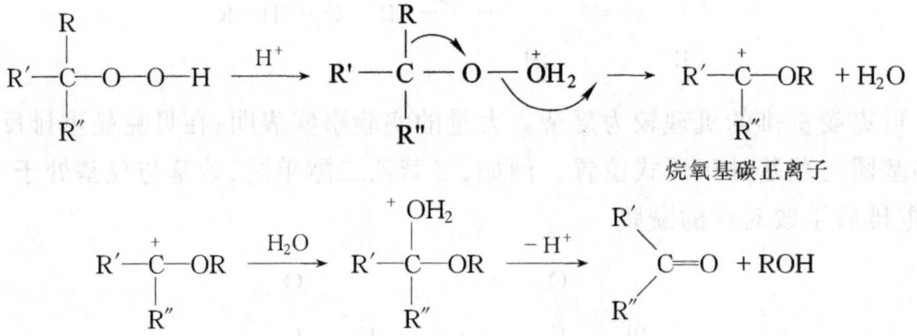

烷氧基碳正离子

$$R'-\overset{+}{\underset{\underset{R''}{|}}{C}}-OR \xrightarrow{H_2O} R'-\underset{\underset{R''}{|}}{\overset{\overset{+OH_2}{|}}{C}}-OR \xrightarrow{-H^+} \underset{R'}{\overset{R'}{>}}C=O + ROH$$

烷氧基碳正离子已被分离出来,其结构已经核磁共振谱证实。

在仲、叔过氧化物中,究竟哪个原子、原子团发生迁移,取决于生成碳正离子的稳定性。如果分子中同时存在着芳基与烷基,则芳基优先迁移。

各种烃基迁移能力(由易到难的顺序)如下:

3° 烷基 > 2° 烷基 > 芳基 ≈ H > 乙基 ≫ 甲基

三、碳烯与氮烯的重排反应

1. 沃尔夫重排

酰氯与过量的重氮甲烷作用,可制得重氮甲酮,后者在 Ag_2O 的催化作用下(或者在光照条件下)重排成烯酮的反应称为沃尔夫重排。

$$R-\overset{\overset{O}{\|}}{C}-Cl + CH_2N_2 \longrightarrow R-\overset{\overset{O}{\|}}{C}-CH=\overset{+}{N}=\overset{-}{N} + HCl$$

(过量)

$$R-\overset{\overset{O}{\|}}{C}-\overset{-}{C}H-\overset{+}{N}\equiv N \xrightarrow[-N_2]{Ag_2O(\text{或 } h\nu)} R-\overset{\overset{O}{\|}}{C}-\overset{-}{C}H \xrightarrow{\text{重排}} R-CH=C=O$$

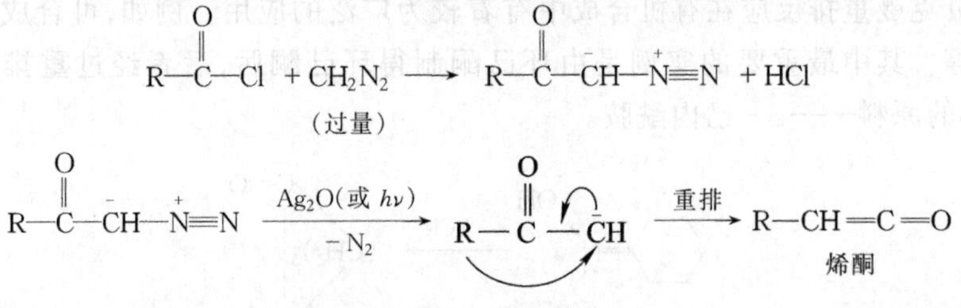

酮卡宾　　　　　　　　　　　　烯酮

烯酮是非常活泼的化合物,可与含有活泼氢的化合物,如 H_2O,ROH,NH_3, RNH_2 等反应,生成羧酸和羧酸衍生物:

$$R-CH=C=O \quad + \quad \begin{cases} HOH \longrightarrow RCH_2-COOH & \text{羧酸} \\ R'OH \longrightarrow RCH_2-COOR' & \text{酯} \\ NH_3 \longrightarrow RCH_2-CONH_2 & \text{酰胺} \\ R'NH_2 \longrightarrow RCH_2-CONHR' & N-\text{取代酰胺} \end{cases}$$

利用沃尔夫重排可以使羧酸升级。例如:

$$\underset{\underset{C_6H_5}{|}}{\overset{\overset{CH_3}{|}}{C_2H_5-C-COOH}} \xrightarrow{SOCl_2} \xrightarrow{CH_2N_2} \xrightarrow[(\text{或 } h\nu)]{Ag_2O} O=C=CH-\underset{\underset{C_6H_5}{|}}{\overset{\overset{CH_3}{|}}{C}}-C_2H_5$$

$$O=C=CH-\underset{\underset{C_6H_5}{|}}{\overset{\overset{CH_3}{|}}{C}}-C_2H_5 \xrightarrow{H_2O} C_2H_5-\underset{\underset{C_6H_5}{|}}{\overset{\overset{CH_3}{|}}{C}}-CH_2-\overset{\overset{O}{\|}}{C}-OH$$

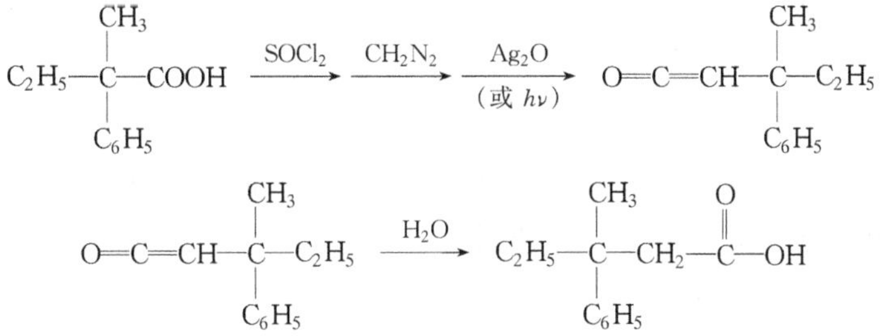

2. 霍夫曼重排

氮原子上没有取代基的酰胺用次溴酸钠或次氯酸钠处理,得到比原来酰胺少一个碳原子伯胺的反应称为霍夫曼重排,又称为霍夫曼酰胺降解反应〔参见第十章第三节六、2.(4)〕。

$$R-\overset{\overset{O}{\|}}{C}-NH_2 + Br_2 \xrightarrow{NaOH} RNH_2$$

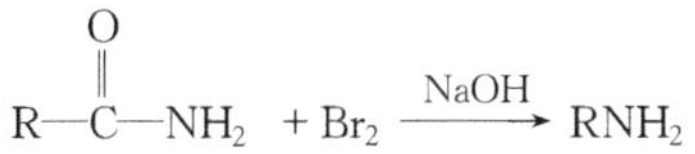

其反应机理如下:

$$R-\overset{\overset{O}{\|}}{C}-NH_2 + Br_2 \longrightarrow R-\overset{\overset{O}{\|}}{C}-NH-Br + Br^-$$

$$R-\overset{\overset{O}{\|}}{C}-NH-Br + OH^- \xrightarrow[-Br^-]{-H_2O} \underset{\text{氮烯中间体}}{R-\overset{\overset{O}{\|}}{C}-\overset{..}{N}:} \longrightarrow \underset{\text{异氰酸酯}}{O=C=N-R}$$

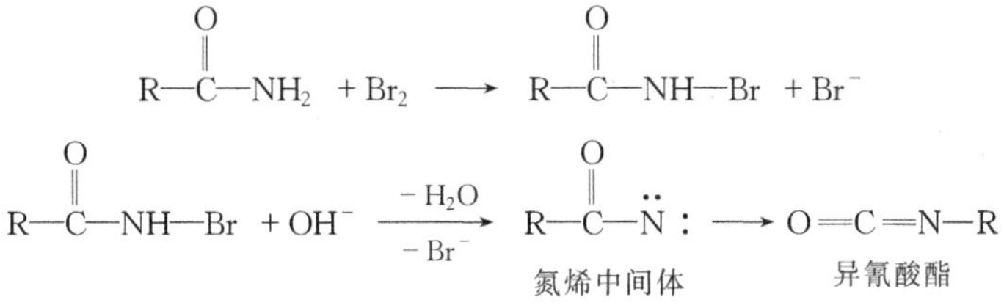

$$O=C=N-R + H_2O \longrightarrow RNH_2 + CO_2$$

在重排反应中已经成功地检验出有异氰酸酯存在。

R 基团的迁移可能经过了环状过渡态,是个分子内的重排反应。光学活性的 R 基团在迁移后保持构型不变。例如:

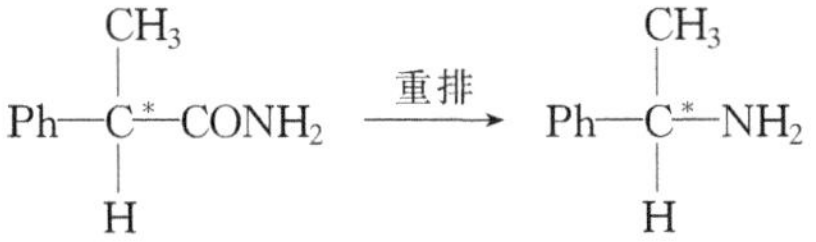

$$Ph-\underset{\underset{H}{|}}{\overset{\overset{CH_3}{|}}{C^*}}-CONH_2 \xrightarrow{\text{重排}} Ph-\underset{\underset{H}{|}}{\overset{\overset{CH_3}{|}}{C^*}}-NH_2 \quad 95.5\% \text{光学纯度}$$

其环状过渡态机理如下：

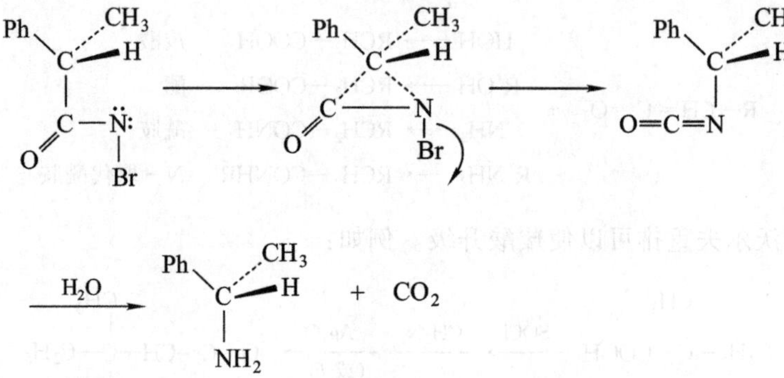

在机理上与霍夫曼重排十分类似的重排还有：柯提斯(Curtius)重排、洛森(Lossen)重排及施密特(Schmidt)重排，下面将逐个予以讨论。

3．柯提斯重排

将酰基叠氮化物重排得到的异氰酸酯水解，制得伯胺的反应称为柯提斯重排。例如：

$$R{-}\overset{\overset{\displaystyle O}{\|}}{C}{-}X + NaN_3 ① \longrightarrow R{-}\overset{\overset{\displaystyle O}{\|}}{C}{-}N_3$$

$$R{-}\overset{\overset{\displaystyle O}{\|}}{C}{-}NHNH_2 + HNO_2 \longrightarrow R{-}\overset{\overset{\displaystyle O}{\|}}{C}{-}N_3$$

$$R{-}\overset{\overset{\displaystyle O}{\|}}{C}{-}N_3 \xrightarrow[-N_2]{\triangle} \underset{\text{异氰酸酯}}{R{-}N{=}C{=}O} \xrightarrow{H_2O} RNH_2 + CO_2$$

这是一个普遍的反应，是羧酸降解合成一级胺的方法之一，能适用于几乎所有的羧酸：脂肪族、脂环族、芳香族、杂环及不饱和羧酸。例如：

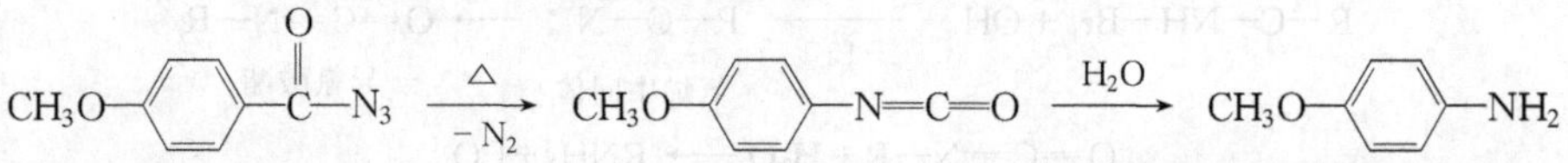

对甲氧基苯胺 80%

柯提斯重排机理与霍夫曼重排相似，可认为是分子内的协同过程，具有光学活性的底物在反应过程中不发生外消旋化作用。

环烷基及芳香叠氮化物加热时能使环扩大。例如：

---

① NaN_3 是有毒的晶状固体，约在 300℃ 分解。工业上是将氧化二氮通入熔融的 $NaNH_2$ 来制取：

$$NaNH_2 + N_2O \longrightarrow NaN_3 + NH_3 + NaOH$$

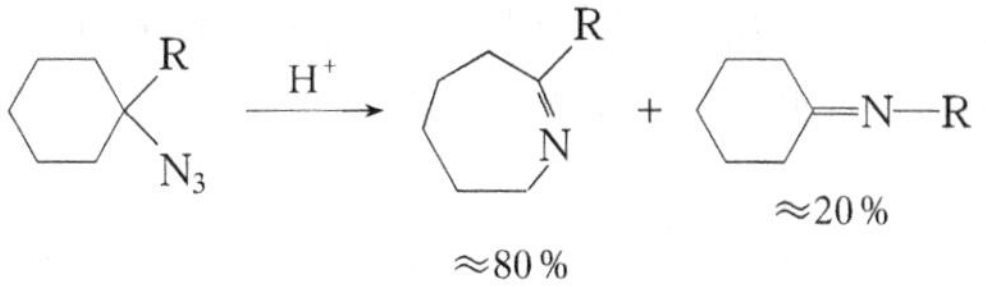

其机理如下：

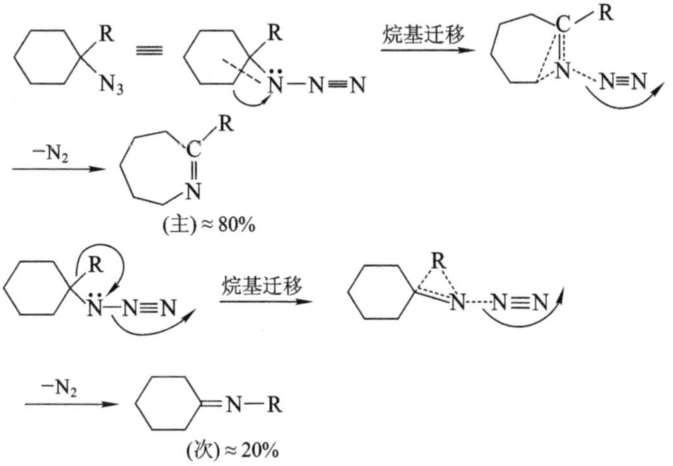

4．洛森重排

异羟肟酸与碱共热或只需加热就能生成异氰酸酯的反应叫作洛森重排。异氰酸酯水解后生成伯胺。

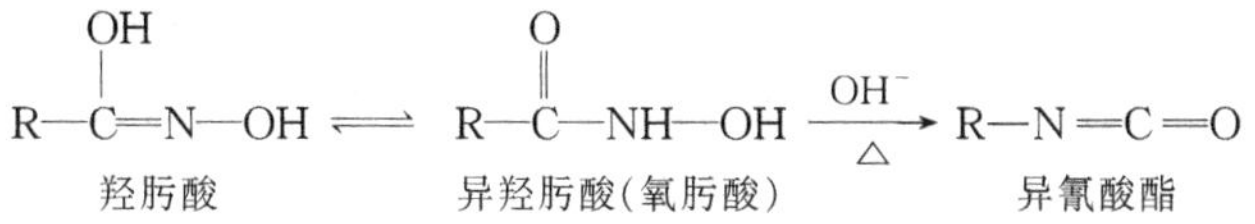

思考题 17.8　参考霍夫曼重排及柯提斯重排的机理为上述反应拟定合理的机理。

5．施密特重排

施密特重排指的是叠氮酸和羧酸在硫酸或路易斯酸的催化下，得到比原来的羧酸少一个碳原子伯胺的反应。

$$RCOOH + HN_3 \xrightarrow{H_2SO_4} RNH_2 + CO_2 + N_2$$

当 R 为直链烃时，胺的产率随碳链增长而增加。例如，由己酸制备戊胺时产率为 70%，由硬脂酸制备十七碳胺时产率为 96%。

芳环上取代基的位置与类型对反应产率亦有影响。例如，由对甲苯甲酸制备对甲苯胺时产率为 70%，由间甲苯甲酸制备间甲苯胺时产率为 24%。

值得注意的是：叠氮酸不仅毒性大，而且易爆炸，不能直接使用，应选用 NaN_3 和 H_2SO_4 在三氯甲烷中制得。

此外，醛、酮与叠氮酸在硫酸的催化作用下，生成腈和胺类的甲酰基衍生物或酰胺的反应也称为施密特重排。例如：

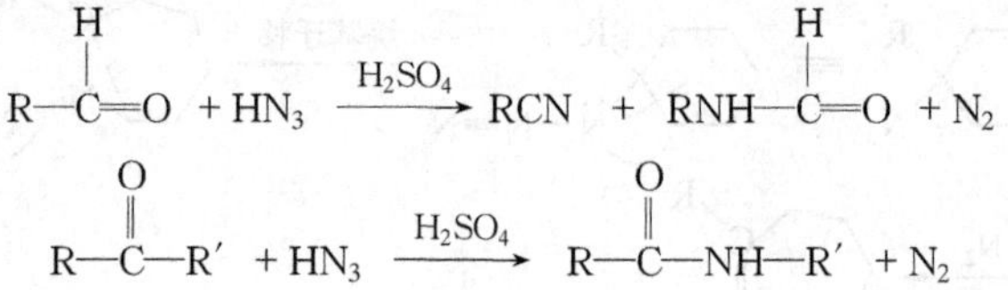

二烷基酮和环酮重排的速率都比较快。例如，环己酮重排制得己内酰胺：

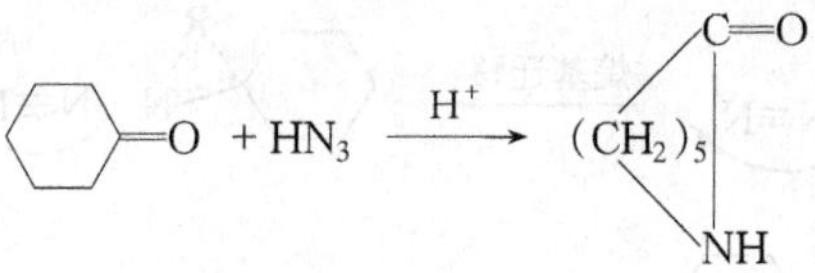

第五节 消除反应

消除反应也是一类非常普遍的反应，是使反应底物分子失去两个原子或原子团，从而提高其不饱和度的反应。它和亲核取代反应常常共存于一个体系中，成为一对互相竞争的反应。

消除反应可根据失去的两个原子（或原子团）在分子中的相对位置进行分类。例如，1,2－消除或称 β－消除；1,1－消除或称 α－消除，为同一原子上的两个原子（或原子团）失去后，该原子形成不带电的低价结构，如卡宾或氮烯的反应。

$$CHCl_3 + OR^- \longrightarrow \underset{\text{二氯卡宾}}{:CCl_2} + Cl^- + ROH$$

1,3－消除反应为：分别连在 1,3 位置或相对更远的位置上，两个原子（或原子团）消除后得到环状化合物的反应。此类消除反应也可以看作是分子内的取代反应。

在本节中我们将重点讨论 1,2－消除（β－消除）反应。

β－消除反应可用下列通式表示：

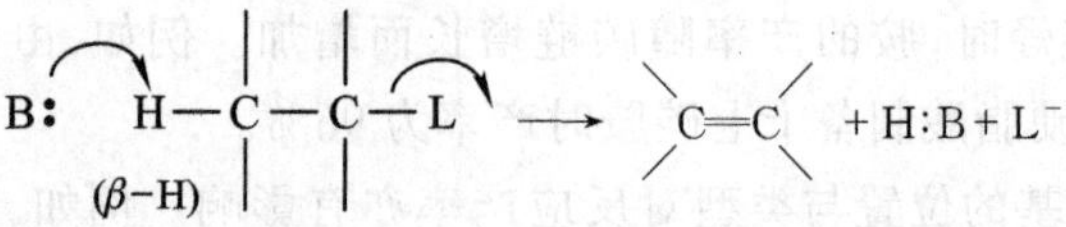

反应过程中碱进攻 $\beta-H$,离去基团 L 带着一对电子离去。

由于消除反应往往与取代反应同时发生,所以就一定与取代反应的机理有相似之处,许多事实证明了这一推断确有道理。消除反应主要可分为单分子消除(E1)及双分子消除(E2)两种机理,且多数情况下消除的原子或原子团之一为氢原子。

一、E1 机理

E1 机理消除反应的特点是:反应底物在溶剂的影响下,离去基团带着一对电子率先离去,形成了活泼中间体——碳正离子,此碳正离子立即将 $\beta-H$ 给予碱性试剂 B 或其他的质子接受者,生成烯烃。例如,叔丁基溴与乙醇钠的乙醇溶液反应,生成 93% 的消除产物,7% 的取代产物。其反应机理如下:

第一步

$$CH_3-\underset{\underset{CH_3}{|}}{\overset{\overset{CH_3}{|}}{C}}-Br \xrightarrow[25℃]{NaOEt/EtOH} CH_3-\underset{\underset{CH_3}{|}}{\overset{\overset{CH_3}{|}}{C^+}} + Br^-$$

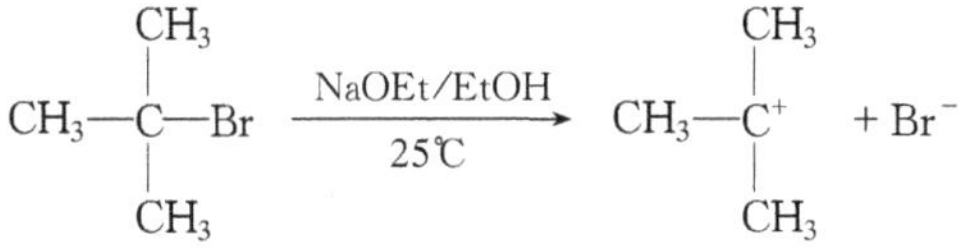

第二步

$$CH_3-\underset{\underset{CH_2-H}{|}}{\overset{\overset{CH_3}{|}}{C^+}} + EtO^- \xrightarrow{E1} \underset{CH_3}{\overset{CH_3}{>}}C=CH_2 + EtOH$$

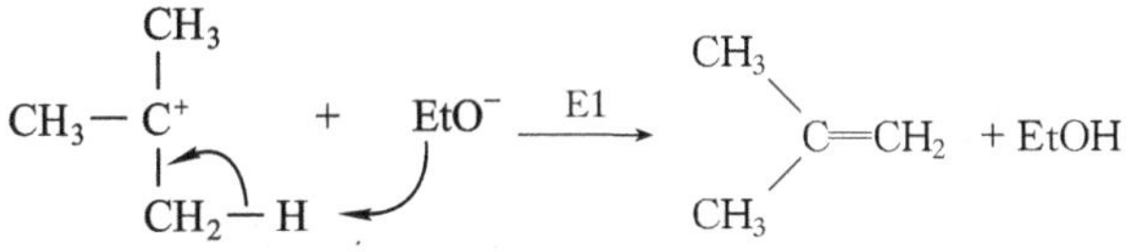

若乙氧基负离子与碳正离子结合,即发生取代反应生成乙基叔丁基醚。

$$CH_3-\underset{\underset{CH_3}{|}}{\overset{\overset{CH_3}{|}}{C^+}} + EtO^- \xrightarrow{S_N1} CH_3-\underset{\underset{CH_3}{|}}{\overset{\overset{CH_3}{|}}{C}}-OEt$$
与碳正离子结合

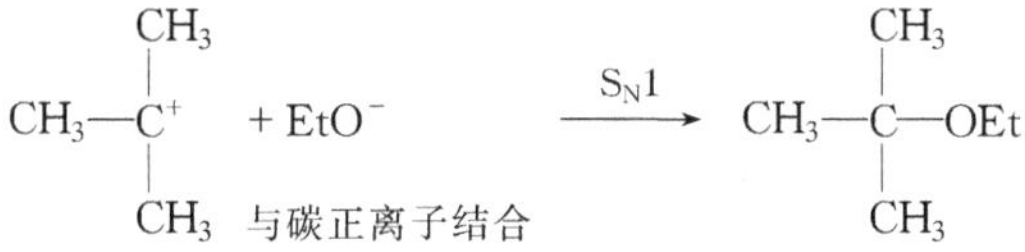

因为 E1 和 S_N1 机理中决定反应速率的关键步骤均为第一步,即生成碳正离子的步骤,因此凡是有利于 S_N1 机理的因素都有利于 E1 机理反应的进行。

该反应速率 $v=k[(CH_3)_3C-Br]$,为单分子反应。此外,动态同位素效应的测试 $k_H/k_D=1$,说明反应的决速步没有涉及 C—H 键的断裂,说明了该反应的确是按 E1 机理进行的。

二、E2 机理

E2 机理消除反应的特点与 E1 不同,离去基团不是率先离去,$\beta-H$ 再以质子的形式与碱结合的。其特点是:在碱性试剂进攻 $\beta-H$ 与 H^+ 结合的同时,离去基团带着一对电子离去,反应是协同进行的,其结果也形成了 $\underset{}{\overset{}{>}}C=C\underset{}{\overset{}{<}}$,生

成烯烃。例如，溴乙烷在与以上反应完全相同的条件下反应的机理如下：

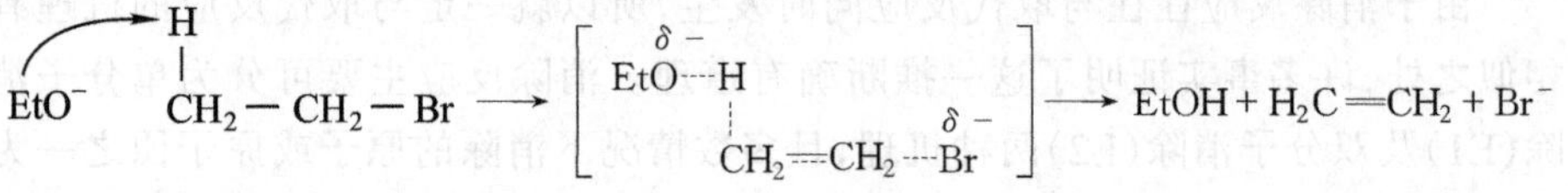

五原子过渡态

E2 机理与 S_N2 机理不同之处在于，试剂不是进攻 $\alpha-C$，而是进攻 $\beta-H$。一般说来，有利于 S_N2 机理的因素也都有利于 E2 机理的进行。

消除反应的碱性试剂不一定都必须是负离子，也可以是不带电的中性分子。常用的碱性试剂有：RO^-，OH^-，CH_3COO^-，$N(CH_3)_3$，H_2O 等。

离去基团也不一定都是负离子，如 NR_3，PR_3，SR_2，X^-（Cl^-、Br^-、I^-），$RCOO^-$，RSO_3^-，H_2O 等都可以是离去基团。E2 机理和 E1 机理一样，可以由下面两个方面得到证明：

该反应速率 $v=k[RX][B]$，为双分子反应。此外，动态同位素效应的测试表明：存在有同位素效应 $k_H/k_D=3\sim8$，说明 C—H 键的断裂是决定反应速率的步骤。说明了该反应的确是按 E2 机理进行的。

三、E1CB 机理

E1CB 机理消除反应的消除方式，既不同于 E1 机理也不同于 E2 机理。值得注意的是：反应过程中，$\beta-H$ 率先以质子的形式离去，然后离去基团再以负离子的形式离去，这是在深入研究消除反应的基础上提出来的，因为在反应的第一步生成了碳负离子，所以又称为碳负离子机理。其机理可用下式表示：

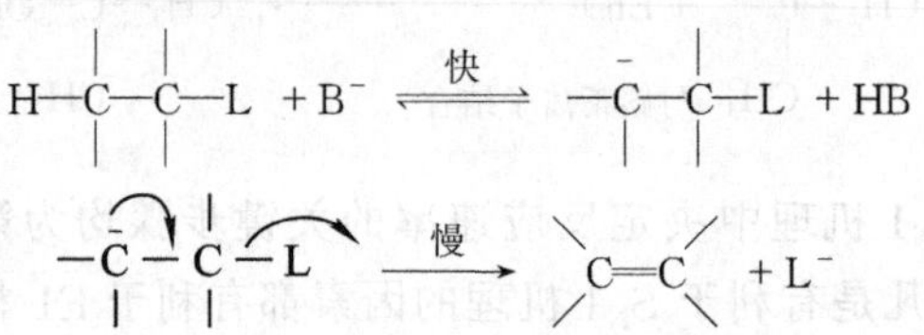

例如：

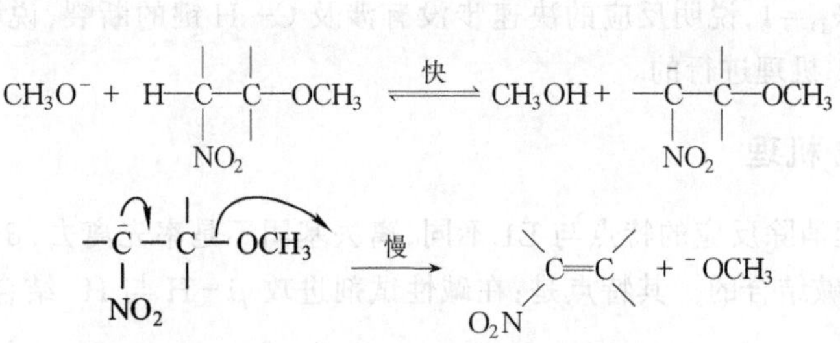

又如：

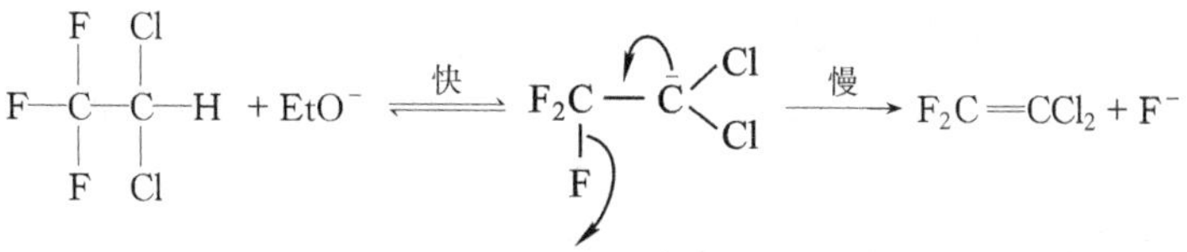

当底物的 β－碳原子上带有吸电子取代基,如—NO_2, >C=O ,—C≡N 等,且试剂的碱性很强时,由于 β－碳原子上吸电子基团和强碱试剂的作用,使得 β－H 率先离去成为可能。这种情况下的消除反应,就可能按 E1CB 机理或按照接近这种机理的方式进行。

E1CB 反应机理可由以下反应事实得到证明:

$$HCCl{=}CCl_2 \xrightarrow[D_2O]{NaOD} DCCl{=}CCl_2 + ClC{\equiv}CCl$$

其机理为

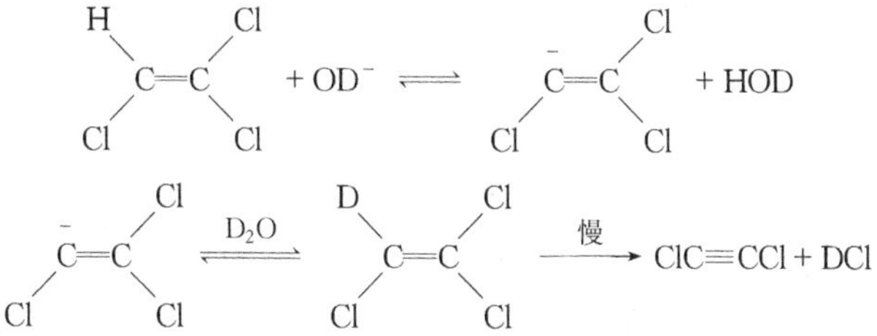

此机理之所以被称为 ElCB 原因在于质子率先离去后生成的活泼中间体碳负离子,恰巧是反应底物的共轭碱(conjugate),E1CB 的真实含义即为共轭碱单分子机理。

由于从底物的共轭碱(碳负离子)生成烯烃的一步反应是决定反应速率的步骤,所以是单分子机理的反应。

E1CB 机理要求底物必须具有高度酸性的 β－H 及不好的离去基团,否则离去基团将在质子离去之前离去,符合这种要求的有机化合物并不多,因此这种机理比较少见。

现将三种机理之间的关系概括如下:E1 机理的决速步为离去基团率先离去,生成碳正离子的步骤;E1CB 的决速步为 β－H 率先以质子形式离去,生成碳负离子的步骤。这是两种极端的情况。而 E2 机理则介于 E1 及 E1CB 机理之间。三者间既互相联系又彼此不同,在条件允许的情况下,能相互转化。

四、消除反应的取向

我们在此前的学习中,已经讨论并掌握了两个判定消除反应取向的经验规律——查依采夫规则及霍夫曼规则。

通常卤代烷无论按 E1 机理还是 E2 机理消除时,均遵从查依采夫规则,这可以从产物的稳定性上,用 $\sigma-\pi$ 超共轭效应的强弱程度来解释;还可以比较反应过渡态的稳定性、活化能的大小来说明。

当一个反应能生成几种产物,但其中有一种产物占显著的优势时,这种反应称为择向性反应(regioselective reaction)。

一般说来:E1 消除反应主要遵从查依采夫规则;E1CB 消除反应产物遵从霍夫曼规则;E2 消除反应可能遵从查依采夫规则,也可能遵从霍夫曼规则。决定因素在于 $\beta-H$ 的酸性,特别是在消除基团带有正电荷时 $\beta-H$ 酸性明显增强,这时消除反应的取向符合霍夫曼规则。

季铵碱及锍碱类化合物的热分解反应,通常均遵从霍夫曼规则。例如:

$$CH_3CH_2\!-\!CH\!-\!CH_3 \quad {}^-OEt \xrightarrow{\triangle}$$
$$\underset{+S(CH_3)_2}{|}$$

$$\underset{26\%}{CH_3CH_2CH\!=\!CH_2} + \underset{74\%}{CH_3CH\!=\!CHCH_3} + (CH_3)_2S + EtOH$$

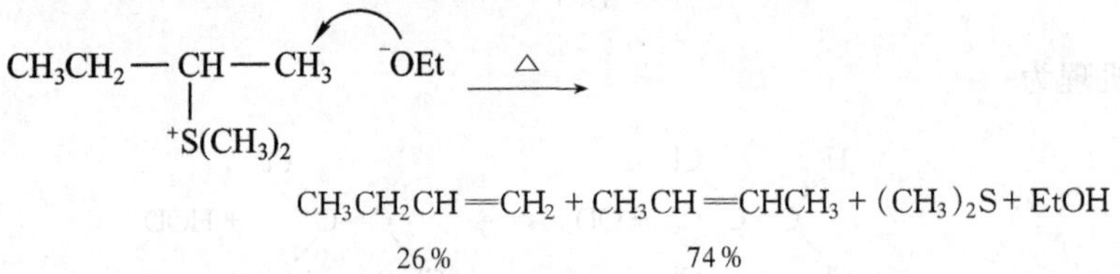

除以上两个经验规则外,判断消除反应的取向时,还有以下一些规律可循:

(1) 离去基团位于桥头时极难离去,即除非环很大时,生成的双键不能位于桥头碳原子上。这个规律称为柏瑞特(Bredt)规则。

(2) 原体系中已有 $\diagdown C\!=\!C\diagup$, $\diagdown C\!=\!O$ 时,总是优先形成新的共轭体系。

五、E2 反应的立体化学

1. 顺式消除与反式消除

E2 反应中,消的两个原子或原子团位于 C—C σ 键的同侧时,这种消除方式称为顺式消除;位于 C—C σ 键两侧时的消除方式称为反式消除。如下所示:

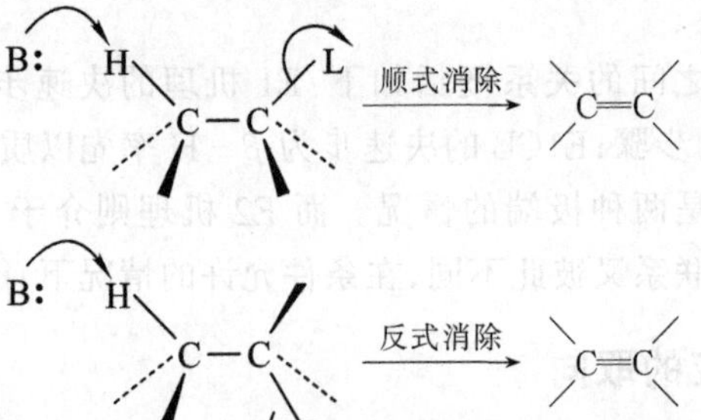

从中可以看出：顺式消除时，从构象上看消去的两个原子或原子团处于重叠式位置；反式消除时，消去的两个原子或原子团处于能量较低的交叉式位置。

反式消除时，在异侧的 C—H σ 键及 C—L σ 键的大瓣电子云，在 H^+ 和 L^- 离去后，可与小瓣电子云相互作用形成 π 键：

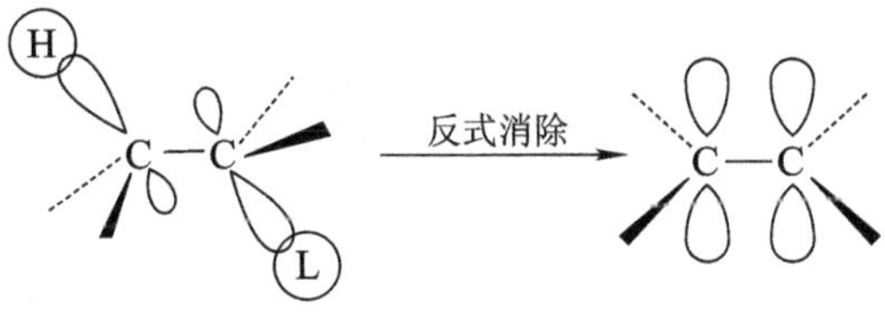

顺式消除时，在同侧的 C—H σ 键及 C—L σ 键的大瓣与小瓣电子云在 H^+ 和 L^- 离去后均在同侧，不易形成 π 键。由此可以预测反式消除比顺式消除容易进行。

2. 卤代烃消除卤化氢反应的立体化学

首先分析 1,2-二苯基-1-溴丙烷消除溴化氢生成 1,2-二苯基-1-丙烯的反应。

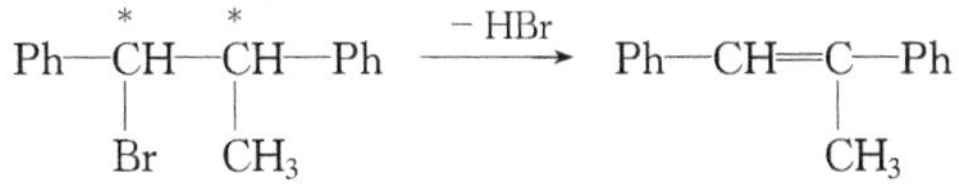

由于底物分子中有两个手性碳原子，因此可以有四个旋光异构体，用费歇尔投影式表示如下：

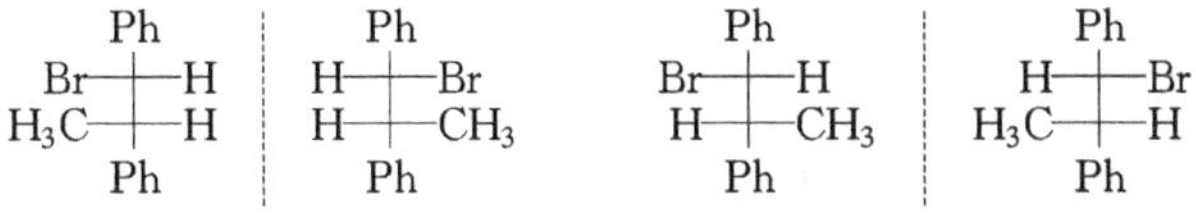

(1*S*,2*S*)-　(1*R*,2*R*)-　(1*S*,2*R*)-　(1*R*,2*S*)-

赤型　苏型

实验结果表明：赤型消除反应后只生成了 *Z* 构型的烯烃；苏型消除反应只生成了 *E* 构型的烯烃。

从实验结果分析，卤代烃消除 HX 的反应是按反式消除的方式进行的。参见下列书面表达式：

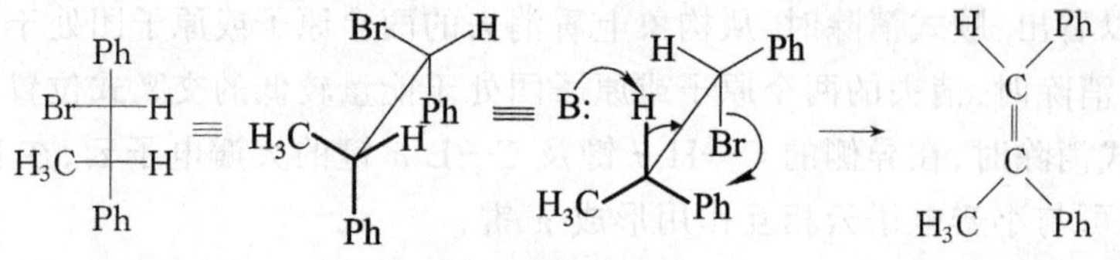

赤型　　　　H与Br反式共平面　　　　Z构型(cis－)

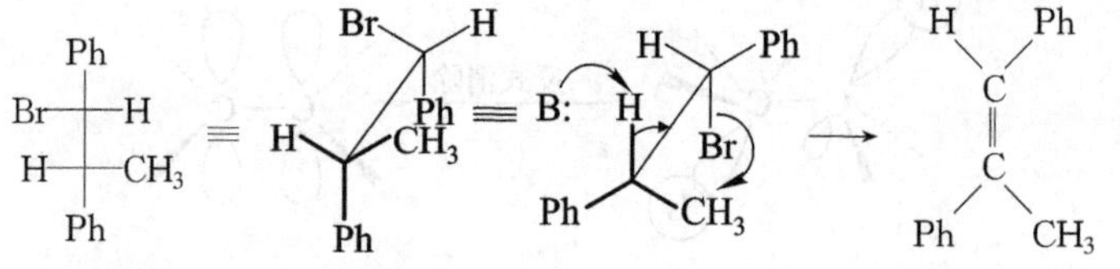

苏型　　　　H与Br反式共平面　　　　E构型(trans－)

要能正确地做出判断，将费歇尔投影式改写成锯架式不能有误，必须熟练、正确地完成转化，这样一来从书面表达式上很容易看出 H 与 Br 是在 C—C σ 键的异侧被消除的。

又如，氯代薄荷烃(盖基氯)消除 HCl 的反应，只得到一种产物 2－盖烯。这是因为：盖基氯处于优势构象时，Me—，*i*－Pr—，Cl—均占据 *e* 键，当其吸收能量后，转变为能量较高的构象，这时上述三个基团均处于 *a* 键，这时与氯相邻的处于 *a* 键的氢只有一个，只存在着一种消除方式的缘故。

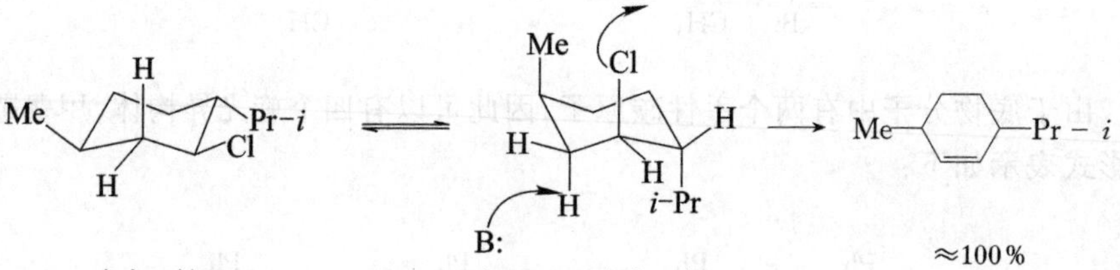

全占 *e* 键　　　　(EtO⁻)　全占 *a* 键　　　　≈100%

若底物为新盖基氯，消除 HCl 的反应，不仅得到 2－盖烯，还得到另一种产物 3－盖烯。这是因为：新盖基氯处于优势构象时，与氯相邻的处于 *a* 键的氢有两个，存在着两种消除方式的缘故。

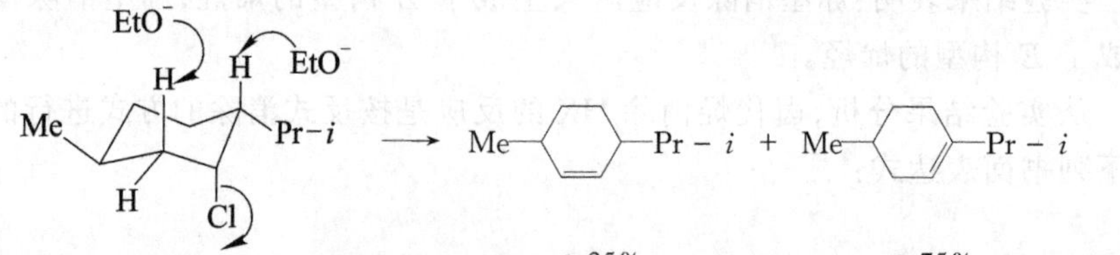

≈25%　　　　≈75%

以上事实表明:在六元环化合物中,消除的两个原子或原子团不仅要处于反式的位置而且还要同时处于 a 键的位置。简言之:"反式共平面消除"。

近年来,有新的实验事实表明,在某些情况下 E2 消除也可以按顺式消除的方式进行。例如:

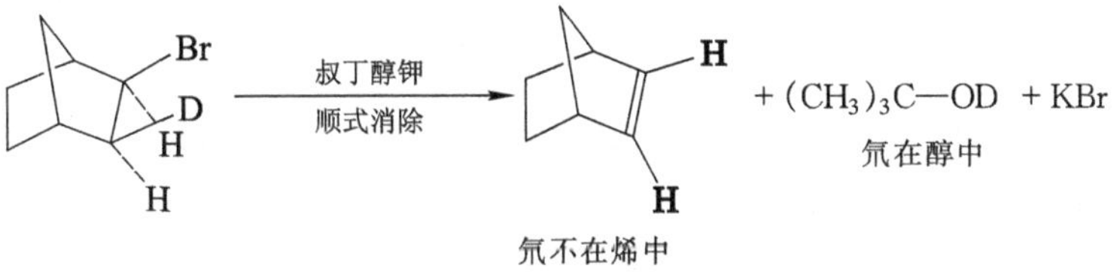

对于 E1 机理的消除反应,因为碳正离子呈平面构型,所以离去基团相互间的立体化学关系,不如 E2 机理的消除反应重要。

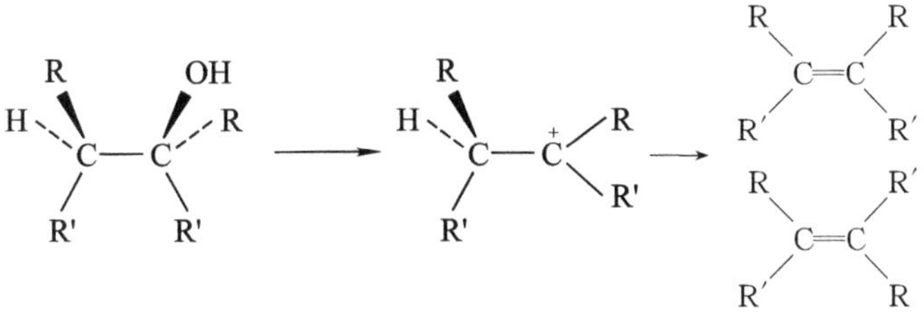

例如,蓋基氯按 E2 机理消除时,几乎 100% 生成 2-蓋烯;然而当它按 E1 机理消除时(Na_2CO_3/EtOH),生成 30% 的 2-蓋烯和 70% 的 3-蓋烯。

六、其他消除反应

下面将讨论热消除反应及 α-消除反应。

1. 热消除反应

不受酸、碱等试剂作用,在分子内通过环状过渡态直接把 β-H 转移到离去基团 L 上,同时生成 π 键的单分子消除反应称为热消除反应。

此类反应采取顺式消除的方式进行,并主要得到霍夫曼烯烃。

(1) 羧酸酯的热消除反应　当羧酸酯加热至约 400℃,便发生热消除反应。例如,乙酸仲丁酯受热后,几乎得到 100% 的顺式 2-丁烯:

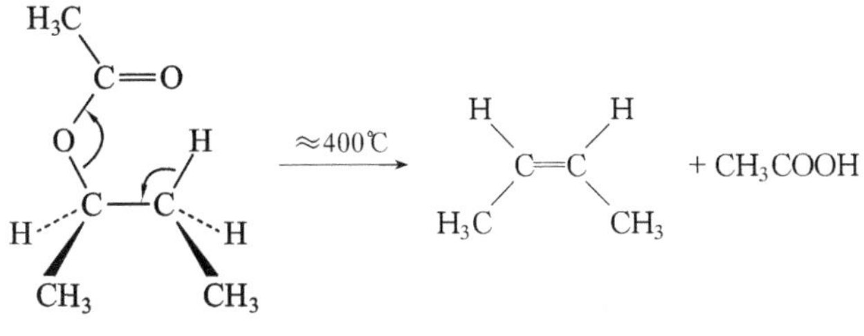

其反应机理如下：

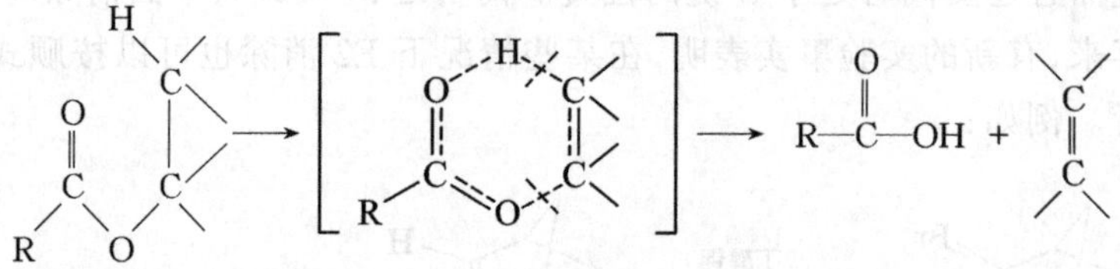

反应过程中，经过了环状过渡态，离去的两个原子或原子团在离去的同时，碳碳双键也生成了，是个协同反应。

底物中如果有多种 β-H 可供消除，反应的取向为：主要生成霍夫曼烯烃。

为说明此类消除反应是按顺式方式进行的，下面特举一例。

在 400℃ 的温度条件下，赤型或苏型 1-乙酰氧基-2-氘-1,2-二苯基乙烷，热消除的产物都是反式二苯基乙烯，但产物中保留氘的比例不相同。

赤型

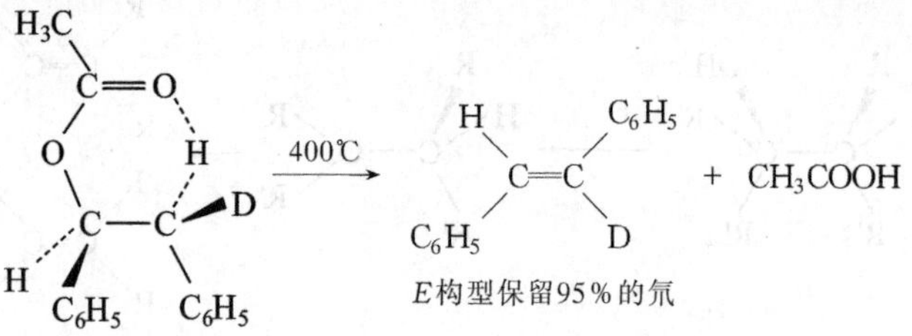

苏型

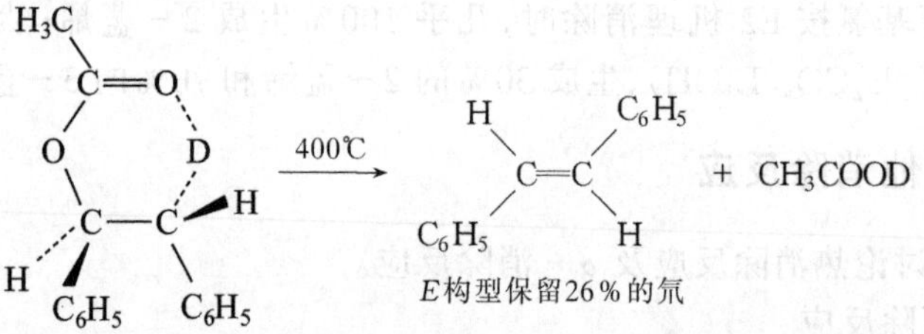

由以上机理的表达式可以清楚地看出：无论在哪种异构体中，氢和氘都与乙酰氧基处于顺式的位置。在赤型异构体中，氢原子和乙酰氧基位于顺式，消除掉乙酸后，氘保留在烯烃中；在苏型异构体中，氘和乙酰氧基处于顺式，因此在发生顺式消除后，氘在酸分子中。

(2) 黄原酸酯[①]的热消除反应　这是一个由醇制备烯烃的方法，其优点在于醇脱水时碳骨架不发生改变。例如，用 3,3-二甲基-2-丁醇作起始原料，

---

① 黄原酸酯的制备：用醇、二硫化碳及氢氧化钠反应，生成黄原酸盐，后者再用碘甲烷处理即可制得。

$$ROH + CS_2 + NaOH \longrightarrow RO{-}\overset{\overset{\large S}{\|}}{C}{-}\overset{-}{S}\overset{+}{Na} \xrightarrow{CH_3I} RO{-}\overset{\overset{\large S}{\|}}{C}{-}SCH_3$$

在酸催化下脱水，主要产物是2,3－二甲基－2－丁烯。若采用黄原酸酯的热消除反应，即可制得3,3－二甲基－1－丁烯，产率可达71%。参见下列反应式：

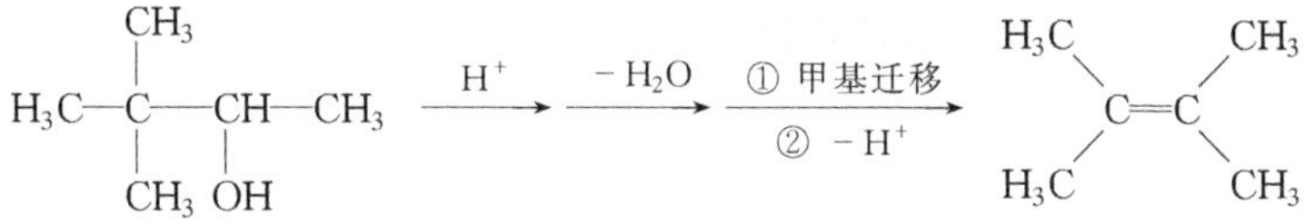

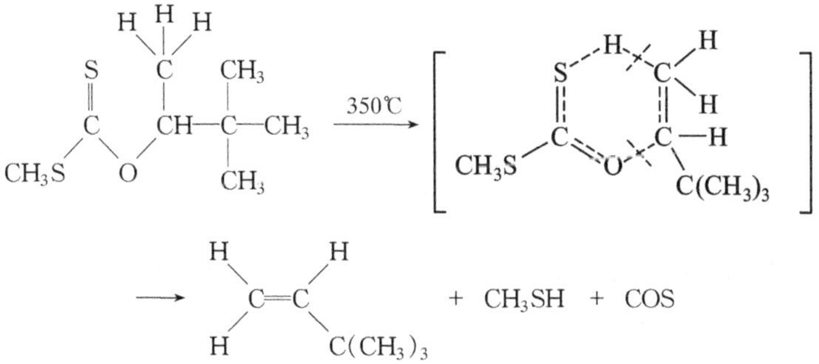

2．α－消除反应

α－消除反应即1,1－消除反应，是同一个碳上失去两个原子或原子团后，该原子形成不带电的低价结构活泼中间体碳烯（卡宾）或氮烯（乃春）的反应。本节只讨论形成碳烯(carbene)的1,1－消除反应。

(1) 碳烯的生成　氯仿或溴仿在强碱的作用下失去质子，生成 Cl_3C^-，再脱去 Cl^- 生成二氯卡宾(CCl_2)。

$$CHCl_3 + (CH_3)_3CO^-K^+ \longrightarrow Cl_3C^- \xrightarrow{-Cl^-} Cl_2C\!: + Cl^-$$

卡宾还可不通过α－消除的反应制备。例如，用重氮化合物、乙烯酮等活泼化合物的分解反应可制得卡宾。

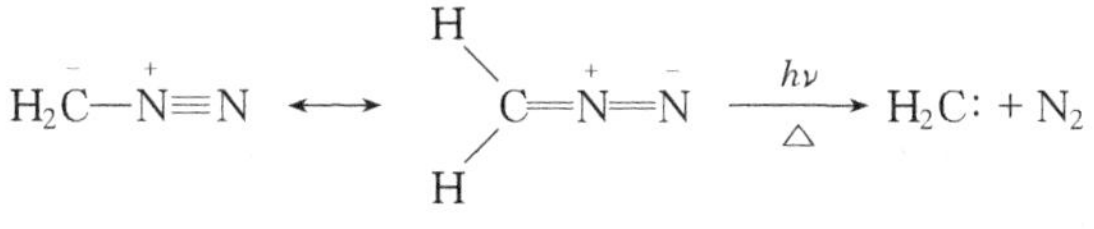

(2) 卡宾的结构　反应中刚生成的卡宾往往具有单线态(singlet state)结构，碳原子外层仅有六个电子，中心碳原子为 sp^2 杂化，在三个 sp^2 杂化轨道中，两个用来和氢原子成键，第三个容纳未成键电子对，没有杂化的p轨道是空着的，如下所示：

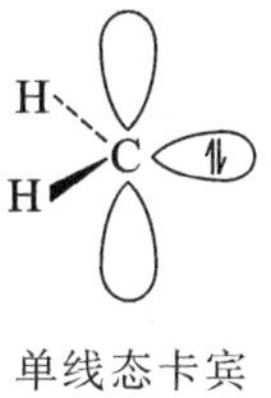

单线态卡宾

单线态的卡宾与别的分子或容器壁碰撞会失去一部分能量，慢慢变为能量较低的三线态（triplet state）卡宾，中心碳原子是 sp 杂化的，两个 sp 杂化轨道分别与两个氢原子成键，两个自旋相同的电子各占据一个 p 轨道。基态时主要以此种形式存在，如下所示：

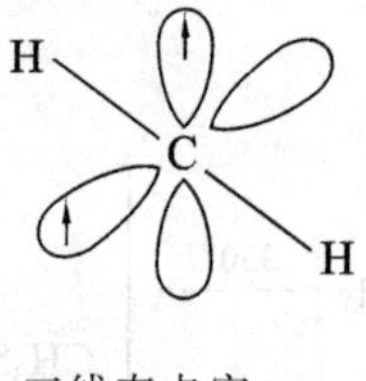

三线态卡宾

（3）卡宾的反应　卡宾可以与 π 键加成。卡宾为高度活泼的亲电试剂，能和碳碳双键加成而生成环丙烷衍生物。例如：

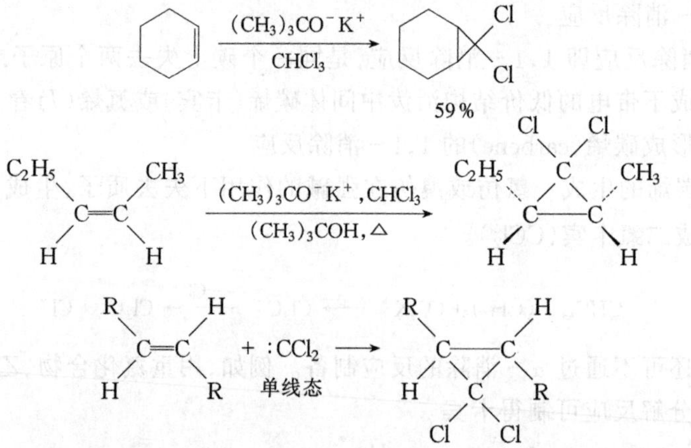

单线态卡宾和碳碳双键加成反应为协同过程，在形成三元环时，烯烃的立体化学保持不变。

三线态卡宾能量低，含有未成对的电子，可以看作是一个双游离基。它与碳碳双键加成时不仅得到构型保持的产物，而且得到混合物。例如：

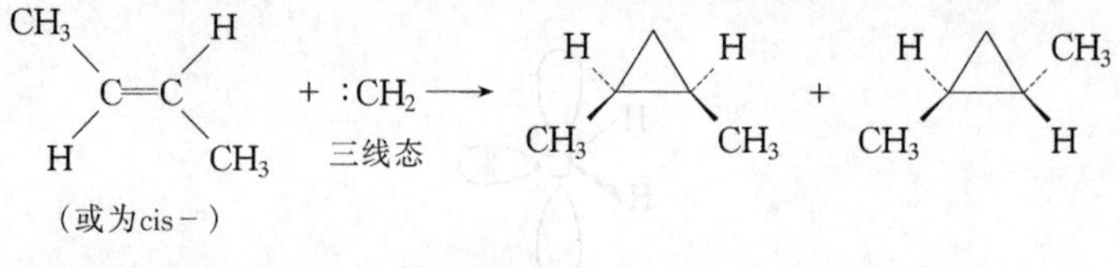

卡宾还能发生插入反应。卡宾能插入所有可能的 C—H 键。例如：

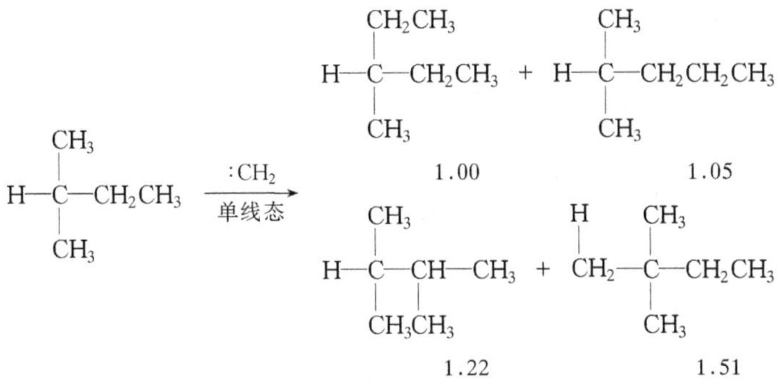

从产物的相对量可以看出：单线态卡宾反应的选择性很低，反应相对速率比例为1.51∶1.22∶1.05（或1.00）。

插入顺序（由易到难）为：3°氢，2°氢，1°氢。

若用三线态卡宾插入，选择性顺序不变，但反应相对速率比例为7∶2∶1。说明三线态卡宾发生插入反应时，选择性比单线态卡宾高。

习　题

1．写出下列化合物和等量HCN反应的化学反应方程式。

（1）$CH_3COCH_2CH_2CHO$　　（2）$C_6H_5COCH_2CH_2COCH_3$

（3）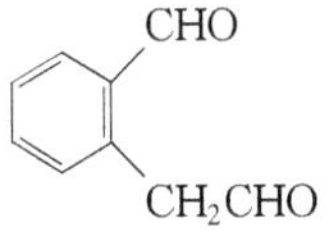　　（4）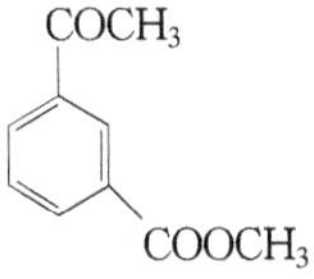

（5）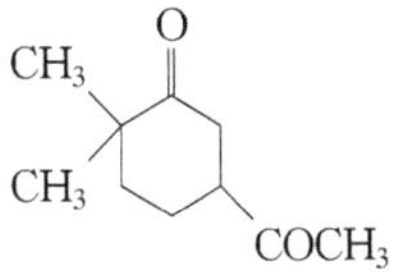

2．写出下列重排反应的主要产物。

（1）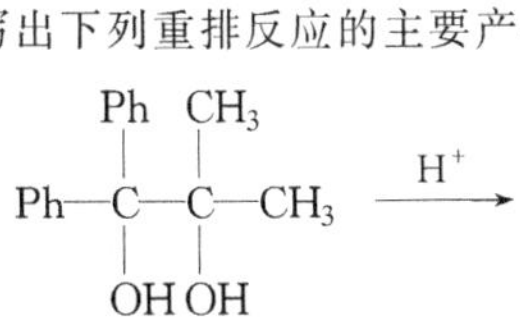

（2）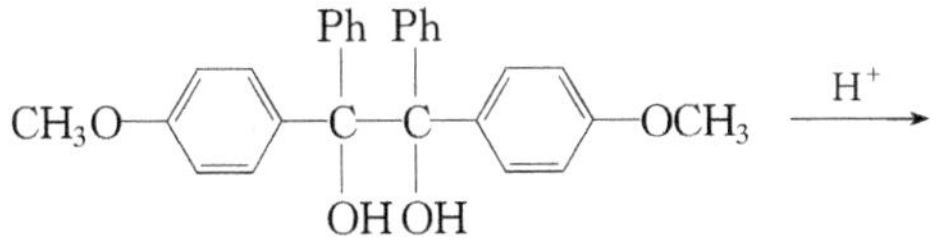

3．写出下列反应的主要产物。

(1) 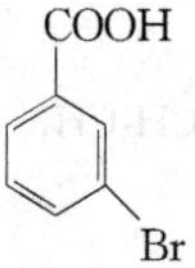 $\xrightarrow[\text{② } Br_2/KOH/H_2O]{\text{① } SOCl_2/NH_3}$

(2) $Ph-CH_2COOH \xrightarrow[\text{② } NaN_3]{\text{① } SOCl_2} \xrightarrow[\text{④ } H_2O]{\text{③ } CHCl_3,\triangle}$

(3) $EtO-\overset{O}{\overset{\|}{C}}-(CH_2)_4-\overset{O}{\overset{\|}{C}}-OEt + 2NH_2NH_2 \xrightarrow[\text{② } \triangle]{\text{① } HNO_2}$

(4) $Ph-CHO \xrightarrow{NH_2OH/H_2O_2} ? \xrightarrow[\triangle]{NaOH/H_2O}$

4. 说明为什么下列三种羰基化合物都可以生成能分离出的稳定水合物？

(1) Cl_3CCHO (2) 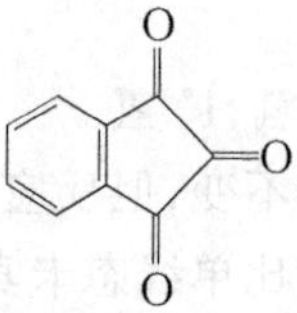 (3) $CF_3\overset{O}{\overset{\|}{C}}CF_3$

5. 按离去能力减小的顺序，排列下列负离子(作为亲核反应中的离去基团时)。

(1) H_2O $p-CH_3C_6H_4SO_3^-$ PhO^- MeO^-

(2) H^- Cl^- Br^- $MeCOO^-$ HO^-

6. 指出下列各试剂在乙醇中与 CH_3Br 反应哪个是更强的亲核试剂。

(1) H_3N 和 H_4N^+ (2) PhOH 和 PhO^-

(3) Me_3P 和 Me_3N (4) $n-C_4H_9O^-$ 和 $t-C_4H_9O^-$

(5) MeOH 和 MeSH (6) $(C_2H_5)_3N$ 和 

7. 写出下列 E2 消除反应的产物。

(1) $CH_3CH_2Br + t-BuOK \xrightarrow[\triangle]{DMSO}$

(2) $CH_3CH_2\underset{Br}{\underset{|}{C}}HCOOH$ + 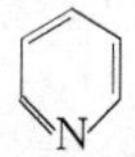 $\xrightarrow[\triangle]{H_3O^+}$

8. 完成下列反应方程式(如果有两个或两个以上的产物时，指明哪个是主要产物)。

(1) 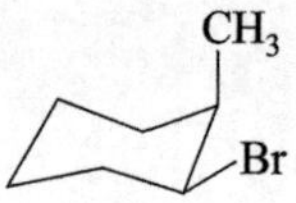 $+ NaOH \xrightarrow{MeOH}$ (2) 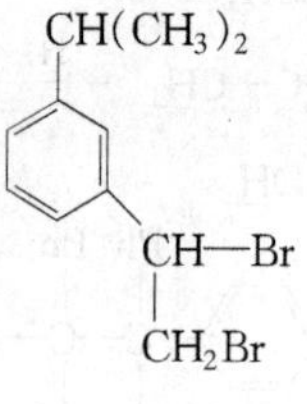 $\xrightarrow{NaNH_2/NH_3}$

(3) 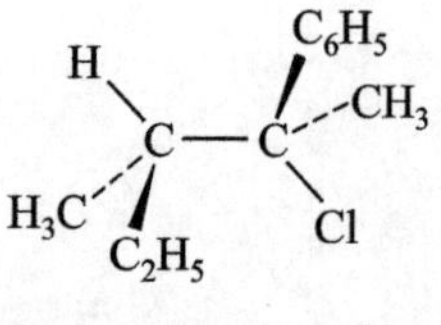 $+ EtONa \xrightarrow{EtOH}$

9. 简要说明下列反应的立体化学过程。

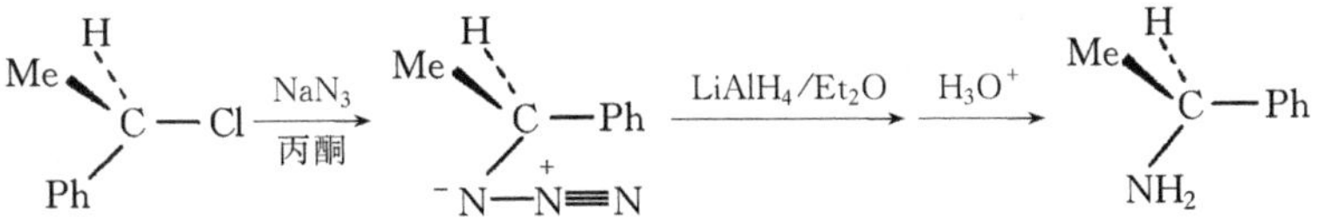

10. 写出下列亲核取代反应产物的构型式，并用 R，S 法标出其构型。

(1) 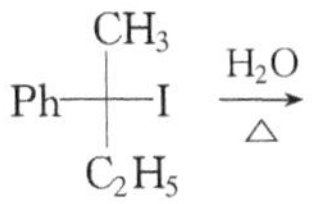　　(2) 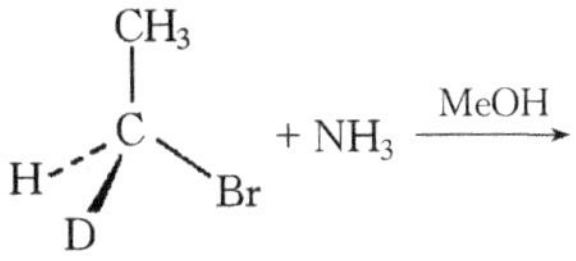

11. 二级卤代烷和 NaOH 的 S_N2 反应得到构型翻转的醇：

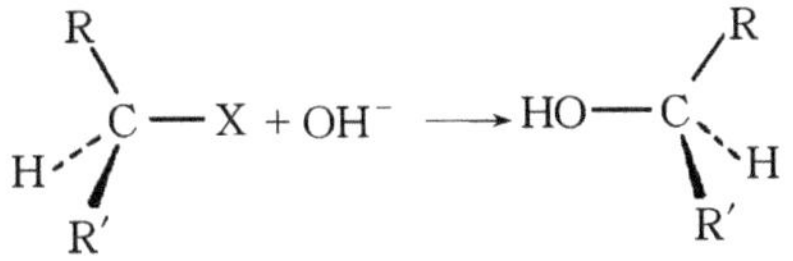

二级卤代烷和醋酸反应后，使生成的酯水解，同样可以得到构型翻转的醇：

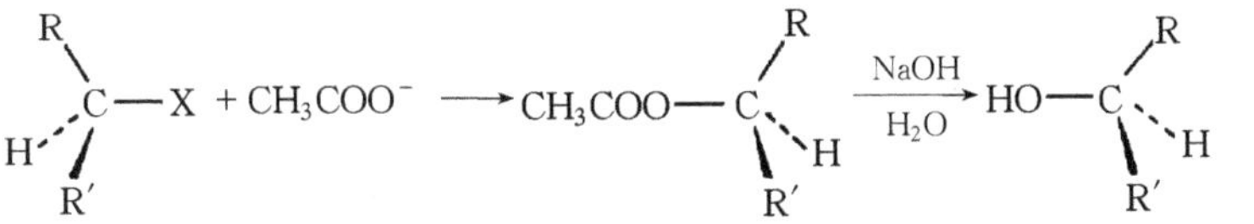

请判断这两种方法中哪种方法的产率高，为什么？

12. 苄基溴和水在甲酸溶液中反应生成苯甲醇，反应速率与[H_2O]无关；在同样条件下，对甲基苄基溴的反应速率是前者的 53 倍。苄基溴和乙氧基离子在无水乙醇中反应生成苄基乙基醚，反应速率取决于[RBr]和[$C_2H_5O^-$]；在同样条件下，对甲基苄基溴的反应速率是前者的 1.5 倍。试从溶剂极性、试剂的亲核性及取代基的电子效应等方面解释这个结果。

13. 按活性由强到弱的顺序排列下列两组化合物(与指定试剂反应时)。

(1) 氯苯、间氯硝基苯、2,4－二硝基氯苯、2,4,6－三硝基氯苯(试剂：NaOH)

(2) 氯苄、氯苯、氯乙烷(试剂：KCN)

14. 请解释为什么 2,6－二甲基－4－溴硝基苯比 4－溴硝基苯发生亲核取代反应的速率慢得多。

15. 请为(E)－苯基邻甲氧基苯基酮肟在浓硫酸或五氯化磷的作用下生成酰胺的反应拟定合理的机理。

16. 指出下列 α－二酮发生二苯基羟基乙酸重排的主产物，并拟出反应机理。

(1) $HOOCCH_2COCOCH_2COOH$　　(2) Me—COCOCOO—Et

(3) 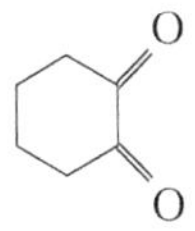

17. 赤型－3－氯－2－丁醇与碱的水溶液作用，生成内消旋的 2,3－丁二醇。反之，苏型

-3-氯-2-丁醇则生成外消旋产物。请用透视式表示其立体化学过程。

18. 请解释：当1,1,1-三氟-2,2-二氯乙烷与甲醇钠在重氢甲醇中进行消除反应时，在产物中有1-氘-2,2,2-三氟-1,1-二氯乙烷存在。

19. 说明当1,2-二甲基-1,2-环己二醇的异构体用酸处理时，所观察到的不同结果。

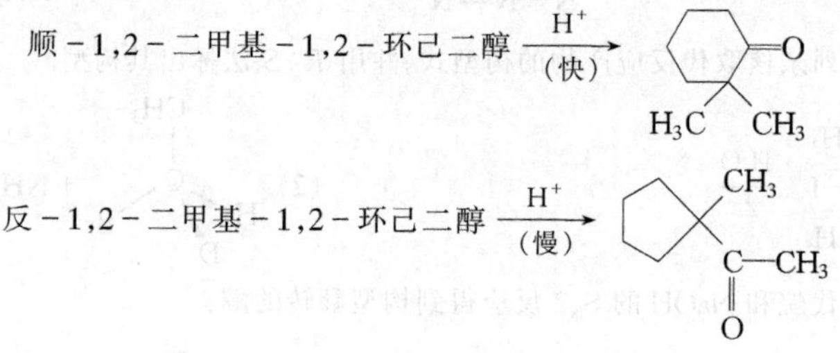

第十八章　游离基反应机理

(Mechanism of free radical reaction)

第一节　游　离　基

一、游离基的形成

游离基又称自由基，是带有不成对电子的原子、原子团或分子，是有机化学中常见的活泼(性)中间体。

游离基通常是在光照、高温或引发剂的作用下，由共价键发生均裂而形成的。

引发剂是一类容易受热分解出游离基的化合物。常用的引发剂有很多类别，其中有过氧化物与偶氮化合物等。例如：

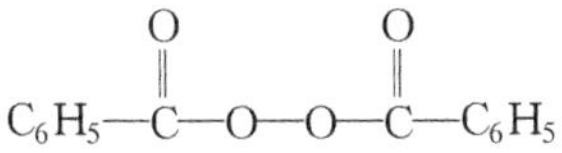

过氧化苯甲酰

$$(CH_3)_3CO—OC(CH_3)_3$$

叔丁基过氧化物

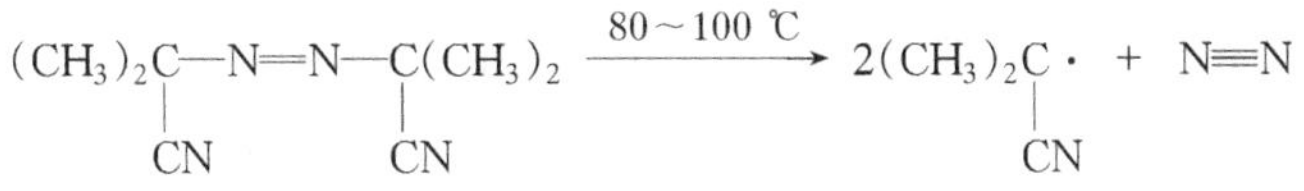

偶氮二异丁腈　　　　异丁腈游离基

如今，热解仍是生成游离基的主要方法。除了热解外，光解与电解也是常用的方法。例如，根据共价键的键能，调节光源与波长，在低温下就能生成所需的游离基。光解法比热解法有较好的专一性，生成的速率也易于控制。

$$\underset{\text{叔丁基过氧化物}}{(CH_3)_3CO—OC(CH_3)_3} \xrightarrow{h\nu} \underset{\text{叔丁基游离基}}{2(CH_3)_3CO\cdot}$$

此外，通过氧化还原反应，由电子自旋成对的分子中，得到或失去一个电子，也可生成游离基。

许多过渡金属的离子，在高价态时具有氧化性，低价态时具有还原性，这些氧化还原反应往往只需较低的能量即可发生,因此可在室温或低于室温的温度下发生作用。Fe^{2+},Cu^{+},Mn^{3+},Pb^{4+}及Ce^{4+}等是常用的、能引发游离基的金属离子。例如:

$$Fe^{2+} + H_2O_2 \longrightarrow Fe^{3+} + OH^- + HO\cdot$$

二、游离基的分类

大多数游离基的表现都很活泼,在反应中仅能瞬间存在。

游离基可根据其相对稳定性划分为:活泼游离基及稳定游离基两类。大多数的游离基均属于活泼游离基。此类游离基可以诱发多种反应,如加成、取代、氧化及还原反应等。

稳定游离基较少,但由于其结构特点,可以表现得相对稳定。例如,三苯甲基游离基就可在溶液中存在;1,1-二苯基-2-(2,4,6-三硝基)苯肼基游离基,固态时就能够长期稳定保存。此类游离基可用来研究游离基的结构和反应机理,还可用作抗氧化剂、阻聚剂、防老剂等。

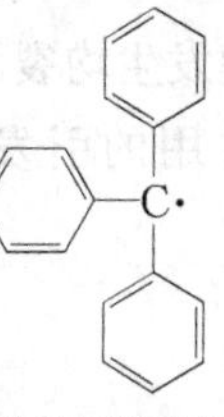

三苯甲基游离基

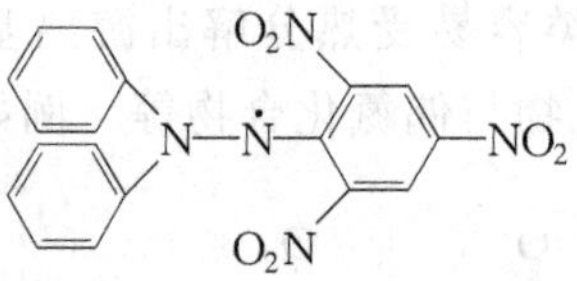

1,1-二苯基-2-(2,4,6-三硝基)苯肼基游离基

游离基还可按其总体是否带电,分为中性游离基和带电的游离基两类。中性游离基是范围最广的一类,是反应中具有高活性的中间体。

在同一原子或两个原子上,有两个不成对电子的分子或中间体称为双游离基。例如:

$$\dot{H}NCH_2CH_2\dot{N}H$$

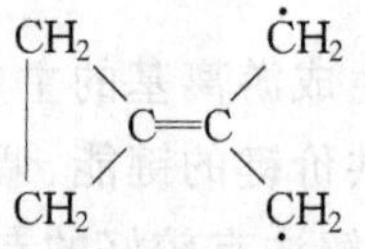

卡宾(碳烯)是一类很活泼的反应中间体,三线态卡宾(triplet state carbene)可看作是双游离基。

三、游离基的结构与稳定性

实验表明大多数的烃基游离基具有平面三角形的结构:中心碳原子为sp^2杂化,未成对的电子占据p轨道,参见下图:

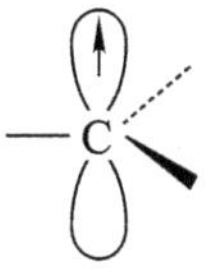

若烃基体积过大，这一空间构型就可能发生畸变，而不能保持平面的构型。例如，三苯甲基游离基中的三个苯基就不在一个平面上，而各有“扭转”呈现为“螺旋桨”形。

某些游离基也可以是 sp^3 杂化的。例如，三氟甲基游离基，其结构呈角锥形，未成对电子可以围绕中心碳原子发生翻转，参见下图：

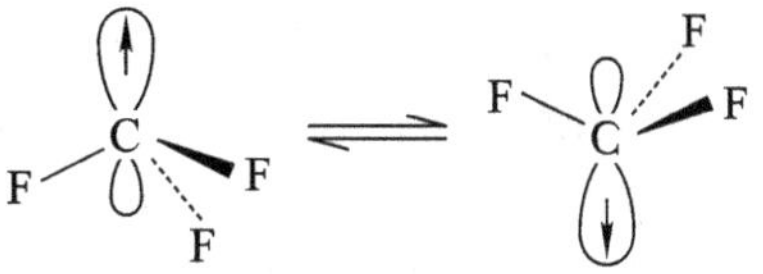

此外，桥头碳游离基，如 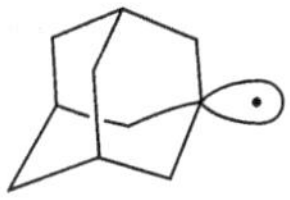 也为角锥形构型。

各种游离基的稳定性有很大差别，实验结果表明，各种烃基游离基稳定性由大到小的顺序为

$$CH_2{=}CH{-}CH_2\cdot > H_3C{-}\underset{CH_3}{\overset{CH_3}{C}}\cdot > \begin{matrix}H_3C\\ \end{matrix}\!\!\!\!\!\!\!\!\!\begin{matrix}\\ H_3C\end{matrix} CH\cdot > CH_3CH_2\cdot > CH_3\cdot$$

$(C_6H_5)_3C\cdot$	>	$(C_6H_5)_2CH\cdot$	>	$C_6H_5CH_2\cdot$
三苯甲基游离基		二苯甲基游离基		苄基游离基 （苯甲基游离基）

影响游离基稳定性的因素有电子效应和空间效应。例如，叔丁基游离基的稳定性大于异丙基、乙基和甲基游离基，可用 $\sigma-p$ 超共轭效应来解释。烯丙基游离基、三苯甲基游离基具有较大的稳定性，是由于未共用即未配对电子的离域化作用——$p-\pi$ 共轭效应——所引起的，参见图 18－1。

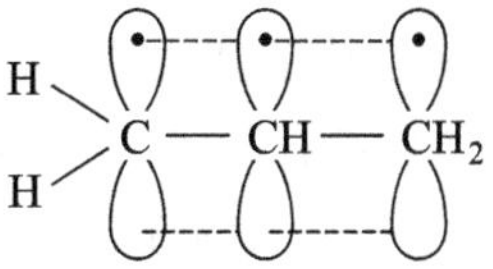

图 18－1　烯丙基游离基中 $p-\pi$ 共轭效应示意图

思考题 18.1 画图说明苄基游离基是较稳定的游离基。

思考题 18.2 将下列各组游离基按稳定性由大到小的顺序排列：

(1)

(2)

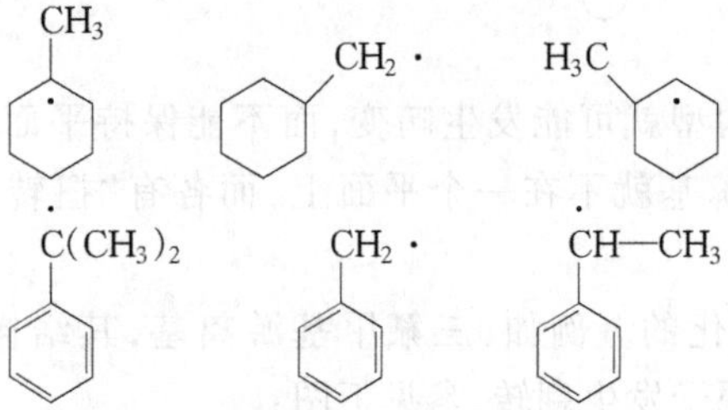

尽管各种不同结构游离基的稳定性有很大差别，但作为一种反应的活泼中间体，它们只瞬间存在，而不能游离得到。当烃基游离基上的三个基团被苯基所取代时，就可以得到一种稳定的游离基——三苯甲基游离基。三苯甲基游离基是青年化学家冈伯格(Gomberg M)在1900年意外发现的。当时冈伯格试图用三苯氯甲烷与银粉作用制取六苯乙烷，但他得到的产物并不是所预期的产物，而是得到了一个稳定的游离基——三苯甲基游离基(亦可用三苯氯甲烷与锌粉作用制备)：

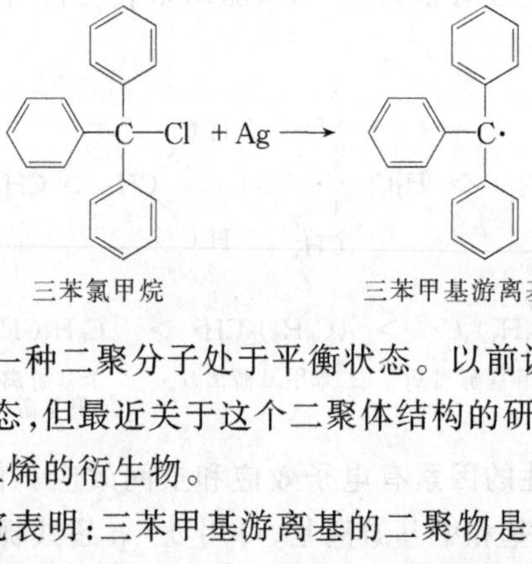

三苯氯甲烷 三苯甲基游离基

它与反应活性较小的一种二聚分子处于平衡状态。以前认为三苯甲基游离基与六苯乙烷处于平衡状态，但最近关于这个二聚体结构的研究表明，它不是六苯基乙烷，而是一种环己二烯的衍生物。

UV，NMR的研究表明：三苯甲基游离基的二聚物是一个环己二烯衍生物，并非简单的甲基碳之间的偶联，二聚物中一个三苯甲基碳加到另一个游离基中苯基的对位。

室温下二者之间的平衡组成如下：两个体积较大的游离基，难以相互接近形成六苯乙烷，以空间较小的方式生成醌式二聚体。在^{1}H－NMR谱图上可以看到三组峰，它们分别为：苯环上氢(或称质子)的峰($\delta=6.8\sim7.4$)、环己二烯基上氢的峰($\delta=5.8\sim6.4$)和烯丙基上氢的峰($\delta=5.0$)。

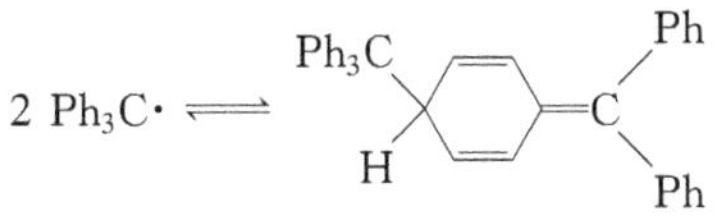

当三苯甲基游离基存在于很稀的溶液中时，几乎以 100 % 的游离基形式存在。

检定游离基的方法主要有两种：仪器检定法和化学检定法。

仪器检定法最有效，一般说来只要游离基的寿命不是很短，都可用顺磁共振谱——电子自旋共振谱（简称 ESR 或 EPR）——检测其存在。其原理在于：游离基中含有未成对的电子，未成对电子的自旋能产生磁矩，在磁场中会呈现出顺磁性的缘故。

第二节　游离基加成反应

一、卤素与烯烃的加成

卤素与烯烃在气相或非极性溶剂中进行的光化学加成，是游离基机理的反应。例如，乙烯与氯的光化学加成：

$$CH_2{=}CH_2 + Cl_2 \xrightarrow{h\nu} Cl{-}CH_2{-}CH_2{-}Cl$$

其机理如下：

$$Cl{-}Cl \xrightarrow{h\nu} 2Cl\cdot$$

$$CH_2{=}CH_2 + Cl\cdot \rightleftharpoons Cl{-}CH_2{-}\dot{C}H_2$$

$$Cl{-}CH_2{-}\dot{C}H_2 + Cl{-}Cl \longrightarrow Cl{-}CH_2{-}CH_2{-}Cl + Cl\cdot$$

由于烯烃和卤素游离基加成时，生成游离基加成物的过程是可逆的，因而烯烃和卤素加成时产生顺反异构化。例如，在顺丁烯二酸的溶液中加入少量的溴（或碘），用紫外光照射，则发生顺反异构化作用，转变为反丁烯二酸：

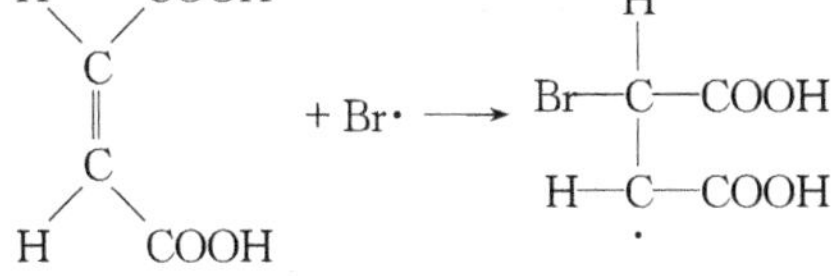
①

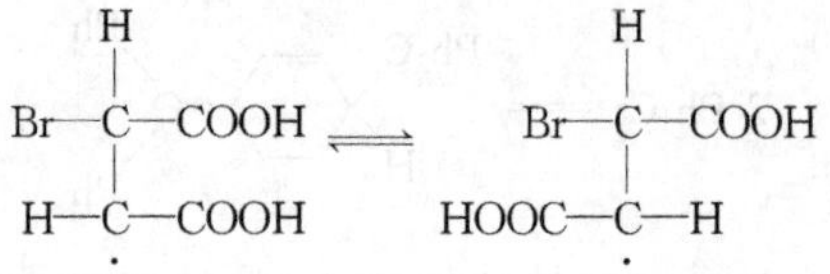
②

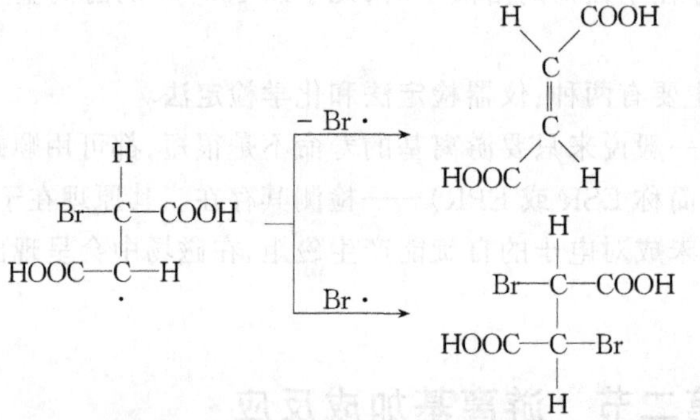
反丁烯二酸

反－2,3－二溴丁二酸

卤素游离基和顺丁烯二酸作用得到的游离基①，如果消除一个 Br·则又得到顺丁烯二酸；由于游离基①中，碳碳 σ 键的自由旋转及两个羧基之间的斥力，两个羧基采取反式排列形成游离基②，游离基②消除一个溴原子，则得到反丁烯二酸。

二、溴化氢与烯烃的加成

此类反应的一个典型实例就是：结构不对称的烯烃，在过氧化物存在下与溴化氢的加成反应。其中存在的过氧化物效应（卡拉施效应），可以从反应热 ΔH 的数据（表 18－1）得到说明。

我们知道游离基反应进行得越迅速，反应所需的活化能就必须越小，不仅要求整个反应是放热的，而且每一步反应都是放热的，倘若有吸热的反应步骤，其吸热也只能是极微弱的。

$$R{-}CH{=}CH_2 + X\cdot \longrightarrow R{-}\dot{C}H{-}CH_2{-}X \quad ①$$

$$R{-}\dot{C}H{-}CH_2{-}X + HX \longrightarrow R{-}CH_2{-}CH_2{-}X + X\cdot \quad ②$$

表 18－1　反应热 ΔH（单位：$kJ\cdot mol^{-1}$）

反应	HF	HCl	HBr	HI
①	－222	－75.6	－21	＋50.2
②	＋151.2	＋16.8	－50.4	－117.6
反应全过程	－71.4	－58.8	－71.4	－67.2

由表 18－1 不难看出，只有溴化氢的游离基反应，不仅整个反应是放热的，

而且两个关键步骤均放热，即只有溴化氢具有过氧化物效应，能迅速地发生游离基加成反应。例如，丙烯与溴化氢的反应：

$$CH_3—CH{=}CH_2 \xrightarrow[\text{过氧化物}]{HBr} \underset{\text{1－溴丙烷}}{CH_3—CH_2—CH_2Br}$$

其机理如下：

链引发

$$\underset{\text{过氧化苯甲酰}}{C_6H_5—\overset{\overset{O}{\|}}{C}—O—O—\overset{\overset{O}{\|}}{C}—C_6H_5} \longrightarrow \underset{\text{苯甲酰氧游离基}}{2C_6H_5—\overset{\overset{O}{\|}}{C}—O\cdot}$$

$$C_6H_5—\overset{\overset{O}{\|}}{C}—O\cdot + HBr \longrightarrow C_6H_5—\overset{\overset{O}{\|}}{C}—OH + Br\cdot$$

链传递

$$CH_3—CH{=}CH_2 + Br\cdot \longrightarrow CH_3—\dot{C}H—CH_2Br$$

$$CH_3—\dot{C}H—CH_2Br + HBr \longrightarrow CH_3—CH_2—CH_2Br + Br\cdot$$

链引发阶段，游离基引发剂——过氧化苯甲酰——分子中的 O—O 键发生均裂，生成苯甲酰氧游离基，后者接着与溴化氢作用，生成溴游离基。链传递阶段，在每消耗一个溴游离基生成产物 1－溴丙烷的同时，还生成一个供下一步反应的溴游离基，直至链终止。因此反应总的结果，得到了形式上“反马氏规则”的产物。

三、多卤代烷与烯烃的加成

多卤代烷如 CBr_4，$BrCCl_3$，CCl_4，ICF_3等，也可以在过氧化物或光的作用下，与烯烃发生游离基加成反应。反应过程中往往是多卤代烷分子中最弱的键先断裂，形成多卤代烷基游离基，再与烯烃发生反应。例如，CBr_4 与 1－辛烯的反应：

$$\underset{\text{1－辛烯}}{CH_3(CH_2)_5CH{=}CH_2} \xrightarrow[\text{过氧化物}]{CBr_4} \underset{\text{1,1,1,3－四溴壬烷}}{CH_3(CH_2)_5\overset{\overset{Br}{|}}{C}H—\overset{\overset{CBr_3}{|}}{C}H_2}$$

其机理如下：

链引发

$$RO—OR \longrightarrow 2RO\cdot$$

$$RO\cdot + CBr_4 \longrightarrow ROBr + \cdot CBr_3$$

链传递

$$CH_3(CH_2)_5CH{=}CH_2 + \cdot CBr_3 \longrightarrow CH_3(CH_2)_5\dot{C}H—\overset{\overset{CBr_3}{|}}{C}H_2$$

$$CH_3(CH_2)_5\dot{C}H—\overset{\overset{CBr_3}{|}}{C}H_2 + CBr_4 \longrightarrow CH_3(CH_2)_5\overset{\overset{Br}{|}}{C}H—\overset{\overset{CBr_3}{|}}{C}H_2 + \cdot CBr_3$$

思考题 18.3 预测下列反应的主要产物。

(1) 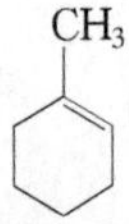 $+ HBr \longrightarrow$ (2) 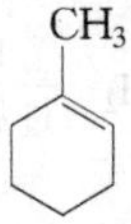 $+ HCl \longrightarrow$

思考题 18.4 预测下列反应的主要产物。

(1) 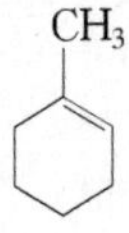 $+ HBr \xrightarrow{ROOR}$ (2) 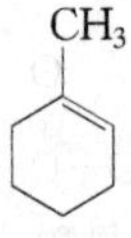 $+ HCl \xrightarrow{ROOR}$

(3) $CF_2{=}CH_2 + CHCl_3 \xrightarrow{ROOR}$ (4) $CH_3{-}CH{=}CH_2 + ICF_3 \xrightarrow{ROOR}$

四、醛、硫醇与烯烃的加成

醛羰基上的C—H键及硫醇分子中巯基的S—H键发生均裂时的键能，近似于溴化氢分子中Br—H键的键能，因而醛、硫醇也能与烯烃发生游离基加成反应。例如：

$$RS\cdot + \gt C{=}C\lt \longrightarrow RS{-}\overset{|}{\underset{|}{C}}{-}\overset{|}{\underset{|}{C}}\cdot$$

$$RS{-}\overset{|}{\underset{|}{C}}{-}\overset{|}{\underset{|}{C}}\cdot + RSH \longrightarrow RS{-}\overset{|}{\underset{|}{C}}{-}\overset{|}{\underset{|}{C}}{-}H + RS\cdot$$

酰基游离基(RCO·)和烃硫基游离基(RS·)是链的传递者。例如：

$$R{-}\overset{O}{\overset{\|}{C}}{-}H + In \longrightarrow In{-}H + R{-}\overset{O}{\overset{\|}{C}}\cdot$$

$$R'CH{=}CH_2 + R{-}\overset{O}{\overset{\|}{C}}\cdot \longrightarrow R'\dot{C}H{-}CH_2{-}\overset{O}{\overset{\|}{C}}{-}R$$

$$R'\dot{C}H{-}CH_2{-}\overset{O}{\overset{\|}{C}}{-}R + R{-}\overset{O}{\overset{\|}{C}}{-}H \longrightarrow R'CH_2{-}CH_2{-}\overset{O}{\overset{\|}{C}}{-}R + R{-}\overset{O}{\overset{\|}{C}}\cdot$$

以上反应式中In为引发剂(initiator)一词的英文缩写。

醛与烯烃的加成有一定的合成价值，由于酰基的亲核性，使得它与α,β-不饱和酮、酸及酯等化合物的游离基加成的产率较高。

五、活性亚甲基化合物与烯烃的加成

含有较活泼α-H的羧酸及其酯，能与烯烃进行游离基加成。尤其是丙二酸二乙酯、乙酰乙酸乙酯及氯乙酸乙酯等，其亚甲基上的氢原子易被抽提产生较稳定的游离基，从而能与烯烃加成。例如：

$$CH_2(COOC_2H_5)_2 + n\text{-}C_6H_{13}-CH=CH_2 \longrightarrow \underset{\displaystyle n\text{-}C_6H_{13}}{\underset{|}{CH_2}}-CH_2-CH(COOC_2H_5)_2$$

其机理如下：

$$n\text{-}C_6H_{13}-CH=CH_2 + \cdot CH(COOC_2H_5)_2 \longrightarrow \underset{\displaystyle n\text{-}C_6H_{13}}{\underset{|}{\dot{C}H}}-CH_2-CH(COOC_2H_5)_2$$

$$\underset{\displaystyle n\text{-}C_6H_{13}}{\underset{|}{\dot{C}H}}-CH_2-CH(COOC_2H_5)_2 + CH_2(COOC_2H_5)_2 \longrightarrow$$

$$\underset{\displaystyle n\text{-}C_6H_{13}}{\underset{|}{CH_2}}-CH_2-CH(COOC_2H_5)_2 + \cdot CH(COOC_2H_5)_2$$

反应底物常常为六个碳以上的烯烃，引发剂多为过氧化苯甲酰或叔丁基过氧化物。反应温度较高，大约为 145～170 ℃。

若采用 α－卤代酸酯（如 $BrCH_2COOC_2H_5$）时，反应中被传递的不是氢而是溴，加成产物为碳链增长的 γ－卤代（溴代）酸酯：

$$BrCH_2COOC_2H_5 + R\cdot \longrightarrow RBr + \cdot CH_2COOC_2H_5$$

$$n\text{-}C_6H_{13}-CH=CH_2 + \cdot CH_2COOC_2H_5 \longrightarrow \underset{\displaystyle n\text{-}C_6H_{13}}{\underset{|}{\dot{C}H}}-CH_2-CH_2COOC_2H_5$$

$$\underset{\displaystyle n\text{-}C_6H_{13}}{\underset{|}{\dot{C}H}}-CH_2-CH_2COOC_2H_5 + BrCH_2COOC_2H_5 \longrightarrow$$

$$\underset{\displaystyle n\text{-}C_6H_{13}}{\underset{|}{\overset{\displaystyle Br}{\overset{|}{CH}}}}-CH_2-CH_2COOC_2H_5 + \cdot CH_2COOC_2H_5$$

值得注意的是：从形式上看羧酸酯与烯烃的反应是个烷基化反应。烯烃作为烷基化剂，使羧酸酯增长碳链，在有机合成上很有用途。例如，合成大环酯类、香料的中间体十三碳二酸等。

六、烯烃的聚合

游离基可以引起烯烃的聚合反应。此类反应也可看作是烯烃的自身加成反应。这已在第十五章第二节二、游离基聚合反应中叙述过，此略。

第三节 游离基取代反应

在有机化学的基础课学习过程中，最常见到的游离基取代反应有：烷烃的光卤化；烯烃分子中，与碳碳双键相连的 α－碳上氢原子被卤素取代；芳烃分子中，芳环侧链上 α－碳上氢原子被卤素取代及自氧化反应，如用过氧化异丙苯法制苯酚的反应等。

一、烷烃的卤化

烷烃的氯化或溴化反应，是将重要的官能团——卤素——引入不活泼的分子中的方法。这是游离基机理的反应，其链反应中的关键步骤如下：

$$\text{链引发}\quad X{-}X \xrightarrow{h\nu} 2X\cdot$$

$$\text{链传递}\begin{cases} X\cdot + R_3C{-}H \longrightarrow R_3C\cdot + HX \\ R_3C\cdot + X{-}X \longrightarrow R_3C{-}X + X\cdot \end{cases}$$

$$X = Cl, Br$$

氯或溴游离基在光照条件下产生，反应的决速步骤是：氯或溴的游离基抽提烷烃分子中氢原子的步骤。饱和烃分子中的叔氢最容易被抽提，仲氢次之，伯氢最难。

由于游离基是一类活泼的反应中间体，且各种游离基的活泼性有很大差别。如 F·很活泼，它与烷烃反应很快，并放出大量热，可引起爆炸，必须用惰性气体稀释进行反应；而 I·则很不活泼，反应不能进行。因此，烷烃的卤化反应通常指的是氯化及溴化反应。

值得注意的是：游离基的活泼性顺序和它们的选择性顺序正好相反。活泼性大的游离基具有较小的选择性；活泼性较小的游离基具有较大的选择性。与溴相比，氯游离基比溴游离基的活性大，因而氯化反应的选择性差，尽管氯化反应也是游离基机理的反应，但是实验结果表明：不同碳上的氢原子被氯取代的产物比例差异却不大。例如，异戊烷的一元氯化反应，得到四种产物的混合物，三级氢原子抽提的概率为一级氢原子的 5 倍。请参见下列反应式：

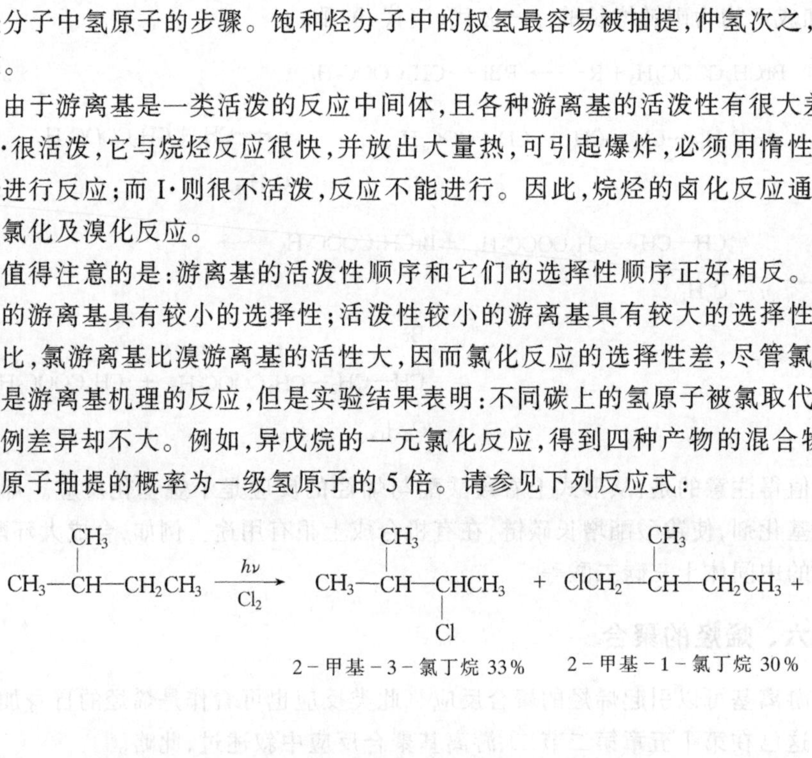

2－甲基－3－氯丁烷 33%　　2－甲基－1－氯丁烷 30%

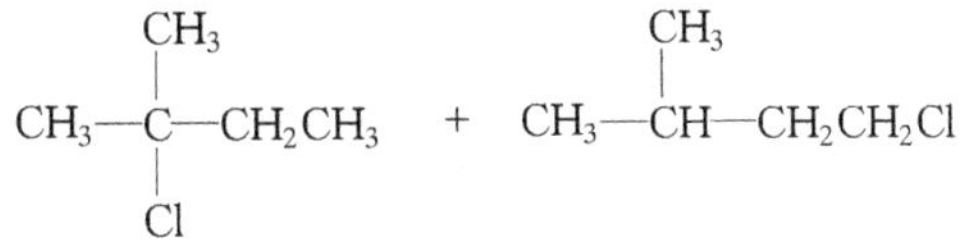

$$CH_3-\underset{\underset{Cl}{|}}{\overset{\overset{CH_3}{|}}{C}}-CH_2CH_3 \quad + \quad CH_3-\underset{\overset{CH_3}{|}}{CH}-CH_2CH_2Cl$$

2-甲基-2-氯丁烷 22%　　　3-甲基-1-氯丁烷 15%

　　对于异戊烷的溴化反应,三级氢原子被溴抽提的产物比例高达 93%,三级氢原子抽提的概率为一级氢原子的 1600 倍。由此不难看出:溴游离基的活性不如氯游离基大,但其反应选择性却比氯游离基大许多。

$$CH_3-\underset{\overset{CH_3}{|}}{CH}-CH_2CH_3 \xrightarrow[\text{Br}_2]{h\nu} CH_3-\underset{\underset{Br}{|}}{\overset{\overset{CH_3}{|}}{C}}-CH_2CH_3 \quad + \quad CH_3\underset{\overset{CH_3}{|}}{CH}-\underset{\underset{Br}{|}}{CH}CH_3$$

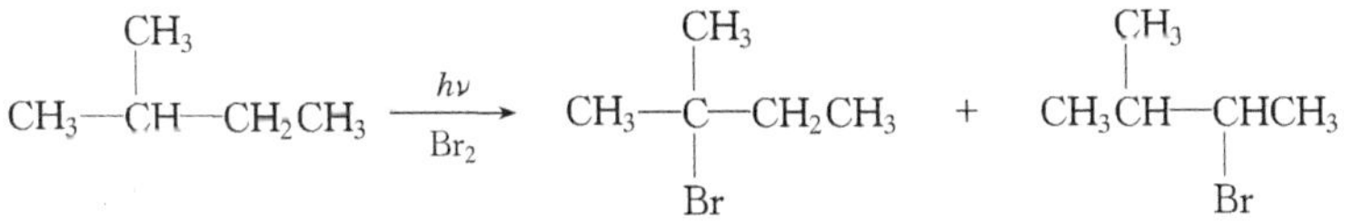

2-甲基-2-溴丁烷 93%　　2-甲基-3-溴丁烷 7%

　　氯的游离基取代反应,也会受到分子极性的影响。在强吸电子($-I$)基团附近,氯化速率慢,反应优先选择离吸电子基团较远的 β 位及 γ 位:

$$CH_3-CH_2-CH_2CN + Cl_2 \longrightarrow CH_3-\underset{\underset{Cl}{|}}{CH}-CH_2CN \quad + \quad \underset{\underset{Cl}{|}}{CH_2}-CH_2-CH_2CN$$

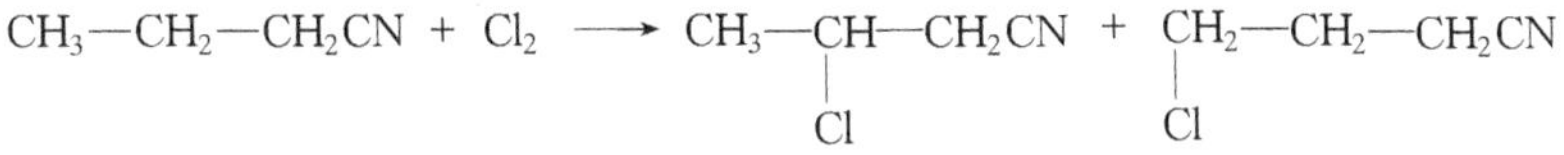

　　　　　　　　　　　　　　　　　69%　　　　　　　31%

二、烷烃的氯磺化

　　高级烷烃与硫酰氯(或二氧化硫与氯气的混合物)在光照下反应,生成烷基磺酰氯。

$$RH + SO_2 + Cl_2 \xrightarrow{h\nu} RSO_2Cl$$

　　烷烃的氯磺化作用亦为游离基机理的反应。其机理与烷烃的氯化很相似,其链传递阶段的机理如下:

链传递　　　$\begin{cases} R\cdot + SO_2 \longrightarrow RSO_2\cdot \\ RSO_2\cdot + Cl_2 \longrightarrow RSO_2Cl + Cl\cdot \end{cases}$

三、烯丙基及苄基衍生物的卤化

　　常用的卤化试剂有:硫酰氯(SO_2Cl_2),N-溴代丁二酰亚胺(NBS)及次氯酸叔丁酯(Me_3C-OCl)等。

　　NBS 是烯丙基及苄基衍生物的卤化反应中,比较常用的溴化试剂。它与底物作用时取代 α 位置的氢,而不与双键加成。例如:

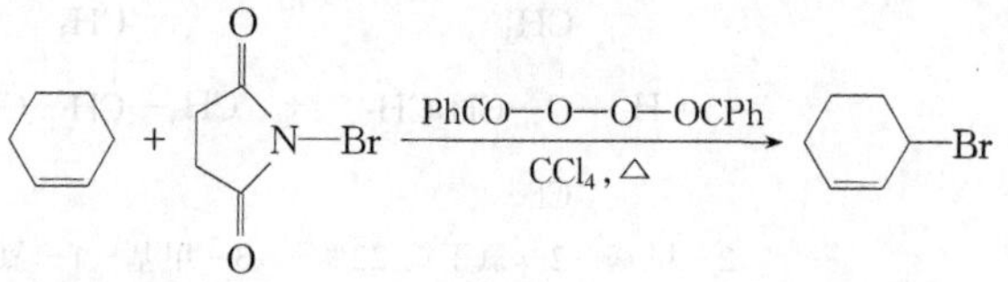

反应进行时,NBS 首先在反应体系中少量酸或水的作用下,产生少量的溴:

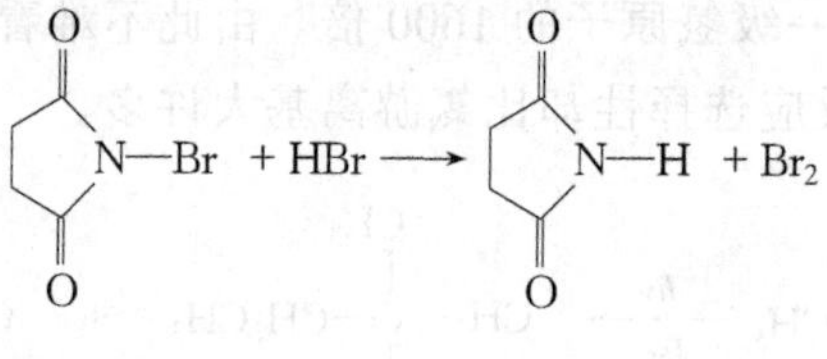

接着再按如下主要过程发生反应:

链引发

$$C_6H_5CO—O—O—OCC_6H_5 \longrightarrow 2C_6H_5CO—O\cdot$$

过氧化苯甲酰

$$C_6H_5CO—O\cdot \xrightarrow{\text{自动分解}} C_6H_5\cdot + CO_2$$

$$C_6H_5\cdot + Br_2 \longrightarrow C_6H_5Br + Br\cdot$$

链传递

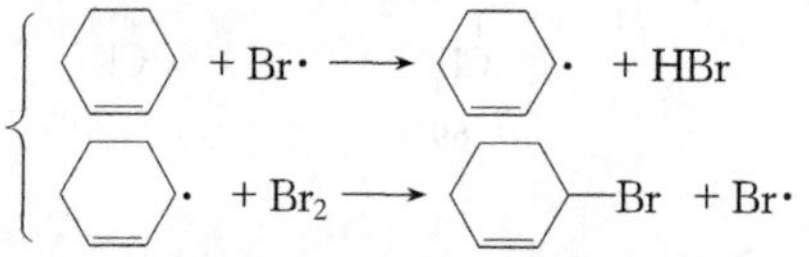

NBS 在四氯化碳中并不溶解,反应其实是发生在 NBS 表面上的,反应中生成的溴化氢不断地与 NBS 作用生成溴,使反应继续进行,直至反应完成。其间 NBS 像是一个储存溴的“仓库”,只要反应一经生成溴化氢,即可立即与 NBS 作用生成溴,使反应体系始终保持有低浓度的溴存在,有利于 α - 溴化反应的发生。若用过量的 NBS,可得二卤代物。例如:

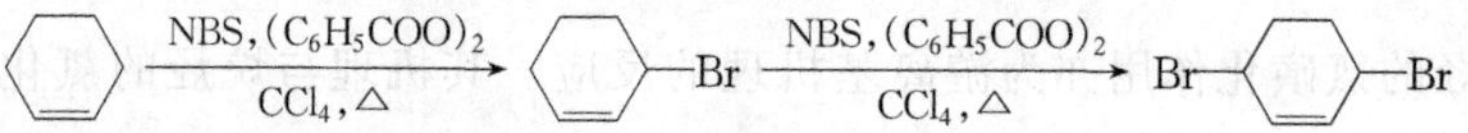

苄基衍生物也可发生类似的 α - 溴化反应。例如:

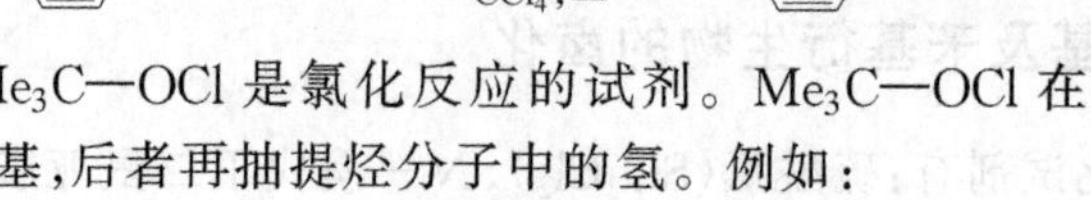

SO_2Cl_2 与 $Me_3C—OCl$ 是氯化反应的试剂。$Me_3C—OCl$ 在引发阶段,先生成叔丁氧基游离基,后者再抽提烃分子中的氢。例如:

$$(CH_3)_3C—OCl \longrightarrow (CH_3)_3CO\cdot + Cl\cdot$$

$$(CH_3)_3CO\cdot + H—R \longrightarrow R\cdot + (CH_3)_3COH$$

$$R\cdot + (CH_3)_3C—OCl \longrightarrow RCl + (CH_3)_3CO\cdot$$

Me_3C—OCl 氯化的活性介于氯游离基与溴游离基之间，选择性与反应时的溶剂、温度有关。

四、冈伯格联苯合成反应

芳烃也可以发生游离基取代反应。例如，当芳香族重氮盐的酸性溶液用氢氧化钠水溶液处理时，发生的芳香基偶联反应。这个反应称为冈伯格(Gomberg)联苯合成反应。

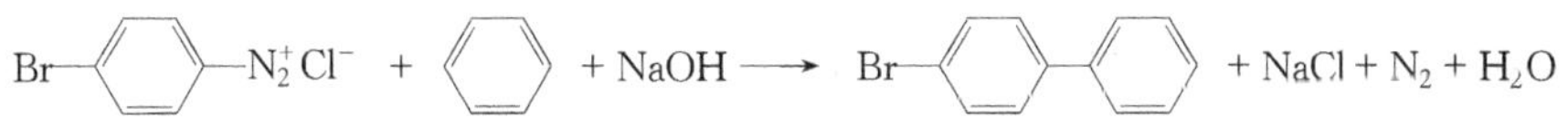

其反应关键步骤，即链传递阶段的机理如下：

链传递

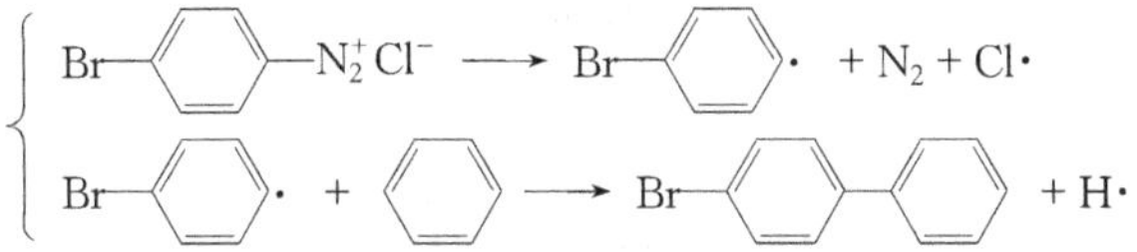

第四节 其他的游离基反应

一、氧化反应

在光或某些催化剂如油溶性的金属及氧化物、过氧化物的存在下，产生的游离基很容易与氧作用，生成氢过氧化物、过氧化物等产物，此种反应称为自动氧化反应，或称为自氧化反应(autoxidation)。

自氧化反应通常指的是：有机物与空气或氧气发生的不燃烧反应。例如，在日常生活中人们常遇到一些不尽如人意的现象：随着年龄的增长，皮肤有了皱纹，人逐渐衰老；随着使用年限的增长，橡胶制品变硬、塑料制品变脆……这些现象俗称“老化”。老化的主要原因就在于空气中的氧进入了具有活泼氢的分子中，发生了自氧化反应的缘故。

分子氧有两种状态：高能量的单线态氧，不具有孤单电子；而基态的三线态氧则有两个成对电子，且自旋方向相同，因而是个双游离基，反应性强，易与其他游离基结合。

烷烃分子中的三级氢、醛分子中醛基上的氢、醚分子中 α－碳上的氢、烯丙基及苄基位上的氢等，均可与氧发生下列游离基反应：

$$R_3C—H + O_2 \longrightarrow R_3C\cdot + HOO\cdot$$

$$R_3C\cdot + O_2 \longrightarrow R_3COO\cdot$$

$$R_3COO\cdot + R_3C—H \longrightarrow R_3COOH + R_3C\cdot$$

烃过氧化氢(R_3COOH)或其他过氧化物分子中,均具有—O—O—键,这是一个弱键,易断裂,在适当温度下分解生成游离基,游离基引发链反应,反应得以快速进行并放出大量的热,一旦失去控制就可能产生爆炸,这就是过氧化物易爆炸的原因。为此使用过氧化物时一定要遵守安全操作规程,严防发生意外事故。

自氧化反应的难易,大多数情况下取决于有机物分子中的氢被游离基抽提的难易,即过氧游离基"夺取"氢是有选择性的:

$$R—O—O\cdot + R—H \longrightarrow R—O—O—H + R\cdot$$

通常底物分子中 C—H 键上电子云密度较大时,容易发生上述反应,生成的 R·也是较稳定的。

由于叔碳基游离基、烯丙基游离基和苄基游离基是比较稳定的 R·,所以其相应的 R—H 也较易被氧化,并具有制备价值。表 18－2 列出了某些芳脂烃被氧化时的相对活性。

表 18－2　芳脂烃用氧氧化的相对活性

化合物	活性	化合物	活性
$PhCH(CH_3)_2$	1.0	$PhCH_2CH_3$	0.18
$PhCH_2CH{=}CH_2$	0.8	$PhCH_3$	0.015
Ph_2CH_2	0.35		

在工业生产中,自氧化反应中最典型的实例是异丙苯氧化,其后发生氢过氧化物重排,制得重要的工业原料苯酚及丙酮。

醛在空气中长时间放置,可被空气中的氧气氧化生成过氧化羧酸,这也是自氧化反应的结果:

$$R—\overset{O}{\overset{\|}{C}}—H + O_2 \longrightarrow R—\overset{O}{\overset{\|}{C}}\cdot + HOO\cdot$$

$$R—\overset{O}{\overset{\|}{C}}\cdot + O_2 \longrightarrow R—\overset{O}{\overset{\|}{C}}—O—O\cdot$$

$$R—\overset{O}{\overset{\|}{C}}—O—O\cdot + R—\overset{O}{\overset{\|}{C}}—H \longrightarrow R—\overset{O}{\overset{\|}{C}}—O—OH + R—\overset{O}{\overset{\|}{C}}\cdot$$

过氧酸可把体系中的另一分子醛氧化成两分子酸,但这一步不是游离基反应,而是过氧酸的一种反应。

$$R—\overset{O}{\overset{\|}{C}}—O—OH + R—\overset{O}{\overset{\|}{C}}—H \longrightarrow 2R—\overset{O}{\overset{\|}{C}}—OH$$

醚分子中 α 位的氧化反应也是自氧化反应,反应的结果生成挥发性小的氢过氧化物。乙醚、异丙醚及四氢呋喃等，经缓慢氧化都可得到它们的氢过氧化物。例如：

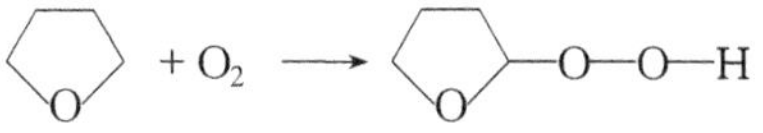

四氢呋喃　　　　氢过氧化四氢呋喃

当蒸馏醚或醚挥发后，剩下浓缩的氢过氧化物，加热时可能发生爆炸，这是每一位化学工作者都必须知道的常识。为此，对长期储存的醚，使用前必须检验是否存在过氧化物。若有，必须事先除去。

二、重排反应

游离基中间体发生重排不如碳正离子重排那样多见。碳正离子中间体能形成桥式过渡态，通过二电子三中心的形式进行迁移：

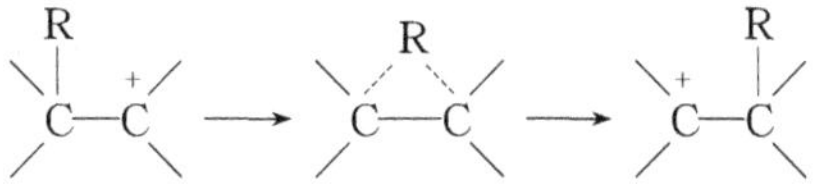

然而能在游离基上迁移的基团却很少：苯基能迁移，乙烯基、酰基的迁移只偶尔得见，饱和烃基几乎不可能迁移。因为在游离基中有一个额外的电子，它不能占领二电子的轨道，必须上升到反键轨道上去，所以不利于迁移的进行。苯桥过渡态是不饱和基团的较为便利的迁移方式——额外孤电子进入苯环上——能量不会升得很高：

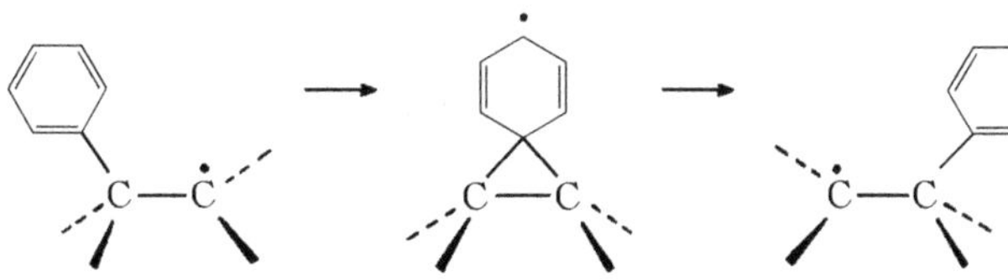

当碳上连有体积较大的基团时，由于存在着空间位阻，因而不利于苯桥的生成。从一系列过氧化二酰基的分解反应可以看到基团的迁移倾向：

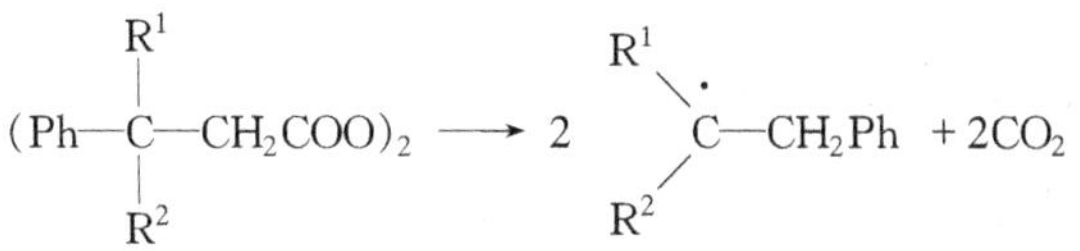

当 R^1 为甲基、苯基，R^2 为氢、苯基时，重排百分比请参见下表：

R^1	R^2	重排百分比
CH_3	H	39%
Ph	H	63%
Ph	Ph	100%

即使在最有利的条件下，从游离基（Ⅰ）转变为游离基（Ⅱ）的重排，也需要一定的活化能：

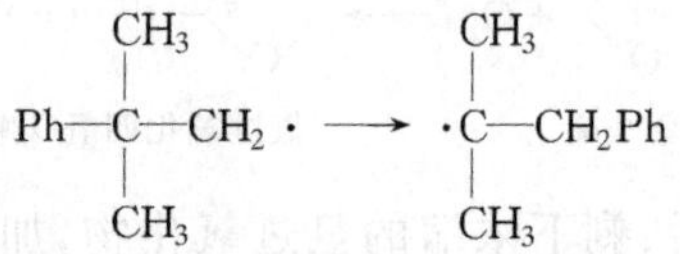

（Ⅰ） （Ⅱ）

顺磁共振谱证明，上面的游离基重排反应，温度较高时可以发生，而在 -60℃时则基本停止。如果体系中其他反应的速率比重排反应快，则生成的重排产物就少。例如，2，2，2-三苯乙基游离基与三苯锡烷的反应，因为后者分子中的氢与三苯乙基游离基结合的速率比三苯乙基游离基自身重排的速率快，所以反应的结果是：三苯乙基游离基仅仅与氢结合。

$$Ph_3C—CH_2\cdot + Ph_3SnH \longrightarrow Ph_3C—CH_3 + Ph_3Sn\cdot$$

只有当三苯锡烷浓度很低时，三苯乙基游离基与三苯锡烷分子中的氢结合的概率大大降低，主要发生重排反应。

在光照条件下，烯烃能通过基团的迁移生成环丙烷及其衍生物。该反应经过双游离基机理。例如：

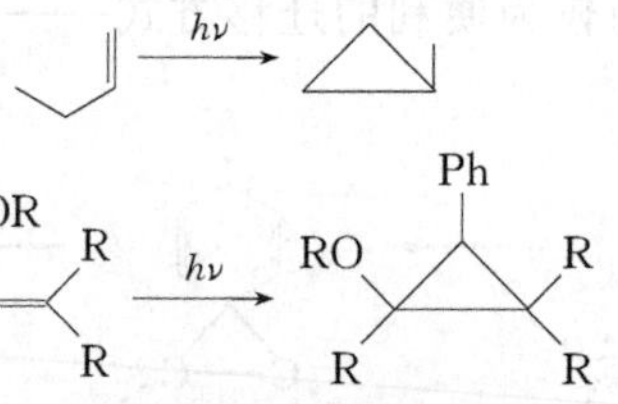

第五节 游离基反应的特点及规律

一、游离基反应的特点

游离基反应与离子型反应比较，常常能在较温和（如中性）的条件下反应，它与碳碳重键加成是个不可逆的放热过程，反应活化能较小，不受溶剂化效应等影响。

碳游离基对羟基、氨基等活泼基团是惰性的，而这些基团对离子型反应多少都会有些影响。为此，不少游离基反应得到推广应用，其不足之处在于反应的立体化学控制较难。

游离基反应通常有下列几个特点：

(1) 反应常在光、高温或引发剂的作用下发生。

(2) 反应常在非极性溶剂中进行,并有一个诱导期,无论在气相、液相条件下,游离基反应均能发生。

(3) 芳环上的游离基反应并不遵循芳环上的取代基定位规则。

长期以来,游离基反应因为缺乏良好的选择性,并且难有理想的产率,因而在应用上受到一定的影响。自 20 世纪 80 年代以来,这种情况有了显著的改变。愈来愈多的游离基反应被应用在有机合成上,并发现了不少有特征规律的游离基(disciplined radicals)。

二、游离基反应的规律

1. 被作用物的活泼性

抽提步骤通常是连锁反应过程中,能够决定究竟生成何种产物的步骤。能被游离基抽提的原子,通常总是一价的原子——氢和卤素的原子等——几乎没有二价、三价及四价的原子。例如,氯游离基和乙烷作用得到乙基游离基,而不是氢原子:

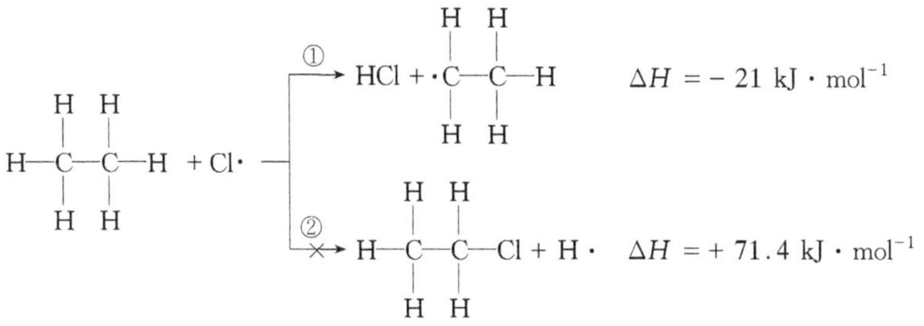

产生这种情况的原因,主要在于空间因素的影响,这是由于一价原子比高价原子更为暴露,容易受游离基进攻的缘故。另一个原因在于:许多情况下,抽取一价原子比抽取高价原子,在能量上更为有利。

如上述反应,若按方式①进行:一个 C_2H_5—H 键的能量为 E_d = 411.6 kJ·mol^{-1},而生成 H—Cl 键时 E_d = 432.6 kJ·mol^{-1};若按方式②进行:形成C_2H_5—Cl键时 E_d = 340.2 kJ·mol^{-1}。因此按方式①进行有利,因为它是放热反应(ΔH = 411.6 kJ·mol^{-1} − 432.6 kJ·mol^{-1} = −21 kJ·mol^{-1});而按方式②进行,则是吸热反应(ΔH = 411.6 kJ·mol^{-1} − 340.2 kJ·mol^{-1} = +71.4 kJ·mol^{-1})。由于方式①与方式②的 ΔH 差别不很大,所以空间因素起着主导作用。

在饱和烃中三级氢原子最容易被任何游离基抽提,其次为二级氢原子,一级氢原子最难被抽提。这个顺序和这些类型 C—H 键的 E_d 值大小顺序是一致的

(参考第二章第一节六、3.(3)键的解离能)。

应该注意的是:抽提的氢原子不一定总是与 E_d 值的大小相吻合。因为抽提的优先程度,还取决于抽提游离基的活泼性及反应温度等条件,见表18-3。

表 18-3 温度对不同级数氢原子抽提的影响

温度/℃	一级氢	二级氢	三级氢
100	1	4.3	7.0
600	1	2.1	2.6

2. 进攻游离基的活泼性

游离基生成时的反应活化能反映了游离基的活泼性情况,某些常见游离基的活泼性见表 18-4。

表 18-4 某些常见游离基的活泼性

(E 值代表反应 $X\cdot + C_2H_5—H \longrightarrow X—H + C_2H_5\cdot$ 的活化能)

游离基	$E/(kJ\cdot mol^{-1})$	游离基	$E/(kJ\cdot mol^{-1})$
F·	1.26	H·	37.8
Cl·	4.20	$CH_3\cdot$	49.6
$CH_3O\cdot$	29.8	Br·	55.4
$CF_3\cdot$	31.5		

本章第二节讨论了异戊烷的氯化与溴化反应,表明了氯游离基与溴游离基在活泼性及反应选择性方面表现出的差异。氯游离基和溴游离基提取不同结构氢原子的相对反应速率见表 18-5。

表 18-5 氯游离基和溴游离基对不同氢原子的选择性

作用物分子	Cl·	Br·
$CH_3—H$	0.004	0.000 7
$CH_3CH_2—H$	1.0	1.0
$(CH_3)_2CH—H$	4.3	220
$(CH_3)_3C—H$	6.0	19 400
$PhCH_2—H$	1.3	6 400
$Ph_2CH—H$	2.6	620 000
$Ph_3C—H$	9.5	1 140 000

三、溶剂对游离基反应活泼性的影响

由于游离基反应往往在非极性溶剂中进行,一般说来,溶剂的性质对此类反应的影响不大,类似于在气相中的反应。但在某些特殊情况下,溶剂对反应有着一定的影响。例如,2,3-二甲基丁烷在脂肪族溶剂中,一元氯化得到约60% 的产物(Ⅰ)和约40% 的产物(Ⅱ);而在芳香族溶剂中,则得到约10% 的产物(Ⅰ)和约90% 的产物(Ⅱ):

$$
\begin{array}{l}
CH_3-CH-CH-CH_3 + Cl_2 \\
\qquad\ \ \ |\quad\ \ | \\
\qquad\ CH_3\ CH_3
\end{array}
\longrightarrow
\begin{cases}
CH_3-CH-CH-CH_2Cl \\
\qquad\ \ \ |\quad\ | \\
\qquad CH_3\ CH_3 \\
\qquad\qquad (Ⅰ) \\[2mm]
\qquad\qquad\quad\ Cl \\
\qquad\qquad\quad\ | \\
CH_3-CH-C-CH_3 \\
\qquad\ \ \ |\quad\ | \\
\qquad CH_3\ CH_3 \\
\qquad\qquad (Ⅱ)
\end{cases}
$$

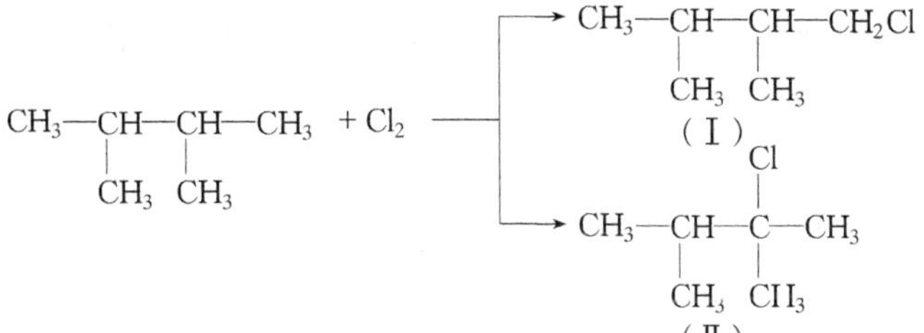

这是由于氯游离基和芳香族溶剂易形成络合物,降低了氯游离基的活泼性,因而选择性增强的缘故。

习　题

1. 完成下列反应式:

(1) 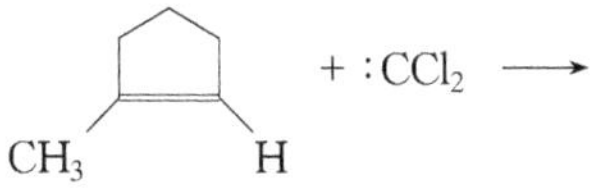

(2) 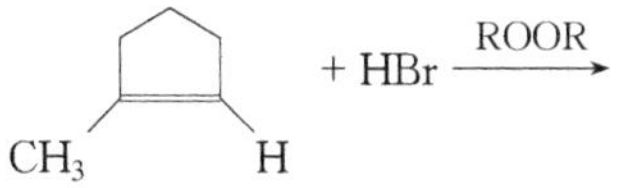

(3) 

(4) 

(5) 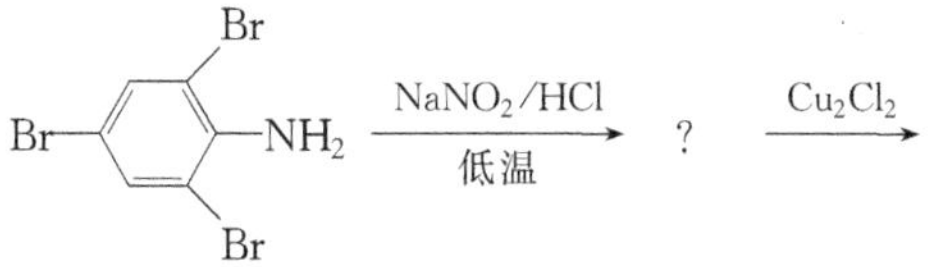

2. 含有六个碳原子的烷烃 A,发生游离基氯化反应时,只生成两种一元氯化产物,请推出 A 的结构式,并说明理由。

3. 以苯为起始原料合成下列化合物:

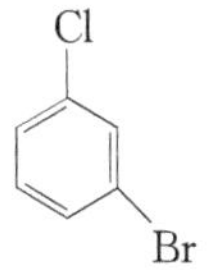

4. 烷烃的游离基卤化反应中,通常是卤素在光照或加热的情况下,首先引发卤素游离基。四乙基铅被加热到150℃时引发氯产生氯游离基,试写出烷烃(RH)在此情况下的反应机理。

5. 叔丁基过氧化物可以作为游离基反应的引发剂，当在叔丁基过氧化物存在下，将 2－甲基丙烷和四氯化碳混合，加热至 130～140℃，得到 2－甲基－2－氯丙烷和三氯甲烷。试为上述实验事实提出合理的反应机理。

6. 分别写出 HBr 和 HCl 与丙烯进行游离基加成反应的两个主要步骤（从 Br· 和 Cl· 开始）。根据有关键能数据，计算上述两个反应各步的 ΔH 值。解释为什么 HBr 有过氧化物效应，而 HCl 却没有。

第三部分　合　成　篇

第十九章　有机合成路线设计

(Design of organic synthetic pathway)

第一节　有机分子骨架的建造

有机分子骨架建造、官能团的引入和转换、立体化学控制，通常是有机合成中遇到的三个方面的任务，其中分子骨架的建造是最基础的合成工作，更常见的就是形成碳碳键的分子，这是本节中重点讨论的内容。

有机分子骨架建造通常包括碳链的增长、缩短，碳环和杂环的形成等。

一、增长碳链的方法

在有机合成中，用于增长碳链的方法很多，从机理上讲，最常见的有亲核取代，还有亲电取代、亲核加成、分子重排等，还可以按反应方式和反应产物，将增长碳链的反应粗略地分为烃化反应与羰基化合物的缩合反应两种主要类型。

1. 烃化反应

向有机分子中引入烃基的反应称为烃化反应(alkyl reaction)，烃基包括饱和烃基、不饱和烃基、芳基，以及带有官能团的取代烃基等。大多数烃化反应是通过亲核取代机理进行的，由带有部分正电荷的烃基(如 $R^{\delta+}$)进攻碳负离子，形成新的碳碳键，所以碳负离子的形成和形成后的碳负离子稳定性，对烃化反应是非常重要的。与强吸电子基相连的 α－碳原子，尤其是与两个强吸电子基相连的活性亚甲基容易被碱夺去质子形成碳负离子。烃化反应也可以通过带部分正电荷的烃基进攻带部分负电荷及负电荷的碳原子进行，带有部分负电荷及负电荷的碳原子往往存在于有机金属化合物(如 RLi，RMgX 等)分子中。

(1) 通过亲核取代反应的烃化

(a) 活性亚甲基化合物的烃化　活性亚甲基上的烃化是最重要的烃化反应之一，由于受两个相邻吸电子基团的影响，亚甲基上氢原子的酸性增强，易被碱夺去，形成较稳定的碳负离子，与带部分正电荷的碳原子结合，使碳链增长。乙酰乙酸乙酯合成法、丙二酸二乙酯合成法及利用氰乙酸酯等进行烃化，都属于这类反应。

$$CH_3COCH_2COOC_2H_5 \xrightarrow{C_2H_5ONa} [CH_3COCHCOOC_2H_5]^- Na^+$$

$$\xrightarrow{R-X} CH_3CO\underset{}{\overset{R}{\overset{|}{C}}}HCOOC_2H_5 \xrightarrow[\text{③ △, }-CO_2]{\text{① 稀 }OH^-\text{, ② }H^+} CH_3COCH_2R$$

$$CH_2(COOC_2H_5)_2 \xrightarrow{C_2H_5ONa} [CH(COOC_2H_5)_2]^- Na^+$$

$$\xrightarrow{R-X} R-CH(COOC_2H_5)_2 \xrightarrow[\text{③ △, }-CO_2]{\text{① }OH^-\text{, ② }H^+} RCH_2COOH$$

关于乙酰乙酸乙酯合成法与丙二酸酯合成法的详细内容，请参见第十章第三节九。

氰乙酸酯中的活性亚甲基比丙二酸酯中的更活泼，更适合进行双烃化反应，为避免位阻影响，先引入的应是体积较小的烃基，如果先引入体积大的烃基，再引入第二个烃基就会比较困难。例如：

$$NCCH_2COOC_2H_5 \xrightarrow[\text{② }CH_3I]{\text{① }C_2H_5ONa} NC\overset{CH_3}{\overset{|}{C}}HCOOC_2H_5$$

$$\xrightarrow[\text{② }(C_2H_5)_2CHI]{\text{① }C_2H_5ONa} (C_2H_5)_2CH\underset{CN}{\underset{|}{\overset{CH_3}{\overset{|}{C}}}}COOC_2H_5$$

其他的 β－酮酸酯、β－二酮等 β－二羰基化合物及 β－酮亚砜、β－酮砜等也都能发生烃化反应。

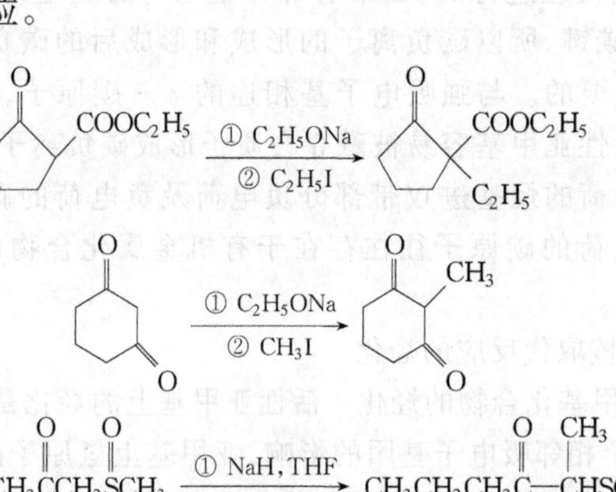

$$CH_3CH_2CH_2\overset{O}{\overset{\|}{C}}CH_2\overset{O}{\overset{\|}{S}}CH_3 \xrightarrow[\text{② }CH_3I]{\text{① NaH, THF}} CH_3CH_2CH_2\overset{O}{\overset{\|}{C}}-\overset{CH_3}{CH}SOCH_3$$

$$C_6H_5\overset{O}{\overset{\|}{C}}-CH_2-SO_2CH_3 \xrightarrow[②\ CH_3I]{①\ NaH,DMSO} C_6H_5\overset{O}{\overset{\|}{C}}-\overset{CH_3}{\overset{|}{C}H}-SO_2CH_3$$

(b) 单官能团化合物的烃化　分子中只含有一个活性基团(吸电子基)的醛、酮、酯或腈,其 α - H 活性不很强,而且有的自身容易发生缩合,必须采用更强的碱,才可以使其发生烃化反应。例如:

$$(CH_3)_2CHCHO \xrightarrow[②\ BrCH_2CH=CHCH_3]{①\ KH,THF} (CH_3)_2\underset{CH_2CH-ClICH_3}{\underset{|}{C}}CHO$$

$$C_6H_5\overset{O}{\overset{\|}{C}}CH_2C_2H_5 \xrightarrow[②\ CH_3CH_2Br]{①\ (C_6H_5)_3CNa} C_6H_5\overset{O}{\overset{\|}{C}}CH(C_2H_5)_2$$

$$C_6H_5CH_2COOC_2H_5 \xrightarrow[②\ C_6H_5CH_2CH_2Br]{①\ NaNH_2} C_6H_5\underset{CH_2CH_2C_6H_5}{\underset{|}{C}H}COOC_2H_5$$

醛、酮类化合物通过生成烯胺,再烃化就容易得多。例如:

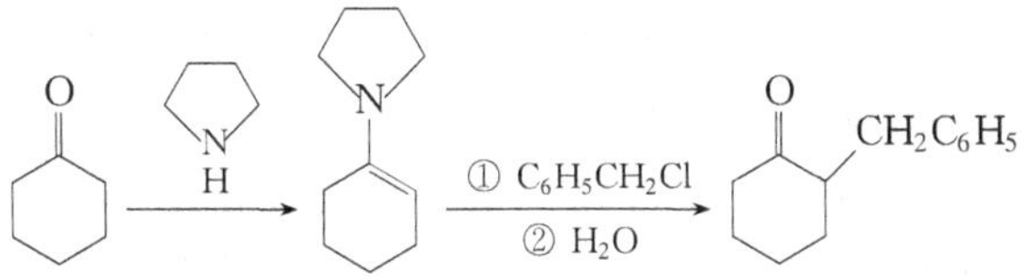

(2) 通过亲核加成反应的烃化　格氏试剂、有机锂试剂、有机锌试剂与有关羰基化合物(包括二氧化碳)的反应,可向羰基化合物分子中引入烃基,水解后得到醇、羧酸及羧酸酯等。

$$RMgBr+R'CHO \xrightarrow{干醚} R-\overset{R'}{\overset{|}{C}H}-OMgBr \xrightarrow{H_3O^+} R-\overset{R'}{\overset{|}{C}H}-OH$$

$$RMgBr+R'-COR'' \xrightarrow{干醚} R-\overset{R'}{\overset{|}{\underset{R''}{\underset{|}{C}}}}-OMgBr \xrightarrow{H_3O^+} R-\overset{R'}{\overset{|}{\underset{R''}{\underset{|}{C}}}}-OH$$

$$RMgBr+R'COOR'' \xrightarrow{干醚} \xrightarrow{H_3O^+} R-\overset{R'}{\overset{|}{\underset{R}{\underset{|}{C}}}}-OH$$

$$R-Li+R'-COR'' \xrightarrow{干醚} R-\overset{R'}{\overset{|}{\underset{R''}{\underset{|}{C}}}}-OLi \xrightarrow{H_3O^+} R-\overset{R'}{\overset{|}{\underset{R''}{\underset{|}{C}}}}-OH$$

由于有机锂试剂活性较好，且与羰基化合物反应不易受空间位阻影响，故常用来制备位阻大的叔醇。例如：

$$(CH_3)_3C{-}CO{-}C(CH_3)_3 + (CH_3)_3C{-}Li \xrightarrow{\text{乙醚}} [(CH_3)_3C]_3C{-}OLi \xrightarrow{H_3O^+} [(CH_3)_3C]_3C{-}OH$$

格氏试剂与有机锂试剂都能与二氧化碳加成，酸化后得到羧酸。

$$RMgBr + CO_2 \longrightarrow RCOOMgBr \xrightarrow{H_3O^+} RCOOH$$

$$R{-}Li + CO_2 \longrightarrow RCOOLi \xrightarrow{H_3O^+} RCOOH$$

$$RCH{=}CHCH_2MgBr \xrightarrow[\text{② } H_3O^+]{\text{① } CO_2} RCH{=}CHCH_2COOH$$

有机锌试剂与醛、酮作用是制备 β - 羟基酸酯及 β - 羟基酸的好方法。

$$RCHO + BrZnCH(R^1)COOC_2H_5 \longrightarrow RCH(OZnBr){-}CH(R^1){-}COOC_2H_5 \xrightarrow{H_3O^+} RCH(OH){-}CH(R^1){-}COOC_2H_5$$

(3) 通过偶联反应的烃化　通过金属有机化合物与卤代烃的偶联反应可以使两个烃基连接起来，得到碳链增长的产物。炔钠、格氏试剂、烃基锂、服烃基铜锂等均能与卤代烃发生偶联。偶联反应的机理比较复杂，有报道认为是亲核取代机理；而某些研究曾采用顺磁共振技术，发现了在某些偶联反应中有游离基产生；另又有研究报道，烯丙基卤与烃基锂偶联为协同反应机理，用同位素示踪原子可以证明。例如：

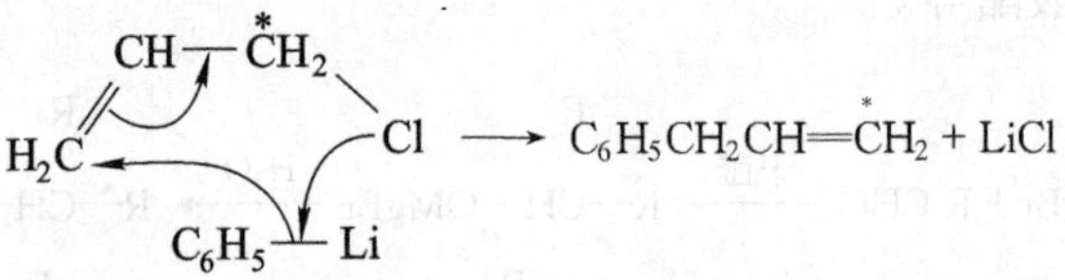

因此，对于以下的偶联反应，我们暂不讨论其机理。

$$RC{\equiv}CNa + X{-}R^1 \longrightarrow RC{\equiv}CR^1 + NaX$$

$$RMgBr + X{-}R^1 \longrightarrow R{-}R^1 + MgBrX$$

$$R{-}Li + X{-}R^1 \longrightarrow R{-}R^1 + LiX$$

$$R_2CuLi + X{-}R^1 \longrightarrow R{-}R^1 + RCu + LiX$$

例如：

$$CH_3CH_2C{\equiv}CNa + BrCH_2CH_2CH_2CH_3 \longrightarrow CH_3CH_2C{\equiv}CCH_2CH_2CH_2CH_3$$

$$(CH_3CH_2CH_2)_2CuLi + CH_3(CH_2)_3CH_2Cl \longrightarrow CH_3(CH_2)_6CH_3 + CH_3CH_2CH_2Cu + LiCl$$

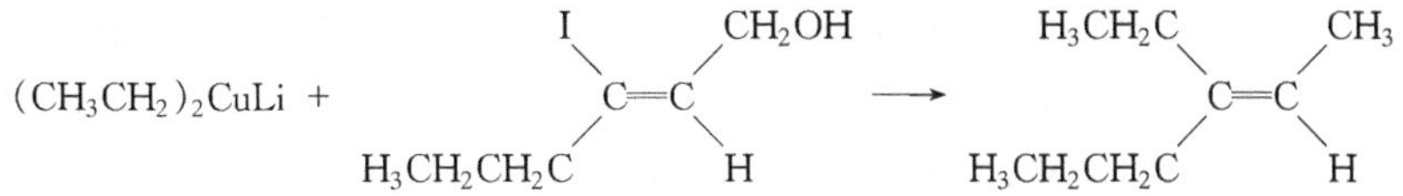

在铜存在下发生的芳烃偶联反应称为乌尔曼(Ullmann)反应,此反应可用来制备联苯类化合物。

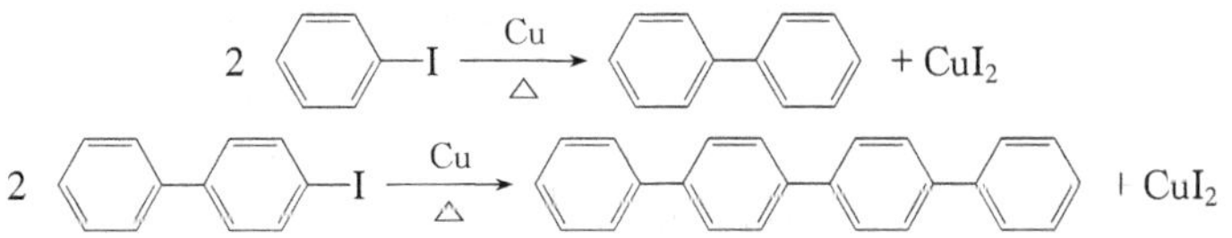

亚铜盐可以催化端基炔和炔卤,发生偶联生成二炔。

$$RC\equiv CH + XC\equiv CR' \xrightarrow[NH_4OH]{Cu_2Cl_2} RC\equiv C-C\equiv CR'$$

(4) 通过迈克尔加成的烃化　碳负离子与 α,β-不饱和羰基化合物或 α,β-不饱和腈发生的共轭加成反应即迈克尔加成,这是烃化的一种推广。

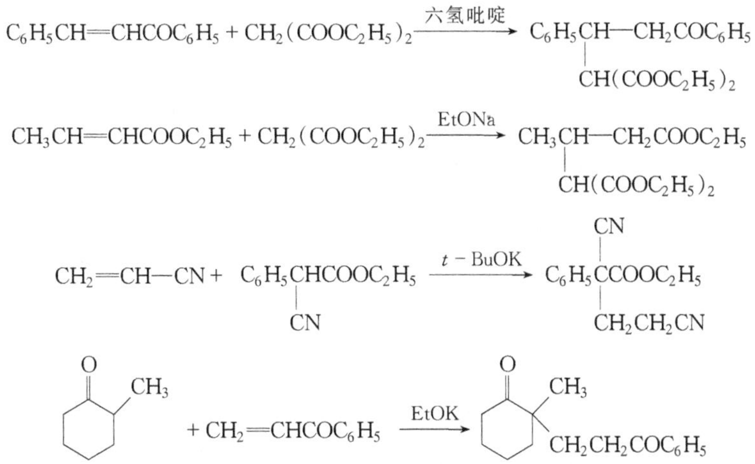

2. 二羰基化合物的缩合反应

缩合反应(condensation reaction)是羰基化合物的重要反应,包括羟醛缩合、交叉羟醛缩合、安息香缩合、克诺文盖尔反应、珀金反应、曼尼希反应、达森反应、酯缩合反应等,这些缩合反应常用来增长碳链。

关于羟醛缩合、交叉羟醛缩合及安息香缩合(见第九章)、珀金反应、酯缩合反应(见第十章羧酸衍生物),前面章节已有详细讨论,这里仅介绍克诺文盖尔反应、达森反应与曼尼希反应。

（1）克诺文盖尔反应　醛或酮与含有活性亚甲基化合物发生的缩合反应称为克诺文盖尔(Knoevenagel)反应。可以用 Z—CH_2—Z′代表活性亚甲基化合物，Z 和 Z′为吸电子基，如—CHO，—COR，—COOH，—COOR，—CN，—NO_2，—SO_2OR等。由于活性亚甲基中的氢原子具有较强的酸性，反应可采用弱的碱性催化剂如胺、吡啶甚至铵盐等。

$$C_6H_5CHO + CH_2(COOC_2H_5)_2 \xrightarrow{\text{六氢吡啶}} C_6H_5CH{=}C(COOC_2H_5)_2$$

91%

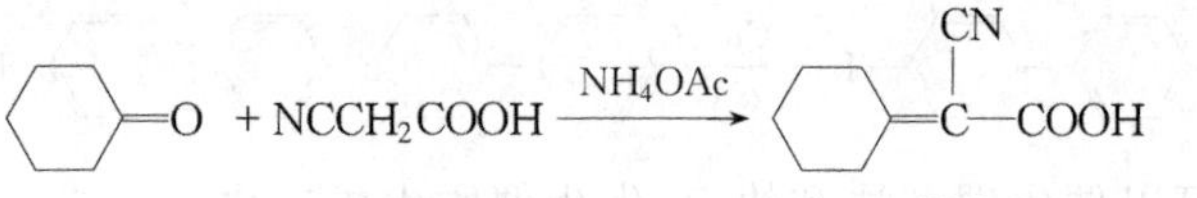

70%

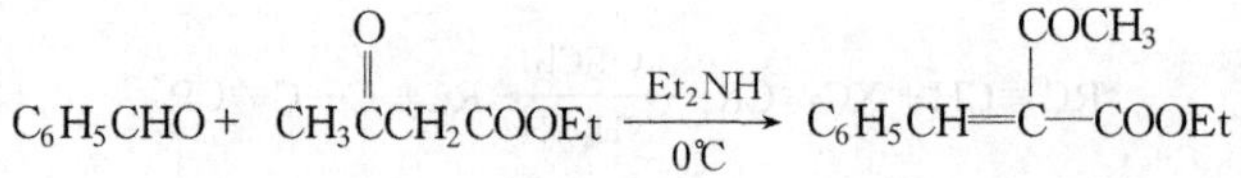

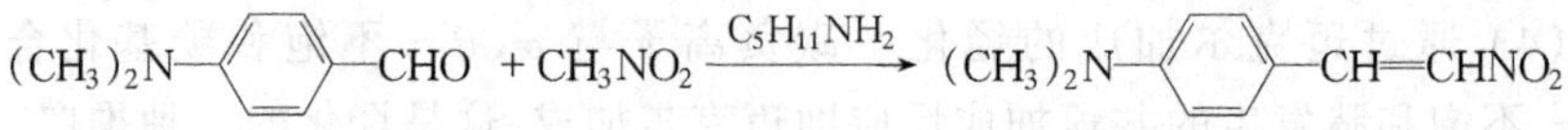

85%

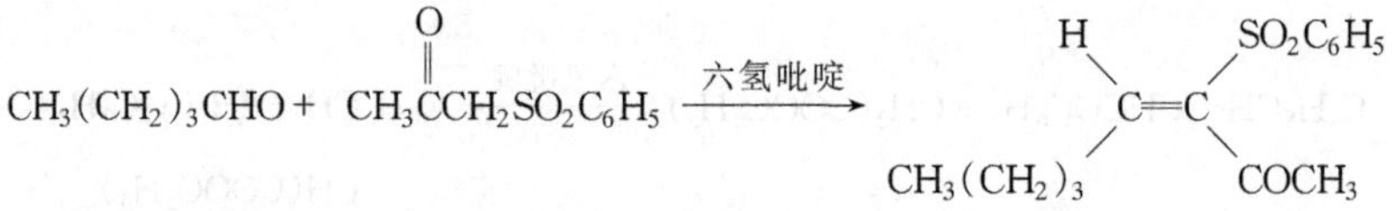

(*E*) - 66%

采用丙二酸为反应物，往往同时发生脱羧反应。例如：

$$CH_3CHO + CH_2(COOH)_2 \xrightarrow{\text{六氢吡啶}} CH_3CH{=}CHCOOH$$

60%

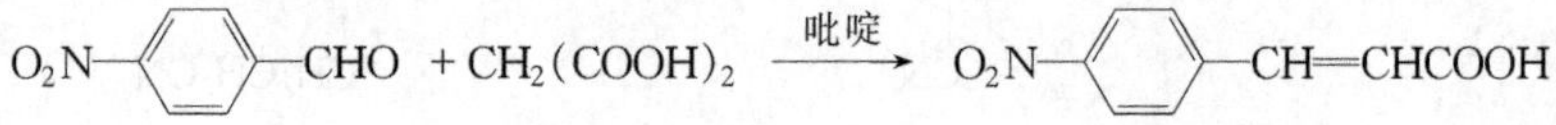

93%

（2）达森反应　醛、酮在强碱作用下和 α - 卤代酸酯缩合生成 α，β - 环氧酸酯的反应称为达森(Darzens)反应。用 α - 卤代腈代替 α - 卤代酸酯也可以发生这一反应。环氧酸酯水解脱羧得到醛。

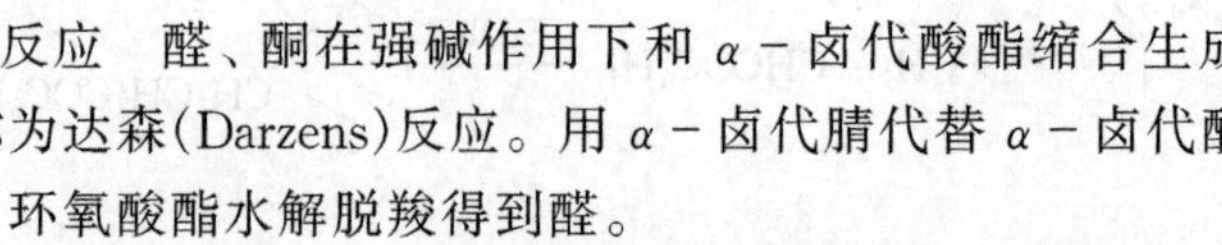

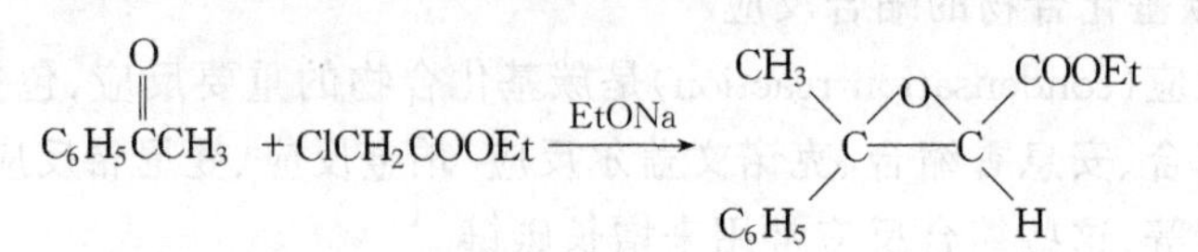

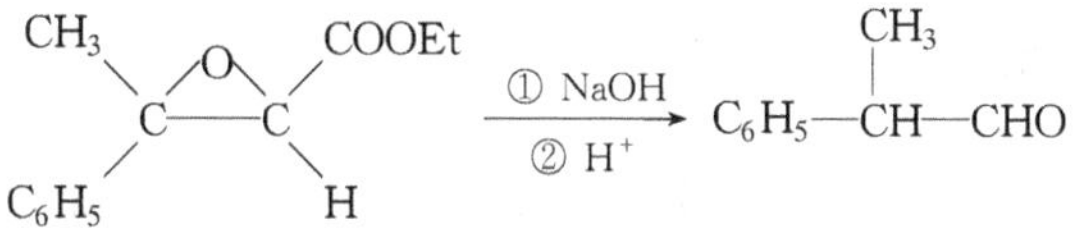

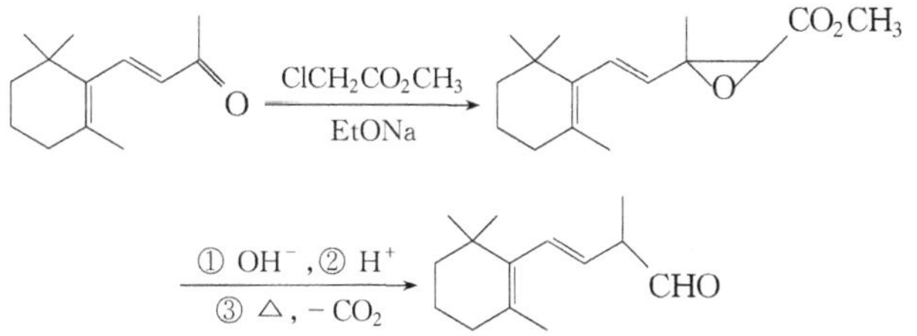

（3）曼尼希反应　含有活泼氢的化合物与醛及胺类缩合，生成 β－氨基羰基化合物的反应称为曼尼希（Mannich）反应，产物常称为曼尼希碱。甲醛是最常用的醛，含活泼氢化合物的类型与反应实例如下：

$$-\overset{|}{C}H-COR \quad -\overset{|}{C}H-COOR \quad -\overset{|}{C}H-COOH \quad -\overset{|}{C}H-CN$$

$$-\overset{|}{C}H-NO_2 \quad HC\equiv CR \quad R-OH$$

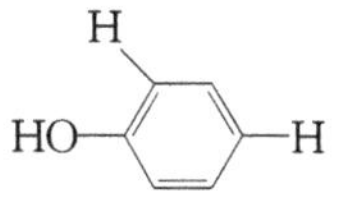

$$C_6H_5COCH_3 + HCHO + (CH_3)_2NH\cdot HCl \longrightarrow C_6H_5COCH_2CH_2\overset{+}{N}H(CH_3)_2Cl^- \quad 70\%$$

$$C_6H_5\overset{O}{\overset{\|}{C}}CH_2CH_2CH_3 + HCHO + (CH_3)_2NH\cdot HCl \longrightarrow C_6H_5\overset{O}{\overset{\|}{C}}-\overset{CH_2CH_3}{\overset{|}{C}H}-CH_2\overset{+}{N}H(CH_3)_2Cl^- \quad 63\%$$

酮的曼尼希碱加热可以脱去氨基，得到 α,β－不饱和酮。例如：

$$C_6H_5COCH_2CH_2\overset{+}{N}H(CH_3)_2Cl^- \xrightarrow{\triangle} C_6H_5COCH=CH_2 + HN(CH_3)_2 + HCl$$

较早的文献资料都认为芳胺不能直接进行曼尼希反应，我国有机化学家陈光旭教授等人多年的研究证明，芳胺与脂肪胺一样，也能顺利地发生曼尼希反应。如未取代芳胺或取代芳胺的曼尼希反应都已实现。

$$C_6H_5\overset{O}{\overset{\|}{C}}CH_3 + HCHO + H_2N-C_6H_4-R \xrightarrow[\text{② } OH^-\text{，室温}]{\text{① } HCl-EtOH} C_6H_5\overset{O}{\overset{\|}{C}}CH_2CH_2NHC_6H_4-R$$

$R = H, p-CH_3, p-OCH_3, p-Cl, p-Br, p-NO_2, m-NO_2$ 等。

二、减短碳链的方法

与碳链的增长相比，碳链的减短在有机合成中遇到的相对较少，所涉及的反应也没有那么多。通常用于减短碳链的方法主要有：氧化反应、脱羧反应、重排反应及缩合反应的逆反应等。

1. 氧化反应

氧化反应可使烯键、炔键、邻位二醇、邻位二酮、邻羟基酮等发生断键，得到醛、酮、羧酸和二氧化碳等产物。

$$\mathrm{RCH{=}CRR'} \xrightarrow[\text{② } \mathrm{Zn+H_2O}]{\text{① } \mathrm{O_3}} \mathrm{RCHO + RCOR'}$$

$$\mathrm{RCH{=}CH_2} \xrightarrow[\text{② } \mathrm{H_3O^+}]{\text{① } \mathrm{KMnO_4}} \mathrm{RCOOH + CO_2}$$

$$\mathrm{R_2C{=}CHR'} \xrightarrow[\text{② } \mathrm{H_3O^+}]{\text{① } \mathrm{KMnO_4}} \mathrm{RCOR + R'COOH}$$

$$\mathrm{RC{\equiv}CR'} \xrightarrow[\text{② } \mathrm{H_3O^+}]{\text{① } \mathrm{KMnO_4, OH^-}} \mathrm{RCOOH + R'COOH}$$

$$\mathrm{RCH(OH){-}C(OH)RR'} \xrightarrow{\mathrm{HIO_4}} \mathrm{RCHO + R'COR}$$

$$\mathrm{R{-}C({=}O){-}C({=}O){-}R'} \xrightarrow{\mathrm{HIO_4}} \mathrm{RCOOH + R'COOH}$$

$$\mathrm{R{-}CH(OH){-}C({=}O){-}R'} \xrightarrow{\mathrm{HIO_4}} \mathrm{RCHO + R'COOH}$$

卤仿反应也是一种通过氧化减短碳链的方法。

$$\mathrm{(C_6H_5)_3C{-}C({=}O){-}CH_3} \xrightarrow{\mathrm{X_2 + NaOH}} \mathrm{(C_6H_5)_3C{-}COO^- + CHX_3}$$

2. 脱羧反应

连有吸电子基的羧酸易发生脱羧反应，汉斯狄克(Hunsdiecker)反应也是一种脱羧反应，脱羧反应结果减少了一个碳原子。

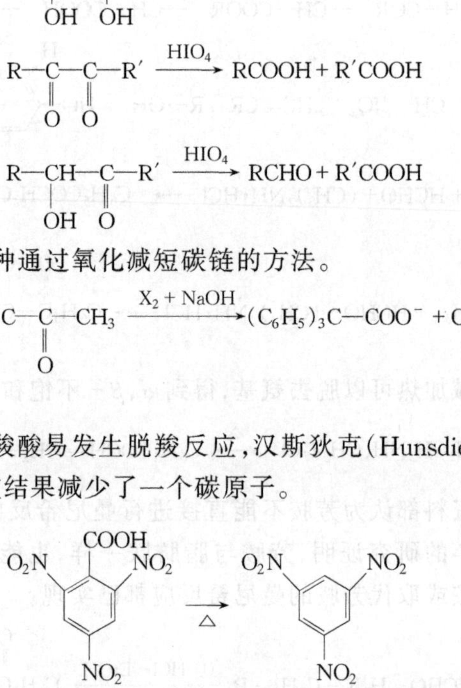

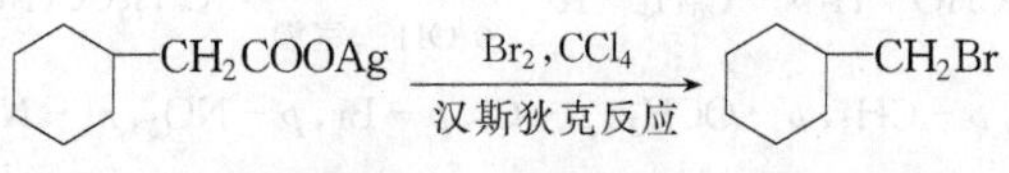

α－羟基酸在浓硫酸作用下可脱去 CO 和水，生成减少了一个碳原子的酮。

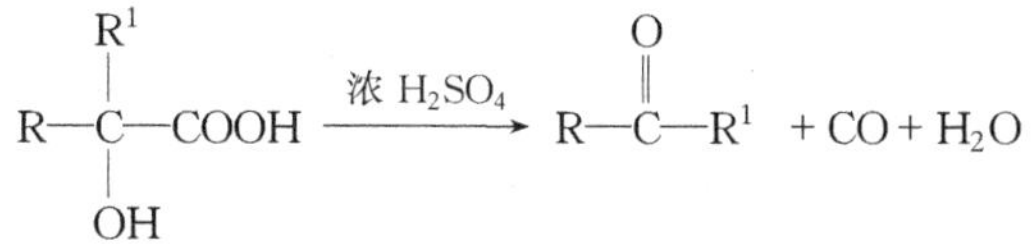

3．重排反应

霍夫曼重排、柯提斯重排与施密特重排都是减少一个碳原子的重排反应，产物都得到伯胺(见第十六章第四节)。例如：

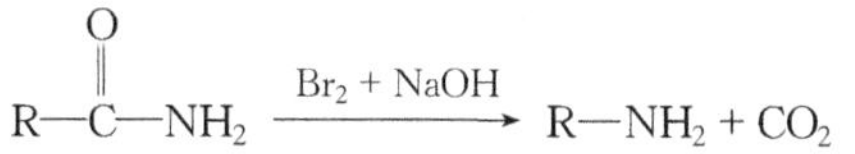

霍夫曼重排

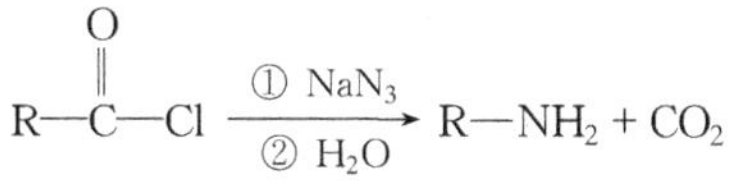

柯提斯重排

$$RCOOH + HN_3 \xrightarrow{H_2SO_4} R{-}NH_2 + CO_2 + N_2$$

施密特重排

4．缩合反应的逆反应

缩合反应的逆反应生成碳链减短的产物，这类反应在碱性条件下进行也称为碱性裂解反应。例如：

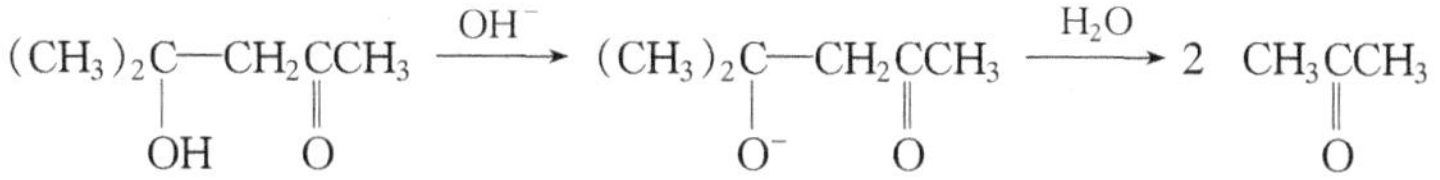

β－羟基酸可以发生类似于逆羟醛缩合的反应，在酸或碱催化下可分解为醛(酮)和羧酸。

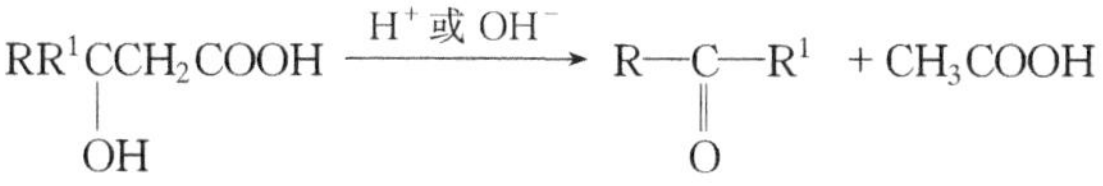

此外勒夫(Ruff)降解法与沃尔(Wohl)降解法常用作单糖的降级，是制备减少一个碳原子的糖的方法。

三、碳环形成的方法

碳环包括芳环和脂环两大类，这里主要讨论脂环的形成。

1．三元环的形成

(1) 卡宾与烯键、炔键加成　这是合成三元环最常用的方法。例如：

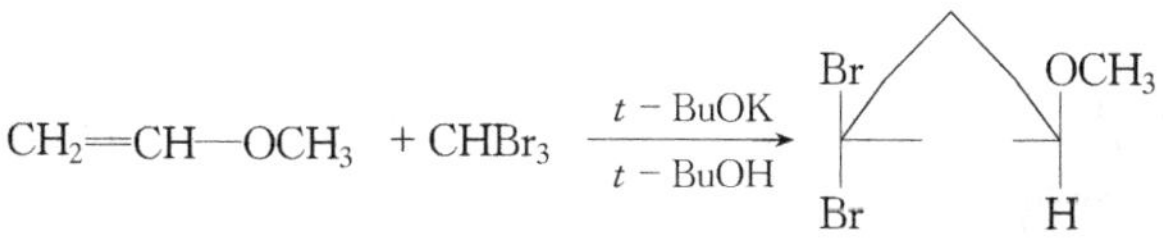

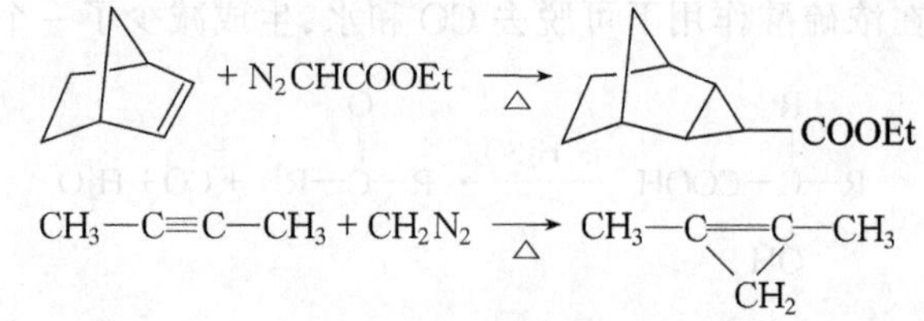

采用二碘甲烷、Zn－Cu 合金与烯烃一起加热，是获得三元环的一种很方便的方法，此反应称为西蒙斯－史密斯(Simmons－Simith)反应。例如：

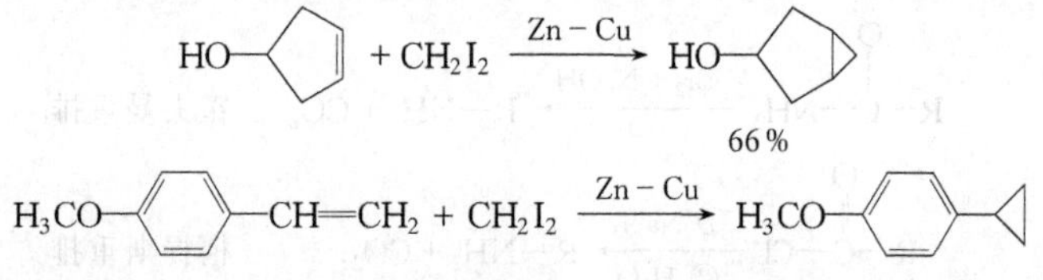

（2）硫叶立德与 α,β－不饱和羰基化合物加成　由锍盐在强碱作用下生成的硫叶立德与醛、酮反应，易生成三元环的环氧化物。亚砜型硫叶立德与 α,β－不饱和羰基化合物作用可生成三元碳环。

$$(CH_3)_3S^+I^- \xrightarrow[DMSO]{NaCH_2SOCH_3} (CH_3)_2\overset{+}{S}-\overset{-}{C}H_2$$

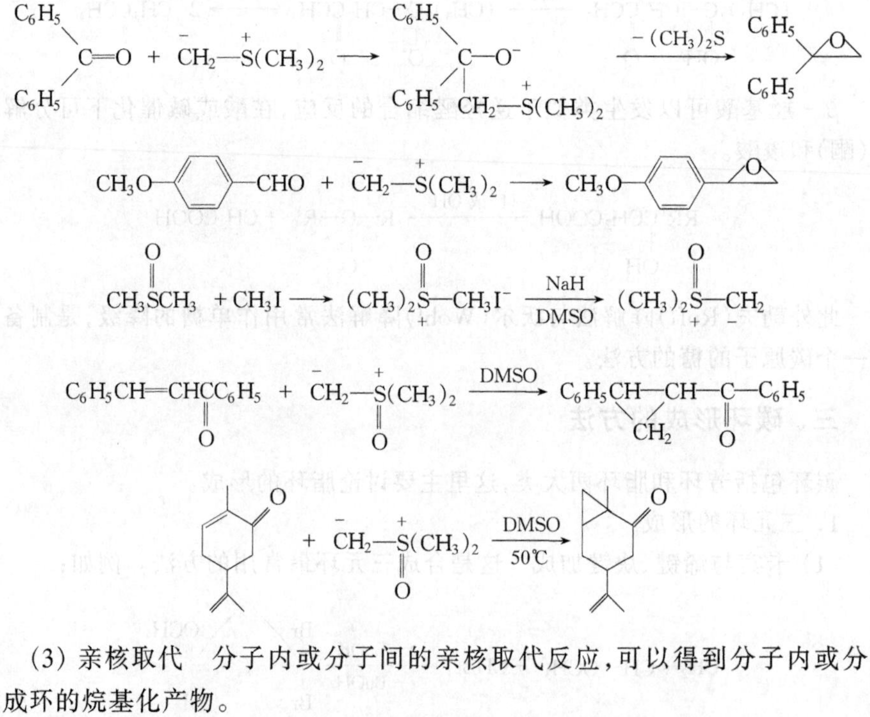

（3）亲核取代　分子内或分子间的亲核取代反应，可以得到分子内或分子间成环的烷基化产物。

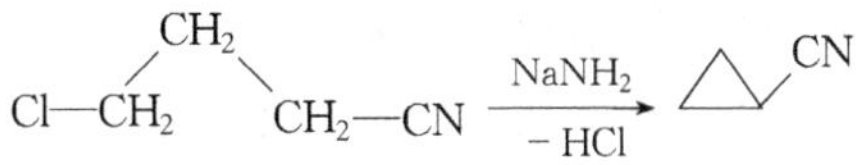

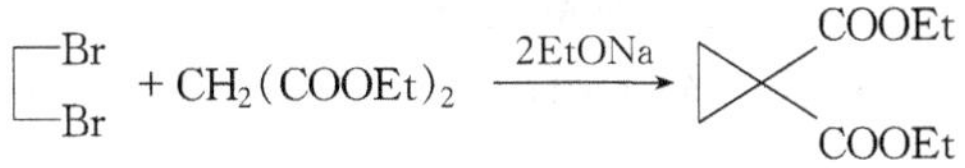

2．四元环的形成

（1）亲核取代　与形成三元碳环类似，用丙二酸酯法通过分子间的亲核取代，可形成四元碳环。

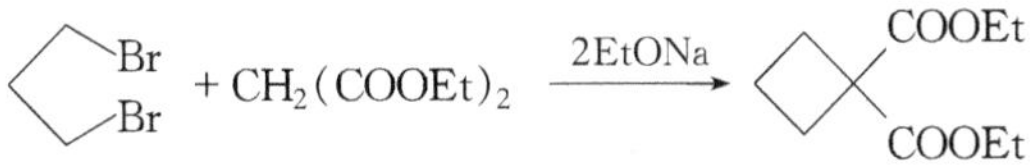

（2）[2+2]环加成　光照下的[2+2]环加成是形成四元环的好方法，这是一种绿色合成，且可以合成一些用其他方法难以合成的化合物。例如：

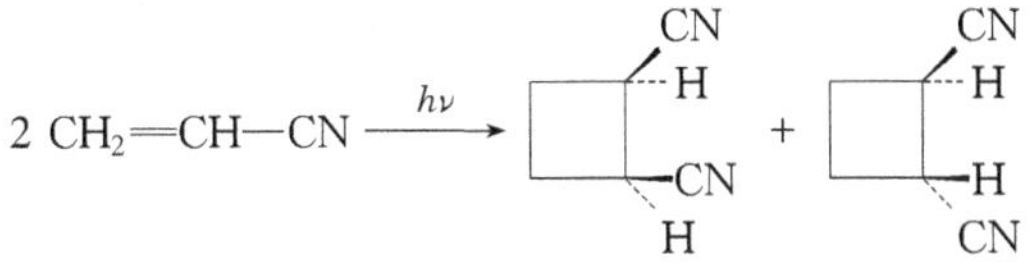

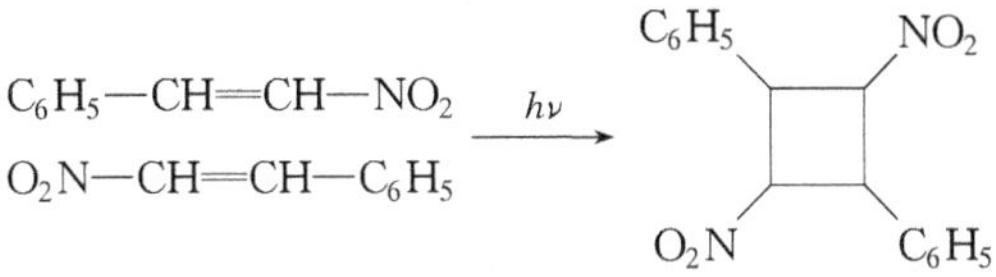

77%

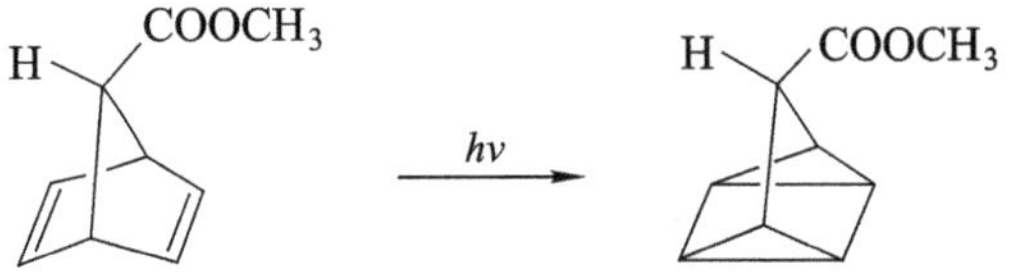

74%

（3）环丙烷扩环　环丙烷扩环能生成环丁烷，其产率往往很高。

97%

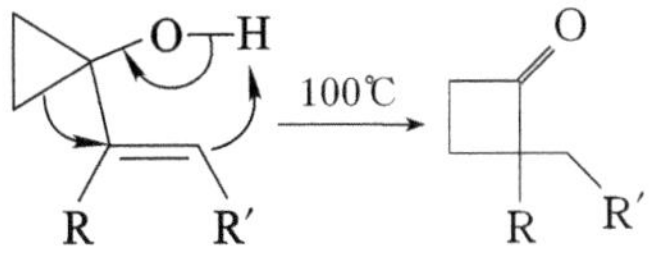

85%～100%

3．五元环与六元环的形成

五元环、六元环都是自然界中存在的稳定的环，其不少成环方法有所类似，如分子内亲电取代、分子内亲核取代、亲核加成反应等，因而放在一起讨论。此外[4+2]环加成则是形成六元环独特的好方法。

(1) 分子内的亲电取代　分子内的傅－克烷基化及傅－克酰基化反应都能形成五元环或六元环。

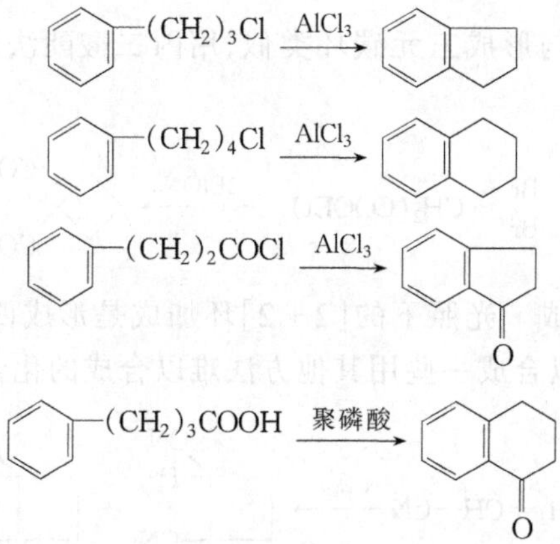

(2) 通过亲核加成反应成环　分子内的羟醛缩合、分子内酯缩合是形成五元环、六元环的常用方法。

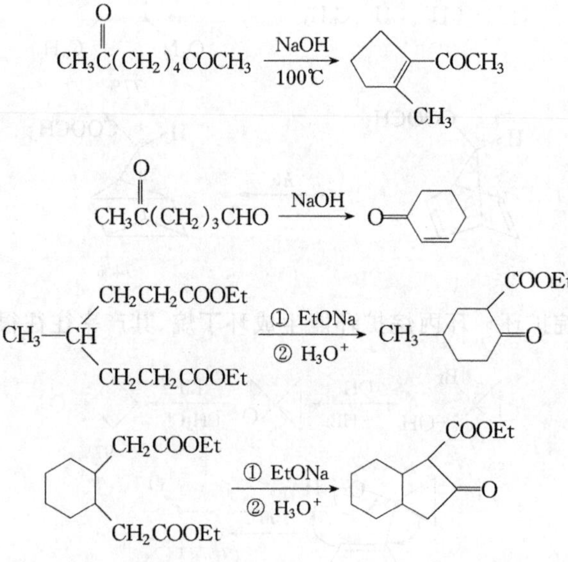

迈克尔加成后，发生的罗宾逊关环反应，实质上是分子内的羟醛缩合，是形成六元环的一种方法(参见第十七章第一节二、)。

分子内酮酯缩合、分子间的酯缩合有时也可得到五元环或六元环。例如：

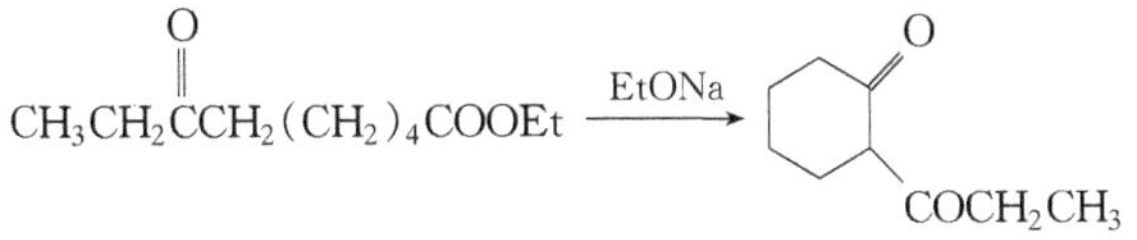

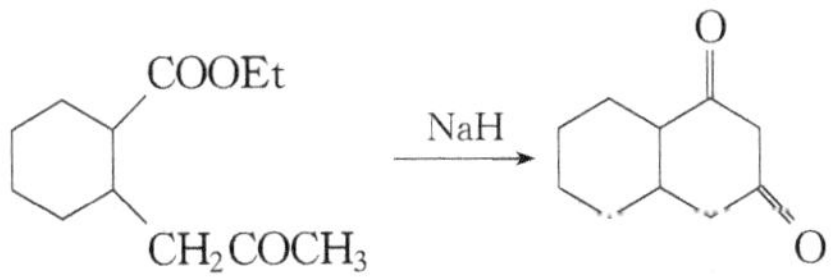

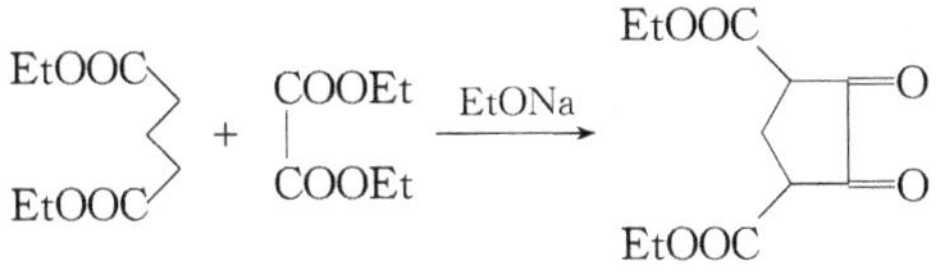

(3) [4+2]环加成合成六元环　例如：

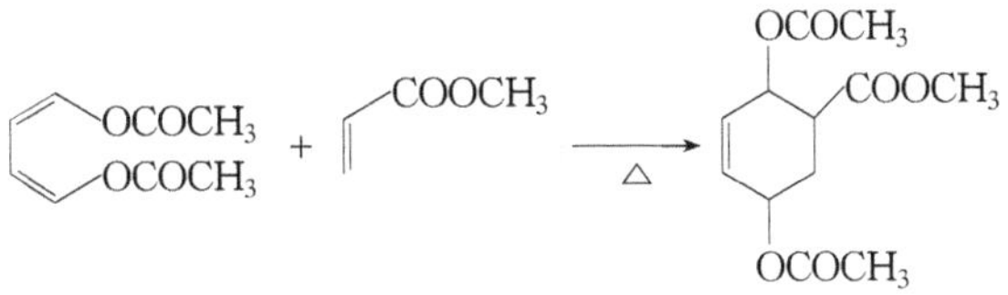

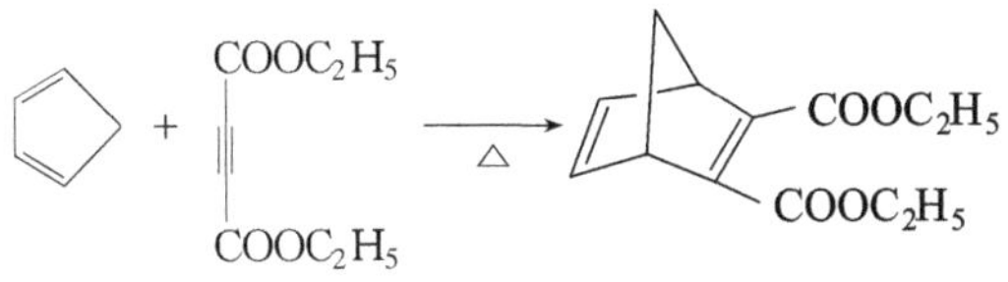

(4) 通过游离基反应成环　如重氮正离子在铜或亚铜离子作用下脱 N_2 发生游离基偶联而成环。

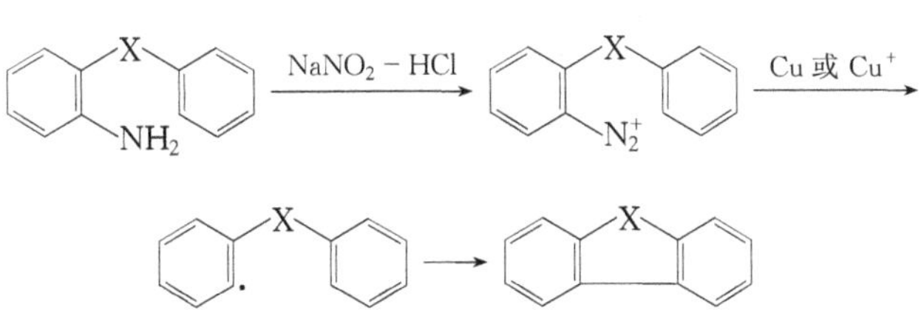

X = CH_2，CH_2CH_2，CH═CH 等。

4. 七元环以上大环的形成

七元环的形成常采用环己酮通过碳正离子重排扩环的方法。

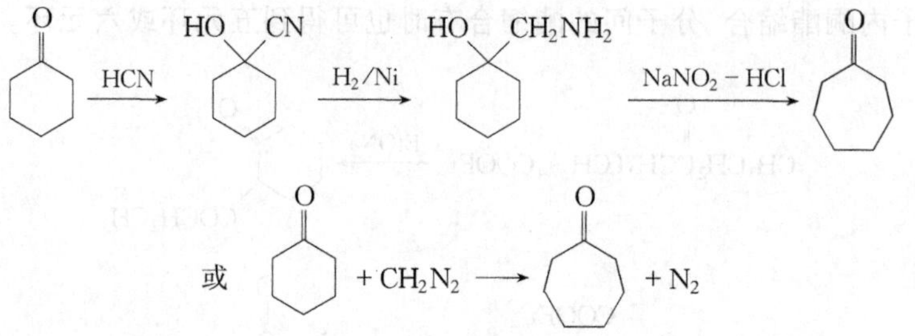

用开链化合物来合成大环，由于长链两端距离远，故形成大环比较困难，下面介绍酮醇缩合、鲁齐卡(Ruzickal)环化反应与齐格勒环化反应。

二元酸酯在等物质的量金属钠作用下，发生双分子还原，反应通过负离子游离基机理进行，产物为羟基酮(或称酮醇)，故常称为酮醇缩合。为防止分子内的酯缩合，可加入$(CH_3)_3SiCl$来抑制。

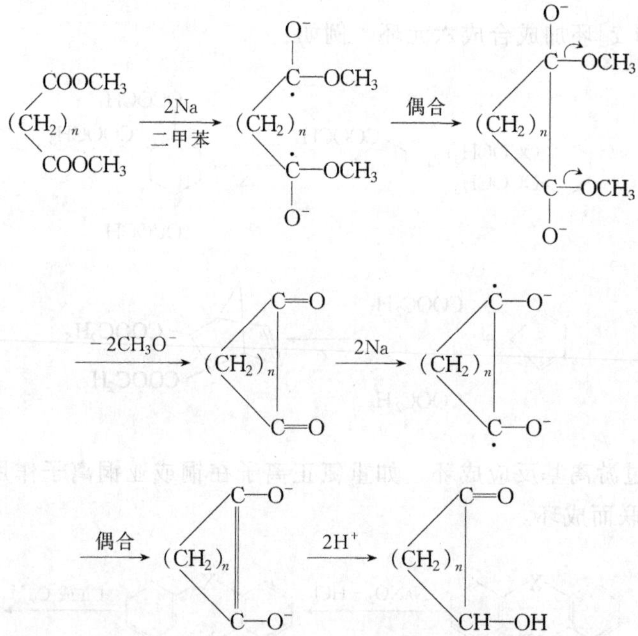

例如：

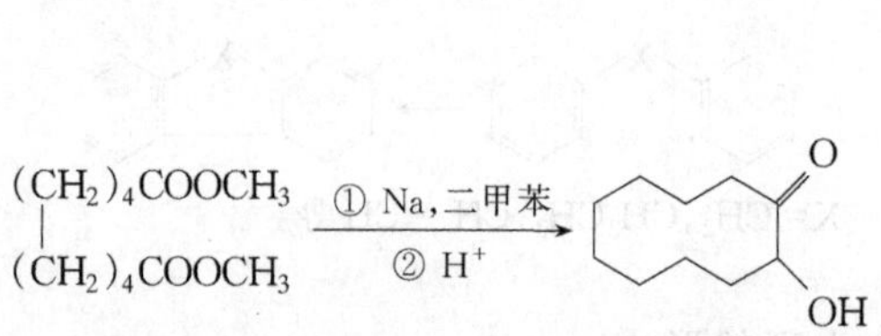

齐格勒环化反应是指将极稀的 α,ω－二腈溶液进行分子内缩合、酸化、脱

羧后得到大环酮，可用于合成 5～30 元环的酮，合成 14 元环以上的环酮产率可达 60%～90%，但合成 9～13 元环产率却很低。

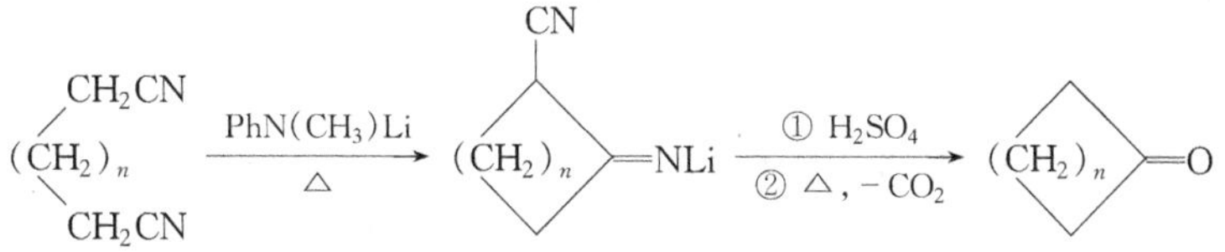

鲁齐卡环化反应是利用 α,ω－二元羧酸与 ThO_2 共热，同时去水、脱羧形成大环酮，遗憾的是产率很低，如合成 9～13 元环产率在 1% 以下，合成 13 元环以上大环，产率只有 5%～6%。

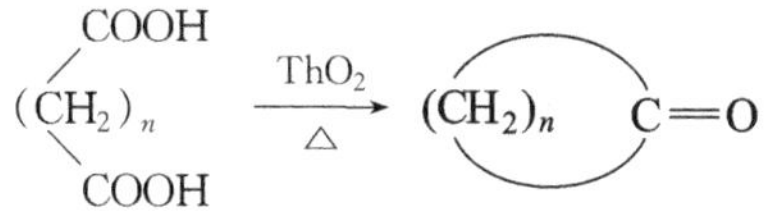

四、杂环的一般形成方法

杂环化合物种类繁多，不少具有重要的生理活性或其他特殊性能，在医药、农药、高分子材料及有机功能材料等领域有着重要的地位，杂环的合成也越来越受到化学家的重视。

杂环化合物虽然种类多，结构复杂，但碳杂键的形成一般比较容易，涉及的大多是常见的有机反应，如分子内亲核取代、分子内亲核加成、电环化反应、环加成反应等。这里只讨论形成杂环的一般共性方法，各类杂环化合物的具体合成请参见杂环化学专著。

以五元单杂环为例，其成环的路线主要有以下两种：

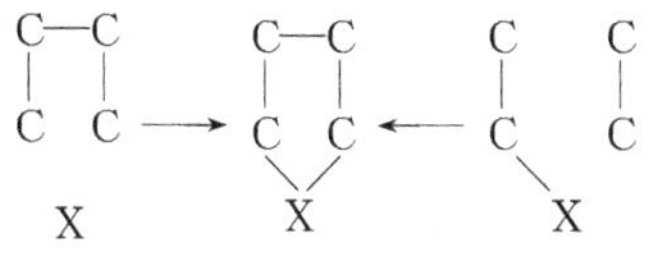

五元杂环

X 代表杂原子

英国化学家基尔克雷斯特（Gilchrist L T）根据反应的共性，将杂环化合物的合成反应分为环化反应与环加成反应两大类。

1. 环化反应

环化反应（cyclization reaction）的种类较多，常见的有离子型反应机理，还有通过游离基及其他活性中间体进行的反应、电环化反应等。其中对羰基分子内的亲核加成是形成杂环最重要的反应。

(1) 通过分子内亲核加成反应环化　醛、酮、酯、酰氯及酰胺等都能通过亲核加成而环化。如呋喃环、吡咯环和吡啶环的合成：

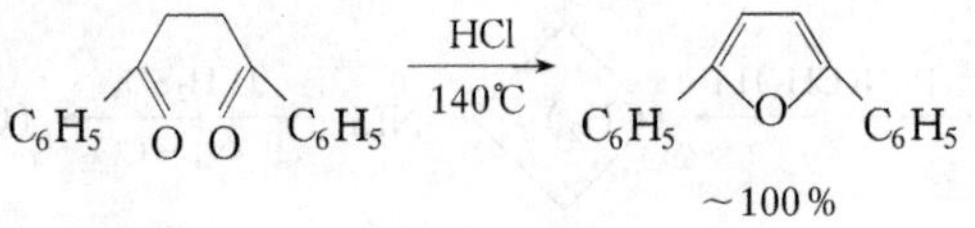

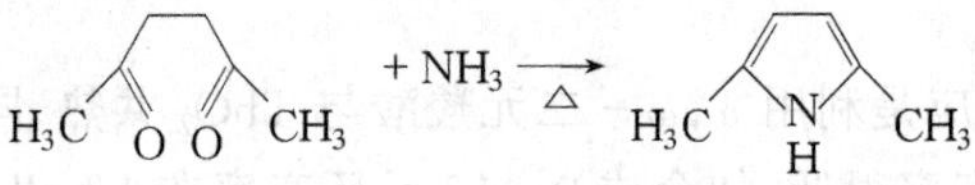

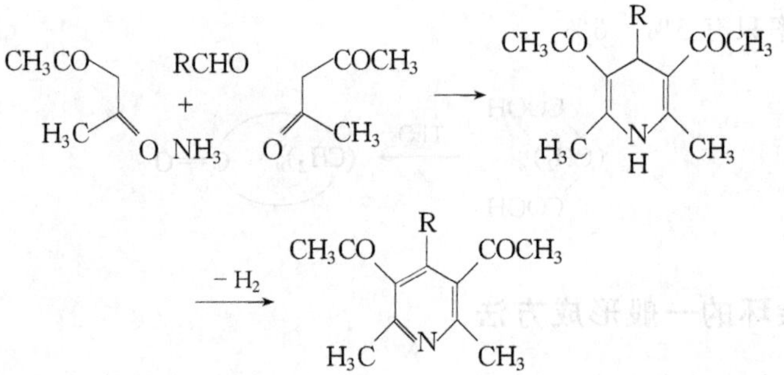

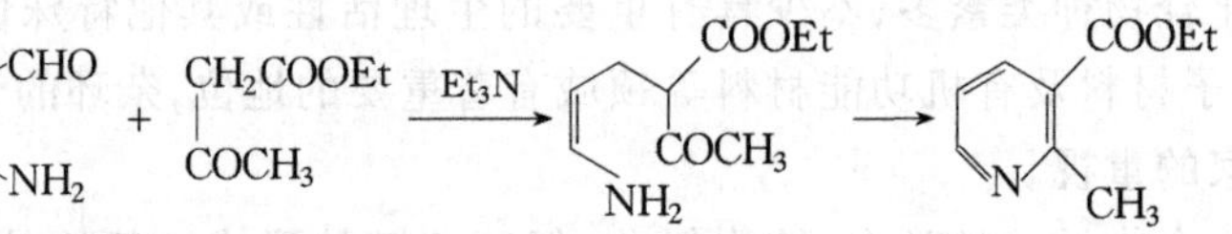

苯并呋喃和吲哚可采用苯的邻二取代物或苯胺进行亲核加成而环化。例如：

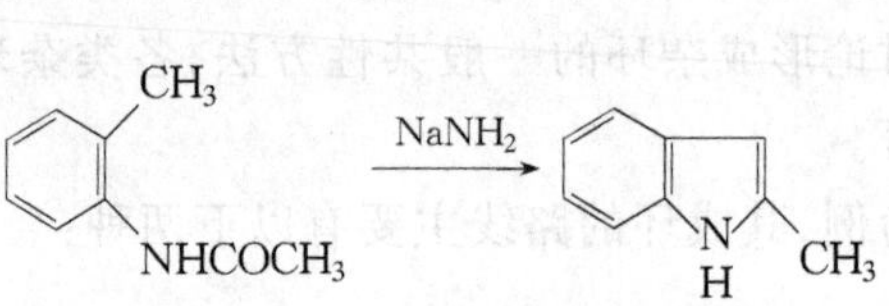

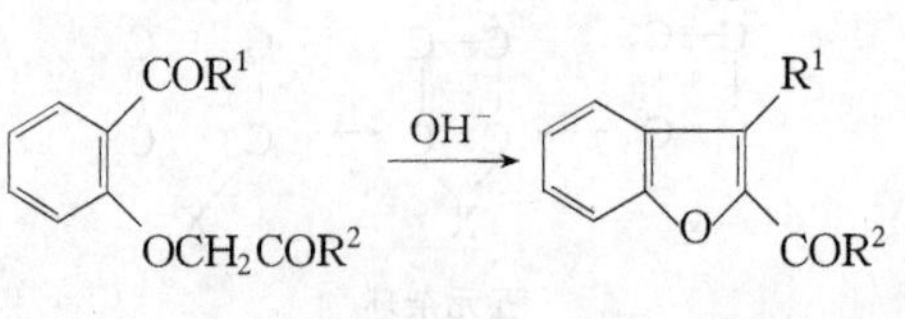

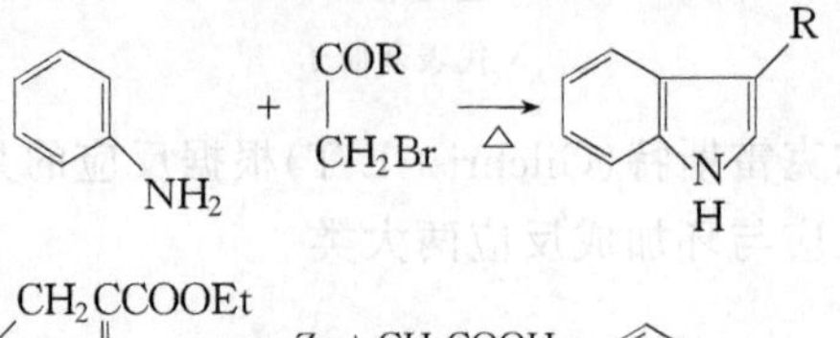

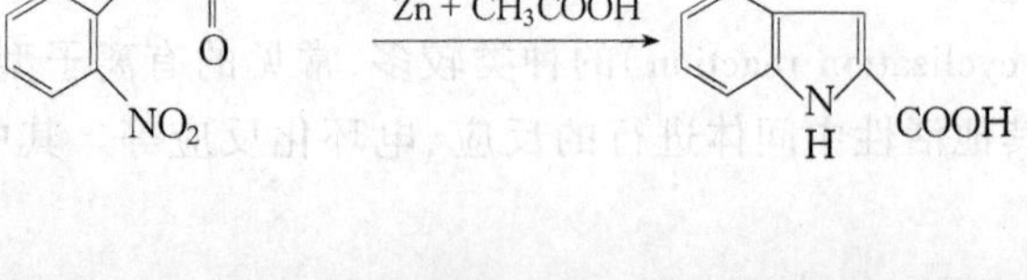

吡唑、咪唑、噁唑、噻唑及噻二唑等含两个或两个以上杂原子的环也常用亲核加成反应来合成。

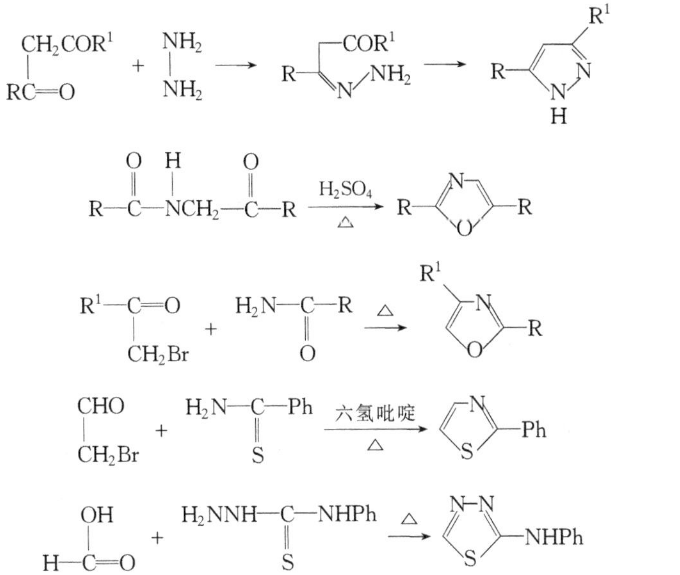

N-苯基-2-氨基-1,3,4-噻二唑

(2) 通过分子内亲核取代反应环化　例如：

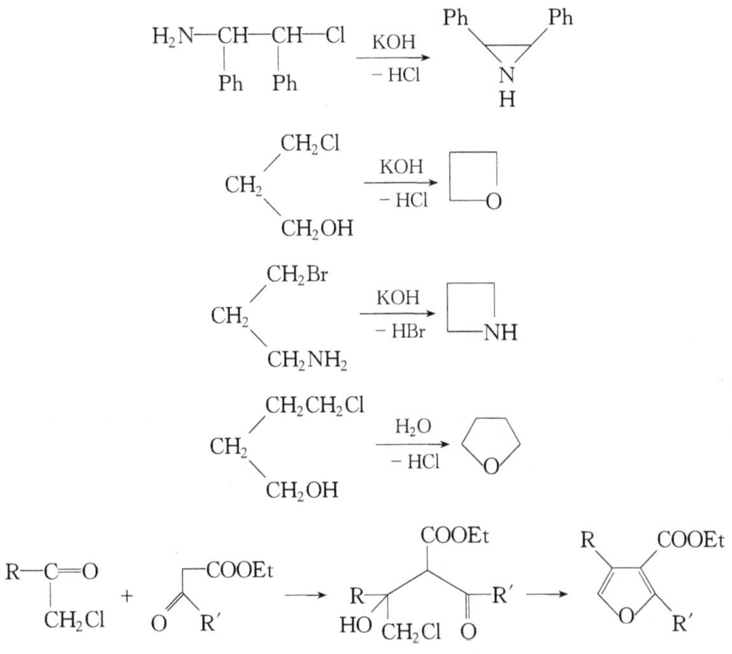

(3) 通过游离基、卡宾、乃春等活性中间体的环化　例如：

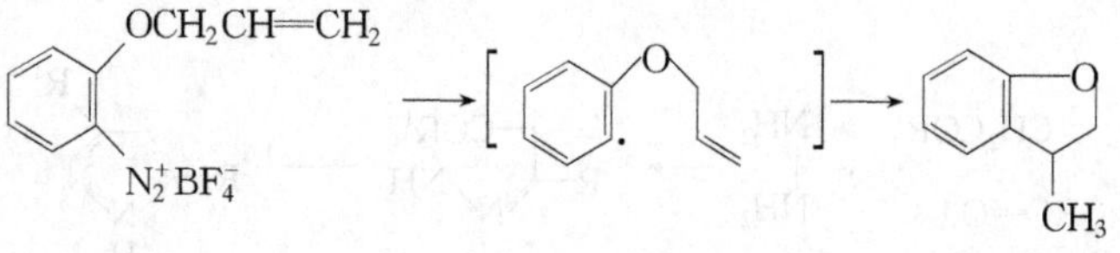

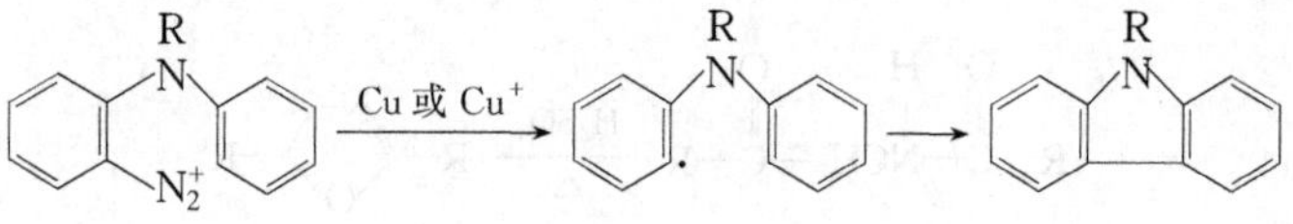

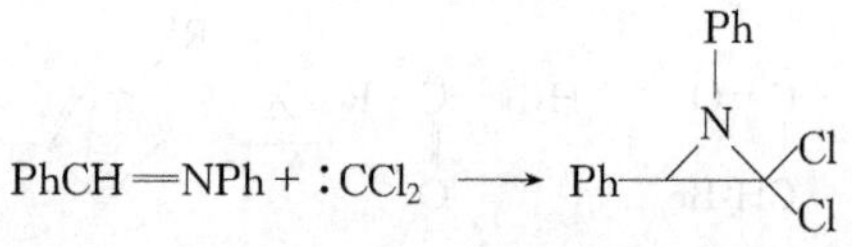

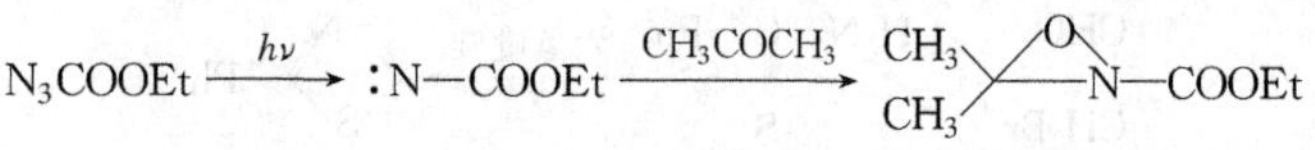

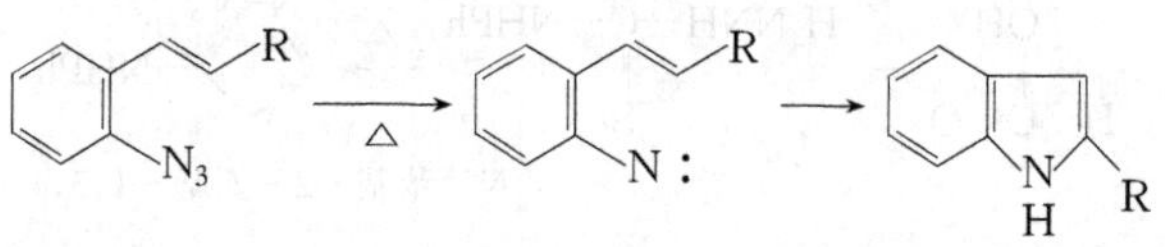

(4) 通过电环化反应成环　例如：

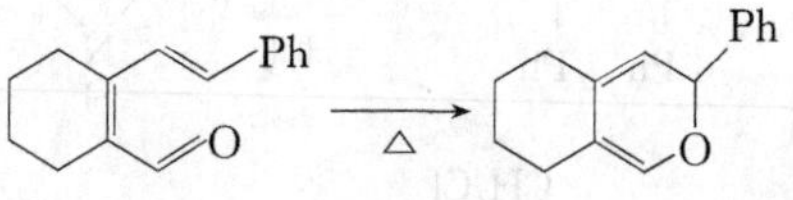

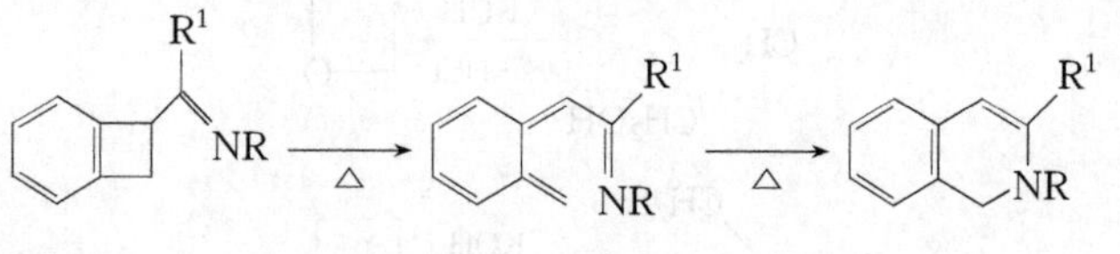

2. 环加成反应

与环化反应相比，环加成(cycloaddition reaction)用于合成杂环发展得稍晚一些，但由于环加成反应具有很好的立体专一性和环境相容性，发展越来越快。环加成反应的主要类型有：[4+2]环加成、1,3-偶极加成与[2+2]环加成。可用通式表示如下：

[4+2]环加成

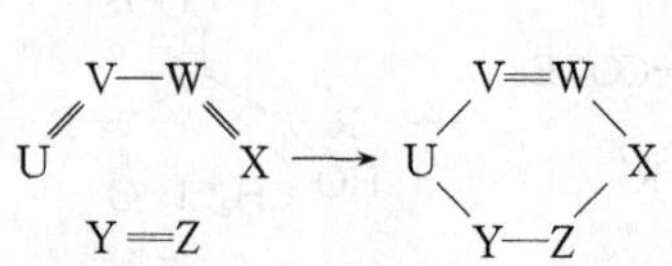

1,3-偶极加成 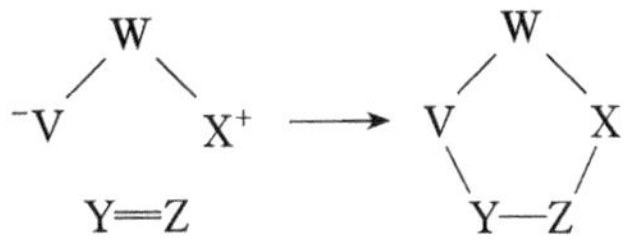

[2+2]环加成 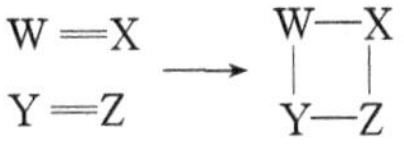

(1) [4+2]环加成　例如：

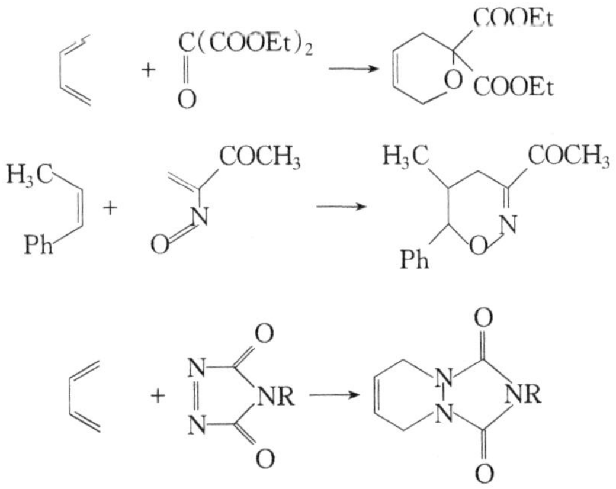

(2) 1,3-偶极加成　例如：

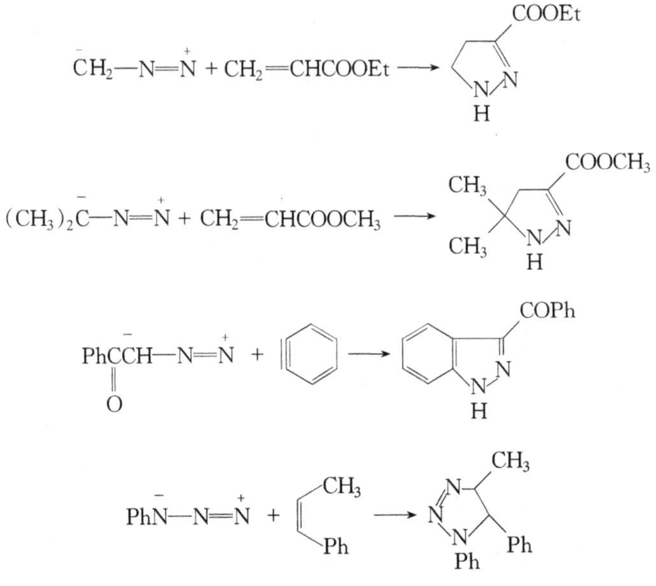

(3) [2+2]环加成 例如:

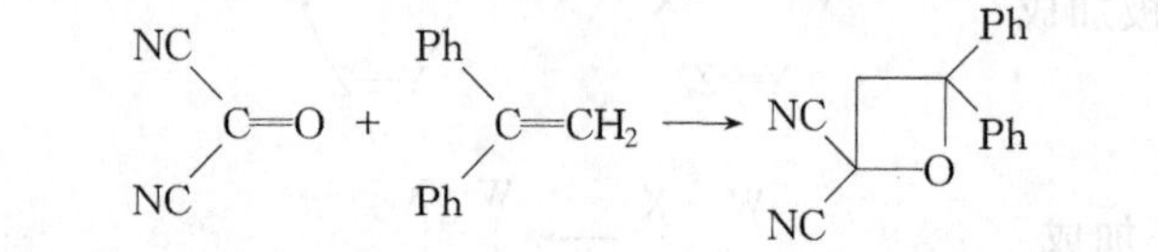

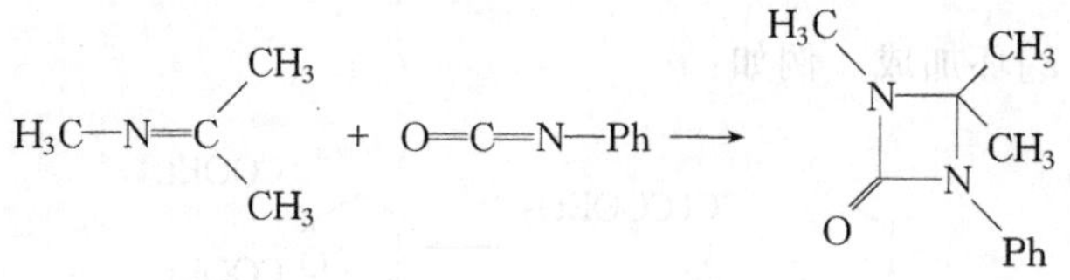

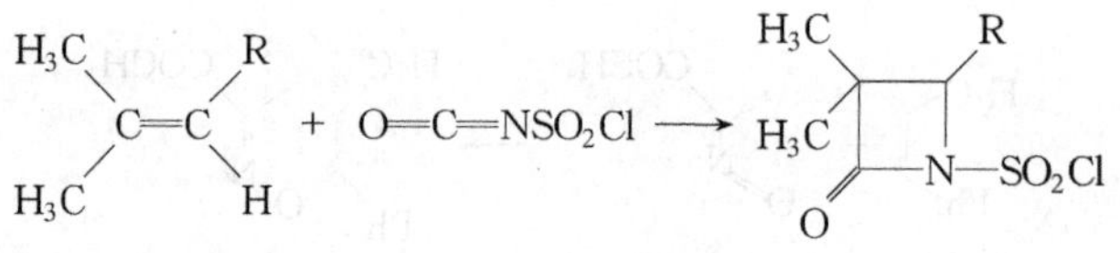

第二节 有机合成设计

有机合成设计又称为有机合成的方法论。即在有机合成的具体工作中,对拟采用的种种方法进行评价和比较,从而确定一条最佳的合成路线。最佳合成路线的标准通常可概括为以下四个方面:① 原料经济易得;② 步骤尽可能简短;③ 产率尽可能高;④ 过程安全、无污染或少污染,污染可治理。

有机合成设计的概念和原则最初于 1967 年由 Coney E J 提出,并发展了电子计算机辅助的合成设计。此外 Turer S 和 Worren S 等人也从不同角度对合成设计方法作了进一步的阐述,他们的工作都为合成设计的发展奠定了重要基础。

一、有机合成设计策略

经过有机合成化学家们的工作积累和经验总结,现在,人们可以根据不同的工作目的、工作情况,采用以下三种不同的策略进行目标分子的合成。

1. 由原料而定的合成策略

在医药、农药等的研制过程中,往往需要制备一系列的同系物或合成一系列类似物(只改变分子结构中的某一部分),以便从中筛选出效果最佳的化合物和探求药物的有效基本结构。这样的工作,通常是合成目标确定后,原料是否易得成为关键。此外,由易得的无药用价值的天然产物为原料,进行各种化学变化,最终合成出具有药用价值的目标物,也是采用的这种策略。此策略可表示为

起始原料⟹反应⟹目标分子

2. 由化学反应而定的合成策略

在实际工作中，有时会偶然发现某个反应能生成特殊结构，甚至与某种天然有机物的结构相似的分子，因此，合成化学家往往从这个产生特定结构的反应出发，合成具有与之相似结构又具有特定意义的目标分子，然后再确定适当的起始原料，从而确定整个合成计划。这种思维方法可表示为

$$\text{反应} \Longrightarrow \text{目标分子} \Longrightarrow \text{起始原料}$$

此外，在天然产物的生物合成理论的指导下，设计某些反应或试剂进行天然产物的仿生合成，亦属于这种策略。

3. 由目标分子而定的合成策略——反向合成分析

反向合成分析即逆合成分析，是人们经常采用的而且具有一定规律可循的逻辑推理的思维方法，这是由目标分子作为考虑问题的出发点，通过化学或仿生学角度的逆向变换，直至找到合适的原料、试剂为止。逆合成分析可表示为

$$\text{目标分子} \Longrightarrow \text{中间体} \Longrightarrow \text{起始原料}$$

二、反向合成分析

反向合成分析(retrosynthetic analysis)的设计方法包括由目标分子出发，按一定规律通过逆向切断、连接、重排和官能团互换、添加、消除等方法，将目标分子变换成若干分子片段，即合成子，并将这些合成子转换成相应的试剂(这种与合成顺序相反的分析方法，又称为逆推法)。通过对反向分析法得出的若干可能的合成路线，从原料到目标分子，全面审视每步的可行性和选择性等，比较不同的合成方法和路线，选定最优的合成方法和路线。在此基础上进行实验的验证，完善所设计的各步反应条件、操作、产率和选择性等，最后确立一条合适的合成路线。下面先介绍反向合成分析中常用的几个术语。

1. 目标分子及其变换

需要合成的最终化合物的分子叫作目标分子(target molecule，简写作 TM)。中间体是从起始原料到目标分子所经历的所有中间化合物，这不同于反应机理中的中间体。中间体一般在市场上买不到或价格较高，原料则是价格低廉、容易购买的化合物。在反合成方向上结构或官能团的变化称为转换，一般用“$\Longrightarrow$”表示转换，用“$\longrightarrow$”表示合成。

$$\text{目标分子} \Longrightarrow \text{合成子} \Longrightarrow \text{试剂}$$

2. 合成子及其等价试剂

合成子(synthon)是组成目标分子或中间体骨架的单元结构的活性形式碎片。根据形成碳碳键的需要，合成子可以是离子，也可以是游离基或周环反应所

需要的中性分子,合成子的实际存在形式称为它们的等价试剂(equivalent reagent),而周环反应的合成子及其等价试剂在形式上是完全等同的。

3. 逆向连接和重排

将目标分子中两个适当碳原子用新的化学键连接起来称为逆向连接(antithetical connection)。将目标分子骨架拆开和重新组装,则称为逆向重排(antithetical rearrangement)。

4. 官能团互换、添加和消除

在反合成分析的过程中有时需要将目标分子中的官能团转变为其他官能团,以便于进一步的反合成操作。例如,将羰基转变为羟基,这称为官能团互换(function group interconversion),用符号 FGI 代表。在另外一些情况下,为了活化某个位置,或为下一步反合成操作需要,有时要在目标分子上加入一个官能团,这称为官能团添加(function group addition),用符号 FGA 代表。如果反合成操作的结果是消除了目标分子中的官能团,这称为官能团消除(function group removal),用符号 FGR 表示。

5. 逆向切断

用切断化学键的方法把目标分子骨架剖析成不同性质的合成子,称为逆向切断(antithetical disconnection)。切断一般用符号$\stackrel{dis}{\Longrightarrow}$或画一条波形线穿过切断的键来表示。切断不是随意的,正确的切断必须是具有合理的反应机理,按一定机理切断的键,一定会有相应的合成反应,而我们切断目标分子中键的目的,就是要推导出合成目标分子所需要的前体和应该使用的反应。

例如,化合物 $C_6H_5 \overset{a}{\wr} CH_2 \overset{b}{\wr} CH(COOEt)_2$,在这个分子中有两个键可以切断,但切断 b 要比切断 a 好,这是因为按切断 b 进行反合成操作时,得到的两个合成子都较稳定,且容易生成,并且相应的等价试剂与合成反应也是合理的。

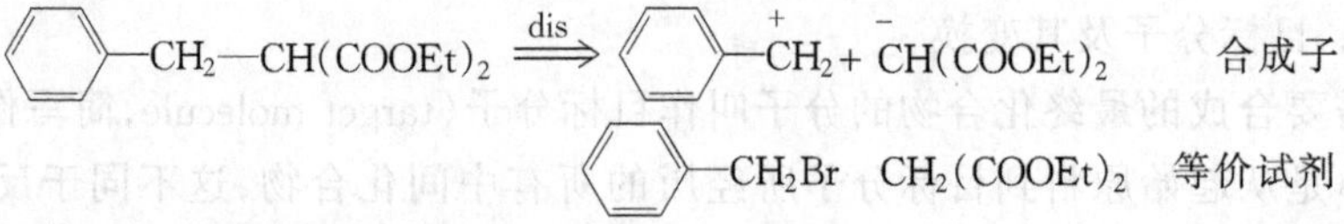

又如,下列切断也是合理的,其合成方向的反应就是狄尔斯-阿尔德反应。

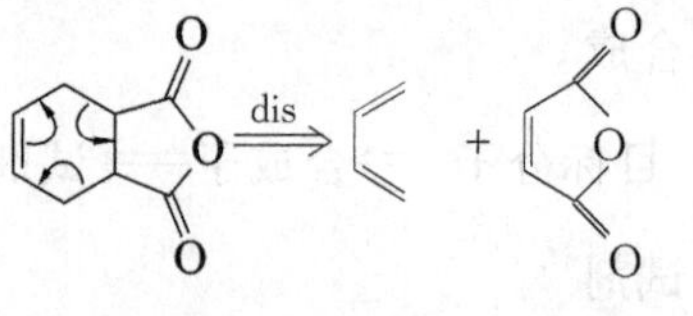

一个好的切断方式,除了要有合理的机理外,还要使切断后得到的合成子及其等价试剂能够最大程度的简化。因为进行合成的目的就是使用简单的原料合

成较为复杂结构的目标分子。在下例中,如果将两种可能的切断进行比较,可以清楚地看出能形成简单起始原料的那种切断要更为优越。

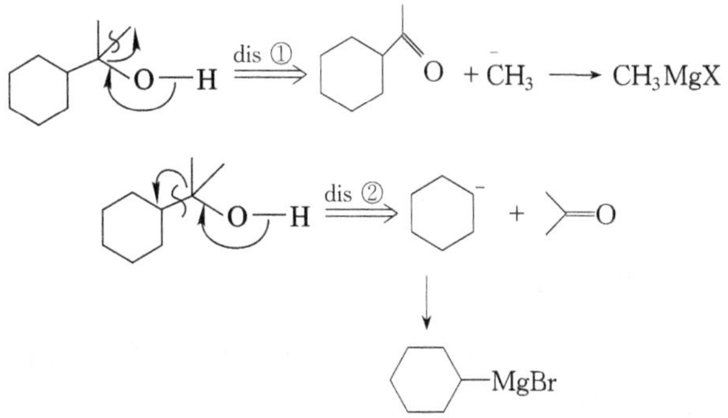

上面两种切断都有合理的反应机理,但我们一定会选择切断②,而不是①。因为在切断①中,切断后得到的环己基甲基酮,比原来的目标分子只少一个甲基,是仍需要通过合成才能得到的化合物。而切断②将目标分子劈成几乎相等的两个片段,推导出的前体丙酮和环己基溴较目标分子简单得多,在市场上也有供应。

此外,在进行切断时,如果使用不同方式(或同一方式)的切断都可以最大程度地简化目标分子,这时我们应该选择能推导出容易得到试剂的那种切断方式。例如:

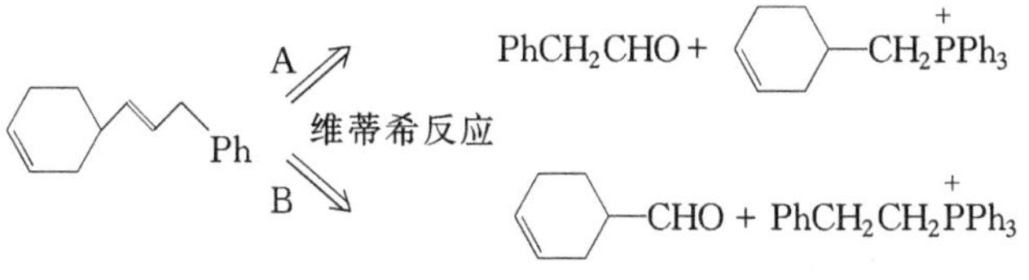

两种切断比较起来,B 的方式由于推导出的起始原料比 A 容易得到,因而是较好的方式。由 B 推导出的前体可以从如下的反合成分析中推导出简单易得的原料。

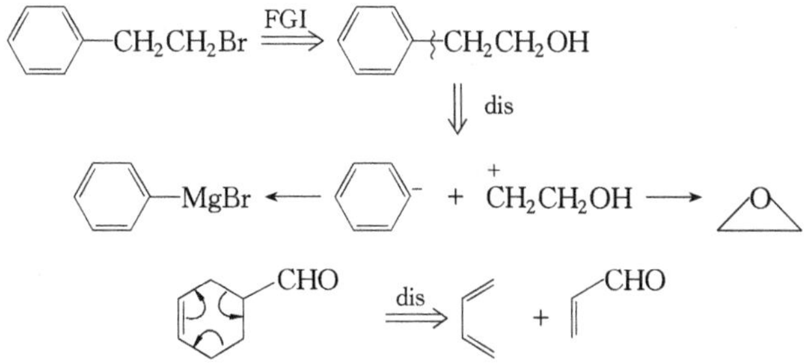

综合上面所讨论的内容,在判断一个切断好与不好时,应有以下的标准:① 有合理的切断机理;② 使目标分子得到最大程度的简化;③ 能推导出简便易

得的起始原料；④ 合成反应容易掌握。

思考题 19.1　如何设计合成颠茄酮(托品酮)？

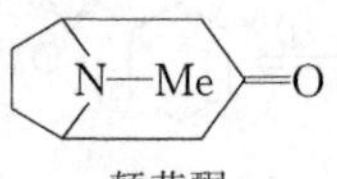

颠茄酮

三、切断的常用策略

在反合成分析过程中，不同的切断方式导致了不同的合成路线，掌握切断的常用策略，便于我们找到一条较为合理的合成路线。

1. 优先在官能团附近切断

在分析目标分子的结构时，有时可以找到与某一个合成反应相对应的官能团，因此在切断时按照这个合成反应的要求切断有关的化学键，则分解得到相应的合成子等价物。而目标分子中不止一个官能团时，究竟应在哪个官能团附近切断，就要依据所得到的合成路线哪一条更为合理。例如：

对 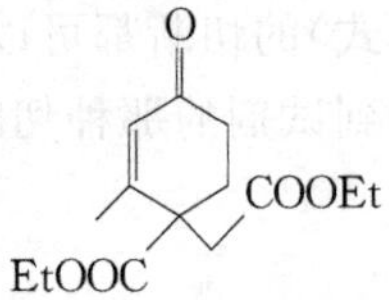 提出合理的切断。

分析：

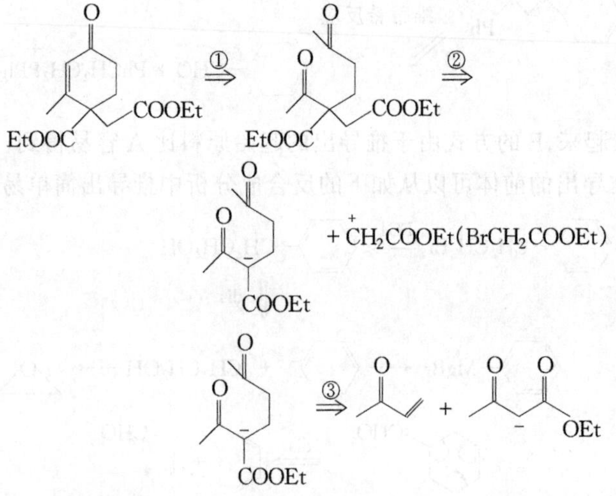

切断①是根据羟醛缩合反应在碳碳双键处切断；切断②是根据亲核取代在官能团的 α－碳附近切断；切断③则是根据迈克尔加成反应，在羰基的 α－碳附

近切断。由此可见，与官能团相连的 α－碳附近是优先考虑切断的地方。

2. 优先在碳杂键处切断

有机分子中的碳杂键（杂原子通常是指 O、N 或 S 等）往往不太稳定，反应时此键也比较容易形成，因此首先切断碳和杂原子的键，往往是有利于指定合理的合成路线。

例 1　对  提出合理的切断。

分析：

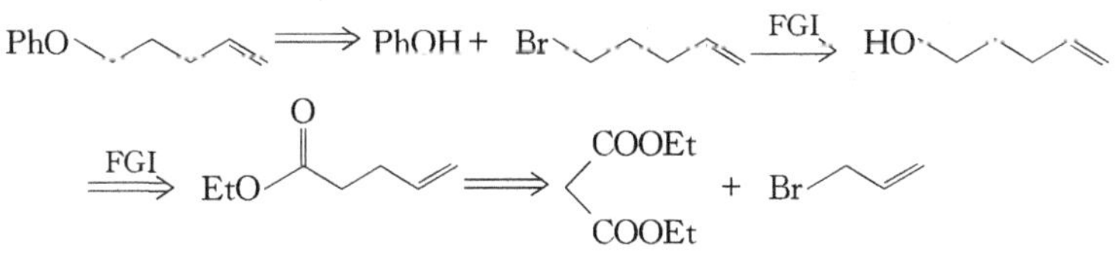

合成：

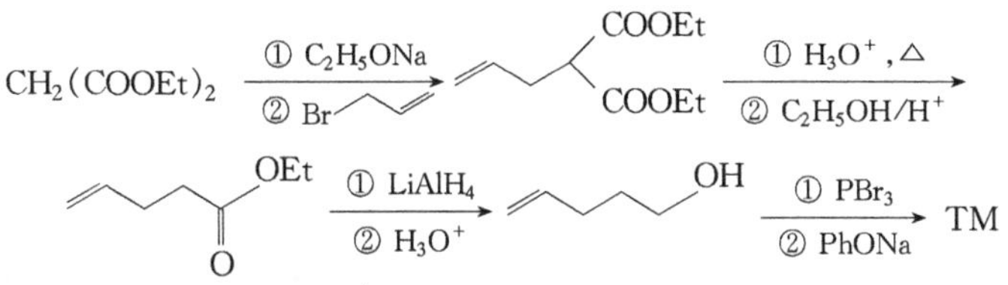

例 2　试设计合成 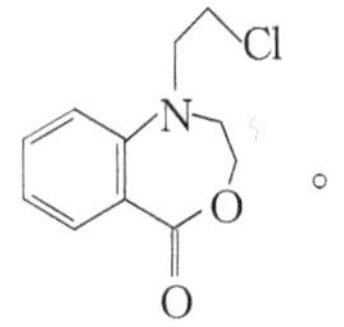 。

分析：

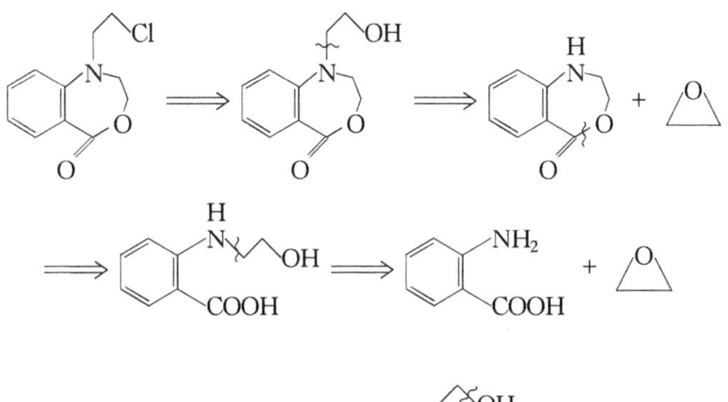

合成：

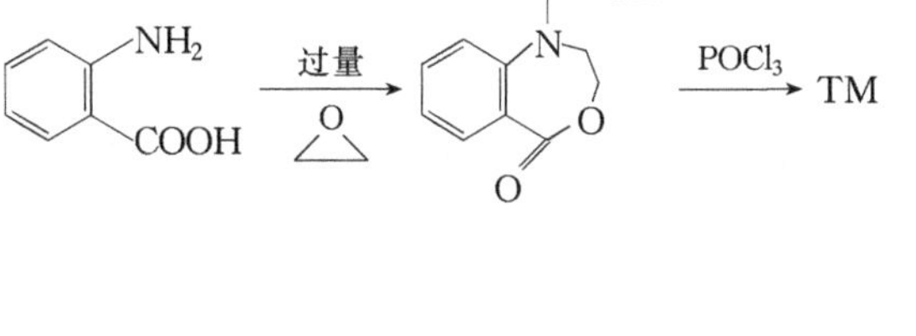

3. 加辅助基团后切断

有些目标分子在结构上找不到直接合适的合成子等价物，这时可在目标分子的适当位置添加官能团（FGA），即辅助基团，以寻找合理的切断方法。

例 试设计合成 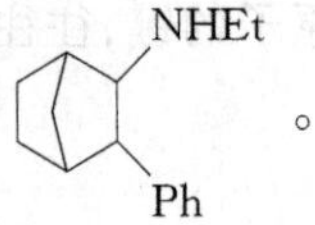。

分析：

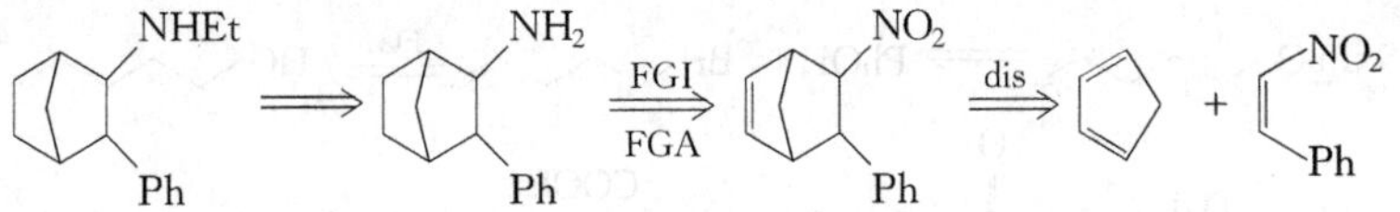

合成：

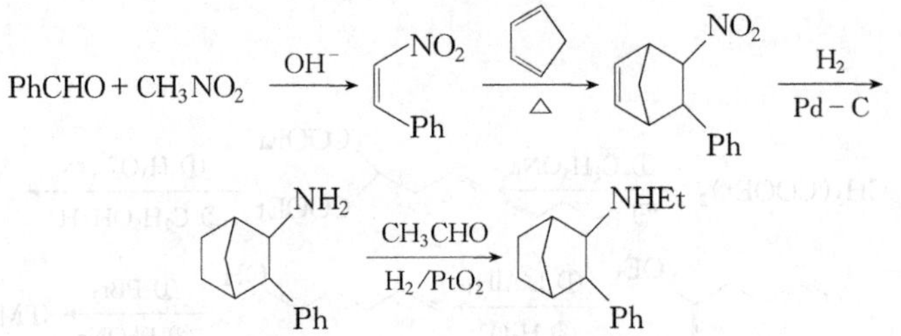

由此可见，添加官能团是为了找到逆向改变位置及相应的合成子等价试剂，这些基团（例如碳碳双键、碳氮双键等）一般在合成后期易于除去。

4. 用目标分子的对称性进行切断

在某些目标分子的结构中，存在着明显的对称因素或潜在的对称因素，从对称因素所在之处进行切断是逆向合成分析的常用策略。

例 1 设计合成 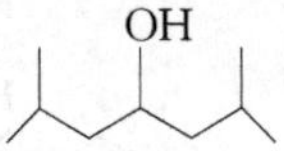。

分析：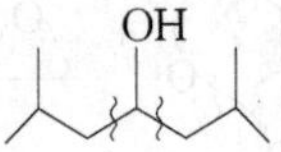 是结构对称的二级醇，可由下列反应制得：

$$2\ RMgX + HCOOR' \longrightarrow RCH(OH)R$$

合成：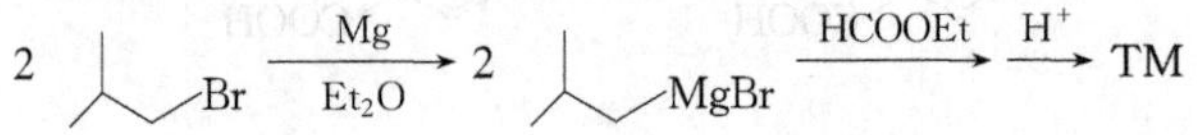

例 2 设计合成 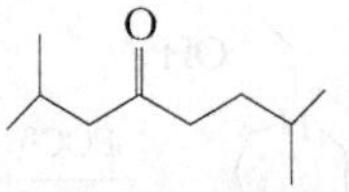。

分析：表面看来，分子中不存在对称，但经官能团转换后则可得到一个对称分子。

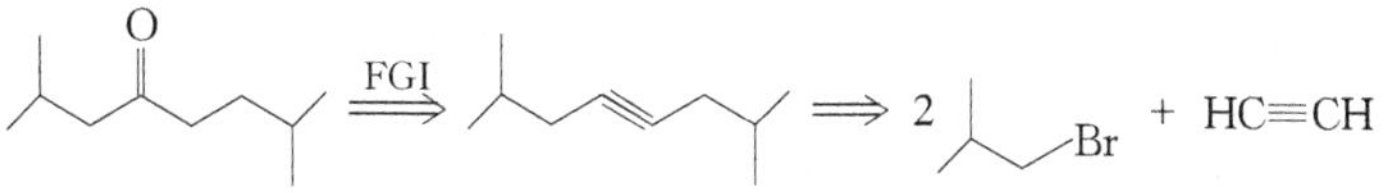

合成：

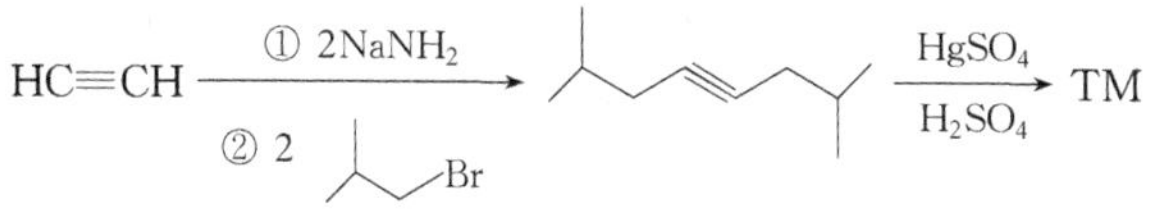

5．在支链最多的碳原子附近切断

对于一些结构较复杂的目标分子，通过在支链最多的碳原子处切断，可以化整为零，使看上去复杂的难以合成的化合物变成易合成的目标分子前体或中间体。

例　设计合成灰黄霉素 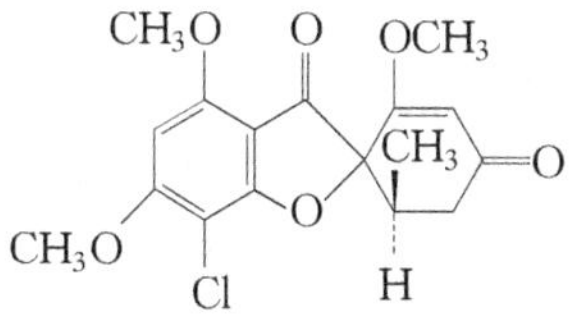 。

该化合物逆合成分析如下：目标分子Ⅰ经烯醇甲醚转换成羰基得中间体Ⅱ；在Ⅱ中两个羰基呈1,3－关系，切断化学键a可得前体Ⅲ；在Ⅲ中甲基酮的羰基与酯基呈1,5－关系，故利用加成反应机理进行切断，得到前体Ⅳ和Ⅴ。在Ⅳ中使用逆克莱森缩合反应机理切断化学键c时就得到前体Ⅵ，继续前推可以推导出简单的起始原料Ⅷ。

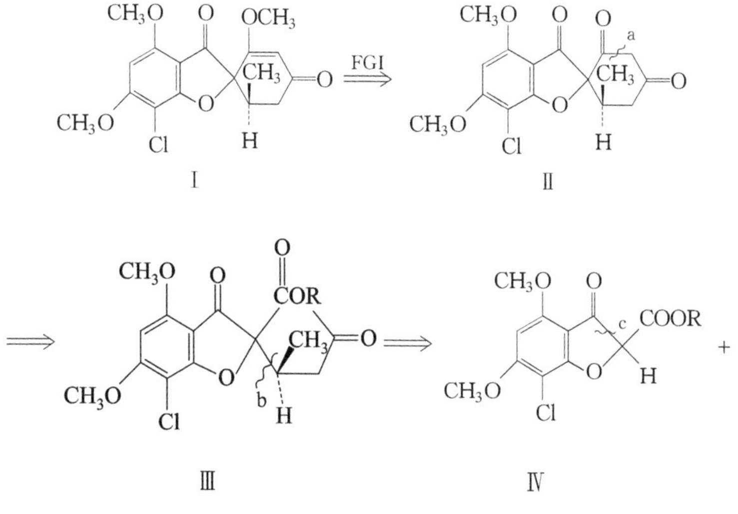

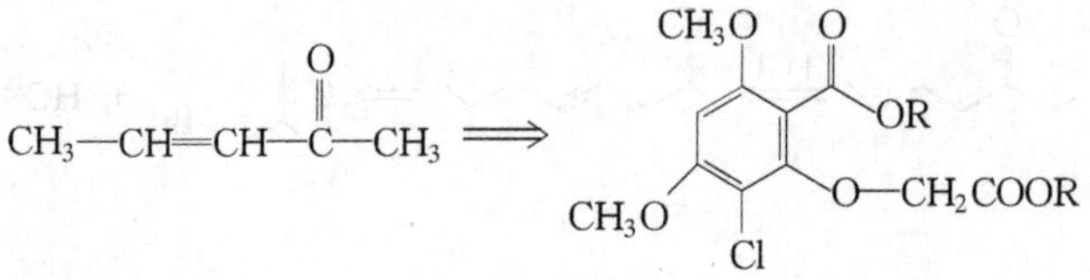

Ⅴ　　　　　　　　　　　　　　　　Ⅵ

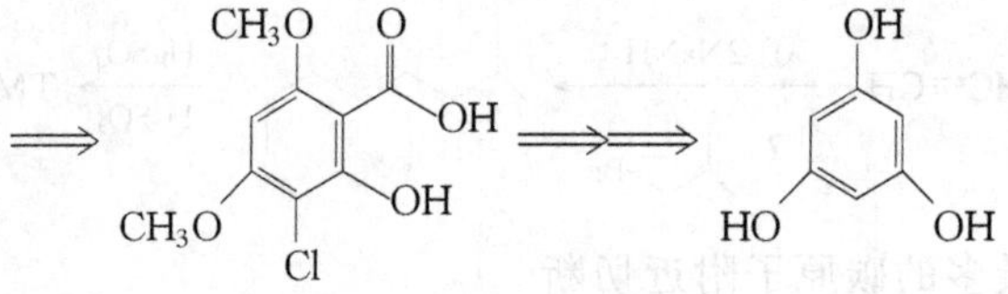

Ⅶ　　　　　　　　　　　　　　　　Ⅷ

四、典型目标分子的逆合成分析方法

1．1,2－双官能团化合物

1,2－双官能团化合物常见的如1,2－二酮、α－氰醇、α－羟基酸、α－羰基酸、1,2－二醇等，常将接有官能团的两个碳原子之间的键切断。该类切断相应的正向反应有羰基化合物的亲核加成、亚甲基化、苯偶姻缩合或还原偶联（如频哪醇合成、偶姻缩合）以及芳烃的酰化、α－羟（卤或氨）甲基化等。

例1　设计合成 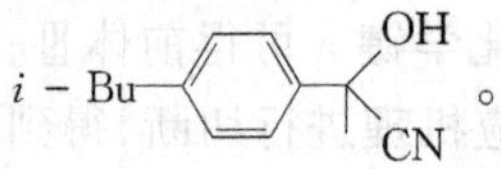。

分析：

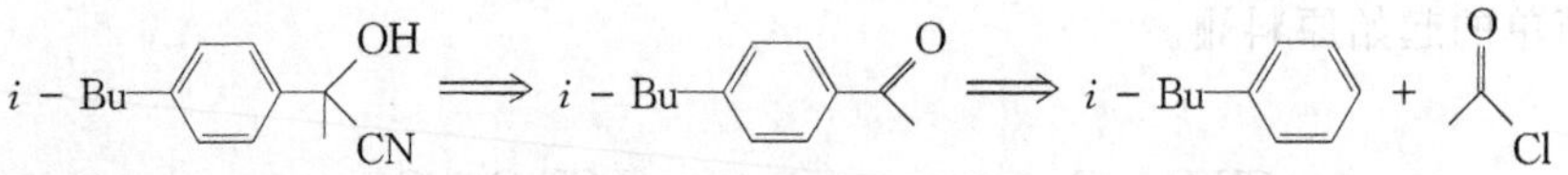

合成：

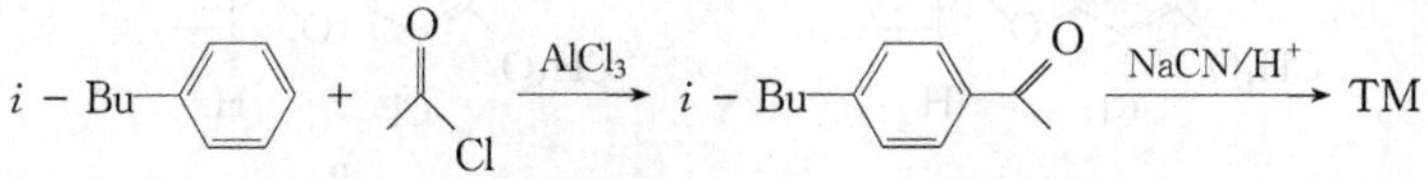

例2　设计合成 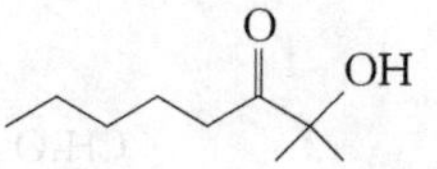。

分析：

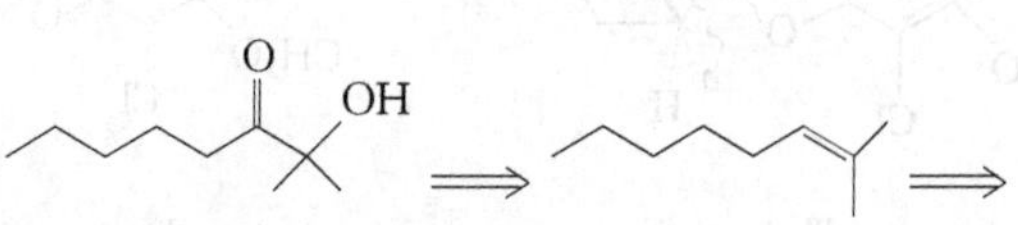

合成：

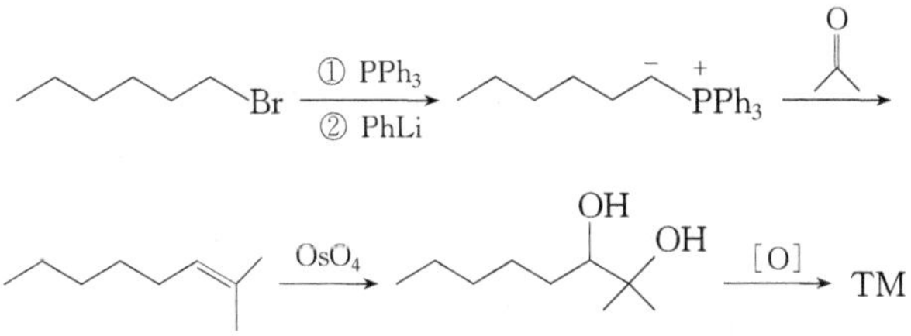

例 3　试设计合成 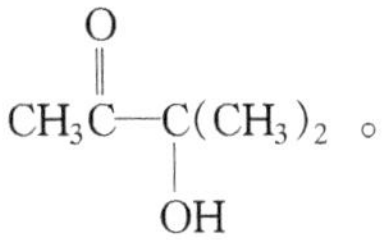 。

分析：

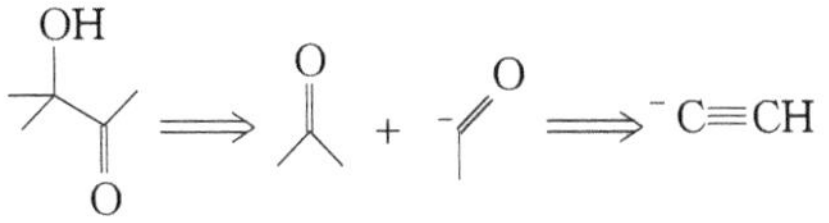

合成：

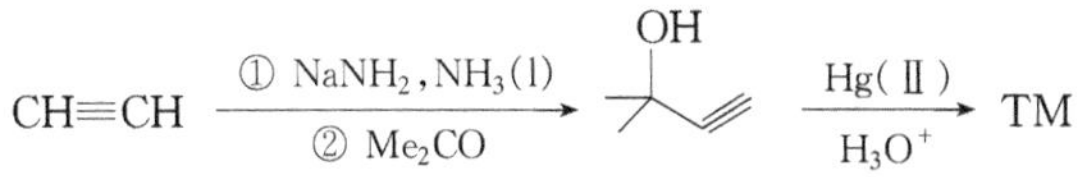

2. 1,3－双官能团化合物

1,3－双官能团化合物最常见的有 β－羟基酮(醛)、酸、酯，β－羰基酸酯，α,β－不饱和羰基化合物等，常用于构成这类分子碳骨架的反应有各种分子间或分子内的缩合反应，烯胺与酰卤的反应，乙酰乙酸乙酯与酰卤的反应等。

例 1　设计合成 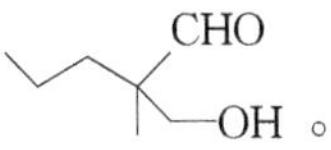 。

分析及合成：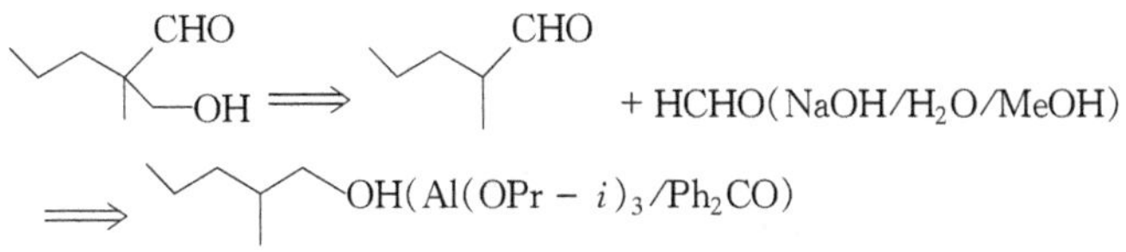

例 2　试设计合成 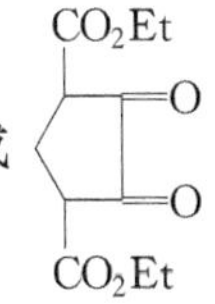 。

分析：

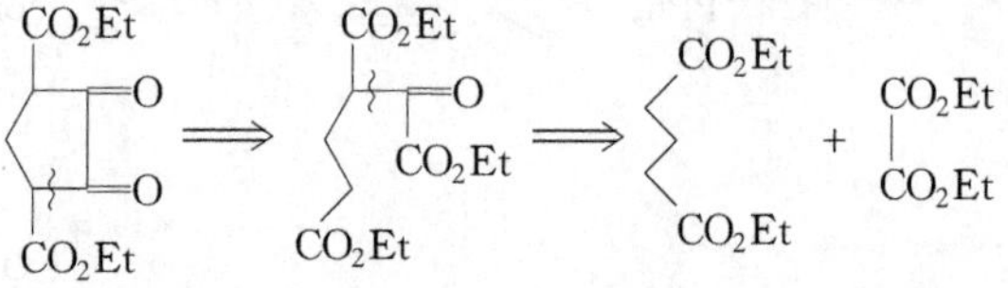

合成：

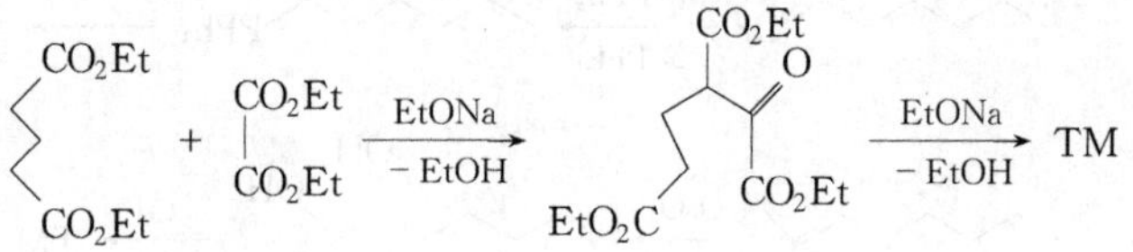

例 3 设计合成 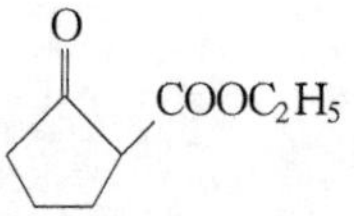。

分析：

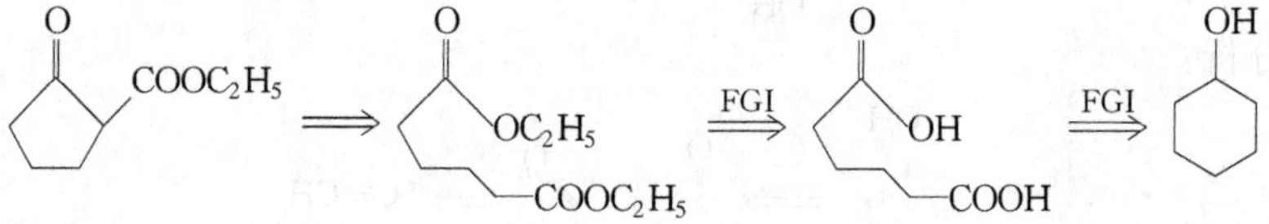

合成：

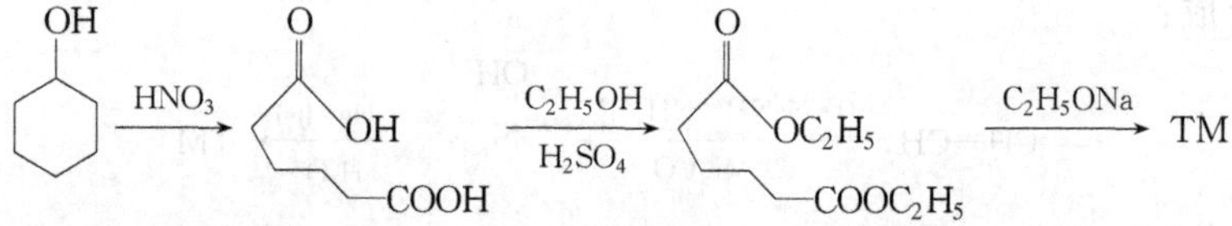

3. 1,4－双官能团化合物

1,4－双官能团化合物有 γ－羟基酸、酯和 γ－羰基酸、酯等。α－卤代酮与烯胺或乙酰乙酸乙酯反应均可用于构成1,4－双官能团化合物的碳骨架。

例 1 设计合成 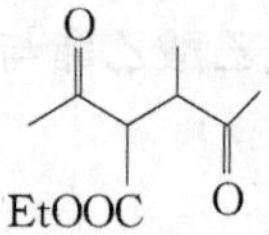。

分析：

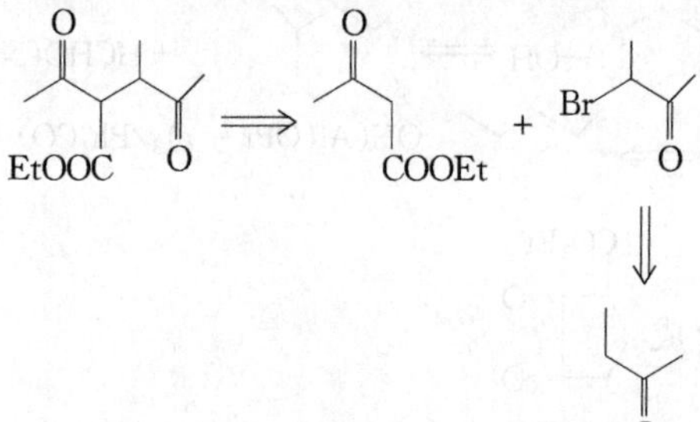

合成：

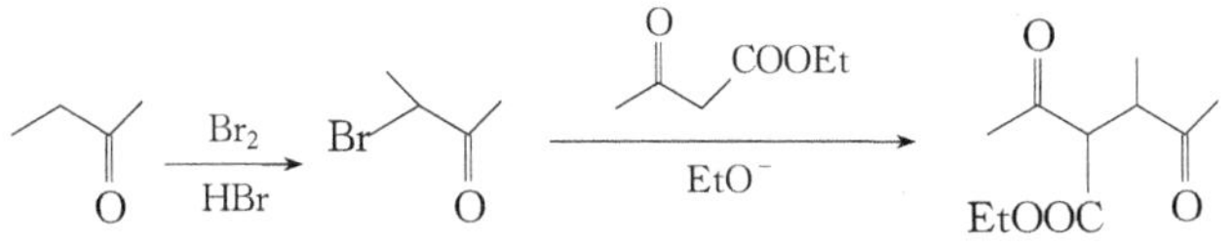

例 2　设计合成 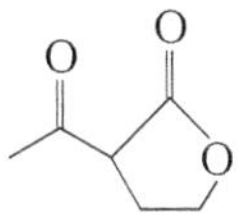。

分析：

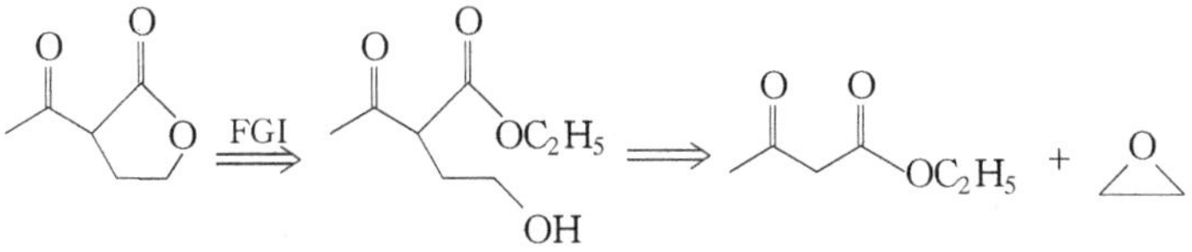

合成：

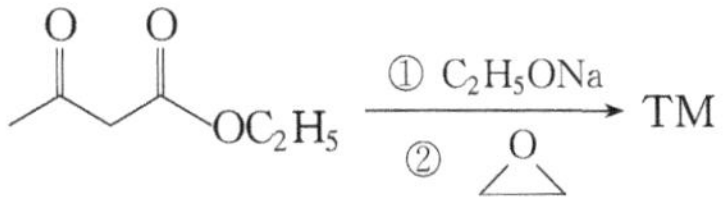

4. 1,5－双官能团化合物

典型的 1,5－双官能团化合物有 1,5－二酮等。含有活泼氢的化合物与 α,β－不饱和羰基化合物发生的迈克尔加成反应是构建该类分子骨架的重要反应。

例 1　设计合成 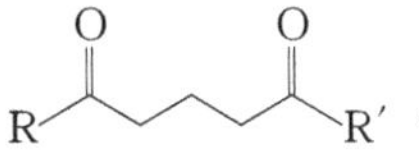。

分析：

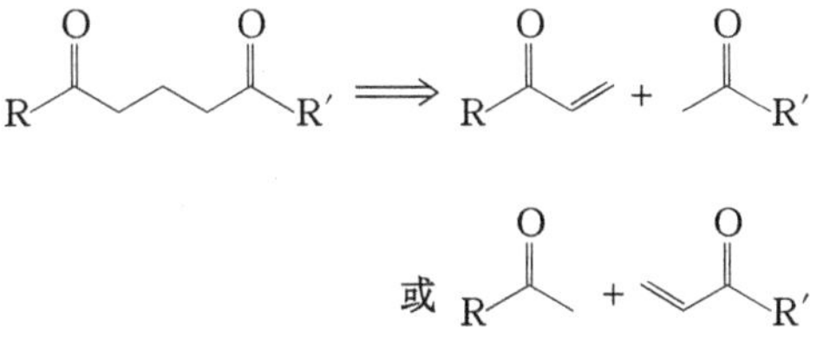

无论哪种切断，得到的含有活泼氢的羰基化合物都需要添加某一基团，使活泼氢的酸性足够大，添加的基团大都为酯基，得到的 α,β－不饱和羰基化合物可按 1,3－双官能团的目标分子继续进行切断。

例 2　设计合成 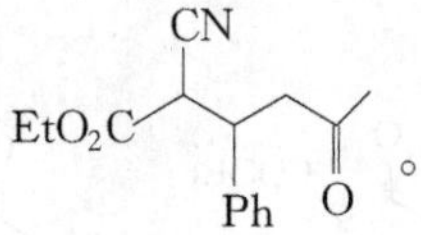。

分析：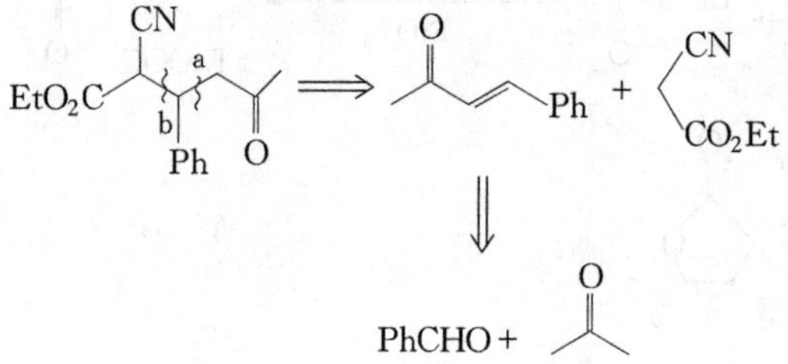

合成：

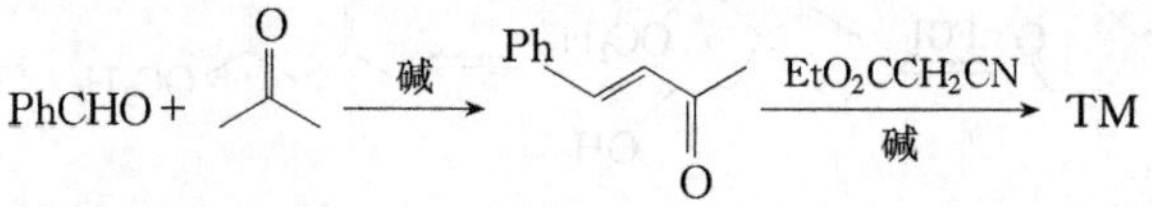

5. 1,6－二羰基化合物

对于1,6－双官能团化合物,尤其是1,6－二羰基化合物,可由环己烯或其衍生物为原料来制备,环己烯衍生物来源于狄尔斯－阿尔德反应。烷氧基苯经伯奇还原得烷氧基取代的环己二烯,后者经过氧化也可以得到1,6－二羰基化合物,进一步转化为1,6－双官能团化合物。氧化反应是制备1,6－二羰基化合物的常用反应。

例 1　设计合成 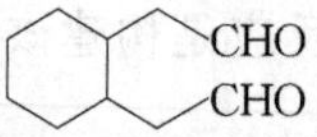。

分析：

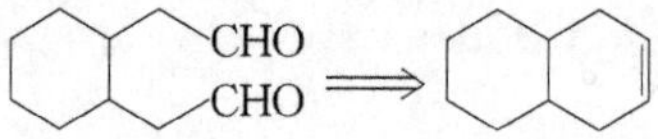 ($O_3/Zn + H_3O^+$ 或 H_2, Pd)

例 2　设计合成 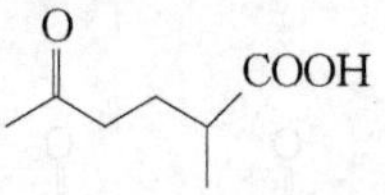。

分析：

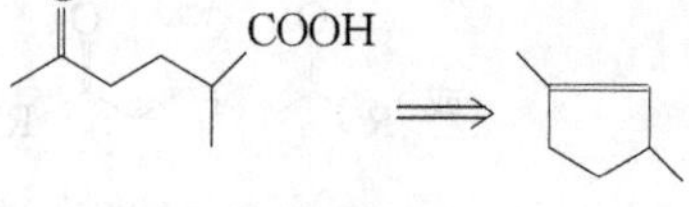 (O_3/H_2O_2)

例 3　设计合成 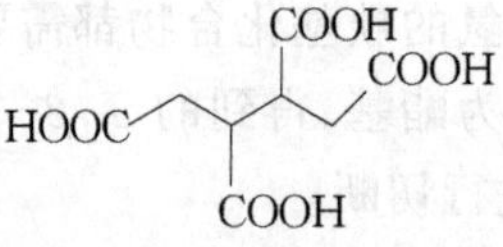。

分析：

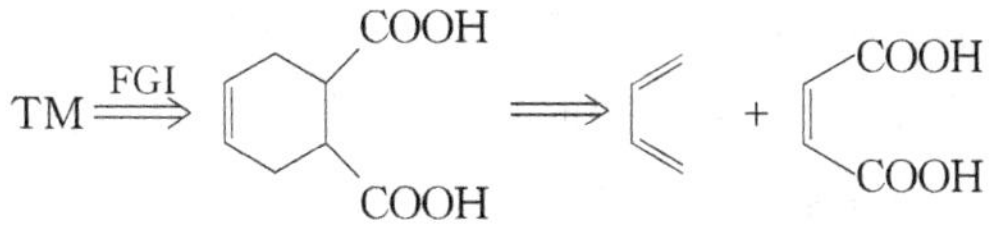

合成：

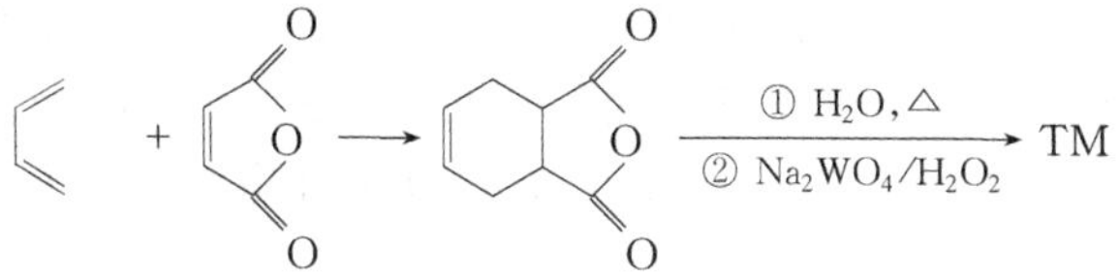

例 4　设计合成 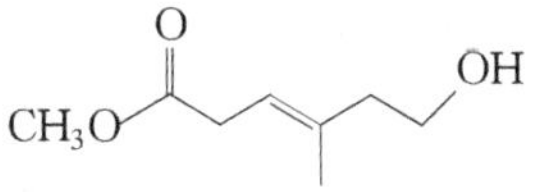 。

分析：

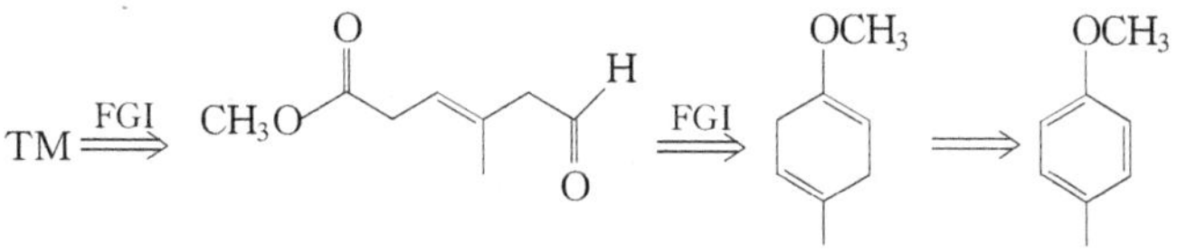

合成：

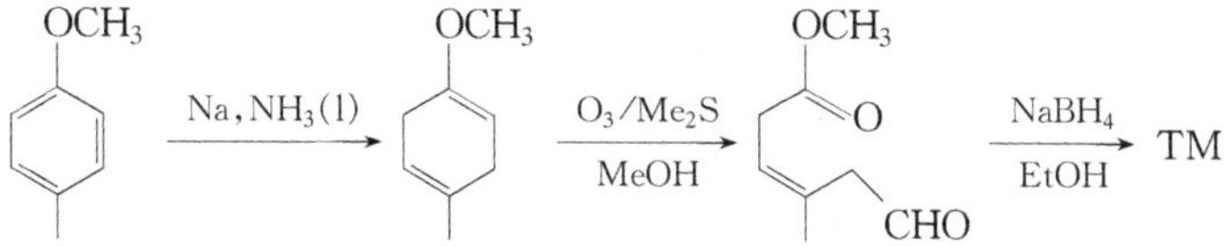

思考题 19.2　设计下列化合物的合成路线：

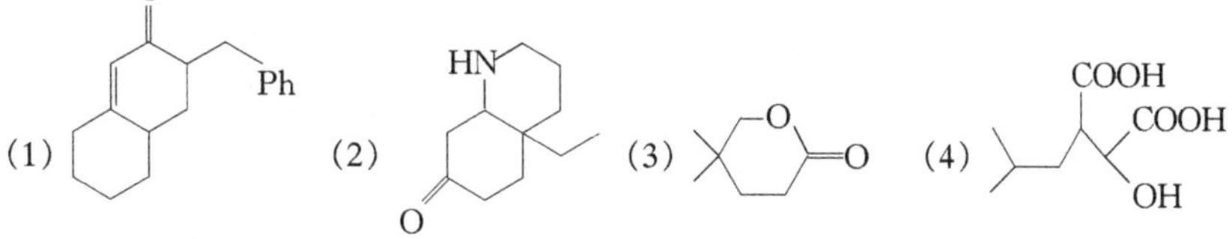

五、合成中的选择性控制

现代有机合成中，反应的选择性控制是一个关键的问题，反应的选择性(selectivity)是指一个反应可能在底物的不同部位和方向进行，从而形成几种产物时的选择程度。反应的专一性(specificity)是指产物与反应物，在条件与机理上呈一一对应关系，因此，只产生一个产物的反应并不一定是专一性反应。从产物和底物两方面考察，通常可以大致分为三种选择性。

化学选择性(chemoselectivity):指不同官能团或处于不同化学环境中的相同官能团,在不利用保护或活化基团时区别反应的能力,或一个官能团在同一反应体系中可能生成不同官能团产物的控制情况。

区域选择性(regioselectivity):指只具有一个不对称的官能团(产生两个不等同的反应部位)的底物上反应,试剂进攻的两个可能部位及生成两个结构异构体的选择情况。如通常涉及的羰基两侧的 α 位、双键或环氧两侧位置上的选择反应,α,β - 不饱和体系的 1,2 - 及 1,4 - 加成和烯丙基离子的 1,3 位的选择反应等。

立体选择性(setreoselectivity):又可以分成两类。第一类是相对立体化学或非对映选择性(diastereoselectivity)的控制。第二类是绝对构型或对映选择性(enantioselectivity)的控制。前者还包括几何异构体的控制,以及引入手性辅助基团的不对称反应。

化学选择性比较易于理解,这里不多叙述。

在一个结构较为复杂的有机分子合成中,一般总要涉及上述的三种选择性问题,由于合成过程涉及的中间体常是多官能团的,而目标化合物又都是特定结构的,因此,最理想的解决办法就是采用高选择性的反应,因此寻找高选择性的有机反应是当前有机合成方法学研究的主要课题。当然,合成中也存在不少缺少有效的选择性反应的场合,于是不得不采用迂回的方法,如采用保护基团、潜在官能团或合成等当体的方法,甚至改变合成路线采用其他合适原料等。下面主要介绍合成中保护基、导向基、阻塞基的应用。

1. 保护基的应用

(1) 羟基的保护 羟基一般可通过生成酯类、醚类、缩醛或缩酮加以保护。酯类保护基是羟基保护常用的方法:一般由醇类和相应的酸酐或酰氯在吡啶或三乙胺存在下,于 0~20℃ 反应得到。酯类保护基在碱性条件下除去,各种酰基的水解速率不同,大致为 t - BuCO < PhCO < MeCO < $ClCH_2CO$ < CF_3CO。硅醚保护基也常用作羟基的保护:例如,三甲基硅醚可由三甲基氯硅烷 TMSCl 或更高活性的 TMSOTf 在吡啶或其他有机碱的存在下与羟基快速成醚。去保护的方法是在 K_2CO_3/MeOH 或 HOAc/MeOH 等条件下完成。

烷基醚保护基也是羟基常用的保护基。这类保护基有甲基醚(常用于酚羟基保护中)、苄基醚、对甲氧基苄基醚(PMB)、三苯甲基醚、叔丁基醚和烯丙基醚等。甲基醚可由 MeI、$(MeO)_2SO_2$ 或 MeOTf 在相应的碱存在下与羟基反应得到。用 TMSI/CH_3Cl 或 BBr_3/CH_2Cl_2 除去保护。

苯基醚可用 $PhCH_2Br$ 或 $PhCH_2Cl$ 与 RO^- 反应所得。在 10% Pd - C 等催化下用氢解的方法除去保护。苄醚保护在糖类化学中常被采用。另外,苄醚与仲丁基锂反应生成的碳负离子与硼酸酯反应形成硼化物,用双氧水氧化时生成苄基硼酸酯，经水解，苄基以苯甲醛形式脱除。

醇在碱作用下与烯丙基溴生成烯丙醚，它的脱除是用叔丁醇钾先将它异构化为丙烯醚，再用酸水解即可恢复羟基，这在糖类化学中也常采用。

三苯甲基醚常用于伯醇的保护，由 TrCl/py 在 DMAP 催化下成醚，在酸性条件：如 HCOOH－H_2O、HCOOH－*t*－BuOH 等条件下脱保护，也可用 Na/NH_3（液）还原脱保护。

叔丁基醚对强碱性条件稳定，但可被烷基锂和格氏试剂在较高温度下破坏。一般可用异丁烯在酸性催化下于二氯甲烷中成醚，用中强度酸如 HCOOH、无水 CF_3COOH、HBr－HOAc 或 $TiCl_4$ 存在下去保护。

二醇的保护与醛、酮的保护相对应，主要有缩醛、缩酮及硅烯衍生物等。缩醛、缩酮在碱性和中性条件下稳定，可用于分子在烷基化、酰基化、氧化和还原时保护二醇。例如：

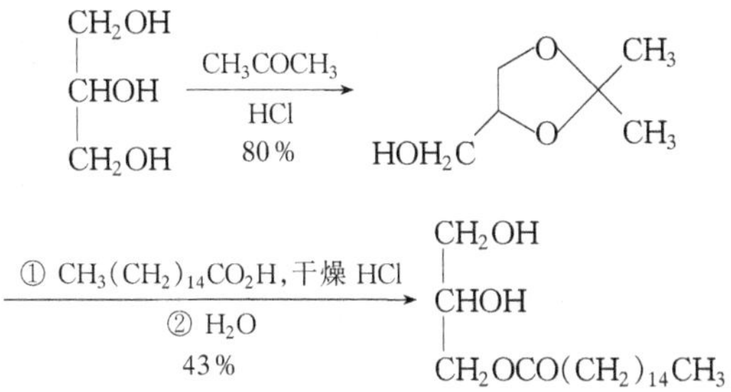

(2) 羧基的保护　羧基的保护在有机合成中经常遇到，尤其是在合成肽和核苷的过程中。羧酸可通过形成酯加以保护，常形成甲酯、叔丁酯、缩醛型酯、苄酯、烯丙基酯、硅基酯等。

甲酯保护：甲酯除可通过传统的方法得到外，对于氨基酸也常使用 Me_3SiCl 或 $SOCl_2$ 催化酯化反应，反应中生成的 HCl 是酯化催化剂。甲酯的脱除过程常在 MeOH 或 THF 与水的混合溶剂中进行，使用 LiOH 等无机碱来完成。

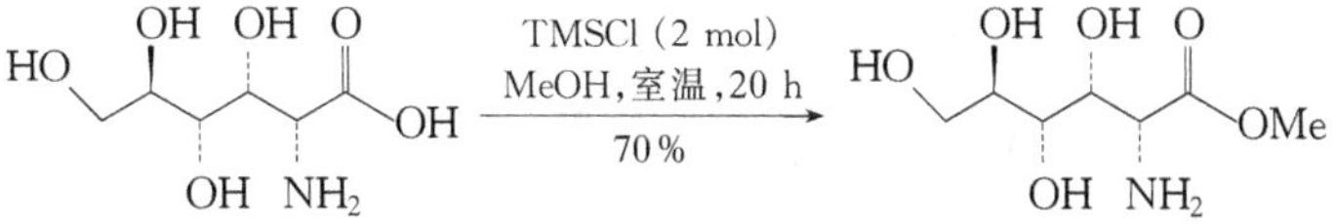

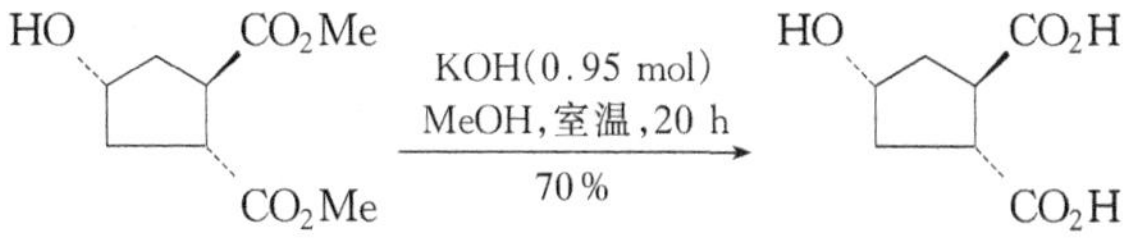

叔丁酯保护：在酸性催化下，羧酸与异丁烯加成反应形成酯。

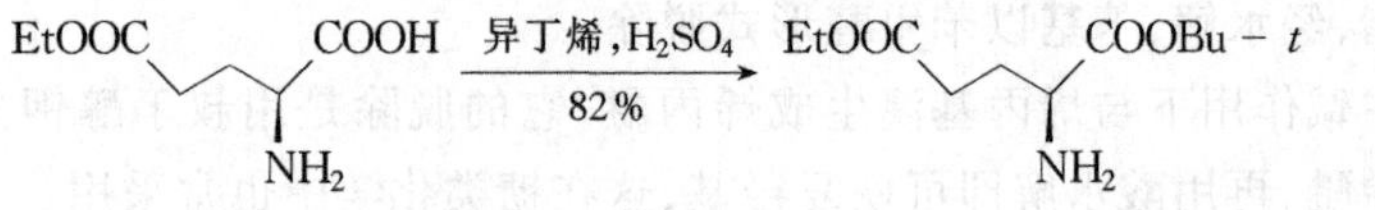

叔丁酯的除去反应在 CF_3COOH(TFA)中进行。

采用原酸酯形式也可保护羧基。比较有效的原酸酯保护基是 4-甲基-2,6,7-三氧双环[2.2.2]辛烷。它是将羧酸转换成衍生物之后而得到的。原酸酯可用酸水解脱除。反应如下：

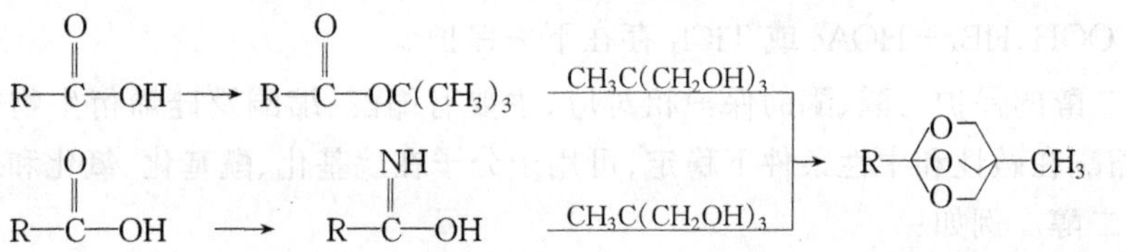

内酯需保护时,可通过二硫缩醛进行。用乙二硫醇的铝化物制备。

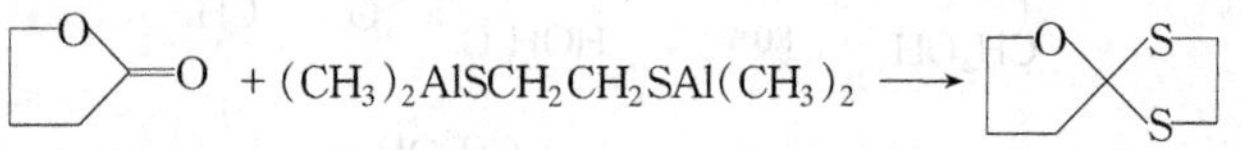

总的说来,对羧基的保护和脱除不是很容易。因此,当合成目标化合物中有羧基时,以最后形成羧基较好。

(3) 氨基的保护　许多生物活性分子,如氨基酸、肽、氨基糖、核苷、生物碱等分子中均含有氮原子,氨基保护在有机合成中占有十分重要的地位。

氨基保护方法很多,现介绍几种主要的保护方法。

叔丁氧酰胺保护:叔丁氧羰基保护的氨基化合物能够经受催化氢化、比较强烈的碱性条件和亲核反应条件。常用的保护试剂为 Boc_2O (*di-tert*-butyl dicarbonate) 和 BocON [2-(*tert*-butoxycarbonyloxyimino)-phenyloacetonitrile], 以苯丙氨酸的保护为例,保护的条件相当温和。

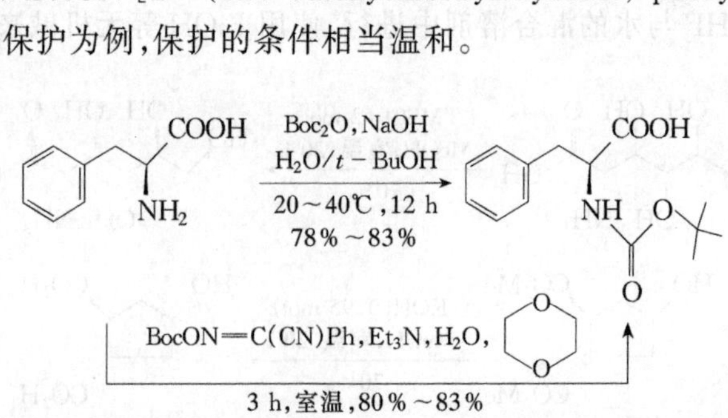

脱除 Boc 保护的常用方法是使用 CF_3COOH 或 CF_3COOH/CH_2Cl_2。一般室温下即可完成去保护。

氨基也常用乙酰基保护，反应完成后，通过水解除去保护基团，在基础篇中已经介绍。此外，氯甲酸苄酯与氨基作用生成苄氧酰胺，反应完成后用催化氢解除去保护。三苯甲基氯与氨基作用生成胺，反应完成后用温和酸处理除去。例如：

$$H_2NCH_2CO_2H \xrightarrow[(C_2H_5)_2NH]{Ph_3CCl} Ph_3CNHCH_2CO_2H \xrightarrow[(C_2H_5)_3N]{ClCO_2C_2H_5} Ph_3CNHCH_2CO_2CO_2C_2H_5$$

$$\xrightarrow{PhCH_2CH(NH_2)CO_2CH_2Ph} Ph_3CNHCH_2CONHCH(CH_2Ph)CO_2CH_2Ph \xrightarrow[\text{乙醇水溶液}]{HCl}$$

$$H_2NCH_2CONHCH(CH_2Ph)CO_2CH_2Ph \xrightarrow[90\%]{H_2,Pd} H_2NCH_2CONHCH(CH_2Ph)CO_2H$$

（4）羰基的保护　羰基可发生还原、亲核加成等反应，保护方法是形成缩醛或缩酮。通常形成 1,2－乙二醇的环缩醛（或环缩酮），用磺酸催化，并需共沸脱水；也可用缩酮进行交换反应或用原酸酯反应形成缩醛。反应如下：

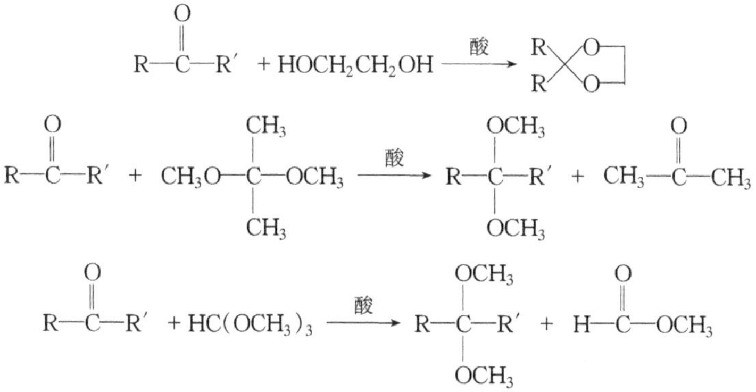

脱除缩醛（或缩酮）保护基可在稀酸条件下进行。如果不能用酸脱除时，由 1,2－二羟基－3－溴丙烷或 2,2,2－三氯乙醇生成缩醛（或缩酮），可用锌粉还原脱掉。

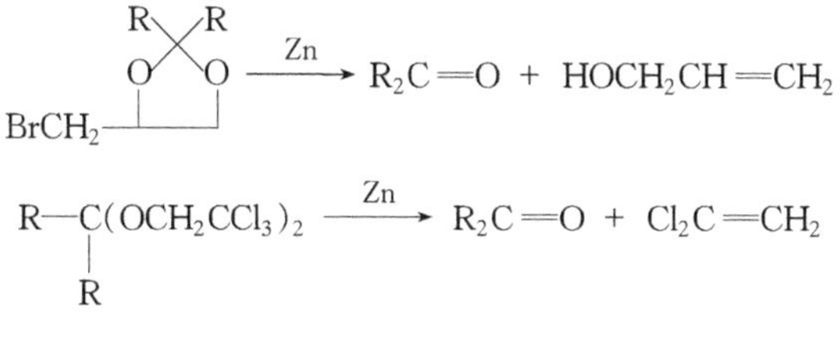

2．导向基的使用

引导反应在所期望的位置发生的基团叫作导向基。好的导向基必须在完成

“导向”后易于除去。

例 1 由苯合成 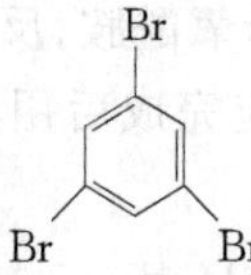 。

分析：

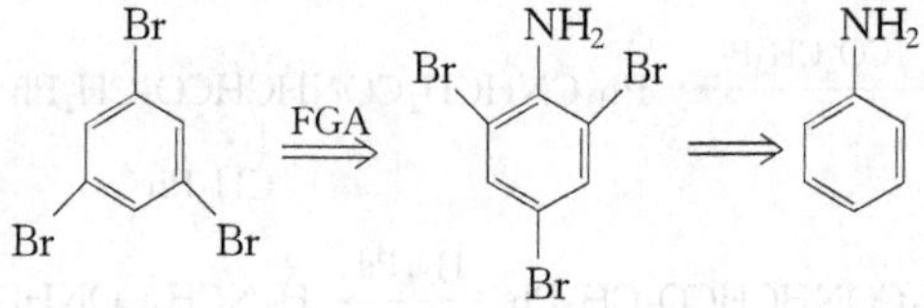

在分子中引入氨基，溴进入所期望的位置，起到了导向的作用，反应后，将氨基转变成重氮盐除去，即得到了目标分子。导向基的引入也是添加辅助官能团的例子。

例 2 设计合成 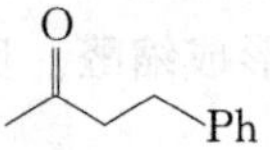 。

分析：

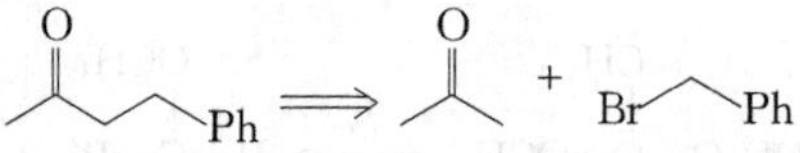

按上述逆向分析进行正向合成时，会有下述副反应发生：

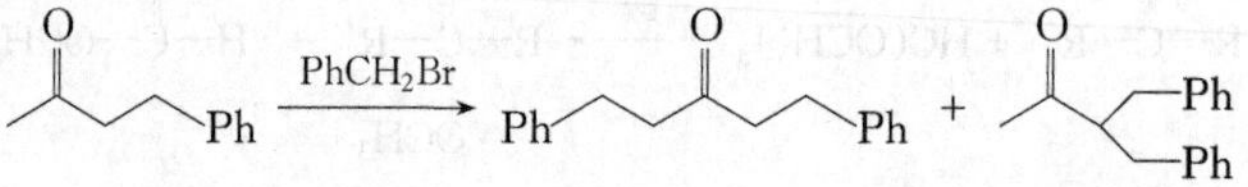

造成副反应发生的原因是由于反应物与产物的反应活性差别不大，解决该影响的方法是在反应位置引入一个导向基，以避免上述副反应的发生。

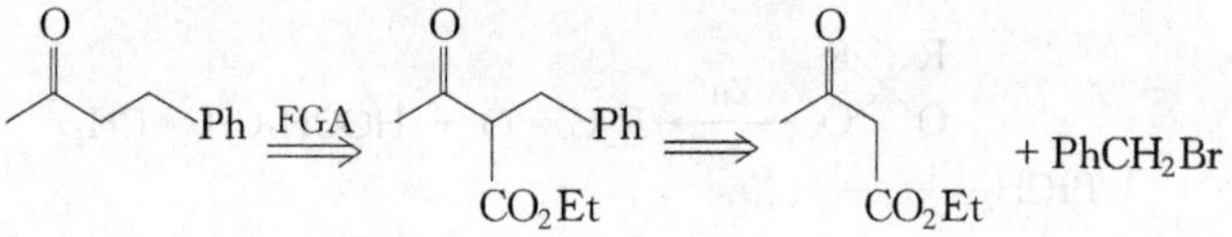

合成：

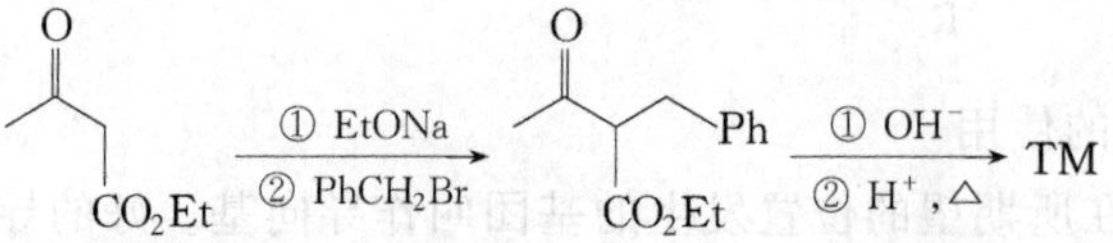

例 3　试设计合成 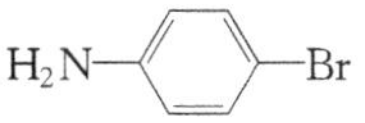。

分析:氨基是强邻对位定位基,溴化时易生成多溴代产物,而当在氨基上引入一个乙酰基后,其活性降低,可避免多溴代产物的生成,溴化完成后水解除去乙酰基。

合成:

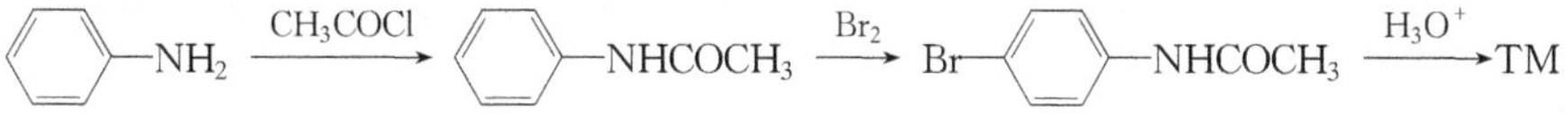

3．阻塞基的应用

通过在分子中引入一种基团,从而使某一活性位置阻塞,阻止不期望反应的基团叫作阻塞基或者称为保护基,显然,阻塞基在任务完成后应易于除去。

例　设计合成 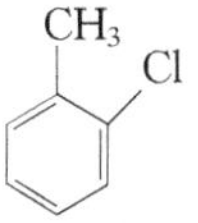。

分析:甲苯氯化时,先生成对氯甲苯和邻氯甲苯的混合物,二者沸点相近(162℃,159℃),不易分离。但在氯化前在甲苯对位引入一个基团,先将对位占据,氯化时阻止了氯进入对位(起到了空间阻挡作用),反应后再将它除去。

合成:

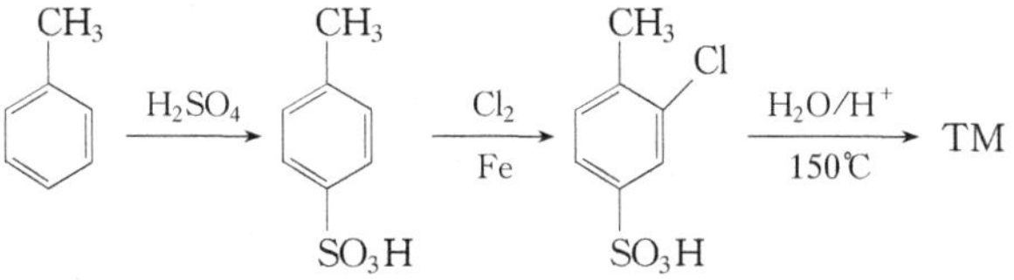

六、合成战略

迄今为止,我们所讨论的主要是合成战术,即不同类型化合物的拆开方法。现在,我们要讨论合成战略,即合成的全盘规划。

1．平行合成法优先

总产率的高低是衡量一条合成路线好坏的重要标准之一。要想总产率高,除必须每步产率高,且路线短外,反应的排列方式也非常重要。由于多步反应总产率是各步反应产率的乘积,反应步骤越多,则总产率越少。例如,将 A,B,C,D,E 和 F 连接成化合物 ABCDEF 的合成中,若采用连续的方法(sequential approach)来合成,那么至少要包括下列五步,假定每步产率是 90%,五步总产率仅为 59%。

$$\mathrm{A}\xrightarrow{\mathrm{B}}\mathrm{AB}\xrightarrow{\mathrm{C}}\mathrm{ABC}\xrightarrow{\mathrm{D}}\mathrm{ABCD}\xrightarrow{\mathrm{E}}\mathrm{ABCDE}\xrightarrow{\mathrm{F}}\mathrm{ABCDEF}$$

如果采用平行的方法(parallel approach),其中一个可能的办法是先合成碎片

ABC 和 DEF,再将它们结合成 ABCDEF:

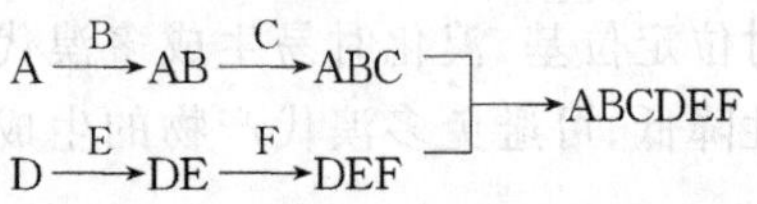

虽然这仍然是五步反应,但其中只有三步是连续的,如果每步产率为 90%,则总产率应为$(0.90)^3\times 100\% = 73\%$。因此,在合成路线的设计中,如有可能,平行法应当优先使用。

2. 路线中反应次序的安排

路线中反应次序的安排应掌握以下几条原则:

(1) 将产率低的反应尽可能安排在前面　从数学的角度看,下列三步单元反应的总产率是相同的:

$$50\% \times 90\% \times 90\% = 90\% \times 90\% \times 50\%$$

但对成本核算来说,左边的安排顺序要低于右边的,因此一般都尽可能将产率低的单元反应放在前面。

(2) 将价格高的原料尽可能安排在后面　对于制备同样量的目标化合物,价格高的原料使用得越往后,其总成本就越低。

(3) 安排在前面的反应应尽可能有利于后面反应的进行　在安排反应次序时,全面考虑,可以使各步反应起到协同作用。

例如,苦味酸在工业上的合成路线如下:

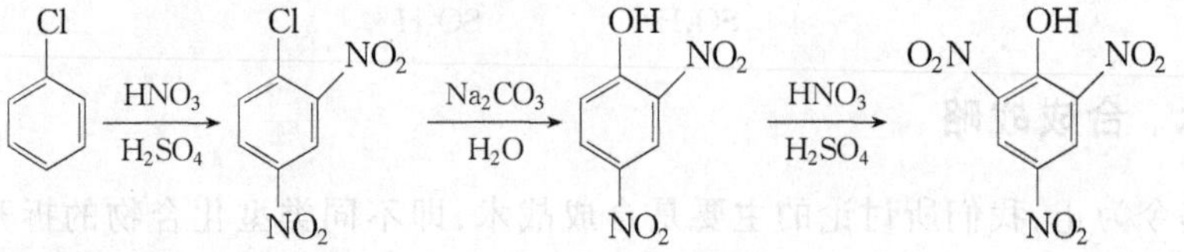

氯苯不易水解,但硝化成 2,4-二硝基氯苯后,就可以容易地水解为 2,4-二硝基苯酚。氯改变为羟基,有利于进一步硝化。假设按如下路线反应,则 2,4-二硝基氯苯进一步硝化会有困难,需要使用过量的混合酸,并在 140~150℃进行。

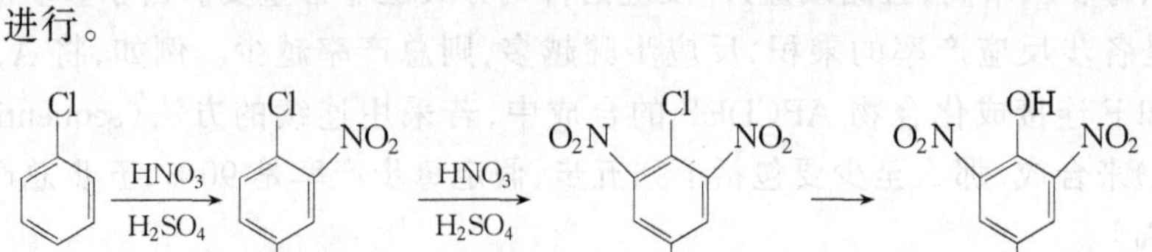

参考文献

[1] 胡宏纹．有机化学.3版.北京:高等教育出版社,2006.

[2] 吴毓林,麻生明,戴立信.现代有机合成化学进展．北京:化学工业出版社,2005.

[3] 谢如刚,现代有机合成化学.上海:华东理工大学出版社,2007.

[4] 岳保珍,李润涛．有机合成基础．北京:北京医科大学出版社,2000.

[5] Smith M B, March J. March's advanced organic chemistry. 5th ed. New York: John Wilcy & Sons Inc, 2001.

[6] 黄宪．新编有机合成化学.北京:化学工业出版社,2003.

[7] 马军营,任运来,刘泽民,等.有机合成化学与路线设计策略.北京:科学出版社,2008.

[8] 陆国元.有机反应与有机合成.北京:科学出版社,2009.

[9] 巨勇,席婵娟,赵国辉.有机合成化学与路线设计.北京:清华大学出版社,2007.

[10] Wyatt P, Warren S.有机合成——策略与控制.张艳,王剑波,等译.北京:科学出版社,2009.

习　　题

1．从指定原料完成相应官能团的引入与转换。

(1) 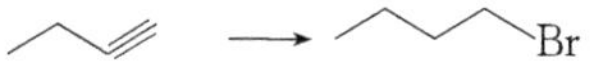

(2) $(CH_3)_3CCl \longrightarrow (CH_3)_3CBr$

(3) 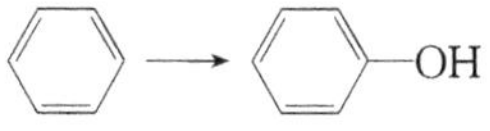

(4) 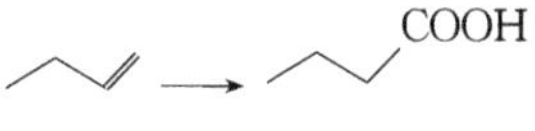

(5) 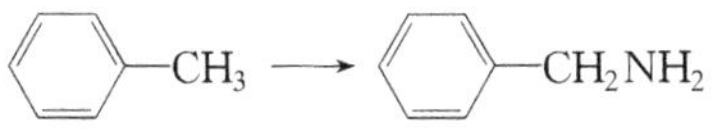

(6) 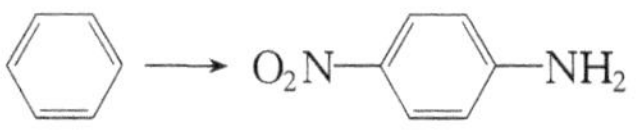

(7) 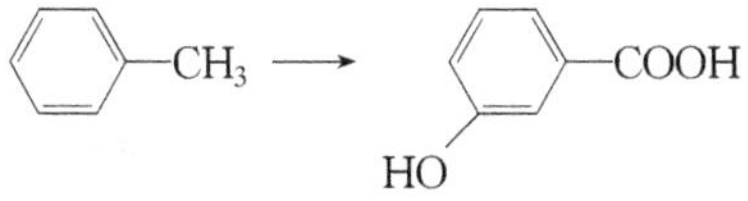

(8) 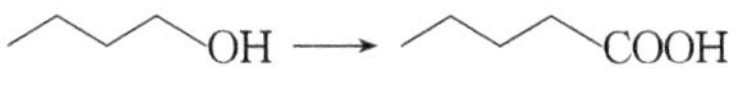

2．从下列指定的有机原料出发合成对应化合物。

(1) 由  和 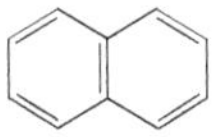 合成 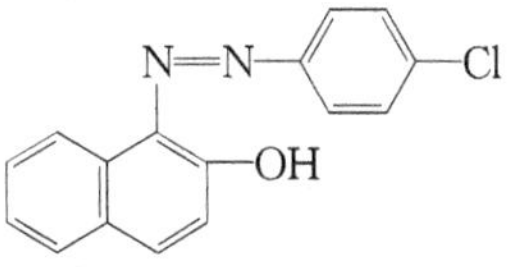

(2) 由间苯二酚合成 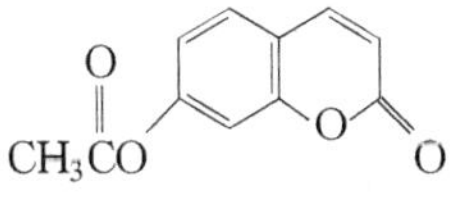

(3) 由 C_5 及 C_5 以下有机物合成 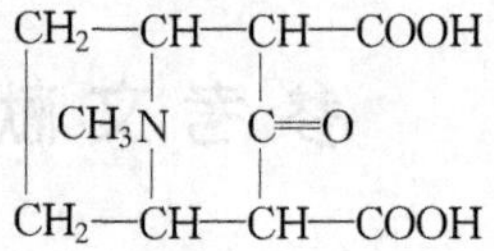

(4) 从 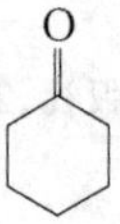 及适当试剂合成 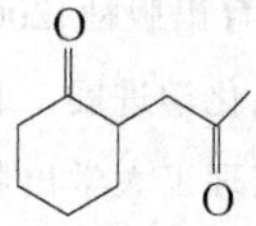

3. 按给定的合成路线,写出相应反应物的合成反应式。

(1) 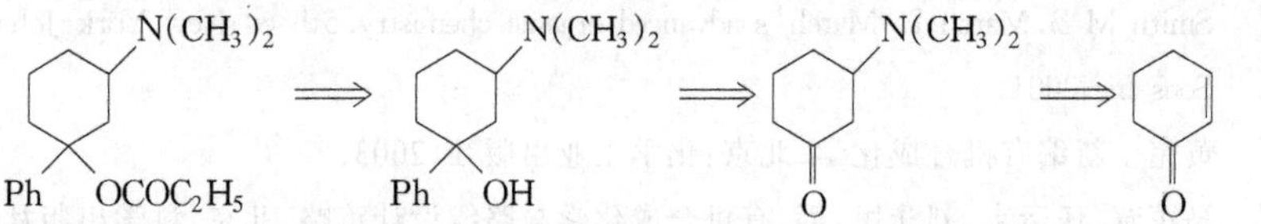

(2) 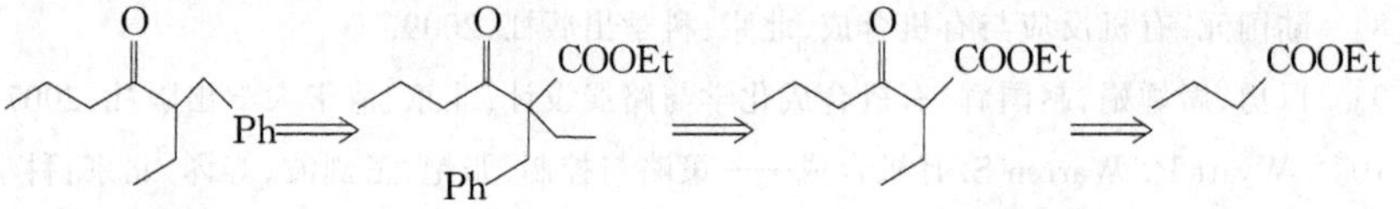

(3) 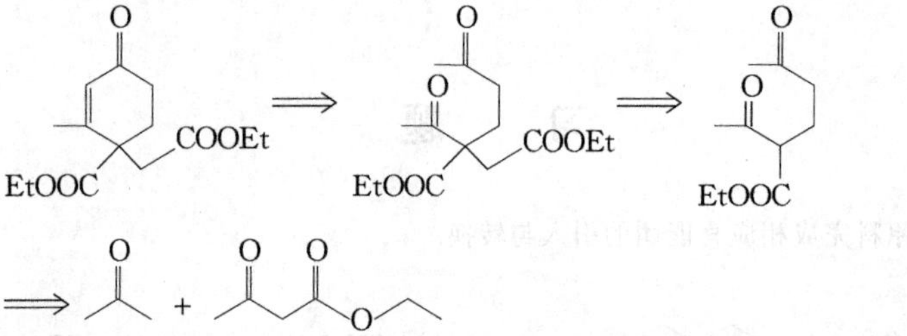

(4) 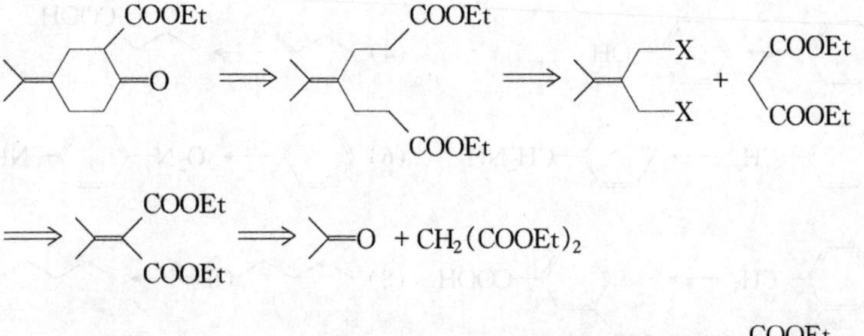

(5) 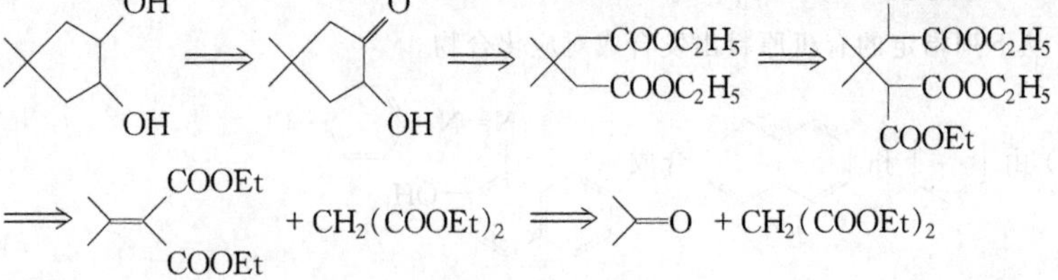

(6) 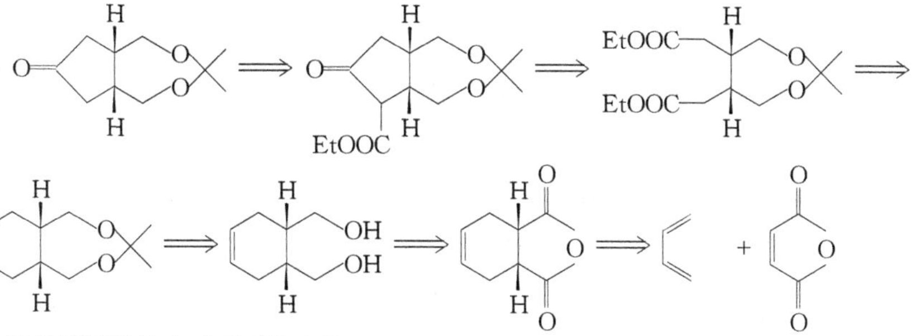

4. 从简单原料设计合成下列化合物：

(1) 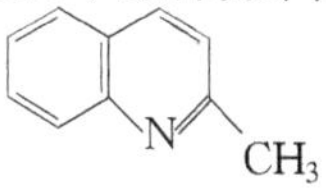

(2) 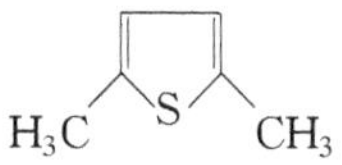

(3) 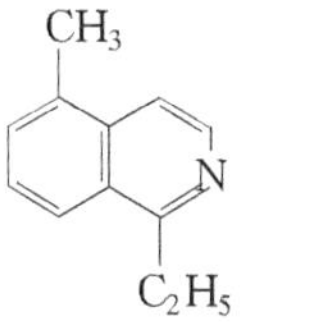

(4) 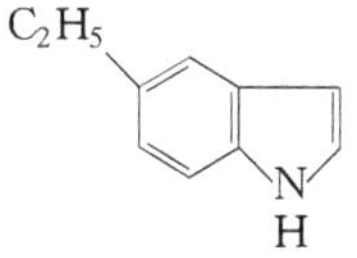

(5) 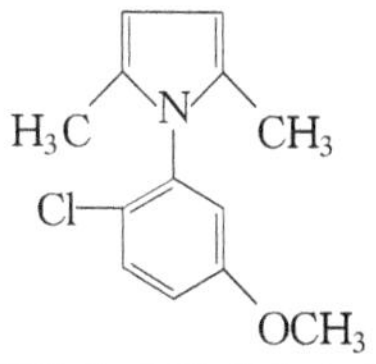

(6) 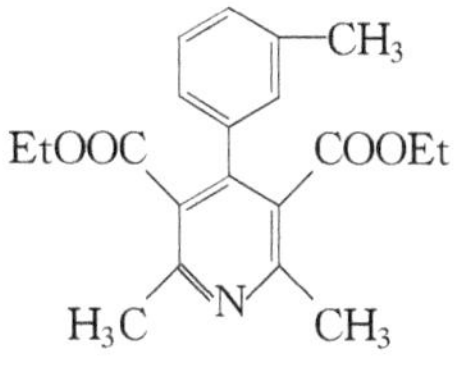

5. 设计合成下列化合物：

(1) 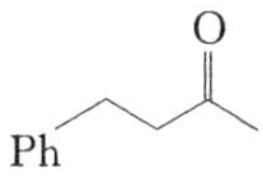

(2) 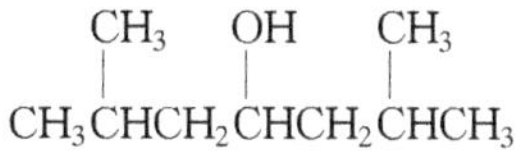

(3) 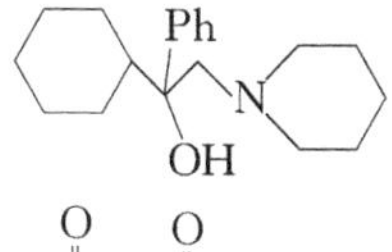

(4) 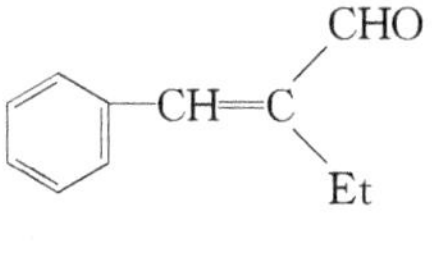

(5) 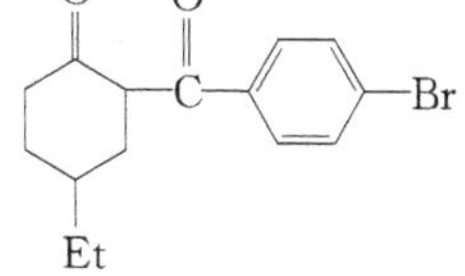

(6) 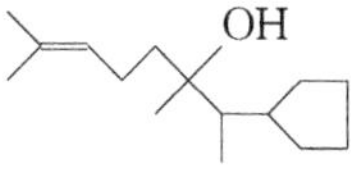

6. 苯氟布洛芬的结构式如下图。下面是以苄腈为起始原料设计出的合成路线：

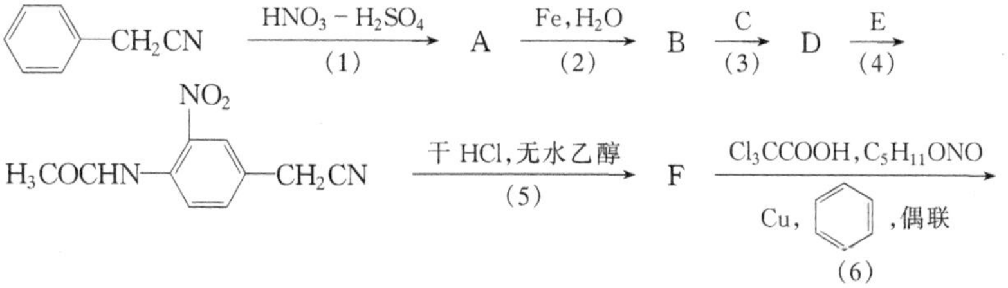

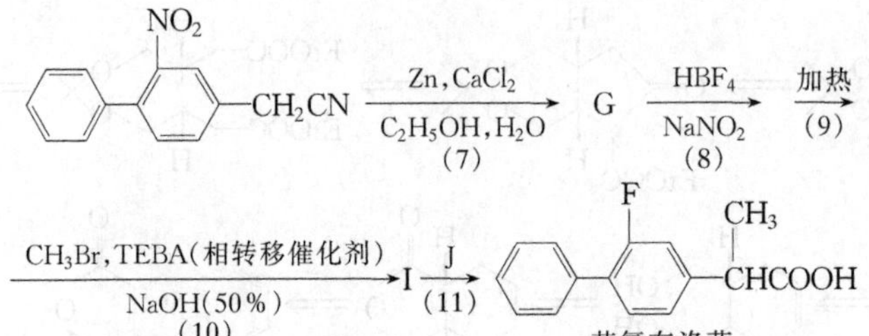

苯氟布洛芬

写出在合成路线中的A至J所代表的试剂的化学式和产物的结构式。

7. "褪黑素"(melatonin)可用对氨基苯甲醚为原料进行合成,反应过程如下:

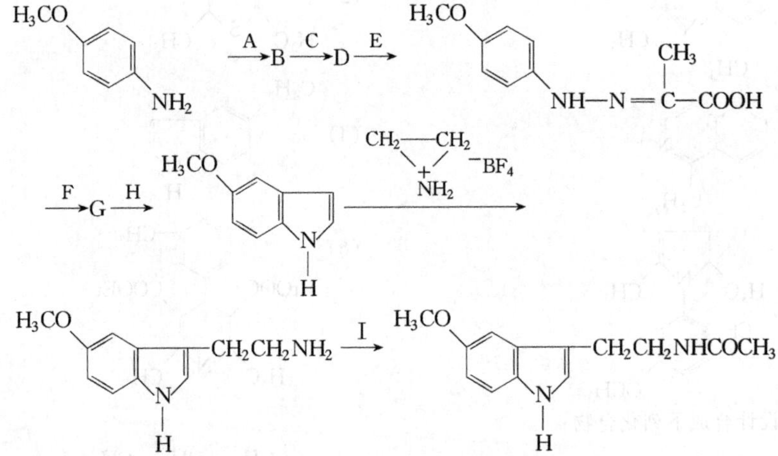

请写出A,B,C,D,E,F,G,H,I所代表的化合物的结构式或反应条件。

8. 布美他尼(Bumetanide)主要合成工艺如下:

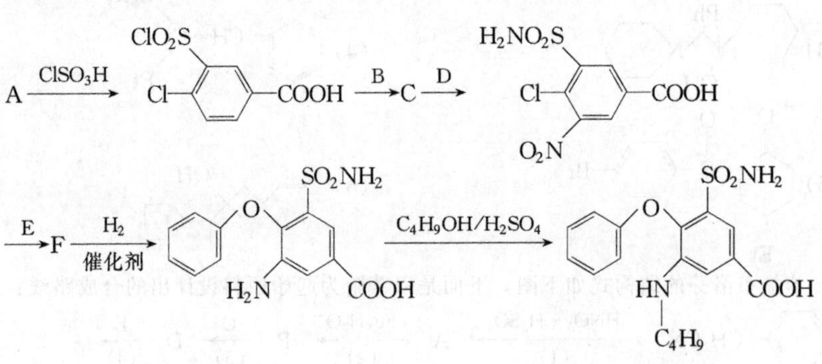

布美他尼

写出A,B,C,D,E,F的结构式。

9. 甲氧氯普胺(metoclopramide)主要合成路线如下:

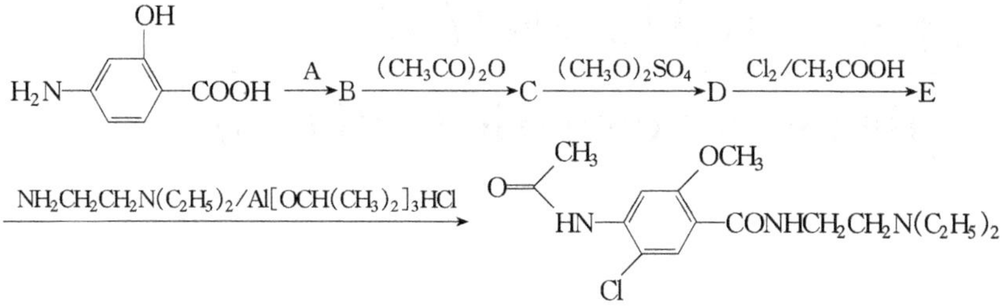

甲氧氯普胺

写出 A,B,C,D,E 的结构式。

10. 1997 年 BHC 公司因改进常用药布洛芬的合成路线获得美国绿色化学挑战奖。

旧合成路线：

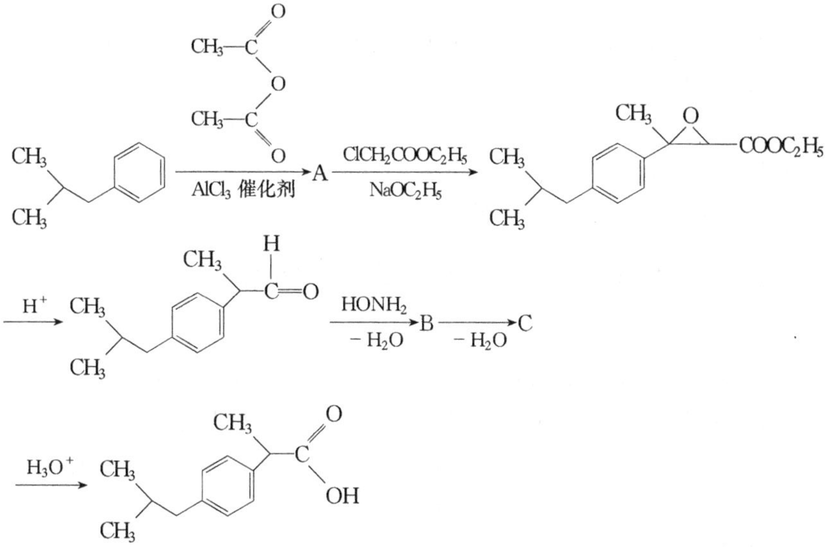

布洛芬

新合成路线：

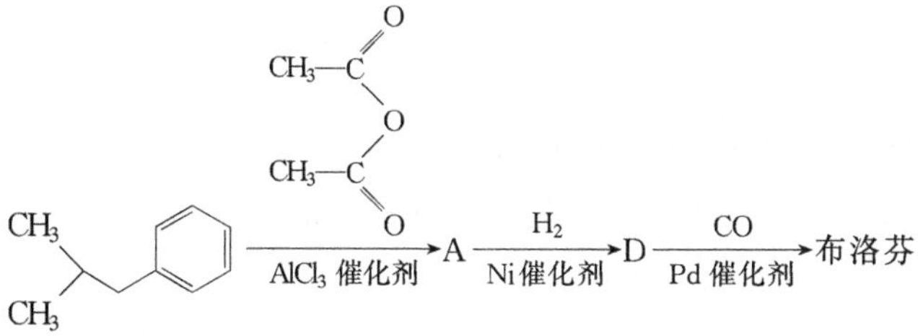

请写出 A,B,C,D 的结构式。

第二十章　不对称合成反应

（Reaction of asymmetric synthesis）

第一节　引　　言

有机化合物中有相当一部分是手性化合物；构成生命体的有机分子，无论在种类或数量上，绝大多数是手性分子；普通环境中的有机合成只能产生等量立体异构体的混合物，只有在不对称环境中的合成，才能使某种构型化合物的量超过其相应的异构体。在上册我们已经介绍了有机化合物分子的对映异构，本章将介绍不对称合成的基本概念和主要应用。

一、应用于不对称合成化学中的几个基本术语

1．不对称分子与非对称分子

不对称分子（asymmetric molecule）：分子完全缺乏对称性因素。有些不对称分子不能作为对映体存在，然而具有简单对称轴的分子能作为对映体（镜像）存在。

非对称分子（dissymmetric molecule）：分子缺少交错对称轴，因而通常存在对映体。有些人喜欢将此用“不对称分子”表示。

2．D/L 和 *d*/*l*

D 或 L：分子绝对构型的一种命名方法，按照与参照化合物 D－或 L－甘油醛的绝对构型的实验化学关联而指认，常用于氨基酸或糖类。

d 或 *l*：代表右旋或左旋，按照实验测定的结果将单色平面偏振光的平面向右或向左旋转而定。

3．立体异构体、非对映体和对映体

立体异构体：指分子由相同数目和相同类型的原子组成，并具有相同的连接方式，但其构型不同的化合物。

非对映体（diastereomer）：指具有两个或多个非对称中心，并且其分子互相不为镜像的立体异构体，如 D－赤藓糖和 D－苏阿糖。

对映体（enantiomer）：指其分子为互相不可重合的镜像的立体异构体。

4．对映体过量和对映选择性

对映体过量(enantiomeric excess,简称 ee):指在两种对映体的混合物中,其中一种过量的百分数。

对映选择性(enantioselectivity):一个化学反应产生一种对映体多于产生相对对映体的程度。

5. 光学活性、光学异构体和光学纯度

光学活性:实验观察到的一种物质将单色平面偏振光的平面向观察者的右边或左边旋转的性质。

光学异构体:对映异构体的同义词,现已不常用,因为一些对映体在某些光波长下并无光学活性。

光学纯度:根据实验测定的旋光度,在两种对映体混合物中一种对映体所占的百分数;不能用于叙述由其他方法测定的对映体纯度。

6. 外消旋体、内消旋体和外消旋化

外消旋体(racemic form):以两种对映体的等量混合物存在;也表示为 *dl*(不鼓励使用)或(±)(较好)。外消旋体也称为外消旋混合物。

内消旋体(meso form):分子内具有两个或多个非对称中心但又有对称面,因而不能以对映体存在的化合物,如内消旋酒石酸。内消旋化合物用前缀 meso 表示。

外消旋化(racemization):一种对映体转化为两种对映体的等量混合物的过程。

过量对映体:两种对映体的混合物,其中有一种是过量的;用来表示大部分合成或拆分不能产生 100% 的一种对映体的事实。

7. 分子局部面——re 面和 si 面

关于局部面(heterotopic)两侧立体化学的描述,如果三个配体 a,b,c 的 CIP 优先性定为 a>b>c,则向着观察者 a→b→c 以顺时针取向的面称为 re 面,a→b→c 以逆时针取向的面称为 si 面,如下图所示:

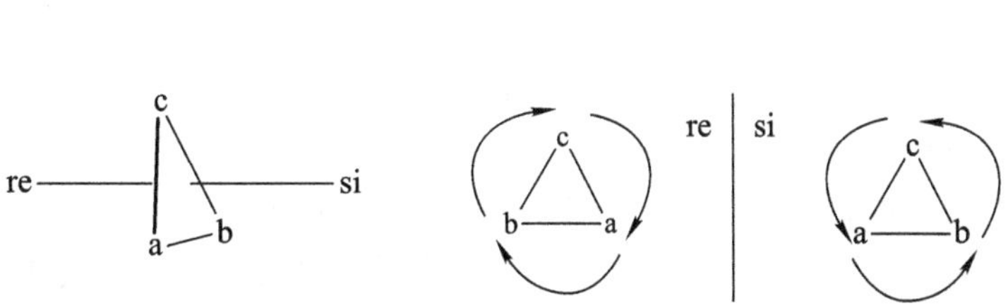

8. syn/anti 和赤型/苏型

syn/anti:是描述两个取代基相对于环的确定的平面的相对构型的前缀,syn 指同侧,而 anti 指异侧,如下图所示:

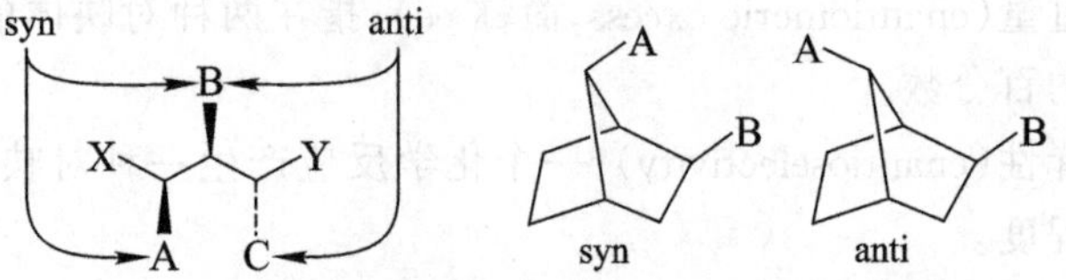

赤型/苏型(erythro/threo):由糖类的命名而来,这些术语用来描述相邻手性原子的相对构型,赤型指在费歇尔投影式中相同或相似取代基在垂直链的同侧,苏型则是在异侧。若用“赤同,苏异”来描述,可帮助初学者记忆其构型特点。

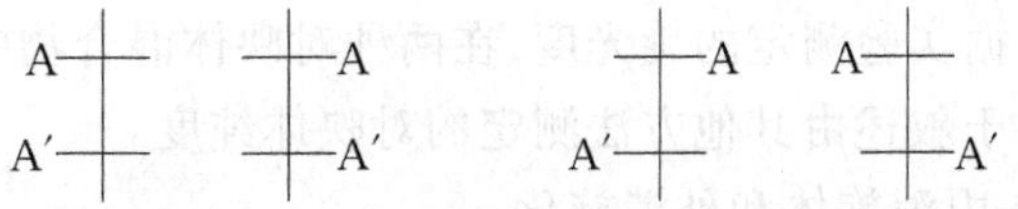

赤型　　　　苏型

二、不对称合成的定义和表述

“不对称合成”这一术语在 1894 年首次由费歇尔使用,并在 1904 年被马克沃尔德(Marckwald)定义为“从对称结构的化合物产生光学活性物质的反应,使用光学活性材料作为中间体,但不包括使用任何分析过程作为手段。”

按照现今对这个命题的最完整的理解,莫里森(Morrison)和莫舍(Mosher)提出了一个广义的定义,将不对称合成定义为“一个反应,其中底物分子整体中的非手性单元由反应剂以不等量地生成立体异构产物的途径转化为手性单元。也就是说,不对称合成是这样一个过程,它将前手性单元转化为手性单元,使得产生不等量的立体异构产物。”所说的反应剂可以是化学试剂、溶剂、催化剂或物理力(如圆偏振光)。

双不对称反应是对映体纯底物和对映体纯试剂的不对称反应。它也称为试剂控制的反应,以便和立体化学只受底物控制的不对称反应区别。试剂控制反应的要点是按预期的方式选择性地控制产物中新形成的不对称中心的立体化学。这在开链化合物的合成中是有实际意义的。

不对称合成的目的不单是为了制备光学活性化合物,而且要达到高度的非对映选择性。显然,此过程在天然产物合成中时常遇到,并且极为重要。这个策略要求发展符合一系列新标准的同手性试剂(homochiral reagent)。一个成功的不对称反应的标准有以下几方面:

(1) 高的对映体过量(ee)。

(2) 手性辅剂易于制备并能循环使用。

(3) 可以制备得到 R 和 S 两种构型。

(4) 最好是催化性的合成。

迄今，能完成最好的不对称合成，无疑首推自然界中的酶。发展像酶催化体系一样有效的化学反应体系是对人类智慧的挑战。

三、对映体组成的测定及不对称合成效率的表示

对于生成物为对映体的不对称合成，其效率可以用某一对映体过量的百分数来衡量。计算公式如下：

$$ee = \frac{[R]-[S]}{[R]+[S]} \times 100\%$$

式中，[R]，[S]分别为数量较多和数量较少的两种对映体生成物的量。在一般情况下，常假定旋光性与产物的组成成直线的正比关系，所以对映体过量百分数即等于下述所谓的光学纯度百分率(percent optical purity，简称为 op)。

$$op = \frac{[\alpha]_{观察}}{[\alpha]_{纯品}} \times 100\%$$

当产物的两个立体异构体为非对映异构体时，这种关系可用非对映体过量来表示，称为非对映体过量，用 de 表示。用它来表示不对称合成反应效率时也可称为“立体选向百分率”或“不对称合成百分率”，并且可表示为：

$$de = \frac{[A]-[B]}{[A]+[B]} \times 100\%$$

式中，[A]为主要非对映异构体产物的量，[B]为次要非对映异构体产物的量。

四、实现不对称合成的常用方法

根据起始反应物的对称性质可分为：

(1) 非对称的光学纯态的化合物作为起始反应物。

(2) 对称的化合物为起始反应物。

根据所进行的合成特点又可分为：

(1) 在反应物的分子中至少引入一个不对称中心，使之成为非对称的反应物进入反应。

(2) 选用非对称的试剂进行反应。

(3) 选用手性的催化剂催化反应。

(4) 选用非对称的溶剂作为反应介质。

(5) 以圆偏振光照射反应体系(绝对不对称反应)。

(6) 其他方法。

从不对称合成反应所采用的方法来分，我们通常把借助于化学试剂如手性

催化剂或手性反应介质完成的不对称合成称为相对不对称合成(relative asymmetric synthesis),而应用"物理手段"——圆偏振光照射反应体系——的方法称为绝对不对称合成(absolute asymmetric synthesis)。

第二节 立体选择反应的原理

一、立体选择反应与立体专一反应

在研究不对称合成反应时,不仅要注意反应物分子静态的立体化学特点,而且还要涉及化学反应过程中的立体化学变化——动态立体化学的规律,尤其是研究按何种立体化学途径实现反应。因此有必要区别两类反应:立体选择反应与立体专一反应。

立体选择反应(stereoselective reaction)系指一种反应物能生成两种或两种以上立体异构体产物,但其中仅一种异构体占优势的反应。

立体专一反应(sterospecific reaction)系指在一对同类反应中,一种反应物 A 高度非对映选择性地转变成某一种产物 B,而反应物 A 的立体异构体 C 则高度非对映选择性地转变成产物 B 的非对映异构体 D 的反应。

显然,一切立体专一反应均为立体选择反应,但立体选择反应不一定是立体专一反应。

立体选择反应,例如:

(1) 羰基的加成反应(还原反应)

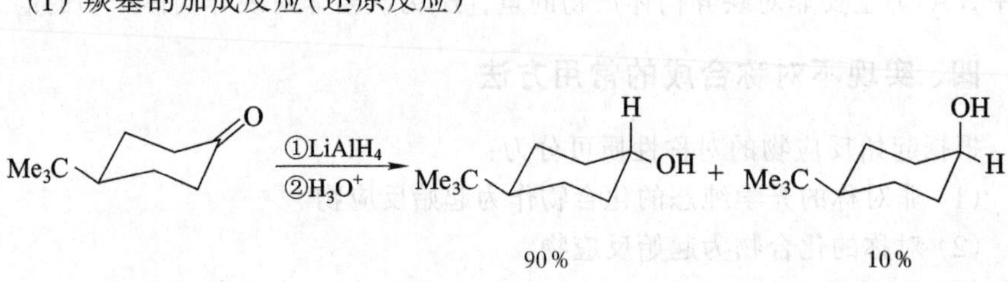

(2) 消去反应

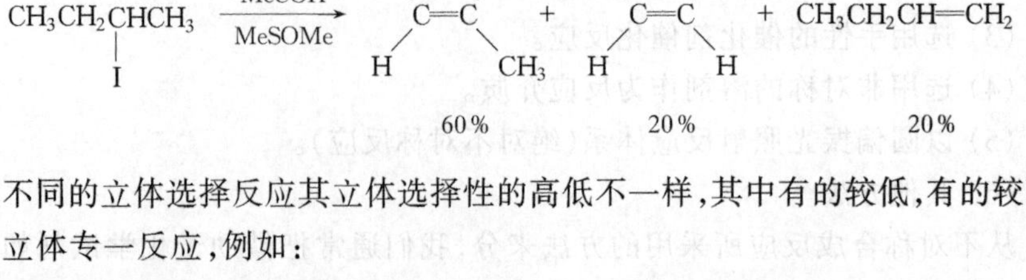

不同的立体选择反应其立体选择性的高低不一样,其中有的较低,有的较高。

立体专一反应,例如:

(1) 加成反应

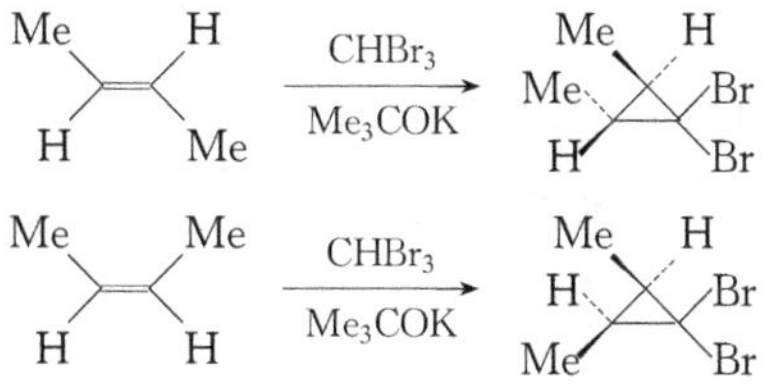

(2) 消去反应

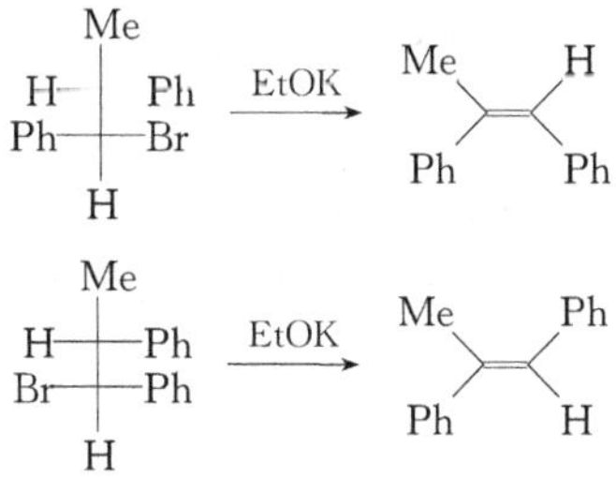

二、分子内的原子(团)和面的空间关系

分清分子内的原子(团)和面的空间关系是了解立体选择反应原理的前提。

根据 Mislow K 和 Raban M 的分类法可把分子内的原子(团)和面的空间关系分为等位(homotopic)和异位(heterotopic)两类。

1. 等位原子(团)

在讨论一个分子内的位置关系时,把位置不等价的原子(团)称为异位的,等价的原子(团)称为等位的。鉴别等位原子(团)有两个判据原则:取代判据和对称性判据。

取代判据:分子中两个相同的原子(团)分别被不同的原子(团)取代,如果产生完全相同的结构,则这两个原子(团)是等位的。

对称性判据:分子中的两个原子(团)如果通过 C_n 对称轴操作可以互相交换,则它们是等位的。注意只有对称轴的分子中,相同的原子(团)不一定是等位的。例如,乙醚分子中有 C_2 轴,两个亚甲基是等位基团,但亚甲基上的两个氢原子不能通过这个对称轴的操作而交换,因此不是等位的而是异位的。

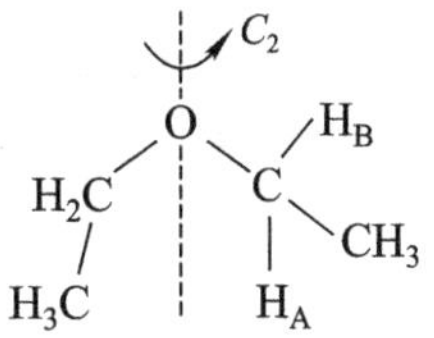

2. 等位面

判别等位面有两个判据原则:加成判据和对称性判据。

加成判据:将试剂加到分子中两个相应的面上(通常是双键的两个面),如果得到相同的产物,则这两个面是等位的。

对称性判据:即分子有共平面的 C_2 轴。

3. 对映异位原子(团)

异位的原子(团)分为对映异位和非对映异位。对映异位原子(团)不能与成镜像的相应原子(团)叠合,非对映异位原子(团)在立体化学上位置不同,但与有无不可重叠的镜像无关。

(1) 取代判据　分子内的两个相同的原子(团),依次用另一个不同的非手性原子(团)取代,如果得到对映的产物,则此两个原子(团)是对映异位的。例如,下式中 H_A 与 H_B 是对映异位氢。

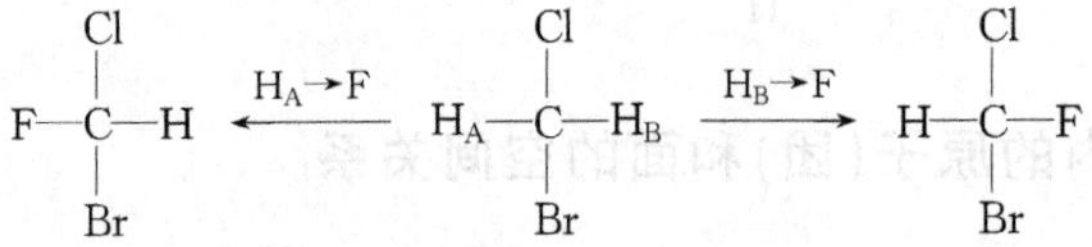

(2) 对称性判据　对映异位的原子(团)不能用对称轴操作交换,必须凭借对称平面、对称中心或交叠对称轴操作互换。因为有 S_n,分子必然是非手性的,所以对映异位的原子(团)只能在非手性分子中找到。有对称平面的分子,对映异位的原子(团)容易分辨。例如,下式中 H_R 与 H_S 是对映异位氢。

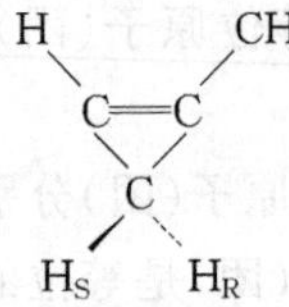

4. 对映异位面

可用加成判据鉴别。将非手性试剂加成于分子的一个对映异位面便生成对映异构体。注意对映异位面可被反映操作交换,对称平面就处于该分子的面上,前面的面与后面的面互成镜像。但是,这两个面不能被对称轴操作交换,否则它们是等位面而不是对映异位面。对映异位原子(团)在手性介质中或手性位移试剂存在下,其核磁共振信号有所区别。使用光学活性试剂或催化剂进行不对称合成时,或者用酶催化的反应中,对映异位原子(团)的行为是不同的。

三、立体选择反应原理

等位原子、等位基团或等位面参与的反应,不会产生立体异构体。对映异位原子或基团的取代，以及试剂对对映异位面的加成，如果用的不是手性试剂，也没有其他手性因素的影响，则它们所形成的两种过渡态 R^* 和 S^* 是一种对映异构的关系。与这两种过渡态相联系的活化自由能相等，生成 R 异构体和生成 S 对映体的速率相同，得到的是外消旋的混合物（图 20－1）。

对映异位的原子、基团或面与手性试剂反应，它们的过渡态是非对映异构的。非对映异构的原子、基团或面所起的反应，无论试剂是否手性，其过渡态也都是非对映异构的。非对映过渡态几何形象互不相同，自由能也不相同。反应总是经由最低活化能 ΔG_{I}^* 的途径开始的，由于它们的活化能不同，生成产物的速率也不相同。对于动力学控制的反应，速率最快所生成的产物，将是含量最多的产物。

如果反应是可逆的，立体选择性则取决于产物自由能的差（$\Delta G^{\ominus}$），从而成为热力学控制的反应。如图 20－2 所示，开始由动力学控制，产物Ⅰ是初时的主要产物。由于反应是可逆的，产物Ⅱ的自由能比产物Ⅰ低，是较为稳定的异构体。热力学控制将导致主要生成最稳定的产物。

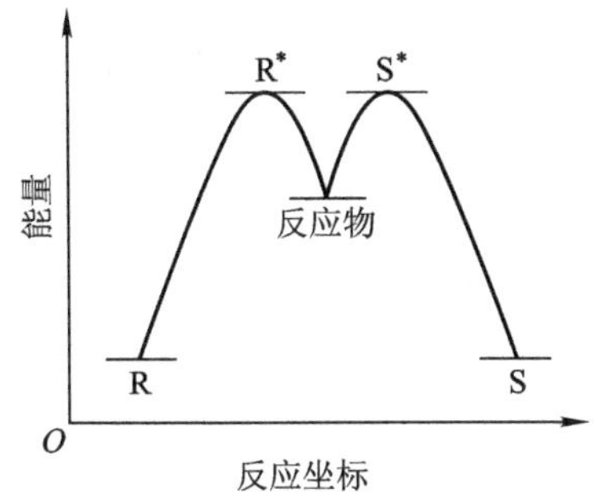

图 20－1　非立体选择性反应自由能分布

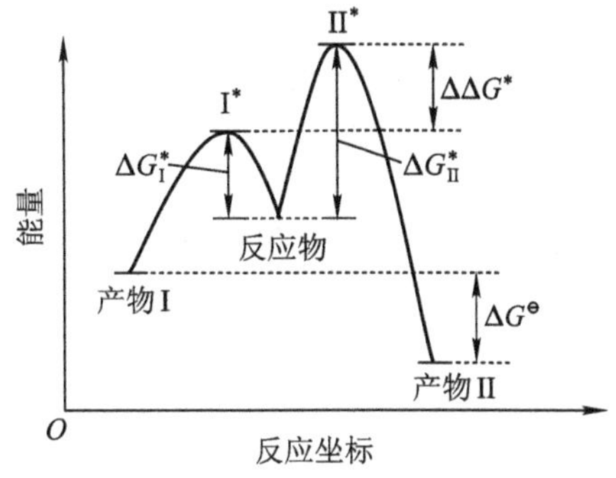

图 20－2　立体选择性反应自由能分布

产物的比率直接取决于 $\Delta\Delta G^*$（动力学控制）或 $\Delta G^{\ominus}$（热力学控制）的数值。

立体效应、静电效应和空间电子效应是控制立体选择性的主要因素，能量的差异通常由这些因素所造成。它们可能对于某种过渡态比较有利，或者在平衡中对某种产物有利。关于立体选择反应的过渡态的本质，现在知道的还不多。但有一点是比较清楚的，比较刚性和结构性比较强的过渡态，对于立体相互作用、选择性溶剂化和氢键等的效应比较明显，也导致比较大的不对称诱导作用。许多非常成功的立体选择合成的实例，都假定了一种相对刚性排列的过渡态。当然，在低温下这种刚性更为明显，所以降低温度往往也增强不对称诱导作用。

第三节 以非对称化合物为原料的不对称合成

非对称化合物为底物的控制反应是人们常用的不对称合成反应，现选择几个例子予以介绍。

一、克拉姆规则

克拉姆(Cram)规则涉及的主要是 α－碳原子为手性碳原子的非对称链型醛或酮的不对称加成，总的规则为：在反应进程中，当试剂的基团与羰基碳原子发生加成时，该基团将按当时反应中间过程的构象，主要自空间阻碍较小的方向进攻羰基碳原子，从而决定反应主要产物分子的立体结构，即对羰基碳原子发生加成反应时，反应物的优势构象决定主要产物的构型。

依据 α－碳原子上所连接基团的性质不同，克拉姆规则可用三条经验规则表示。

1. 克拉姆规则一

如果醛或酮的不对称 α－碳原子上结合的三个基团按体积以 L(大)、M(中)、S(小)表示，当试剂基团对其羰基碳原子发生加成作用时，应当呈如图20－3所示的优势构象。

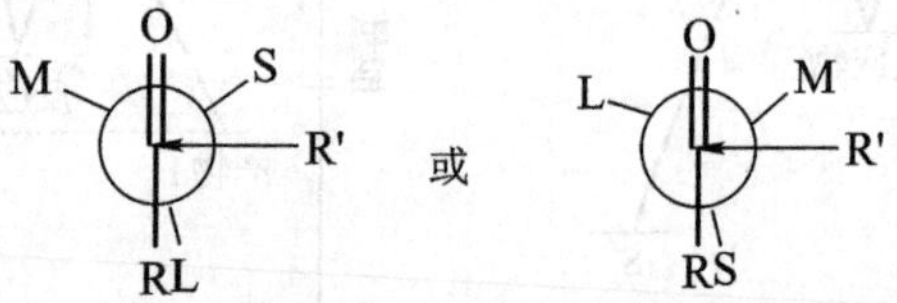

图 20－3 克拉姆规则的两种模型化表示法

例如，羰基的加成反应、氢化物的还原反应、醇铝的还原反应和格氏反应等，进攻基团都将倾向于在空间阻碍较小的 S 一边进攻羰基碳原子。

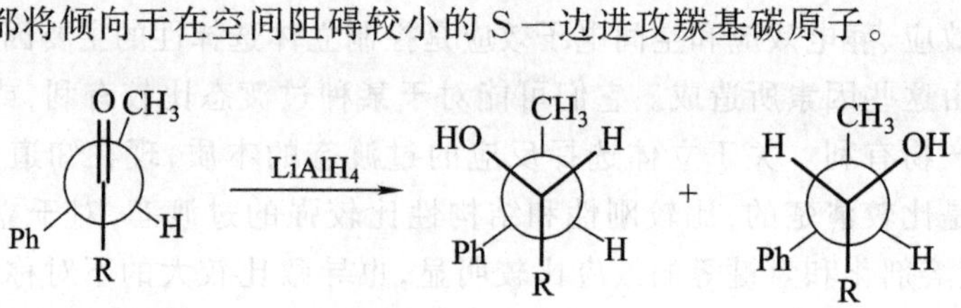

R	主要产物		次要产物
CH_3CH_2—	2.0~3.2	:	1
C_6H_5—	>4	:	1

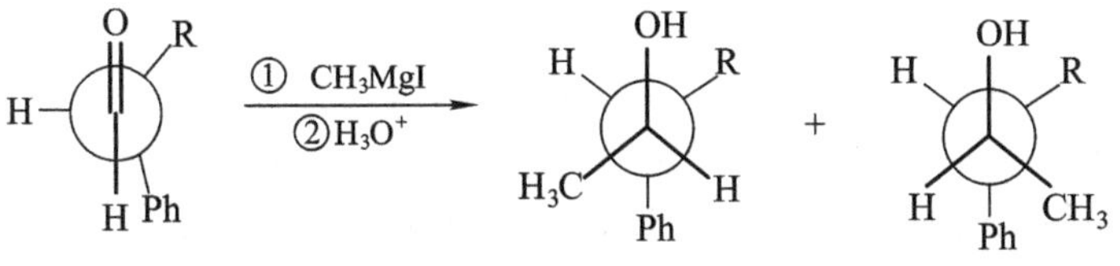

R	主要产物		次要产物
CH_3—	2～4	:	1
CH_3CH_2—	2.5	:	1
$(CH_3)_2CH$—	1.0～1.9	:	1

由此可见，无论是从重叠模型还是从全交叉模型来分析，其结果是一致的。

2. 克拉姆规则二

如果在不对称的 α－碳原子上结合着一个羟基或氨基等可以和羰基氧原子形成氢键的基团，那么试剂将从含氢键环的空间阻碍较小的一边与羰基进行加成。例如，由(±)－α－甲氨基苯丙酮的还原生成麻黄碱的反应：

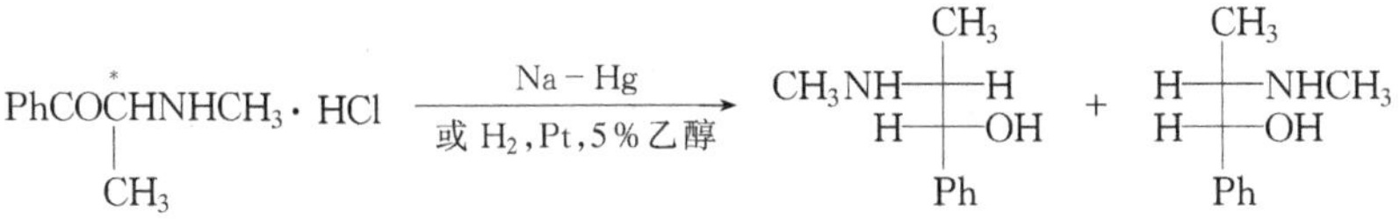

从下面所示的纽曼投影式可以看出，由于羰基氧原子和不对称的 α－碳原子上的甲氨基氢原子之间氢键的存在，使 α－甲氨基苯丙酮分子内的各个基团和原子主要地按下面所示的空间向位（优势构象）排布，同时催化剂倾向于在羰基的空间阻碍较小的一边吸附反应物分子，这导致氢自这个方向对羰基进行加成，将羰基还原成二级醇基。因此，DL－麻黄碱便成为(±)－α－甲氨基苯丙酮催化氢化反应的主要产物。以钠－汞齐作为还原剂的还原反应，反应的产物 DL－麻黄碱和 DL－假麻黄碱，由于(±)－α－甲氨基苯丙酮和醇钠的存在，可以通过可逆的氧化还原反应（醇酮可逆转化），发生相互间的转化作用。随着

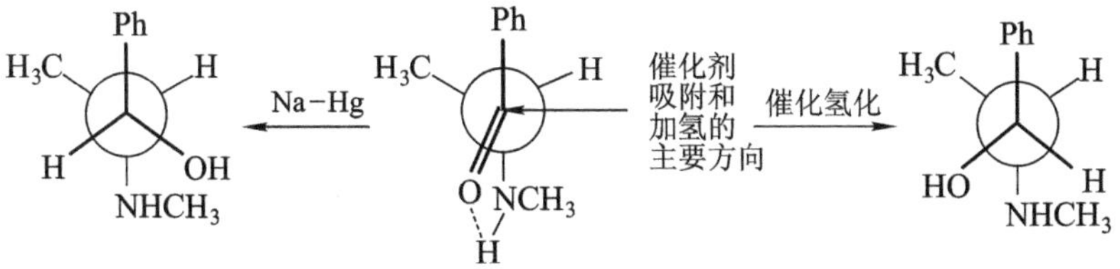

DL－假麻黄碱（主要产物）　(±)－α－甲氨基苯丙酮　DL－麻黄碱（主要产物）

(±)－α－甲氨基苯丙酮的还原反应

反应时间的延长，当达到平衡时，比较稳定的 DL－假麻黄碱即成为产物中的主

要成分。

3．克拉姆规则三[即康福思(Cornforth)规则]

如果在不对称的 α－碳原子上结合一个卤原子，由于卤原子和羰基氧原子都是电负性很大的元素的原子，并带有部分的负电荷，所以它们之间因相互排斥而呈现“类反型”的构象。对羰基加成反应的方向显然会受这种优势构象的制约。例如：

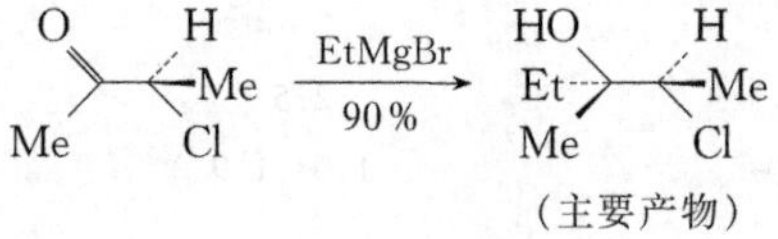

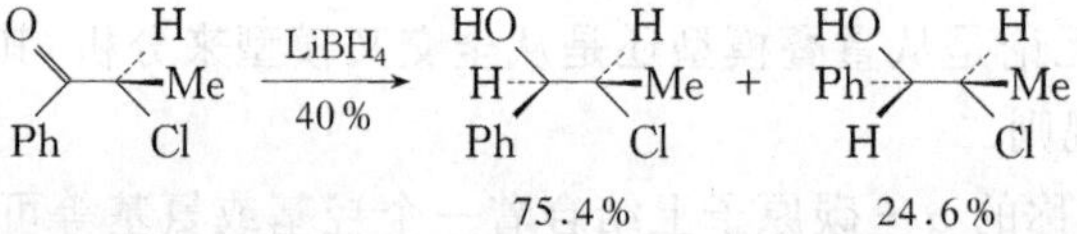

但是，如果使不对称的 α－碳原子上的烃基(Me)增大至和氯原子的空间效应差不多的苯基(Ph)时，情况就可能发生变化。例如：

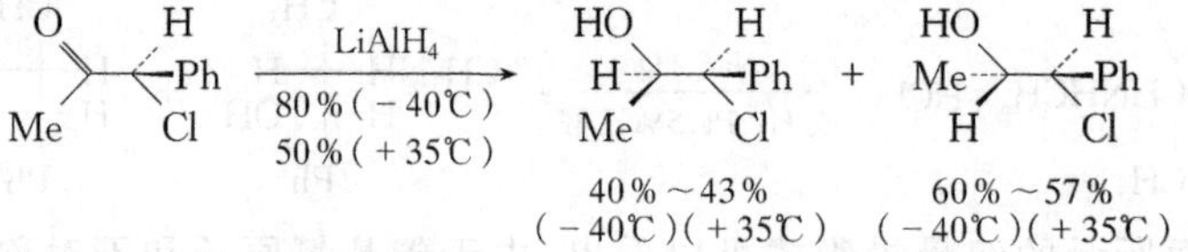

这是由于康福思等人所提出的 R－Cl 重叠构象与一般的构象分析有矛盾，实际应用中要综合分析。

二、手性环酮羰基的不对称加成反应

不对称脂环酮的结构遍及甾族和萜类化合物，因而有关该类化合物的手性合成反应极为重要，研究该类物质分子中的羰基在化学反应中的立体选择性更是不对称合成反应的一个重要方面。例如，取代环己酮的还原反应：

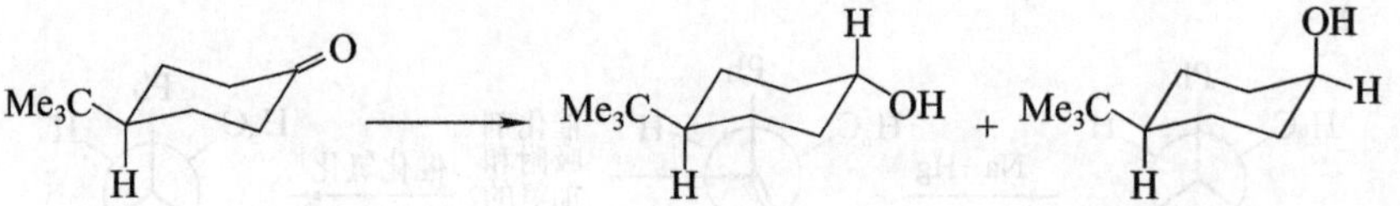

$NaBH_4$	80%～90%	20%～10%
$LiAlH_4$	91%～93%	9%～7%
$LiAlH_4-AlCl_3$(非直接平衡)	99.5%	0.5%
$Al(OPr-i)_3$(平衡)	77%～81%	23%～19%
$H_2-PtO_2-HOAc-HCl$	22%	78%
Na－ROH	绝大部分	35%

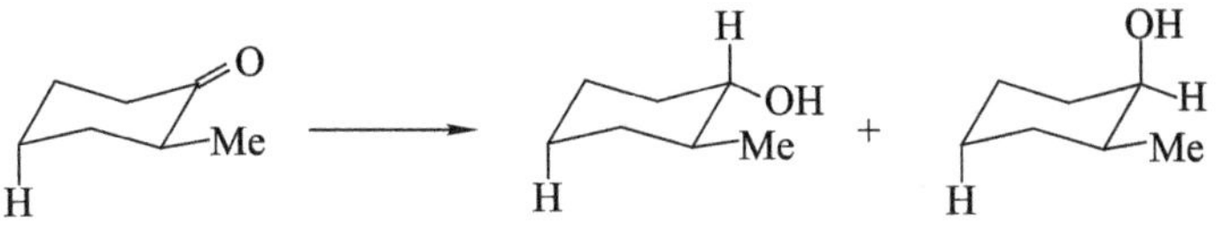

$NaBH_4$	69%	31%
$LiAlH_4$	82%	18%
$Al(OPr-i)_3$(平衡)	84%	16%
$Al(OPr-i)_3$	42%	58%
Na－ROH	80%	20%
催化氢化还原	7%～35%	93%～65%

巴顿(Barton D H R)总结了环己酮衍生物的还原反应的结果:一个酮用钠和乙醇还原得到的产物是具有相应结构的醇的异构体的混合物,其组成与这些醇之间的直接平衡混合物的组成相同。如果酮基不受阻碍,用硼氢化钠或氢化铝锂进行还原,通常得到的产物是平伏键的差向异构体;如果酮基受到阻碍或很大的阻碍,则得到羟基在直立键的差向异构体。庞多尔夫－米尔魏因(Ponndorf－Meerwein)还原反应只适用于相对位阻较小的酮,并且得到的直立键羟基产物比其他反应(强酸性介质的催化氢化反应除外)的比例都高。在强酸性介质中进行受阻碍的或不受阻碍的酮基的快速催化氢化反应,将得到直立键羟基的醇;而在中性介质中进行不受阻碍酮基的慢催化氢化反应,则将获得平伏键羟基的醇,但是高度阻碍的酮仍将得到直立键羟基的醇。

按优势构象,无论是4－叔丁基环己酮还是2－甲基环己酮,对于它们的羰基来说,都是内侧比外侧拥挤些。

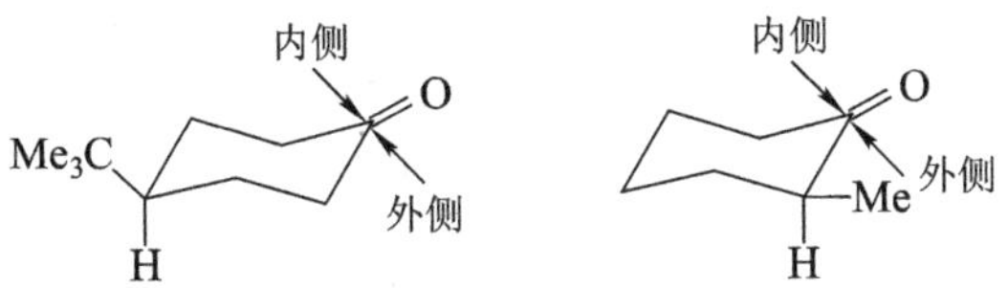

既然如此,在加成反应中,试剂似乎都应当倾向于自外侧进攻羰基的碳原子,而主要得到羟基占直立键的顺式异构的产物。但是,有关的数据表明,较多的还原反应的产物却主要是反式的异构体。这表明要对决定反应方向和产物结构的因素进行综合分析,这些因素包括反应物分子和试剂分子的立体构象以及所呈现的空间阻碍效应,反应的过渡态的稳定性,反应物和异构的产物之间的可逆相互转化的平衡作用,产物的稳定性以及实验操作条件的控制等。

其他环酮的还原反应例子,例如:

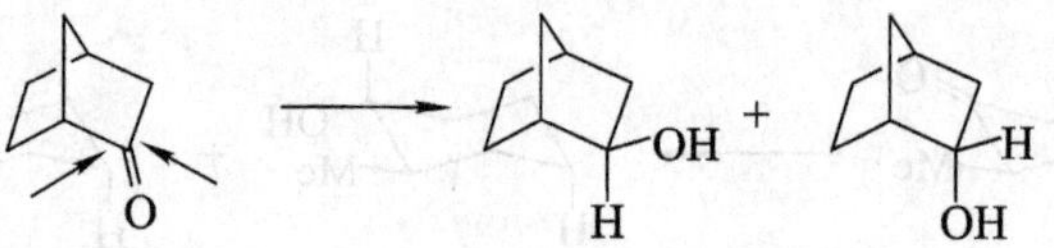

$LiAlH_4$	8%	92%
$Al(OPr-i)_3$	80%	20%
H_2-Pt		主要

三、羰基的不对称 α－烷基化

羰基的不对称 α－烷基化是一个典型的底物控制的反应，底物的手性可被传递至新形成的不对称碳原子。

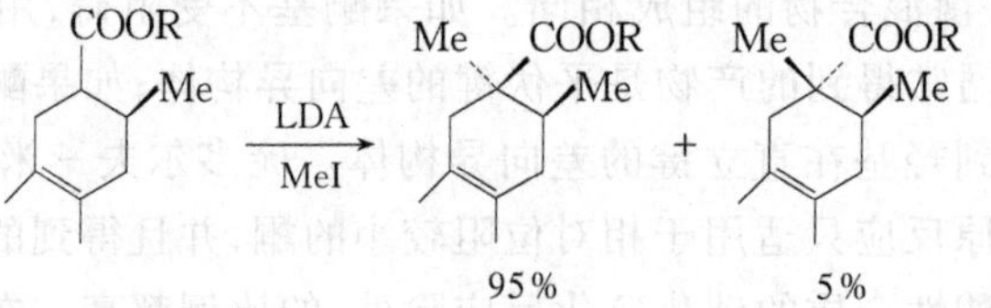

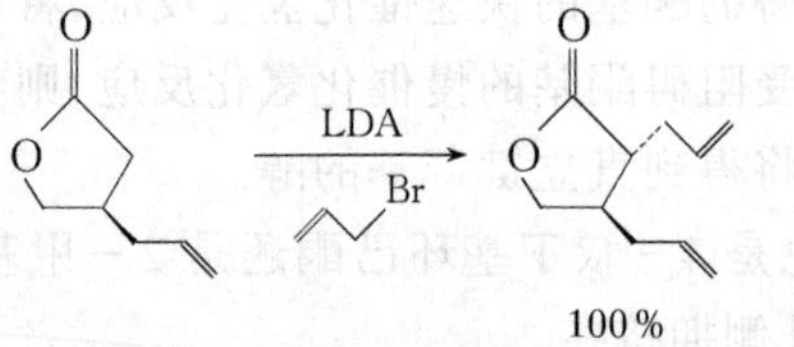

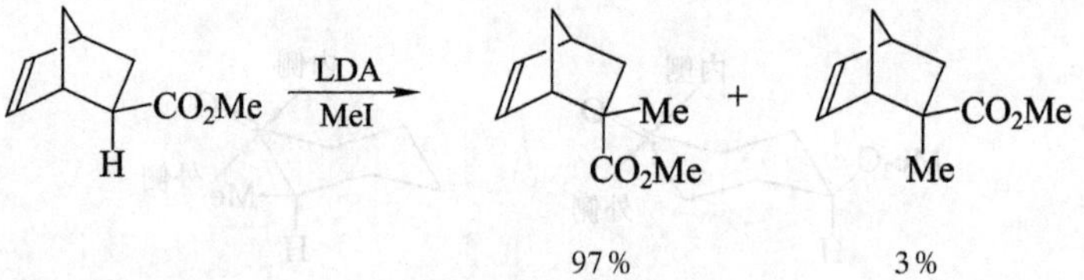

手性烯胺的烷基化也是一类高选择性的底物控制反应，例如：

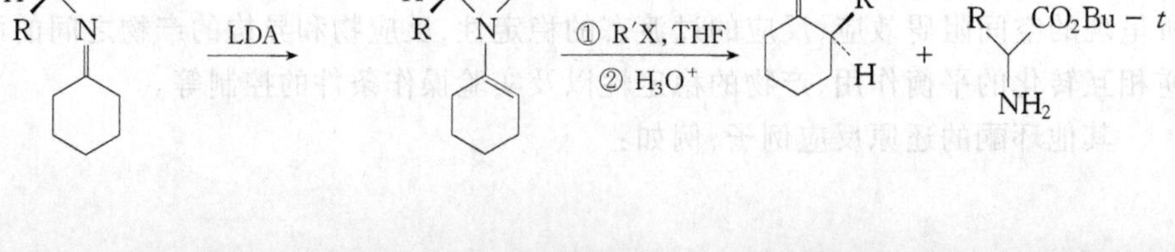

R	R′X	ee/%(构型)
$i-C_3H_5$	Me_2SO_4	84(S)
$t-C_4H_9$	Me_2SO_4	98(S)
$t-C_4H_9$	MeI	97(S)
$t-C_4H_9$	$n-C_3H_7I$	97(S)

四、西蒙斯－史密斯反应

西蒙斯－史密斯(Simmons－Smith)反应是通过卡宾使烯转化为相应的三元环的一种广泛使用的方法。反－1－己烯基硼酸,先用(＋)－酒石酸二异丙酯(DIPT)进行酯化,然后与西蒙斯－史密斯试剂反应,生成相应的环丙基硼酸酯,氧化后可获得高度对映纯的反－(－)－2－丁基环丙醇。

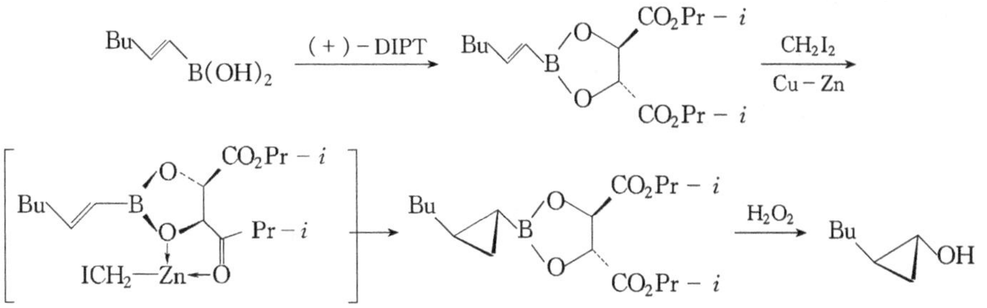

第四节　以对称化合物为起始物的不对称合成

手性的反应物可以实现不对称合成,而非手性的反应物通过某些方法也可完成不对称合成,主要的方法有预先在反应物分子中引入手性中心,或直接使用手性反应试剂、手性催化剂、手性反应介质,从而以对称的化合物为起始反应物完成不对称的合成反应。这种不对称合成方法也称为辅基控制法、试剂控制法和催化剂控制法。

一、分子中引入手性中心

普雷洛格规则:1953 年,普雷洛格(Prelog V)等人在麦肯齐(McKenzie)的研究工作的基础上,深入研究了苯乙酮酸的非对称酯与格氏试剂甲基碘化镁的反应。他们将非对称的醇 $LMS\overset{*}{C}OH$ 转变成苯乙酮酸酯,然后使之与甲基碘化镁反应,于是得到两个非对映立体异构的 α－苯基乳酸酯的混合物。这种混合物

经水解之后,即生成含对映体之一较多的 α-苯基乳酸的混合物,而呈旋光性。整个反应过程可表示如下:

$$PhC\overset{\displaystyle O}{\|}—COOH \xrightarrow{HO\overset{*}{C}SML} PhC\overset{\displaystyle O}{\|}—COO\overset{*}{C}SML \xrightarrow{CH_3MgI} Ph\overset{\displaystyle OH}{\underset{CH_3}{\overset{|}{\overset{*}{C}}}}—COO\overset{*}{C}SML$$

苯乙酮酸酯　　　　　　α-苯基乳酸酯

$$\xrightarrow{水解} Ph\overset{\displaystyle OH}{\underset{CH_3}{\overset{|}{\overset{*}{C}}}}—COOH$$

α-苯基乳酸

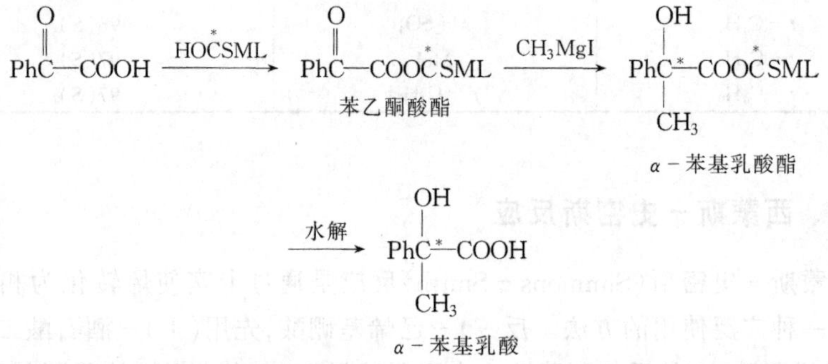

其中 HO$\overset{*}{C}$SML 代表手性醇,S、M、L 分别代表手性碳相连的小、中、大(指体积)三种不同的基团。

普雷洛格指出,醇 LMS$\overset{*}{C}$OH 的构型和所生成的 α-苯基乳酸的两个对映体的数量多少的关系可表示如下:

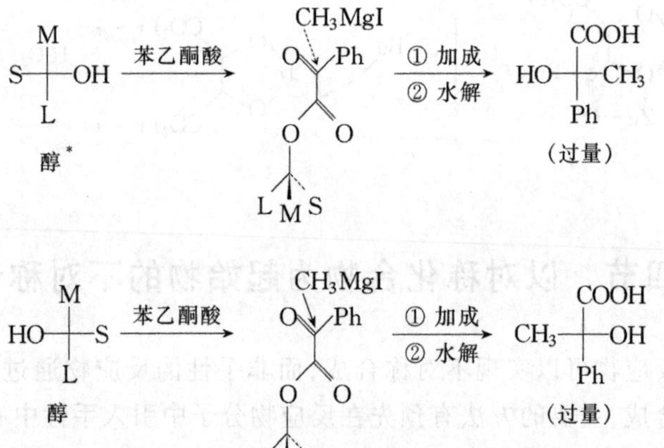

有关普雷洛格规则的解释还有待于更深入的研究。

另外,丙酮酸与手性醇生成的酯经过还原或水解得到的产物也是旋光性的,这也是分子中引入手性中心的例子。例如,由(-)-薄荷醇的丙酮酸酯,得到了过量的(-)-乳酸和(+)-乳酸的混合物,于是呈左旋光性。这显然是因为在对称的丙酮酸分子中,引入了含不对称因素的酯基,而获得非对称的丙酮酸酯,使进一步的还原反应氢对丙酮酸基的 α-羰基的加成呈不对称性的缘故。

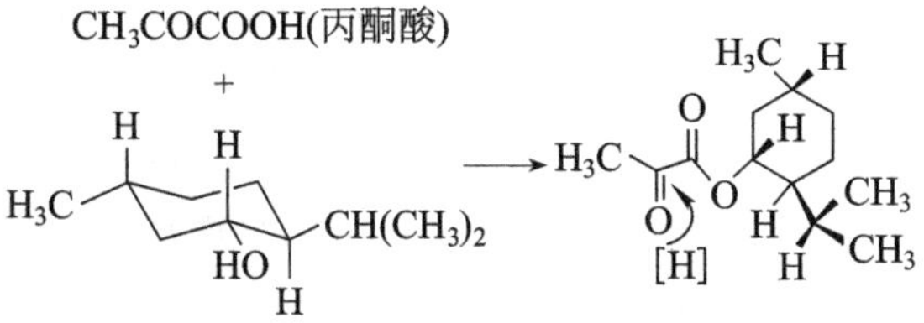

(－)－薄荷醇

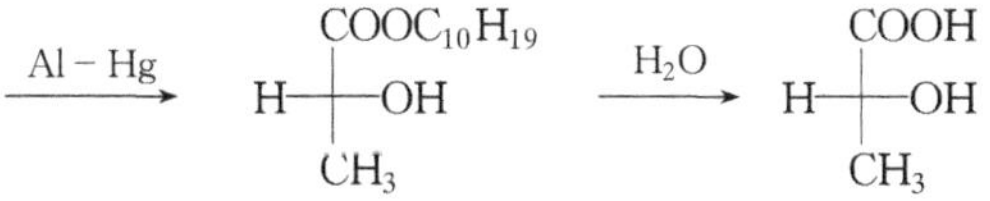

(－)－乳酸(－)－薄荷醇酯（主要产物）　　(－)－乳酸（主要产物）

二、手性试剂的应用

手性试剂很多，目前应用较多的是具有手性基团的金属有机化合物。这些试剂可与非手性反应物分子中的潜手性基团作用进行立体选择反应，从而产生不等量的立体异构体。其反应的不对称合成效率在温度、溶剂等反应条件固定时，既与反应物的几何形象及性质有关，又与手性试剂的几何形象及性质有关，因此，根据不对称合成的具体要求和手性试剂本身的特点恰当地选用适宜的反应试剂是十分必要的。

1. 手性硼试剂

有机硼化合物是近代有机合成的重要试剂，许多有机硼化合物可以通过硼氢化反应来制备。反应包含硼氢键的一种顺式加成，生成反马氏规则的产物。加成一般优先从位阻较小的方向发生，分子中允许其他官能团存在，而且硼氢化时碳架不发生重排。通过各种转化反应，由有机硼化合物可以合成许多种类的手性有机化合物。有机硼烷反应的一种立体化学特点是当硼转化为其他原子或基团时，如进行氧化、氨化、羰基化、质子解等，有机基团的构型完全保持，从而在不对称合成中用途很大。

(1) 不对称诱导硼氢化　(＋)和(－)－α－蒎烯硼氢化，生成手性的二蒎基硼烷。

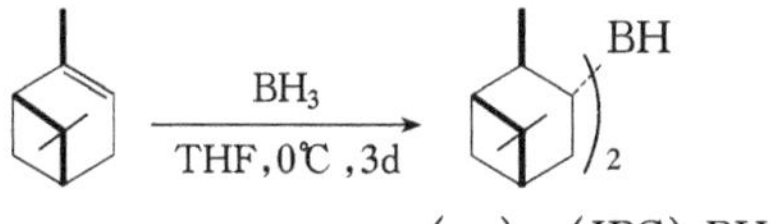

(－)－$(IPC)_2BH$

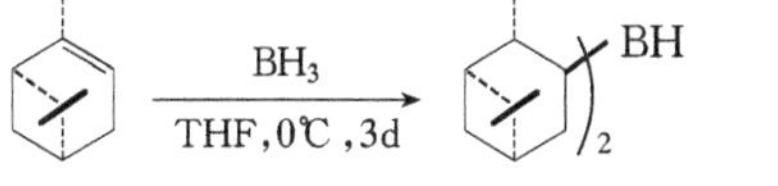

(＋)－$(IPC)_2BH$

用 15% 过量的高纯度(94% ee) α - 蒎烯反应，可以得到对映体纯度超过 99% ee 的 $(IPC)_2BH$。在反应中，α - 蒎烯不发生重排，但生成二蒎基硼烷之后，反应即停止。蒎基的空间要求大，致使在硼上只能连接两个蒎基。所生成的二蒎基硼烷是一种光学活性的硼氢化试剂。该试剂只能用于类似(Z) - 2 - 丁烯之类的位阻较小的烯进行硼氢化。

$(IPC)_2BH$ 以苯甲醛处理，释放出约 98.9% ee 的 α - 蒎烯，借此可以从商品 α - 蒎烯获取高对映纯的 α - 蒎烯。

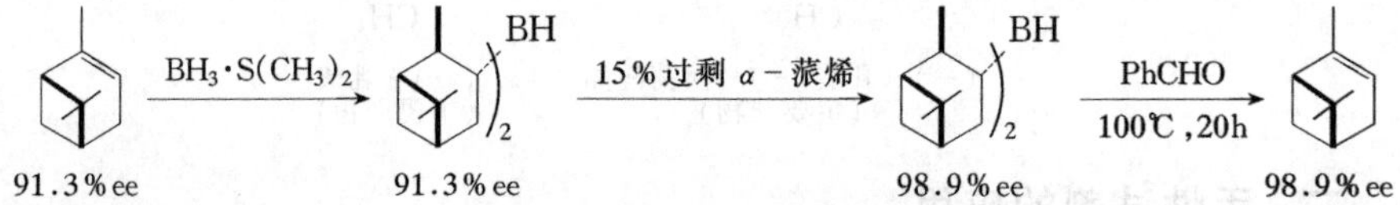

用 0.5 mol 的 N，N，N′，N′ - 四甲基乙二胺 (TMED) 与 1 mol 的 $(IPC)_2BH$ 反应，得 $(IPCBH_2)_2 \cdot TMED$，经结晶提纯后，以三氟化硼 - 乙醚络合物处理，容易释放出 $IPCBH_2$。

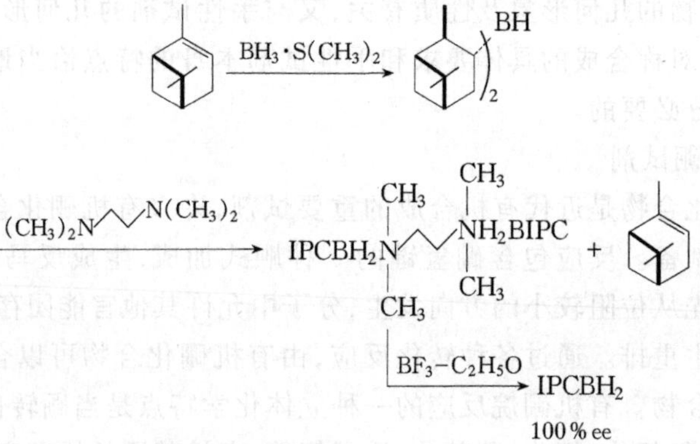

$(IPC)_2BH$ 和 $IPCBH_2$ 两种高度光学纯的硼氢化试剂，有互补关系。位阻小的顺式烯烃及杂环烯类，用空间要求大的 $(IPC)_2BH$ 试剂硼氢化，效果很好。

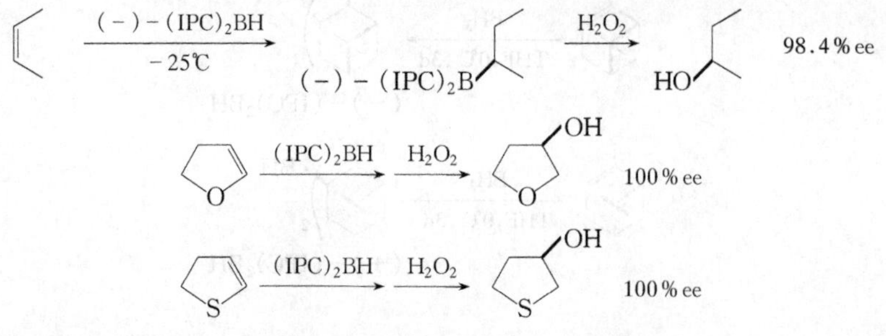

1-苯基环己烯和位阻较大的反式烯烃,用 $IPCBH_2$ 进行硼氢化,效果较好。

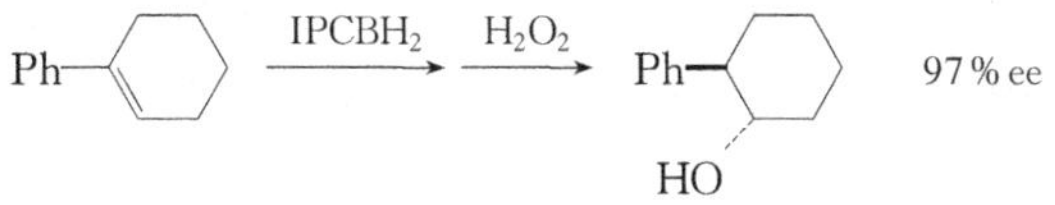

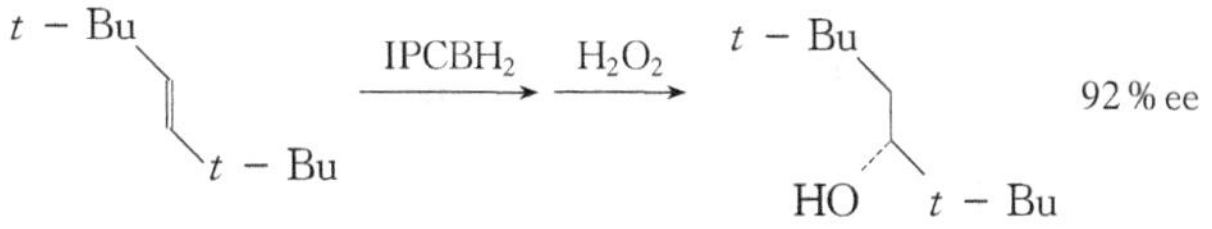

此外,还有一种手性硼氢化试剂,如(2*R*,5*R*)-2,5-二甲基硼杂环戊烷,对顺、反烯烃及三取代的烯烃,不对称硼氢化的效果都很好。

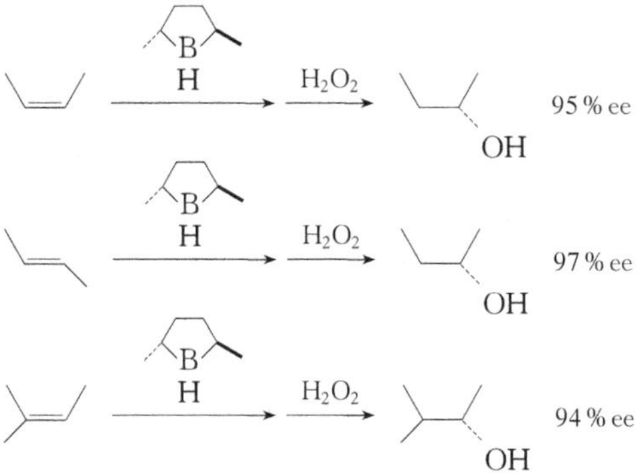

(2) 手性硼还原剂　潜手性酮很容易进行不对称还原。对羰基化合物进行不对称还原的试剂已不下数十种。这些试剂对各种不同结构类型的羰基化合物,还原效果各不相同。一种试剂对某些酮的不对称还原可能效果很好,而对另一些结构的酮,立体选择性却都不高。有些试剂适用的范围广,有些试剂适用范围则比较窄。每种类型的酮都有一些选择性最好的试剂,其中也包括含硼的手性还原剂。

α-蒎烯用 9-BBN 进行硼氢化,得 B-3-蒎基-9-BBN。它是某些羰基化合物的很好的还原试剂,和醛反应很快,能以 100% ee 还原氘代醛,从而制备对映纯的单氘代伯醇。还原炔基酮也很快,产物的 ee 值也很高。

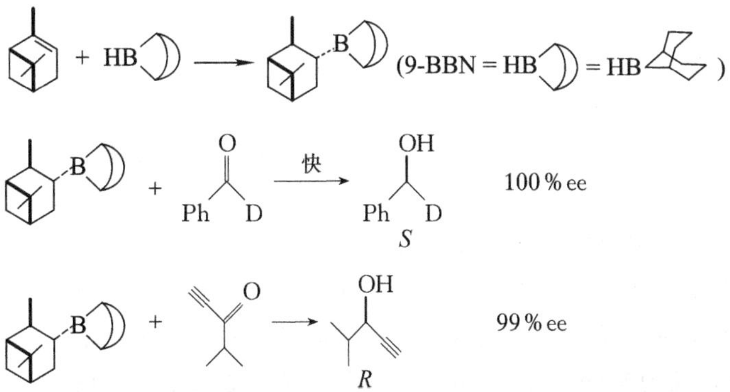

这种还原剂对含杂环的酮如3－吡啶乙酮(93％ee)，α－卤代酮如α－氯代苯乙酮(96％ee)以及α－酮酯如苯甲酰基甲酸甲酯(90％ee)的还原效果都很好。反应通过一种六元的环状过渡态进行。硼β位叔碳原子上的氢向羰基迁移而使它还原。

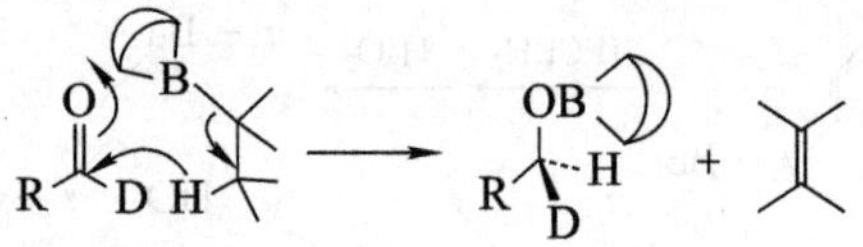

简单的直链酮采用诺卜醇(nopol)苄醚硼氢化衍生的硼氢化锂进行不对称还原，效果最好。

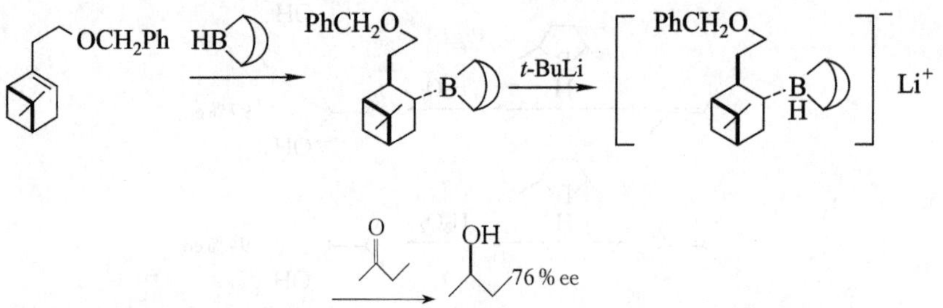

由2－乙基阿朴蒎烯(2－ethylapopinene)以氯硼烷硼氢化生成的化合物$(EaP)_2BCl$，对于芳基酮、含杂环的酮、α－卤代酮、共轭的烯酮以及环状的酮都是很好的手性还原剂。

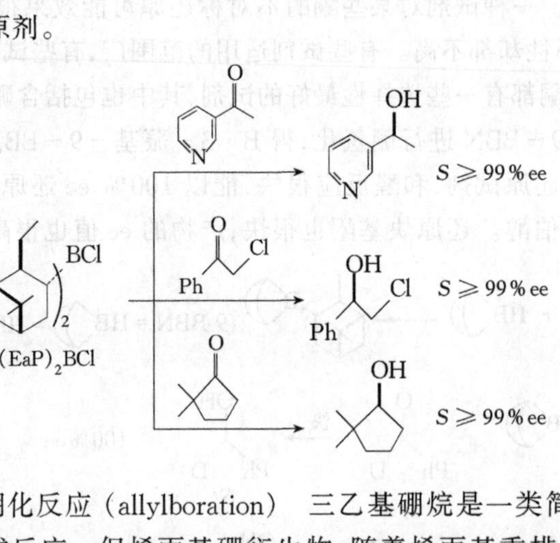

(3) 烯丙基硼化反应(allylboration)　三乙基硼烷是一类简单的有机硼烷，不与羰基发生加成反应。但烯丙基硼衍生物，随着烯丙基重排却迅速地与羰基加成。烯丙基硼烷是形成碳碳键的有用中间体。α－蒎烯经硼氢化并甲醇解之后，再与溴化烯丙基镁反应，制得手性的B－烯丙基二蒎基硼烷。它与各种醛反

应，合成的产物对映体纯度很高。它的两种光学异构体都容易获得，是立体选择加烯丙基硼化反应非常有效的试剂。

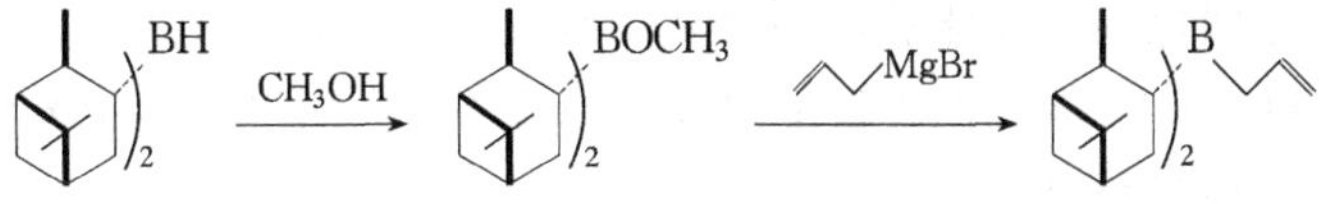

$(IPC)_2BAll$

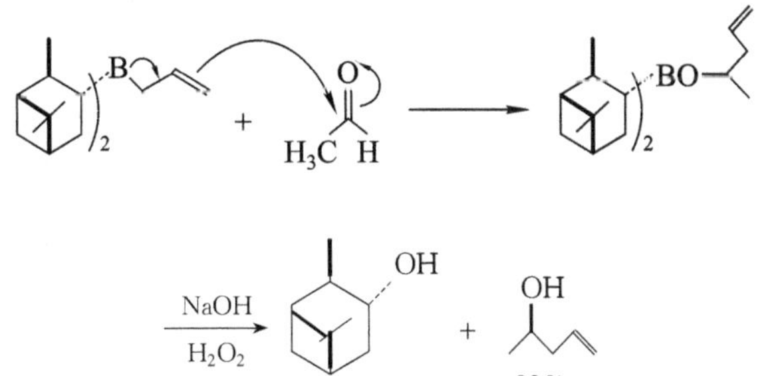

93%ee

此外，手性硼酸酯也常用于手性醛、酮以及手性胺的合成，具体可参考有关文献。

2. 手性有机铜试剂

有机铜共轭加成，在合成有机化学中的重要应用之一是能够在羰基的 β 位建造碳碳键。该反应的高度不对称共轭加成的研究主要有几个方面：使用手性底物反应；使用含可迁移手性配基的铜试剂（R^*LCuM）反应；使用手性配基不能迁移的铜试剂以及在手性介质中反应等。

有机手性试剂种类很多，除了上面介绍的两种以外，还有手性氨基锂、手性烯醇化合物等手性试剂用于不对称合成。例如：

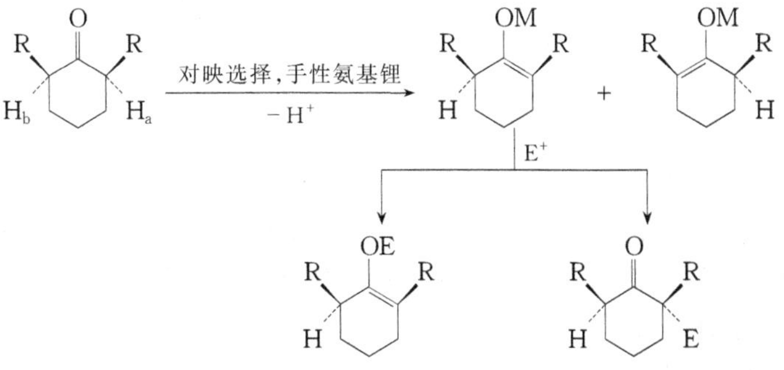

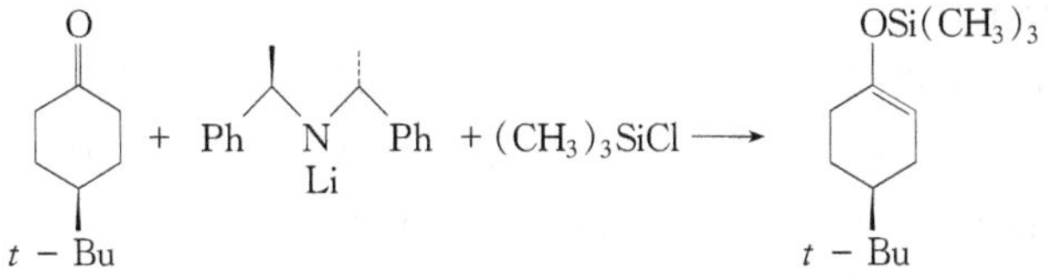

88%ee

三、手性催化剂诱导的不对称合成

利用手性催化剂往往能够获得很高的对映体过量。由于在每一次催化循环中，催化剂可以再生，因此用少量的对映选择催化剂，能得到大量光学活性的产物。例如，烯丙胺的异构化反应：

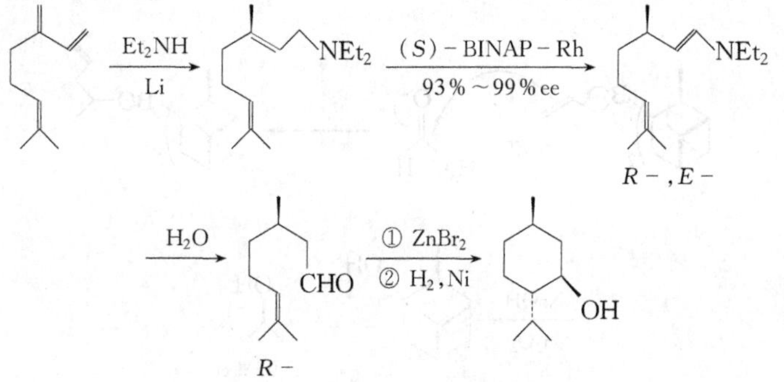

(S) - BINAP - Rh =

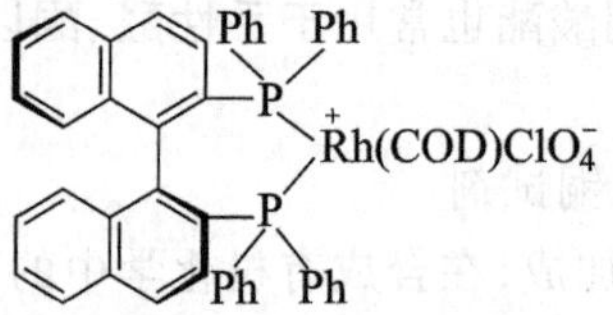

由月桂烯(myrcene)工业化合成(-)-薄荷醇，是手性催化应用中的成功实例之一。该过程的关键步骤是烯丙胺的不对称异构化。现在全球每年有相当大一部分的(-)-薄荷醇是由这种合成法提供的。对于这一反应，$[Rh(BINAP)_2]^+ClO_4^-$ 是一种极好的催化剂。底物与催化剂比例为 8000:1，在 80～100℃ 数小时即完成反应，产物 99% ee。该催化剂的热稳定性和化学稳定性都比较好，可以反复循环使用。

又如，对映选择环丙烷化反应：在 Cu(Ⅱ)和 Rh(Ⅱ)手性催化剂的作用下，重氮酯和重氮酮与烯类反应，可以进行对映选择环丙烷化。反应的时候，催化剂与重氮化合物作用，形成金属卡宾中间体，它再和烯作用，通过分子间或分子内的转变，生成环丙烷的衍生物。催化剂的手性配体使卡宾的取代定向，并控制烯向卡宾体中心靠近，从而获得高度的对映选择性。将在第二十二章过渡金属有机化合物中详细介绍。

1. 不对称氧化

现在不对称氧化反应已经发展成为一个能够实现高度不对称诱导的反应体系，发展了许多不对称反应，硫醚氧化为亚砜，胺氧化为氧化胺，可以创立新手性中心，这方面的工作已经取得了一些进展，而不对称氧化的大量研究工作都是属于环氧化方面的。例如，烯丙醇的不对称氧化(Sharpless 环氧化)以及形成的

2,3－环氧醇的选择性开环,烯烃的对映选择性双羟基化(不对称双羟基化)反应,烯烃的选择性氨基羟基化反应,非官能化烯烃的环氧化等。

(1) 不对称环氧化　在不同的催化条件下,烯烃不对称环氧化的成功例子很多。例如,查尔酮在 H_2O_2/NaOH、有机溶剂和相对分子质量为 3000～15000 的 L－亮氨酸聚合物(商品)组成的三相体系中,室温进行对映选择环氧化,产率和选择性都很高。生成的 α,β－环氧酮在二氯甲烷中,以间氯过氧苯甲酸进行选择的拜尔－维利格氧化,能够获得有机合成的重要中间体——缩水甘油酸酯。产物重结晶之后,ee 值可达 99％以上。

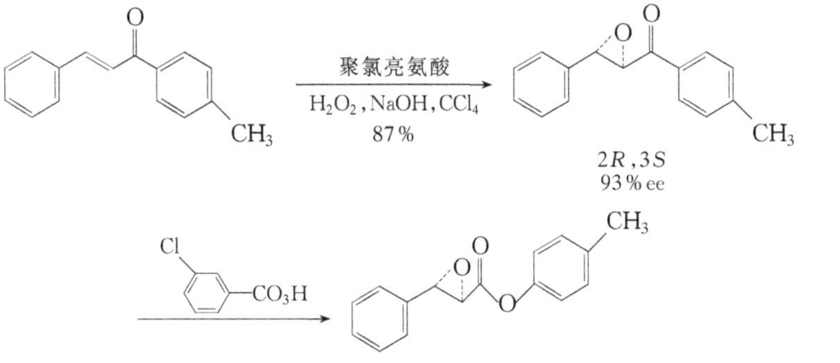

(2) 不对称双羟基化反应　四氧化锇与烯烃的加成是有机反应中选择性最高、最可靠的反应之一。现在已经有不少文献介绍了多种高效的手性配体与四氧化锇共催化烯烃的双羟基化反应。例如,合成的 1,2－二苯基－N,N'－二(2,4,6－三甲基苄基)乙二胺可显著地加快烯与四氧化锇的反应,反应所生成的 1,2－二醇具有很好的对映选择性。锇和二胺可以有效地回收循环使用。如果采用二胺的对映体,反应得到的则是 1,2－二醇的对映体。

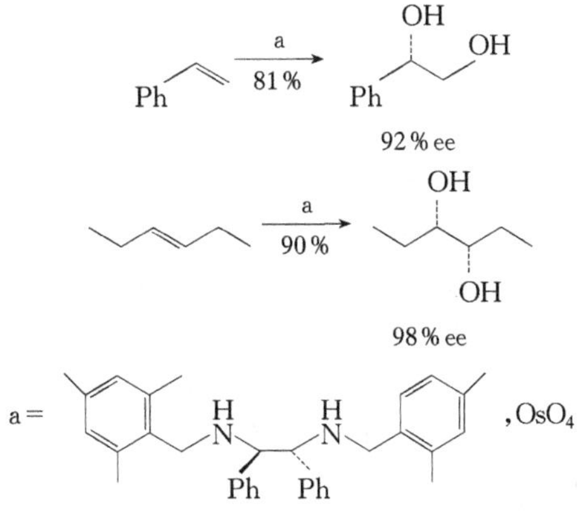

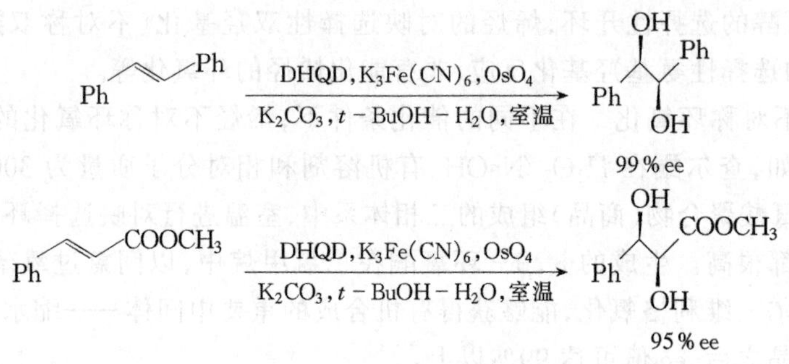

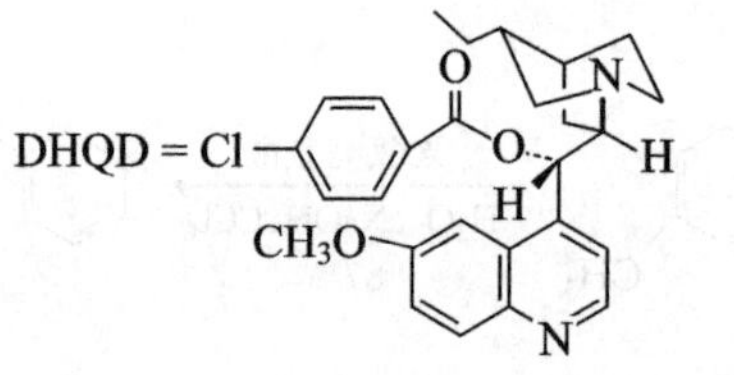

双氢奎尼定对氯苯甲酸酯

2．不对称催化氢化

氢与双键（包括 C═C，C═N，C═O 等）的不对称加成反应可以分为两种情况。第一种情况是被氢化的双键为非对称分子的一部分，于是催化氢化反应倾向于由双键平面空间阻碍较小的一面进行加成反应，表现出反应的立体选择性。第二种情况是只含有一个对称平面的对称分子的 C═Z 键在含有不对称因素催化剂作用下的催化氢化反应。由于催化剂含有不对称因素，所以在与只含有一个对称平面的反应物分子进行催化氢化反应前的吸附时，与这个对称平面两边的关系并不是对称的，而是倾向于自该平面的某一边吸附反应物分子，并从这一边发生催化氢化反应，使反应表现出一定的立体选向性。根据所用催化剂是否具有可溶性，可分为多相的和均相的不对称催化氢化反应。20 世纪 60 年代以前，非均相催化在化学研究中占据着重要的地位，但到 60 年代中期，实验表明，在潜手性烯烃的氢化中用非均相催化剂无法得到满意的结果。

1968 年诺尔斯（Knowles N S）等人发现，由旋光性的三级膦和铑配位而得到威尔金森（Wilkinson）类型的均相氢化催化剂，对只含有一个对称平面的 α－苯基丙烯酸的催化氢化反应，表现出一定的立体选择性，后来发展了高效的手性钌－双膦络合催化剂，使催化不对称氢化进入了一个崭新的阶段。手性钌催化剂适用的范围比铑宽得多，BINAP－Ru（Ⅱ）络合物被称作不对称氢化的“第二代手性催化剂”。将在第二十二章中详细介绍。

3．酮的对映选择催化还原

潜手性酮及相关化合物用手性硼烷可以进行不对称还原。由手性联萘酚或氨基醇改性的硼烷及氢化铝，也是这类对映选择还原的有效的标准试剂，但这些反应要求用计算量甚至过量的手性助剂。

一类称作化学酶的手性氧氮硼杂环化合物，是极好的催化剂。只需要摩尔分数为 5%～10% 的量，就足可以使各种潜手性酮被硼烷对映选择还原。使用范围广，脂肪族和芳香族的酮都行。

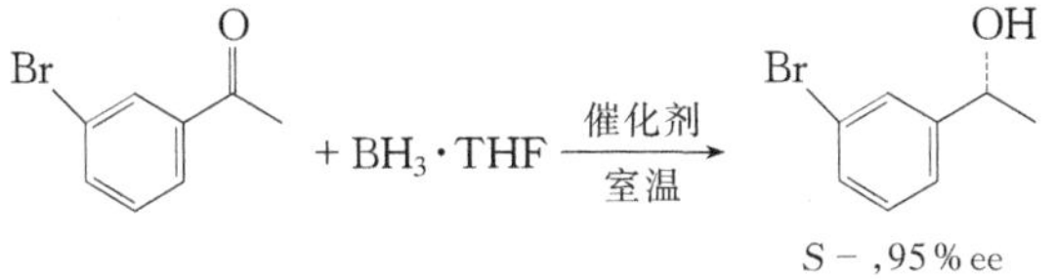

催化剂＝

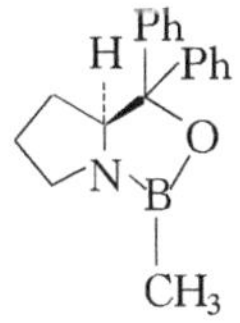

过渡金属络合物催化的羰基氢化是制备手性醇的又一种有效的方法。将在第二十二章中详细介绍。

4．催化不对称狄尔斯－阿尔德反应

狄尔斯－阿尔德反应区域选择性高，立体选择性也高。它可以同时增环、增官能团和不对称中心。选择适当的反应物，一步可以产生四个手性中心。

通常的质子酸和碱对狄尔斯－阿尔德反应没有什么影响。但 $AlCl_3$，BF_3，$SnCl_4$ 等路易斯酸却能明显地催化狄尔斯－阿尔德反应。应用路易斯酸－金属络合物形成的手性催化剂催化狄尔斯－阿尔德反应已经取得了良好的选择性效果。这些催化剂包括 Narasaka 催化剂、手性镧系金属催化剂、双磺酰胺(Corey)催化剂、手性酰氧基硼烷(CAB)催化剂以及双噁唑啉催化剂。

例如，Narasaka 催化剂的应用：

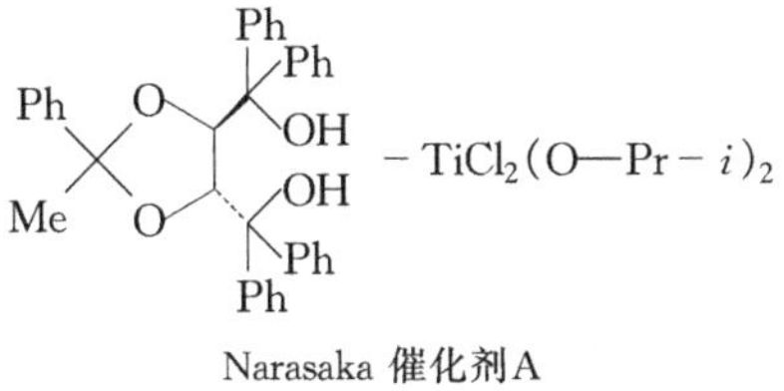

Narasaka 催化剂A

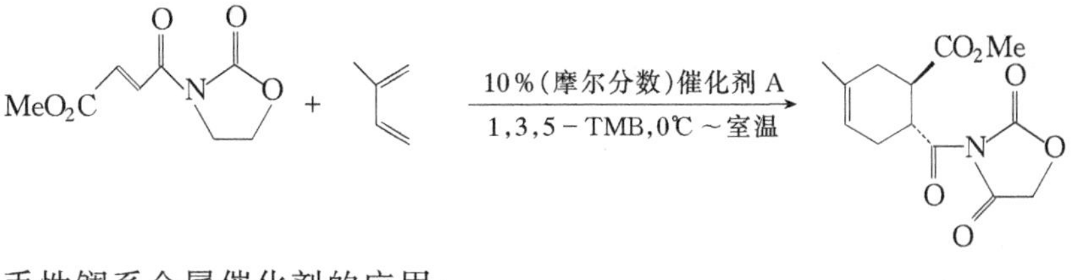

手性镧系金属催化剂的应用：

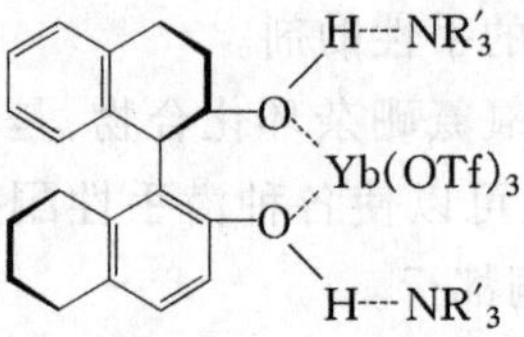

手性三氟甲磺酸镱,B

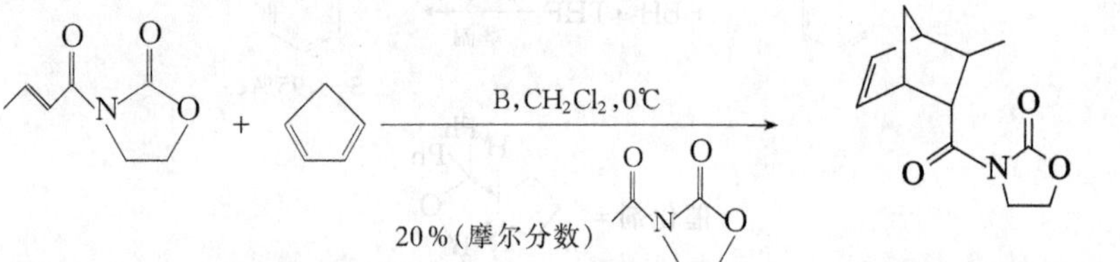

77%,内型/外型=89:11

内型产物 93%ee

双磺酰胺(Corey)催化剂的应用:

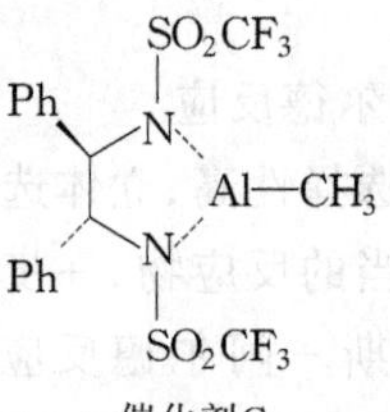

催化剂C

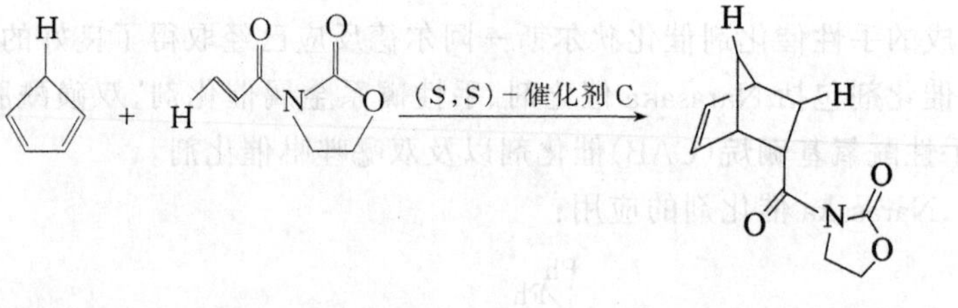

内型/外型>50:1,95%ee

手性酰氧基硼烷(CAB)催化剂的应用:

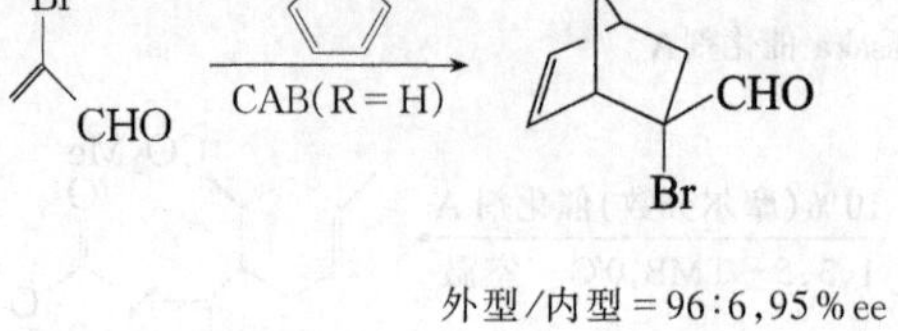

外型/内型=96:6,95%ee

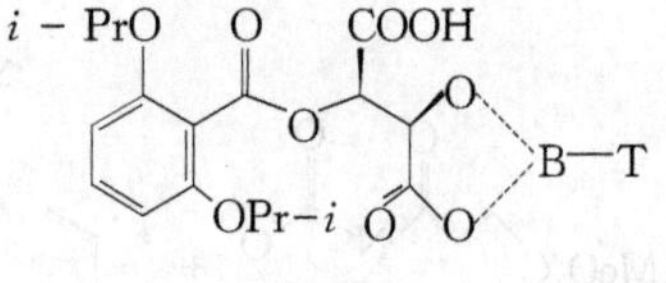

CAB

5. 酶催化

酶催化以专一性(specificity)为其显著特征。这主要表现在下列几方面:

(1) 对于反应的专一性 即一种酶仅催化某一特定类型的反应。例如,酯酶仅催化酯的水解反应，而对其他反应则无催化作用。

（2）对于反应物的专一性　即一种酶仅对某种或某类特定的反应物具有催化作用。例如，尿素酶仅对水解尿素有作用，磷酸酶仅对磷酸酯类水解发生效力。

（3）对于反应动力学的专一性　此系指在所催化的同类反应中，其催化反应的速率依反应物的不同而异。例如，酯酶虽可催化水解所有的酯，但对不同的酯其水解速率有别。

（4）许多酶的催化有立体专一性　例如，麦芽糖酶仅催化水解 α - 葡萄糖苷，而不水解 β - 葡萄糖苷；苦杏仁酶则仅水解后者，而不水解前者。

值得指出的是，一种酶往往可以兼具上述四种专一性中之两种或数种。例如，酯酶就不仅具有反应专一性而且具有立体专一性。

酶还参与我们称之为生命的化学过程，这是因为有机体内进行着的许许多多复杂的有机化学反应，无一不是在具有高度手性结构的酶的催化作用下完成的。酶催化的不对称合成，在有机体内都是在十分缓和的条件下进行的，且具有极高的立体选择性，其产物往往可达到 100% 的光学纯度，这是化学工作者多年来所期盼的合成水平。有机体内进行着酶催化反应给人们以启迪，近年来由于化学家潜心求索，于是以模拟酶催化为中心的仿生合成法脱颖而出，迅即成为有机合成的崭新领域。

酶催化可采用微生物发酵的方法促进反应的进行，亦可自有机体内分离出具有高度稳定性的酶（应不至于因离开有机体而失去活性），在有机体外进行催化反应。

下面列举几个有关酶催化的反应实例。

例 1　醋酸氢化可的松的合成。

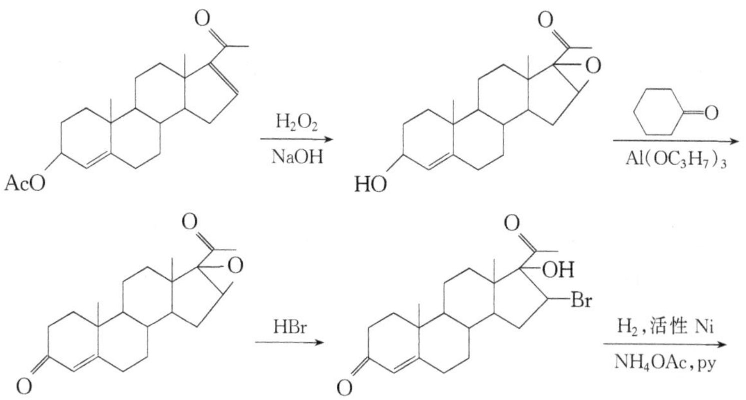

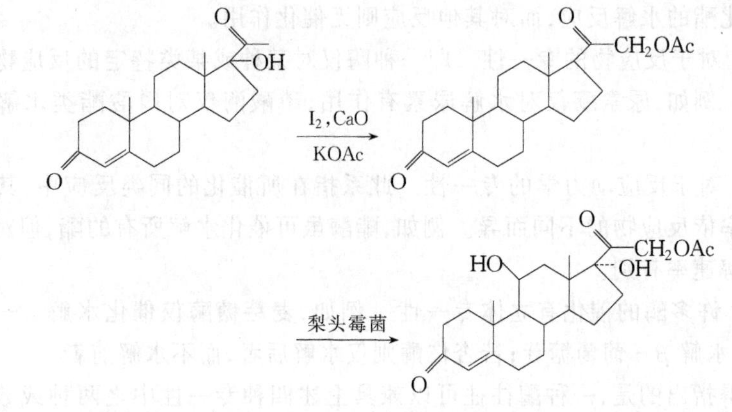

醋酸氢化可的松为一种肾上腺皮质激素。由上述合成路线可见，$C_{11}\beta$-羟基的引入系借助梨头霉菌(cunnighamella blakeslleana)。这种酶的催化氧化兼具区域选择性和立体选择性的特点，于是得到 $C_{11}\beta$-羟基化合物，最终实现上述的合成。

例 2 醋酸强的松(prednisoni acetas)的合成。

本品为甾类抗炎症剂，可由醋酸可的松经过节杆菌(corynebacterium simplex)的选择性催化脱氢合成。

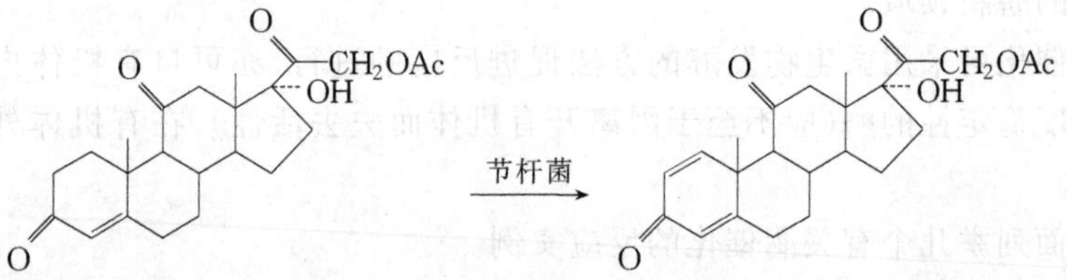

例 3 维生素 C 的合成。

维生素 C 生产最早使用的是莱氏法，在 20 世纪 30 年代就已经研究成功。目前工业上使用的是二次发酵法，是 20 世纪 70 年代我国首创的，其合成路线如下：

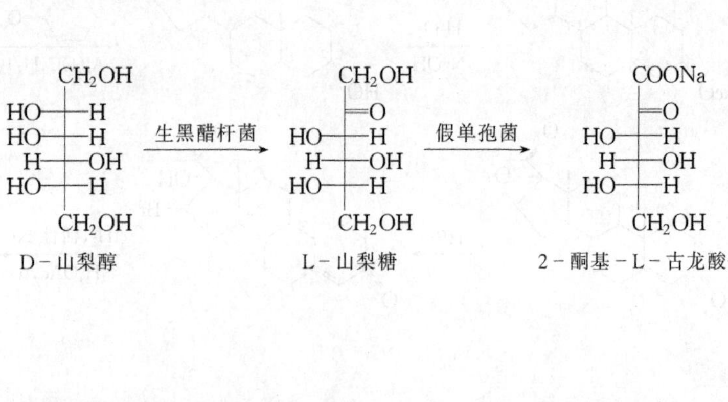

D-山梨醇　　　L-山梨糖　　　2-酮基-L-古龙酸钠

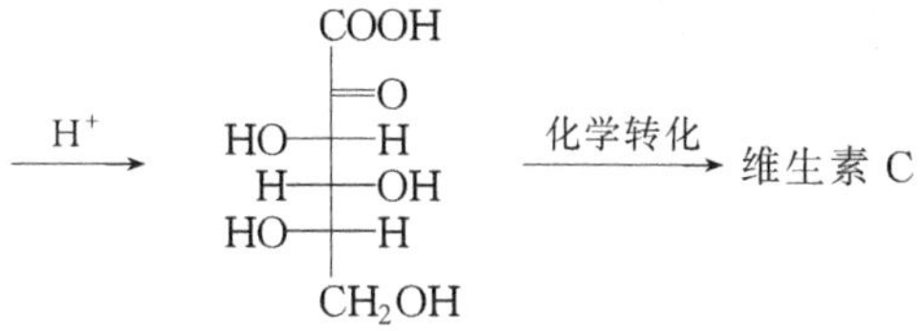

2-酮基-L-古龙酸

在这一合成中，假单孢菌(pseudomonas)直接将 L-山梨糖氧化为 2-酮基-L-古龙酸，再经酸处理即得到产物维生素 C。由此可见，该菌确具有特异的选择性氧化功能，它可将 C_1 的羟基氧化为羧基，而不致影响分子中的其他羟基。这样可以省去该羟基氧化前其他羟基经由缩酮的保护步骤，从而使合成程序大为简化。

例 4　(*R*)-(+)-苦杏仁腈的合成。

在 D-羟腈酶的存在下，苯甲醛与 HCN 反应可以高选择性地合成(*R*)-(+)-苦杏仁腈。

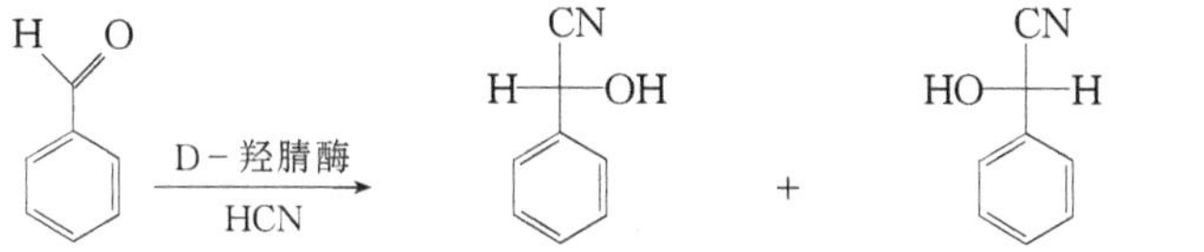

苯甲醛　(*R*)-(+)-苦杏仁腈 94%ee　(*S*)-(-)-苦杏仁腈

由产物的对映体过量百分数可见，此合成具有很高的立体选择性。同样的反应若采用非酶的手性催化剂，其立体选择性要低得多。如用奎宁碱类催化剂仅为 8%～9%ee。

目前，酶催化是极为活跃的研究领域之一。许多化学家正潜心于酶催化机理的探索，以及人工模拟有机体内的酶催化反应，并已取得可喜的进展。例如，近年已制得血红素的模型化合物，并设想从中觅得能在缓和条件下利用空气中的氧进行有效的氧化反应的途径，因而，酶催化的研究又是一个具有十分广阔发展前景的领域。

四、手性助剂诱导的不对称合成

在手性助剂的诱导下，某些无手性的反应物反应也可获得旋光性的产物。例如，在生物碱(-)-鹰爪豆碱的作用下，溴乙酸酯与醛发生瑞弗尔马斯基反应，能够得到比较好的不对称合成效果。

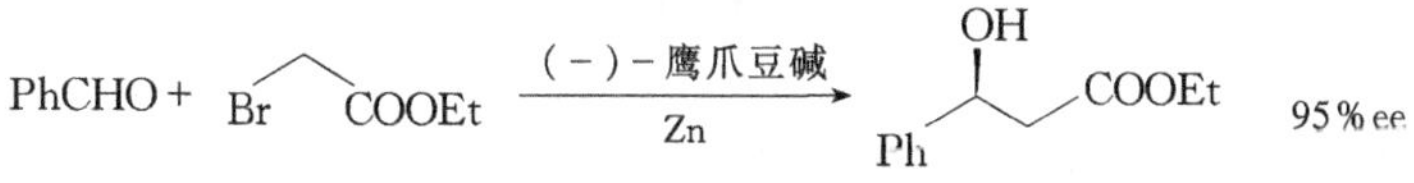

在手性助剂 β－氨基醇的作用下，酮受硼烷还原可以获得很高的对映体过量。

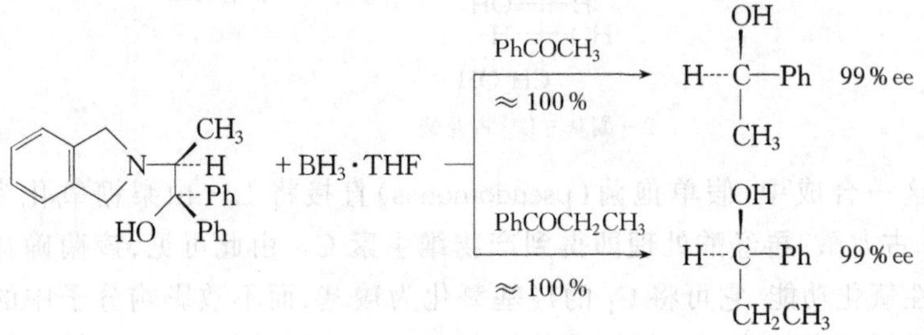

第五节　绝对不对称合成

绝对不对称合成可经由两种途径实现。第一是用圆偏振光照射外消旋体，造成产物中某一对映体的过量；第二是在化学反应中应用圆偏振光照射反应体系，获得以某一对映体为主的产物。例如，在有少量碘的存在下，以右旋的或左旋的圆偏振光照射顺二芳基乙烯，即相应地生成（－）－或（＋）－螺并苯过量的产物。

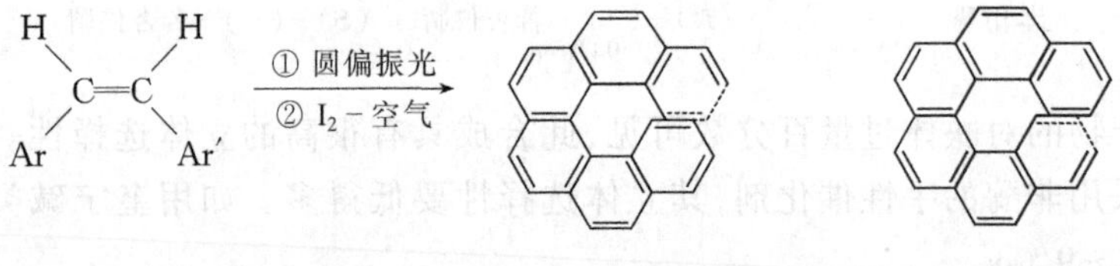

M（＋）－六螺并苯　　M（－）－六螺并苯

若 Ar 和 Ar′如下所示则用右旋圆偏振光可得过量 0.21％的 M（－）－六螺并苯。用左旋圆偏振光可得过量 0.21％的 M（＋）－六螺并苯。

Ar＝　　Ar′＝

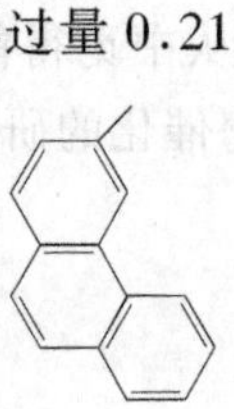

关于绝对不对称合成的研究，其意义目前不在于有机合成的制备，而在于其理论性研究，因为所得产物的对映体过量都很低，远不及相对不对称合成。

参 考 文 献

[1] 林国强，李月明，陈耀全，等．手性合成——不对称反应及其应用．3 版．北京：科学出版

社，2005.
[2] 苏镜娱，曾陇梅．有机立体化学．广州：中山大学出版社，1999.
[3] 叶秀林．立体化学．北京：高等教育出版社，1983.
[4] Eliel E L, Wilen S H. Stereochemistry of organic compounds. New York: Wiley, 1994.
[5] 贡长生，张克立．绿色化学化工实用技术．北京：化学工业出版社，2002.

第二十一章 绿色有机合成

(Green organic synthesis)

第一节 绿 色 化 学

有机化学特别是有机合成化学是一门发展得比较完备的学科。在人类文明史上,它对提高人类的生活质量作出了巨大的贡献。然而,不可否认,“传统”的合成化学方法以及依其建立起来的“传统”合成化学工业,对整个人类赖以生存的生态环境造成了严重的污染和破坏。以往解决问题的主要手段是治理、停产,甚至关闭,人们为治理环境污染花费了大量的人力、物力和财力。美国有机化学家特罗斯特(Trost B M)在 1991 年提出“原子经济”(atom economy)的概念,认为一个高效率的合成应当最大限度地将反应物的原子都包含在产物中,试看下面的两个反应:

$$A + B \longrightarrow C + D \qquad ①$$

$$A + B \longrightarrow C \qquad ②$$

这两个反应中 A 和 B 是原料(反应物),C 是产物,D 是副产物,显然,反应②达到了最好的原子经济性,很多有机反应是①类型的,不同程度地存在资源的浪费。②类型的反应也是有的,如加成反应、狄尔斯－阿尔德反应等,这个概念为我们研究发现新反应,设计合成路线提出了资源经济方面的要求,这在工业生产上是有重大意义的。例如,通过不对称合成反应来制备手性分子是实现资源经济要求的有效途径之一,它最大限度地减少了另一半无用的对映体产生。原子经济的途径不但节省了资源,而且减少了排放。基于利用化学原理,从根本上减少或消除化学工业对环境造成的污染或化学品对人类造成的危害的考虑,20 世纪 90 年代初,化学家提出了与“传统”的“治理污染”不同的“绿色化学”课题。“绿色化学”概念可定义为:是一门研究运用现代科学技术的原理和方法来减少或消除化学产品的设计、生产和应用中有害物质的使用与产生,使所研究开发的化学产品和过程更加对环境友好的学科。绿色化学的战略受到许多国家政府的重视,是化学家和化工企业在研究和生产中必须正视的问题。

1998 年,阿那斯塔和华纳尔(Anastas&Warner)提出了绿色化学的 12 条原则,这 12 条原则如下:

防止污染优于污染治理(It is better to prevent waste than to treat or clean up waste after it is formed)。

原子经济性(Synthetic methods should be designed to maximize the incorporation of all materials used in the process into the final product)。

绿色合成(Wherever practicable, synthetic methodologies should be designed to use and generate substances that possess little or no toxicity to human health and the environment)。

设计化学产品时应尽量保持其功效而降低其毒性(Chemical products should be designed to preserve efficacy of function while reducing toxicity)。

采用无毒无害的溶剂和助剂(The use of auxiliary substances should be made unnecessary wherever possible and, innocuous when used)。

合理使用和节省能源(Energy requirements should be recognized for their environmental and economic impacts and should be minimized。Synthetic methods should be conducted at ambient temperature and pressure)。

利用可再生的资源合成化学品(A raw material of feedstock should be renewable rather than depleting wherever technically and economically practicable)。

减少化合物不必要的衍生化步骤(Unnecessary derivization should be avoided whenever possible)。

催化试剂优于化学计量试剂(Catalytic reagents are superior to stoichiometric reagents)。

设计可降解化学品(Chemical products should be designed so that at the end of their function they do not persist in the environment and break down into innocuous degradation products)。

防止污染的快速检测和控制(Analytical methodologies need to be further developed to allow for real-time, in-process monitoring and control prior to the formation of hazardous substances)。

减少或消除制备和使用过程中的事故和隐患(Substances and the form of a substance used in a chemical process should be chosen so as to minimize the potential for chemical accidents, including release, explosion, and fires)。

为了补充阿那斯塔和华纳尔的不足,利物浦大学的威泰托(Winterton N)提出了另外的绿色化学原则 12 条,简称后 12 条,其内容为

鉴别与量化副产物(Identify and quantify by-products)。

报道转化率、选择性与生产率(Report conversions, selectivities and productivities)。

建立整个工艺的物料衡算(Establish full mass-balance for process)。

测定催化剂、溶剂在空气与废水中的损失(Measure catalyst and solvent losses in air and aqueous effluent)。

研究基础的热化学(Investigate basic themochemistry)。

估算传热与传质的极限(Anticipate heat and mass transfer limitation)。

请化学或工艺工程师咨询(Consult a chemical or process engineer)。

考虑全过程中选择化学品与工艺的效益(Consider effect of overall process on choice of chemistry)。

促进开发并应用可持续性量度(Help develop and apply sustainability measures)。

量化和减用辅料与其他投入(Quantity and minimize use of utilities and other inputs)。

了解何种操作是安全的,并与减废要求保持一致(Recognize where safety and waste minimization are incompatible)。

监控、报道并减少实验室废物的排放(Monitor, report and minimize laboratory waste emitted)。

从上述原则可见,绿色化学与环境治理是完全不同的概念,环境治理是对已被污染的环境进行治理,使之恢复到被污染前的面目;而绿色化学则是从源头上防止污染物的生成的新策略,即对污染进行预防。既然没有污染物的使用、生成和排放,也就没有环境被污染的问题,因此,只有通过绿色化学的途径,从科学研究出发发展环境友好的化学、化工技术,才能解决环境污染与经济可持续发展的矛盾。发展绿色化学将吸收和应用许多其他学科如物理学、生态学等的最新理论、技术与手段,尤其是应用生物技术。对于生物技术的重视是必要的,但是这并不是说所有涉及生物的都是绿色的,生物原料并非全是对环境无害的绿色原料,生物反应过程并非都是绿色的过程,而生物制品也并非都是绿色产品。绿色化学的基本科学问题的研究应该注重利用当代物理先进技术与化学方法相结合,生物转化技术与催化理论相结合。

发展绿色化学的核心科学问题是研究新反应体系包括新合成方法和路线,寻求新的化学原料包括生物质资源,探索新反应条件如超临界流体、环境无害的介质,以及设计和研制绿色产品。这就要求化学家和科研工作者进一步认识化学物质本身的科学规律,通过对相关化学反应的热力学和动力学研究,探索新型化学键的形成和断裂的可能性及其选择性的调节与控制,发展新型化学反应,推动化学学科的发展,因此绿色有机化学涉及绿色化学的各个主要方面,绿色有机合成是绿色化学的核心内容之一。

基于绿色化学的概念,实施绿色有机合成化学可理解为寻求一种理想的、现实可行的有机合成,是指用简单的、安全的、环境友好的、资源有效的操作,快速、定量地把价廉、易得的起始原料转化为天然或设计的目标分子。目前，人们的努力只是初步的，对于整个一条合成路线，绿色可能只是局部的，但绿色有机合成的真正发展需要对传统的合成化学进行全面的发展和创新。

实施绿色有机合成化学战略可能有以下几个途径：

(1) 选择绿色合成原料或反应的起始物。

(2) 改变反应条件(包括选择绿色化学溶剂或试剂)。

(3) 发展绿色化学反应。

(4) 发展生物催化和生物过程技术。

(5) 发展绿色化学产品。

第二节　选择绿色合成原料或反应的起始物

绿色有机合成是以绿色意识为指导，研究和设计对环境没有(或尽可能少的)副作用，在技术上和经济上可行的化学物质的合成。它最大的特点在于不是对终端或过程污染进行控制和处理，而是在起始端就采用实现污染预防和科学手段以实现过程和终端的零排放或零污染。

绿色有机化学原料的选择、使用是绿色有机化学的一个重要研究领域，每一种化学合成和生产都要选择特定的起始原料。大多数情况下，起始原料是决定该合成对环境影响的最主要因素。因此，我们在选择起始原料过程中有必要考虑：

(1) 选择低危害的原料　对任何起始原料的全面评价必须既考虑物质本身有利的方面，还要考虑它是否具有毒性、意外事故的潜在性以及破坏生态系统的可能性等其他危害形式。

(2) 选择合适的资源　在合成转变中选择某种物质作为起始原料，除了考虑其危害性外，也要考虑原料的可再生性。例如，用生物质原料取代石油原料的可行性和有益性研究与实践是当前的热点领域之一。

(3) 解决其他环境问题　起始原料的选择不仅要考虑其可能存在的各种危害，而且也要考虑使用这种原料是否有助于解决现存的环境问题。比如说，目前在许多地区，由于有限的场地容量和其他固体垃圾处理问题，生物废料堆已成为一个环境问题。在化合物生产过程中利用废弃的生物作为起始原料，即使不能完全消除也能减轻目前的废料处理。此外，减少 CO_2 的产生也利于解决现存的环境问题。

在选择一个起始物时必须对上述几方面综合考虑、互相权衡以尽可能充分地利用起始原料和最低限度地减少其产生的环境影响。

生物质资源的有效利用是实现绿色有机合成有效途径之一：以前发展环境友好合成方法的研究主要集中于新的合成方法和合成条件而较少关注起始原

料。有机原料几乎绝大部分来自于不可再生的碳原料,如煤或石油。然而,生物质提供了很多可再生且可持续易得的碳原料,以聚合物形式(纤维素、淀粉、半纤维、蛋白质等)和单体形式(糖类、氨基酸、植物提取物等)存在。这些物质理论上可直接替代目前石油化工产品的起始原料,也可作为新的化学合成原料。

与石油化学产品相比较,生物质原料具有多方面的优势:

(1) 生物质可以断裂成许多结构上不同的物质,多数有立体异构,给开发合成新型结构特征的物质提供了原料使用的一个较大选择范围。

(2) 从生物质中得到的结构单元要比从石油化学产品中得到的结构单元复杂。对于合成同样复杂程度的最终产品,这种特征可能减少合成步骤和反应中副产物的产生,降低废料的排放量。

(3) 从原油中分离出来的基本原料,分子中是不含氧的,而在化学工业中的最终产品却大多是含氧的,而一般的氧化方法很少是直接加氧到糖类上,通常要通过加入一定量的有毒氧化试剂(如含铬、铅的氧化剂等)来实现这种氧化目的,这会导致相当严重的有毒废料处理问题。然而,从生物质取得的原料则往往是高度含氧的。

(4) 生物质原料的使用有望减少 CO_2 在大气中的含量,因为生物质的生长过程中利用 CO_2 进行光合作用,当生物质作为原料进行加工生产并最终进入环境时,并不会引起空气中 CO_2 含量的净增长。

(5) 生物质原料的用量增加会延长原油供给的寿命。一个化学工业使用相当数量的生物质资源是完全可行的,因为这些原料供给来源于国内,而减少了对国际热点物质——石油——的依赖性。与原油相比,生物质是一个更为灵活的原料。原油的形成及其组成种类决定于地理因素,而由生物质裂变形成的原料结构的多样性可使得由此原料加工成的产品与由非再生原料取得的产品范围一样广阔。随着遗传工程学的发展,由某些特定植物生产高含量特种化学品也是可能的。

然而,不可否认生物质原料的使用也会带来一些不利影响,概括起来主要有以下几个方面:

(1) 生产成本高,生产工艺落后于石油化学工业。

(2) 许多被用作化学原料的生物质资源传统用作食物资源,将此资源的一部分转移到化学生产中去的正当理由尚存质疑。生物质需要空间生长,也就必须对大范围的生物种植园的环境影响进行考察。

(3) 生物质受季节限制。植物在一年的某一段时间种植,而在另一段时间收获,这导致了原料供给的冷热季,而计划使用生物质的化学生产企业则希望天天都有原料提供。

(4) 如果每一种原料都需要一种新生产程序相配套的话,那么生产大量生物质原料目前也有困难,生产众多品种的生物质转化产品将是面临的又一难题。

此外，从生物质中提取出的组分的结构对于传统化学生产来说也是相对陌生的。

生物质与石油化学产品精炼的比较如表 21－1 所示。

表 21－1　生物质与石油化学产品精炼的比较

	资源	基本原料	初级原料	中间体
非再生资源	天然气	甲烷		
		合成气	氨气，甲醇，乙烯，丙烯	氯乙烯
		天然液化气		
	石油	混合芳香烃	苯	苯乙烯
			甲苯	苯甲酸
	煤		二甲苯	
	油页岩			
	泥煤			
可再生资源	木质纤维	纤维素		
		半纤维素	糠醛	呋喃，呋喃甲醇，木糖醇
		木质素		甲醇，蒽醌
	谷物	淀粉	葡萄糖	乙醇
	糖植物	糖类	葡萄糖	乙醇
			果糖	乙酰丙酸
			蔗糖	乳酸
	油植物	甘油三酯	脂肪酸	脂肪醇
	萜类植物			
	藻类植物			

从表 21－1 可见生物质资源也已建立了一个简单的精炼体系，但由其初级化学原料或中间体进一步合成生物质体系的新型化工产品，无论在数量、技术和工艺上都相对落后，将生物质转化的原料或中间产物直接进入石化体系使用，目前，在大多数情况下成本相对较高，提高生物质体系的精炼水平，降低原料或中间体获取成本是绿色有机合成化学努力的方向之一。而利用生物质转化的原料或中间体的结构复杂的特点，发展简短方便的合成步骤生产新的生物质化学商品来替代现行的石化产品将是有效利用生物质资源的最佳途径之一，但它的实现尚需要探索大量新的生物合成技术和工艺条件等。

近年来世界各地科学家在生物质资源的开发和有效利用方面做了大量工

作。例如,1999年美国总统绿色化学挑战奖研究工作介绍的Biofine公司的一项技术,即在200～220℃用大约15 min,可用稀硫酸将纤维素类原料转化成乙酰丙酸。原料可以是造纸废物、城市固体垃圾、不可循环使用的废纸、废木材甚至农业残留物,乙酰丙酸产率可达70%～90%。同时可得到有价值的副产品甲酸和糠醛。乙酰丙酸在全球市场每年都有比较大的需求量,但是,由于生产成本的原因,限制了它的大规模使用。利用"Biofine"公司技术有可能把乙酰丙酸的生产成本大大降低,这将会大大增加此化合物及其衍生物的需求量。现在市场上已经有一些乙酰丙酸的衍生物销售,如四氢呋喃、丁二酸和双酚酸等。双酚酸在高分子应用中可以代替双酚A——一种破坏内分泌系统的物质。有关双酚酸作为聚碳酸酯和环氧树脂的单体的可行性研究正在进行当中。

得克萨斯A&M的大学的Holtzapple M教授利用废弃的生物质经氧化钙消化处理,然后进行发酵,生产出有机化学品和燃料。

$$\text{废弃的生物质} \xrightarrow{\text{氧化钙}} \text{经氧化钙处理的生物质} \xrightarrow{\text{发酵}} (RCOO)_2Ca \longrightarrow RCOOH$$

$$(RCOO)_2Ca \longrightarrow R^1R^2CO \longrightarrow R^1R^2CHOH$$

$$R = CH_3, C_2H_5, C_3H_7;\quad R^1 = CH_3, C_2H_5;\quad R^2 = CH_3, C_2H_5$$

思考题21.1　查阅有关文献,了解近两年美国总统绿色化学挑战奖的内容。

第三节　绿色化学品的选择使用

一、绿色有机溶剂的选择

有机合成过程中溶剂的使用是普遍的,主要是用作反应介质或用在分离、提纯和净化工艺等方面。一个反应或一个化学生产程序的最关键点之一也许就是溶剂的选择。

对环境友好的溶剂的选择包括使用无毒或低毒溶剂代替有毒溶剂,用水体系代替有机溶剂体系,采用超临界二氧化碳等其他超临界或近临界流体和离子液体溶剂用作绿色溶剂的研究等。

1. 绿色溶剂选择的一般标准

(1) 减少直接危害　在有机合成的转化过程中溶剂的需求量很大,因此,在选择和使用时尤需关注溶剂的毒害性和安全使用等问题。如果溶剂具有明显的危险性,如易燃易爆等,则应考虑拒绝使用。

(2) 减少对人类健康造成的危害　目前已经发现,多年来一直大量使用的许多溶剂具有剧毒等其他方面的危害性质。例如,卤代溶剂 CCl_4、CH_2Cl_2 和 $CHCl_3$ 等都具有潜在或可能的致癌性,而其他许多类型的溶剂亦已证实具有危害神经等方面的毒性。另外,许多溶剂具有高蒸气压,容易挥发,它们的大规模使用造成其大量释放到环境,以致伤害人类。

(3) 减少对环境的危害　除了对人类健康造成危害外,溶剂的大量使用以及其他危害,使其对环境也构成一定的潜在危害。溶剂的使用不同于其他类型化合物的使用,它对环境的污染可由局部区域扩展到全球范围。

有关绿色溶剂的研究将涉及化学、经济等领域,而从前对合成产率(选择反应时)、完美的产品回收(分离)或商业利益的考虑,将不再是选择溶剂的仅有考虑。作为构成绿色有机合成的一个合适溶剂,首先它必须是一个基本上能帮助人们完成任务的溶剂,同时它也必须带有环境意识去执行,即它们对人类和环境产生最低限度或无毒害,并以一种不会产生污染的方式进行处理。

2. 当前绿色溶剂选择使用的几个实例

(1) 甲苯作为苯的安全取代物　现在已经知道苯可以造成人体的血红毒素和白血病(白细胞过多症)。苯在肝脏内经历一系列氧化作用转变成一些高度亲电活性的代谢物,包括(E,E)- muconaldehyde。而甲苯的毒性大大低于苯,甲苯分子中的甲基要比芳香烃部分更易于被氧化,因此优先氧化成苯甲酸,而不是毒性更大的其他代谢物。甲苯常用作苯的替代物,因为它在许多合成过程的应用中,与苯具有同等效果,且毒性明显低。

(2) 安全的二醇醚　乙二醇醚在工业界被广泛用作溶剂,实验室内一些类别的动物实验表明乙二醇单甲基醚和乙二醇单乙基醚的代谢物具有明显的毒性,因为乙二醇醚的毒性机理涉及烷氧乙酸的生物活性。设计低毒二醇醚的最合理方法是进行结构改变以防止其烷氧乙酸的代谢。实际上,这个结构变化指示了一个解毒路线的机理:现已发现 1 - 甲氧基 - 2 - 丙醇经酶代谢作用后再经脱甲基化作用成为甲醛和丙烯二醇,相对来说它们的毒性比较小。这些化学品基本上与乙二醇单烷基醚在使用上效果相当,商业价格相近。因而在许多工业应用中用 1 - 甲氧基 - 2 - 丙醇代替乙二醇单烷基醚。

(3) 正己烷的安全替代　正己烷是工业上常用的一种溶剂,容易挥发,可导致神经过敏毒性。正己烷的安全类似替代物有 2,5 - 二甲基己烷等。基于正己烷的神经过敏毒性机理和代谢数据,可以考虑无神经过敏毒性的类似物来替代正己烷。然而,2,5 - 二甲基己烷的沸点比正己烷高 40℃ 左右,这个因素限制了它作为正己烷替代物的某些应用。

(4) 水溶剂　在水媒介中进行的反应是化学研究和开发的一个丰富领域,受水的物理性质的限制,水作为溶剂尚未在有机化学中广泛使用,但作为一个真正环境良性溶剂,它的广泛使用将是十分有益的。这方面应用的例子在下一节绿色化学反应中介绍。

(5) 超临界二氧化碳($SCCO_2$)等超临界和近临界流体的应用 超临界流体(supercritical fluid,简写作SCF)是一种温度和压力处于其临界点以上,无气液相界面,兼具液体和气体性质的流体。在超临界条件下进行化学反应,通过控制压力以控制反应条件(溶剂性质),提高反应物和生成物的溶解性,消除界面传递对反应速率的限制,结合反应和分离的单元操作来提供反应机会。超临界流体可用作将有机化合物从混合物中提取出来的溶剂,也可用在药品、石油化学品、炸药、食物(咖啡和茶叶中去咖啡因)和聚合物等的生产中。

$SCCO_2$ 作为一种廉价的环境友好的溶剂,代表了化学合成中溶剂选择的方向之一。现在,$SCCO_2$ 在化学合成中作为一种环境良性溶剂,取代一些卤代烃和芳香烃溶剂,已取得不少成果。例如,在 $SCCO_2$ 中进行路易斯酸催化的傅-克酰基化反应:

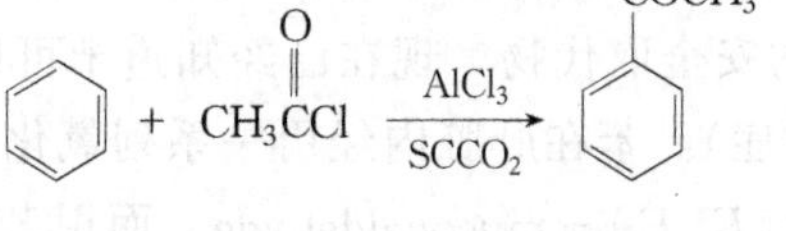

在 $SCCO_2$ 中丙烯和一氧化碳以及氢气反应生成醛。

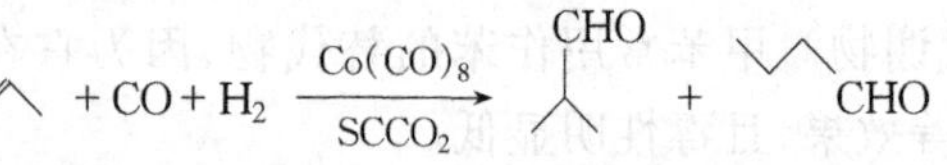

在甲苯的游离基溴化反应中,当溴作溴化试剂时,苄基溴在产物中的量多于70%,同时有对溴甲苯的生成,而用NBS作溴化试剂时,只生成苄基溴。

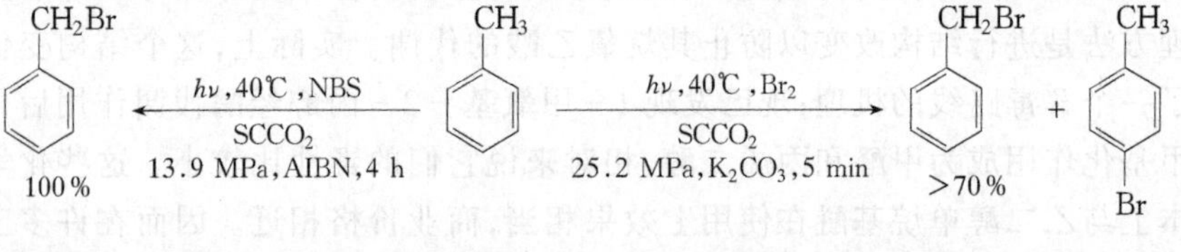

除了有关超临界二氧化碳作为有机反应的"洁净"介质外,目前,有关近临界水(near-critical water)的研究也已引起重视。近临界水对有机化合物的溶解性能相当于丙酮或乙醇,近临界水的介电常数介于常态水和超临界水之间,因此,近临界水既能溶解盐,又能溶解有机化合物;水与产物容易分离,用于分离纯化的耗费小。由于近临界水具有很大的离子化常数,对于某些需要酸催化或碱催化的反应,近临界水也可以催化反应,不需要另加催化剂,目前,已有报道在近临界水中进行的反应有烷基化反应、羟醛缩合反应、氧化反应等。

(6) 离子液体的应用 离子液体是区别于传统意义上的分子溶剂的一类新

的溶剂，在室温下一般为流体状态，完全由离子构成。在离子液体中进行的反应，其热力学和动力学与在传统分子溶剂中进行的反应不同，离子液体没有可测的蒸气压，因而它不会释放挥发性有机物。离子液体的性质如熔点、黏度、密度和疏水性可随离子结构的变化而变化。最早的室温离子液体发现于 1914 年，是 $[EtNH_3][NO_3]$，一些简单的室温离子液体如下：

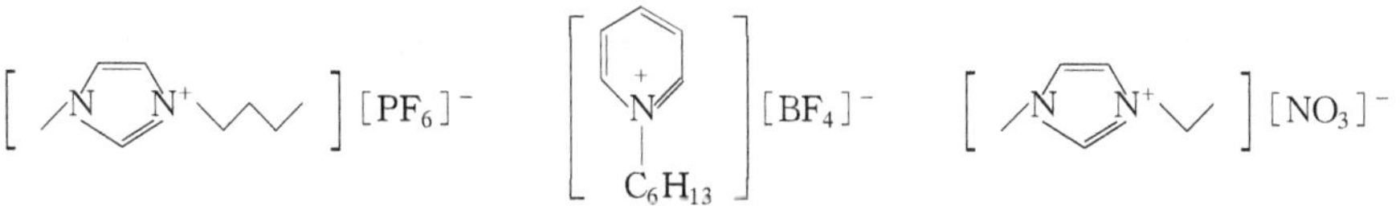

离子液体兼有极性和非极性有机溶剂的溶解性能，溶解在离子液体中的催化剂，同时具有均相和非均相催化剂的优点，催化反应有高的反应速率和高的选择性。因此，以离子液体为溶剂的有机反应也表现出许多特点，并有可能在工业生产中得到应用。例如，在传统的有机溶剂中，烯烃与芳烃的烷基化是难以进行的，而在离子液体中，在 $Sc(OTf)_3$ 的催化下，反应在室温下则能顺利进行，产率在 95% 以上，催化剂还可以重复使用。某些离子液体还具有路易斯酸性，可以不加催化剂就催化反应，例如，酸性氯代铝酸盐离子液体中进行的傅－克反应得到高选择性的 1－酰化产物。

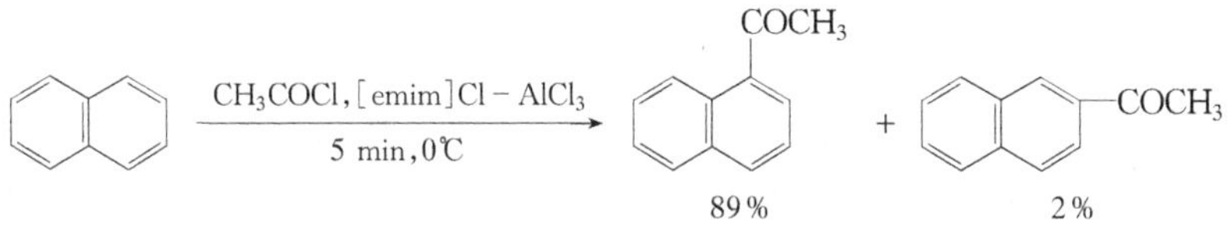

中性离子液体中进行的反应：离子液体[bmim][BF_4]为四氟化硼 1－丁基－3－甲基咪唑鎓盐。

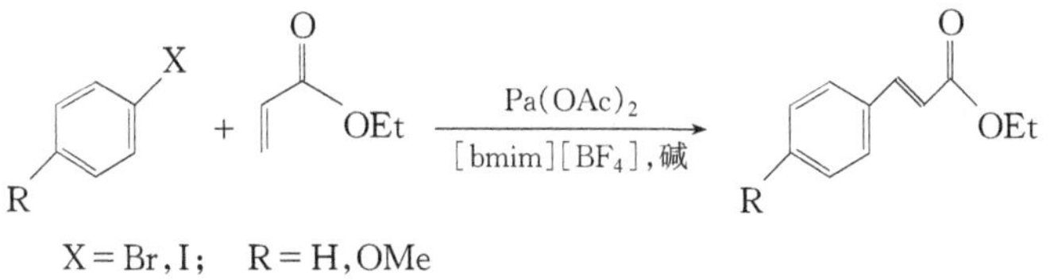

已报道的离子液体中的有机反应有：傅－克反应，烯烃的氢化反应，氢甲酰化反应，氧化还原反应，形成 C—C 键的偶联反应等。另外，为解决酶的固定化和其在有机溶剂中失活的问题，用离子液体进行酶促反应是一个很好的办法。离子液体的应用还刚刚开始，大量的研究工作有待于进一步开展。

二、绿色反应试剂的选择

绿色反应试剂的选择可理解为用无毒或低毒的反应试剂代替传统的有毒试

剂来完成同样的合成目的。

1. $SCCO_2$ 作为绿色反应试剂

$SCCO_2$ 不仅是一种很好的溶剂,也是一种很好的有机原料。在金属催化剂作用下,利用 $SCCO_2$ 可以生成许多有用的有机物。例如:

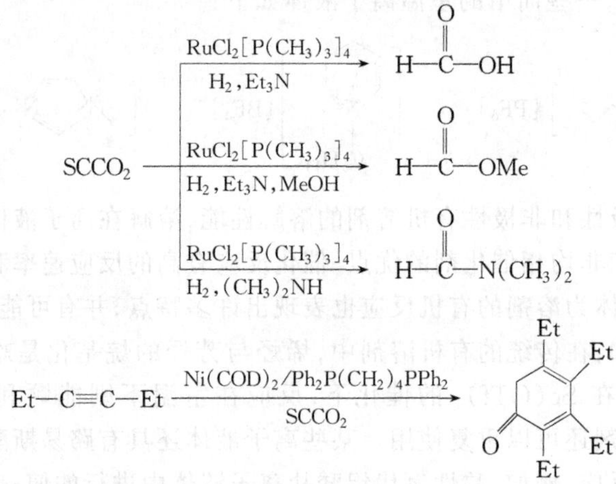

2. 碳酸二甲酯作为绿色反应试剂

碳酸二甲酯(dimethyl carbonate,简称 DMC)是一种绿色新化学品,其毒性很低,欧洲在 1992 年把它列为无毒化学品。其分子结构独特($CH_3O—CO—OCH_3$),含有两个具有亲电作用的碳反应中心,即羰基和甲基。当 DMC 的羰基受到亲核攻击时,酰氧键断裂,形成羰基化合物产品。因此,在碳酸衍生物合成过程中,DMC 作为一种安全的反应试剂可代替光气作羰基化试剂。光气虽然具有较高的反应活性,但它是剧毒的,而且光气所产生的副产物——盐酸及其他氯化物,也会带来严重的腐蚀及相应的处理问题。当 DMC 受到亲核试剂进攻时,产生烷氧键断裂,生成甲基化产品。因此,它能代替硫酸二甲酯(DMS)作为甲基化试剂。另外,DMC 具有优良的溶解性能,不但与其他溶剂的相溶性好,还具有较高的蒸发温度及蒸发速率快等特点,可以作为低毒溶剂用于涂料溶剂和医药行业用的溶媒等。

碳酸二甲酯常温时是一种无色透明、略有刺激性气味的液体。研究表明,碳酸二甲酯的毒性远远小于目前常用的化工原料光气、硫酸二甲酯(两者均为剧毒品)。

现在碳酸二甲酯工业上可由甲醇和 CO 及 O_2 在铜盐催化下一步合成:

$$2CH_3OH + CO + \frac{1}{2}O_2 \xrightarrow{\text{Cu 盐}} CH_3OCOOCH_3 + H_2O$$

或者以环氧乙烷为起始原料,先和二氧化碳合成碳酸亚乙酯,再在催化剂作用下，与甲醇进行酯交换，从而同时合成碳酸二甲酯和乙二醇。

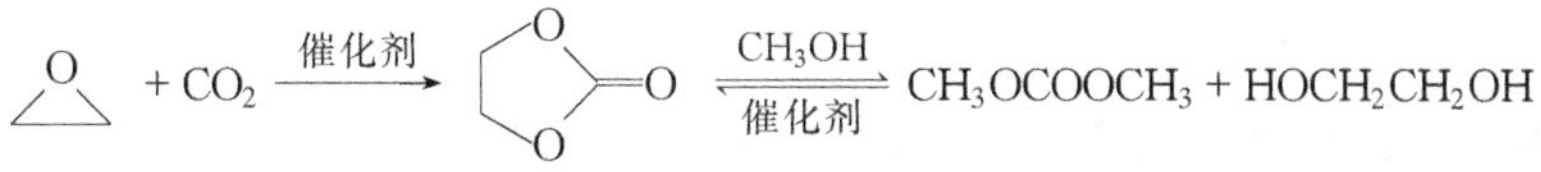

(1) 碳酸二甲酯作为甲基化试剂　ZCH_2W 类活性亚甲基化合物在 180～200℃下，在气液相转移催化条件下(GL－PTC)与碳酸二甲酯反应，产物甲基单取代选择性在99%以上，反应转化率在95%～99%之间。

$$ZCH_2W + CH_3OCOOCH_3 \xrightarrow{\text{碱}} ZCH(CH_3)W + CH_3OH + CO_2$$

$Z = Ar, ArO$；$W = CN, COOMe$；碱 $= M_2CO_3$ $(M = Li, Na, K, Cs)$

伯胺(如苯胺)的 N－单烷基化产物以及活性亚甲基化合物的 C－单烷基化产物是化学工业的重要中间体和产品，这些物质大量应用于医药、除草剂、杀虫剂、植物生长调节剂、染料生产等方面。传统的烷基化方法是通过使用卤代烃或硫酸二甲酯为试剂，在强碱作用下反应生成目标产物，反应常伴随 N－二甲基化产物的生成，反应的选择性差，产率低。而且卤代烃和硫酸二甲酯的毒性大，大规模的使用已经造成许多人身伤害事故和环境污染事件，生产过程中生成的大量无机物处理也十分麻烦。但是，以碳酸二甲酯为甲基化试剂则可得到高度选择性和高转化率的 N－单甲基化产物。

$$ArNH_2 + CH_3OCOOCH_3 \xrightarrow[180℃]{GL-PTC} ArNHCH_3 + CH_3OH + CO_2$$

$Ar = Ph, o-CH_3C_6H_4, o-ClC_6H_4, p-ClC_6H_4$

$$ArNH_2 + CH_3OCOOCH_3 \xrightarrow[120\sim180℃]{Y-\text{和 } X-zeolite} ArNHCH_3 + CH_3OH + CO_2$$

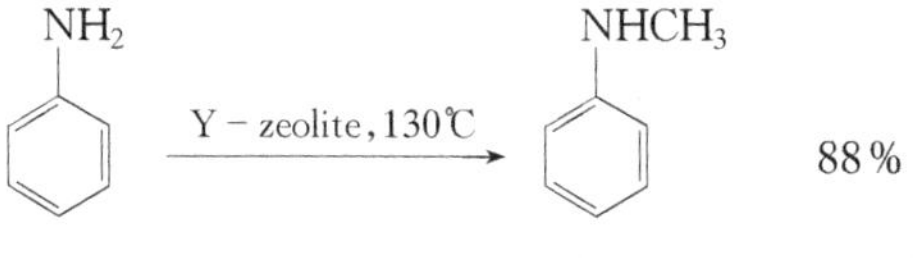

碳酸二甲酯代替硫酸二甲酯作甲基化试剂的重要反应还有：合成有机中间体二甲基对苯二酚、N,N－烷基芳基胺以及苯甲醚等。

如苯甲醚原来的合成路线为

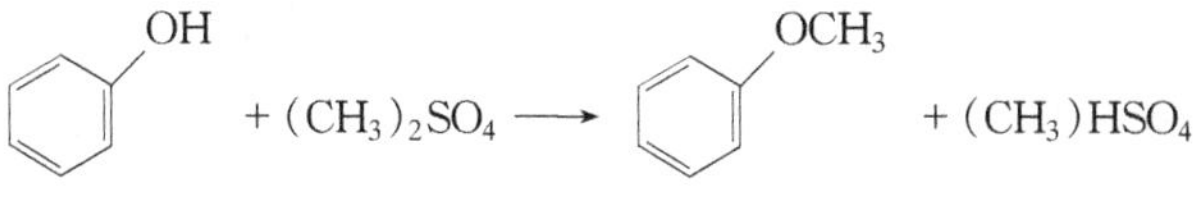

使用 DMC 的路线为

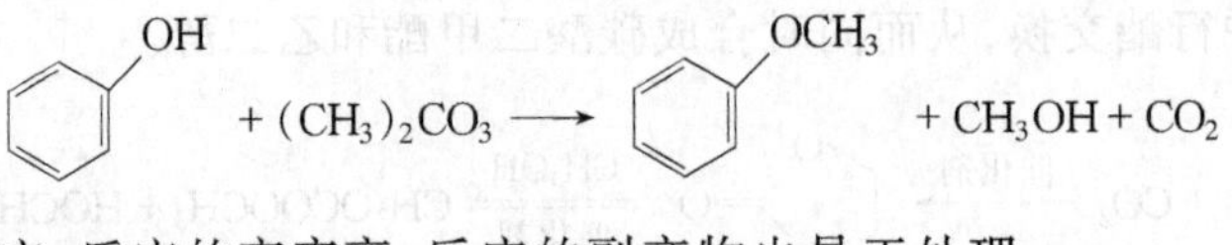

用 DMC 来反应，反应的产率高，反应的副产物也易于处理。

碳酸二甲酯也可用于合成医药产品安乃近、咖啡因、安替比林、氨基比林、甲氧基嘧啶等；合成农药产品甲胺磷、乙酰甲胺磷等。

(2) 碳酸二甲酯代替光气作羰基化试剂 重要的羰基化反应可用来生产氨基甲酸酯类农药（如杀虫剂西维因、呋喃丹等）。

如西维因原来的合成路线为

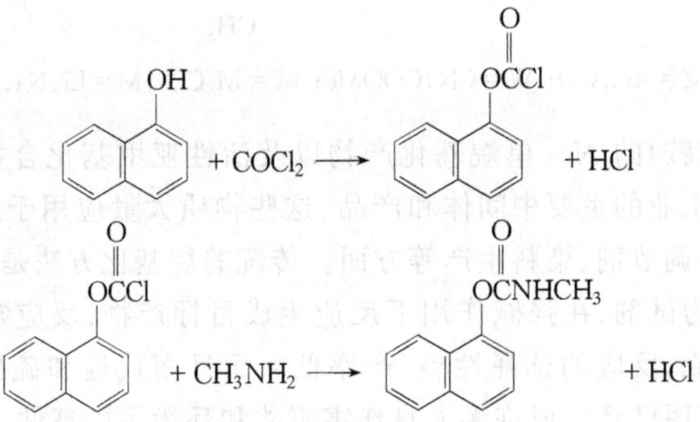

使用 DMC 的路线为

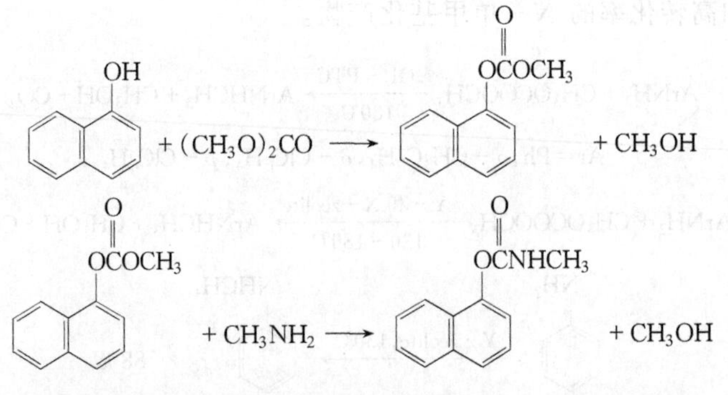

此外 DMC 还可用于生产聚碳酸酯、丙烯基二乙二醇碳酸酯（ADC，高透明树脂）等。

总之，DMC 作为一种环境友好试剂，在合成上代替毒性很大的硫酸二甲酯、卤代烷烃具有明显的环境效益，使用该试剂在源头上杜绝了污染，而且提高了反应的选择性和转化率，从合成意义上讲该试剂还提供了一个极好的活性亚甲基化合物 *C*－单烷基化的方法。

思考题 21.2 完成下列反应式：

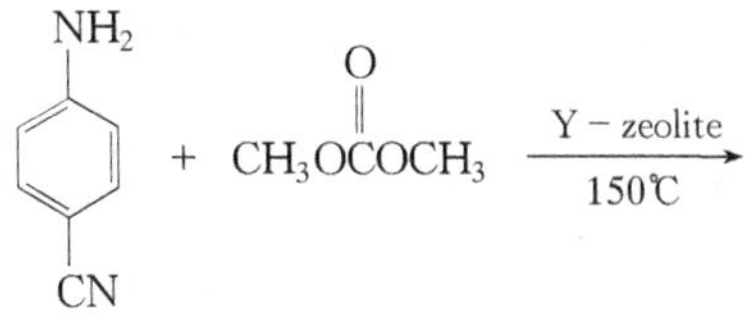

三、化学产品的开发利用

氯氟烃和杀虫剂 DDT 的使用对人类生活都起到过很大的作用，但是，随着社会的发展，它们对人类环境的危害也日渐暴露。发现和开发无公害的替代品已成当务之急。设计更安全的替代的化学产品可大大降低所合成物质的危害性。这方面的工作涉及分子结构与活性的关系、活性的作用机理、人体致毒机理等的研究。例如，美国 Dow AgroSci 公司开发了一种杀白蚁的杀虫剂（hexaflumuron），其作用机理是通过抑制昆虫外壳的生长来杀死昆虫。该化合物对人畜无害，是被美国 EPA 登录的第一个无公害的杀虫剂。目前发现和开发无公害的替代品还相当少，该领域的工作任重而道远。

第四节　发展绿色化学反应

一、水体系中进行的有机反应

有机化学反应通常是在有机溶剂（如甲苯、氯仿等）中进行，这些溶剂在生产过程中不断损耗，进入周围环境，不但在经济上造成损失，而且对生态环境造成严重损害，因此多年来许多化学工作者一直致力于以水来替代有机溶剂进行有机反应以及开发水体系中新的有机反应，研制水基新产品。

水干净、无毒、无爆炸危险，储量最大，因此水体系中进行的合成反应是具有真正绿色意义的化学反应。

就有机分子而言，大体可分为亲水性的、疏水性的和两性的三种情况。亲水性的分子如季铵盐、糖类等，易溶于水；疏水性分子主要有烃类、卤代烃等，这类分子难以被水溶剂化，因而它们一般不溶于水；两性分子中一端有亲水基，另一端有疏水基，最常见的例子有阴离子表面活性剂和阳离子表面活性剂等。

1．由水替代有机溶剂进行的反应

狄尔斯－阿尔德反应是有机化学中重要的一类反应。一般是由共轭二烯与亲双烯物协同反应生成环加成产物。

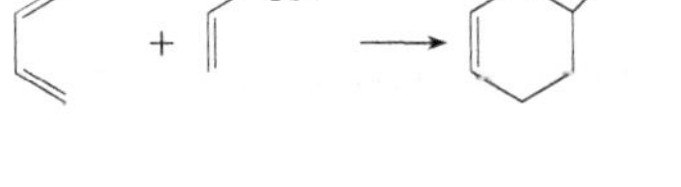

实验表明,环戊二烯与亲双烯物(例如丙烯腈)反应的速率在水中比在有机溶剂中要快,一种解释是分子中的疏水基团倾向于悬浮分散在水中,这种疏水效应利于两种反应物分子作用形成新的分子,实验结果还显示反应在水中有很高的选择性,产物主要以内型(endo)为主。另一种解释是内型分子中的疏水基团有效体积较小,内型分子在水中能量较低。

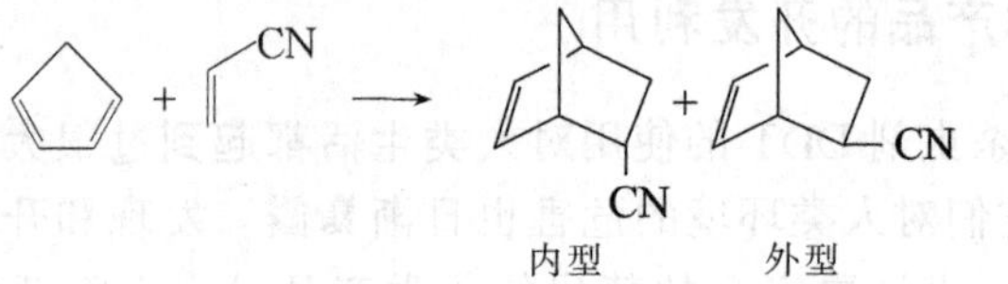

2. 环糊精催化的水体系有机反应

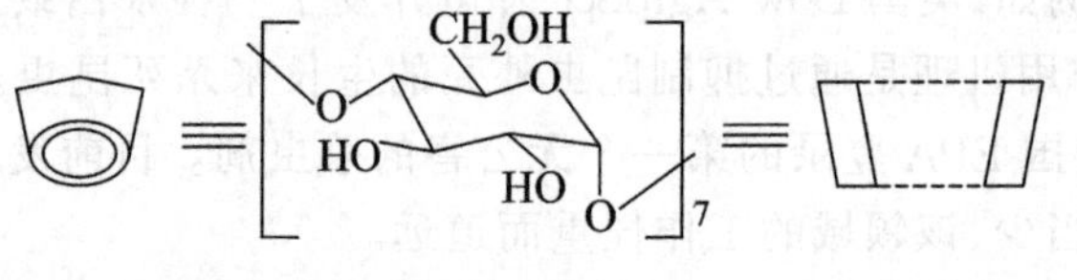

环糊精是由多个葡萄糖单元构成的环状化合物,根据分子环的大小可分为 α、β 和 γ 型三种环糊精。环糊精是水溶性的,其内部空腔是疏水性的,因而易与烃基等疏水基团靠分子间作用力相结合。环糊精分子上的羟基则是亲水性的,环糊精的这种特殊结构已用于催化某些有机选择性反应。

例如,苯甲醚与次氯酸的反应,在水体系中不存在 α - 环糊精时得到混合物:

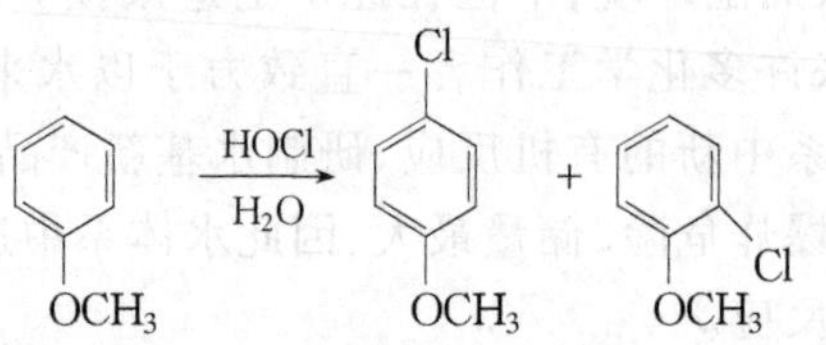

而在催化剂 α - 环糊精存在下,则只生成对位取代产物对氯苯甲醚,反应过程中环糊精环上的一个羟基获取一个氯原子并将其转移给束缚在内的苯甲醚的对位。

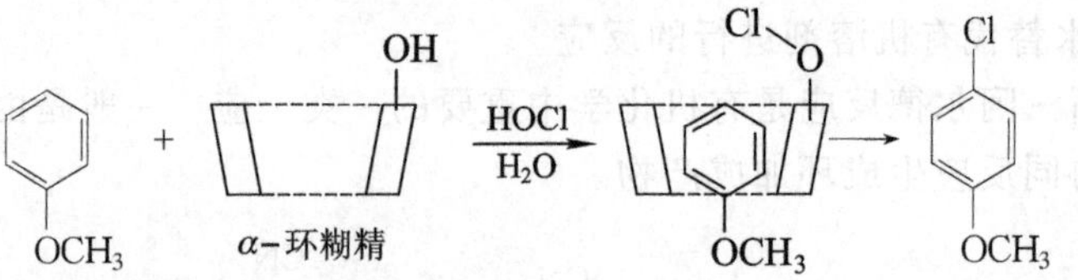

有关这类催化剂存在下进行的水体系反应较多,在此不再一一介绍。

3. 水相新反应实现传统的合成目的

传统的有机金属试剂 RMgX、R_2CuLi 和 RLi 等均需在无水、无氧的条件下进行反应,产物的后处理过程中产生大量的无机盐污染物。发展水体系新反应实现传统的合成目的具有重要的环境友好价值,如铟试剂在水相中的反应是近年来铟试剂化学研究的热点之一。金属直接与有机试剂在水相中反应有以下优点:

(1) 操作简便,对环境污染小,不需对一些易燃的无水溶剂进行处理。

(2) 不需对如羟基、羧基等一些基团进行保护。

(3) 水溶性的化合物,尤其是糖类,不需进行衍生化即可进行反应。

(4) 某些在有机相中表现的区域选择性和立体选择性也可以在水相中显示。

近年来,有机金属的水相反应化学取得了很大的突破,研究发现许多金属如锌、锡、铟、铋等都在水相反应中得到应用。这些金属中,金属铟因其在反应中不需要酸的催化和促进剂(promoter),不需加热而可以在室温下进行,一些活泼基团如羟基等不需进行保护等优点而引起人们的重视。此外,铟试剂水相反应在仿生合成中也有特殊的用途。具有广阔的应用前景。

在水相中,铟试剂可以发生醛(酮)的 Barbier 反应。在该反应中不会得到频哪醇等一些在使用锌、锡进行时常会出现的副产物。

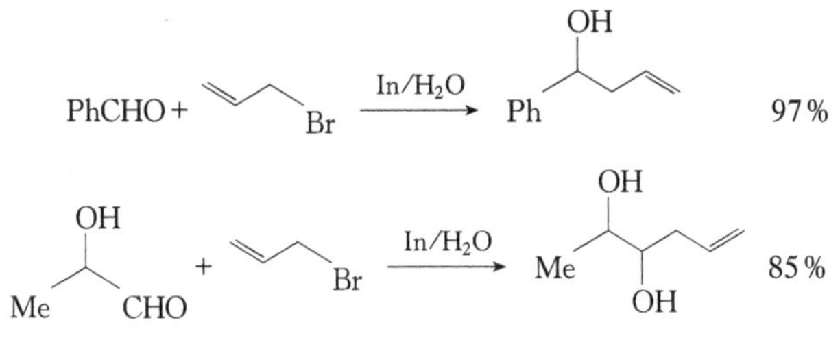

烯丙基型碘化物和溴化物进行这类反应时,得到高产率的不饱和醇,而且产物较单一,副产物少。同样在反应中羟基、羧基不需要进行保护,加成反应发生在烯丙基卤化物的 α 位上。

1,3-二羰基化合物的 α-H 具有较高的酸性,当一般的有机金属试剂与其进行反应时,一般得不到羰基加成产物,而是首先进行金属试剂的质子化,但在 In 或 Sn 的催化作用下,在水体系中则得到羰基的加成产物。

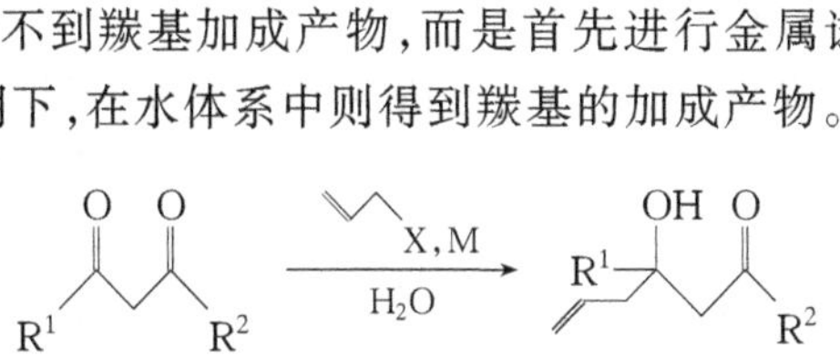

X = Cl, Br; M = In, Sn

在 In 催化下，也可得到环化产物。例如：

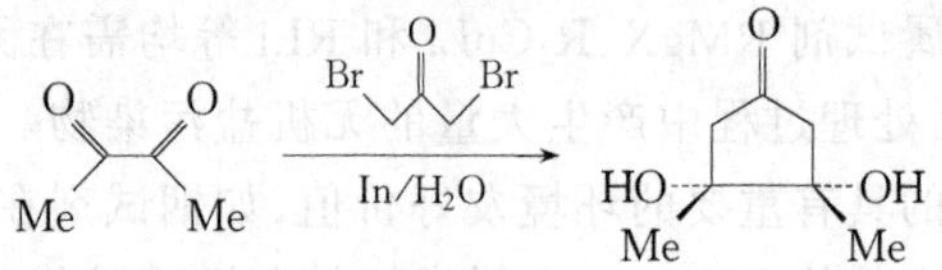

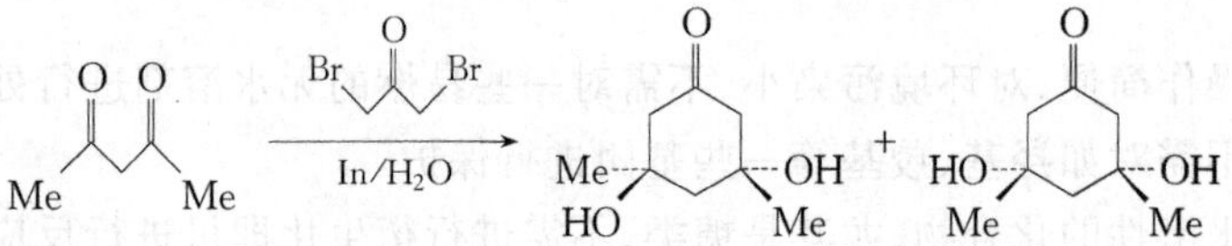

由于这类反应分子中的羟基不受反应影响，该反应在糖类的衍生物的合成和药物的开发合成方面具有重要意义。

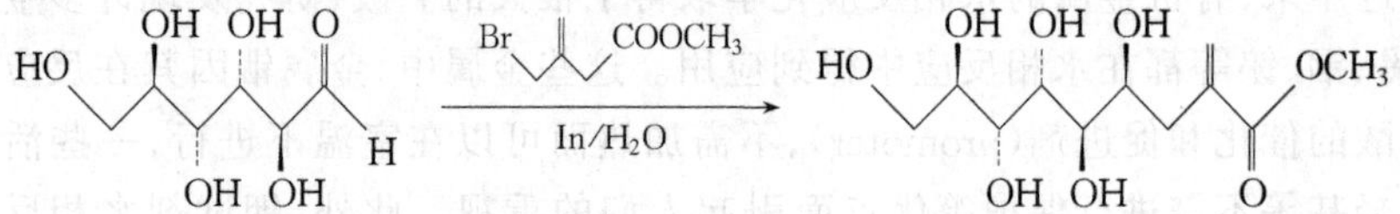

铟在沸水和碱性溶液中是稳定的，在空气中不易形成氧化物，铟无毒，而且容易回收并可循环使用。

4．水体系中进行的路易斯酸催化反应

路易斯酸如 $AlCl_3$，$Al(NO_3)_3$，AlF_3，$SnCl_4$ 和 $TiCl_4$ 在水体系中也可以作为有效的催化剂，当反应介质的 pH 小于其水解常数 pK_1 时，金属盐可生成稳定的离子，在反应体系中表现出相应的催化性。

例如，Kobayashi 等人介绍的在水体系中运用路易斯酸－表面活性剂联合试剂催化迈克尔反应。

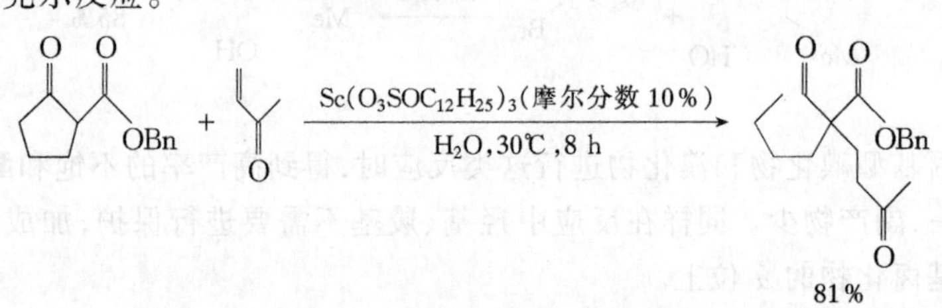

5．水体系中进行的聚合反应

Yashima 等人介绍的在水体系中，丙炔酸在水溶性铑络合物的存在和碱性条件下直接聚合得到顺式－反向聚丙炔酸钠，产率好，接近 100%。

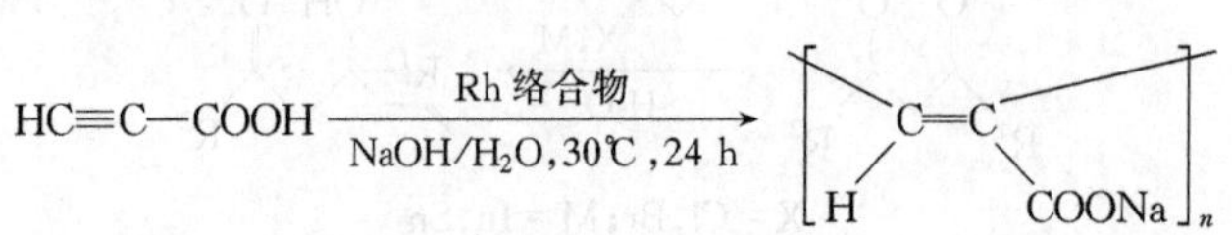

水体系中进行的有机反应近几年的研究成果较多，在此不再一一介绍。

二、光化学反应替代某些傅－克反应

目前工业上大量产品的合成都涉及使用傅－克酰基化反应，尤其在药物合成方面。

在大多数情况下，傅－克反应都是在路易斯酸的催化作用下进行，体系中的盐酸或酸酐是强腐蚀性的，易挥发，具有强刺激性。例如，催化反应的路易斯酸（NH_4Cl，$SnCl_4$，$BF_3 \cdot AlCl_3$ 等）都是强腐蚀性的，与水反应激烈。这类反应一般在溶剂（芳香烃、硝基苯、二硫化碳、氯代甲烷等）中进行，溶剂毒性大，对环境危害严重。但这个反应的使用又十分普遍，因此一种良性替代的反应将是意义深远的。

在这方面的改进研究，包括以下几个方面：减少路易斯酸用量，但这种改变要求升高体系温度，对某些不稳定的底物的使用受到限制；新的路易斯酸的使用，如一种多聚硫酸 nafion，目前已用于某些傅－克反应。沸石目前也被用于某些傅－克反应中，但光反应替代傅－克反应则具有上述改进无可比拟的优势。

例如，醌和醛在光照下生成酰基化对苯二酚产物，该反应产物是一个用途广泛的中间体，可用作高分子合成的单体，它还可由对苯二酚在路易斯酸催化下与 ROCl 反应制得。

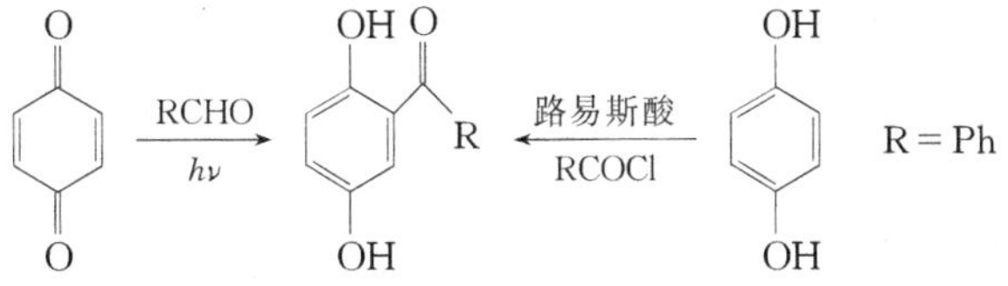

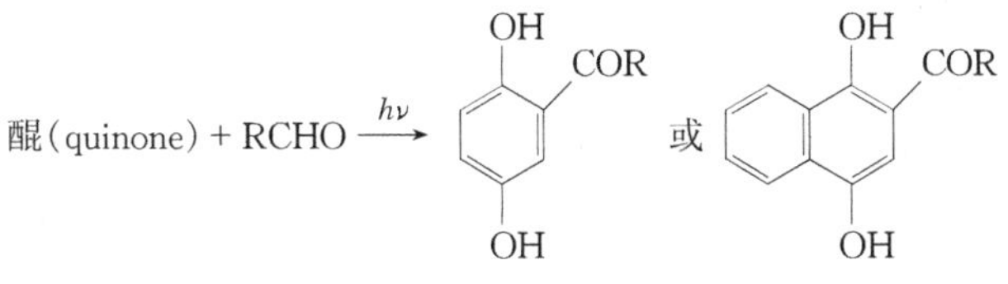

序	醌	R	产率/%
1	BQ*	Ph	60
2	BQ	PhCH═CH	65
3	BQ	$o-CH_3OC_6H_4$	62
4	BQ	$o-ClC_6H_4$	61
5	BQ	$p-ClC_6H_4$	65
6	NQ**	Ph	88
7	NQ	PhCH═CH	65

* BQ = 苯醌。 ** NQ = 萘醌。

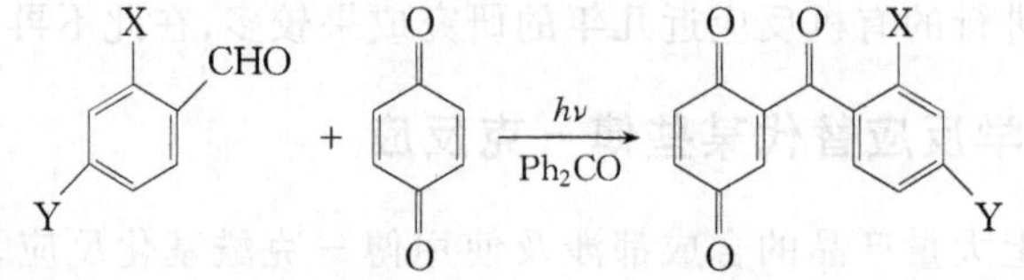

序	X	Y	产率/%
1	Cl	H	78
2	OCH_3	H	72
3	COOMe	H	58
4	H	OCH_3	77
5	H	Cl	73
6	H	CHO	42

三、催化反应

高效均相和多相化学催化，特别是不对称催化反应，生物催化（酶催化和仿生催化）也是绿色合成技术的主要组成部分。这方面世界各地的科学家已经做了大量研究工作，取得了很多成就。现举几个例子予以说明。

1. 镧系元素在有机合成中的几个应用

镧系元素试剂毒性低，易回收，可重复使用，因此已经广泛用于有机合成中，如C—C键的形成、有机氧化还原等。四价镧系化合物已经作为一种普通的单电子转移氧化试剂用于许多有机官能团的转化，如醇的氧化、羰基化合物和富电子芳香族化合物的氧化等；二价镧系化合物尤其是 SmI_2 常用作路易斯硬酸，对分子中含氧或氮的有机物显示强的亲和力，在有机合成中也很有意义；三价镧系元素的盐类化合物，常用作许多有机反应的催化剂，例如，羟醛缩合、迈克尔加成、狄尔斯－阿尔德反应、傅－克酰基化反应、烯丙基化反应以及某些C—杂原子键的形成等，与普通路易斯酸不同，某些三价镧系化合物在水溶液中是稳定的，由于这一特性使得其可作为路易斯酸催化剂在水溶液中使用。

例1 对狄尔斯－阿尔德反应的影响。

在室温条件下，在THF－水溶液中催化萘醌与环戊二烯的狄尔斯－阿尔德加成可得高度立体选择性产物。

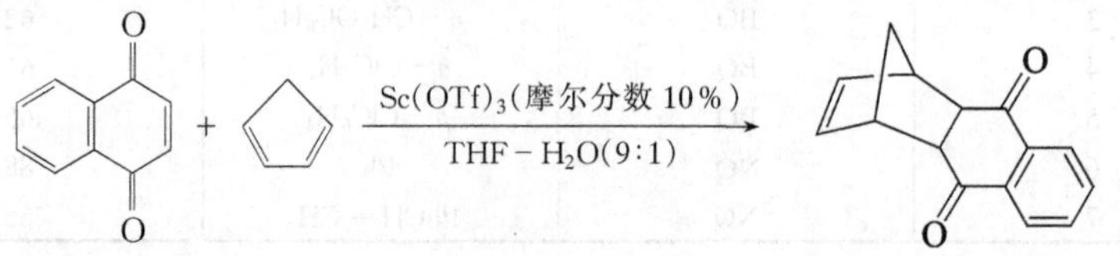

93%，内型/外型＝100/0

例 2　催化缩醛的生成。

形成缩醛是有机合成中保护醛基的最有效方法之一，研究表明，镧系元素对这类反应具有很高的催化活性和选择性。

镧系元素的氯化物已广泛用于催化缩醛的形成，该反应一般在甲醇溶液中于室温下进行，原甲酸三甲酯为试剂，该反应特别适用于原料分子具有对酸敏感的基团的醛。此外，对手性醛分子也尤为适用，因为在酸性溶液中手性醛会因烯醇化而发生光学异构。

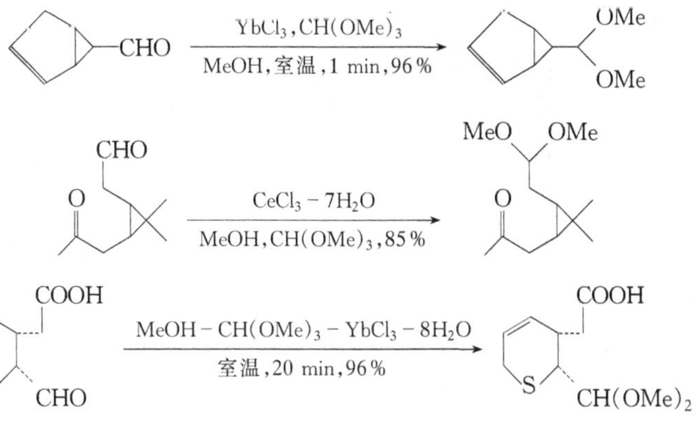

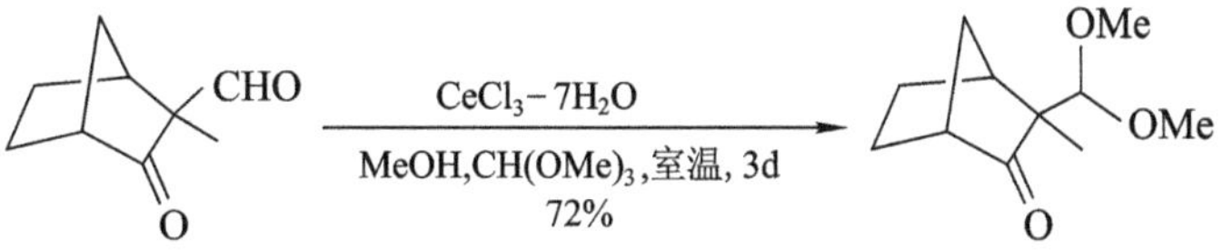

在分子中同时存在醛基和酮基时，还原时醛羰基不受影响，这一性质被用在分子中同时存在醛基和酮基化合物的选择性还原。

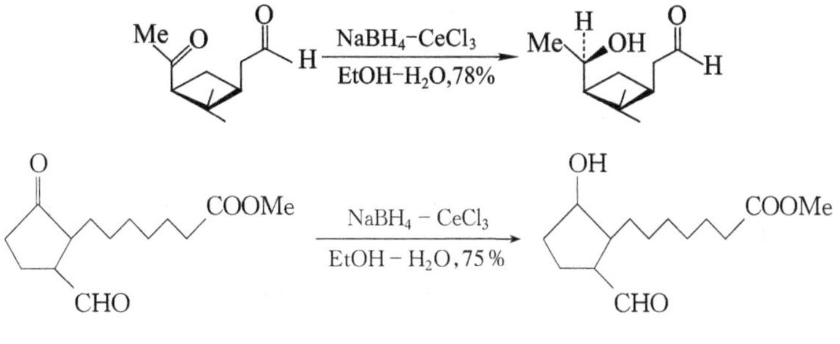

此外，吲哚、吡咯等富电子杂环化合物在镧系试剂作用下，可与醛作用生成缩合产物。

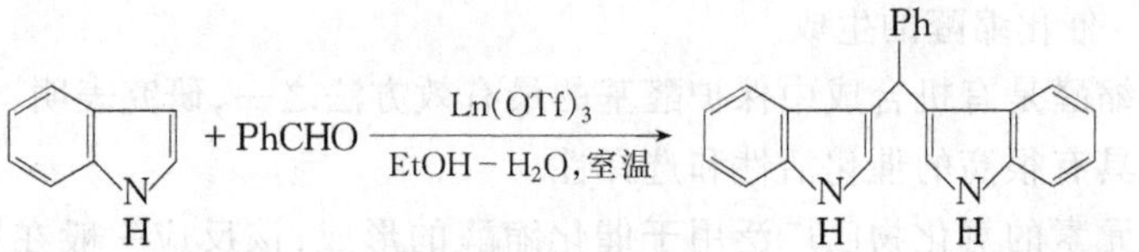

$Ln(OTf)_3$	La	Pr	Nd	Gd	Dy	Er	Yb
产率/%	87	87	66	64	93	78	86

2. 催化氧化

氧化反应是有机合成的重要反应,在石化工业过程中氧化反应大多采用氧气和空气在气相中进行,如甲醇在负载银催化剂上氧化制甲醛等。特别是 20 世纪 80 年代以来,随着石化原料逐步从烯烃转向天然气和饱和烷烃,烃类选择氧化发展迅速。大都采用烃与空气(或氧气)共进料模式在流化床反应器内反应,其缺点是反应选择性差,易造成深度氧化;分离困难,造成资源浪费和环境污染。所以新的催化氧化技术的发展意义重大。

例如,晶格氧选择氧化技术制顺丁烯二酸酐。在工艺上将烃类分子与氧气分开进行反应,以便从根本上排除气相深度氧化反应,还可避免爆炸极限的限制。

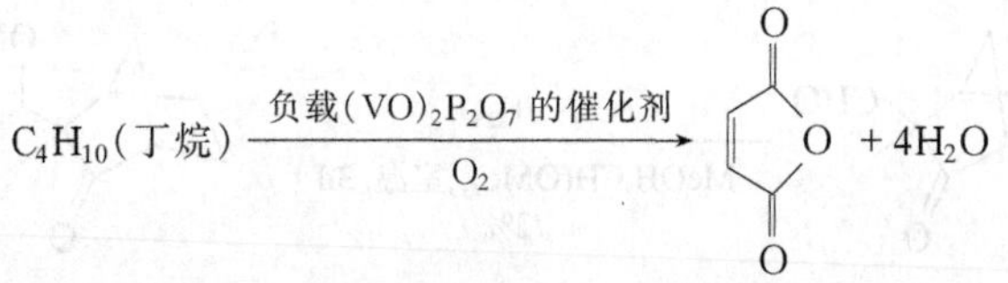

分子筛硅酸钛(TS - 1)加 H_2O_2 氧化也是近年发展迅速的新工艺。其特点是反应条件温和,氧源安全易得,选择性高,副反应少,过程清洁。

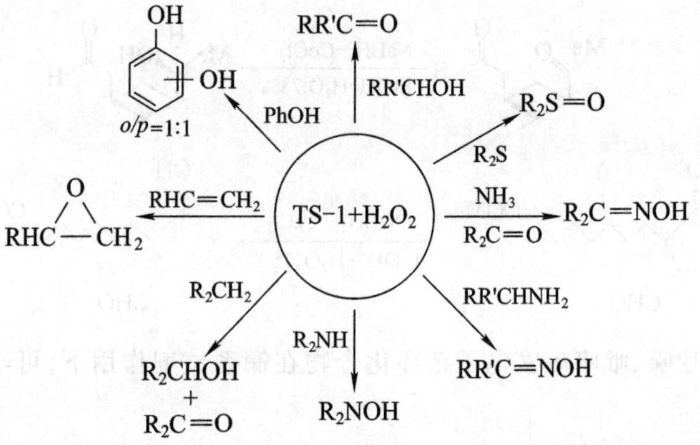

许多偶联二酚类化合物具有重要的生物活性，所以酚类化合物的氧化偶联具有很高的合成价值，在催化剂 horseradish peroxidase(HRP)的催化作用下，取代苯酚被过氧化氢氧化生成相应的偶联产物。

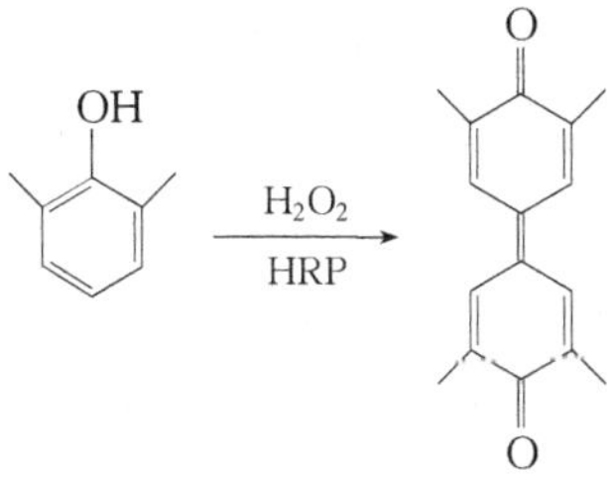

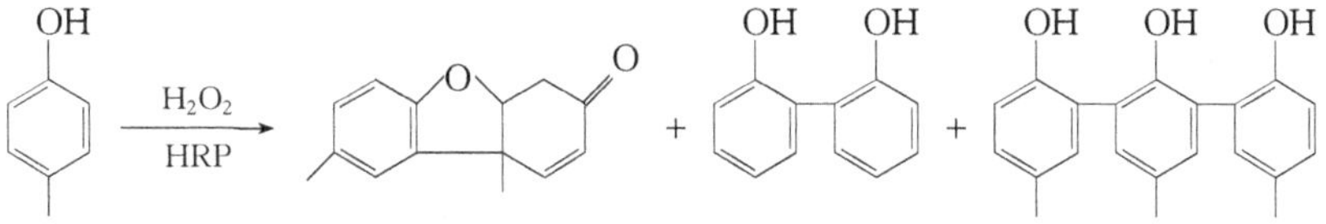

前面已经介绍现阶段己二酸的主要生产方法仍为环己醇和环己酮混合物为原料的硝酸氧化法，其产率(92%～96%)和选择性都较高，但设备腐蚀严重，排放物严重污染环境。为此，研究与开发清洁催化选择氧化合成己二酸方法已受到人们的关注。文献报道在相转移剂三辛基甲基铵硫酸氢盐$[(n-C_8H_{17})_3N(CH_3)]^+(HSO_4)^-$存在时，以 $Na_2WO_4 \cdot 2H_2O$ 为催化剂，不使用有机溶剂的条件下，用 30% 的过氧化氢氧化环己烯的产率达到 93% 左右。从而为清洁催化氧化合成己二酸提供了一个好的途径。

3. 催化羰化

有机金属络合物催化有机合成反应的研究最近几十年取得了许多巨大成就。例如，Hoffmann－LaRoche 公司试制出抗帕金森病药拉扎贝胺(Ⅰ)(lazabemide)，它是从 2－甲基－5－乙基吡啶为原料，经 8 步合成，总产率只有 8%，而现在从 2,5－二氯吡啶采用钯催化剂，经羰基化一步合成制得(Ⅰ)，产率达 65%，合成反应如下：

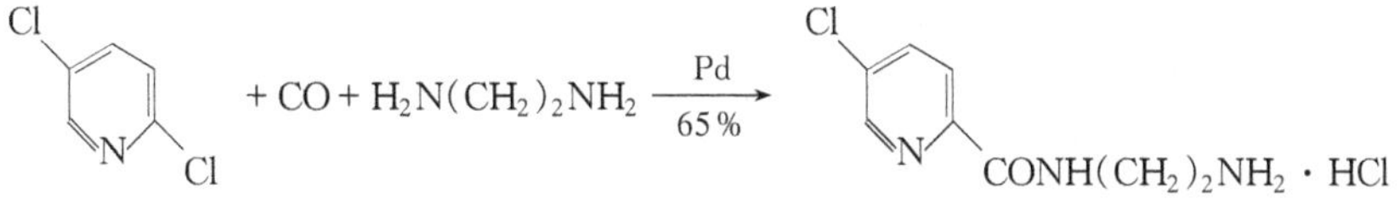

(Ⅰ)

稀土催化剂种类多，可广泛用于有机分子的骨架构造、官能团转化等方面。又如：

$$CH_3OH + CO \xrightarrow{\text{催化剂}} CH_3COOH$$

$$CH_2{=}CH_2 + H_2 + CO \xrightarrow{\text{催化剂}} CH_3CH_2CHO$$

上述反应具有原子经济性，已经实现工业化，但需寻找更新、更便宜、更洁净的催化剂，如非铑非卤素体系的气相羰基化催化剂是目前备受关注的。

4．稀土催化剂用于合成含氮杂环化合物

氮杂狄尔斯－阿尔德(aza－Diles－Alder)反应是以醛、铵盐和双烯为原料，常用于合成含氮杂环化合物的方法，但原料局限于甲醛和环戊二烯，其他的醛和双烯产率很低。近年来采用稀土催化剂 $Ln(OTf)_3$，以水为溶剂，扩大了反应用的原料范围，且制得含氮杂环化合物产率高，部分实验结果如下：

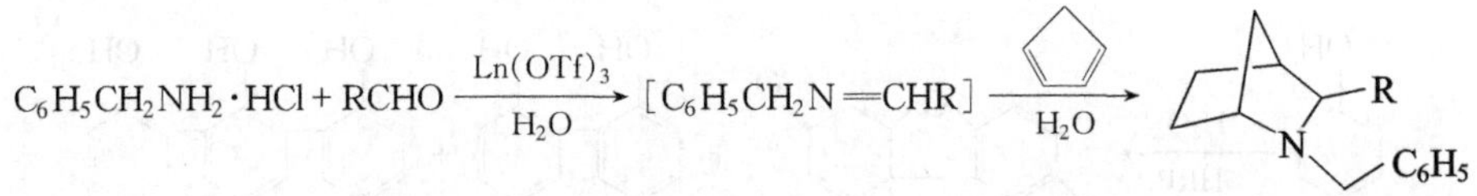

醛	双烯	铵盐	$Ln(OTf)_3$	产率/% *
$n-C_5H_{11}CHO$	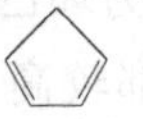	$BuNH_2\cdot HCl$	$Pr(OTf)_3$	67(7)
$C_6H_5CH_2CHO$			$Yb(OTf)_3$	72(3)
CH_2O	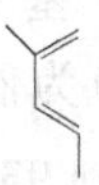		$Yb(OTf)_3$	92(54)

＊括号内为不加 $Ln(OTf)_3$ 的产率。

5．固体酸催化

酸催化反应和酸催化剂是烃类裂解、重整、异构等石油炼制以及包括烯烃水合、芳烃烷基化、醇酸酯化等石化工业的基础。从研究的发展历史看，最早是从硫酸、磷酸、三氯化铝等一些无机酸类为催化剂开始的，目前仍有许多工业过程采用这些无机酸。如苯的烷基化(制乙苯、异丙苯)、醇酸酯化等。这些过程存在设备严重腐蚀、产物与催化剂分离困难及大量产生废酸的缺点。现在研究用绿色化学手段解决上述问题，固体酸催化剂的问世就是酸催化研究的绿色技术之一。这不仅可进行多相反应解决均相反应带来的问题，而且由于可在 700～800 K温度范围内使用，大大扩大了热力学上可以进行的酸催化反应的应用范围。近 10 年的工业上已有一批固体酸用于酸催化，其固体酸有混合氧化物(如 $Al_2O_3-SiO_2$)、杂多酸、超强酸(如 SbF_5/SiO_2-ErO_2、ErO_2-SO_4)、沸石分子筛(zeolite)、金属磷酸盐硫酸盐离子交换树脂等，如用固体酸多相催化烯烃直接水合生产乙醇、异丙醇均已工业化。但固体酸催化的广泛应用不论在其活性还是其工艺上仍有大量问题有待研究解决，这也是 21 世纪合成中主要关注的问题之一。

沸石分子筛催化反应实例如下：

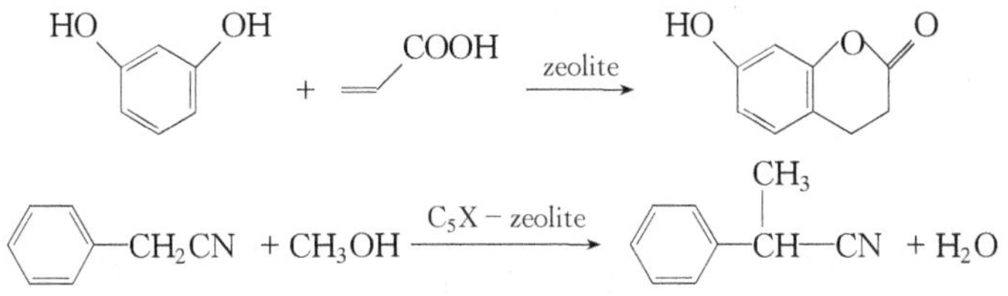

6. 固体碱催化

$[Mg_{8-x}Al_x(OH)_{16}(CO_3)_{x/2}] - nH_2O$ 是水合铝－镁氢氧化物，它具有层状结构，在其层间孔隙中，过量的阳电荷和碳酸阴离子相抵消，经过煅烧、脱羟基作用和脱碳酸作用，它转变为混有铝－镁氧化物的强碱，可作为固体碱催化剂，这种催化剂可应用于柯罗瓦诺格缩合、克莱森－施密特缩合、亲电烯烃的环氧化。

将有机碱结合到载体如中孔硅石的表面也可作为固体碱催化剂。例如，有机碱 1,3,5－三氮杂二环[4.4.0]－5－癸烯(TBD)使中孔硅石 MCM－41 官能团化得到的固体碱催化剂 MCM－TBD 应用于下面的反应，产率 52%，选择性可达 100%。

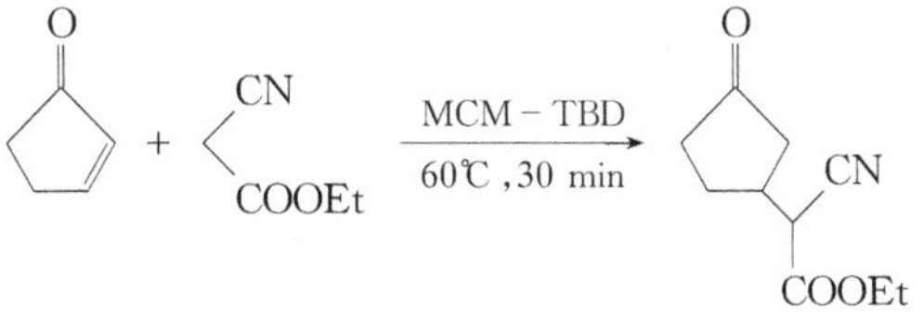

四、电化学合成

电化学在化学工业中的应用已有很长的历史，其最大的优点是以电子作为试剂，因此既环境友好又十分经济。例如，孟山都公司的萘普生合成工艺：

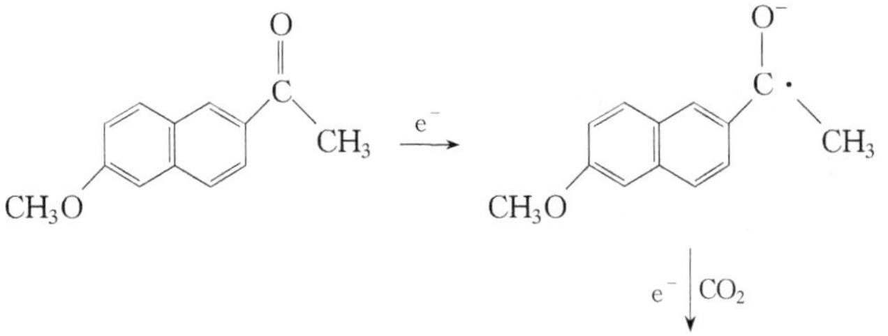

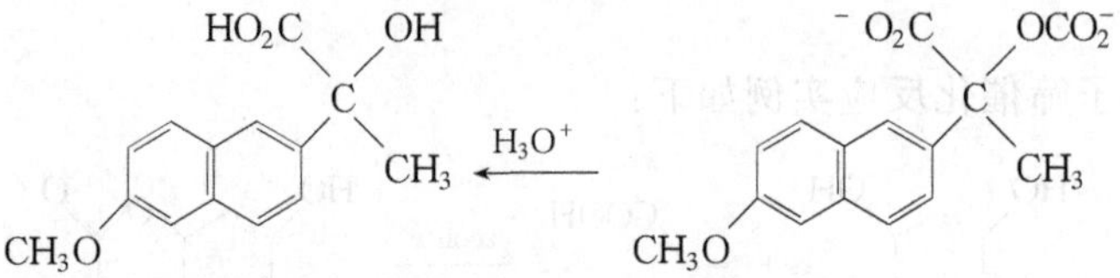

羟基萘普生(hydroxynaproxen)

第五节　生物催化和生物过程技术

生物催化和生物过程技术的优势在于具有非常高的反应专一性，能减少溶剂的使用和释放，并且采用可以重复使用的资源。传统的发酵化学可以提供羧酸、醇、氨基酸、邻苯二酚、靛蓝、维生素 B_{12} 等常见化学品，通过生物转化过程，由一个反应前体或可再生资源能得到许多特别的精细化学品。

生物催化过程通常对一个前体分子进行生物催化，经过官能团化步骤得到预期产物。它和发酵有区别，它的产品不仅局限于生物催化剂的代谢作用，因为生物催化剂既可产生天然化合物，也可产生非天然化合物。

1. 酶催化和微生物催化

酶能够催化生物体中的大量反应，合成生物体必需的有机分子，修饰、降解有机分子以达到生物体自我保护和之间交流的目的。根据酶的催化性能可以将它们分为如下六大类：氧化还原酶——氧化还原反应，水解酶——水解作用，转移酶——转移官能团，异构酶——异构化，裂(合)解酶——在不饱和碳上加成或消除小分子，连接酶——饱和碳的形成或裂解。

酶是一种蛋白质，一般情况下，其稳定性较差，对热、强酸、强碱、有机溶剂等均不够稳定，酶的催化活性会随着反应时间的延长而降低或完全消失，酶的催化反应在水溶液中进行，一般产物分离困难，活性酶回收也困难，所以也有污染的问题。微生物催化也存在类似的问题。20 世纪 60 年代发展起来的固定化酶技术和固定化微生物技术，在很大程度上克服了上述问题，从而成为生物技术中最活跃的研究领域之一。目前已经取得了许多有意义的成果。

例如，蔗糖经生物催化制取己二酸。

己二酸是合成尼龙－66 的原料，每年全球的需求量巨大。传统的合成己二酸的方法是以苯为原料，经加氢、氧化等步骤得到：

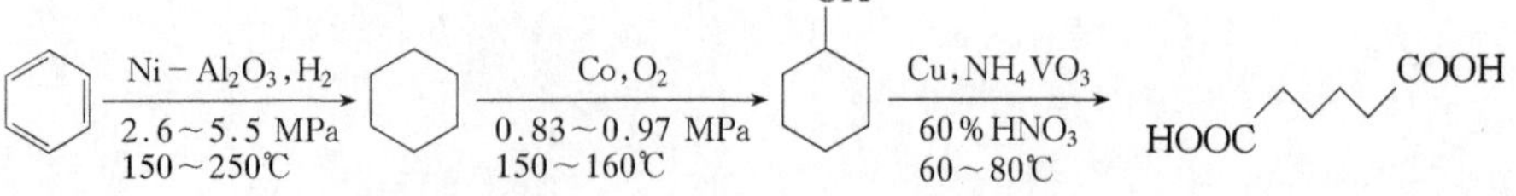

该法中苯是致癌物，硝酸氧化生产的 NO 能破坏臭氧层，工艺流程长，反应条件苛刻（高温、高压）。

近年来，开发了一种采用蔗糖为原料，经生物催化，再在温和条件下加氢制得己二酸的方法，其反应过程为

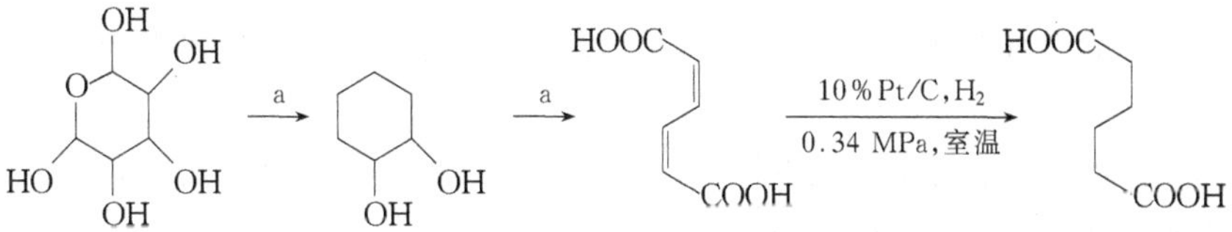

a 是经过 DNA 重组技术改进的微生物催化步骤，催化剂为 E.Coli，AB2834/pkD136/pkD8.243A/ pkD9.292，37℃。该法中蔗糖的来源丰富，价廉，无毒无害，工艺条件简单，反应条件温和。

又如，蔗糖经生物催化合成新型抗氧化剂（DHS）。

抗氧化剂是一类重要的精细化学品，广泛用于食品、油料、材料、药物等领域。其作用是防止产品的自然氧化，可以猝灭所产生的游离基型中间体，并可分解过氧化物。

常用的抗氧化剂有 BHT（4－甲基－2,6－二叔丁基苯酚）和 α－生育酚（α－tocopherol）。

BHT 是酚型抗氧化剂，它有两种合成方法：

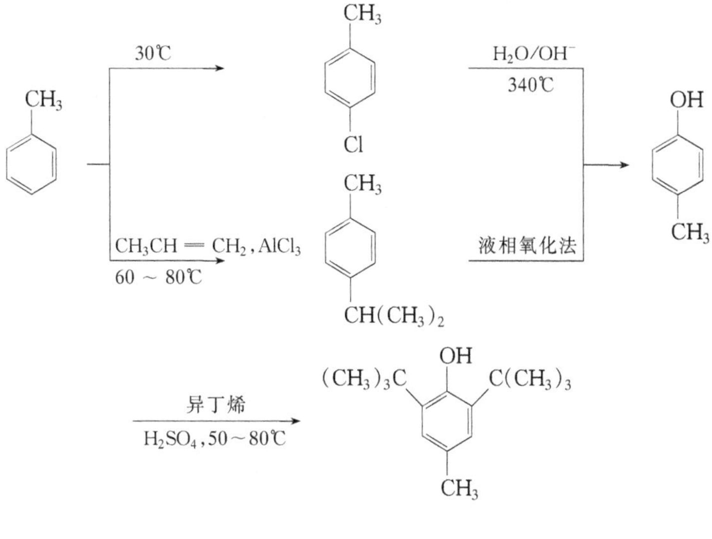

α－生育酚是从脱味的大豆油中提取的，技术复杂，价格昂贵。

最近开发的 DHS 其氧化稳定性优于 BHT，可替代 BHT，是一种新型抗氧化剂。DHS 容易从蔗糖经生物催化制得：

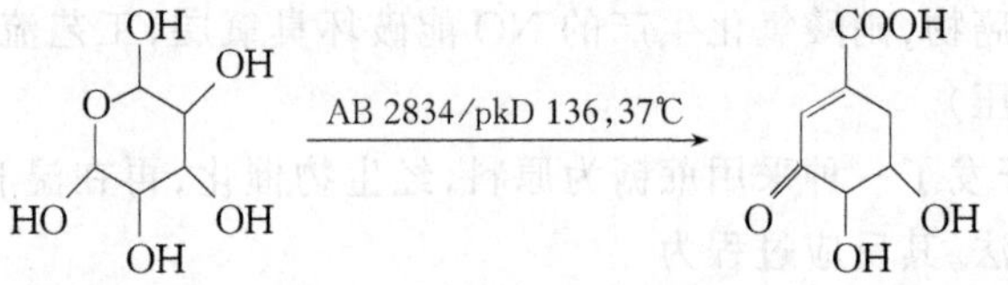

DHS 的合成是无污染的合成,势必替代原料有毒且合成过程中产生污染的 BHT。

除了上面介绍的酶和微生物外,催化抗体、模拟酶等因其比酶具有更多的可适用的底物,在绿色合成中具有极大的发展前景。

2. 生物转化

生物转化是指利用细菌、植物细胞、植物组织、动物等进行有机化合物的转化,这种生物转化过程不仅仅局限在一种酶的反应,而可能是多种酶参与反应,或多步骤反应,是一个生物细胞或组织整体作用的结果。目前,生物转化技术已经取得了许多有意义的成果,为生物转化反应的研究和生物活性物质的合成应用建立了一定的基础。

参考文献

[1] 赵刚. 绿色有机催化. 北京:中国石化出版社,2005.

[2] Tunds P, Anastas P T. Green chemistry: Challenging perspectives. Oxford: Oxford university press,2000.

[3] 徐汉生. 绿色化学导论. 武汉:武汉大学出版社,2002.

[4] 贡长生,张克立. 绿色化学化工实用技术. 北京:化学工业出版社,2002.

[5] 张珩,杨艺虹. 绿色制药技术. 北京:化学工业出版社,2006.

[6] Savage P E. Chem Rev,1999,99:603.

[7] 李群,代斌. 绿色化学原理与绿色产品设计. 北京:化学工业出版社,2008.

[8] Xi Z,Ning Z,Sun Y,et al. Science, 2001,292:1139.

第四部分　专　论　篇

第二十二章 过渡金属络合物在有机合成上的应用

(Application of transitionmetal compound in organic synthesis)

在前面的章节中我们已经学习过许多有机金属化合物,如格氏试剂(R—Mg—X)、烃基锂试剂(R—Li)、二乙基锌(Et_2Zn)等。在这些化合物中,金属原子和碳原子以 σ 键的形式结合,由于金属原子和碳原子的电负性有较大的差别,因此 M—C 键为极性键,使这些有机金属化合物都具有程度不同的亲核性。正是由于这些特殊性质,使这些金属有机试剂在有机合成上非常有用,是生成碳碳键的有效方法。由于这些内容在前面已经学习过,这里就不再讨论了。本章将主要介绍由过渡金属所生成的有机金属化合物,学习它们的结构、性质,以及在有机合成上的应用。

虽然早在 1827 年丹麦药学家蔡斯(Zeise W C)就发现了第一个公认的过渡金属络合物蔡斯盐,$K[PtCl_3(C_2H_4)]$,但一直到 20 世纪 50 年代初,在这漫长的 100 多年的时间里,有机过渡金属化学并没有引起化学家足够的重视。这主要原因是在过渡金属络合物中,过渡金属元素和碳原子形成的 σ 键不稳定,在合成时遇到很大困难。1951 年人们首次合成出稳定的有机铁络合物——二茂铁,并对二茂铁中的 π 键型的夹心结构进行了阐明,不久齐格勒催化剂的出现,使乙烯在温和的条件下发生聚合反应。随后威尔金森(Wilkinson G)发现了过渡金属铑络合物催化烯烃的氢化反应,费歇尔(Fischer E O)发现了第一个过渡金属卡宾络合物……从此,有机过渡金属化学的发展出现了一个飞跃,经过半个多世纪的努力,有机过渡金属化学已经逐渐发展成一门新兴的学科。它的发展不仅提供了一系列高活性和高选择性的新型催化剂,使有机合成技术提高到一个崭新的水平,而且许多过渡金属元素在生命过程中起着重要的作用,对了解生命现象的化学本质有着重要的意义。在半个多世纪的时间里,已有多位从事有机过渡金属化学研究的科学家获得了诺贝尔化学奖,他们是 1963 年获奖的齐格勒与纳塔,1973 年获奖的费歇尔与威尔金森,2001 年获奖的诺尔斯(Knowles W S)、野依良治(Noyori R)与沙普利斯(Sharpless K B),2005 年获奖的肖文(Chauvin Y)、施罗克(Schrock R R)和库伯(Grubbs R H)等。这充分说明了有机过渡金属化学在发展中所取得的成就。

在讨论过渡金属络合物催化的有机反应之前,首先需要了解一些有关过渡金属络合物的知识。

第一节 过渡金属络合物的性质

一、过渡金属元素的结构特性

过渡金属元素的划分方法很不一致。科顿(Cotton F A)把过渡元素定义为:具有部分充填的 d 或 f 壳层的元素。或更广义一点把那些在其任何一个常见的氧化态具有部分充填的 d 或 f 壳层的元素也包括在内。这样过渡元素就包括周期表中第 4,第 5,第 6 三个周期中从ⅢB 的钪族元素开始,到ⅠB 的铜族元素为止,以及镧系元素和锕系元素,共有 56 个过渡元素。通常人们又将这众多的过渡金属元素分为三大组:① 主过渡元素或称 d 区元素,② 镧系元素,③ 锕系元素。

在过去有机过渡金属化学长期发展的过程中,人们把注意力主要集中在 d 区元素所生成的络合物上,只是在近些年人们才开始对由镧系元素组成的稀土络合物的催化性能进行研究。因此,在有机过渡金属化学的研究中,过渡金属元素主要指主过渡元素,也就是 d 区元素。

主过渡元素只包括那些具有部分充填的 d 壳层元素。所以外层电子组态为 $3d^1 4s^2$ 的元素钪是其中最轻的一个。但是钪在离子状态时,不具有 d 电子,因此,在讨论过渡金属时,常常把钪排除在外。到了铜时,它的外层电子组态为 $3d^{10} 4s^1$,它不具有未充满的 d 电子层,但在 Cu^{2+} 离子中,具有 $3d^9$ 电子组态,d 电子层未充满。这就是为什么铜族元素是过渡金属。

位于铜以后的锌元素,其外层电子组态为 $3d^{10} 4s^2$。它的 d 电子层被 10 个电子充满,即使是在 Zn^{2+} 离子中 d 电子层也被充满。因此,锌元素称为“后过渡元素”,而不属于过渡元素。

第二和第三过渡系的情况与此类似。

表 22-1 中列出了 d 区的 26 个过渡金属元素和它们的电子构型。

d 区过渡金属的结构特点决定了它们具有一些共同的性质。首先是它们都有接受一定数目的电子,达到本周期的惰性气体电子构型(d^{10},s^2,p^6)的倾向,因此在过渡金属络合物中,过渡金属用它们空的 d 轨道接受来自于配体的电子,形成稳定的化学键。另外,过渡金属元素既可以用它的 s 电子,也可以用

表 22-1　过渡金属及其电子构型

周期＼族	ⅢB	ⅣB	ⅤB	ⅥB	ⅦB	Ⅷ			ⅠB
4（第一过渡系）	Sc $3d^14s^2$	Ti $3d^24s^2$	V $3d^34s^2$	Cr $3d^54s^1$	Mn $3d^54s^2$	Fe $3d^64s^2$	Co $3d^74s^2$	Ni $3d^84s^2$	Cu $3d^{10}4s^1$
5（第二过渡系）	Y $4d^15s^2$	Zr $4d^25s^2$	Nb $4d^45s^1$	Mo $4d^55s^1$	Tc $4d^55s^2$	Ru $4d^75s^1$	Rh $4d^85s^1$	Pd $4d^{10}5s^0$	Ag $4d^{10}5s^1$
6（第三过渡系）	—	Hf $5d^26s^2$	Ta $5d^36s^2$	W $5d^46s^2$	Re $5d^56s^2$	Os $5d^66s^2$	Ir $5d^76s^2$	Pt $5d^96s^1$	Au $5d^{10}6s^1$

它的 d 电子参与化学反应或形成化学键，因此过渡元素具有多种氧化态。这两个特点对于过渡金属络合物的形成和性质是有重要意义的。

二、过渡金属络合物

过渡金属络合物可以看作是由一个具有完全确定的氧化数的金属原子或离子和一组具有分离的电子密度的配体组成的络合物。过渡金属和配体之间的化学键是复杂的，可以是金属和配体之间共享电子的 σ 键，也可以是由配体提供电子的配价键或 π 键。这些内容将在下面过渡金属络合物中的化学键一节做进一步讨论。

1. 金属的氧化态

当过渡金属和配体组成络合物时，金属的氧化态可以定义为：当配体以它们正常的电子构型离去时，中心金属原子本身所带有的电荷数，或者理解为当每个共用的电子对都属于电负性大的原子时，中心金属原子所带的电荷数。例如，$Fe(CO)_5$中 Fe 的氧化态为 0，而 $RhCl(PPh_3)_3$ 中 Rh 的氧化态为Ⅰ。同一种金属在不同的络合物中，氧化态的数值可以相同，也可以不同，如$[Fe(NH_3)_6]^{2+}$中 Fe 的氧化态为Ⅱ。

需要注意的是，这里所讨论的氧化态并不代表真正的电子得失，因此常称为“表观氧化态”。

2. 配体的类型

过渡金属络合物中的配体是多种多样的。通常根据配体在生成络合物时所提供的电子数目分类。例如，烷基 R、H 原子是提供一个电子的配体，卤素负离子（X^-）、胺（RNH_2）、膦（R_3P）、水（H_2O）、烯烃（C═C）等都是提供一对电子的配体。二茂铁中环戊二烯基负离子和二苯铬中的苯都是提供 6 个电子的配体。

另外，在一些复杂的配体中，可能同时存在着两个或两个以上的配位原子，只要结构允许，可以同时和一个金属原子成键。这样的配体叫作多齿配体，又称为螯合配体。

下面是一些多齿配体的例子。

双齿配体：

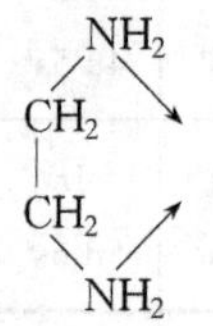

乙二胺(en)

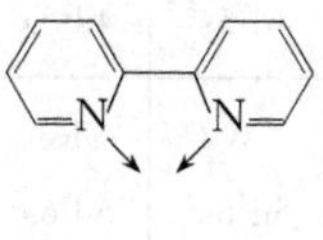

2,2′-联吡啶(bipy)

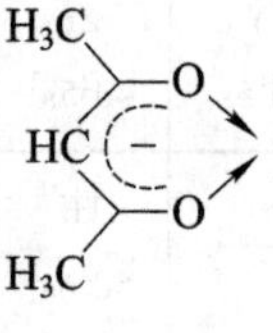

乙酰丙酮(acac)

三齿配体：

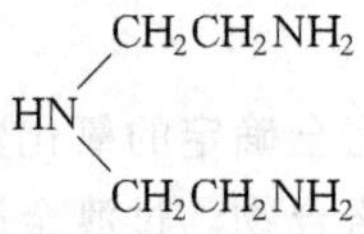

二乙三胺

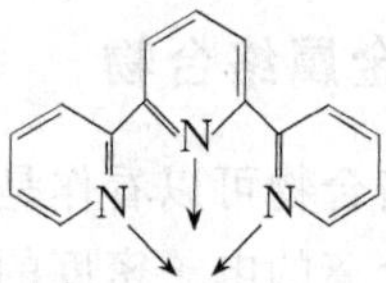

联三吡啶

四齿配体：

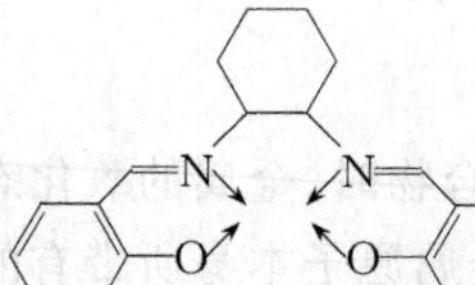

由水杨醛衍生的席夫碱 salen

除了上面介绍的开链的多齿配体外，还有一些环状的多齿配体，也称大环配体。例如：

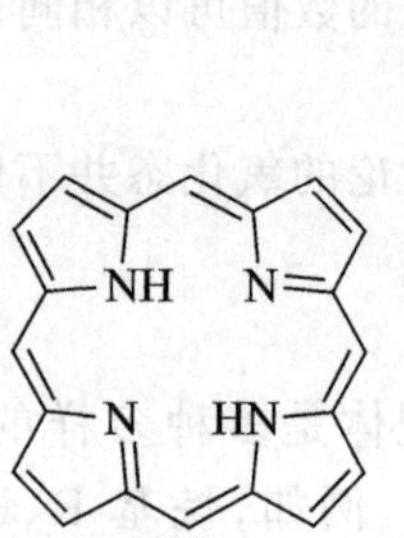

卟吩

3. 络合物的配位数和几何构型

过渡金属络合物的配位数是指在络合物中与金属配位的电子给予体的数目,也就是络合物中金属周围的配体的数目。配位数可以从 2 到 12,但最常见的络合物的配位数是 4,5,6。配位数大于 8 的络合物很少见。

过渡金属络合物的几何构型与金属原子及其周围配体的数目有关。

配位数为 4 的络合物具有平面四边形或四面体形两种最常见的几何构型。例如,$Ni(CO)_4$ 和 $IrCl(CO)(PPh_3)_2$ 都具有平面四边形的几何构型:

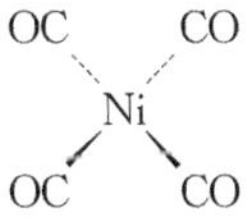

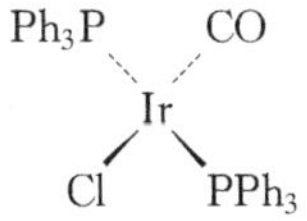

五配位的络合物通常具有双三角锥形的几何构型,例如 $Fe(CO)_5$:

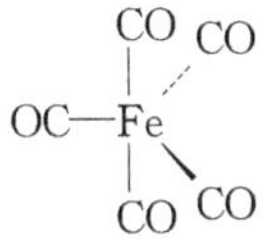

在过渡金属络合物中最常见的是六配位络合物,它们具有八面体的几何构型。例如,$W(CO)_6$ 和 $IrCl(CO)(CH_3)I(PPh_3)_2$:

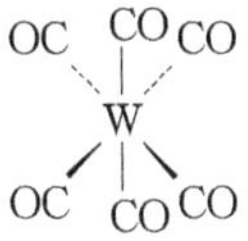

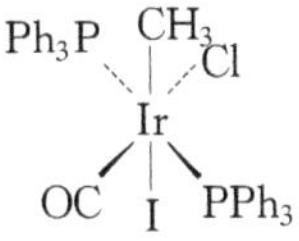

4. 过渡金属络合物中的化学键

在过渡金属络合物中,除了存在有通常的 M—C 之间的 σ 键以外,还存在着过渡金属和不饱和配体之间的非经典形式的化学键。一般来说,过渡金属和碳原子之间的 σ 键不稳定,易于断裂,而过渡金属和不饱和配体之间形成的化学键却十分稳定,其原因主要是过渡金属以它特有的 d 轨道和不饱和配体的 π 轨道以非经典的形式组成 $\sigma-\pi$ 电子授受的反馈键。下面以含有乙烯配体的蔡斯盐为例,加以说明。

蔡斯盐是 1827 年由丹麦药学家蔡斯合成的第一个过渡金属络合物,$K[PtCl_3(C_2H_4)]$。但是,直到 1953 年英国化学家杜瓦(Dewar M J S)和查特(Chatt J)才从理论上解释了蔡斯盐阴离子的结构,指出在蔡斯盐阴离子中乙烯和三个氯原子配体以平面四边形的构型排布在铂原子的周围,乙烯配体是垂直于配位平面的(图 22－1)。

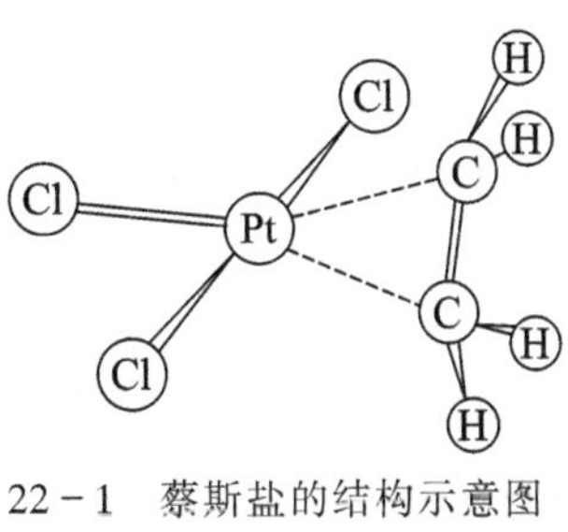

图 22－1　蔡斯盐的结构示意图

杜瓦和查特对蔡斯盐阴离子中过渡金属和烯烃之间的成键作用是这样描述的:过渡金属和烯烃之间的键合是由两个相互关联的部分组成的。

(1) 烯烃的 π 轨道和金属 Pt 的 dsp^2 杂化轨道重叠,电子由烯烃的 π 轨道流向金属的杂化空轨道。由于金属的 dsp^2 轨道为 σ 型接受体轨道,因此这样生成的键为 σ 键。

(2) 由于充满电子的金属的 d_{xz} 轨道和烯烃的 π^* 反键轨道对称性匹配,电子由金属轨道进入烯烃的反键轨道,形成一个 π 键。这种电子由金属成键轨道流向烯烃的 π^* 空轨道所生成的化学键称为反馈键(图 22-2)。

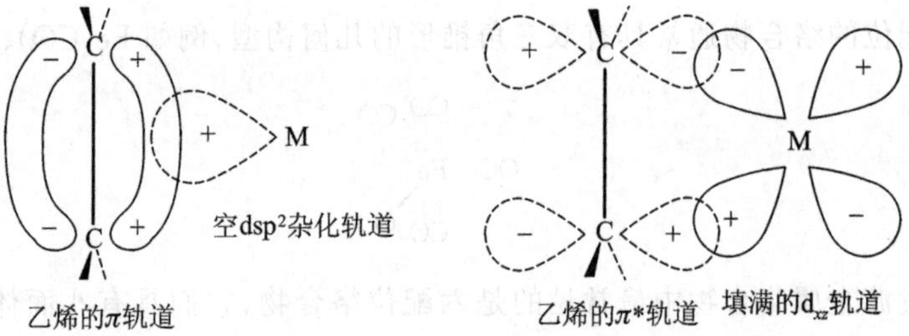

(1) 电子由烯烃流向金属,生成 σ 键　(2) 电子由金属流向烯烃的 π^* 反键轨道,生成反馈 π 键

图 22-2　过渡金属和烯烃之间成键的分子轨道示意图

从上面的讨论中可以看到,金属-烯烃的键合具有双重性。一方面烯烃的 π 电子从最高占据的 π 轨道流向对称性与之匹配的金属的空轨道,形成 σ 键。同时,金属的 d 电子从充满的金属 d 轨道反馈到对称性与之匹配的烯烃的反键最低空轨道,形成反馈 π 键。这两种相互作用是协同关系,随着一种作用的增强,也会促使另一种作用的增强。烯烃是 σ-给予体,π-接受体配体。

除了烯烃外,炔烃、一氧化碳、膦、氰基、吡啶等都属于 σ-给予体,π-接受体配体。但不同配体给出电子和接受电子的能力并不相同,这常常会影响到络合物的稳定性。

5. 18 电子规则和络合物的稳定性

如同主族金属元素一样,过渡金属元素也有接受一定数量电子,使其达到惰性气体电子构型的趋向。由于过渡金属元素具有 9 个价键轨道,即 5 个 nd 轨道、1 个 $(n+1)$s 轨道和 3 个 $(n+1)$p 轨道,因此,它同配体分子可以组成 9 个分子轨道。每个成键轨道可以容纳 2 个电子,因此正好可以容纳 18 个价电子。这时其外层的电子构型和惰性气体的电子构型相同,这样的络合物是稳定的。当过渡金属络合物中过渡金属的外层价电子数为 18 时,就称这个络合物为配位饱和的。

在过渡金属络合物中，过渡金属的外层价电子总数等于金属 d 电子数和所有配体所提供的电子数之和。例如，在络合物 $Fe(CO)_5$ 中，氧化态为 0 的铁原子所具有的 d 电子数为 8。配体为 CO，CO 属于能提供 2 个电子的配体。因此，

$$价电子总数 = 8e^- + 5\times 2e^- = 18e^-$$

在 $[Co(NH_3)_6]^{3+}$ 络离子中，Co 原子的氧化态为Ⅲ，所提供的 d 电子数为 6，配体 NH_3 是提供一对电子的配体，因此，

$$价电子总数 = 6e^- + 6\times 2e^- = 18e^-$$

再如，在 $RhCl(PPh)_3$ 中，金属 Rh 的氧化态为Ⅰ，提供 8 个 d 电子，Cl^- 和 PPh_3 都是提供一对电子的配体，因此，

$$价电子总数 = 8e^- + 2e^- + 3\times 2e^- = 16e^-$$

从上面的例子中可以看出，在计算金属络合物中金属外层的价电子总数时，需要考虑金属的表观氧化态，也就是当将金属和配体之间的成键电子都交给电负性大的配体时，金属所带的电荷数。对于同一金属元素，氧化态不同时，所提供的 d 电子数也不同。

18 电子规则是个经验规则，具有 18 电子的络合物是稳定的，但这并不是绝对的，有些络合物只有 16 个价电子，但它也是很稳定的。例如，威尔金森催化剂 $RhCl(PPh_3)_3$，Rh 原子外层的价电子总数只有 16 个，但它显示出相当大的热力学稳定性。

三、过渡金属络合物的基元反应

过渡金属络合物的反应非常复杂，除了在有机化学中已经见到的一些反应外，还有一些过渡金属络合物特有的反应。通常人们将过渡金属络合物的反应归纳为若干种基元反应，最主要的有：配体的络合和解离，氧化加成和还原消除反应，插入反应和脱去反应等。需要指出的是，基元反应并不是反应机理的分类，同一种基元反应可以按不同的机理进行。

1. 配体的络合和解离

配体的络合和解离是过渡金属络合物催化反应必须经过的步骤，因为只有络合物上的某个配体解离下来，空出配位位置，才能使反应底物配位络合，反应底物通过配位被活化，才能发生催化反应。

$$ML_3 + L \underset{解离}{\overset{络合}{\rightleftharpoons}} ML_4$$

对于这个平衡反应：

$$K=\frac{[ML_4]}{[ML_3][L]}$$

K 为络合物的稳定常数。当 K 值大时,络合物稳定性大,催化活性小。反之,当 K 值小时,络合物不稳定,解离作用显著,易析出金属元素,这样催化反应就无法进行。因此,在有机过渡金属络合物的反应中,必须有一个适当的 K 值。

在过渡金属络合物催化的有机反应中,最理想的情况是:过渡金属络合物本身是稳定的(它常常是配位饱和的),但当它发生反应时,又能较容易地解离出配体,生成配位不饱和的络合物,然后与反应底物配位络合,继而发生反应。由此可以看出,配体的络合解离过程在催化反应中是非常重要的。例如,钴的络合物 $CoH(N_2)(PPh_3)_3$ 是具有 18 电子配位饱和的络合物,在溶剂中易失去氮分子而成为 16 电子配位不饱和的络合物。

$$CoH(N_2)(PPh_3)_3 \rightleftharpoons CoH(PPh_3)_3 + N_2$$

在溶液中 $CoH(PPh_3)_3$ 能与烯烃配位络合,使烯烃活化,发生反应。

2. 氧化加成和还原消除反应

氧化加成和还原消除反应是一对可逆反应,是过渡金属络合物所特有的反应。

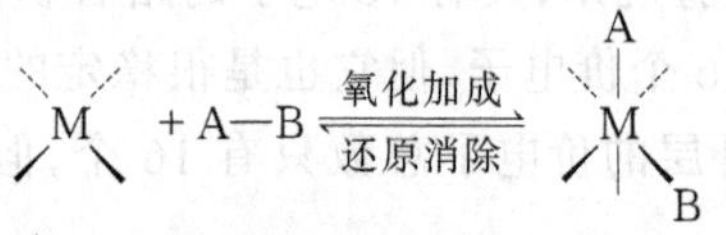

氧化加成反应(oxidative addition)的基本特征是反应后金属的氧化态数值和络合物的配位数都增加了,金属被氧化。例如在下面的反应中:

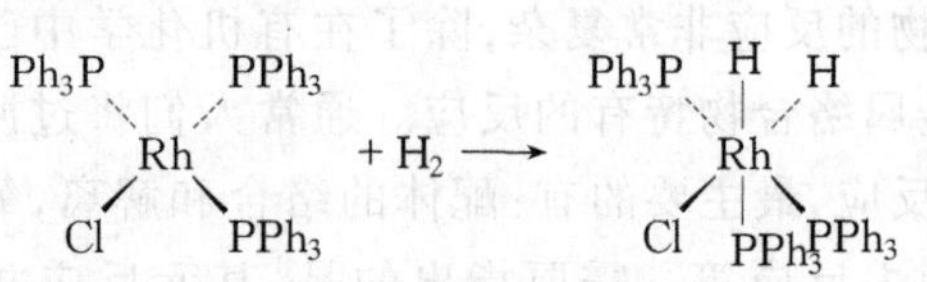

中心金属 Rh 的氧化态数值由 Ⅰ 提高到Ⅲ,络合物的配位数由 4 增加到 6。

在氧化加成反应中,发生反应的过渡金属络合物,通常为 16 电子的配位不饱和络合物,但是配位饱和的 18 电子络合物也可以发生氧化加成反应,只是反应难于进行。

在氧化加成反应中,发生加成的化合物 A—B 可以是 H_2、O_2、卤素、氢卤酸、卤代烷、酰卤、醛等。许多化合物都可以作为加成试剂和过渡金属络合物发生氧化加成反应。

氧化加成的逆过程为还原消除反应(reductive elimination),例如:

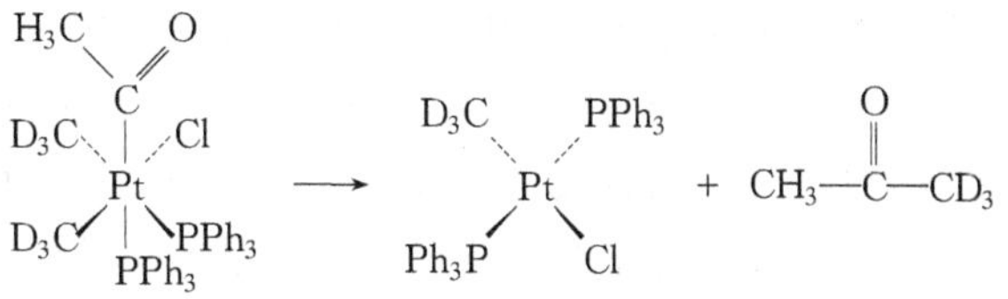

反应后，中心金属的氧化态数值和络合物的配位数都减少了，金属被还原。

在过渡金属络合物催化的有机反应中，通过氧化加成反应使试剂活化，而还原消除反应则是生成 C—C 键、C—H 键及 C—X 键（X 为卤素）所必需的过程。

3. 插入反应和脱去反应

当过渡金属络合物具有不饱和配体（如烯烃、CO）时，不饱和配体的 π 键可以插入到络合物中的金属 - 氢键或金属 - 碳键之中，生成一个配位数减少的新的络合物，这种反应就称为插入反应（insertion reaction）。插入反应是可逆的，它的逆反应称为脱去反应（elimination reaction）。

（1）烯烃的插入反应和 β - H 的消除反应

上面是配位乙烯插入到 Rh—H 键之间的例子，反应生成乙基 - 铑络合物。在逆反应中，乙基上的 β - H 原子重新和金属 Rh 配位，乙基失去 β - H 原子重新生成不饱和配体乙烯。这种形式的脱去反应，也称为 β - 氢消除反应。

烯烃插入到 M—H 键生成烷基络合物是高度立体选择性反应，通过生成四元环状过渡态的协同反应过程，最后得到顺式产物。

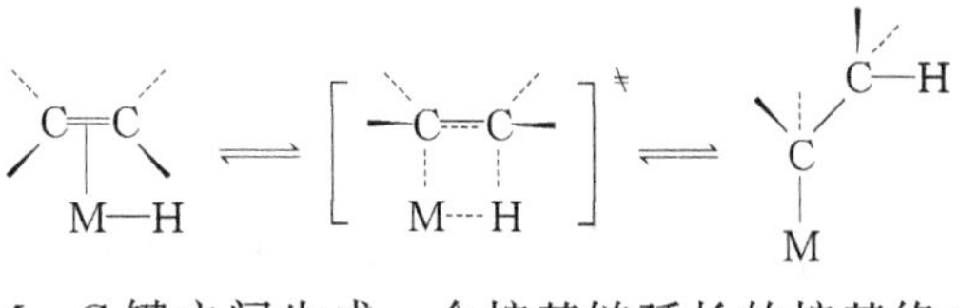

烯烃插入到 M—C 键之间生成一个烷基链延长的烷基络合物。当烯烃为不对称取代的烯烃时，插入反应有区域选择性的问题。反应可以按（a），（b）两种方式进行：

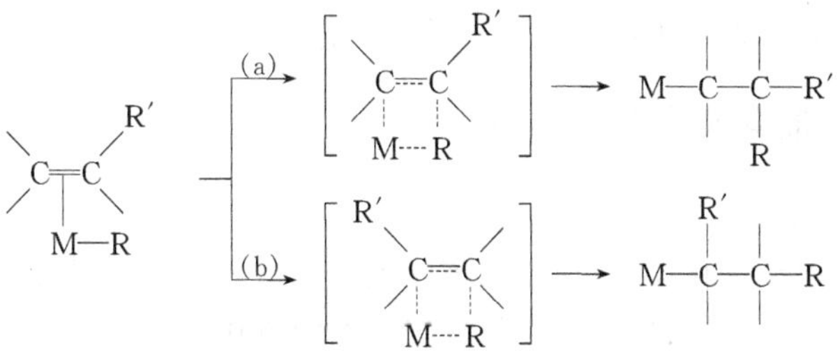

反应按哪种方式进行取决于电子效应和空间效应的影响。

烯烃和 M—H 键、M—C 键的插入反应在过渡金属络合物催化的烯烃氢化反应、烯烃氢甲酰化反应、烯烃聚合反应中都起着重要的作用。而 β - H 的消除反应在烯烃聚合反应中起着决定聚合物相对分子质量大小的作用。

(2) CO 的插入反应和脱羰基反应　在带有 CO 配体的过渡金属烷基络合物中,CO 配体可以和 M—C 键发生插入反应,生成酰基络合物。空出的配位位置可以被配体 L 占据。这个反应的逆过程是酰基络合物转化为烷基络合物的过程,属于脱去反应,也称为脱羰基反应。例如:

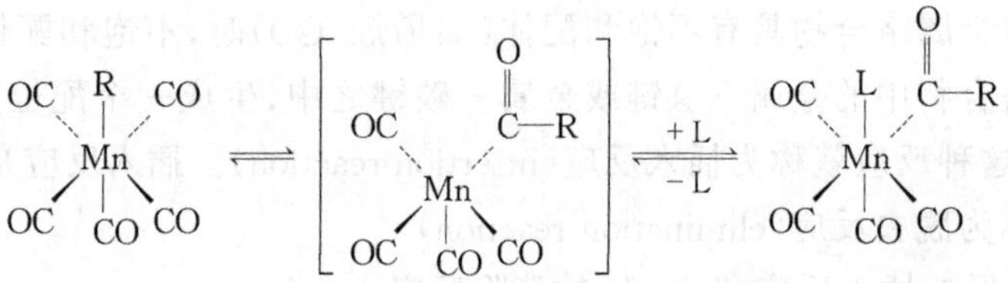

羰基的插入反应可以按两种方式进行,配位烷基 R 迁移到配位 CO 上生成酰基,或者是配位 CO 插入到 M—C 键之中,生成酰基。试验结果证明反应是烷基迁移到配位羰基上生成酰基的过程。

CO 的插入反应在烯烃氢甲酰化反应、烯烃氢羧酸化反应、氢酯化反应,以及醇羰基化生成羧酸的反应中都是必须的反应步骤。而脱羰基反应是醛、酰卤等化合物脱去羰基转化为相应烃和卤代烃的必须步骤。

前面讨论了过渡金属络合物的基元反应,将这些基元反应进行适当的组合就可以设计出许多有机合成反应。以过渡金属络合物为催化剂的均相催化反应就是由这些基元反应按一定的顺序组成的。在下面讨论催化反应时,将会涉及这方面的内容。

第二节　过渡金属络合物催化的有机化学反应

由于过渡金属络合物具有独特的结构和性质,往往具有优异的催化性能,因此过渡金属络合物作为催化剂,广泛用于各种有机化学反应,在化学工业和精细有机合成的研究和发展中起着越来越重要的作用。

一、均相催化和非均相催化

1. 均相催化

均相催化指在催化反应过程中,催化剂和反应物同时溶解在某一溶剂中,反应在单一的均相中进行,反应后产物也溶解在溶剂中。

均相催化反应的特点是反应活性高，选择性好。不利的地方是反应后产物和催化剂的分离困难，催化剂难于回收重复使用。

2．非均相催化

非均相催化也称多相催化，指在催化反应过程中，催化剂和反应物处于不同的两相中，通常催化剂为固相，反应物为气相或液相，反应在两相界面处发生。

非均相催化反应的特点是反应活性较低，选择性较差。但它的优点是反应后催化剂和反应产物容易分离；催化剂可以回收，能多次反复使用。

均相催化剂和非均相催化剂各有优点，近年来大量新的过渡金属络合物不断出现，为开拓新型的均相催化剂提供了条件。据报道[1]至今已有四十多种工业生产过程采用了可溶性的过渡金属络合物为催化剂，用均相催化过程生产的化工产品每年达 2000 万吨以上。虽然均相催化反应在工业生产上有了很大发展，但多相催化反应在工业生产上仍是主流。此外，由于多相反应发生在两相界面处，给研究反应的机理带来困难。均相反应可以通过分离反应的中间体研究反应的机理，而且可以为多相催化的研究提供适当的模型。

为了将均相和非均相催化的优点统一起来，均相催化剂的多相化研究越来越受到了人们的重视。

下面将主要介绍均相催化反应。

二、过渡金属络合物催化的有机化学反应

1．催化氢化反应

氢对不饱和键(C═C，C═O，C═N)的加成反应是均相催化反应中研究得最早和最多的一类反应。

(1) 烯烃的氢化反应(hydrogenation of alkene)　在烯烃的催化氢化反应中，使用最早的催化剂是威尔金森发现的三(三苯基膦)氯化铑［$RhCl(PPh_3)_3$］。$RhCl(PPh_3)_3$ 为一砖红色晶体，具有平面四边形结构。可以在常温常压下催化烯烃的氢化反应。该催化剂具有很好的反应活性和选择性。例如：

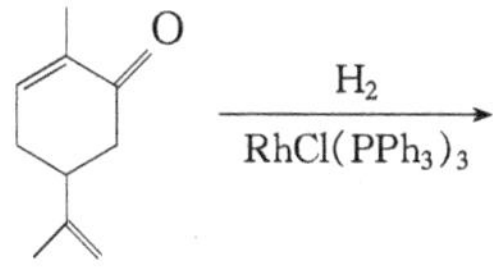

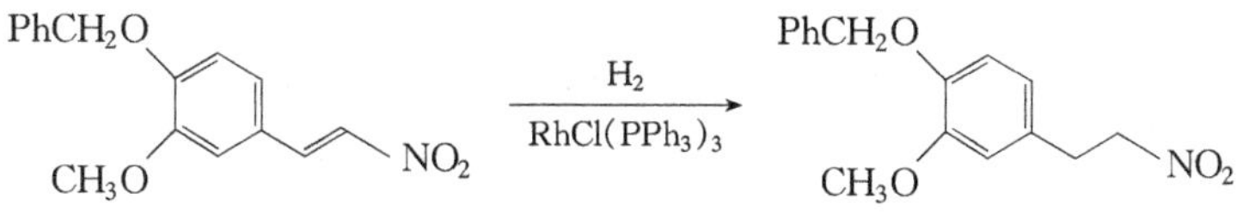

90%

反应优先发生在 C═C 双键上，其他不饱和基团以及与羰基共轭的双键不发生加氢反应。

威尔金森催化剂催化的烯烃氢化反应的机理可以用图 22－3 来表示。

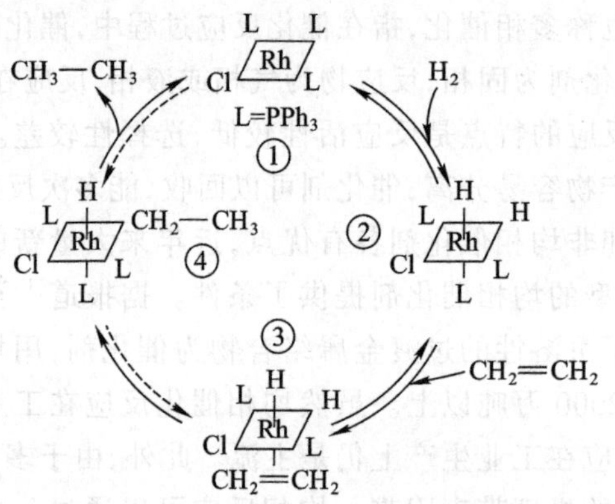

图 22－3　威尔金森催化剂催化的烯烃氢化反应

这种用一个圆形图表示的反应机理称为催化循环图，在过渡金属络合物催化的反应中常会遇到。它表示了催化反应是如何进行的，包含了催化过程的各个反应步骤。每一步反应是通过一个基元反应完成的。

图 22－3 中的络合物①表示威尔金森催化剂，通过和氢气的氧化加成反应生成络合物②。反应中 16 电子的络合物①转化为 18 电子的络合物②。随后发生配体的解离－络合反应（或称配体交换反应），配体三苯基膦解离，乙烯占据空出的配位位置，生成 Rh(Ⅲ)和乙烯的 π 络合物③。乙烯分子进入络合物的配位场，被活化。随之发生乙烯插入到相邻的 Rh—H 键之间的插入反应，生成 Rh—C σ 键，得到烷基络合物④。最后乙基和邻位的氢原子发生还原消除反应，生成乙烷。乙烷从催化剂上解离，同时再生出催化剂①，发生新一轮的反应，使反应继续进行下去。

通过乙烯氢化的催化过程，我们可以看到反应是通过一个个基元反应进行的。将各个基元反应联系在一起就组成了一个复杂的催化循环过程。

除了金属铑的络合物之外，许多过渡金属络合物都可以催化烯烃的氢化反应，如 $[Ir(COD)LL']^+ PF_6^-$，$[Pt(SnCl_3)_5]^-$，$[Fe(\eta^5-C_5H_5)(CO)_2]^+$ 和 $[RuCl_2(PPh_3)_3]$等。

(2) 羰基的氢化反应(hydrogenation of carbonyl group)　C═O 双键也可以通过均相催化氢化反应被还原，这是醛、酮还原为醇的有效方法。羰基氢化反应使用最多的催化剂是 $HCo(CO)_4$。例如：

$$RCHO \xrightarrow[HCo(CO)_4,160\sim350℃]{H_2(30\ MPa)} RCH_2OH$$

$[Rh(COD)(PPhMe_2)_2]^+$ 阳离子络合物可以在常温常压下将酮还原为醇。

$$CH_3-\overset{\overset{O}{\|}}{C}-CH_3 + H_2 \xrightarrow{[Rh(COD)(PPhMe_2)_2]^+} CH_3-\overset{\overset{OH}{|}}{C}H-CH_3$$

2. 羰基化反应和烯烃的氢甲酰化反应

早在 1890 年蒙德(Mond L)就制得了过渡金属的羰基络合物 $Ni(CO)_4$ 和 $Fe(CO)_5$。在过渡金属的羰基络合物中,CO 作为配体和金属络合,它的成键方式和烯烃与过渡金属的成键方式类似。CO 上的未成键电子对作为电子给予体与金属空的 d 轨道组成 σ 键,同时金属填充有电子的杂化轨道与 CO 的 π^* 反键轨道对称性匹配,组成反馈 π 键。因此 CO 也是 σ－给予体,π－接受体配体。通过与过渡金属的配位 CO 被活化。

(1) 羰基化反应　羰基化反应(carbonylation)是雷佩(Reppe W)和他的同事在 20 世纪 30 年代末发现的。在 $Ni(CO)_4$ 的催化下,烯烃、炔烃或醇发生羰基化反应生成一系列有用的化合物。例如:

$$CH\equiv CH + CO + H_2O \xrightarrow[150℃, 3\ MPa]{Ni(CO)_4} \underset{>90\%}{CH_2=CH-CO_2H}$$

$$CH_3C\equiv CH + CO + CH_3OH \xrightarrow{Ni(CO)_4} CH_2=\underset{\underset{CH_3}{|}}{C}-CO_2CH_3 \quad >80\%$$

催化羰基化反应的催化剂,除了 $Ni(CO)_4$ 外,还可以是 Pd,Co,Rh,Pt 等过渡金属络合物。

$$C_5H_{11}-CH=CH_2 + CO + CH_3OH \xrightarrow[SnCl_4, 70℃, 14\ MPa]{PdCl_2(PPh_3)_2} \underset{93\%}{CH_3(CH_2)_6CO_2CH_3}$$

$$CH_3OH + CO \xrightarrow{[RhI_2(CO)_2]^-} \underset{>90\%}{CH_3CO_2H}$$

甲醇在 $[RhI_2(CO)_2]^-$ 阴离子络合物催化下的羰基化反应生成醋酸。该反应已经实现了工业化生产,是合成醋酸的重要方法。

(2) 氢甲酰化反应　氢甲酰化反应(hydroformylation)也称 Oxo 反应,是 20 世纪 30 年代末罗朗(Roelen O)发现的,烯烃在 $HCo(CO)_4$ 存在下,在高温高压下与 CO 和 H_2 作用生成醛。

$$\gt C=C\lt + CO + H_2 \xrightarrow[高温,高压]{HCo(CO)_4} H-\overset{|}{\underset{|}{C}}-\overset{|}{\underset{|}{C}}-\overset{\overset{O}{\|}}{C}-H$$

这个反应在形式上可以看成是在 C═C 双键上分别加上 H 和甲酰基(HCO),因此称为氢甲酰化反应,有时也称为醛化反应。

最早使用的氢甲酰化反应催化剂是 $HCo(CO)_4$ 或 $Co_2(CO)_8$,后者在氢气存在下可转化为 $HCo(CO)_4$。

$Co_2(CO)_8$ 钴催化剂催化的烯烃氢甲酰化反应机理可以用图 22-4 表示。

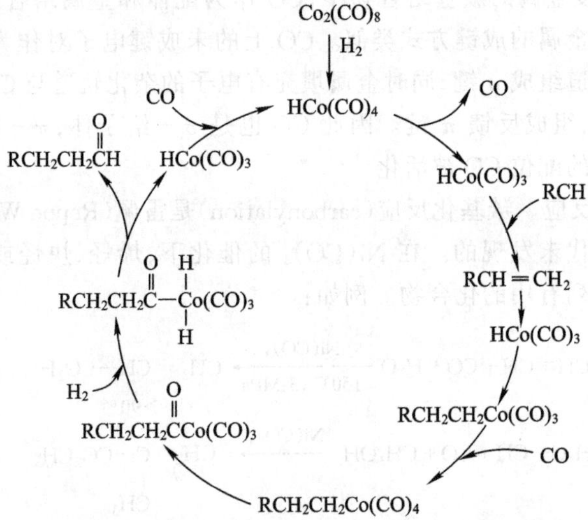

图 22-4　$HCo(CO)_4$ 催化的烯烃氢甲酰化反应

由于 $HCo(CO)_4$ 或 $Co_2(CO)_8$ 本身并不稳定,需要在一定的 CO 分压下才能稳定存在,因此钴催化剂催化的氢甲酰化反应条件苛刻,而且钴催化剂催化的末端烯烃的氢甲酰化反应生成的直链醛的比例偏低。1966 年威尔金森发现了可以催化烯烃氢甲酰化反应的铑催化剂,$HRh(CO)_2L_2$(L = 叔膦)。与钴催化剂相比,它的催化活性高,反应条件温和,产品中直链醛的比例高。该反应已经实现了工业化生产。

过渡金属络合物均相催化反应的核心问题是催化剂的分离和循环使用。为此,“均相催化多相化”的研究引起了广泛的关注。在这方面,水溶性膦配体的过渡金属络合物催化剂催化的两相(水/有机)氢甲酰化反应是一个成功的例子。

水溶性膦催化剂是由水溶性的间三苯基膦三磺酸钠[$P(m-C_6H_4SO_3Na)_3$](简称 tppts)和过渡金属铑(Rh)组成的。反应中它存在于水相中,而反应原料及产物存在于有机相,反应是发生在水-有机两相体系中的均相催化反应。因此,既保持了均相催化活性高,选择性好,反应条件温和的优点,又具有多相催化工艺简单,产物和催化剂易于分离的特色[2]。由水溶性膦铑催化剂

$[HRh(CO)(tppts)_3]$催化的两相(水/有机)氢甲酰化反应已经在1984年实现了工业化生产,至今,用该工艺生产的正丁醛累计总量已达数百万吨。

3. 烯烃的氧化反应

过渡金属络合物催化的烯烃氧化反应包括乙烯被Pd(Ⅱ)/Cu(Ⅱ)络合物氧化为乙醛的瓦克(Wacker)氧化反应,烯丙醇被$Ti(OPr-i)_4$/ROOH氧化的环氧化反应,以及烯烃被OsO_4氧化的双羟基化反应等。在这里只介绍乙烯的瓦克氧化反应,环氧化反应和双羟基化反应留在后面的不对称合成反应中介绍。

在烯烃的氧化反应中,研究最早的是乙烯氧化为乙醛的反应。这个氧化反应是在钯催化剂的作用下进行的。乙烯被Pd(Ⅱ)盐的水溶液氧化为乙醛:

$$PdCl_4^{2-} + CH_2{=}CH_2 + H_2O \longrightarrow CH_3CHO + Pd(0) + 2HCl + 2Cl^-$$

这个反应是化学计量反应,早在1894年就被人们发现。由于反应要耗去大量价格昂贵的钯,因此没有实用价值。

到了20世纪50年代,人们发现可以用$CuCl_2$将反应所生成的零价钯氧化成二价钯:

$$Pd(0) + 2CuCl_2 + 2Cl^- \longrightarrow PdCl_4^{2-} + 2CuCl$$

所生成的氯化亚铜可以很容易地被空气中的氧气氧化:

$$2CuCl + \frac{1}{2}O_2 + 2HCl \longrightarrow 2CuCl_2 + H_2O$$

如果将这三个方程式加合起来,最终结果就是空气中的氧气将乙烯氧化为乙醛:

$$CH_2{=}CH_2 + \frac{1}{2}O_2 \longrightarrow CH_3CHO$$

化学计量反应转化为催化反应,这个反应就称之为瓦克反应。目前工业上已利用该方法由乙烯大量生产乙醛。

瓦克反应并不只限于乙烯,其他末端烯烃被Pd(Ⅱ)盐氧化为酮。例如:

$$RCH{=}CH_2 \xrightarrow[H_2O]{PdCl_4^{2-}} RC(=O)CH_3$$

链中烯烃不活泼,不被氧化。

4. 烯烃的聚合反应——齐格勒-纳塔催化剂

在有机过渡金属化学发展的历史上,齐格勒和纳塔发现的过渡金属络合物催化的烯烃配位聚合反应具有划时代的意义。

20 世纪 50 年代初期，齐格勒发现 $TiCl_4$（或 $TiCl_3$）和烷基铝组成的催化体系可以通过配位机理使烯烃发生聚合反应。催化活性中心是由 $TiCl_3$ 晶体表面的 Ti^{3+} 离子和 $AlEt_3$ 生成的钛正八面体络合物，它具有四个氯配体，一个乙基配体和一个配位"空穴"。反应首先是烯烃占据配位"空穴"与金属络合，随后是烯烃的插入反应，通过一个四中心的过渡态生成一个延长的烷基链。这样在络合物上又重新生成配位"空穴"（见图 22－5）。然后又是烯烃的配位，并重复上面的过程。链终止过程可以通过 β－H 消除反应实现，生成一个长链的 α－烯烃和一个钛－氢络合物。钛－氢络合物重新引发聚合过程；或者同烷基铝化合物作用生成烷基钛络合物。

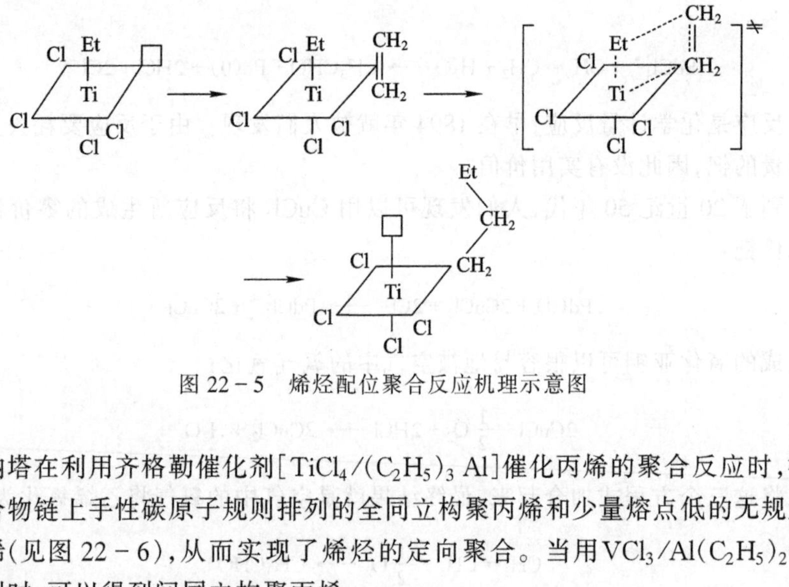

图 22－5　烯烃配位聚合反应机理示意图

纳塔在利用齐格勒催化剂[$TiCl_4$/$(C_2H_5)_3Al$]催化丙烯的聚合反应时，得到了聚合物链上手性碳原子规则排列的全同立构聚丙烯和少量熔点低的无规立构聚丙烯（见图 22－6），从而实现了烯烃的定向聚合。当用 VCl_3/$Al(C_2H_5)_2Cl$ 为催化剂时，可以得到间同立构聚丙烯。

齐格勒－纳塔催化剂是由ⅣB～Ⅷ族过渡金属卤化物和ⅠA～ⅢA 金属的烷基化合物组成的一类催化剂。齐格勒－纳塔催化剂为非均相催化剂，其缺点是催化剂的活性不均一。20 世纪 80 年代初卡明斯基（Kaminsky W）等首先发现由二甲基二茂铁和甲基铝氧烷（MAO）组成的溶于甲苯的均相催化体系。这类金属茂催化体系具有异常高的催化活性。例如，在 40℃，0.4 MPa 的乙烯压力下，$Cp_2Zr(CH_3)_2$/MAO 催化乙烯的聚合反应 1 h，以每克锆计算可得到聚乙烯树脂 100 t，催化效率高达 1 亿倍。不久，人们发现这类金属茂催化体系不仅有很高的催化活性，而且具有很高的立体选择性，可以催化丙烯的聚合反应得到全同立构聚丙烯或间同立构聚丙烯。图 22－7 是一些较成熟的催化剂的例子。

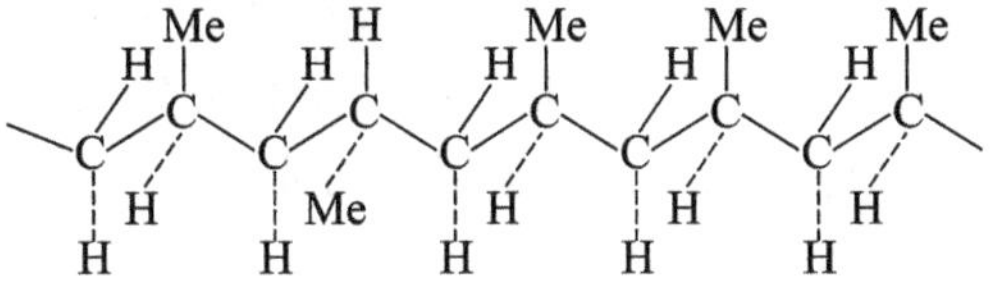

无规立构

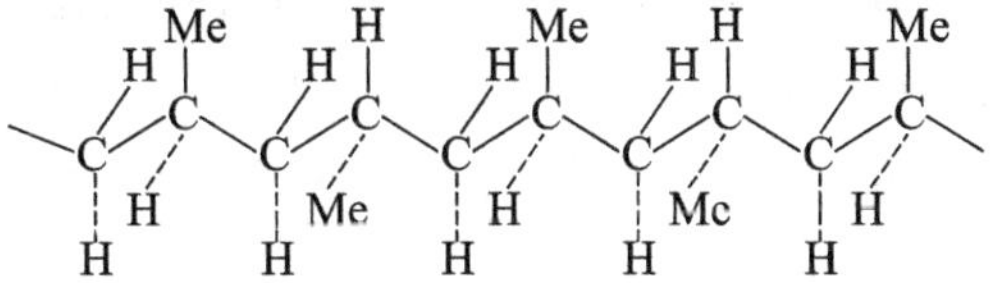

间同立构

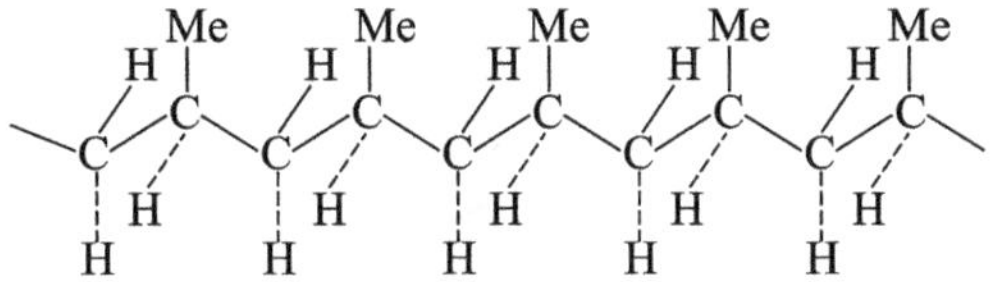

全同立构

图 22－6　头－尾相接的聚丙烯链的三种空间构型

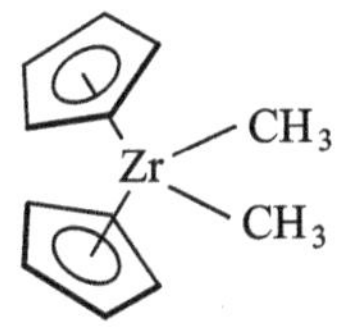

Cp_2ZrMe_2
乙烯聚合

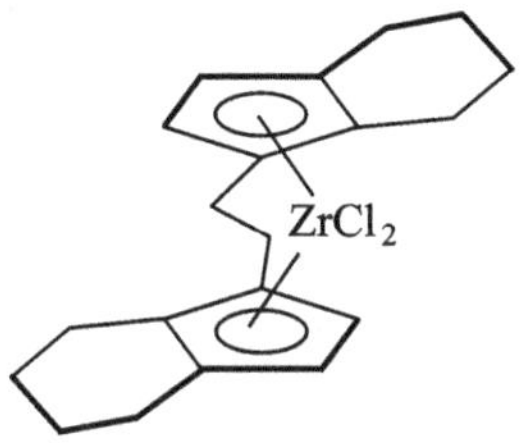

$Et(THInd)_2ZrCl_2$
全同立构聚丙烯

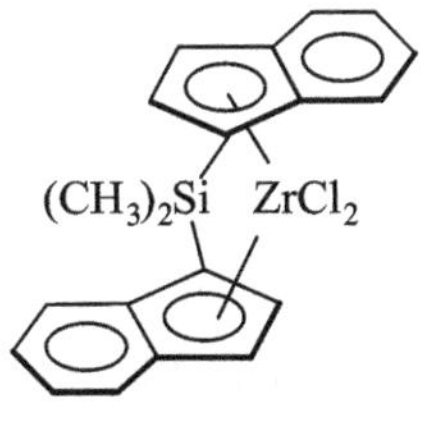

$Me_2Si(Ind)_2ZrCl_2$
全同立构聚丙烯

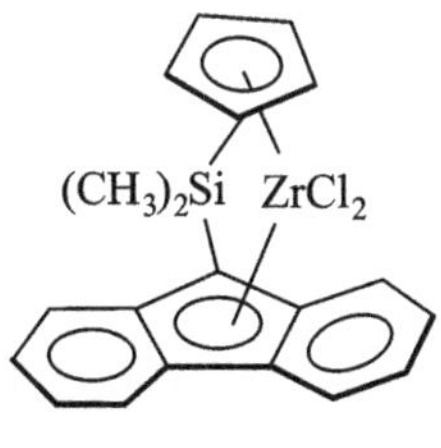

$Me_2Si(Cp)(Flu)ZrCl_2$
间同立构聚丙烯

图 22－7　催化烯烃聚合反应的金属茂可溶性催化剂

金属茂催化剂具有优异的特性，不仅具有极高的催化活性，而且可以有效地进行立体控制聚合，同时它还可以实现一些用多相催化剂难以实现的聚合反应，为齐格勒－纳塔聚合反应开拓了一个全新的局面。

5. 生成碳碳键的反应

过渡金属均相催化反应可以生成碳碳键，例如，π－烯丙基络合物和亲核试剂的反应，格氏试剂(或其他有机金属试剂)和卤代烃的偶联反应，钯催化的烯烃芳基化或烯基化的赫克(Heck)反应，羰基化合物的 α－烷基化反应，羟醛缩合反应以及过渡金属卡宾络合物的反应等，它们都是在有机合成中生成碳碳键的有效方法。

(1) π－烯丙基络合物的反应　烯丙基和过渡金属配位时可以是提供一个电子的配体，也可以是提供三个电子的配体。

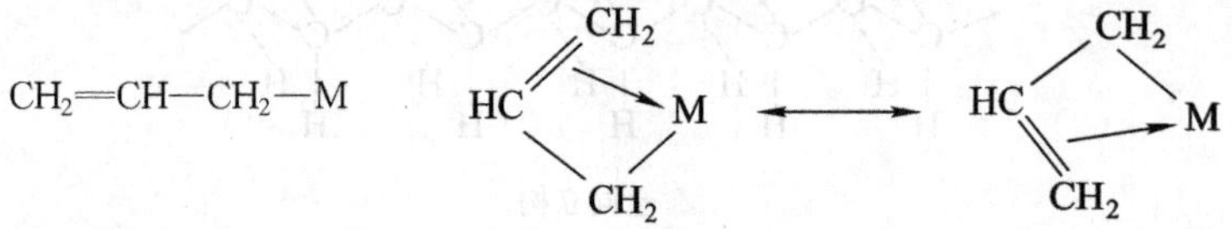

在后一种情况时，烯丙基两端的 CH_2 基团是完全相同的，因此常常表示为 π－烯丙基的形式。

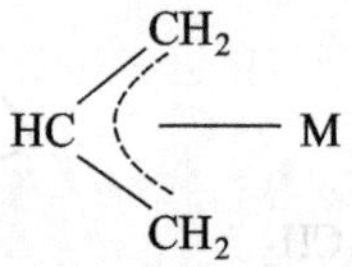

研究得最多的是 π－烯丙基钯的络合物，通常它以用氯桥连接的二聚体的形式存在：

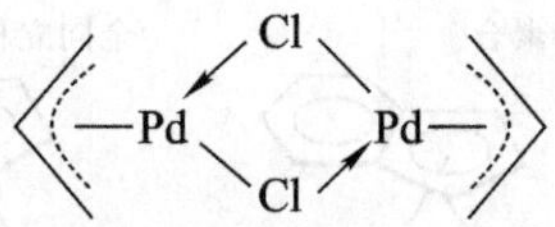

π－烯丙基氯化钯(Ⅰ)

在 π－烯丙基氯化钯中，作为桥键的氯原子和两个钯原子成键的方式不同，对一个钯原子氯是提供一个电子的配体的话，对另一个钯原子氯就是提供一对电子的配体，而两个氯原子是等同的。在 π－烯丙基氯化钯(Ⅰ)中，钯的外层价电子总数为 16。

π－烯丙基钯络合物具有亲电性，可以接受亲核试剂的进攻，在有机合成反应中，是生成碳碳键的有效方法。

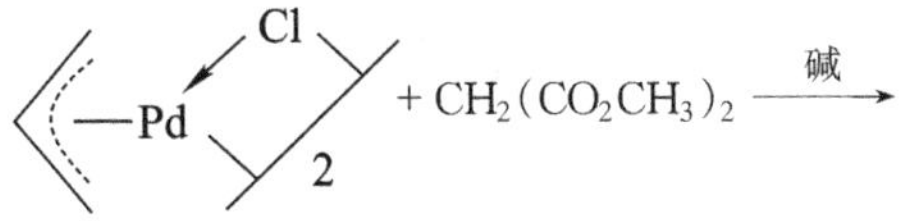

$CH_2{=}CHCH_2CH(CO_2CH_3)_2 + (CH_2{=}CHCH_2)_2C(CO_2CH_3)_2$

当 π－烯丙基上有取代基时，亲核试剂的进攻具有明显的区域选择性，例如：

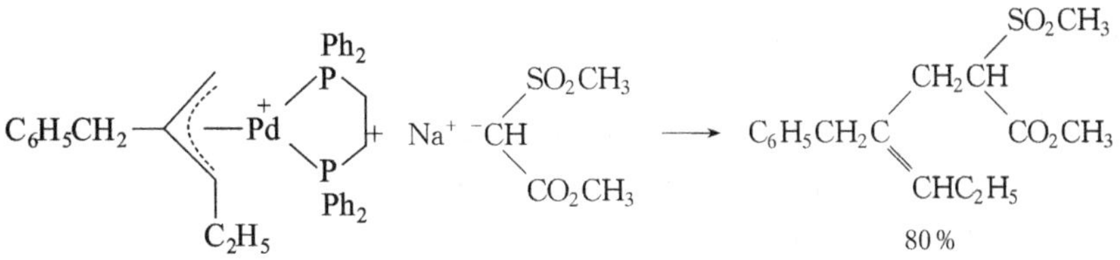

反应发生在烯丙基体系位阻小的碳原子上。

利用 π－烯丙基钯络合物的反应可以合成多种天然产物，例如维生素 A 的合成：

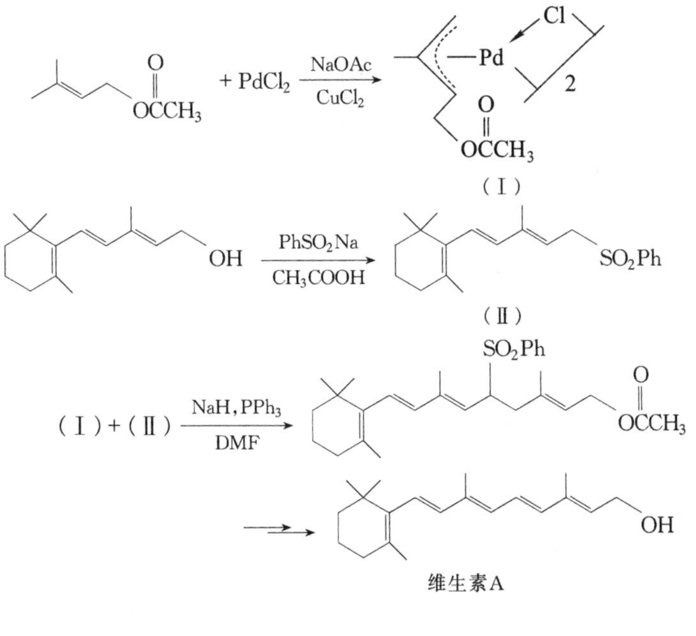

π－烯丙基镍络合物不具有 π－烯丙基钯络合物的亲电性能，但可以和卤代烃发生偶联反应，反应中卤代烃中的卤原子被烯丙基取代。该反应也可用于天然产物的合成，例如檀香烯的合成：

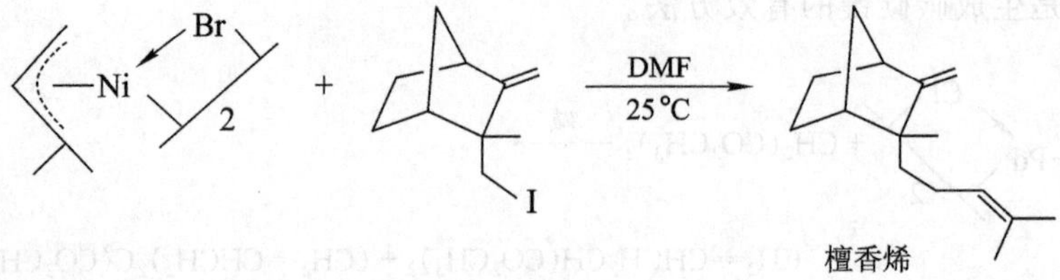

(2) 格氏试剂和卤代烃的偶联反应　在 Pd(0)和 Ni(0)络合物催化下,格氏试剂和芳基或烯基卤化物发生反应,通过生成碳碳 σ 键得到偶联反应产物。例如:

$$C_6H_5I + C_6H_5C{\equiv}CMgBr \xrightarrow{Pd(0)} C_6H_5C{\equiv}CC_6H_5$$

首先是卤化物对金属的氧化加成反应,生成芳基或烯基金属络合物,然后是格氏试剂中的 R′基团和卤素 X 的交换反应,最后通过还原消除反应得到偶联产物。反应机理可以用下面的图示表示(图 22-8)。

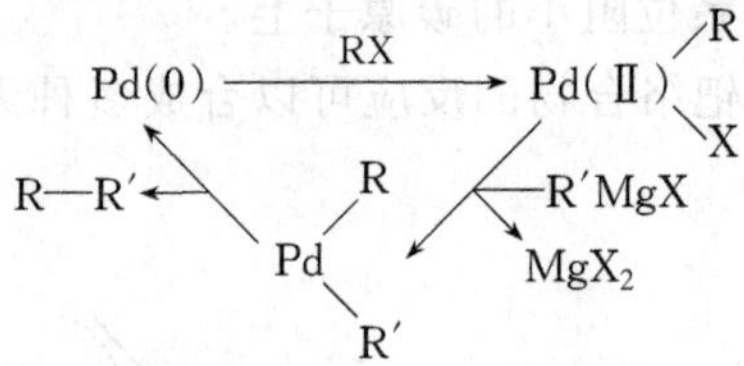

图 22-8　Pd(0)催化的偶联反应示意图

除格氏试剂外,Li,Zn,Sn,Al 等的有机金属试剂也可以和卤代烃发生相应的偶联反应。例如:

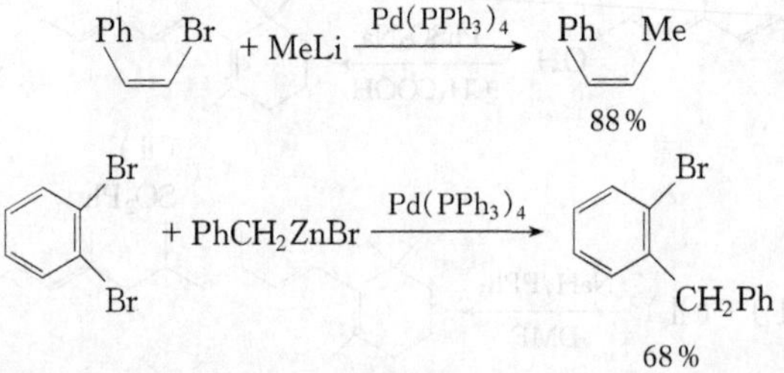

(3) 赫克反应　赫克反应是指钯催化的烯烃的芳基化和烯基化反应,它是生成 C—C 键的有效方法之一。

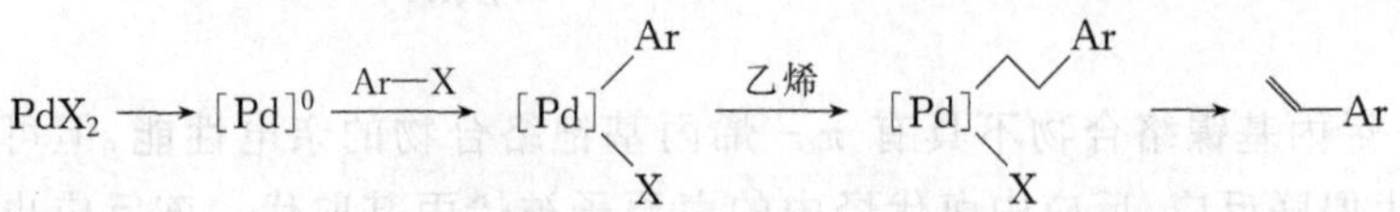

反应的催化剂$[Pd]^0$ 络合物是通过 PdX_2 的还原而原位生成的。

赫克反应可以用于天然有机物的合成，例如：

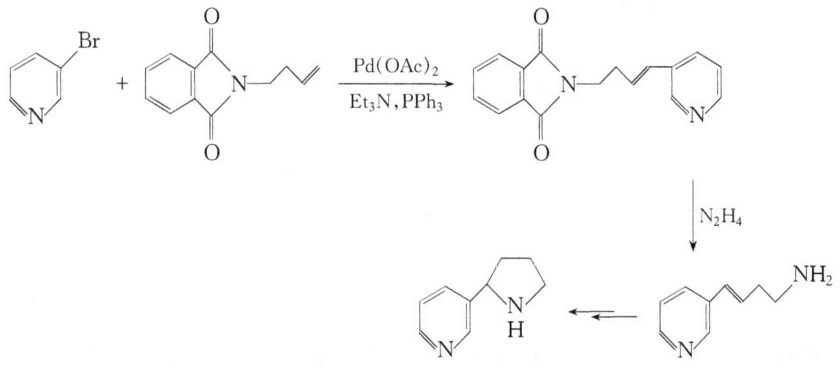

去甲烟碱

(4) 过渡金属卡宾络合物的反应[4]　自从 1964 年费歇尔发现过渡金属的卡宾络合物反应之后，人们对它进行了广泛而深入的研究。由于卡宾络合物在形成碳碳键的反应中有着特殊的作用，因此人们迅速将卡宾络合物用于有机合成反应，成为一类重要的反应试剂。

根据过渡金属卡宾络合物的结构、组成可以将它们分为两类，"费歇尔"型和"施罗克"型。

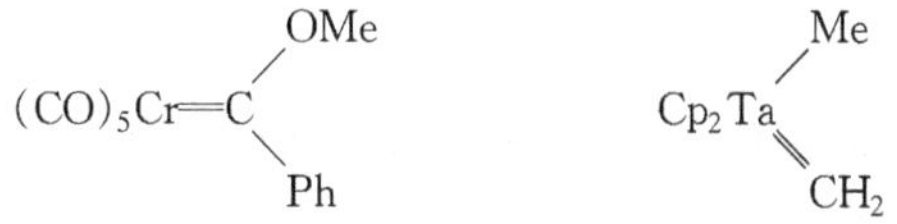

"费歇尔"型　　"施罗克"型

"费歇尔"型络合物中的金属为ⅥB～Ⅷ族过渡金属。络合物同时被具有明显受体性质的配体(如 CO)所稳定。卡宾碳原子为 sp^2 杂化，有一个空的 p 轨道，是缺电子的，因此具有明显的亲电性。通常卡宾碳的邻位具有杂原子，其典型化合物是苯基甲氧基五羰基铬卡宾络合物。

"施罗克"型络合物中的金属通常为ⅥB 族以前的过渡金属，卡宾碳的邻位不含杂原子，中心金属也不与 CO 配位。在"施罗克"型络合物中卡宾碳为亲核性。其典型络合物为二茂基甲基钽卡宾络合物。

"费歇尔"型卡宾络合物中的卡宾碳表现为亲电中心，它是亲核试剂优先进攻的位置，另外卡宾配体 α－碳上的氢具有酸性，可被碱脱去质子，生成金属卡宾负离子，后者能与一系列亲电试剂作用生成碳碳键。例如：

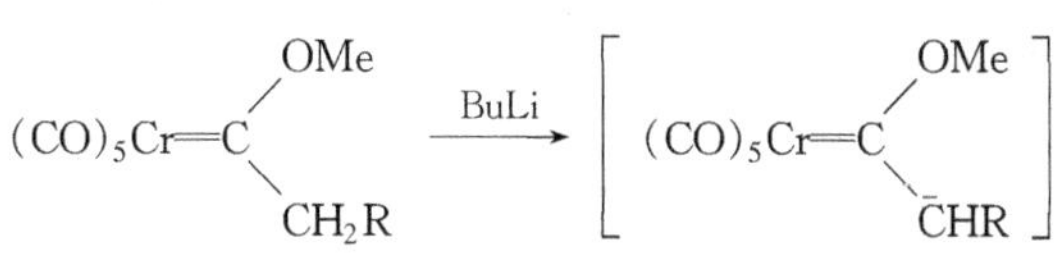

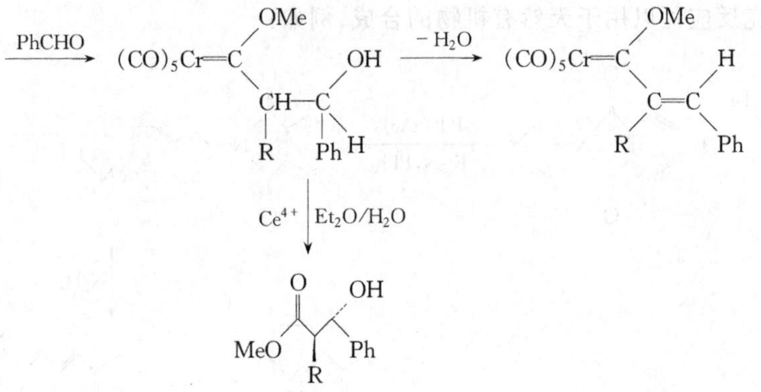

“费歇尔”型 α,β－不饱和炔基卡宾络合物可以和相应的双烯体发生狄尔斯－阿尔德加成反应。该反应在合成天然有机化合物方面有着特殊的重要性。

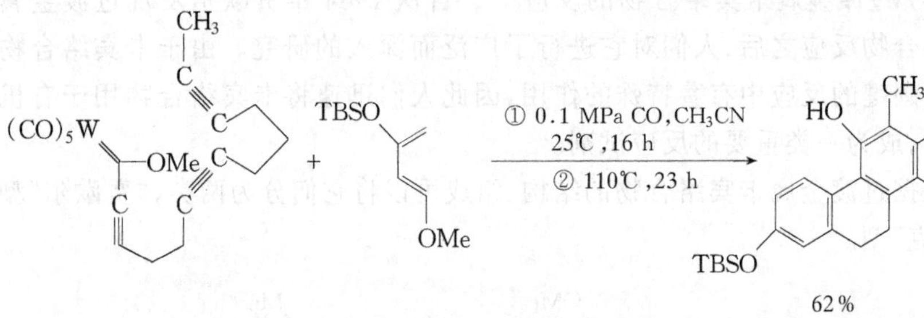

首先是二烯烃和活性的 α,β－不饱和炔基进行狄尔斯－阿尔德反应，生成的产物再经分子内的双炔基成环反应，生成甾体骨架。

涉及生成 C—C 键的均相催化反应还很多，这里就不再一一介绍了。

第三节 均相催化反应在不对称合成中的应用

获得手性化合物的方法主要有外消旋体的拆分、化学计量不对称合成和催化不对称合成。在这三种制备手性化合物的化学方法中，催化不对称合成具有明显的优越性。

自 1966 年野依良治等报道了第一个均相催化不对称合成反应以来，过渡金属络合物催化的均相不对称合成反应有了迅速的发展。由于均相不对称合成反应的高对映选择性，可以得到高光学纯度的化合物，因此在医药、农药、香料等方面有着广阔的应用前景。目前，不对称均相催化反应的研究已经成为有机过渡金属化学研究的前沿。

一、手性配体

利用过渡金属络合物均相催化反应进行不对称合成的关键是设计和合成具有高催化活性和高对映选择性的催化剂。

原则上讲，手性中心可以在催化剂络合物的金属原子上，也可以在和金属络合的配位原子上，或在配位原子的取代基上。人们发现合成手性中心在金属原子上的过渡金属络合物要困难得多。因此，在均相催化的不对称合成中，人们主要是合成手性配体，再由手性配体和过渡金属组成手性络合物催化剂，这样，手性配体就成为手性催化剂产生不对称诱导和控制的根源。

1. 手性磷配体

当叔膦分子中的三个 R 基团各不相同时，叔膦就具有了手性，手性中心在磷原子上。例如，1968 年诺尔斯和霍纳（Horner L）在研究烯烃的不对称氢化反应时使用的甲基正丙基苯基膦，就是手性中心在磷原子上的手性膦配体。人们发现简单地从小到大改变磷原子上的取代基，对提高光学产率的影响很小，但当在叔膦中引入一个邻甲氧基苯基后，光学产率有了较大的提高。例如，在下面的 α－乙酰氨基肉桂酸的不对称氢化反应中：

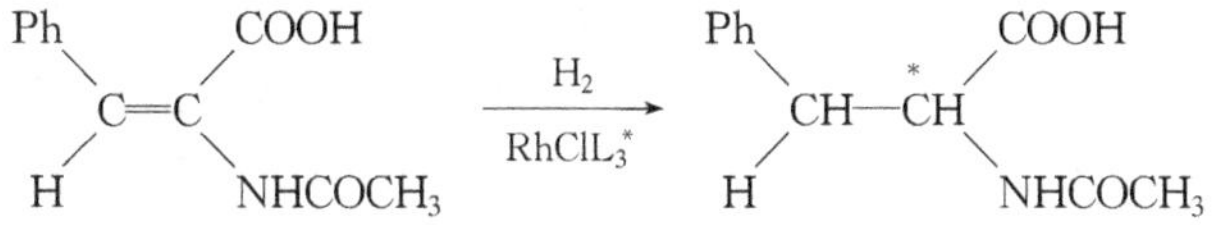

L^*	ee/%
甲基正丙基苯基膦	28
PAMP	56
ACMP	88

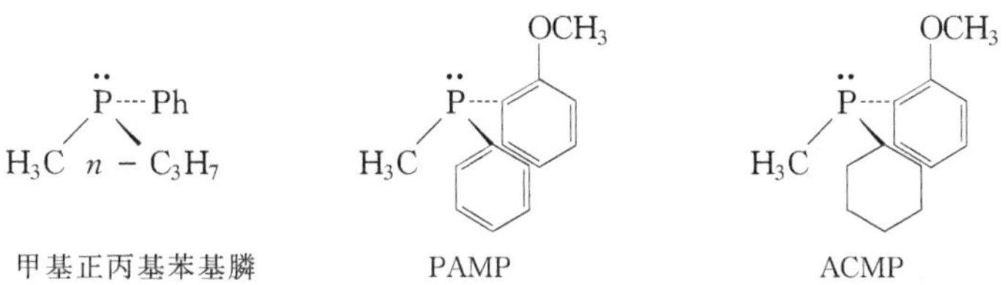

手性中心在磷原子上的手性叔膦难于合成，因为得到的是外消旋体，必须经过外消旋体的拆分，才能得到具有光学活性的对映体。为了避免进行对映体的拆分，人们将手性中心移到了膦配体取代基的碳原子上。

1971 年莫里森首次合成了手性中心在碳原子上的手性磷配体——二苯基新薄荷基膦（NMDPP）。这标志着手性配体合成的一大进步，从此可以利用自然界存在的酒石酸、樟脑、乳酸、薄荷醇、糖类等天然化合物为原料，合成各种手性配体。

用单膦手性配体制成的手性催化剂，在不对称反应中的对映选择性，在多数情况下不理想。人们认为这是由于单膦配体和过渡金属生成的络合物的构型容易改变造成的。为了增强催化剂络合物的刚性，出现了双膦配体。1971 年法国化学家卡冈（Kagan H B）利用天然酒石酸为原料合成了手性 1,4－二膦配体 DIOP。Rh－DIOP 络合物在 α－乙酰氨基肉桂酸的不对称氢化反应中获得了 82%的光学产率。从此之后，人们合成出了大量的各种各样的双膦配体，在不对称合成中，很多双膦配体都有上佳的表现，成为一类应用最为广泛的手性配体。

2. 含其他杂原子的手性配体

除含有磷原子的手性磷配体外，和过渡金属配位的原子还可以是氮、硫、氧等杂原子，组成手性氮配体、手性硫配体等。在含氮配体中，很多是由天然氨基酸衍生出的膦胺双齿配体，如由缬氨酸衍生出的膦胺配体 valphos。此外由 2－乙酰基吡啶和甲基半胱氨酸酯缩合而成的 pythia 配体是含有 N,O,S 的非膦配体。

3. 具有 C_2 对称性的配体

除具有手性中心的配体外，还有一类手性配体，本身并不具有任何手性原子，但由于分子具有 C_2 对称性而具有手性。在这类配体中最具代表性的是 20 世纪 80 年代野依良治报道的手性配体 BINAP。BINAP 可以和许多过渡金属生成络合物，配位后生成的七元环具有很大的刚性和高度扭曲的构象，可以有效地控制底物的取向和过渡态的构型，因此具有很高的对映选择性。

具有 C_2 对称性的配体除 BINAP 外，还有与它结构相似的联萘二胺、联萘二酚等。

常见的各类手性配体如下：

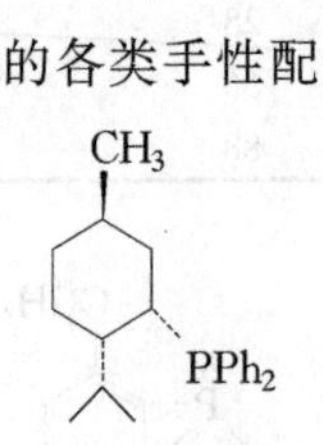

(+)－NMDPP

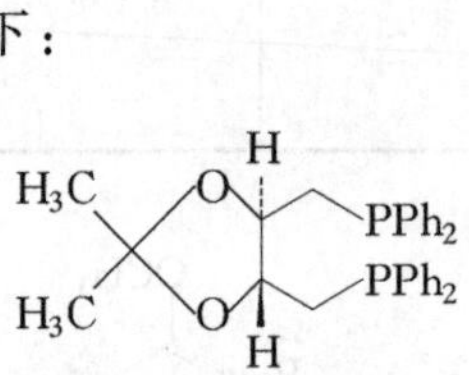

(R,R)－(－)－DIOP

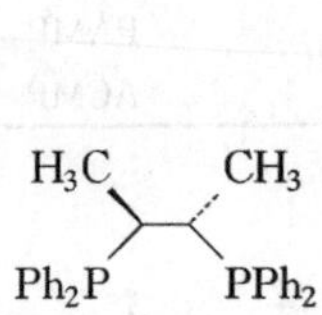

(S,S)－(－)－chiraphos

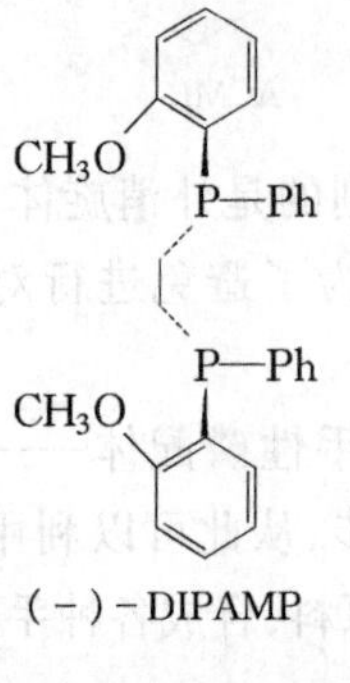

(－)－DIPAMP

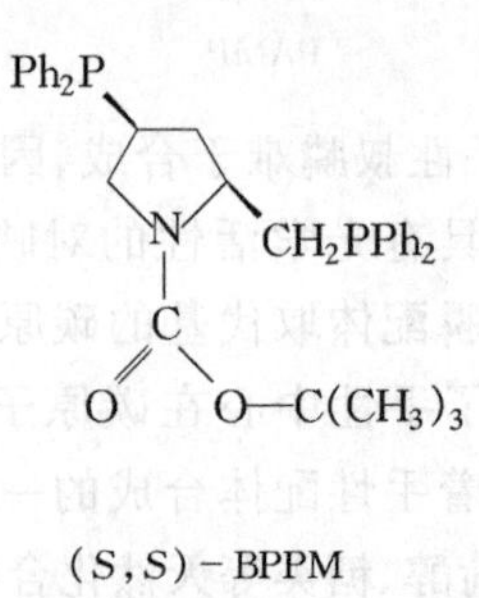

(S,S)－BPPM

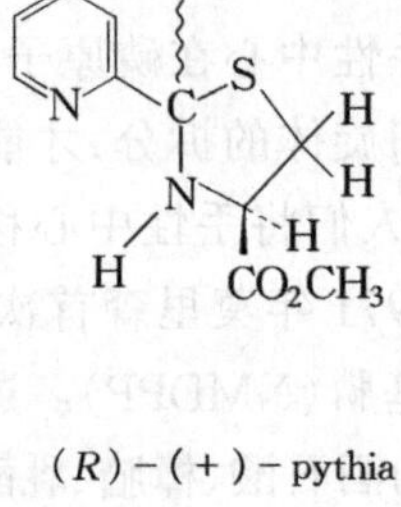

(R)－(+)－pythia

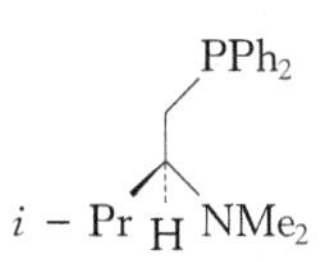

valphos

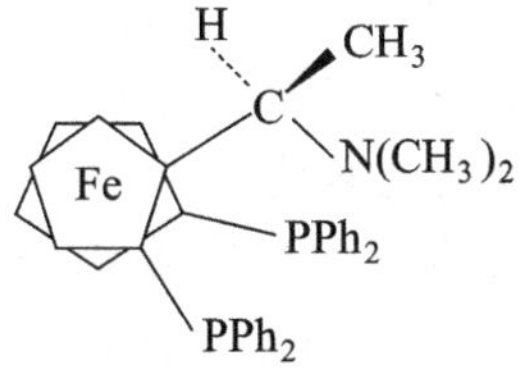

(-) - BPPFA

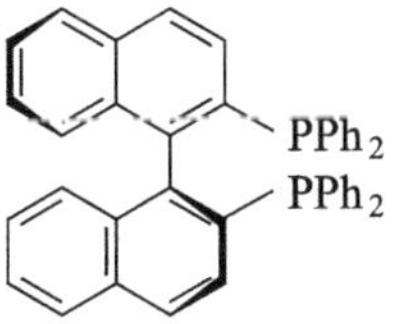

(*S*) - (-) - BINAP

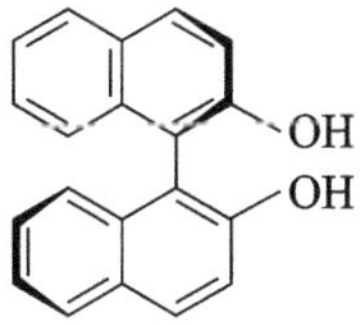

(*R*) - BINOL

二、均相催化的不对称合成反应

1. 氢化反应

不对称氢化反应是均相催化不对称合成反应中研究得最多、最成功的反应。下面介绍几个不对称氢化反应的例子。

(1) L - DOPA 的合成　L - DOPA 是治疗帕金森氏病的有效药物。1973 年美国孟山都公司首先采用不对称氢化反应合成出了 L - DOPA[5]。以 α - 乙酰氨基肉桂酸的衍生物为原料,反应的关键步骤是不对称氢化反应。产物的对映体过量百分率达到了 95% ee 以上。

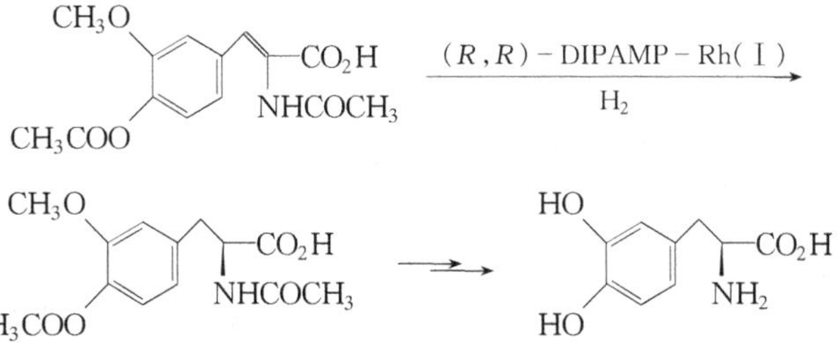

L - DOPA

该反应在 20 世纪 70 年代中期已实现了工业化生产。

治疗帕金森氏病的有效成分是没有手性碳的多巴胺。由于多巴胺不能通过“血脑屏障”进入人的脑部发挥作用,因此需要服用多巴胺的前体药 L - DOPA。L - DOPA 进入人体后,由体内的多巴脱羧酶催化脱羧,释放出多巴胺。但由于多巴脱羧酶的作用是专一性的,它只对 L - 异构体发生作用,而对映体 D - DOPA 不被脱羧。这就是为什么只有 L - DOPA 能够作为药物服用的原因。

(2) 萘普生的合成　萘普生(naproxen)是一种非甾体抗炎药,在消炎、解热、镇痛方面有很好的疗效。萘普生的(*S*)-异构体的药效比(*R*)-异构体高 35 倍。因此获得高光学纯度的(*S*)-萘普生就是制药工业的一个重要课题。1987 年野依良治及其合作者利用 Ru(BINAP)$(OAc)_2$ 为手性催化剂,对 6-甲氧基-2-萘基丙烯酸进行不对称氢化反应[6],以 92%的化学产率和 97% ee 的对映体过量百分率得到了(*S*)-萘普生,为萘普生的工业生产打下了基础。

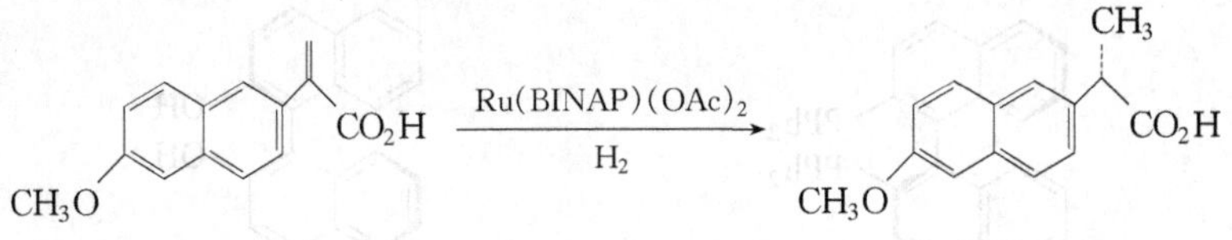

(*S*)-萘普生

该反应虽然有很高的化学产率和对映体过量百分率,但催化剂的回收和产物从反应体系中的分离仍是十分繁琐的事。1997 年有人报道了利用在室温下的熔盐使均相催化剂固定化的方法。在反应体系中加入 1-甲基-3-正丁基咪唑四氟硼酸盐(BMI·BF_4)和异丙醇,过渡金属络合物溶于这个离子性的溶液中,而有机物不混溶。这样催化剂被"固定"在熔盐的离子性溶液中,而反应产物可以很容易地从反应混合物中分离出来。

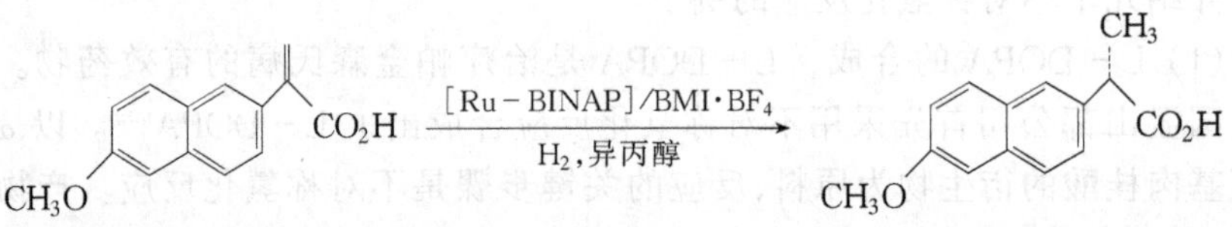

(*S*)-萘普生

BMI·BF_4 =

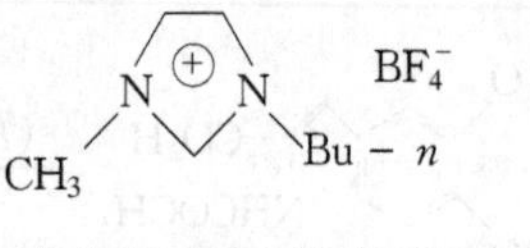

该反应的化学产率为 100%,对映体过量百分率为 80%,是均相催化剂非均相化的又一次成功的尝试。

(3) 烯酰胺的不对称氢化　含有 C═N 键的烯酰胺在 Ru(BINAP)$(OAc)_2$ 的催化作用下,发生不对称氢化反应,生成具有光学活性的酰胺。该反应可用于吗啡喃(morphinans)的不对称合成。

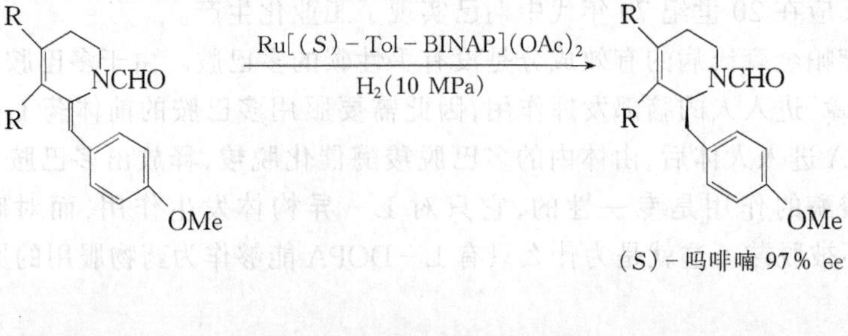

(*S*)-吗啡喃 97% ee

2. 异构化反应

烯丙胺在手性过渡金属络合物催化剂作用下发生不对称异构化反应生成手性烯胺。例如，N,N-二乙基香叶胺在$[Rh(I)-((S)-BINAP)_2]^+ClO_4^-$催化剂作用下，不对称异构化生成具有光学活性的烯胺，烯胺水解生成香茅醛，对映体过量百分率可达到98%ee以上。日本高砂香料公司利用该反应制备(-)-薄荷醇[7]，年产量达到1500 t，成为均相不对称催化反应成功地用于工业生产的例子之一。

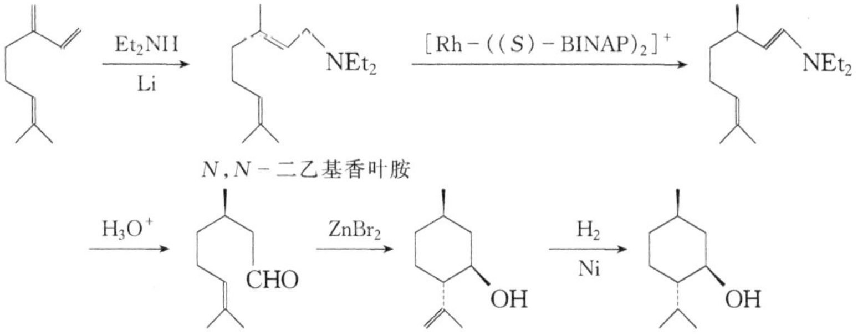

N,N-二乙基香叶胺

(+)-香茅醛　　(-)-薄荷醇

3. 氧化反应

(1) 烯丙醇不对称环氧化反应　1980年沙普利斯报道了烯丙醇的不对称环氧化反应[8]。反应以烯丙伯醇为底物，四异丙氧基钛为催化剂，叔丁基过氧化氢(TBHP)为氧化剂，酒石酸二乙酯(DET)为不对称诱导试剂，反应在-20℃无水条件下进行。

沙普利斯不对称环氧化反应得到光学活性的环氧醇，通过区域选择和立体选择的开环而引入其他的官能团，因此在各种天然有机化合物和药物的合成中，沙普利斯环氧化反应有着广泛的应用。例如，用于治疗心脏病的β-肾上腺素阻断剂普萘洛尔(propranolol)的合成。

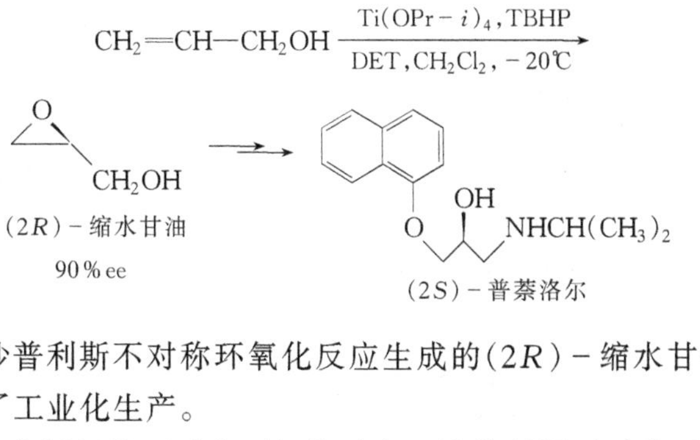

(2R)-缩水甘油
90%ee

(2S)-普萘洛尔

烯丙醇的沙普利斯不对称环氧化反应生成的(2R)-缩水甘油作为合成中间体已经实现了工业化生产。

(2) 非官能化烯烃的不对称环氧化反应　沙普利斯不对称环氧化反应只适

用于烯丙醇底物，非官能化烯烃的不对称环氧化反应是雅各布森（Jacobsen E N）在 1990 年首先报道的[9]。

雅各布森用手性二胺制成的（Salen）Mn（Ⅲ）络合物催化剂，催化非官能化烯烃的不对称环氧化反应，得到了 90％ee 以上的对映选择性。例如：

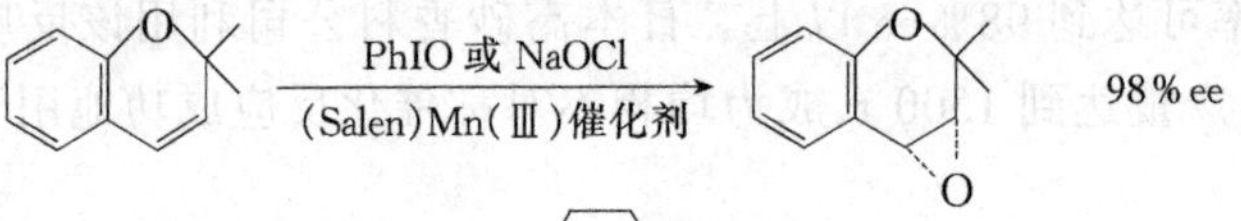

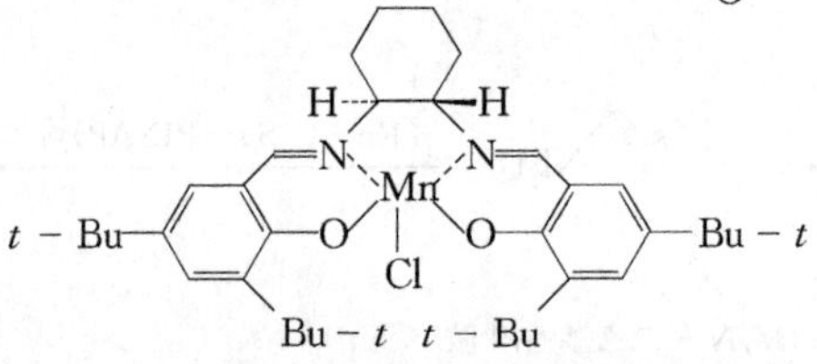

(Salen)Mn(Ⅲ)催化剂

（3）烯烃的不对称二羟基化反应　四氧化锇催化的烯烃二羟基化反应是合成1，2－二醇的重要方法之一。以 OsO_4 为催化剂，以生物碱二氢奎尼定（DHQD）或二氢奎宁（DHQ）的衍生物为手性配体，以甲基吗啉氮氧化物或过氧化氢等为次级氧供体，进行不对称二羟基化反应时，烯烃被氧化为手性二醇。

手性二醇是不对称合成的重要中间体，用于许多天然有机化合物的合成。例如沙普利斯将不对称二羟基化反应用于抗癌药物紫杉醇的侧链的合成[10]。反应以苯基丙烯酸甲酯为原料，用手性催化剂$(DHQ)_2$－PHAL 进行不对称二羟基化反应，得到 99％ee 的手性二醇，然后将 3－羟基转化为叠氮化物，最后完成紫杉醇侧链的合成。

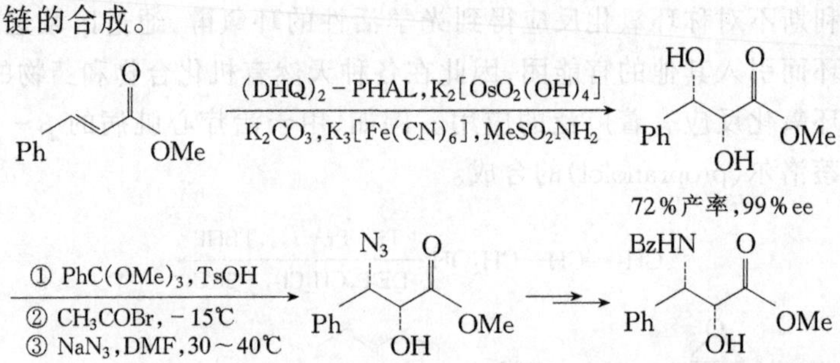

紫杉醇侧链

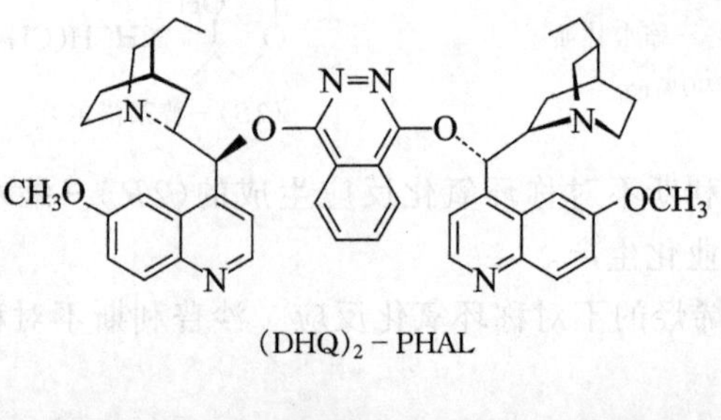

$(DHQ)_2$－PHAL

4. 环丙烷化反应

1966年野依良治首次报道的均相催化的不对称合成反应就是不对称环丙烷化反应。在水杨醛亚胺作配体的Cu(Ⅱ)络合物作用下,苯乙烯和重氮基乙酸酯的环丙烷化反应以6% ee的对映体过量生成反式的2-苯基环丙烷甲酸乙酯。

主要产物

6%ee

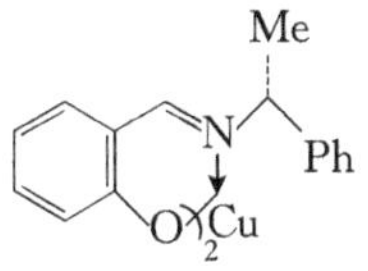

Cu(Ⅱ)催化剂

反应的对映选择性虽然很低,但从此开创了不对称均相催化反应研究的先河。

反应中催化剂和重氮化合物作用生成金属卡宾络合物中间体,然后再和烯烃作用,通过分子间的加成反应生成环丙烷衍生物。

沙纳霉素是用于治疗尿道感染的强力抗生素,在体内它易被肾酶降解,为此,需要同时服用酶抑制剂西司他丁(cilastatin)。日本住友公司利用手性席夫碱铜催化剂,使异丁烯和重氮乙酸乙酯发生不对称环丙烷化反应,生成具有光学活性的2,2-二甲基环丙烷甲酸乙酯,后者是合成西司他丁的关键中间体[11]。

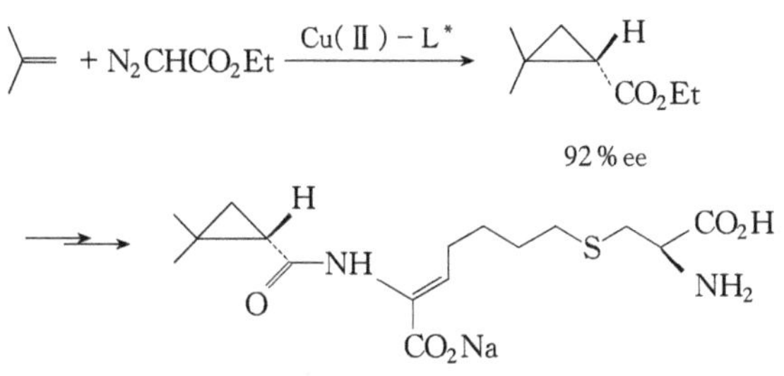

西司他丁

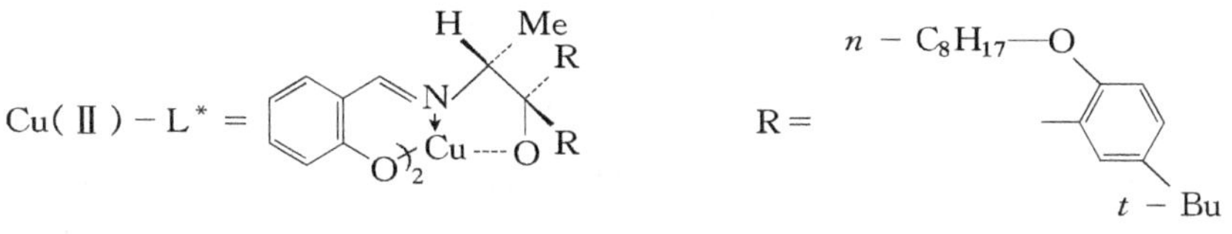

5. 狄尔斯－阿尔德反应

不对称狄尔斯－阿尔德反应是合成光学活性的环己烯衍生物和六元杂环体系的最重要的方法之一。由于反应具有高的区域选择性和立体选择性，只要选择适当的反应物，可以同时形成四个不对称中心，这在某些天然化合物的合成中具有重要的意义。

催化不对称狄尔斯－阿尔德反应的催化剂主要是手性路易斯酸－金属络合物催化剂[12]。例如，纳哈沙卡(Narasaka)催化剂，它是由具有 C_2 对称性的手性二醇衍生的。

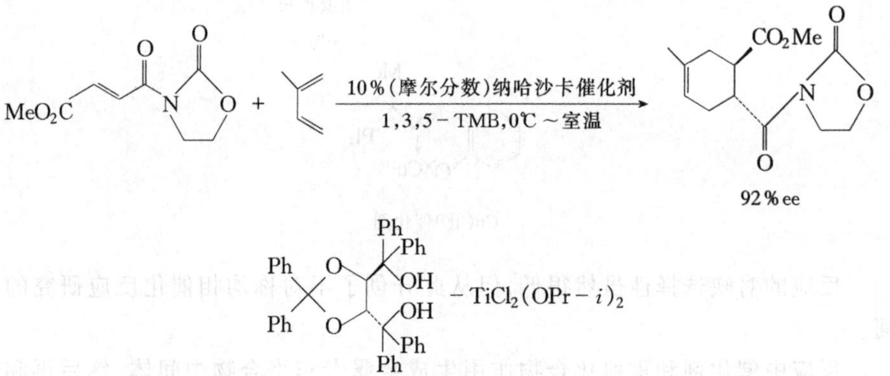

纳哈沙卡催化剂

手性镧系金属催化剂是由镧系金属的三氟甲磺酸盐和手性联萘酚和叔胺制得的。例如，手性三氟甲磺酸镱催化剂，它在3－酰基－1,3－噁唑烷－2－酮和环戊二烯的反应中，以高的对映选择性生成狄尔斯－阿尔德加成产物。

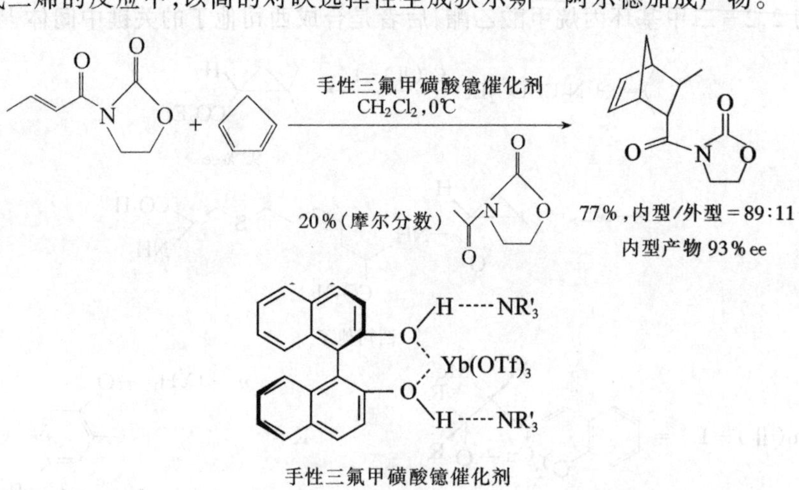

手性三氟甲磺酸镱催化剂

除此之外，双磺酰胺（Corey 催化剂）、手性酰氧基硼烷（CAB）催化剂也是不对称狄尔斯－阿尔德反应的有效催化剂。

6. 其他重要的不对称反应

除了上面已经介绍过的均相催化的不对称反应外，还有一些重要的不对称反应。

（1）格氏试剂的不对称偶联反应　仲烷基格氏试剂和溴乙烯在 $NiCl_2$－valphos 络合物催化作用下，发生不对称偶联反应生成 C—C 键。例如，消炎镇痛药姜黄烯的合成：

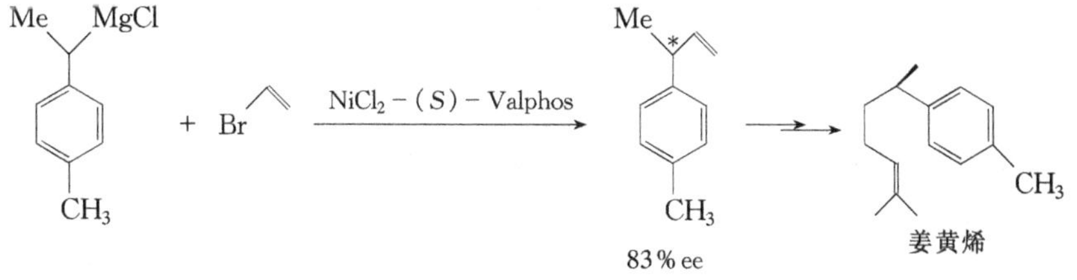

（2）不对称烯丙基胺化反应　不对称烯丙基胺化反应是生成手性胺的重要反应，外消旋的碳酸酯和苄胺在前手性催化剂［$PdCl(\eta^3-C_3H_5)$］$_2$ 和手性配体的作用下生成手性胺。

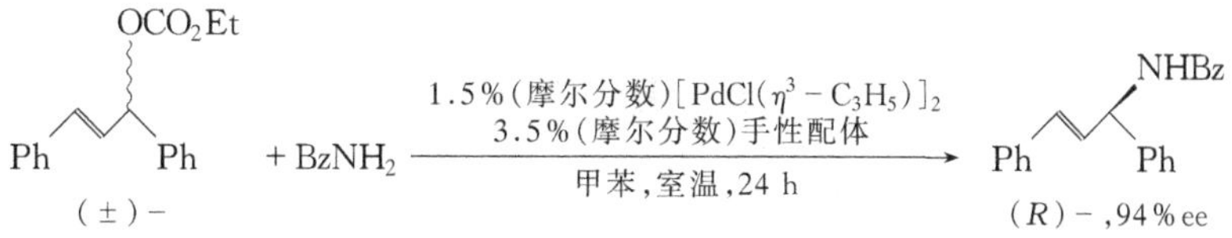

上式中的手性配体结构如下：

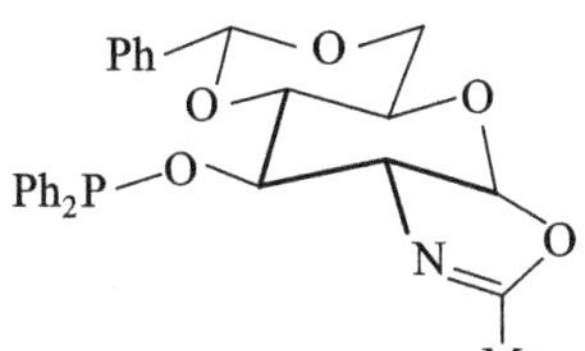

（3）不对称氢硅烷化反应　钯和单膦配体（*R*）－MOP 组成的手性催化剂可以催化末端烯烃的不对称氢硅烷化反应，生成的 C—Si 键用过氧化氢氧化生成手性仲醇。反应的对映选择性高达 94%ee 以上。

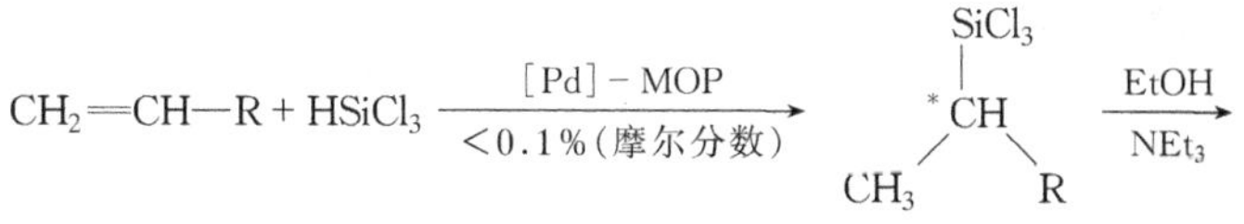

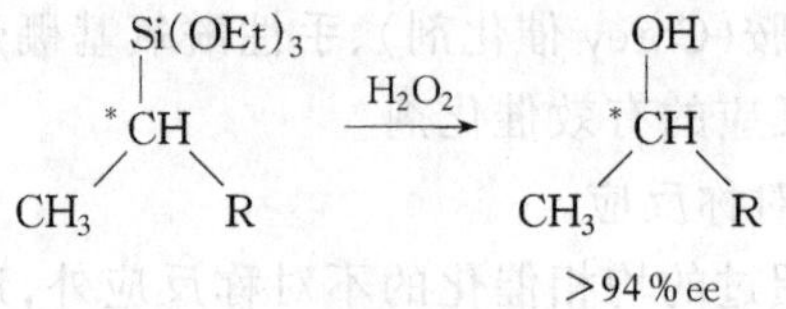

$$
\begin{array}{c}
\underset{CH_3}{\overset{\overset{\displaystyle Si(OEt)_3}{|}}{\overset{*}{C}H}} \diagdown R \xrightarrow{\ H_2O_2\ } \underset{CH_3}{\overset{\overset{\displaystyle OH}{|}}{\overset{*}{C}H}} \diagdown R
\end{array}
$$

$>94\%$ ee

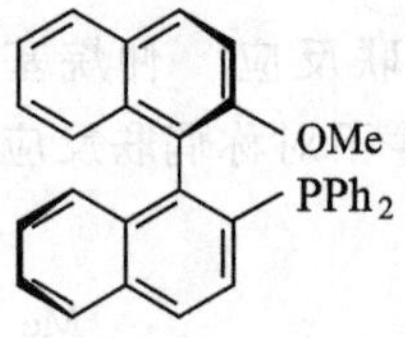

(*R*)-MOP

含有 C═O 和 C═N 双键的酮和亚胺也可以发生不对称氢硅烷化反应，生成的硅醚和氨基硅烷经水解生成手性仲醇和手性仲胺。

从前面介绍的过渡金属络合物催化的不对称合成反应的例子可以看出，催化反应的反应活性高，选择性好（包括化学选择性、区域选择性、立体选择性和对映选择性），反应条件温和，不产生或少产生副产物的特点在复杂的天然化合物的合成中得到了充分的体现。特别是均相催化反应的高选择性的特点，越来越受到重视，对有机合成化学的发展将发挥越来越大的作用。

参考文献

[1] 钱延龙，廖世健．均相催化进展．北京：化学工业出版社，1987，161-188.

[2] 钱延龙，陈新滋．金属有机化学与催化．北京：化学工业出版社，1997，821-833.

[3] 见参考文献 2．537-540.

[4] (a) Knowles W S. Acc Chem Rew, 1983, 16: 106.

(b) Knowles W S. J Chem Educ, 1986, 63: 222.

[5] Ohta T, Takaya H, Kitamura M, et al. J Org Chem, 1987, 52: 3174.

[6] Noyori R. Asymmetric Catalysis in Organic Synthesis. John Wiley & Sons Inc, 1994, 96.

[7] Katsuki T, Sharpless K B. J Am Chem Soc, 1980, 102: 5974.

[8] Zhang W, Loebach J L, Wilson S R, et al. J Am Chem Soc, 1990, 112: 2801.

[9] 林国强，陈耀全，陈新滋，等．手性合成——不对称反应及其应用．北京：科学出版社，2000，316.

[10] Aratani T. Pure Appl Chem, 1985, 57: 1839.

[11] 见参考文献 10．215-221.

第二十三章　有机功能材料

(Organic functional material)

由于凝聚态物理学、有机合成化学、量子化学、现代医学、光学、生物学及微电子技术等学科的相互渗透，尤其是信息技术的发展，对材料科学提出了更高的要求，迫切需要研究新材料。相对于其他功能材料，有机功能材料发展尤为迅速。超导材料、光致变色材料、电致变色材料、热致变色材料、液晶显示材料、非线性光学材料等得到了较为广泛的研究与应用。然而，功能材料所涉及的分子设计、合成制备、性能测试等工作量无比巨大，加上在应用上要求不断改进以及与其他材料的比较与竞争，由此，有机功能材料又面临着现代科学的严峻挑战。以有机化学为基础的功能材料具有以下特点：

(1) 有机化合物结构种类繁多，给人们提供了很多发现新材料的机遇。

(2) 运用现代合成化学的理论和方法，能够有目的地改变功能分子的结构，进行功能组合和集成。

(3) 运用组装和自组装的原理，能够在分子层次上组装功能分子，调控材料的性能。

有机功能材料的研究尽管是一个新型交叉领域，涉及多个学科。但是，功能材料研究的基础是新型功能分子的合成，即将功能性的基团引入到化合物分子中，仍然基于有机化学的理论和方法。实际上，功能分子的合成也将会给有机化学研究提出新的课题和挑战，从而促进有机化学理论和方法的发展。本章主要讨论基本的有机功能材料。

第一节　压敏材料

压敏材料不同于通常的染料和颜料那样具有自身发色、染着树脂和纤维的着色机能，压敏染料自身为无色染料，但它具有能与显色剂作用复原到发色染料的功能。

压敏材料的制作通常是用微胶囊包裹发色剂溶液的微细液球（微胶囊分散液），将其涂布在一张纸的背面。然后将显色剂溶液在溶剂中分散或包裹在树脂中涂在另一张纸的正面。当加压力后微胶囊破裂，二者接触发色。

一、微胶囊分散液的制作

微胶囊分散液的制作如图 23-1 所示。

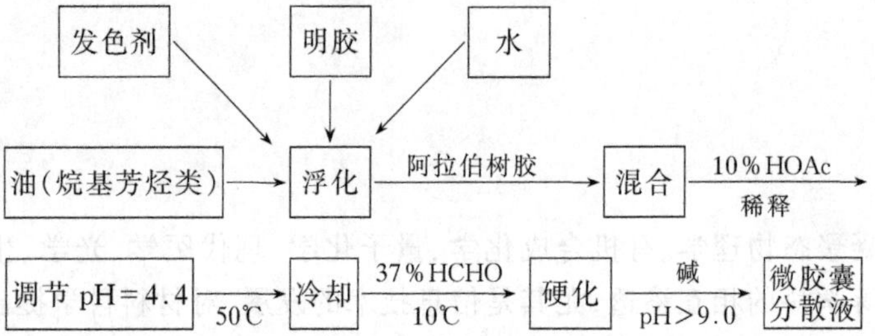

图 23-1 微胶囊分散液的制作

微胶囊化剂是制造微胶囊壁的材料,由于平均 0.5~1 mm 的微胶囊中包裹着发色剂和溶剂,因此微胶囊化剂必须满足下列要求:微胶囊中的压敏染料溶液不会粉化;压敏染料能长期保存稳定,不会变质;能有效地把压敏染料和发色剂隔离开来。

最早使用的微胶囊化剂是由美国 NCR 公司开发的明胶和阿拉伯树胶,这种微胶囊遇水和高温多湿环境会影响对其中压敏染料的保护和隔离,而且也难制得高浓度的微胶囊浆液。

新的微胶囊化剂主要是高分子物质,如聚氨酯树脂微胶囊、三聚氰胺甲醛树脂微胶囊和脲醛树脂微胶囊。这些高分子具有下列特点:压敏染料不易透过;可制得 50% 浓度的微胶囊液;能轻易改变微胶囊壁的厚度。

二、发色剂的选择

1. 三芳甲烷酚酞系

结晶紫内酯(CVL)是此类的典型代表。它是蓝色的主要品种,为世界各地使用。其结构式为

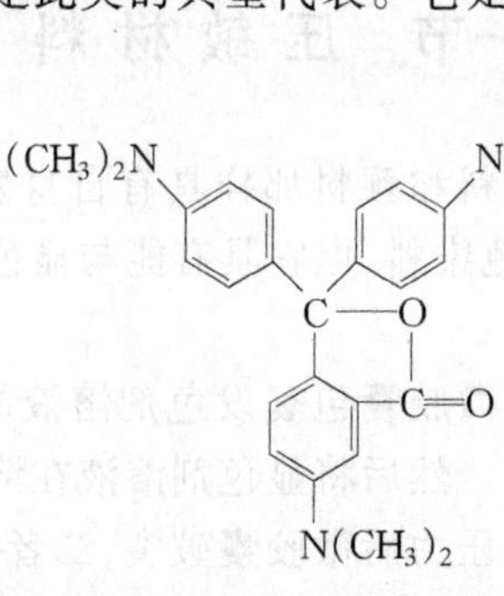

它可以由含二甲氨基的邻苯二甲酸酐与 *N*,*N*－二甲基苯胺进行缩合得到。CVL 具有颜色鲜艳、色浓度高、发色速率快和价格低等优点，其缺点是与黏土系显色剂组合的耐光性差。

2. 吩噻嗪系

苯酰亚甲基蓝(BLMB)是此类物的典型代表，它由亚甲基蓝还原再与苯甲酰氯反应制成，该产品发蓝色，色泽耐光性好，但发色速率慢，色相差，通常用于发色色调的调色或改善保存性。当 CVL 与其并用时，CVL 先发色，褪色后 BLMB 再发色，因此 BLMB 可作为二次发色剂。

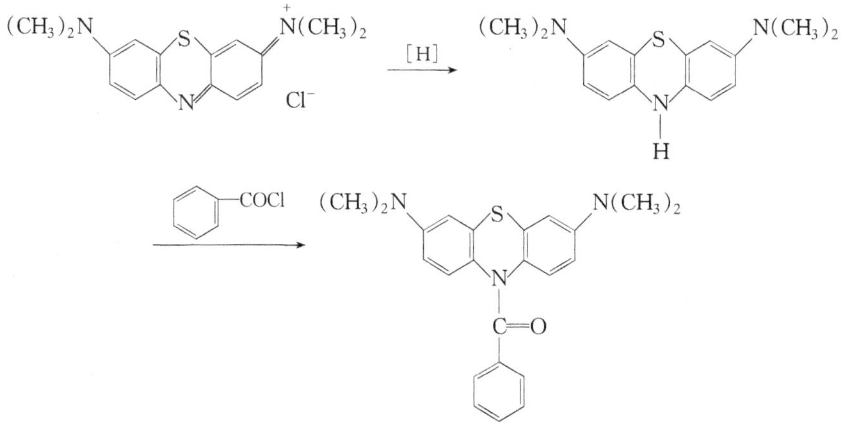

BLMB

3. 吲哚啉氮杂苯酞系和三苯甲烷系

该系列均发蓝色并且色泽浓度高，其主要结构式如下：

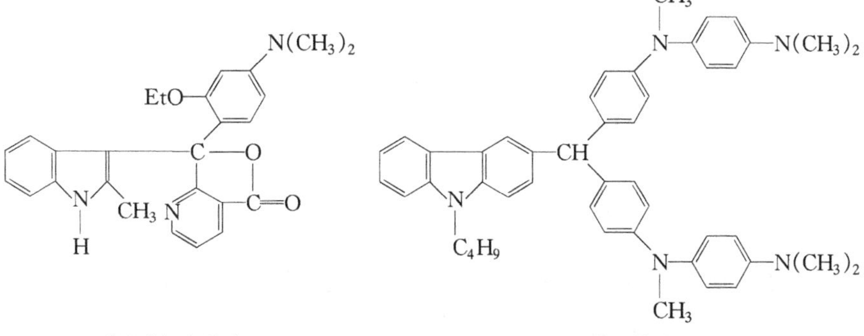

吲哚啉氮杂苯酞系　　三苯甲烷系

4. 荧烷系

这类结构的发色剂发展快，有红、橙、蓝、绿及黑色等多种色谱，一般都具有优良的发色性能，如高感度，耐光，耐药品性能，耐氮氧化物，对溶剂有良好的溶

解性,其主要结构如下:

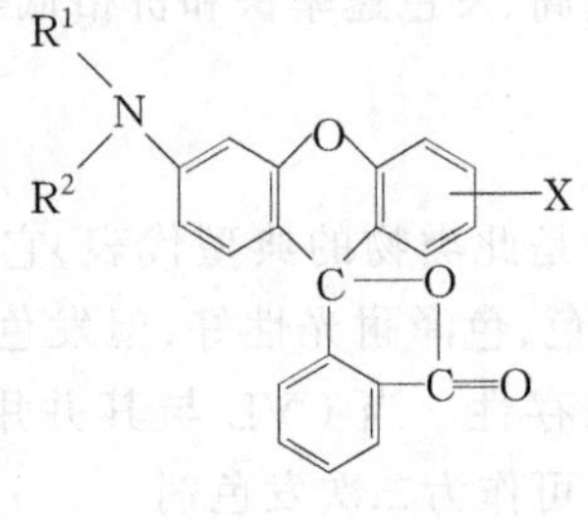

三、显色剂

显色剂是具有电子受容性的化合物,当与压敏染料接触后,使压敏染料发色,因此显色剂应满足下列要求:有优良的发色性并能长期保存,当受日光和空气中氮氧化物作用时,纸面不会发生黄变;发色画像坚牢,受日光、水、增塑剂等作用不易褪色;制作方便,价格低。

最早的显色剂是酸性白土、陶土等,它们是无机固体酸,但纸面会变黄,发色性能降低;苯酚类衍生物和双酚类显色剂虽然改进了酸性白土等方面的缺点,但发色性能不理想,发色浑浊度也低。酚醛树脂是继上述显色剂后发展起来的显色剂,但它们见光也易变黄。第三代显色剂是水杨酸树脂及多价金属络合物,经三阶段反应制成,平均相对分子质量 500~10 000。

首先由水杨酸与苄基缩合物制成共缩合树脂,再在强酸存在下由上述树脂与苯乙烯衍生物发生傅－克烷基化反应,最后由上述树脂与多价金属反应制成最终产品。

四、溶剂

主要用于溶解压敏染料的溶剂要求不与微胶囊壁作用,但能与显色剂相溶。一般为芳烃、烷基苯、氯化石蜡。

第二节 热致变色材料

热致变色是指一些化合物或混合物在受热或冷却时所发生的颜色变化。自从 1871 年豪斯顿(Houston)观察到 CuI 等无机物的热致变色现象以来,人们对热致变色进行了不断的研究。在具有可逆热色性的化合物范围方面,已从简单的金属、金属氧化物、复盐、络合物到各种有机物、液晶等。在热致变色材料的应用方面,已从早期的示温涂料发展到纺织、印刷、医疗、日用及科研等各个领域。

决定一个化合物是否具有可沛热色性首要的是化合物本身的分子结构。如

$Cu(dieten)_2ClO_4$ 在室温下是红色的，在约 43 ℃时是蓝色的，冷却时返回原色。但是将 ClO_4^- 换成 Cl^-、Br^-、BF_4^- 或将 dieten 换成 *N*，*N*－二丁基亚乙基二胺、*N*，*N*－二甲基亚乙基二胺都没有热色性。此外，热致变色也与该化合物所处的状态（结晶态）、化学环境（溶剂或涂料、油漆等固体分散介质）有关，同时也与该化合物被加热或冷却的方式及速度有关。例如，十八烷基膦酸与荧烃形成的膜在 100℃时是黑红色的，当快速冷却至室温时，该膜颜色变浅，而慢慢冷却至室温时该膜却是无色的。

一、可逆热变色化合物的分类

由于影响热变色现象的因素很多，使得热色现象各不相同，导致对可逆热变色化合物的分类也不同。例如，高温的（$t>100$ ℃）和低温的（$t<100$ ℃，乃至零下）；单色可逆的（无色到有色、颜色 A 至颜色 B。有色至无色）和多色可逆的（颜色 A 至颜色 B 至颜色 C ……）。

无机可逆热色性化合物较少，早期文献报道的主要是金属（如铜、银、金等金属及 Cu－Zn、Au－Zn、Ag－Cd、Au－Cd 等合金）及其氧化物（氧化铁、氧化铅、氧化汞等简单的化合物）、卤化物以及最近报道的多种金属氧化物的多晶体及各种金属络合物。

有机可逆热色性的化合物较多，如螺环类、双蒽酮类、席夫碱类、荧烃类和三苯甲烷类等。现分别介绍如下。

1．螺环类可逆热色性化合物

螺环类可逆热色性化合物早期报道的主要是螺环吡喃类，这类化合物发展得很快，其品种繁多。加热固体时，伴随着熔融过程发生无色或浅色与有色（如紫色、蓝色等）的变化。在溶液中也常有溶剂热变色现象。同时该类化合物往往既有热色性又有光色性。

在螺环吡喃母体各个碳位上，可以有各种取代基。如最近报道的吲哚啉螺苯并吡喃衍生物，其结构式如下：

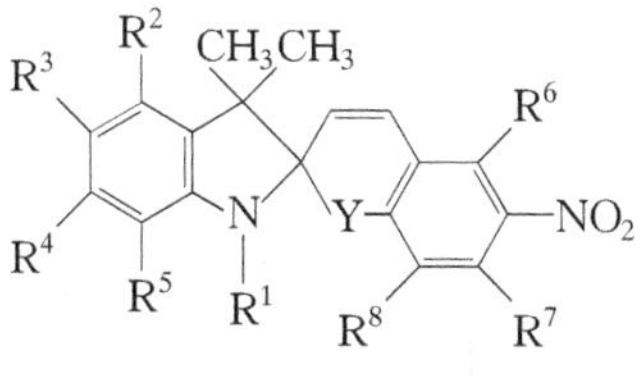

$R^1=C_{1\sim20}$芳烷基，异丁烯酸甲酯，异丁烯酸乙酯

$R^2\sim R^7=H$ 等

$R^8=H$，异丁烯酸甲酯等

$Y=O$，X

2．含有—CH═CH— 多芳环的可逆热色性有机物

该类可逆热色性有机物含有的碳碳双键往往是把含有苯环或类苯环的共轭体系连成大的共轭体系，其碳碳双键中的碳原子或者是环上的桥头碳原子，或者

与苯环等共轭基团相连。虽然该类可逆热色性有机物发现较早，研究较多，但其变色机理还不十分清楚，可能是因为在加热过程中发生了平面构型扭转，或者生成了双游离基。

在双蒽酮、双呫吨等母体的各个碳位上，可以是各种取代基，如烷基、硝基、烷氧基、卤素、芳香基及苯并环等。该类可逆热色性有机物的典型母体如图 23－2 所示。

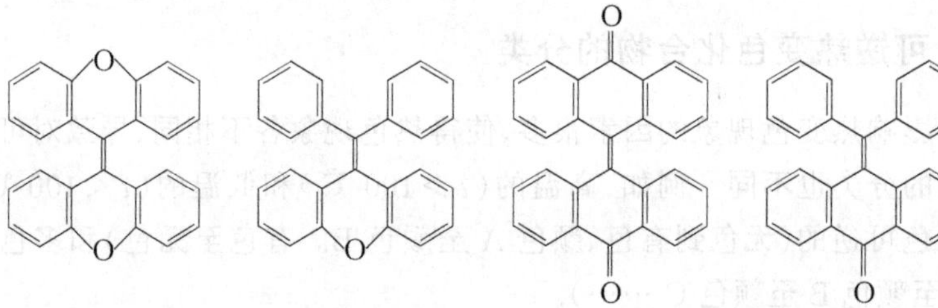

图 23－2　含有—CH═CH—的多芳环母体结构

3．席夫碱可逆热色性有机物

席夫碱可逆热色性有机物的合成较容易，一般都是由醛类和胺类在乙醇中加热回流得到。大多数席夫碱可逆热色性有机物的变色温度偏低（－40 ℃），仅有磺酰胺类席夫碱及双席夫碱等的变色温度较高（50～160 ℃）。该类席夫碱大部分都是由含邻羟基的苯甲醛、萘醛、菲醛及其衍生物和胺类合成得到，其烯醇－酮互变异构的变色原理已有较多文献报道。

与含邻羟基的苯甲醛、萘醛、菲醛及其衍生物反应的胺部分可以是苄胺、芳胺或取代芳胺、噻吩苄胺、吡啶胺、甾族类胺等。其通式如下：

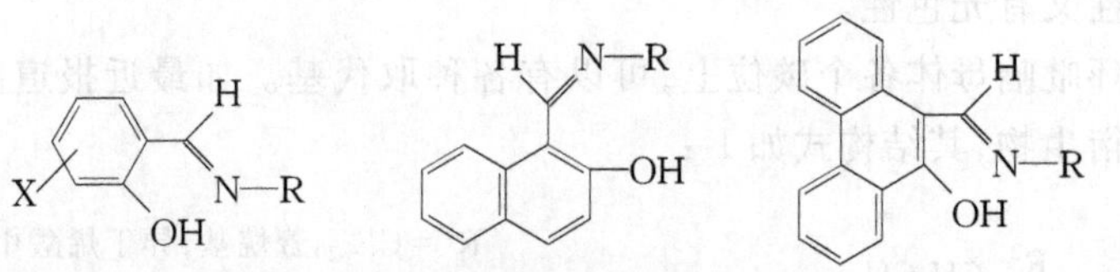

含苯基的席夫碱　　含萘的席夫碱　　含蒽的席夫碱

4．通过电子转移表现出可逆热色性的有机物

这些有机物本身没有热致变色现象，只是在作为电子给予体（发色剂）的有机物与作为电子接受体（显色剂）的有机物之间通过电子转移平衡反应才表现出可逆热色性。由于可作为电子给予体、电子接受体及溶剂性物质的有机物很多，且相互间选择的比例也很多，这类新型可逆热色性的有机材料在变色温度的选择性、颜色组合自由度、变色明显性及价格等方面都有比较显著的特点。与具有

可逆热色性的单一化合物相比，它无疑成为最有发展前途的可逆热色性材料。

该类可逆热色性有机材料的三种主要组分如表 23－1 所示。

表 23－1　电子转移表现出可逆热色性的有机物

分类	化合物	功能
电子给予体	邻苯二甲酸二烯丙酯，螺环吡喃类，荧烃类，罗丹明 B 内胺，聚烯丙基甲醇类，隐色金胺，酰基、芳基金胺类，吲哚啉类	决定颜色
电子接受体	酚类，羧酸类，磺酸类，酸式磷酸酯及其金属盐，二氮杂茂，卤代醇及其衍生物	决定显色深浅
溶剂性物质	醇，硫醇，酮，醚，磷酸酯，磺酸酯，羧酸酯，亚硫酸酯	决定变色温度

在实际应用中，除上述三种主要组成物质外，还需要添加一些必要的如无变色的染料、颜料、可塑剂、紫外吸收剂和增稠剂等，同时也与微胶囊化技术的发展分不开。

二、热致变色的变色原理

对于各类具有可逆热色性的化合物，其变色原理也各不相同。主要原理有以下七种。

1. 金属中的原子振动和电子跃迁

当黑色铁块加热时，随着温度的升高，发射光逐渐地变化，其颜色会由黑至微红至红至黄至白。这是由于温度的升高，导致原子振动的加剧。如加热铜或金使其升温时，导致$[(n-1)d^{10}ns^1]\rightarrow[(n-1)d^9ns^2]$的电子跃迁，从而使吸收波向长波方向移动，使颜色发生变化。

2. 晶格点阵扩张，原子间距离改变，晶体结构的变化

三价铬离子是有颜色的，一种三价 Cr 与 Al，Ga，Mg－Al，La－Ga 等的混合氧化物研究表明，当加热时这些物质的颜色变化是由于离子晶格膨胀的结果。在化合物中，铬离子占据八面体或类似八面体晶格点阵，温度变化时，它与中心离子的距离发生变化而导致颜色变化。

Ag_2HgI_4 晶型和 Cu_2HgI_4 晶型在低温下是 β 型的正四方体构型，当加热时它们转变成立方体构型（即 α 型），β 型与 α 型是同素异形体，这种同素异型晶格的相互转变使颜色发生变化。

3. 络合物配位数、配体场、构型的变化

$(CH_3)_2CHNH_3CuCl_3$ 低温时含有一对称的桥二聚体的双桥形链，其构型是一平面锥形，升温时则成为一个三桥链构型，其构型为平面双锥形。并且由于温

度的上升配位数由 5 增至 6。乙酰乙酸乙酯与 N,N,N',N'',N''－五甲基二乙基三胺的 Ni(Ⅱ)络合物在 DMF 或 DMSO 中低温时其配位数为 5，加热时配位数为 6，颜色随之发生变化。

由水杨醛、8－氨基喹啉和氯化铜反应制得席夫碱的金属络合物，当在 45℃以下时为绿色，而加热到 45 ℃以上时成为褐色。这是由于两个氯原子组成的四元环在加热时其构象的变化和分子振动导致配体场强的变化所致。

六水合钴在有氯离子存在时是一个绿色的八面体构型，加热时成为蓝色的四面体构型。

4. 有机化合物中的烯醇－酮互变，氢迁移

一般认为水杨醛席夫碱的邻羟基的存在对于热致变色的产生是必要的和关键的。在热色性物质的两个互变异构中存在一个对温度敏感的平衡。一个是烯醇式结构，其中键合的氢是与氧相连的，另一个是顺式酮的结构，其中的氢是与氮相连的。用 IR、^{14}N－NQR 的测试方法都证实发生了分子内的氢迁移，平衡式如下：

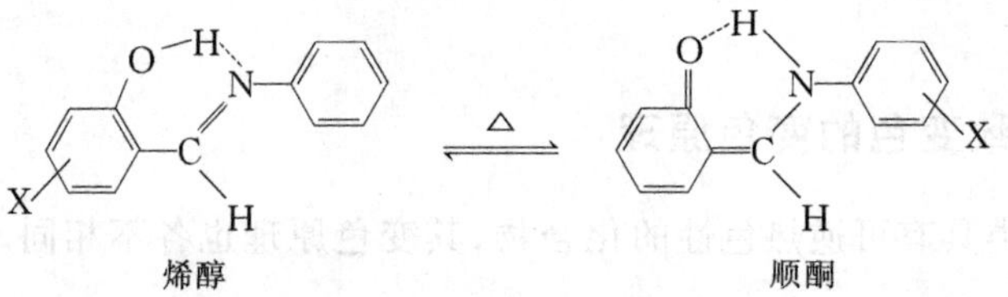

5. 双键位置的移动，开环和闭环

对氨基苯基汞双硫腙盐热致变色过程的红外光谱和动力学研究表明，发生颜色变化的主要原因是分子内双键位置的移动。

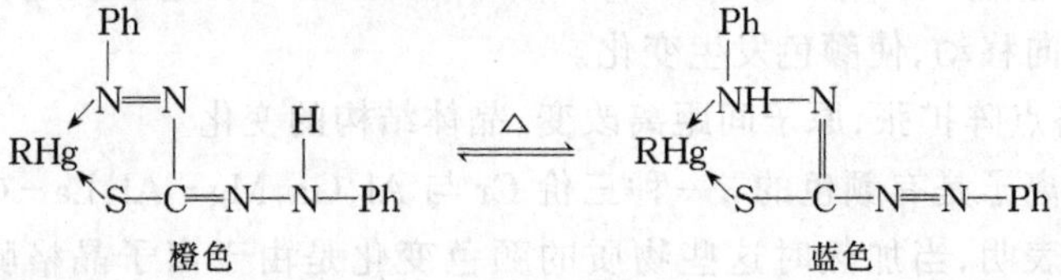

6. 有机分子中的电子转移反应

由电子给予体、电子接受体及溶剂性物质等三部分组成的可逆热变色有机材料，通过其电子的转移而吸收或辐射一定波长的光，表观上便有了颜色的变化。一个典型的电子转移可逆热变色反应如图 23－3 所示。

7. 金属络合物的电子自旋平衡机理

如杂环取代的噻唑类铁络合物加热时是 Fe(Ⅲ)的低自旋($^1A_1$)与高自旋($^5T_2$)的自旋平衡。

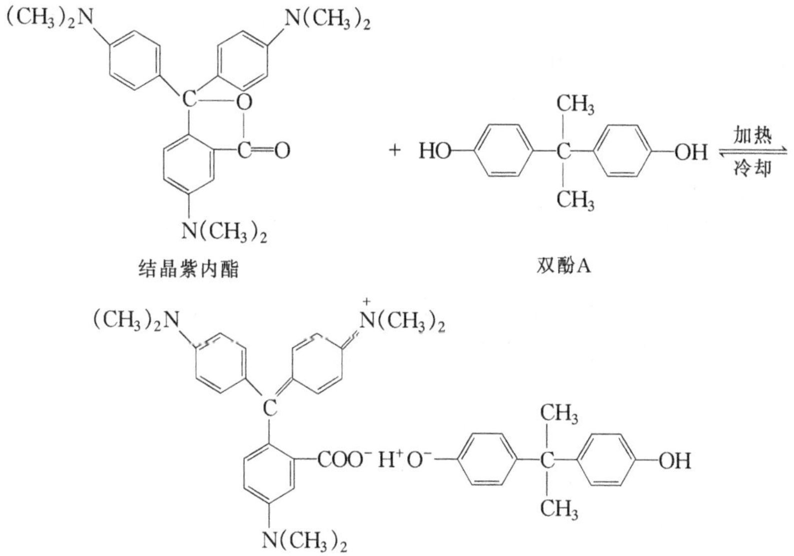

图 23-3　结晶紫内酯的电子转移过程

三、可逆热色性化合物的研究近况及发展趋势

金属碘化物、络合物、复盐与液晶材料是长期以来主要的可逆热色性材料。金属络盐结晶的变色温度普遍较高，毒性大，颜色变化很相近，变色不明显。液晶热变色材料对温度很敏感，但同时它也是一种化学敏感物质，与其他物质接触，其作用效果就变差。另外，这两种可逆变色材料不能自由选择所希望的变色温度和颜色。

日本近来研制出新型的即通过电子转移表现出可逆热色性的有机物，与过去可逆变色材料的比较如下：

热色材料	变色温度/℃	变色敏锐性	二次加工性能	选择变色温度及颜色组合自由度	价格
金属盐类	50～200	较好	不好	无	稍贵
液晶材料	-50～200	很好	较好	无	贵
电子授受类	-100～200	很好	较好	有	低

从上列各项可以看出，电子授受类热色材料是很有发展前途的材料，近期对这种电子授受类热色材料的研究和开发十分活跃。

日本近年来还研制出了新型的多种金属氧化物的多晶体，其组成为

(1) $Pb_{2-y}M_yCr_{1-x}N_xO_5$,M 为 Mo,W,S,Se,Te 等,N 为 Ti,Zr,Hf,Ta,Nb,Sn 等,$0<x<1$,$0<y<0.3$,如 Pb_2CrO_5。

(2) $Tl_2XM_{2(1-x)}CrO_4$,M 为 Na,K,Rb,Cs 等,x 为 0～1 间的实数,如 Tl_2CrO_4。

(3) $MCrO_4$,M 为 Na_2,K_2,Rb_2,Cs_2,Sr,Tl_2,1/3(Tl_2Mg_2),1/2(Tl_2Sr),1/2(Tl_2Ba)等,如 $Tl_2Ba(CrO_4)_2$。

这类多种金属氧化物的多晶体呈多色调变化,如 $Pb_2Cr_{1-x}MXO_5$ 随着温度升高,色调从橙色到赤橙色到茶色,而且热跟踪性良好,没有热过程。同时这类无机热变色材料耐温、耐久、耐光照,有足够的可逆重复寿命,具有很好的混合加工性。

针对胆甾型液晶化学稳定性差的缺点,日本等国利用微胶囊化的技术,使液晶在变色材料方面的应用有了很大进展。采用这种技术可使液晶产生一定的化学惰性,使其制成的变色材料在低于某确定温度时,能长期稳定存在,一旦达到某确定温度就迅速变色。

第三节 光致变色材料

光致变色是指化合物在光的作用下发生可逆的颜色变化。光致变色与分子结构密切相关,如烯醇－酮互变、氢转移、顺反异构、化合物配位数和配位构型的变化、开环或闭环的反应,这种结构的变化至少在一个方向受到电磁波辐射引起的诱导辐射以及吸收光谱的变化经常在紫外、可见光和红外区域。如活性染料在可见光的照射下,发生明显的颜色变化,而在暗处恢复到原来的颜色,光致变色的材料几乎都是由波长为 200～400 nm 的紫外光引起的。

$$A(\lambda_1) \xrightleftharpoons{h\nu} B(\lambda_2)$$

小分子光致变色物是不能作为材料用于制造器件上的,它们主要作为变色基连接在高聚物的主链和侧链上,也有一些小分子变色物自身能共聚成高聚物。

光致变色高分子适于制造为光致色变器件,因此在图像显示、光信息存储元件、可变化密度的滤光、摄影模板、光控开关等方面有重要应用价值。特别是由于三维可擦拭重写材料的研究,使得光致变色高分子成为功能高分子研究的一个前沿领域。常见的光致变色高分子主要有下列类别。

一、水杨醛席夫碱类

含水杨醛席夫碱类的聚合物,由于水杨醛席夫碱的羟基氢转移,产生烯醇式与酮式互变,通过这种水杨醛席夫碱与苯乙烯或甲基丙烯酸甲酯或甲醛共聚可制得下列光致变色聚合物(见图 23-4,图 23-5)。

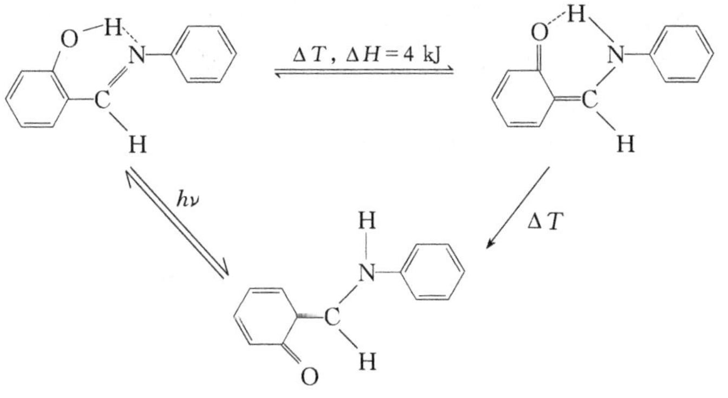

图 23-4　水杨醛光致变色的烯醇式与酮式互变

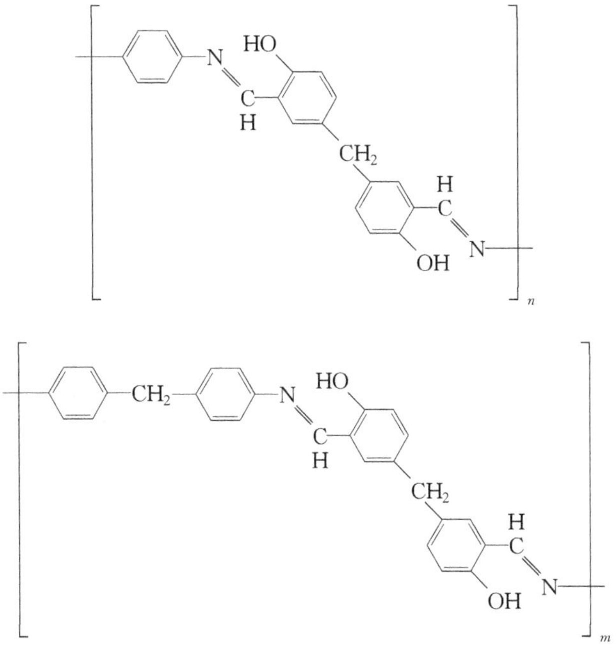

图 23-5　水杨醛席夫碱与甲醛共聚制得的光致变色聚合物(n、m 表示不同的聚合度)

二、偶氮苯类

偶氮苯类光致变色主要由于含有—N═N—键的顺反异构所致,将偶氮苯引入到苯乙烯或丙烯酸、甲基丙烯酸的聚合物中得到含侧链的偶氮基类聚合物。

光致变色的偶氮类高分子体系中,由于光致变色体的结构变化引起高分子链段的构象变化,从而导致高分子整体尺寸的改变和可逆的收缩—膨胀的光力学现象。即在光照下,材料会收缩,颜色也明显改变,而储存在暗处时,又恢复原先的长度和颜色,这种现象可重复多次。

偶氮苯类的单体可以是下列化合物:

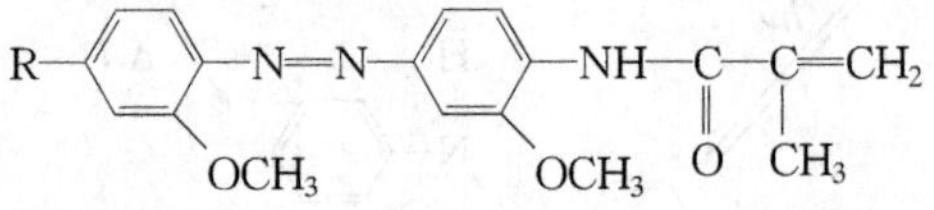

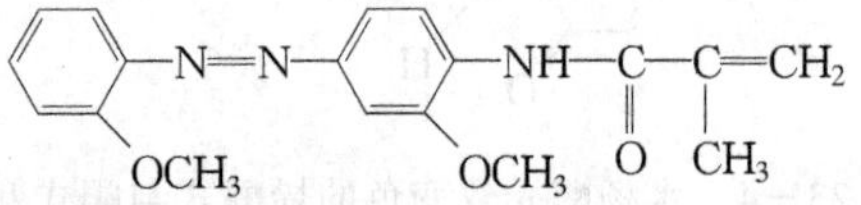

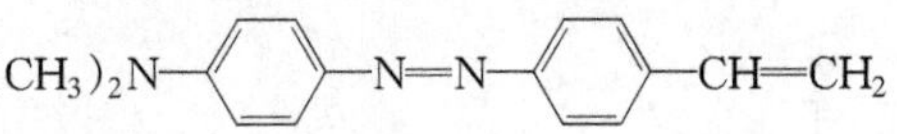

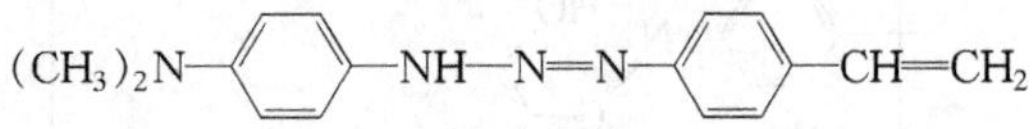

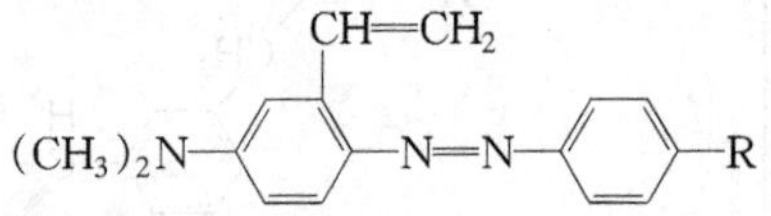

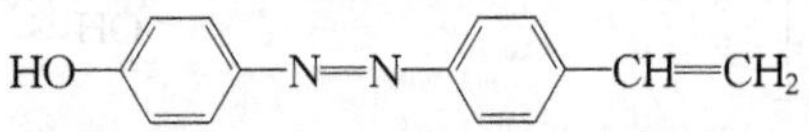

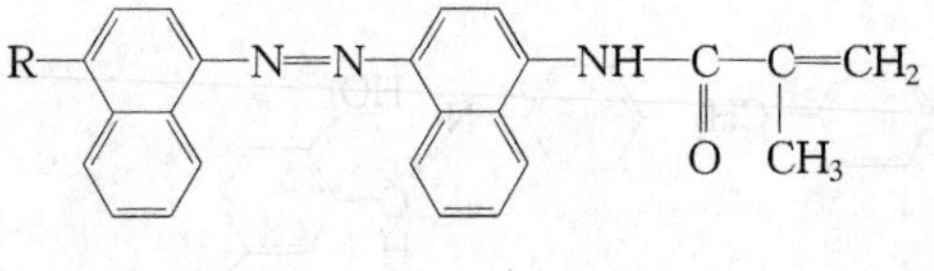

与偶氮化合物共聚的可以是下列单体:

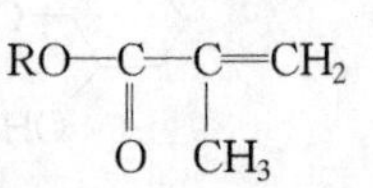　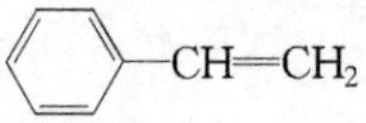

三、螺吡喃类

螺吡喃类是当前最令人感兴趣的一类光致变色化合物。其光致变色机理是在紫外光作用下,分子中吡喃环的 C—O 键断裂,接着分子中一部分发生旋转,变成开环的结构,使整个分子接近共平面的状态,吸收光谱也因而发生红移。开环体吸收可见光又能恢复到闭环化合物的体系。

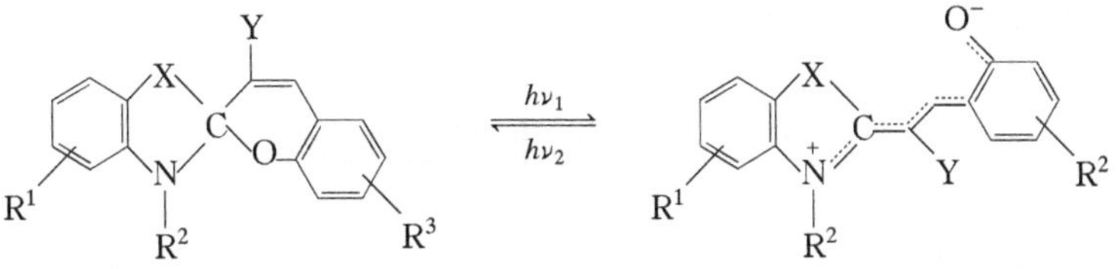

光致变色的高分子螺吡喃类的合成方法主要是将螺吡喃引入到丙烯酸酯类或苯乙烯的单体中，然后共聚得到光致变色高分子，也可将已有的高分子基体引入活性基再与螺吡喃反应。

四、俘精酸酐类

俘精酸酐类是芳取代的二亚甲基丁二酸酐类化合物的统称，其结构式如下：

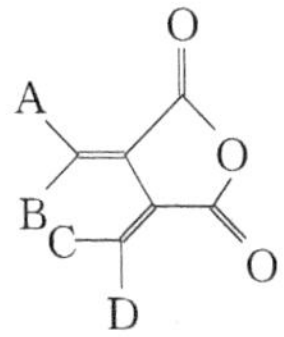

俘精酸酐是较早发现的光致变色化合物，它最近在工业上已得到了应用。

俘精酸酐的整个分子是由不共平面的酸酐部分和芳杂环部分构成，杂环上富含电子，可以俘精酸酐作为电子给体，而对应的酸酐部分则成为电子受体，因此大分子内部形成了电子给体和受体的 6π 体系。当俘精酸酐受到一定波长的紫外光照射后，发生光环化反应，$6\pi \longrightarrow 6\sigma + 6\pi$，成为共轭的有色体。有色体在可见光的照射下又发生逆反应。

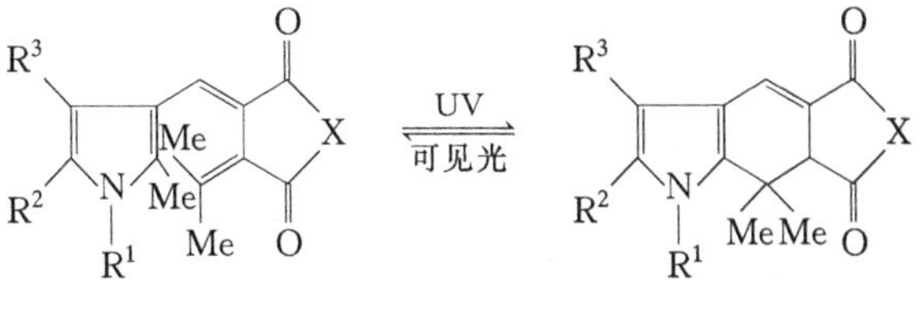

五、二芳杂环基乙烯类

芳杂环基取代的二芳基乙烯类光致变色化合物普遍表现出良好的热稳定性和耐疲劳性，芳杂环基取代的二芳基乙烯具有一个共轭的六电子的己三烯母体结构，它的光致变色也是基于分子内的环化反应（周环反应）。但目前较常用的方法是将二芳基乙烯化合物掺杂在高分子基质中，如掺杂在聚苯乙烯（PS）中，利用化合物光致变色效应受 PS 介电常数和流动性影响的特性，从而得到一个温控阈值超过 60℃的光致变色体系。

第四节 纳米复合材料

纳米材料是指材料两相显微结构中至少有一相的一维尺度达到纳米级尺寸的材料。其中纳米粒子相是由数目很少的原子或分子组成的积聚体，粒子直径小于 100 nm。从狭义上讲，纳米材料就是原子团簇、纳米颗粒、纳米线、纳米薄膜、碳纳米管和纳米固体材料的总称。纳米结构是指纳米材料领域派生出来的一个重要的含有丰富科学内涵的分支领域，它指的是以纳米尺度的物质单元为基础的一定规律构成的一种新体系，它包括一维、二维、三维新体系。由于纳米粒子较小的尺寸、大的比表面积产生的量子效应和表面效应，赋予纳米材料许多特殊的性质。目前已知其在磁性、内压、光吸收、热阻、化学活性、催化和烧结等许多方面呈现各种各样优异的特性。

纳米材料按维数可分为

(1) 零维　三维尺度均处于纳米尺度，如纳米颗粒、原子团簇。

(2) 一维　二维尺度处于纳米尺度，如纳米丝、纳米棒、纳米管。

(3) 二维　一维尺度处在纳米尺度，如超薄膜、多层膜、超晶格。

一、纳米复合材料的制备

纳米复合材料是由两相物质混合制成，纳米复合材料中，至少有一种物质在(1～100 nm)纳米范围内。有机－无机纳米复合材料通常是无机填料分散在有机聚合物骨架中，以其大的表面积与骨架材料相互作用，从而提高材料的韧性和其他机械性能。有机－无机纳米复合材料的制备方法主要有下列几种。

1. 溶胶凝胶法

具体方法是将烷氧金属或金属盐等前驱物(水溶性盐或油溶性醇盐)溶入水或有机溶剂中形成均质溶液，溶质发生水解反应生成纳米级粒子并形成溶胶，溶胶经蒸发干燥转变为凝胶。该法主要有：

(1) 把前驱物溶解在预形成的聚合物溶液中，在酸、碱或某些盐的催化作用下，让前驱化合物水解，形成半互穿网络。

(2) 把前驱物和单体溶解在溶剂中，让水解和单体聚合同时进行，这一方法可使一些完全不溶的聚合物原位生成并均匀地嵌入无机网络中。

(3) 在以上的聚合物或单体中可以引入能与无机组分形成化学键的基团，增加有机与无机组分之间的相互作用。

溶胶－凝胶法的主要优点：反应条件温和、产品纯度高、粒径分布均匀、可以通过改变溶胶－凝胶过程参数来控制纳米材料的显微结构，并且适应性广。但溶胶－凝胶法易出现纳米粒子的团聚现象，后处理干燥时易出现收缩使凝胶破裂，处理的办法是加入表面活性剂防止纳米粒子团聚，用超临界干燥防止收缩。

2．插层聚合法

插层聚合通常是将单体插层或嵌入无机晶体的夹层中再进行聚合。如苯胺、吡咯、呋喃、噻吩等很容易被嵌入到硅酸盐层片之间，在氧化剂作用下聚合，这种聚合物可使硅酸盐片之间进一步扩大，甚至解离，使层状硅酸盐填料在复合物基体中达到纳米级的分散。聚合物极性单体分子还可以通过气相或液相吸附到黏土矿物的层间域，然后在层间域进行原位聚合。如通过气相或液相吸附将丙烯腈和甲基丙烯腈嵌入到钠基和钙基蒙脱石的层间域，再经游离基引发聚合形成夹层聚合物。

3．聚合物熔融插层法

聚合物熔融插层即将聚合物熔融再直接插入到无机物片层中。

4．溶液插层法

溶液插层即在聚合物溶液中直接把聚合物嵌入到无机物层间。如在溶液中聚环氧乙烷、聚四氢呋喃、聚己内酯等很容易嵌入到层状硅酸盐和 V_2O_5 凝胶中。

5．共混法

共混法有溶液共混与熔融共混，它是将所合成的各种形态的纳米粒子通过物理方法或化学方法共混。如溶液共混，将树脂溶入适当溶剂中，然后加入纳米粒子，充分搅拌溶液使粒子在溶液中分散混合均匀，除去溶剂或使之聚合制得样品。熔融共混，如将环氧乙烷、聚苯乙烯、聚酰胺、聚酯 、聚硅氧烷熔融，直接嵌入无机材料中，共混凝土时要保证粒子的均匀分散，必要时加入分散剂。

6．自组装法

自组装是指通过各种物理化学作用（如氢键、范德华力、离子键、溶胶－凝胶作用等）把原子、离子、分子连接在一起形成一维、二维，甚至三维有序的纳米体系结构，自组装过程是一个整体的复杂的协同作用，而不是大量原子间的相互简单叠加，它的形成必须具备两个条件：一是有足够的非共价键或氢键存在；二是形成的自组装体系的能量足够低。目前纳米超分子的化学自组装方法可分为两类：一类是利用胶体的自组装特性组装成胶态晶体得到二维或三维的纳米超晶格；另一类是利用纳米粒子与组装模板之间的分子识别来完成纳米粒子的组装。在这方面有很多的研究报道，例如，胶体晶体的自组装合成、金属胶体自组装纳米结构合成、个体的纳米结构自组装合成、半导体量子点阵体系的自组装合成和分子自组装合成纳米结构等。

此外，其他的制备方法还有模板法、化学气相沉积法、液相法、相转移法以及超声共沉淀法。

二、纳米材料的应用

由于纳米复合材料的尺寸介于分子与体相尺寸之间,其电、光、磁等物理性质具有许多新奇的特性和新的规律,有机-无机纳米复合材料已成为发达国家近年来在新材料研究领域中研究的热点之一,它被广泛用于汽车、飞机、电子、建筑、化工、环保、生物等各领域中。

1. 作催化剂

纳米粒子粒径小,比表面积大,表面能高,表面具有不饱和力场,表面活性中心多,用作催化剂可大大提高催化剂活性和选择性。有些纳米复合材料还具有高温催化性能,能在高温下保持催化剂的活性与稳定。因此有人预计,纳米颗粒催化剂将成为21世纪催化剂的主要方向。

2. 在医学中的应用

细胞分离技术在治疗心脏病、判断胎儿是否有遗传缺陷、检查癌细胞及快速获得癌细胞时是十分重要的。病毒尺寸一般约为80～100 nm,细菌为数百纳米,而细胞则更大,因此利用纳米复合粒子的性能稳定、不与胶体溶液反应、易与细胞分离等特点,将纳米粒子用于细胞分离。

3. 在药物上的应用

相当部分中药是微米级的,难溶于水。制成纳米级后可溶于水,从而大大提高药物利用率,还可以起到延长药效的作用。将载有高分子和蛋白质的纳米粒子作药物载体,注射后,在外加磁场的作用下,通过纳米粒子的磁性导航,可达到定向治疗的目的。

4. 作航天航空用的材料

Helminek等人用聚苯并噻唑与聚苯并咪唑基体复合,成功地制备了模量为62 GPa并耐550 ℃高温的超高性能复合材料,其综合性能超过铝合金。密度仅为铝合金的一半,有希望作为航空航天材料。

5. 作为隐形材料

纳米粒子对雷达波的透过性能好,反射弱,将纳米粒子与氧化铝、氧化硅氧钛等混合,有强的吸收红外光的特征,是优良的隐形材料。

此外,含10%纳米级的TiO_2与环氧树脂组成的纳米复合材料,具有很好的机械性能和抗划痕能力,外观光亮,可作为汽车涂料。用聚甲基丙烯酸甲酯与硅酸盐制成的纳米级复合材料不仅透明而且吸收紫外线,含40%的环氧树脂-锂基蒙脱石纳米复合材料可成为一种很有前途的电极材料。

第五节　有机导体与超导体

有机导体和超导体实际上是一些有机晶体或者说是有电荷转移的有机复合物晶体。复合物晶体可分为分子晶体和电荷转移晶体,在电荷转移晶体中视离子化程度差异,又有离子晶体和混合型晶体之分。

一、有机导体和超导体的基本条件

有机导体和超导体的基本条件是:电荷转移复合物的电子给体分子和电子受体分子在晶体中有两种基本堆砌形式,即给体分子和受体分子混合交叉堆砌成分子柱(称为混合成柱)。给体分子和受体分子分别堆砌成分子柱,称为分列成柱。而电导的电荷转移复合物在结构上要求是分列成柱(混合柱均是绝缘体或半导体),并且这些分列成柱的分子要求紧密堆积有序(只有柱中分子紧密堆积有序才会出现高导电)。此外,分子以最合理的形式交叠。如高导电的 TTF·TCNQ 复合物中,TCNQ 分子相互交叠是沿着分子长轴方向一个分子的醌型环的中心正好位于另一分子的亚甲基双键上,在能量上还要求电荷部分转移。

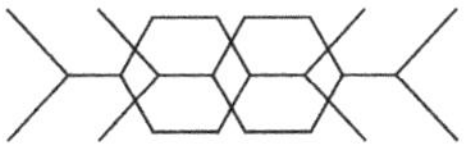

TCNQ 分子的堆砌形式示意图

二、常见的有机导体与超导体

自从科恩(Cowan D O)等人发现了 TTF·TCNQ 的有机晶体具有类似金属导体的性质和 Bechgaard K 等观察到$(TMTSF)_2 \cdot PF_6$有机晶体具有超导体以来,新的有机导体、超导体的有机晶体不断有所报道。

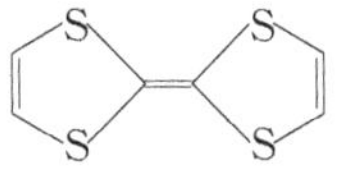

TTF

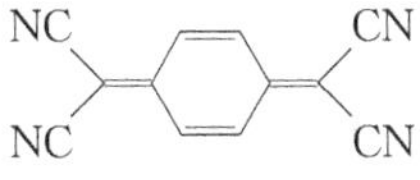

TCNQ

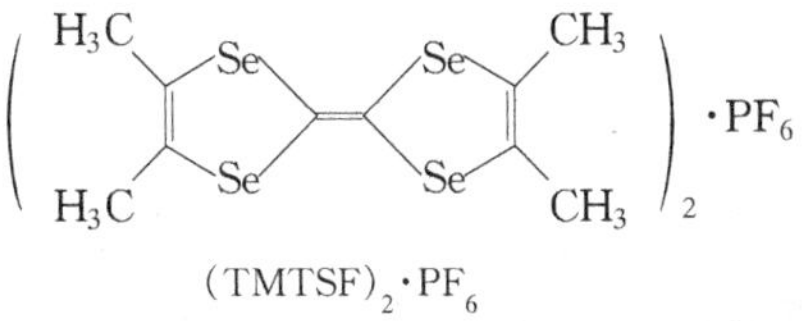

$(TMTSF)_2 \cdot PF_6$

有机导体与超导体中常见的各种给体和受体如下。

给体：

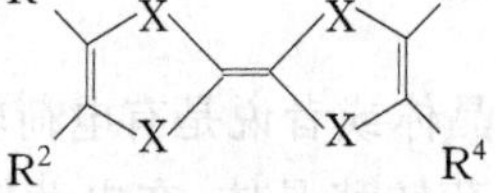

X = S, Se, Te

$R^1, R^2, R^3, R^4 = H, CH_3, C_2H_5$

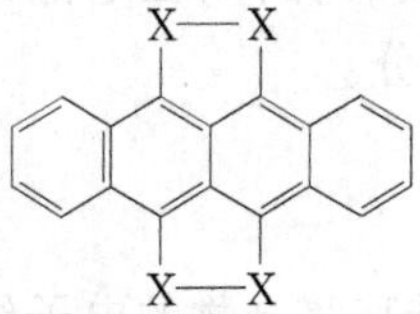

X = S, Se

受体：

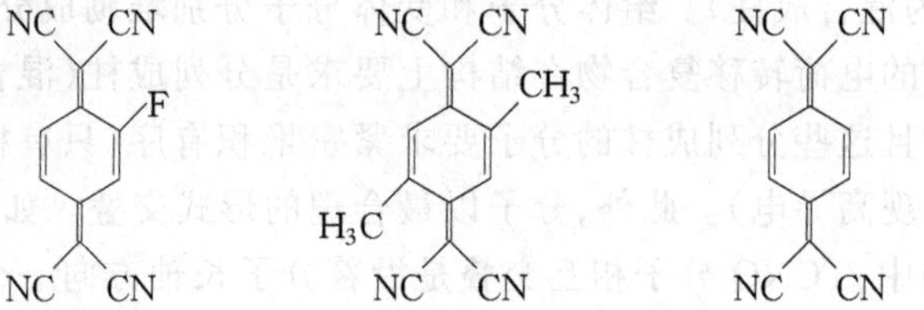

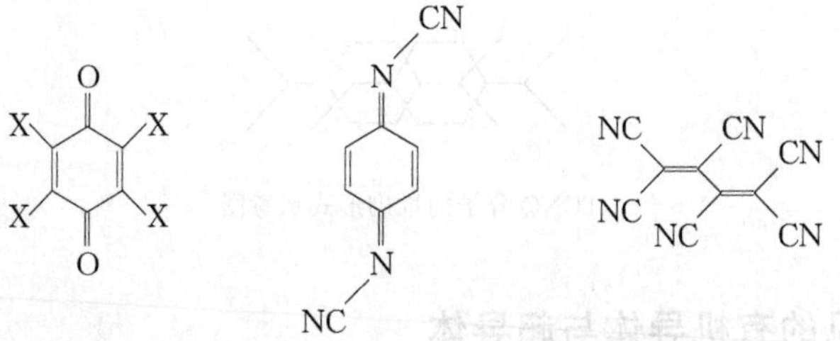

1. $(TMTSF)_2 \cdot X$

八面对称的阴离子盐$(TMTSF)_2 \cdot X$（X 为 PF_6, AsF_6, SbF_6, TaF_6）的最大电导率与室温电导率之比在 20～200，在 12～18 K 时，发生金属－绝缘体相变，在超过临界压力和 1 K 附近，出现超导。

2. $(BEDT-TTF)_2 \cdot X$

BEDT－TTF 的结构式为

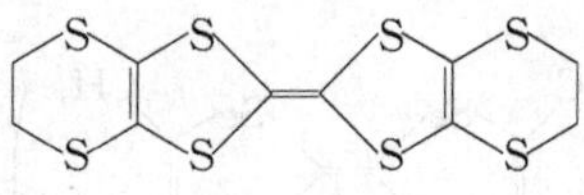

当 X＝ ClO_4^- 时，温度范围 298～1.4 K 是金属性，这是以硫为杂原子的有机给体体系金属电导能维持到 1.4 K 的第一个例子，并且柱之间通过硫原子的接触有很强的相互作用；而$(BEDT-TTF)_2 \cdot ReO_4$需在静压（$>4\times10^8$ Pa）才能

压抑 81 K 处的金属－绝缘体的转变，在约 2 K 出现超导；而 β－(BEDT－TTF)$_2$·IBr$_2$ 晶体结构，在常压 2.7 K 时进入超导。(BEDT－TTF)$_2$·Cu(SCN)$_2$ 的超导起始转变温度为 11.1 K。

3．C_{60}及富勒烯家族

C_{60}英文名称为 buckminsterfullerene，它是由 60 个碳原子组成的全碳分子，原子间相互由键连接，构成一个由 12 个五边形、20 个六边形组成的球面结构，π 轨道沿所有方向呈辐射状伸出，C_{60}的最低能级 π 轨道易接受 6 个电子，当掺入金属后，C_{60}从碱金属得到电子形成电荷转移复合物盐。1991 年 4 月美国贝尔实验室 Hebard A F 和 Kortan A R 等人，首先在自然杂志上报道了 C_{60}与 C_{70}混合物经碱金属钾掺杂后实现超导的消息，转变温度为 18 K；以后又报道了 C_{60}掺杂碱金属铷其超导转变温度为 28 K，掺杂铷、铯后超导转变温度为 33 K。日本国立冶金研究所报道了将 C_{60}用碘掺杂后，其材料在 57 K 出现超导。

目前化学家们仍不清楚如何设计、合成新的高温有机超导体。对 C_{60}如何进行化学修饰，更大体积的球烯经掺杂后能否获得更高温度超导体，还有待进一步探讨。

三、导电高分子

导电高分子和一般聚合物不同，具有导电性、电容性和电化学活性等特征，同时还具有一系列光学性能。例如，电致变色性、电致发光性和非线性光学性能等。因此，它们在许多电子技术方面具有潜在的应用价值。导电高分子材料大致可分为两大类：一类是结构型导电聚合物，是指高分子本身结构或经过掺杂之后具有导电功能的聚合物；另一类是复合型导电高分子材料，是指聚合物与各种导电性物质通过分散复合、层积复合或形成表面导电膜等构成的材料，如导电塑料、导电橡胶、导电涂料和导电胶黏剂等。这里我们主要介绍结构型的导电高分子。

结构型导电高分子是含有一非定域 π 电子共轭体系的高聚物。导电高聚物的显著特点是通过化学或电化学掺杂，它们的电导率可以在绝缘体、半导体和导体的宽广范围内变化。它们的物理化学特性和电化学特性依赖于高聚物的主链结构、掺杂剂的性质和掺杂程度。

从化学上讲，导电高聚物掺杂的实质完全是一个氧化还原过程，即在高聚物链上有一个电子得失过程，这种电子迁移过程叫作“掺杂”。导电高分子的掺杂与去掺杂等同于电化学上的氧化与还原，导电高分子在掺杂之后，结构上存在着游离基离子，物理上习惯于称它们为单偶极子、双偶极子或孤子，这类偶极子和孤子的存在与跃迁使其具有导电性。如聚乙炔有共轭双键，既可作为给电子体，也可作为受电子体，与某些氧化剂或还原剂形成电子转移复合物。共轭聚合物与掺杂剂之间的掺杂过程大部分是电荷转移过程，而在某些非氧化还原型质子酸掺杂时则为质子酸机理。对共轭主链来说，不论电荷转移或质子酸机制，掺杂后都形成碳正离子或碳负离子。掺杂剂可以是卤素、路易斯酸、过渡金属卤化物、有机化合物等。

掺杂方法：导电高聚物的掺杂通常是通过化学掺杂或电化学掺杂。如聚乙炔可以与受电子体和给电子体作用经氧化还原变成导体。

$$(CH)_x + Ox_1 \rightleftharpoons (CH)_x^+ + Red_1$$

$$(CH)_x + Red_2 \rightleftharpoons (CH)_x^- + Ox_2$$

聚乙炔也可以通过电化学方法掺杂：

$$(CH)_x - e^- \rightleftharpoons (CH)_x^+$$

$$(CH)_x + e^- \rightleftharpoons (CH)_x^-$$

这里的 e^- 为电极上的电子，它来自氧化剂或还原剂，其掺杂程度可由掺杂过程中所通过的电量来决定，因此它可以定量地控制。

结构型导电高分子主要有聚乙炔、聚对苯硫醚、聚苯胺、聚蒽、聚吲哚、聚双噻吩、聚吡咯。

1. 聚乙炔

聚乙炔是结构最简单、最易合成的共轭链高分子，也是电导率最高的导电高分子。它可以通过三种途径制备：

(1) 乙炔单体经催化聚合制备　这是最方便最有实际意义的途径。

(2) 二步法合成　即第一步合成可溶和可加工的预聚物，再转化为聚乙炔。

(3) 从聚氯乙烯脱氯化氢制备　这样得到的聚乙炔的导电性差。

聚乙炔的结构式如下：

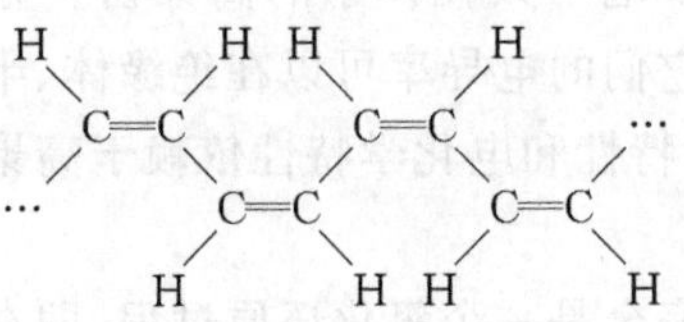

顺式$(CH)_x$

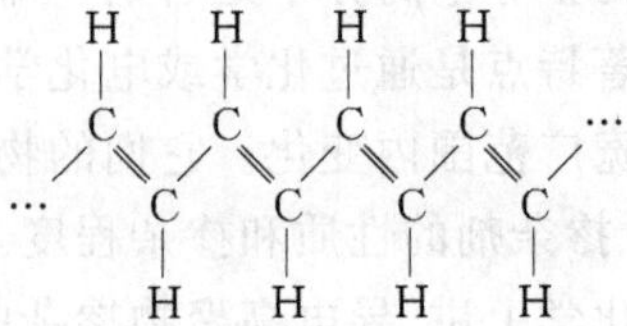

反式 $(CH)_x$

聚乙炔具有规则的单双键交替的主链结构，这种惟一的主链导致电子态之间强的相互作用。聚乙炔通过化学或电化学掺杂后，其室温电导率可达 $10^3\ S\cdot cm^{-1}$。聚乙炔是由无规的直径为 20 nm 的纤维构成，其纤维的直径随合成条件而变化。聚乙炔的密度约为 1.20 $g \cdot cm^{-3}$,具有相当大的表面积。德国 BASF 公司将聚乙炔用碘掺杂后并拉伸取向,室温电导率可高达 1.5×10^{5} $S \cdot cm^{-1}$,与铜的电导率相似,而质量只有铜的 1/12。

2．聚吡咯

聚吡咯早在 1916 年就被合成成功,1968 年 Dall'olio 用电化学方法也合成出来,并显示出很强的顺磁共振信号。

聚吡咯可作为电化池的修饰电极,而提高光电能量转换效率,并具有很好的可逆氧化还原特性,其在二次电池中可作为很好的电极材料。

3．聚苯胺

聚苯胺也是众多导电聚合物中被认为是最有希望在实际中应用的导电高分子。聚苯胺及其衍生物可以用化学氧化聚合,即在酸性水溶液中用氧化剂使苯胺氧化聚合,目前主要采用 $(NH_4)_2S_2O_8$ 为氧化剂,盐酸为质子酸的体系。聚苯胺是由还原单元 A 和氧化单元 B 构成:

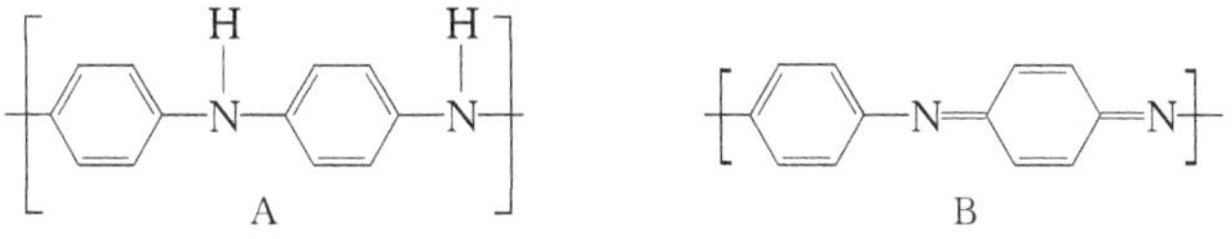

因此,聚苯胺的结构式为

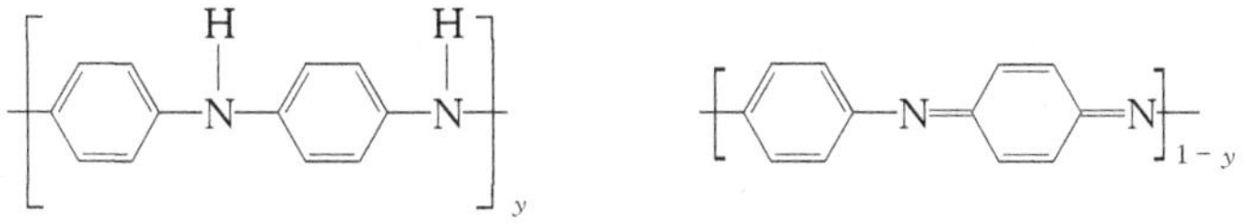

聚苯胺的电导率与 pH 有较大的关系,当 pH≥4 时,电导率与 pH 无关,聚苯胺呈现绝缘体性质;当 2≤pH≤4 时,电导率随 pH 的降低而表现出半导体特性;当 pH≤2 时,电导率与 pH 无关,呈现金属特性。

聚苯胺具有结构的多样化、在空气中稳定、优异的物理化学特性,并且制备简单,有着广阔的应用前景,它已成为当前导电高聚物研究的热点。

第六节　有机非线性光学材料

有机非线性光学材料主要用于光、电信息处理。例如,光信号处理中的空间光调控器、可调滤光器,通信中的调节器,高度信息社会的高速度传输、处理及运算大容量的信息。目前实用的非线性光学材料大都是以原子或离子型单晶形式出现的无机化合物,如磷酸二氢钾、偏硼酸钡及铌酸锂等。但这类无机材料的 NLO 系数(nonlinear opticals,非线性光学效应)不高。有机非线性光学材料的研究起始于20世纪60年代中期,如Rentzepis等人观察到苯并芘的乌洛托品晶体具有二阶非线性光学性质,以及1979年Lenine等人发现2-甲基-4-硝基苯胺具有非常好的二阶非线性光学性质后,人们发现了一批有机和高分子非线性光学材料,它们具有宽的响应波段,良好的柔韧性,高的光学损伤阈值和较低成本,以及可进行裁剪和修饰等特点,使其受到了广泛的关注。

一、具有非线性光学活性的有机晶体

有机物的非线性光学效应主要来自非定域的 π 电子,由于 π 电子在分子内部易于移动以及不易受晶格振动的影响,因而不仅非线性光学效应比无机物大,并且响应速度也快得多。分子及晶体的对称性对非线性极化率有很大影响,如果分子中有对称中心,则二阶非线性效应不存在。即便是有二阶非线性光学效应的分子,如果生成的晶体有对称中心则晶体也无二阶非线性光学效应。另一方面,在苯环上取代有电子给体(D)及电子受体(A)的基团,得到的效果远大于它们之间的简单加合。这是由于电子给体和电子受体通过苯环的电荷转移,在更广泛的范围产生 π 电子的非定域化的结果。

由此,提高非线性光学效应必须满足以下三个条件:

(1) 分子不具有对称性。

(2) 存在 π 电子共轭体系,并增加共轭体系的长度。

(3) 具有电荷转移(CT)结构,选择分子内电荷转移。

重要的是在分子两端引入给电子体(D)及受电子体(A)使共轭链尽可能简单,以增大电荷转移的概率。

在光通信、光信息处理等光电子技术中所需要的有机非线性光学材料形式,一般要求是有机基团或单晶形式,有些即便是分子的光学性能高,但若晶体有对称中心也不呈现非线性光学效应。由此晶体的结晶结构是非常重要的。提高晶体的非线性光学效应可采用削弱基态的偶极矩,导入手性基团,使之破坏对称中心,利用分子间氢键的作用,使分子沿一定的方向排列,形成无对称中心的晶体,在非对称位置引入立体阻碍基团,使其保持不对称性,在分子盐化合物中选择大的对离子破坏晶体的对称性。具有非线性光学活性的有机晶体,如对硝基苯胺。对硝基苯胺分子是强的CT型生色体系,但生成的晶体有对称中心,而不呈现非线性光学效应。若在对硝基苯胺的 α 位引入甲基,破坏了其堆砌的对称性,则有强的非线性光学性能;若将对硝基苯胺中的氨基改变成两个氮的环化合物,如C和D,其分子 π 体系有所增大,会使这些单晶具有良好的非线性光学效应。

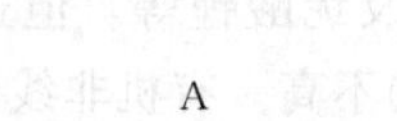

A

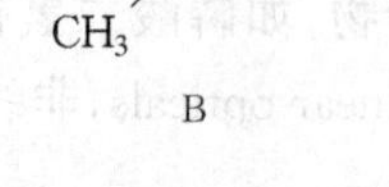

B

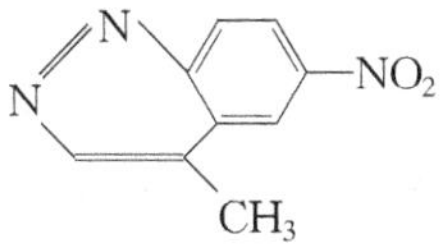
C

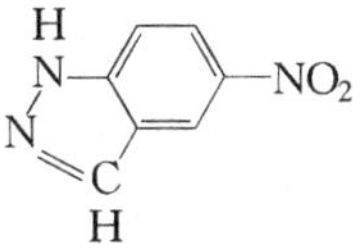
D

如果将对硝基苯胺中的氨基与醛类缩合生成席夫碱类化合物会更加提高其非线性光学效应。

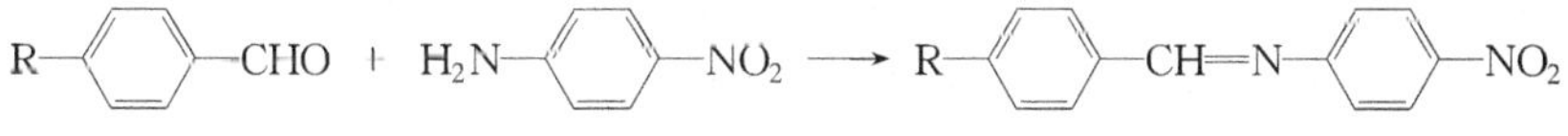

二、金属有机络合物

一些有机金属络合物具有好的非线性光学效应，它们实际上是一种金属有机非线性光学材料。它们除了具备有机光电子功能材料的优异性能外，还由于中心金属特别是具有价电子数多变和空 d 轨道的过渡金属或空的 f 轨道稀土金属的引入，赋予了此类功能材料一些特有的性能：

(1) 金属有机络合物有较大的基态偶极矩和极化率，以及低的激发态能量，这些都有助于提高光电材料的光响应速度。

(2) 金属与配体间的相互作用使分子内的电荷分布发生畸变或使双重占据或未占据的金属 d 轨道发生位移，从而优化非线性光学活性和结晶学因素。

(3) 以金属为中心构建形状各异的三维结构，独特的分子结构可能带来独特的光学性能，这是纯有机分子无法得到的。

(4) 中心金属的氧化还原变化可能会导致较大的分子超极化率。

(5) 许多金属的有机络合物带有颜色，这种发色效应对光的吸收带来选择性。

作为非线性光学材料的金属有机络合物主要有下列类型：

1. 金属有机络合物单元作为 π 电子给体

金属有机络合物单元作为 π 电子给体，例如，一系列以铁、钌的金属茂单元作为给体，并以共轭链连接不同受体的络合物，呈现很高的 β 值，一般在配体上引入给电子基会增加金属给体的给电子能力。σ－乙炔金属络合物中乙炔单元与金属由 σ 键连接，几乎形成线形的分子结构，使得金属与乙炔之间能更好地偶联，因而具有较大的二阶非线性光学活性。

2. 金属有机络合物单元作为 π 电子受体

一系列的五羰基金属吡啶 σ 络合物则具有较高的 NLO 活性，这是由于氮的孤对电子能与金属的 d 轨道形成 σ 键，此 σ 键的 d 轨道和吡啶的 π 轨道与某

些金属的 d_{xz}、d_{yz} 轨道有效重叠，致使中心金属能成为一个 π 电子受体。

3. 金属有机络合物单元既作为 π 电子给体又作为 π 电子受体

混合价双金属有机络合物是一类潜在的非线性光学材料，因为它们具有内价电荷转移跃迁，而且给体中心和受体中心都是金属原子，这一特征赋予它们较大的二阶非线性光学效应。根据种类不同此类络合物分为同核混价双金属络合物和异核混价双金属络合物。

4. 金属有机络合物单元作为非线性光学偶极分子体系中的电子桥

金属有机络合物单元作为非线性光学偶极分子体系中的电子桥时，一般有两种情况：一些有机分子本身已经具有一定的二阶非线性光学效应，当电子桥与金属配位时，增强了桥的共轭性，从而提高了分子的非线性光学响应能力；还有一类金属络合物本身不具有产生非线性光学效应的结构，而该类金属络合物的衍生物具有非线性光学效应。

第七节　多功能酞菁类聚合物

酞菁(Pc)类聚合物在催化、电化学、光电化学、光电转换、光电导和电导等方面具有优良的特性。酞菁类聚合物按照结构形式可分为三种类型：平面型酞菁聚合物，苯环基团与酞菁基团结合成桥键，整个分子共平面；含酞菁结构的聚合物，即在高分子链上嵌上或接上酞菁结构；线型酞菁聚合物，即酞菁中心金属原子和含有 π 电子的二配体以桥键合形成线型高聚物。

一、平面型酞菁类聚合物

平面型酞菁类聚合物的结构如图 23－6 所示。其制备方法主要有两种：第一种是通过 1,2,4,5－四氰基苯(TCB)和金属盐反应而得到；第二种是采用均苯四酸二酐(PMDA)衍生物和金属盐反应来制备。这两种方法合成的平面型酞

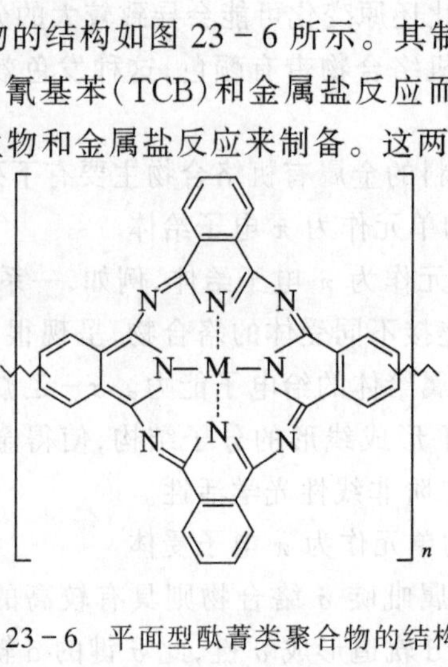

图 23－6　平面型酞菁类聚合物的结构

菁聚合物，其端基位置上带有亚氨基或羧基官能团。

均苯四甲腈制成的平面型聚酞菁铜具有优异的导电性能。其电导率比单体酞菁铜高 10^{10}倍，这主要是聚合物中大 π 共轭体系的贡献。其后的研究表明，平面型酞菁聚合物拥有与单体酞菁相似的催化活性。例如，RuPc，FePc，CuPc 等的聚合物均可催化 H_2O_2 的分解，在此过程中中心金属原子 M 起重要的作用。酞菁聚合物不仅可以催化氧化还原反应（其催化活性为：Fe＞Co＞Ni＞Cu 的聚酞菁），而且在燃料电池电极中作为一个活泼的电化学组成，可提高燃料电池的活性。

二、含酞菁结构的聚合物

含酞菁结构的聚合物的主要制备方法是：首先合成带有官能团的酞菁单体，然后通过化学反应，把酞菁结构键合到高分子主链上，或者带官能团的酞菁单体与别的单体共聚。通过控制酞菁结构含量，可得到各类可溶性的含酞菁结构的聚合物。

含酞菁结构的聚合物又可以细分为以下两种：

（1）酞菁嵌入高分子主链中，例如含金属酞菁环结构的聚酰亚胺（图 23－7），它具有良好的电导性能。

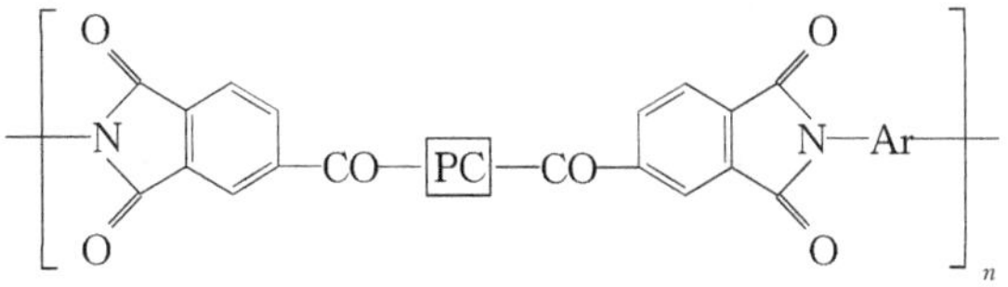

图 23－7　含金属酞菁环结构的聚酰亚胺

（2）在高分子侧链上接上酞菁结构，高分子链可以是均聚物或共聚物。带—NH_2 官能团的酞菁可与均聚物通过缩合失 HCl 而成。含—COOH 基团的酞菁，既可以直接和聚合物上—NH_2 的活泼氢反应，缩聚脱水而形成，也可以将酞菁酰氯化，然后通过傅－克反应把酞菁键合到高分子链上；同样，磺酰氯化酞菁也可以通过傅－克反应以及直接与—NH_2 反应两种途径制备含酞菁聚合物。含—COOH 基团的酞菁结构的聚合物如图 23－8 所示。

酞菁结构和高分子结合能产生一系列优异的光电性质，如酞菁嵌入聚酰亚胺高分子主链中，其室温电导率比酞菁单体大 $10^2 \sim 10^8$ 倍，活化能也小，且随着聚合物相对分子质量增大，电导率增加，将含羧基的酞菁铁络合物通过傅－克反应结合到聚苯乙烯上，能增加在 H_2O_2 分解中的催化活性和稳定性。

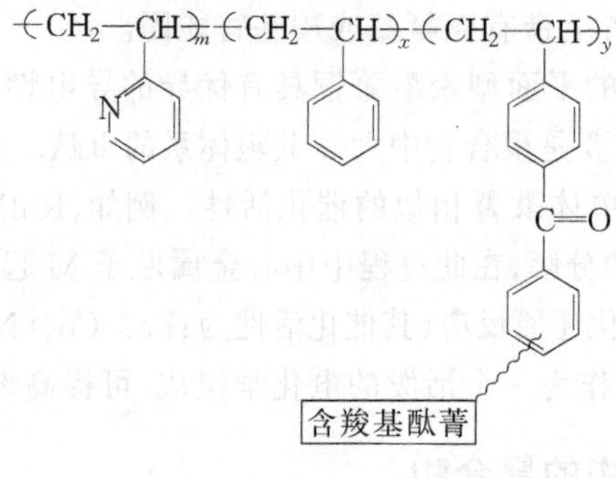

图 23-8 含—COOH 基团的酞菁聚合物

三、线型酞菁聚合物

线型酞菁聚合物属于一维体系，是一类性能优良的电导体。制备方法可由金属酞菁与含有离域 π 电子的桥配体 L 在一定条件下直接反应得到，也可由二羟基金属酞菁 $MPc(OH)_2$ 与 H_2S 在高压下反应得到$[MPcS]_n$。

线型聚酞菁结构的一维化，有利于光生载流子的单向迁移，从而表现出良好的光电导性。聚氰基酞菁钴 $[CoPcCN]_n$ 是光敏性很高的有机高分子光电导体，光电导和暗电导之间的可逆变化是由于$[CoPcCN]_n$ 在 285 K 温度附近发生相转变所致，其机理可能是酞菁环上的 $\pi-\pi$ 轨道相交叠形成导带，有利于电子的迁移。

总之，酞菁类聚合物不但具有高效的催化活性，而且有优良的光、电性质，是很有发展前景的一类功能高分子材料。它在电化学和光化学的催化剂、导电材料、光电导材料、光电转换材料、整流材料、光化学烧孔、非线性光学材料等方面有广泛的应用前景，已引起国内外研究人员的重视。

第八节 液晶材料

液晶材料是一种具有液体流动性而又有着晶体的多向异性的物质状态，能产生液晶态的化合物，其分子的外形应尽可能长，尽可能形成直线状。由于液晶材料在一定的条件下(光、电、热)是有自动取向的特点，其信息存储过程具有所需光能低、信息存储分辨率与信噪比高、信息存储时间长、可以破坏性读出信息，以及所存信息反复擦写等优点，因此取代了扮演显示器的阴极射线管。现在的彩色显示、文字处理器、笔记本电脑、袖珍电视以及公共场所的大型信息显示屏和其他信息储存材料都离不开液晶材料。

液晶是1888年赖尼特泽(Reinitzer F)发现的,1889年德国物理学家莱曼(Lehmann)观察了液晶现象并提出了液晶这一术语。1922年法国人傅瑞德尔(Friedel G)将液晶分为向列型、近晶型、胆甾型。向列型液晶中分子沿轴取向,无层状结构,而近晶型液晶分子沿轴向排列并有层状结构,所谓铁电液晶就是近晶型液晶的一种。

一、铁电液晶

铁电液晶分子一般可用下列图示(图23-9)表示:

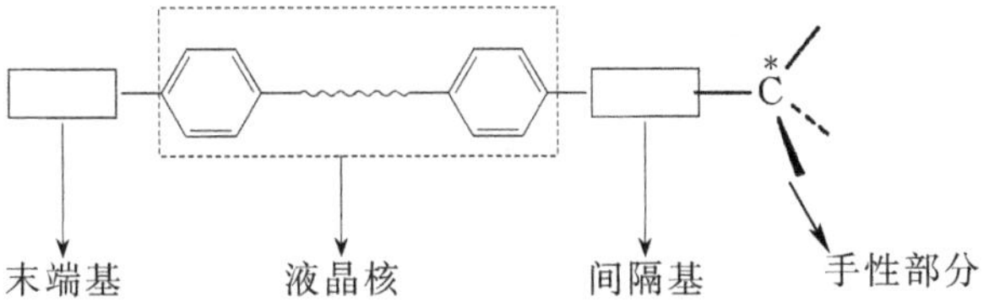

图23-9　铁电液晶分子结构

常见的铁电液晶晶核种类的结构如下:

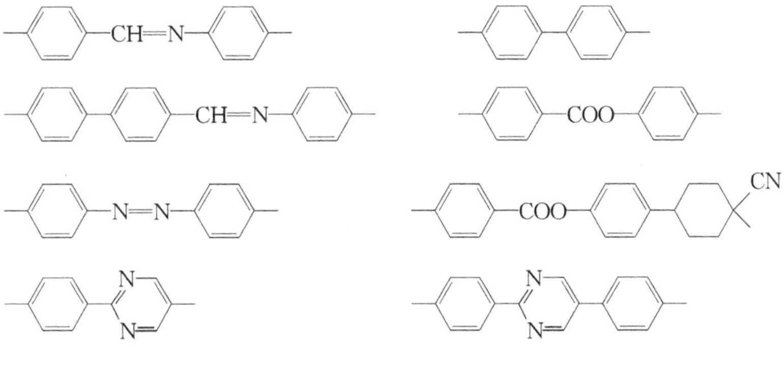

末端基一般是烃氧基或羧基,间隔基与手性基一般是烃基或烃氧基(见图23-10,图23-11)。

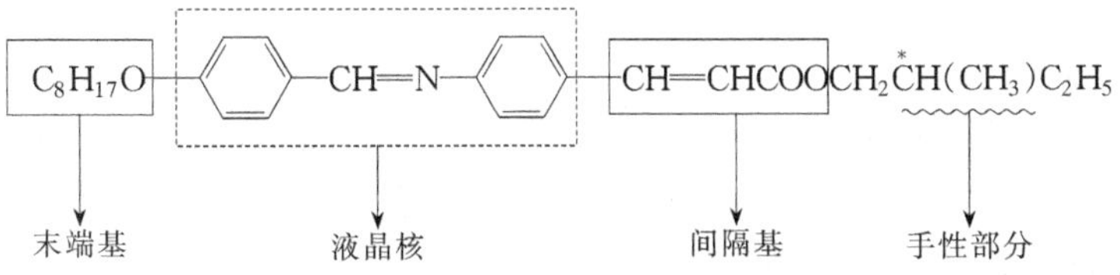

图23-10　含羧基为间隔基的铁电液晶分子结构

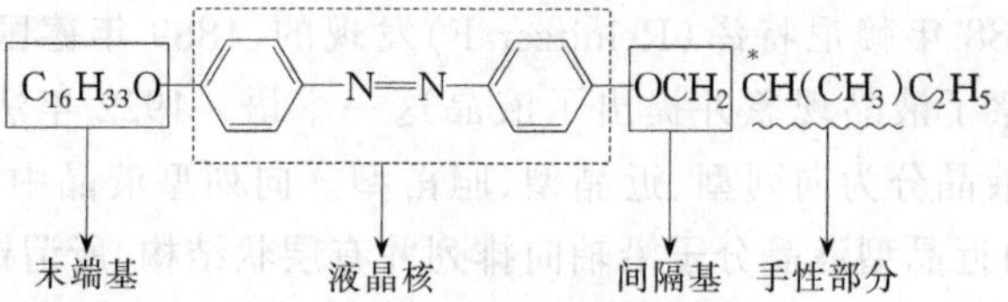

图 23－11 含烃氧基为间隔基的铁电液晶分子结构

二、液晶高分子

常见的液晶高分子主要是含偶氮基团和羧酸酯基团及酰氨基的侧链液晶高分子。

含偶氮基团的侧链液晶高分子主要有下列类型：

1. 聚甲基丙烯酸酯型

通常先合成含偶氮基团与含介晶基团的丙烯酸酯类单体，然后通过游离基共聚，即可制得聚甲基丙烯酸酯型的液晶高分子。

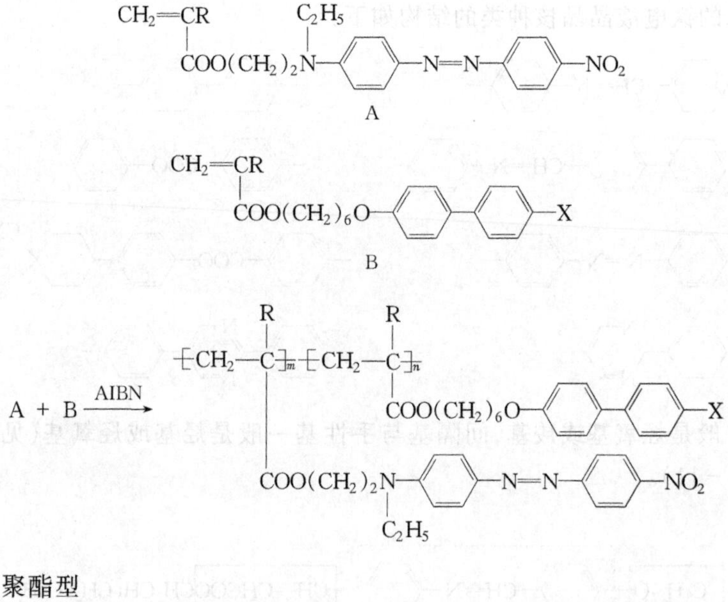

2. 聚酯型

含偶氮基团的聚酯型侧链液晶高分子可以通过以下两种途径制得：一是含偶氮基团的丙二酸酯与含介晶基团的二醇缩合聚合；二是含偶氮基团的丙二酸酯与不含介晶基团的二醇缩合聚合。

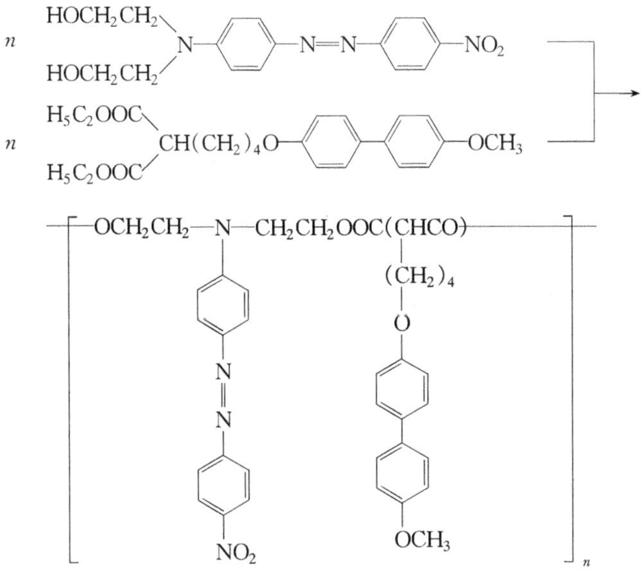

3．聚硅氧烷型

此类液晶高分子主要是通过聚硅氧烷的活性氢与乙烯基取代的介晶单体及偶氮单体在金属络合物催化下发生加成制得。

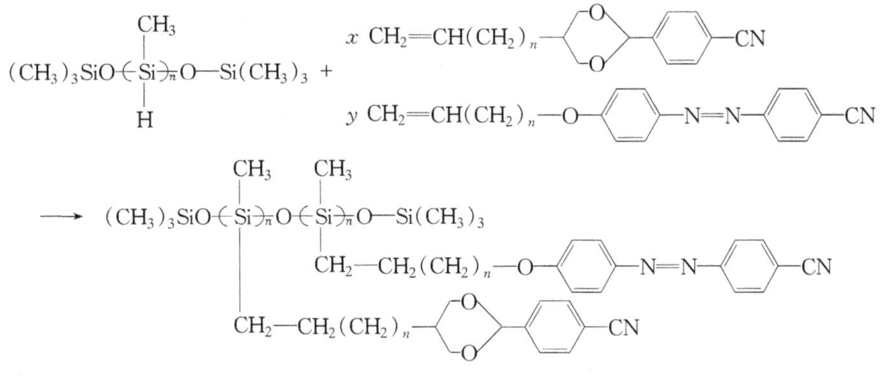

4．聚苯乙烯型

聚苯乙烯型主要是通过功能基化方法制得。

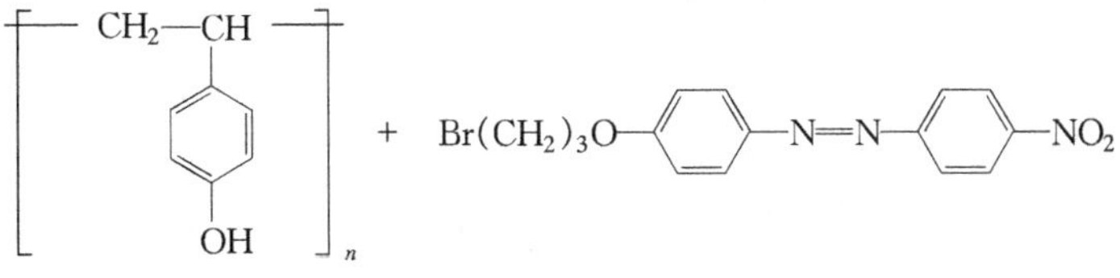

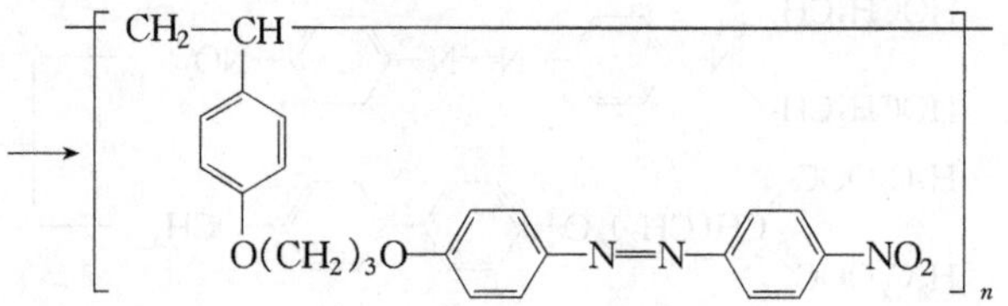

5. 聚氨酯型

此类液晶高分子的结构如下：

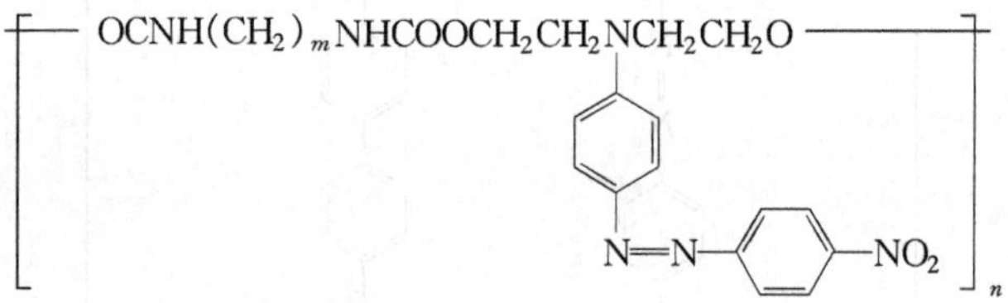

第九节 高分子功能化

功能高分子材料具有普通高分子材料所没有的特殊的物理性能和化学性质。例如，骨折医疗中的骨不连接和延迟连接，使人体丧失自愈能力，通常需手术治疗；而利用等离子体注入电荷的聚全氟乙丙烯薄膜驻极体敷贴在体外，能促进其连接。又如，聚偏氟乙烯由于碳氟键具有较强的偶极矩，从而具有良好的贮存电荷能力，已被成功用作传感器；高分子液晶在电场的作用下形成液晶相而导致光的多向异性现象，从而用作具有光、电特性功能材料；固载手性氨基酸配体形成聚合物－金属络合物可以选择性地识别 D、L－氨基酸。

功能高分子大体可分为物理功能、化学功能和生物功能三大类。功能化的方法有物理方法和化学方法两种。例如，将材料加工成微球、多孔颗粒、超薄膜、微晶、空心纤维，以及掺杂混合、复合材料等均属于物理方法；引入功能性基团进行共聚或在聚合物中引入功能基以及聚合成超高相对分子质量聚合物等则属于化学方法。

一、功能高分子的制备方法

功能高分子的制法大体可分为两种。一种是使高分子化合物功能化，另一种是使功能性的小分子化合物高分子化。使高分子功能化需要用反应性单体和反应性高分子；使小分子化合物高分子化需要用高分子基体，并使其具有反应性。

1. 在单体中引入反应基

单体有不饱和单体和开环性单体，它们本来就具有聚合反应活性，若再往该单体中引入其他反应性基团，就成了反应性单体。如在单体中引入氢醌型基团(结构见图 23－12)，聚合的树脂可用作生产过氧化氢用的催化剂，也可作为氧化剂或还原剂用于处理工业废水或金属离子等。

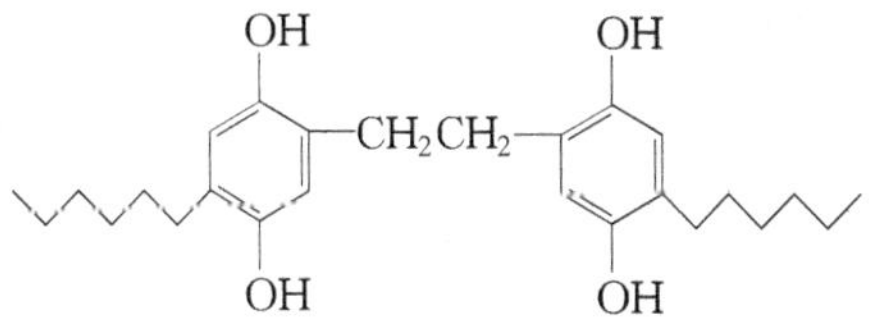

图 23－12　含氢醌型基团的聚合物

在苯乙烯中引入二茂铁结构(见图 23－13)，聚合的树脂具有氧化还原和导电性能。

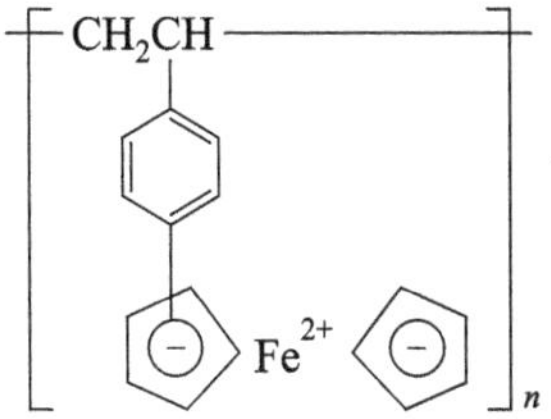

图 23－13　含二茂铁的聚苯乙烯结构

在二醇中引入偶氮基团，通过含偶氮基团的二醇与二异氰酸酯反应制得含偶氮基团的聚氨酯型的侧链液晶高分子。

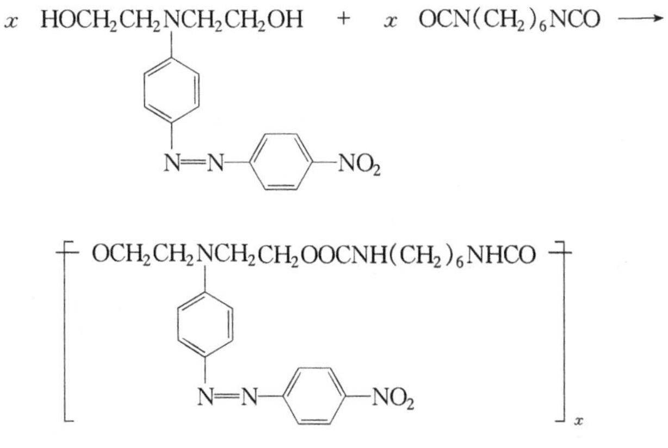

在苯乙烯中引入季铵盐型的阳离子，或磺酸盐型的阴离子，其聚合物具有优

良的导电性能。

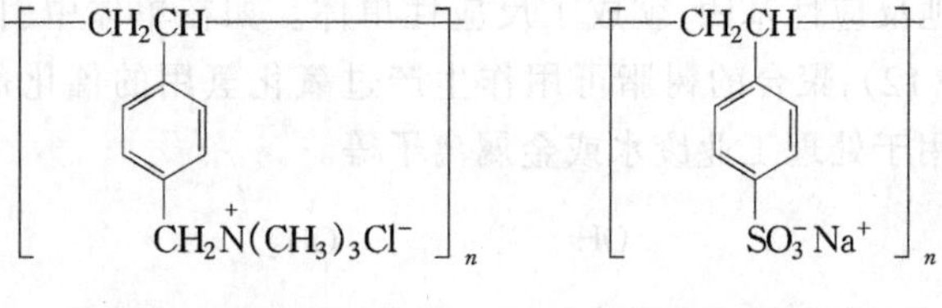

含季铵盐型的聚苯乙烯　　含磺酸盐型的聚苯乙烯

2. 在高分子链中引入反应性基团

反应性高分子指的是那些为了向高分子链中引入反应性基团所用的活性高分子中间体,反应性高分子既包括这些中间体又包括带有活性基团的功能高分子。例如,将聚甲基丙烯酸甲酯中的烃基用酰亚胺取代则反应活性显著提高,在低温下能与酶或药物结合而形成固定化酶或缓释性药物(见图 23-14)。

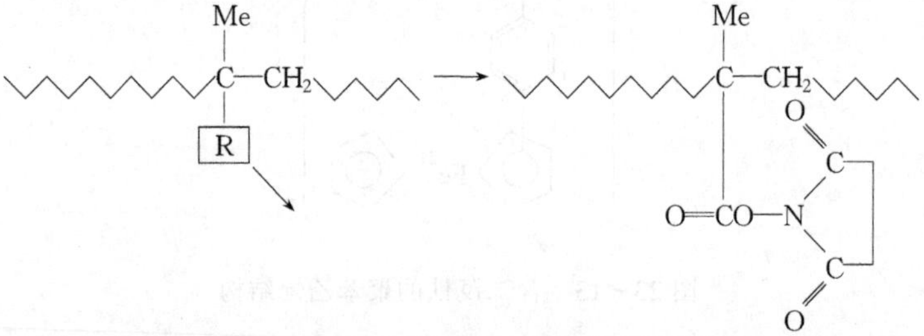

图 23-14　引入酰亚胺的活性基团

又如,聚甲基丙烯酸缩水甘油醚,其环氧基的反应活性也较高,常用作交联剂,若使其再与甲基丙烯酸反应,则可生成既具有双键又带有活性羟基的反应性高分子。还有一些反应活性更强的基团,如酰氯基、异氰酸根、1-氮杂环丙基、巯基、重氮盐和氰尿酰氯等,由于它们能在较温和的条件下与酶发生反应,故适合于酶的固定化,因为酶经受不住苛刻的反应条件。

带有羟基的高分子反应活性较低,若用溴化氰处理之,则可变成高活性中间体,能在室温下与含有氨基的酶反应,这种办法常用于酶的固定化。

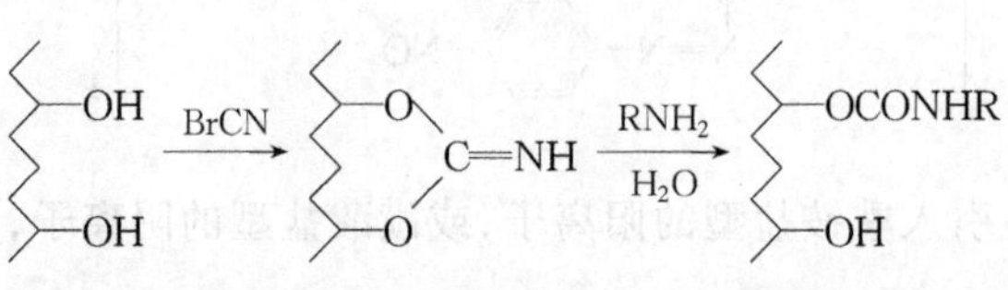

将聚苯乙烯氯甲基化，带上活性基团后与金属酞菁衍生物反应从而得到具有良好光电导性的酞菁聚合物。

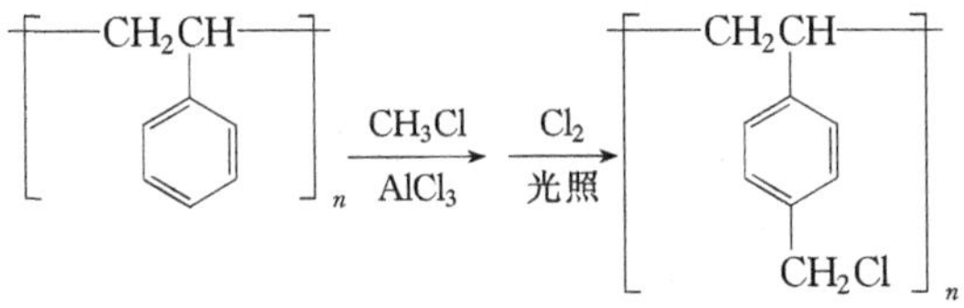

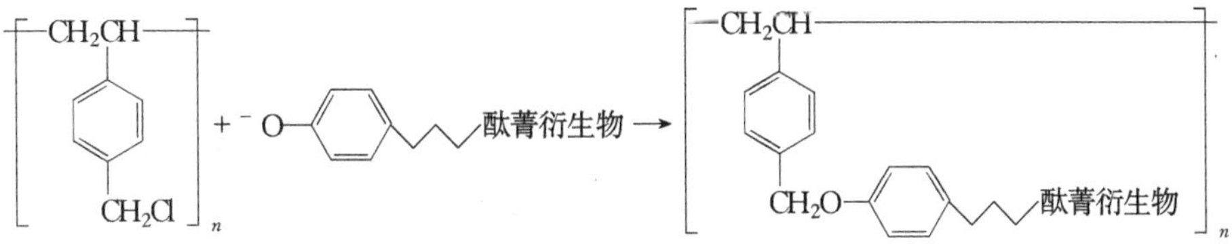

聚硅氧烷中引入活性氯与活性羟基的偶氮介晶单体反应使之能合成含偶氮基团的聚硅氧烷型侧链液晶高分子。

二、高分子基体与功能基团

无论是在单体中引入反应性基团还是在链中引入反应性基团，高分子基体都十分重要。因为不少功能高分子都是由惰性的高分子基体和功能性基团两部分构成的，如离子交换树脂、医用高分子吸附剂、导电高分子和高分子催化剂等。要制得合用的功能高分子，既要选好符合要求的功能性基团，又要选好符合要求的高分子基体。一般要求高分子基体必须具备与最终功能相适应的物性，并使它具有与功能化相适应的反应性，而且价廉易得。工业上常用的高分子基体有以下四种。

1．苯乙烯－二乙烯基苯共聚物（PS 基体）

以苯乙烯为单体，以二乙烯基苯为交联剂，在搅拌下进行悬浮共聚，可制得不同大小的白色～褐色的球状物，这是用得最多的一种基体。苯乙烯－二乙烯基苯共聚物作为功能高分子基体比较普遍，如载入螯合功能基的螯合树脂，载入酞菁的聚酞菁衍生物的导电高分子，载入氨基或酰基用于医用上的高分子吸附剂，载入显色剂的功能染料，载入光色性的偶氮化合物成为光敏性的高分子等。

2．聚丙烯酰胺凝胶衍生物

高分子基体已用于使含有$—NH_2$或—SH 的酶固定化。此外还开发出含有$—NH_2$、—COOH 的基体用于亲和色谱中作吸附树脂以及用作酸敏凝胶或温敏凝胶。

3．葡聚糖和纤维素衍生物

葡聚糖和纤维素衍生物属于天然高分子。用环氧氯丙烷处理葡聚糖可得亲水性凝胶,往其—OH 处可引入烷氧基、氨基、羧基、酰基等,广泛用于医学材料和农药中作为生物降解性或缓释性基体。

4. 聚硅氧烷

聚硅氧烷可以使某些基团生成硅醇,然后再利用—OH 的活性引入各种官能团,以提高其反应活性。这类基体已用于功能橡胶和液晶等方面。

在今后一段时期内,对于下列领域应予以关注:

(1) 具有潜在光、电、磁等功能的有机分子的合成和有序组装,并在此基础上运用物理化学的原理和方法,进行功能分子的组装和自组装,从而得到新型具有光、电、磁性能的分子材料。

(2) 分子材料中的电子、能量转移和一些快速反应过程的研究,为分子器件的设计提供依据和模型体系。

(3) 运用化学学科的其他分支以及其他学科(如物理学、电子学等)的方法和技术开展分子器件的研究与应用。

参考文献

[1] 杨利武,胡建华,府寿宽. 光致变色高分子体系高分子通报, 1998(4):65.

[2] 吴维垣,闻建勋. 化学进展丛书——高技术有机高分子材料进展. 北京: 化学工业出版社,1994.25-53,141-173,250-271.

[3] 李文翠,敦树才. 材料研究学报, 2001,15(3):333-337.

[4] 刘华蓉,等. 化学进展, 2001,13(5):403-408.

[5] 夏和生,王琪. 化学研究与应用, 2002,14(2):127-132.

[6] 黄渝鸿,等. 化工新型材料, 2002,30(2):10.

[7] 王金凤,等. 高等学校化学学报, 2001,22(10):1773-1775.

[8] 左景林,游效曾. 科学通报, 2000,45(14):1457-1464.

[9] Wolff J J,Wortmann R. Adv Phys Org Chem,1999,32:121.

[10] Mata J A ,Peris E,Asselberghs I, et al. New J Chem, 2001,25:299.

[11] McDonagh A M ,Lucas N T,Cifuentes M P, et al. Organomet Chem,2000,605:184.

[12] Cadiemo V,Conejero S,Gamasa M P ,et al.Organometallics,1999,18:582.

[13] LeCours S M,Guan H W,Dimagno S G ,et al.J Am Chem Soc,1996,118:1497.

[14] Torre G,Vazquez P,Agullo－Lopez F, et al.J Mater Chem,1998,8: 1671.

[15] 张会旗,黄文强,李晨曦,等. 高分子通报, 1998 (2):63-69.

[16] 杨隽,张潇,童身毅. 化工新型材料, 1999,27(4):3-5.

第二十四章　有机化合物与环境污染

(Organic compound and environmental pollution)

环境指的是:影响人类生存、发展及变化的各种天然的、经过人工改造的自然因素的总体,包括大气、水、海洋、土地、矿藏、森林、草原、野生生物、自然遗迹、人文遗迹、自然保护区、风景名胜区、城市和乡村。

环境是人类生存繁衍的必要条件,是人类社会存在和发展的依托,是人类生存发展的约束因素。

环境污染是由于人类的活动,使外来物质进入环境,引起环境质量下降以致危害人体健康和生物正常生命活动的现象。

地球上任何地方的环境在长期的历史发展中形成了自身的特征。如果有外来物质,如有害的化学物质、放射性物质、病原体、噪声及热等,侵入到环境中,环境又没有足够的容量或自身净化的能力将这些物质净化消除,就必然会导致环境污染。

环境污染按环境组成要素来划分,可分为大气环境污染、水环境污染、土壤环境污染、生态环境污染以及海洋环境污染等;按环境污染发生的原因来划分,可分为工业污染、农业污染、交通运输污染以及生活污染。

第一节　环境有机污染

环境有机污染指的是:由于有害有机物质在环境中的聚集,危害人类生存与健康和生物正常生命活动的现象。

有机污染物指的是:造成环境污染和对生态系统产生有害影响的有机化合物。有机污染物可分为天然有机污染物和人为有机污染物两大类。

天然有机污染物主要是由生物体的代谢活动及其生物化学过程产生的,如萜烯类、黄曲霉素、氨基甲酸乙酯以及黄樟素等。

人为有机污染物是随着现代合成化学工业的兴起而产生的,如塑料、合成纤维、合成橡胶、洗涤剂、染料、溶剂、涂料、农药、食品添加剂以及药品等。

由于有机化合物的数目庞大,现在已知的有机化合物有四千多万种,并且以每年几千种的速度增加。这些有机化合物以其特有的性能及用途,在推动社会进步、提高生产力、消灭虫害、减少疾病等方面,发挥着巨大的作用。

然而,由于使用不当、管理不善等原因,大量的有机化合物,特别是有毒、有害的污染物进入到环境中,造成了环境污染。此外,在人类的生产过程中生成的副产品或污染物质进入环境,进一步发生化学反应,形成有毒、有害物质的二次污染。例如,石化燃料在燃烧过程中,产生大量的多环芳烃类污染物;固体废物焚烧过程中,产生毒性很大的二噁英污染物;在漂白织物或饮用水消毒杀菌的过程中,产生一系列卤代烃类污染物。这些有机污染物具有“三致”毒性,即产生“致癌、致畸、致突变”的严重后果。

目前认为有毒、有害的有机污染物,是根据其生产量、使用量,理化性质、毒理学性质,对人体健康、对环境危害的影响程度及风险,对社会生活的重要性等因素,从现有的污染物中筛选出来的,一些已知的或可能对人类有“三致”毒性及对环境有严重危害的物质。

随着环境污染生态学、污染化学、健康毒理学及相关学科的发展,目前有毒、有害有机污染物中,对严重危害人体健康的、持久性有机污染物(persistent organic pollutants,简称 POPs)的污染,已经引起了各国政府、学术界、工业界和公众的广泛关注,成为新的全球性环境问题。

一、环境有机污染物的来源及迁移转化

1. 环境有机污染物的来源

环境有机污染物的来源,可分为天然污染源和人为污染源两类。

天然污染源是自然界生物地球化学过程中,产生有机污染物的发生源。如火山爆发、森林火灾、地震、有机物的腐烂等,都是重要的污染源,目前对这类污染源还很难做到人工控制。

人为污染源是在人类生产和生活活动中,产生有机污染物的发生源,如矿石开采,石化燃料的燃烧,人工合成农药、化学药品等。

按人类社会活动功能,人为污染源主要包括工业污染、农业污染、交通污染和生活污染四个方面。

(1) 工业污染　工业生产是环境有机污染物的主要来源。是由人类生产活动过程中造成的有机污染源。在人类生产过程中,由于使用的有机染料、有机农药、石油化工产品等,处置不当进入环境;此外,在生产中所用的燃料燃烧不够完全,产生各种有毒、有害的有机污染物,如多环芳烃、二噁英等,亦会造成环境污染。

(2) 农业污染　农业生产过程中,产生的有机污染源。由农业生产产生的废物和施加的化学物质,如作物秸秆、畜牧粪便等燃烧,过量喷洒农药、化肥等,产生大量的有机污染物,造成环境污染。

(3) 生活污染　人类生活活动过程中,产生有机污染物的发生源。如生活

污水、生活垃圾及燃煤废气等造成的污染。在我国这是分布范围广、排放量大、危害性较为严重的一种污染源。

(4) 交通污染　交通运输过程中,产生有机污染物的发生源。汽车、飞机、船舶等交通工具,所用燃料燃烧不完全,排放出醛类、多环芳烃类、石油类等有机污染物;此外,在运输过程中,有毒、有害有机污染物的泄漏等,也会造成环境污染。

2. 有机污染物的迁移转化

在环境中,人为散发的污染物不断发生空间位置的移动和存在形态的转化,这种移动和转化常常是同时进行着的。其影响有正、反两个方面:一方面是污染物被稀释,分解扩散,甚至消失;另一方面是污染物在一定的条件下被积累起来,转变成为二次污染源。

污染物可以在单独环境介质中迁移转化,也可以在多介质中迁移转化而形成循环。

污染物在环境中的存在形态,可以通过各种物理、化学作用,如溶解、沉淀、水解、络合、氯化、氧化、化学分解、光化学分解及生物分解等作用,不断发生变化。污染物的存在形态不同,其毒性也不同。例如,大气中的烃、氮氧化物可通过光化学氧化生成臭氧、过氧乙酰硝酸酯及其他光化学氧化剂,并在一定的气象条件下形成光化学烟雾。

光化学烟雾指的是:汽车、工厂等污染源,排放到大气中的碳氢化合物(C_xH_y)和氮氧化物(NO_x)等一次污染物,在阳光(紫外线)作用下发生光化学反应生成二次污染物。参与化学反应过程的一次污染物及二次污染物的混合物(既有气态污染物,又含有气溶胶)所形成的烟雾污染现象。

二、有机污染物的特性及危害

1. 有机污染物的特性

(1) 难降解性　有机污染物对自然条件下的生物代谢、光降解、化学分解等具有很强的抵抗能力,在环境介质中很难降解,可存留数十年或更长的时间。

(2) 生物积累性　有机污染物难溶于水,易溶于油脂。能在生物体的脂肪组织中形成生物积累。

(3) 半挥发性　有机污染物能从水体或土壤中,以蒸气形式进入大气环境或吸附在大气颗粒物上,随之又沉降到地面。这一过程反复发生,使得全球范围内都可能受到其污染。

(4) 毒性高　有机污染物对人类及生物有较高的毒性。实验调查研究证明:它可以导致生物体中的内分泌与生理功能紊乱、免疫机能失调及癌症等严重疾病。

2. 有机污染物的危害

有机污染物对人类、生物或其他有价值物质，不仅产生了现实的危害，而且存在着潜在的危险。它们的毒性是影响人类健康的罪魁祸首。“三致”作用及其对人生殖功能产生的不可逆影响，使其成为人类的隐形杀手。其原因在于：有机污染物不仅有毒性而且还存在着一定的生物积累性。

由于人为原因引起的有机污染物滋事，产生的突发事件（公害事件），往往能在短期内引起公众生活环境的剧烈恶化，甚至造成人群的大量发病和死亡。这类公害事件还具有延续性，其影响可达数十年之久。

表 24－1 列举了 20 世纪由有机污染物引起的几次重大公害事件。从中不难看出：这些事件都具有明显的人为性、突发性和区域性。

表 24－1　20 世纪几次重大公害事件

事件名	地点 时间	肇事污染物	现象与危害
洛杉矶化学烟雾事件	美国洛杉矶 1950—1970 年	臭氧，过氧乙酰硝酸酯，甲醛，过氧化氢	晴朗天空出现蓝色刺激性烟雾，造成人眼红、喉痛、咳嗽、肺水肿等疾病，仅 1955 年因呼吸系统衰竭死亡的 65 岁以上的老人达 400 多人
水俣病	日本 1956 年	甲基汞	长期食用含甲基汞污染的鱼、贝类造成甲基汞中毒。表现出运动失调、语言障碍、视野缩小等症状，20 世纪 80 年代死亡人数近千人，受害者约两万人
米糠油事件	日本 1968 年	多氯联苯	由于将多氯联苯混进米糠油中，造成食用者中毒。很快蔓延到 23 个府县，受害人数达 13 000 人，几十万只家禽死亡
二噁英污染事件	意大利米兰 1976 年	多氯代二苯并二噁英类（PCDDs）	由化工厂爆炸散发 PCDDs，家畜大量死亡；自然流产和畸形儿增多
博帕尔事件	印度博帕尔市 1984 年	异氰酸酯	从储罐泄漏 46 t 异氰酸甲酯，转为气体，20 万人吸入毒气，约 3000 人死亡
排毒事件	瑞士莱茵河 1986 年	有机农药	沿河药品仓库失火，30 t 农药等随灭火用水排入河中。50 万尾鱼死亡，4000 万人饮水受影响
战事	中东 1991 年	原油	伊拉克军队纵火焚烧 625 口油井，将储油库中大量原油放入海湾，引起天降黑雨，饮水源受污染，呼吸道疾病患者骤增
投毒事件	日本东京 1996 年	甲氟膦酸异丙酯	奥姆真理教教徒地铁投毒，约 5500 人患病，12 人死亡，上百所学校停课
战事	南斯拉夫 1999 年	铀	北约军事集团连续 78 天轰炸南联盟国土，弹头中所含 23 t 贫铀产生严重的放射性污染

三、有机污染物的污染现状与控制

1. 有机污染物的污染现状

我国的有机污染日趋严重。由于历史原因,大多数有机污染物尚未被列入环保法规的控制之中,也没有被列入我国的环境监测体系,因而对有机污染物的监测资料很少。对有机污染物的污染尚未做出全面、系统的调查,但在少量、局部的调查中发现,有机污染物对环境的污染是非常严重的。

近年来我国进行了一些水体的环境污染调查,在太湖检出有机污染物 74 种,松花江哈尔滨段检出 264 种,长江黄石段检出 100 多种。此外,我国还对境内 44 个城市的地下水进行了调查,有 42 个城市地下水已受到污染,检出有机污染物数百种,其中相当多的是“三致”有机污染物。

我国对大气污染源也做过一些调查,如在东北地区某焦化厂及炼焦炉附近,检出 300 多种有机物,其中有多环芳烃 50 种,苯类 26 种,卤代烃类 10 种等有机污染物,另外对东北地区某电缆厂的车间和尾气采样监测,检出 180 种有机污染物,其中优先控制的污染物就有 27 种。研究表明,空气中直径小于 2.5 μm 细颗粒物(简称 PM2.5),富集上了有毒、有害的污染物,就成了“人类的杀手”,因为 PM2.5 可以直接进入人的肺泡和血液,对人体健康构成严重威胁。

2. 有机污染物的控制

随着环境保护事业的发展,许多国家对有毒污染物都采取了一定控制措施,就当前各国的技术水平和经济能力,不可能对众多有毒污染物实行全面的控制,只能是针对性地从中选出一些重点污染物予以控制。对众多污染物进行分级排序,从中筛选出潜在危险大的作为控制对象。把优先选择出的有毒污染物称为环境优先污染物,简称为优先污染物(priority pollutant)。对优先污染物进行的监测称为优先监测。

我国第一批筛选的 68 种水环境有害污染物名单中,有机污染物占 58 种,它们已被纳入国家环保总局的管理控制之中。

在 1996 年我国颁布的污水综合排放标准(GB 8978—1996)比 1988 年的标准中增加了 30 多项有机污染物浓度控制标准。2003 年 7 月 1 日正式实施《城镇污水处理厂污染物排放标准》(GB18918—2002),对污染物的排放量作出了更严格的规定。

1996 年新颁布的大气污染物综合排放标准(GB 16297—1996)有机污染物占 17 项。近年来,许多地方标准相继出台,如北京市 2007 年颁布的标准(DB11/501—2007),增加了多项大气污染物排放限值。

2002 年我国颁布的地表水环境质量标准(GB 3838—2002)中共有 80 项特定项目,其中有机污染物占 68 项。

由此可以看出，我国在制定污染物排放标准时已把有机污染物纳入控制管理之中。

目前我国正在大力开展对有机污染物控制政策、基础理论、治理技术、监测手段等全方位的研究。

四、有机污染物监测的必要性

有机污染物对环境的污染日趋严重，有机污染物的监测分析工作面临重大挑战，适时、全面、系统地开展有机污染物的环境监测已刻不容缓。

有机污染物一般具有难降解、易积累、毒性大、可检出，有致癌、致畸、致突变作用，对人体健康和生态环境构成潜在威胁等特点。在优先污染物中，有毒有机物占很大的比例，例如，1997 年美国环保局（EPA）提出了水环境重点控制污染物黑名单共 129 种，其中有机污染物有 114 种，占 88.37%；1990 年美国提出了空气中重点控制污染物黑名单共 189 种，其中有机污染物有 167 种，占 88.36%；中国水环境重点控制污染物黑名单共 68 种，其中有机污染物 58 种，占 85.29%。我国水环境重点控制的有机污染物见表 24－2。

表 24－2　中国水环境中重点控制的有机污染物

污染物类别与种数	污染物名单
挥发性卤代烃 10 种	二氯甲烷，三氯甲烷，四氯化碳，三溴甲烷，三氯乙烯，四氯乙烯，1,2－二氯乙烷，1,1,1－三氯乙烷，1,1,2－三氯乙烷，1,1,2,2－四氯乙烷
苯系物 6 种	苯，甲苯，乙苯，邻二甲苯，间二甲苯，对二甲苯
氯代苯类 4 种	氯代苯，邻二氯苯，对二氯苯，六氯苯
多氯联苯 1 种	多氯联苯
酚类 6 种	苯酚，间甲酚，五氯酚，对硝基酚，2,4－二氯酚，2,4,6－三氯酚
硝基苯类 6 种	硝基苯，对硝基甲苯，2,4－二硝基甲苯，对硝基氯苯，2,4－二硝基氯苯，三硝基甲苯
苯胺类 4 种	苯胺，二硝基苯胺，对硝基苯胺，1－硝基－2,6－二氯苯胺
多环芳烃类 7 种	萘，荧蒽，苯并[*b*]荧蒽，苯并[*k*]荧蒽，苯并[*a*]芘，茚并[1,2,3－*cd*]芘，苯并[*g*,*h*,*i*]芘
酞酸酯类 3 种	酞酸二甲酯，酞酸二丁酯，酞酸二辛酯
农药类 8 种	六氯苯，滴滴涕，敌敌畏，乐果，对硫磷，甲基对硫磷，敌百虫，除草醚
丙烯腈 1 种	丙烯腈
亚硝胺类 2 种	*N*－亚硝基二甲胺，*N*－亚硝基二正丙胺

大量研究表明，许多痕量有机污染物对环境评价综合指标，如化学需氧量（COD）、生化需氧量（BOD）、总有机碳（TOC）等贡献极小，但是危害却很大，甚至有更大的潜在危险。

世界卫生组织估计,大约 80%~90% 的癌症与环境因素有关。而大多数致癌物均为有毒、有害的有机物。因此,控制有毒、有害有机物对环境的污染已迫在眉睫。

为了解有机污染物的环境效应及其在环境中的迁移、转化规律,在人体和生物体内的积累及生物效应,毒性、活性与结构的关系,降解的残留水平等,就必须对环境样品中的有机污染物进行分析测定,这是一项全世界都重视的课题。

五、有机污染物的分析及样品预处理方法

1. 有机污染物的分析

环境有机污染物分析通常包括:采样与制样,提取与富集,分级与净化,定性与定量四个步骤。

由于环境样品的有机污染物的组成复杂,含量低,所以环境样品中的有机污染物分析测定具有以下特点:

(1) 均属于有机痕量分析。

(2) 需用高灵敏度的分析方法。

(3) 需执行严格的质量保证、质量控制程序。

(4) 需注意解决样品保存,防止目标化合物的损失、污染等问题。

现在关于有机污染物的监测分析方法较多,对于挥发性成分,通常会选用配备高灵敏度、选择性强的检测器的气相色谱仪进行定量分析;气相色谱－质谱联用方法现在已经普遍地应用于挥发性有机污染物的分析,它不但具有定性鉴别污染物结构的功能,其选择离子检测功能还可以降低定量分析方法的最低检出限,同时用稳定同位素作为内标在痕量有机污染物分析中也日益受到重视。高效液相色谱和毛细管电泳等分析手段常用于挥发性较差的有机污染物的分析,近年来,高效液相色谱－质谱联用在有机污染物分析方面也发挥着越来越重要的作用。光谱学方法,如荧光光谱、红外光谱和紫外光谱等也是有机污染物分析的常用手段。

2. 有机污染物样品的前处理方法

由于环境中的有机污染物属于复杂基体中的痕量组分,在用仪器对其进行定性定量分析前,需要对样品进行预处理——提取、净化和富集。

对固态环境样品的提取方法主要有索氏萃取、超声波萃取、超临界流体萃取及加速溶剂萃取等。这些方法虽然存在着一定的局限性,如耗时长、溶剂用量大等,但仍然是目前经常采用的方法。

固相微萃取(solid－phase microextraction, SPME)技术集采样、浓缩于一体,是一种新型的样品前处理技术。它属于非溶剂型选择性萃取法,利用涂有吸附剂的熔融石英纤维,吸附样品中的有机物质,达到萃取、浓缩的目的。操作简

便、快捷、灵敏度高、不需溶剂洗脱，萃取后可直接插入GC进样室经热解后，样品进入色谱柱测定。

固相萃取(solid phase extraction,SPE)技术是由液固萃取和液相色谱技术相结合发展而来的，目前广泛应用于痕量有机污染物样品的前处理中。它通过选择性吸附、选择性洗脱的方式达到净化和富集的目的，可近似地看作一种简单的色谱过程。具体方法为：① 用合适的溶剂活化SPE小柱。② 上样，使待分析液体样品溶液通过吸附剂，保留其中被测物质。③ 淋洗，选用适当强度溶剂冲去杂质。④ 洗脱，用溶剂洗脱被测物质。

随着人们对环境污染认识的深入，有机污染物的监测对象也在不断扩大，这就要求在不断改进已有方法的同时研究和发展新的分析方法，如开发痕量、实时分析测试技术以满足环境保护的诸多需求。

第二节 烃类有机污染物

一、石油类

石油类有机污染物是各种烃类的混合物。主要组分有：直链烃类——C_7以上的烷烃和烯烃；环烷烃——环己烷、甲基环己烷等；芳香烃——苯、甲苯、二甲苯等及多环芳烃。其中芳香烃类的含量比烷烃类少得多，但其毒性却很大。

1. 石油类污染物的特性及来源

石油类污染物稍溶于水，具有强的亲脂性，能在生物体内聚积。它的密度低、化学性质稳定，所以多数组分漂浮于水体表面，在油膜扩展和漂流过程中，其中大约有25%～30%的低沸点组分(C_1～C_5)迅速挥发进入大气，造成大气污染。

低级芳香烃(C_6～C_8)如苯、甲苯、二甲苯等，低级烷烃(C_4～C_8)，如辛烷、己烷、庚烷等，形成了一层很薄的油膜，影响空气与水体界面氧的变换；分散于水体中及吸附于悬浮微粒上或乳化状态存在的油，被微生物氧化分解，消耗水体中的溶解氧，破坏了水体的生态平衡。

石油污染物经微生物氧化分解的最终产物是二氧化碳和水。一般说来，相对分子质量高的污染物比相对分子质量低的污染物难降解；芳烃较烷烃难降解；支链烃较直链烃难降解。

石油污染物主要来自石油开采、炼制、储运、使用及加工过程中，经常性或事故性的泄漏。每年这类因人为原因进入环境的非甲烷烃类高达(64.5～89.5)×10^6 t，占石油总产量的2.3%～3.2%。

石油类是最常见的海洋污染物，因为全球石油总产量的60%是通过海上运输的。由于船舶事故、海底油田开采、非法排放、石油泄漏、大气石油类的沉降等都会引起海洋的石油污染。石油类污染物对海洋水体的直接影响是降低水体中的溶解氧，对水生生物有毒杀作用，使得海洋生态平衡遭到严重破坏。近年来，随着石油工业的迅速发展以及石油的广泛应用，石油对水体的污染越来越严重。

石油矿藏由于天然原因逸入环境的数量约占人为原因的1%。这些碳氢化合物达到一定浓度时，在光照及合适的气象条件下，可形成光化学烟雾给环境造成严重污染。使人产生不同程度的头痛、眼痛、呼吸受阻等疾病，同时还会加重呼吸疾病及心脏病患者的病情，影响人体健康。

2. 石油类污染物的测定

石油类污染物测定的方法有：重量法，红外分光光度法，非分散红外法，紫外分光光度法及荧光法等。

(1) 红外分光光度法　是国家标准分析方法—— GB/T 16488—1996，也是一种常用的方法。

主要步骤：用四氯化碳萃取水样中的油类物质，测定总萃取物的含量。然后将萃取液用硅酸镁吸附，除去动、植物油等极性物质后，测定石油类的含量。总萃取物和石油类的含量均由波数分别为2930 cm^{-1}、2960 cm^{-1}和3030 cm^{-1}谱带处的吸光度A_{2930}、A_{2960}和A_{3030}进行计算。动、植物油的含量为总萃取物和石油类的含量之差。

此方法不受油品的限制，灵敏度高，最低检出限为0.01 $mg \cdot L^{-1}$。适用于地表水、地下水、生活污水和工业废水水体中油含量的测定。

(2) 重量法　这是一种常用的方法，它不受油类品种限制。但不能区分油类品种、操作繁杂、灵敏度差。适用于含油量在10 $mg \cdot L^{-1}$以上样品的测定。

二、苯及苯系物

苯系物通常是指苯、甲苯、乙苯、二甲苯和苯乙烯等。其中苯是世界卫生组织公布的具有“三致”作用的有机污染物。其他苯系物对人体均有不同程度的危害。

我国工业污染调查的17个重点行业中，苯系物在15个行业中存在。它的生产量及使用量占芳烃总量的90%以上。

1989年我国公布的68种水环境优先控制污染物中有6种苯系物——苯、甲苯、乙苯、邻二甲苯、间二甲苯及对二甲苯。

苯系物在自然界中是不存在的，它主要来源于石油、化工、炼焦、汽油、木材及有机废物的焚烧等。此外，由于苯系物是重要的有机溶剂，主要用作树脂、橡胶、涂料、黏合剂的溶剂，因而，苯系物主要通过化工生产的废水、废气等进入环境介质——水和大气。

1. 苯系物的性质及危害

苯系物是无色、具有芳香气味、易挥发、易燃的液体,微溶于水,易溶于乙醇、乙醚、氯仿等有机溶剂。

苯系物的毒性作用主要表现为:对皮肤、黏膜有刺激作用,引起皮炎、黏膜出血;血小板及白血球减少,诱发贫血及白血病;引起中枢神经痉挛,造成新陈代谢紊乱等。在职业环境中,曾多次发生过成人苯中毒以至死亡的案例。

为此,我国规定操作车间内,空气中苯浓度不得超过 40 $mg\cdot m^{-3}$;室内空气中苯含量每小时平均不得超过 0.09 $mg\cdot m^{-3}$。

地表水环境质量标准(GB 3838—2002)规定苯、甲苯、乙苯、二甲苯的标准限值分别为:0.01 $mg\cdot L^{-1}$,0.7 $mg\cdot L^{-1}$,0.3 $mg\cdot L^{-1}$,0.5 $mg\cdot L^{-1}$;饮用水中则完全不允许含有苯。

2. 苯系物的测定

苯系物的测定,由于环境样品中不仅苯系物含量很低,需在痕量范围内进行测定,而且常常含有多种干扰组分,尤其是脂肪烃。因此,要求很高的分离技术及相当高的测试灵敏度。环境样品中的苯系物,常采用气相色谱法测定。

依据样品前处理方式的不同,可选用不同的气相色谱分析法,如顶空气相色谱法、二硫化碳萃取气相色谱法。这两种方法均为国家标准方法——GB 11890—89。此外,空气中苯系物的测定,可用溶剂解吸气相色谱法。

(1) 顶空气相色谱法　主要步骤:在恒温的密闭容器中,在设定的温度和压力下使水样中的苯系物在气－液两相间分配达到平衡。直接取气相用气相色谱－氢火焰离子化检测器法(GC－FID)分析。此方法的检出限为0.05～0.1 $mg\cdot L^{-1}$。

采用此方法取样,在分析中未发现干扰物质存在。适用范围为地表水和石油化工、焦化、农药、制药、油漆等行业废水的分析。

(2) 二硫化碳萃取气相色谱法　用二硫化碳萃取样品,静置分层后,将分离出的有机相用 GC－FID 分析。

此法在样品转移过程中易造成苯系物挥发损失,且二硫化碳有恶臭气味及毒性,现在已不轻易使用。此方法的检测限为 0.05～1.2 $mg\cdot L^{-1}$,适用范围为石油化工、焦化、油漆、制药等行业的废水分析。

(3) 溶剂解吸气相色谱法　将空气中的苯系物用活性炭管采集后,用二硫化碳解吸,选用毛细管色谱柱分离,经 FID 检测,由保留时间定性。用峰面积或峰高进行定量分析。此法最低检测限为 50 $\mu g\cdot m^{-3}$。

三、多环芳烃

多环芳烃 (polycyclic aromatic hydrocarbons,简称 PAHs) 是 20 世纪初发现的一类广泛存在于环境中的致癌物。

PAHs可分为稠环型和非稠环型两类。稠环型分子结构中至少有两个碳原子为两个苯环所共有，如萘、菲。非稠环型分子结构中苯环之间各有一个碳原子相连，如联苯、三联苯。

1．多环芳烃的特性

PAHs中相对分子质量较低（通常指含2～3个苯环）的化合物，如萘、芴、菲及蒽等，挥发性较强，对水生生物有较大的毒性。

PAHs中相对分子质量较高（通常指含4～7个苯环）的化合物，虽然引起的毒性发作不快，但大多数均具有致癌性。

PAHs致癌或可能致癌的化合物有：苯并[*a*]芘、苯并[*e*]芘、苯并[*a*]蒽等。

一般说来，苯环数越多、相对分子质量越高的PAHs，发生降解反应就越困难，对环境的危害也就越大。

表24－3列出了常见的PAHs的结构、命名和物理性质。

表24－3　常见的PAHs的结构、命名和物理性质

化合物名称	英文名称	结构式	分子式	相对分子质量	熔点/℃	沸点/℃
萘	naphthalene	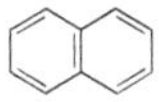	$C_{10}H_8$	128.18	80～82	218
二氢苊	acenaphthene	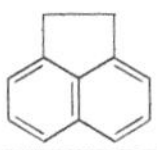	$C_{12}H_8$	152.20	92～93	265～280
苊	acenaphthylene	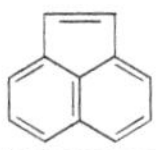	$C_{12}H_{10}$	154.20	90～96	278～279
芴	fluorene	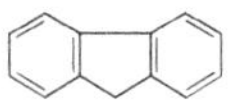	$C_{13}H_{10}$	166.23	116～118	293～295
蒽	anthracene	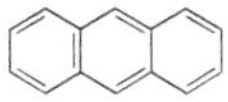	$C_{14}H_{10}$	178.24	216～219	340
菲	phenanthrene	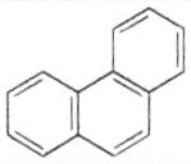	$C_{14}H_{10}$	178.24	96～101	339～340
荧蒽	fluoranthene	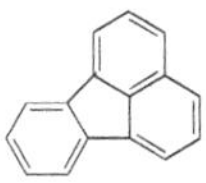	$C_{16}H_{10}$	202.26	107～111	375～393
芘	pyrene	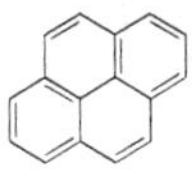	$C_{16}H_{10}$	202.26	150～156	360～404
苯并[*a*]蒽	benz [*a*] anthracene	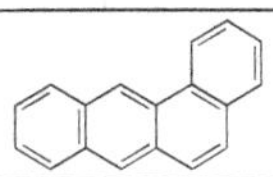	$C_{18}H_{12}$	228.30	157～167	435

续表

化合物名称	英文名称	结构式	分子式	相对分子质量	熔点/℃	沸点/℃
䓛	chrysene	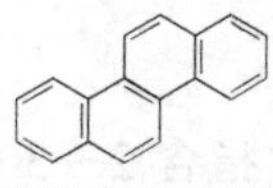	$C_{18}H_{12}$	228.30	252～256	441～448
苯并[*b*]荧蒽	benzo[*b*]fluoranthene	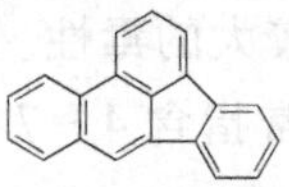	$C_{20}H_{12}$	252.32	167～168	481
苯并[*k*]荧蒽	benzo[*k*]fluoranthene	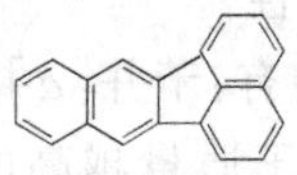	$C_{20}H_{12}$	252.32	198～217	471～480
苯并[*a*]芘	benzo[*a*]pyrene	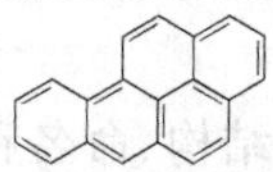	$C_{20}H_{12}$	252.32	177～179	493～496
苯并[*g*,*h*,*i*]苝	benzo[*g*, *h*, *i*]perylene		$C_{22}H_{12}$	276.34	275～278	525
茚并[1,2,3－*cd*]芘	indeno[1,2,3－*cd*]pyrne	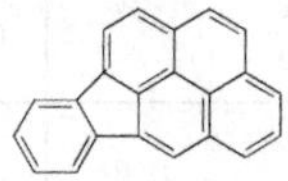	$C_{22}H_{12}$	276.34	162～163	—
二苯并[*a*,*h*]蒽	dibenz[*a*, *h*]anthracene	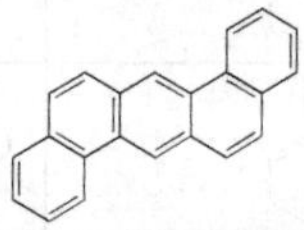	$C_{20}H_{14}$	278.35	266～270	524

2. 多环芳烃的来源

环境中的PAHs有人为的、天然的两种来源。

人为来源，主要来自化石燃料及有机物的热解产物。例如，工业生产、废物焚烧、家庭生活用炉灶、工业锅炉，以及机动车辆等排放的废水、废气、废渣等。

天然来源，主要来自自然界的生物合成。例如，细菌、藻类及植物的生物合成产物，森林、草原的野火及火山喷发物等。

天然来源生成的PAHs的量很少。清净河水中苯并[*a*]芘的含量通常为0.01～0.1 $\mu g \cdot L^{-1}$，然而，在污染的河水中PAHs的浓度可高达每升几微克甚至几百微克。

PAHs在环境中主要吸附在大气及水中的微小颗粒物上。大约80%的PAHs被大气中直径小于3.3 μm的颗粒物吸附，通过沉降及雨水冲洗等过程污染土壤、地表水以及植物的茎叶、籽实等，造成大面积的污染。

目前我国已将7种PAHs列为优先控制污染物。

我国地表水环境质量标准(GB 3838—2002)中仅有极具代表性的化合物(苯并[*a*]芘)一项指标,其标准值为 2.8×10^{-6} mg·L^{-1}。

3. 多环芳烃的测定

多环芳烃的测定方法主要有:薄层色谱法(TLC)、气相色谱法(GC)和高效液相色谱法(HPLC)。

目前 GC 与其他仪器的联用技术已相当成熟。如气相色谱与质谱联用(GC/MS),气相色谱与红外光谱联用(GC/FIR)。

实践证明,GC/MS 法是定性分析环境样品中 PAHs 的最佳方法,能够详细分析 PAHs 中众多的同系物和异构体。主要步骤为:用二氯甲烷萃取水样中的 PAHs(详见表 24 - 3),经佛罗里硅土小柱净化后,将样品浓缩进行 GC/MS 选择离子检测。此法适用于分析饮用水、地下水、湖库水、河水及工业废水等。检测限为 $10^{-12}\sim10^{-9}$ g·L^{-1}。

由于 HPLC 法的分辨率较 GC 法低,因此 HPLC 法很难对众多 PAHs 的同系物和异构体进行更详细的研究。

PAHs 的分析过程主要包括三大部分——样品的萃取富集、预处理及净化测定。

由于 PAHs 的水溶性较小,在生活用水、地下水中的含量往往都在 10^{-9}或更低的数量级上,因此样品的富集非常重要。

此外,由于环境样品成分复杂,常常含有多种干扰物质,势必对测定结果产生一定的影响,因此必须经过净化处理,除去干扰物质。若采用高效的分离方法或高选择性的测定方法时,这一步骤可酌情简化或省略。

目前已有微波辅助萃取法的成功报道。用微波辅助萃取 - GC/MS 法测定大气中可吸入颗粒物中痕量 PAHs 的主要步骤为:用大流量空气采样器,将大气中颗粒物采集在滤膜上,再将剪碎的滤膜放入微波萃取罐中,加入 PAHs 标准物和萃取剂萃取,将萃取液减压、浓缩至近于干燥,经硅胶柱分离得到 PAHs 组分后,用 GC/MS 进行定性和定量分析。

第三节　含氧有机污染物

一、甲醛

甲醛又名蚁醛,35%～40%的水溶液称为福尔马林(formalin)。福尔马林极易挥发,在医疗和农业上常作为消毒剂。

1. 甲醛的特性及危害

(1) 甲醛的特性　甲醛是无色、具有强烈刺激性气味的气体。相对分子质量为30.03,沸点为-21℃,气体相对密度1.04,略重于空气。易溶于水、醇和醚,具有一定的毒性。甲醛具有活泼的化学和生物活性。甲醛易聚合生成多聚甲醛,这是甲醛水溶液浑浊的原因。多聚甲醛受热(180～200℃)时易发生解聚,在室温下能放出微量的气态甲醛。

(2) 甲醛的危害　甲醛对人体健康危害主要表现为:

(a) 刺激作用　对皮肤、呼吸道、眼睛都有刺激,高浓度吸入会造成水肿、大量流泪和头痛。

(b) 过敏作用　皮肤直接接触可引起过敏性皮炎、色斑、坏死,对中枢神经系统起麻醉作用,高浓度吸入会诱发支气管哮喘,使肺功能受到严重损害。

(c) 致突作用　高浓度甲醛是一种基因毒性物质,高浓度吸入引起鼻咽肿瘤。此外,甲醛还可凝固蛋白质对生物有遗传毒性作用等。

为此,世界各国都对空气中甲醛的浓度定出了限值。我国《室内空气质量卫生规范》中规定室内空气中甲醛1 h浓度限值为:办公建筑物内0.12 $mg\cdot m^{-3}$,居室内0.08 $mg\cdot m^{-3}$。表24－4列出了某些国家室内甲醛浓度的限值。

表24－4　各国室内甲醛浓度的指导限值

国家	限值/($mg\cdot m^{-3}$)	评述
中国	0.12	公共场所卫生标准
	0.08	居室卫生标准
美国	0.486	联邦目标环境水平
	0.24～0.62	美国几个州的室内空气质量标准
芬兰	0.30	对老/新建筑物(1981年为界)的指导限值
日本	0.12	室内空气质量标准
新西兰	0.12	室内空气质量标准

2. 甲醛的来源

甲醛是环境中常见的污染物。室外来源主要有:工业废气、汽车尾气及光化学烟雾等;室内来源主要有:燃料的不完全燃烧、建筑材料、装饰物品及日常生活用化学品等。此外,化妆品、清洁剂、消毒剂、杀虫剂、印刷油墨等多种化工及轻工产品也是甲醛的主要来源。

在我国随着室内装修的兴起,室内甲醛污染的状况日趋严重。例如,脲醛、酚醛树脂是常用的黏合剂,可用于室内装修的各个环节,大量存在于装饰物品中,它们会较为持续地往空气中逸散甲醛。这种情况已引起人们的广泛关注。

3. 甲醛的测定

甲醛的测定方法很多,有比色法、气相色谱法、高效液相色谱法及电化学法等。

（1）乙酰丙酮比色法　是我国环境空气中甲醛测定的标准方法——GB/T 15516—1995。此法对共存的酚和乙醛等无干扰，易操作，重现性好。主要步骤：甲醛气体经水吸收后，在 pH = 6 的乙酸 - 乙酸铵缓冲溶液中与乙酰丙酮反应，在沸水浴条件下，迅速生成稳定的黄色化合物，在波长 413 nm 处比色测定。其反应式如下：

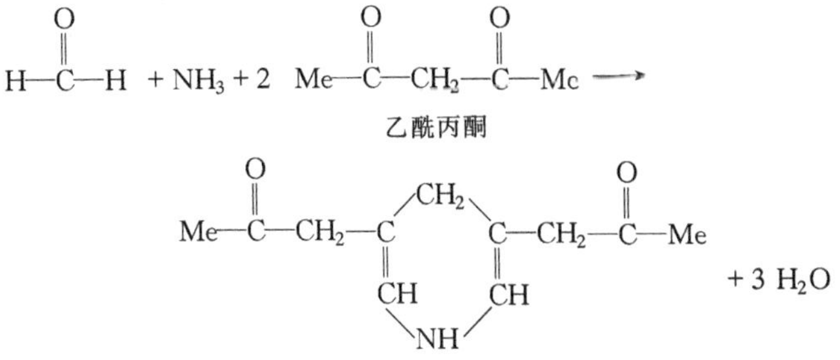

（2）气相色谱法　是我国测定公共场所空气中甲醛卫生检验标准方法——GB/T 18204，26—2000。此法选择性好，干扰因素少。主要步骤：将空气中的甲醛，在酸性条件下，吸附在涂有 2，4 - 二硝基苯肼的 6201 担体上，生成稳定的甲醛腙，用二氧化碳洗脱后，气相色谱 - 火焰离子化检测器（GC - FID）测定。

（3）HAMT 比色法　是我国居住区大气中甲醛卫生检验标准方法——GB/T 16129—95，此法灵敏度为比色法之首。主要步骤：用吸收液吸收空气中的甲醛，在碱性溶液中与 4 - 氨基 - 3 - 联氨 - 5 - 巯基三氮杂茂（HAMT）发生反应，经高碘酸钾氧化后，形成红色化合物。此化合物在 550 nm 波长处有吸收。反应式如下：

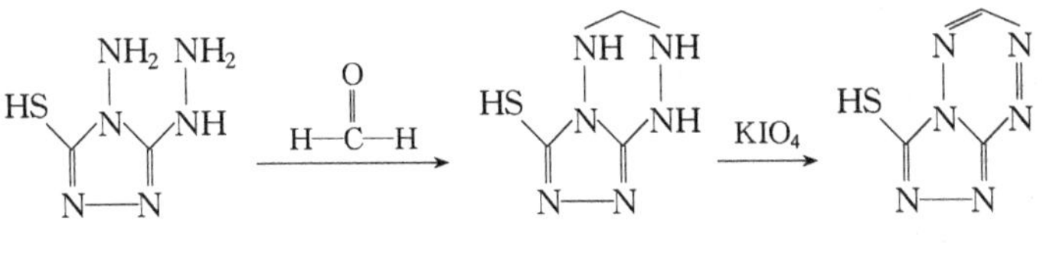

（4）TO—11 法　美国环保局（EPA）对环境空气中醛、酮类化合物的测定，规定了标准分析方法——TO—11 法。主要步骤：将涂有 2，4 - 二硝基苯肼的硅胶（60～80 目）吸附柱连接在小流量采样泵上，以 100～1500 mL·min^{-1}流速采样。采样时间和流量由空气中待测物的浓度确定，空气中的醛、酮类化合物与 2，4 - 二硝基苯肼反应，生成醛、酮衍生物留在吸附柱上，测定前用 5 mL 乙腈溶液洗脱采样管并定容，用反相高效液相色谱法测定，用波长 360 nm 紫外检测器检测。表 24 - 5 列出了 TO—11 法主要目标化合物及检测限。

醛、酮与2,4－二硝基苯肼反应通式如下：

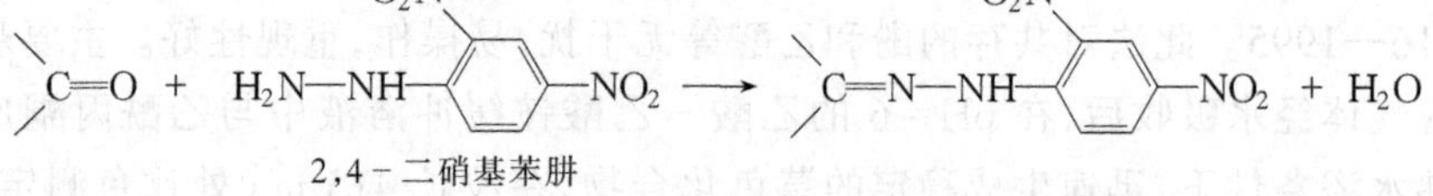

表24－5　TO—11法主要目标化合物及检测限

英文名称	中文名称	检测限/$(ng \cdot g^{-1})$
formaldehyde	甲醛	0.31
acetaldehyde	乙醛	0.29
acrylaldehyde	丙烯醛	0.27
acetone	丙酮	0.27
propionaldehyde	丙醛	0.27
crotonaldehyde	2－丁烯醛	0.26
butyraldehyde	丁醛	0.26
isovaleraldehyde	异戊醛	0.24
valeraldehyde	戊醛	0.24
benzaldehyde	苯甲醛	0.23
hexaldehyde	己醛	0.23
o－tolualdehyde	邻甲基苯甲醛	0.22
m－tolualdehyde	间甲基苯甲醛	0.22
p－tolualdehyde	对甲基苯甲醛	0.22
2,5－dimethybenzaldehyde	2,5－二甲基苯甲醛	0.21

二、酚类污染物

1．酚类污染物的特性及来源

(1) 酚类污染物的特性　酚类化合物属于毒性很强的有机污染物。可分为挥发酚和不挥发酚两大类：沸点在230℃以下的酚为挥发酚，除对硝基酚外的一元酚均属于挥发酚；沸点在230℃以上的酚为不挥发酚，如二元酚及三元酚多属于不挥发酚。

大多数硝基酚有致突变的作用；酚的甲基衍生物不仅致畸，而且致癌。

它们的毒性随着芳环上取代程度的增加而增大。六种酚类污染物已被列入中国水环境优先控制污染物“黑名单”，它们是：苯酚、间甲酚、间氯酚、2,4,6－三氯酚、五氯酚及对硝基酚。

酚类化合物为恶臭物质，可通过消化道、呼吸道和皮肤侵入人体，与细胞原生质中的蛋白结合，使细胞失去活性，严重的会引起脊髓刺激，导致全身中毒。

用高浓度含酚废水灌溉农田时，会使农作物枯死、减产；如果水体中酚的浓度大于5 $mg \cdot L^{-1}$时，鱼类会中毒死亡。

我国“污水综合排放标准”(GB 8979—1996)规定,挥发酚最高允许排放浓度为1.0 mg·L^{-1};生活饮用水标准(GB 5749—85)规定,挥发酚的含量不得超过0.002 mg·L^{-1}。

(2) 酚类污染物来源　酚类污染主要发生在水体中。主要来自于:炼油、炼焦、木材防腐、绝缘材料、医疗、化工及造纸工业等生产过程中排放的废水。此外,粪便及含氮有机物在分解过程中也产生酚类化合物。

2. 挥发酚的测定

挥发酚的测定方法较多,如光度法、层析法、气相色谱法、液相色谱法等。

4-氨基安替比林光度法是国际标准化组织颁布的测酚方法,也是各国普遍采用的方法。

水样中挥发酚浓度低于0.5 mg·L^{-1}时采用4-氨基安替比林萃取光度法,通常采用的萃取溶剂为氯仿;浓度高于0.5 mg·L^{-1}时采用4-氨基安替比林直接光度法。主要步骤:在碱性介质和氰化钾存在的条件下,酚类化合物与4-氨基安替比林反应,生成橙红色吲哚酚安替比林染料,其水溶液在510 nm处有最大吸收。该方法的最低检测限为0.1 mg·L^{-1}。

此法灵敏度高、选择性强、结果稳定,但操作烦琐、费时,还要用大量对人体健康有害的有机溶剂。

近年来,气相色谱、高效液相色谱等色谱学方法广泛的用于挥发酚的分析,固相萃取,固相微萃取等样品前处理技术与色谱方法结合,可以定量检测环境样品中痕量挥发酚的含量。

三、过氧乙酰硝酸酯

1. 过氧乙酰硝酸酯的性质及危害

过氧乙酰硝酸酯(peroxyacetyl nitrate,简称PAN)又称硝酸过氧乙酰。它是光化学烟雾的主要成分之一,是光化学烟雾污染时产生的二次污染物。

大气中PAN的含量是衡量光化学烟雾污染程度的重要指标之一。其结构式为

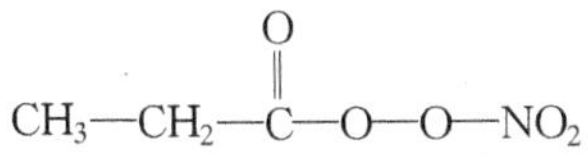

PAN是剧毒物质、强氧化剂。它对人体的呼吸器官和眼睛黏膜有很强的刺激作用,此外,它对植物的危害亦很大,能促使植物老化、早衰,影响植物的生长与发育。

空气中PAN含量达到0.01~0.05 μg·g^{-1}时,植物的叶片会出现黄褐色或白色斑点。

2. 过氧乙酰硝酸酯的来源

由于PAN是光化学烟雾污染的二次污染物,因此光化学烟雾是它的主要来源。

光化学烟雾通常发生在汽车尾气污染严重、盆地式地形、无风天数较多的城市;光化学烟雾使大气能见度降低,并带有特殊的气味;光化学烟雾一般多发生在大气温度较低,夏季的晴天(气温24~32℃),污染高峰常出现在中午或稍后,白天形成,傍晚消失,呈现为一个循环过程。

大量研究表明:碳氢化合物和氮氧化合物的相互作用,是光化学烟雾形成的主要原因,空气中二氧化氮的光解是引发光化学烟雾的起始反应。碳氢化合物被HO·、O·和O_3氧化,生成RO_2·、HO_2·、RCO·等中间产物和最终产物醛、酮等。RO_2·引起空气中的NO向NO_2转化,并导致O_3和PAN的生成。

此外,污染空气中的二氧化硫会被HO·、HO_2·及O_3等氧化,生成硫酸和硫酸盐,成为光化学烟雾中气溶胶的重要成分,以及碳氢化合物中挥发性小的氧化物凝结成气溶胶液滴,从而使得大气能见度下降。

第四节 含卤素有机污染物

有机卤化物大多数都具有很强的毒性。它对于全球环境和人类健康的巨大危害越来越引起人们的广泛重视。2001年5月在瑞典首都由127个国家和地区共同签署的《关于持久性有机污染物的斯德哥尔摩公约,简称POPs公约》,公约决定在世界禁止或限制使用12种持久性有机污染物(persistent organic pollutants,简称POPs)。艾氏剂、狄氏剂、异狄氏剂、氯丹、七氯、灭蚊灵、毒杀芬、滴滴涕、六氯苯、多氯联苯、多氯代二苯并二噁英和多氯代二苯并呋喃,均属于含卤素有机污染物。它们能在环境中长期地存在,能在生物中积累,能远距离地迁移,有较强的毒性和致癌性等特性。

一、二噁英类

二噁英类(dioxins)污染物指的是:多氯代二苯并二噁英类(polychlorinated dibenzo-p-dioxins,简称PCDDs)及氯代二苯并呋喃类(polychlorinated dibenzofurans,简称PCDFs)含氧三环芳香化合物的统称(简称PCDD/Fs)。

PCDD/Fs分子中,由于氯原子数目与氯原子在芳环上位置的不同,可能产生210种异构体。其中2,3,7,8-四氯二苯并二噁英(2,3,7,8-TCDD)被认为是毒性最强的有机污染物,其毒性高达氰化物的100倍。化学结构式如下:

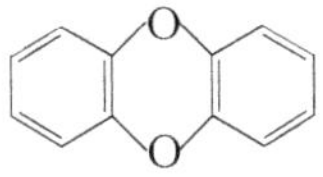

二苯并二噁英

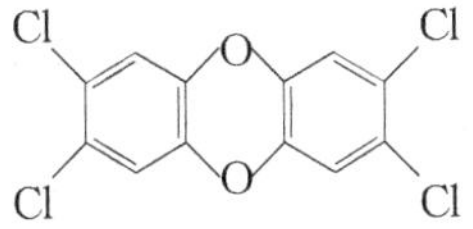

2,3,7,8－四氯二苯并二噁英

二噁英类是对环境影响重大的持久性有机污染物。它已被世界卫生组织(WHO)列为剧毒化合物,被国际癌症研究中心列为人类一级致癌物。

它不仅具有致癌性、致畸性,还对免疫系统有抑制作用,尤其对人类生长发育、生殖功能和繁衍的影响最令人担忧。它的危害具有潜在性,具有跨时代的效应。

1. 二噁英的特性及来源

(1) 二噁英的特性　二噁英在常温高压下为白色固态,极难溶于水和有机溶剂,易溶于油脂,可在脂肪组织中生物积累。它的蒸气压很低,不易从溶剂中或固体表面挥发,熔点一般在 300℃ 以上,在 700℃ 开始分解。易被吸附于沉积物、土壤和空气中的飞灰上,它广泛分布于环境中。

二噁英类具有很强的热稳定性、化学稳定性和生物化学稳定性。在人体内半衰期可达 10 年左右,在土壤中的半衰期长达 12 年。人体内引入的二噁英类 90%以上是通过食物(如鱼贝类、肉类、乳制品等)摄取的。而通过大气(呼吸)、土壤、饮用水等途径摄取的量所占比例很少。一些 PCDD/Fs 的分子组成和物理性质见表 24－6。

表 24－6　一些 PCDD/Fs 的分子组成和物理性质

中文名称	名称缩写	分子式	熔点/℃	蒸气压/Pa
二苯并[1,4]二噁英	DD	$C_{10}H_8O_2$	122	5.5×10^{-2}
2,7－二氯二苯并[1,4]二噁英	2,7－DCDD	$C_{12}H_6Cl_2O_2$	209	1.2×10^{-4}
2,3,7,8－四氯二苯并[1,4]二噁英	2,3,7,8－TCDD	$C_{12}H_2Cl_4O_2$	305	2.0×10^{-7}
1,2,3,7,8－五氯二苯并[1,4]二噁英	1,2,3,7,8－PeCDD	$C_{12}H_3Cl_5O_2$	240	5.8×10^{-8}
1,2,3,4,7,8－六氯二苯并[1,4]二噁英	1,2,3,4,7,8－HxCDD	$C_{12}H_2Cl_6O_2$	273	5.1×10^{-9}
1,2,3,6,7,8－六氯二苯并[1,4]二噁英	1,2,3,6,7,8－HxCDD	$C_{12}H_2Cl_6O_2$	285	4.8×10^{-9}
1,2,3,7,8,9－六氯二苯并[1,4]二噁英	1,2,3,7,8,9－HxCDD	$C_{12}H_2Cl_6O_2$	243	6.5×10^{-9}
1,2,3,4,6,7,8－七氯二苯并[1,4]二噁英	1,2,3,4,6,7,8－HpCDD	$C_{12}HCl_7O_2$	264	7.5×10^{-10}
1,2,3,4,6,7,8,9－八氯二苯并[1,4]二噁英	1,2,3,4,6,7,8,9－OCDD	$C_{12}Cl_8O_2$	325	1.1×10^{-10}
2,3,7,8－四氯二苯并[1,4]呋喃	2,3,7,8－TCDF	$C_{12}H_4Cl_4O$	227	2.0×10^{-6}

续表

中文名称	名称缩写	分子式	熔点 ℃	蒸气压 Pa
1,2,3,7,8－五氯二苯并[1,4]呋喃	1,2,3,7,8－PeCDF	$C_{12}H_3Cl_5O$	225	2.3×10^{-7}
2,3,4,7,8－五氯二苯并[1,4]呋喃	2,3,4,7,8－PeCDF	$C_{12}H_3Cl_5O$	196	3.5×10^{-7}
1,2,3,4,7,8－六氯二苯并[1,4]呋喃	1,2,3,4,7,8－HxCDF	$C_{12}H_2Cl_6O_2$	256	3.2×10^{-8}
1,2,3,6,7,8－六氯二苯并[1,4]呋喃	1,2,3,6,7,8－HxCDF	$C_{12}H_2Cl_6O_2$	232	2.9×10^{-8}
2,3,4,6,7,8－六氯二苯并[1,4]呋喃	2,3,4,6,7,8－HxCDF	$C_{12}H_2Cl_6O$	246	2.6×10^{-8}
1,2,3,7,8,9－六氯二苯并[1,4]呋喃	1,2,3,7,8,9－HxCDF	$C_{12}H_2Cl_6O$	239	2.4×10^{-8}
1,2,3,4,6,7,8－七氯二苯并[1,4]呋喃	1,2,3,4,6,7,8－HpCDF	$C_{12}HCl_7O$	236	4.7×10^{-9}
1,2,3,4,7,8,9－七氯二苯并[1,4]呋喃	1,2,3,4,7,8,9－HpCDF	$C_{12}HCl_7O$	221	6.2×10^{-9}
1,2,3,4,6,7,8,9－八氯二苯并[1,4]呋喃	1,2,3,4,6,7,8,9－OCDF	$C_{12}Cl_8O$	258	5.0×10^{-10}

(2) 环境中二噁英的来源　随着人类生产活动，特别是化学工业活动的快速发展，环境中二噁英的污染日趋严重。

二噁英并不是人类特意制造出来的产物。其主要来自有机氯化学品的生产及城市固体垃圾焚烧过程。在这些“过程”中产生并转移到大气、土壤和水等各种环境介质中。

许多有机氯化学品的生产过程会产生二噁英。相关行业有：有机氯化工、氯碱工业、染料化工、农药化工、造纸业、服装干洗业等，其中氯酚类化学品的生产对环境中二噁英的贡献最大。据统计，我国五氯酚及其钠盐年产量约占世界年产量的1/5，国产五氯酚钠及其五氯酚产品中杂质PCDDs和PCDFs的平均含量分别为15.76～25.47 $\mu g\cdot g^{-1}$和2.26～4.74 $\mu g\cdot g^{-1}$，PCDDs和PCDFs的年产量已超过100 kg。仅此项我国就可能是世界上最大的二噁英产出国。

城市固体垃圾焚烧过程会产生二噁英。例如，含聚氯乙烯等物质的垃圾焚烧过程中，会产生大量的二噁英。此外，木材、汽油的不完全燃烧，亦可释放出二噁英。这是因为：垃圾中含有氯、碳、氢、氧元素和铁、铜、镍等过渡金属物质，在高温燃烧及尾气冷却过程中，这些元素会发生分解、重组等变化，导致二噁英的生成。

目前我国的城市垃圾年产生量约为1亿吨，并且正以年增长率10%左右的速度增长。预计在未来的10年内，垃圾处理总量的3%还将采用焚烧的方式销毁。

研究表明：焚烧炉飞灰中含有几乎所有的PCDD/Fs化合物，以及几百种其他的各类有机物。因此，随着垃圾焚烧比例的加大，PCDD/Fs的环境污染问题将更趋严重。

2. 二噁英的测定

环境样品中二噁英的含量往往为 $10^{-15} \sim 10^{-12}$数量级。在测定中干扰成分的含量也较高;另外,分析步骤多,操作复杂,因此对二噁英类的测定方法必须同时具备高灵敏度、高选择性、高特异性和严格的质量管理措施。

(1) 我国二噁英检测主要采用同位素稀释高分辨率的色谱与高分辨率的质谱(HRGC/HRMS)联用的方法,一批专业检测实验室已经建立。2009 年 4 月正式实施四项国家环境保护标准,分别为

① 水质中二噁英类的测定　同位素稀释高分辨气相色谱 - 高分辨质谱法(HJ77.1—2008)。

② 环境空气和废气中二噁英类的测定　同位素稀释高分辨气相色谱 - 高分辨质谱法(HJ77.2—2008)。

③ 固体废物中二噁英类的测定　同位素稀释高分辨气相色谱 - 高分辨质谱法(HJ77.3—2008)。

④ 土壤和沉积物中二噁英类的测定　同位素稀释高分辨气相色谱 - 高分辨质谱法(HJ77.4—2008)。

(2) 国外对二噁英类测定方法的研究很多,已有一系列的标准分析方法。例如,欧洲标准化委员会(CEN)制定的标准——EN1948,美国环保局(EPA)的方法——23,日本工业化标准(JIS) 制定的标准——K0311 等。这些标准方法均采用了:同位素稀释 - 多层色谱柱净化 - 高分辨气相色谱/高分辨质谱(HRGC/HRMS)分析的技术路线,只是彼此间在某些技术细节、指标要求上存在一些差别。

二、多氯联苯

多氯联苯(polychlorinated biphenyls,简称 PCBs)是联苯上氢原子被氯原子取代,形成的一类化合物的总称。

PCBs 分子中,由于氯原子数目与氯原子在芳环上位置的不同,可能产生 209 种异构体。商品多氯联苯是多种异构体的混合物。工业上常用的是含有 2～7个氯的 PCBs。

1. 多氯联苯的特性及危害

(1) 多氯联苯的特性　PCBs 具有挥发性低、水溶性低,化学性质极其稳定,具有耐酸、碱及抗氧化性等。分子中随着氯原子数目的增多,PCBs 由无色液体逐渐转变为树脂状固体,释放出有机氯的气味。

(2) 多氯联苯的危害　由于 PCBs 是难分解、高脂溶性的有毒污染物,积累性随含氯量的增加而增大,一旦进入环境即可给生态系统带来长期影响,是全球性的重要有机污染物之一。

PCBs 可通过食物链进入人体,当其进入人体后,易在脂肪组织中积累,如果人体摄入 0.5～2 $g\cdot kg^{-1}$ PCBs,即可出现食欲不振、恶心、头晕、肝肿大等中毒现象。我国和世界上许多国家,如美国、日本、荷兰等,均把 PCBs 指定为环境优先污染物。

环境中的 PCBs 污染,主要来自 PCBs 及受到 PCBs 污染的废弃物的挥发,焚烧炉气体的排放等。

PCBs 的蒸气压虽然很低,但其蒸发速率较快,汽化后随着降雨进入土壤、流入海洋,进入环境后随着大气及水的流动而迁移。如今,PCBs 的污染已遍及整个地球生态系统。

2. 多氯联苯的测定

PCBs 分析的基本原理是:将其从环境样品转移到适当的溶剂中,再经过净化操作使之与样品中的干扰物分离,最后用气相色谱电子捕获检测器(GC－ECD)或用 GC－MS 进行定性和定量分析。

PCBs 为非极性物质,易溶于有机溶剂。因此,各水质标准分析方法都规定使用液－液萃取,所用溶剂有二氯甲烷、正己烷及混合溶液。

由于 PCBs 在水中的溶解度很低,水环境中的 PCBs 一般吸附在悬浮物和底泥上,而且容易被生物积累。因此,对底泥及生物中 PCB_S 的监测具有重要意义。对于固态环境样品(如土壤、底泥及其他生物样品)中 PCBs 的分析,也是首先用溶剂提取,常用溶剂主要是二氯甲烷、石油醚、正己烷以及它们的混合溶剂等。提取的主要方法有超声波提取、索氏提取、快速溶剂萃取等。提取的溶剂经浓缩后,一般在上机分析前还需要用柱色谱或固相萃取进行净化和富集。

气相色谱法的主要步骤:取一定量的水样用 50% NaOH 溶液调 pH 接近中性,采用液－液萃取法(60 mL 50%二氯甲烷/己烷溶液)萃取,用无水硫酸钠吸收水分,在热水浴上浓缩 K－D 蒸发器中的萃取液,用 GC－ECD 对样品进行分析。若有干扰,需进一步净化、分离。用标准硅酸镁柱净化程序与微型硅胶柱分离程序配合使用。

我国"地表水环境质量标准"(GB 3838—2002)规定,集中式生活饮用水地表水源地 PCBs 标准限值为 2.0×10^{-5} $mg\cdot L^{-1}$。

第五节 有机农药

农药是农业生产不可缺少的重要物质,是防治农业病虫害和控制杂草的化学药品,往往又是一类环境污染物。

目前,全世界范围内农药年产量达 200 多万吨,作为商品生产的农药品种有 1500 种,其中大量生产并广泛使用的约 300 种。

我国使用农药量居世界第二位，仅次于美国。由于农药的广泛使用，对大气、土壤及水体造成污染，对人体健康造成严重威胁。

农药的喷洒引起了大气污染。农药微粒在气流的作用下，能飘移到数公里远的地方；喷洒到植物表面或土壤上的农药也可随风飞扬到空中。

向水体直接施用农药引起了水体污染。土壤颗粒上粘附的农药，生产农药的工业废水、含有农药的生活污水及污物，经雨水冲刷、水淋，落入或溶入水体。

农药还可通过食物链的方式，在生物体内逐渐富集。通过消化道、呼吸道和皮肤等途径进入人体，对人体神经系统、免疫系统等造成极大的危害。

一、有机磷农药

有机磷农药是一种杀虫力较强、对植物危害较小的化学合成农药。近年来，在国内外农药的生产和使用方面，均占有很大的比重。

有机磷农药品种很多，其主要品种有：敌百虫、敌敌畏、对硫磷、乐果、氧化乐果、马拉硫磷等。

1. 有机磷农药的结构和性质

有机磷农药大部分是磷酸的酯类或酰胺类化合物。一般情况下是无色或黄色的油状液体或低熔点的固体；溶于多种有机溶剂，如乙醇、丙酮、氯仿等。只有少数可溶于水，如甲胺磷等。

不同有机磷农药的挥发性差别很大。如在 20℃ 时，敌敌畏在大气中的蒸气质量浓度为 145 $mg \cdot m^{-3}$，乐果则为 0.107 $mg \cdot m^{-3}$。几种常见有机磷农药的结构式和性质参见表 24－7。

2. 有机磷农药的毒性和危害

有机磷农药一般有剧烈毒性，但在环境中降解速率非常快，对环境的影响比有机氯农药要小。

有机磷农药是通过消化道、呼吸道和皮肤吸收进入机体的。进入机体后可迅速分布到全身各个组织和器官。它能与体内的胆碱酯酶结合，形成较稳定的磷酰化胆碱酯酶，使之失去活性，引起神经传导生理功能的紊乱。

有些有机磷农药具有半抗原性，它与体内蛋白质等结合成为复合抗原，从而产生抗体，使机体发生过敏反应；一些有机磷农药，如敌敌畏、马拉硫磷、敌百虫和甲基对硫磷能损害精子，使人的生育能力明显降低等。

表 24－7 几种常见有机磷农药的结构式和性质

分类	名称(上一行为俗名)	结构式	性状	溶解度
膦酸酯	敌百虫 *O*,*O*－二甲基－(2,2,2－三氯－1－羟基乙基)膦酸酯	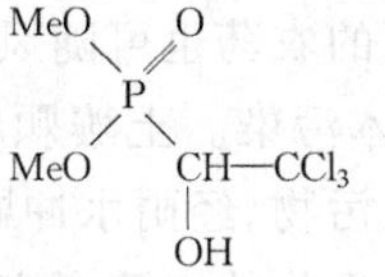	白色结晶固体	750 g/L 氯仿 154 g/L 水
磷酸酯	敌敌畏 *O*,*O*－二甲基－*O*－(2,2－二氯乙烯基)磷酸酯	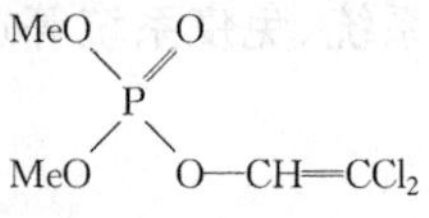	无色有酯味的液体,比水重;酸性条件水解,碱性条件更易水解	10 g/L 水,溶于多数有机溶剂
硫代磷酸酯	甲基对硫磷 *O*,*O*－二甲基－*O*－对硝基苯基硫代磷酸酯	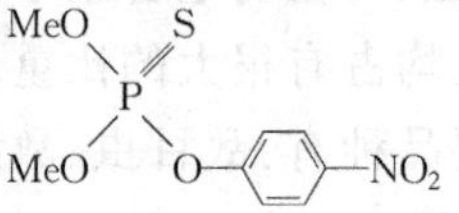	白色晶体,见光和受热易分解	难溶于水,可溶于卤代脂肪族和芳香化合物中
二硫代磷酸酯	乐果 *O*,*O*－二甲基－*S*－(*N*－甲胺甲酰甲基)二硫代磷酸酯	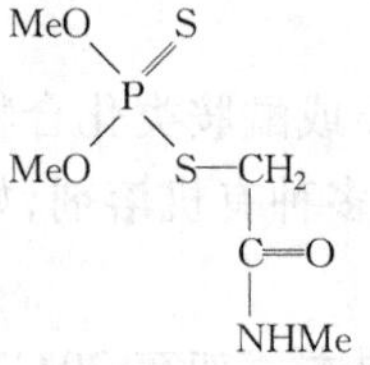	白色晶体;碱性条件迅速水解,可被氧化剂氧化	39 g/L 水,溶于多数有机溶剂
二硫代磷酸酯	马拉硫磷 *O*,*O*－二甲基－*S*－(1,2－二乙氧酰基乙基)二硫代磷酸酯	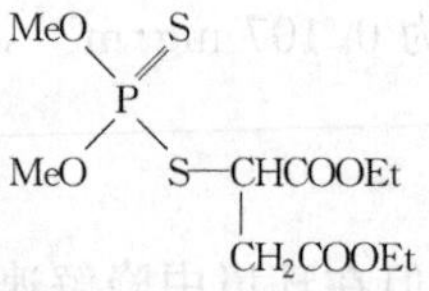	浅色油状液体	不溶于水,易溶于常用的有机溶剂

3. 有机磷农药的降解

(1) 吸附催化水解 它是有机磷农药在土壤中降解的主要途径,由于吸附催化作用,水解反应在有土壤存在的体系中比无土壤存在的体系中要快。它们在土壤中的半衰期与土壤质地、温度、湿度、pH、有机物含量、微生物活动有关。例如,在 pH＝7 的土壤体系中,马拉硫磷水解的半衰期为 6～8 h;在 pH＝9 的无土体系中,半衰期为 20 d。马拉硫磷的水解反应如下:

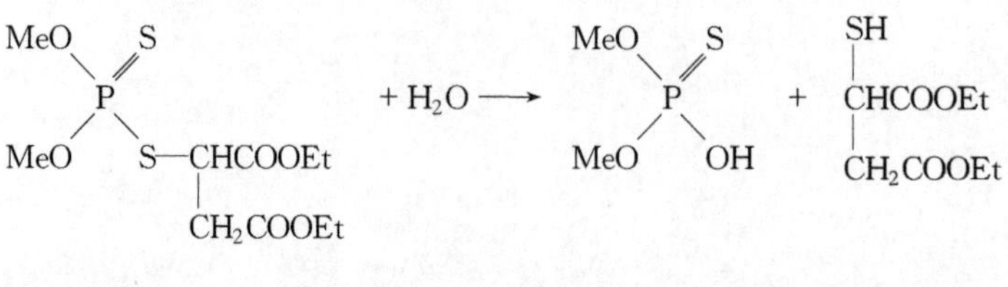

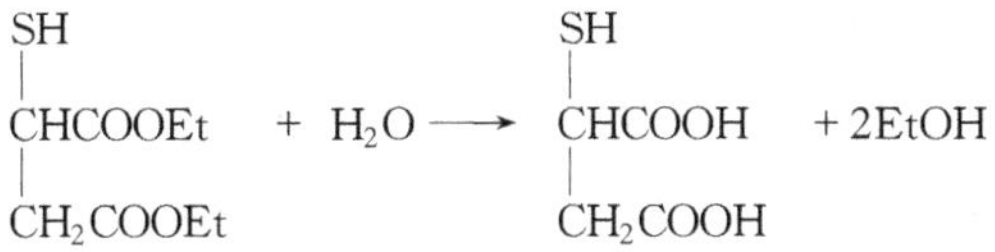

$$
\begin{array}{c}
\text{SH} \\
| \\
\text{CHCOOEt} \\
| \\
\text{CH}_2\text{COOEt}
\end{array}
+ \text{H}_2\text{O} \longrightarrow
\begin{array}{c}
\text{SH} \\
| \\
\text{CHCOOH} \\
| \\
\text{CH}_2\text{COOH}
\end{array}
+ 2\text{EtOH}
$$

(2) 光降解　有机磷农药可发生光降解反应，在光解过程中，有可能生成比自身毒性更强的中间产物。如辛硫磷在 253.7 nm 的紫外光照射 30 h，生成的光解产物之一的一硫代特普的毒性较高，在照射 80 h 后，一硫代特普又逐渐光解消灭。其光解产物如下：

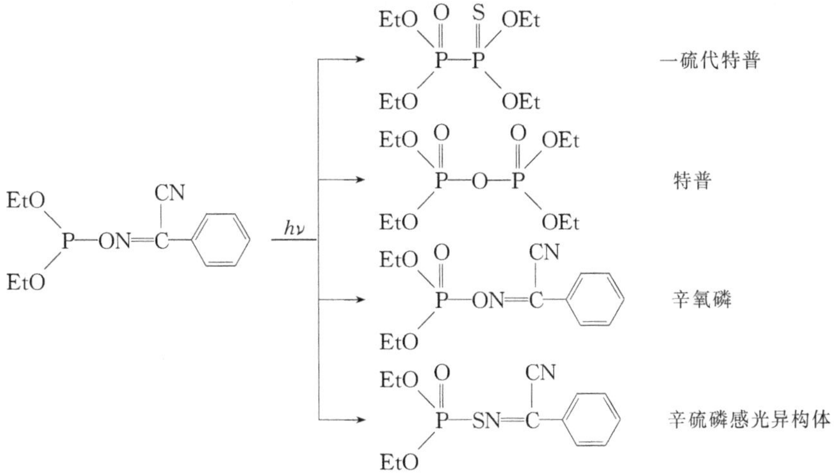

(3) 有机磷农药的生物降解　通过微生物作用将有机磷农药分解的过程。此过程可表示为

有机磷农药 + 微生物(酶) ⟶ 微生物(酶) + 降解产物 (中间产物，CO_2，H_2O)

二、有机氯农药

20 世纪 60～80 年代有机氯农药在我国得到广泛使用。80 年代初，在对全国 2 258 个县(市)的农药使用情况调查统计中发现，有机氯农药使用量占农药总用量的 78%，列在《POPs 公约》中的 9 种有机氯农药，我国除了艾氏剂、狄氏剂、异狄氏剂及灭蚊灵未生产过之外，其余 5 种农药——滴滴涕(DDT)、毒杀芬、六氯苯、氯丹及七氯，曾大量生产和使用过。30 多年来，我国累计施用滴滴涕约 40 万吨，占国际用量的 20%。我国在 1985 年已经规定停止生产和使用有机氯农药。

有机氯农药的特性及危害如下：

有机氯农药大部分是含有一个或几个苯环的氯的衍生物。主要分为氯化苯类(如 DDT、六六六、六氯苯)和环戊二烯类(如七氯、艾氏剂、狄氏剂、氯丹)物质。其特性是对非目标生物、人、畜具有中等毒性;化学性质极其稳定,在环境中有较长的半衰期:土壤中六六六可保存 6 年,狄氏剂可保存 8 年,DDT 可保存 10 年以上;水溶性低而脂溶性高,因而易残留在有机体内。易通过食物链富集,因此属于持久性高残留农药,对环境造成很大影响,对人类健康也有潜在的威胁。

有机氯农药主要通过土壤侵蚀和沉积转移途径进入水环境。在水体中由于挥发、生物转移、生物积累和光合作用,又从水体迁移出去。

有机氯农药可以经皮肤、呼吸道和消化道进入人体,它对脂肪有特殊的亲和力,并在脂肪中蓄积,造成人体慢性中毒,主要表现有头晕、恶心、咳嗽、肺水肿、神经系统的兴奋,严重有机氯农药中毒可造成心、肝、肾功能及心肌的损伤,造成人昏迷、发热,甚至呼吸衰竭而死亡。几种有机氯农药的结构式和性质见表 24-8。

表 24-8 一些有机氯农药的结构式和性质

名称	结构式	性质	熔点/℃
硫丹	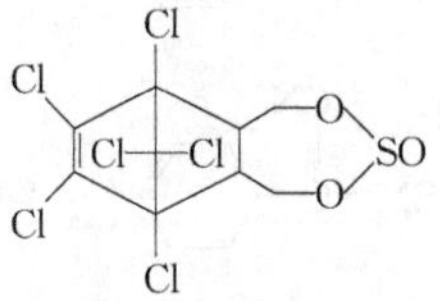	有效成分为 α-异构体(占 2/3)和 β-异构体(占 1/3)的混合物,棕色结晶; 对光稳定,碱性条件下缓慢水解生成孕甾醇和二氧化硫	108~110 (α-异构体) 208~210 (β-异构体)
狄氏剂	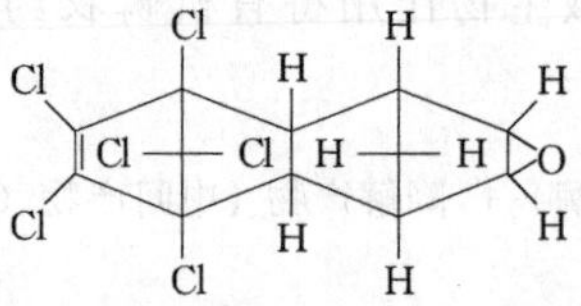	无色晶体,可溶于丙酮、苯和二甲苯,在己烷和甲醇中溶解度较小;碱性条件下稳定	175~176
五氯酚钠	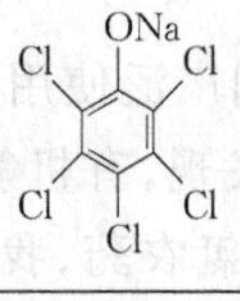	纯品为白色晶体,有特殊的臭味,溶于甲醇,也可溶于水; 水溶液呈碱性,酸化后形成五氯酚,见光易变质	—
五氯酚	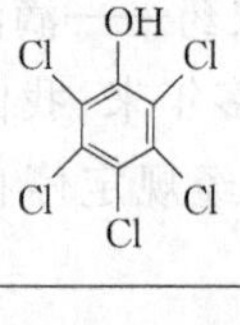	无色针状晶体,难溶于水,可溶于多数有机溶剂; 有弱酸性,见光易变质	190~191

续表

名称	结构式	性质	熔点/℃
滴滴涕	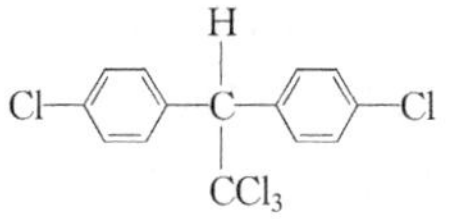	白色结晶，不溶于水，可溶于多数有机溶剂； 化学性质稳定（115 ~ 120℃，15 h不分解）	108.5~109.5 （p,p'-DDT）
六氯苯	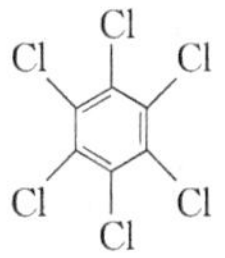	单斜晶体，不溶于水，易溶于乙醚，也可以溶于热的乙醇中	85.5~86.5
三氯杀虫酯	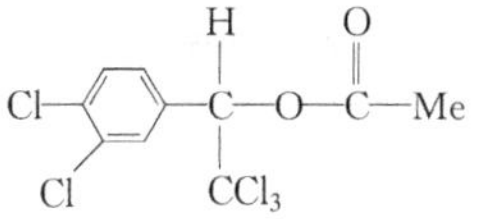	纯品为无色晶体，室温下水中的溶解度为50 $mg\cdot kg^{-1}$，易溶于多数有机溶剂； 碱性条件下可以水解脱氯化氢	84.5

三、有机农药的分析及食品质量安全

有机农药的分析备受人们关注，不但环境样品（如水质、土壤、底泥和固体废物等）中有机农药含量的测定建立了一系列的分析方法，近年来针对水果、蔬菜和粮食中农药的残留量的测定也建立了相应的国家标准。

有机农药检测的传统方法是气相色谱法，对有机磷农药采用气相色谱－氮磷检测器（GC－NPD）和气相色谱－火焰光度检测器（GC－FPD），最小检出量可达到纳克级水平，有机氯农药的测定则使用气相色谱－电子捕获检测器法（GC－ECD）。随着检测技术的发展，色谱－质谱联用技术逐渐广泛的应用于不同基体中农药残留量的测定，近期发布的国家标准大多使用气相色谱－质谱联用方法（GC－MS），高效液相色谱－质谱联用技术（HPLC－MS/MS）等方法（见表24－9）。气相色谱－串联质谱技术（GC－MS/MS），高效液相色谱与飞行时间质谱联用技术（HPLC－MS－TOF）也逐渐应用于复杂基体中有机农药的筛查、定性和定量分析中。

因有机农药残留量测定时，基体干扰较大，所以对样品进行提取、净化和富集等样品前处理过程显得尤为重要。有机农药的前处理方法与它们的性质有关，如有机磷农药的化学性质不稳定，易发生分解、氧化、水解和异构化尤其在热、光和酸碱的条件下更容易发生变化，这使有机磷农药的分离与提纯受到局限性。一般有机磷农药不溶于水而溶于有机溶剂，利用其溶解度不同可采用不同溶剂进行液－液或液－固萃取方法分离。混合物中的有机磷农药可用极性不同的溶剂直接萃取，一些有机磷农药的极性从大到小排列为：甲胺磷、氧乐果、敌百虫、乐果、敌敌畏、马拉硫磷、甲基对硫磷、对硫磷。

样品的前处理方法还与基体的性质有关。对于液态样品，如水、蜂蜜、果汁等通常首先采用溶剂萃取的方法，常用的溶剂为二氯甲烷、氯仿、石油醚等。萃取液浓缩后经固相萃取柱进一步净化和富集。对于固态样品需要用水、有机溶剂(如丙酮、二氯甲烷、石油醚等)或它们的混合溶液提取，再用有机溶剂萃取，萃取液浓缩后再根据基体的情况采用进一步的净化富集方法。一般会采用弗洛里硅土(Florisil)或硅胶为填料的固相萃取柱净化，但对于粮食等样品，需要用凝胶渗透色谱(GPC)进行净化和富集。

表 24－9 列出了近年我国发布的部分针对食品中农药残留量检测的国家标准。

表 24－9　食品和饮料中农药残留量测定的国家标准

国标编号	标准名称	检测方法
GB/T 19649—2005	粮谷中 405 种农药多残留测定方法	GC－MS 和 HPLC－MS/MS
GB/T 19650—2005	动物组织中 437 种农药多残留测定方法	GC－MS 和 HPLC－MS/MS
GB/T 19426—2006	蜂蜜、果汁和果酒中 497 种农药及相关化学品残留量的测定	GC－MS
GB/T 19648—2006	水果和蔬菜中 500 种农药及相关化学品残留量的测定	GC－MS
GB/T 19649—2006	粮谷中 475 种农药及相关化学品残留量的测定	GC－MS
GB/T 19650—2006	动物肌肉中 478 种农药及相关化学品残留量的测定	GC－MS
GB/T 20769—2006	水果和蔬菜中 405 种农药及相关化学品残留量的测定	HPLC－MS/MS
GB/T 20770—2006	粮谷中 372 种农药及相关化学品残留量的测定	HPLC－MS/MS
GB/T 20771—2006	蜂蜜、果汁和果酒中 420 种农药及相关化学品残留量的测定	HPLC－MS/MS
GB/T 20772—2006	动物肌肉中 380 种农药及相关化学品残留量的测定	HPLC－MS/MS
GB/T 5009.19—2008	食品中有机氯农药多组分残留量的测定	GC－ECD

续表

国标编号	标准名称	检测方法
GB/T 5009.207—2008	糙米中50种有机磷农药残留量的测定	GC－MS
GB/T 5009.162—2008	动物性食品中有机氯农药和拟除虫菊酯农药多种残留量的测定	GC－MS和GC－ECD
GB/T 5009.146—2008	植物性食品中有机氯和拟除虫菊酯类农药多种残留量的测定	GC－MS和GC－ECD
GB/T 20772—2008	动物肌肉中461种农药及相关化学品残留量的测定	HPLC－MS/MS
GB/T 23202—2008	食用菌中440种农药及相关化学品残留量的测定	HPLC－MS/MS
GB/T 23204—2008	茶叶中519种农药及相关化学品残留量的测定	GC－MS

参考文献

[1] 余刚,牛军峰,黄俊,等．持久性有机污染物:新的全球性环境问题——环境科学前沿及新技术.北京:科学出版社,2006.

[2] 魏复盛．水和废水监测分析方法．4版．北京:中国环境科学出版社,2002.

[3] Wang B, Iino F, Yu G, et al. The Pollution Status of Emerging Persistent Organic Pollutants in China. Environmental Engneering Science, 2010, 27(3):215-225.

[4] 李核,李攻科,陈洪伟．微波辅助萃取－气相色谱－质谱法学．分析化学,2002,9:1056-1062.

[5] 韦进宝,钱沙华．环境分析化学．北京:化学工业出版社,2002.

[6] 王若苹,杨红斌．固相微萃取－毛细管气相色谱法快速分析水中酚类化合物．中国环境监测,2002,18(4):29-32.

[7] 阎吉昌．环境分析．北京:化学工业出版社,2002.

[8] Weber R, Gaus C, Tysklind M. Dioxin－and POP－contaminated sites－contemporary and future relevance and challenges. Environmental Science and Pollution Research, 2008, 15(5):363-393.

[9] Chang Y S. Recent developments in microbial biotransformation and biodegradation of dioxins. Journal of Molecular Microbiology and Biotechnology. 2008, 15(2～3):152-171.

[10] Zhang L, Liu Y, Xie M X, et al. Simultaneous determination of thyreostats residues in animal tissue by matrix solid phase dispersion and gas chromatography－mass spectroscopy. *Journal*

of Chromatography A,2005, 1074:1-7.

[11] 赵毅,张秉建,贺鹏.二噁英化合物检测方法的研究现状及展望.电力环境保护,2008,24(6):44-47.

[12] 陶澍.典型微量有机污染物的区域环境过程.环境科学学报,2006,26(1):168-171.

习题参考答案

第 十 二 章

1,2. 答案省略。

3. (1) 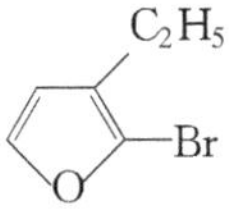　(2) 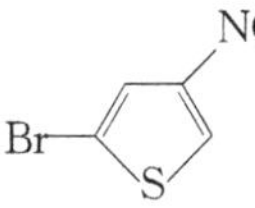　(3) 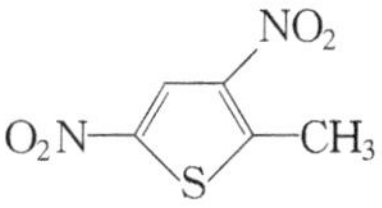

(4) 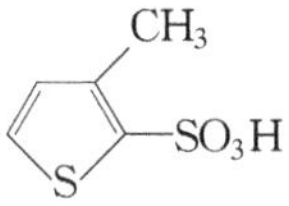　(5) 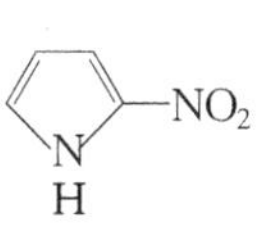　(6) 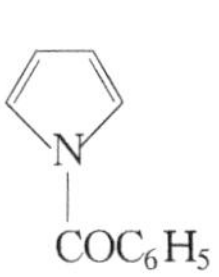

(7) 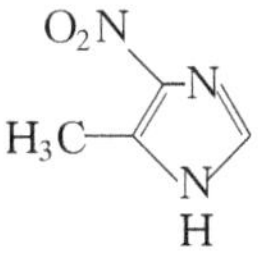　(8) 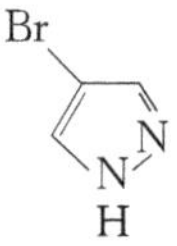　(9) $CH_3-\underset{\underset{O}{\|}}{C}\quad CH_2CH_2\underset{\underset{O}{\|}}{C}-CH_3$

(10) $CH_3CH_2(CH_2)_4CH_2CH_3$

4. (1) 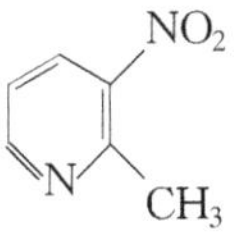　(2) 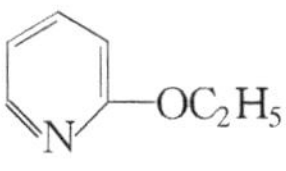　(3) 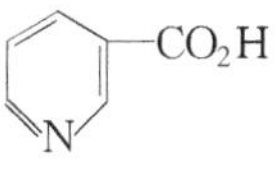

(4) 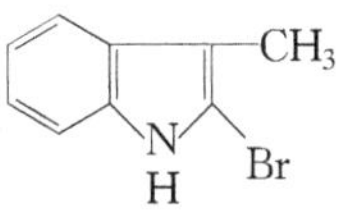　(5) 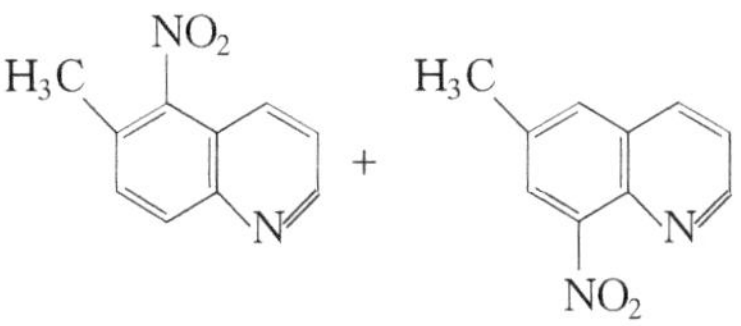　(6) 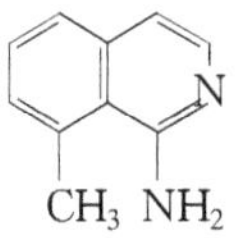

5. (1) 呋喃与顺酐发生狄尔斯－阿尔德反应,四氢呋喃否。

   (2) 吡咯能加 Br_2(乙醇中),四氢吡咯否。

   (3) 2－甲基吡啶的 CH_3 活泼,可与醛发生缩合。

6. (1) 室温下噻吩溶于浓 H_2SO_4 中,苯不溶。

   (2) 吡啶溶于水,甲苯不溶。

   (3) 六氢吡啶是仲胺,用苯磺酰氯反应生成磺酰胺固体,吡啶否。

7. (1) 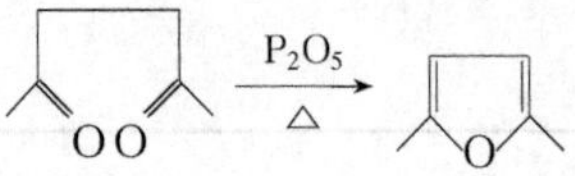

(2) 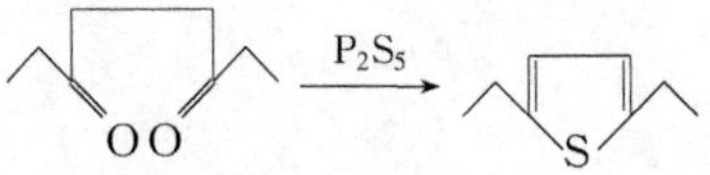

(3) 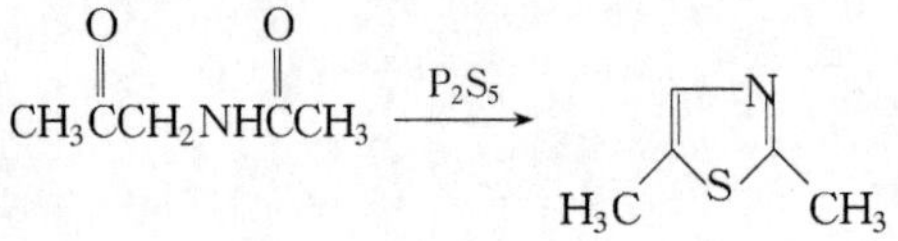

(4) 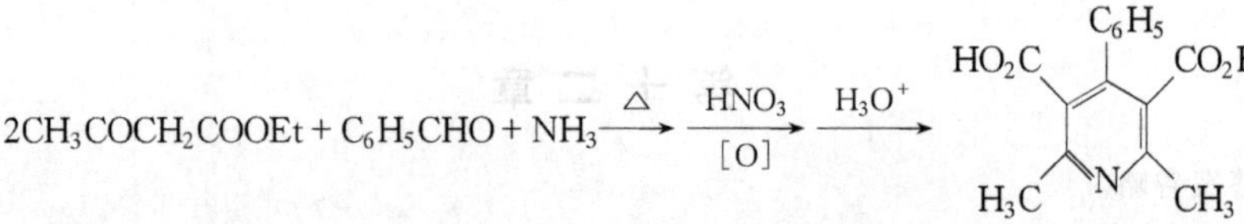

(5) 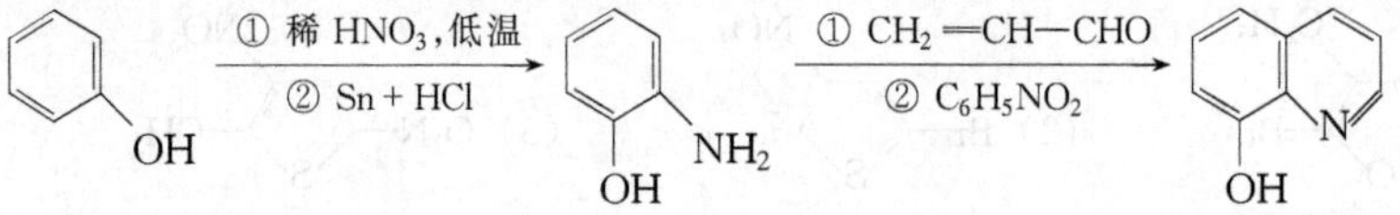

(6) 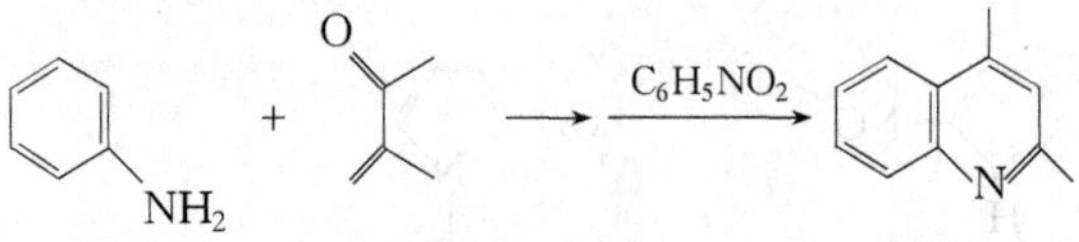

(7) 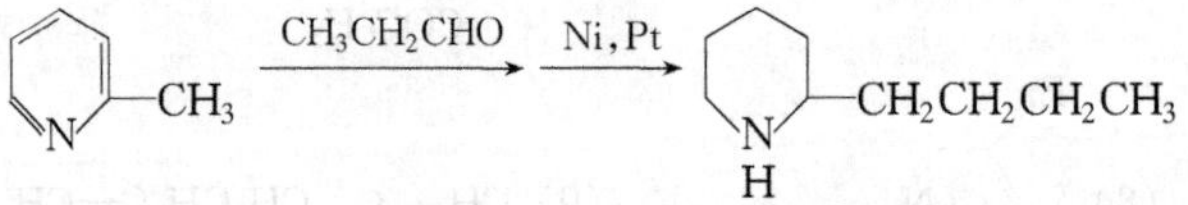

8. (1) 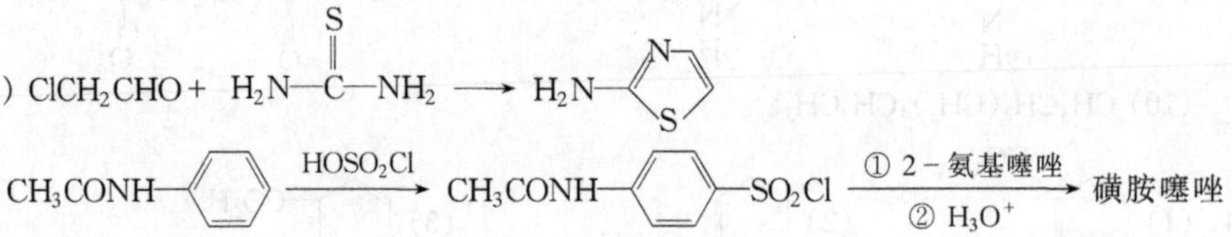

(2) 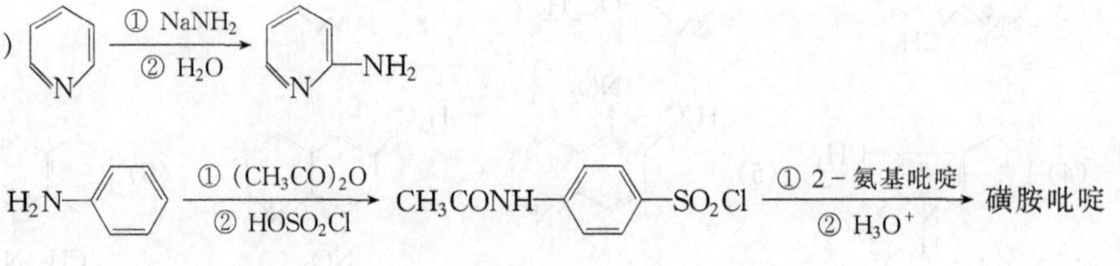

9. 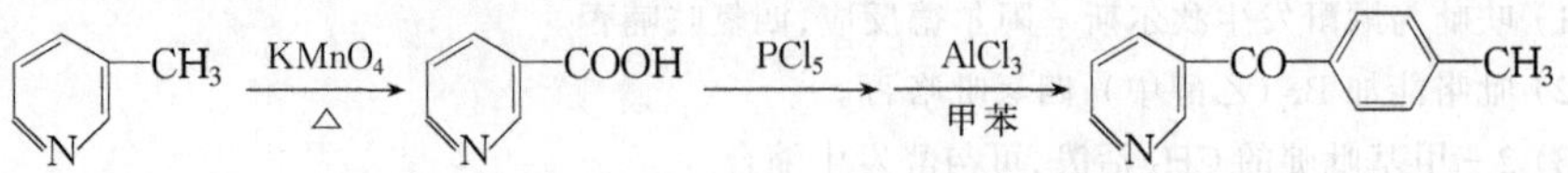

10. 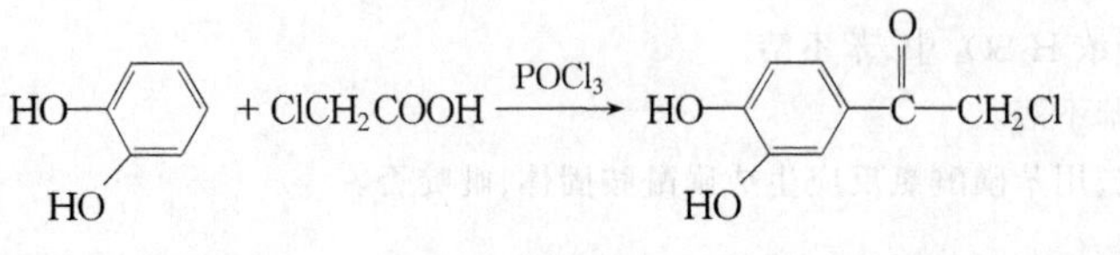

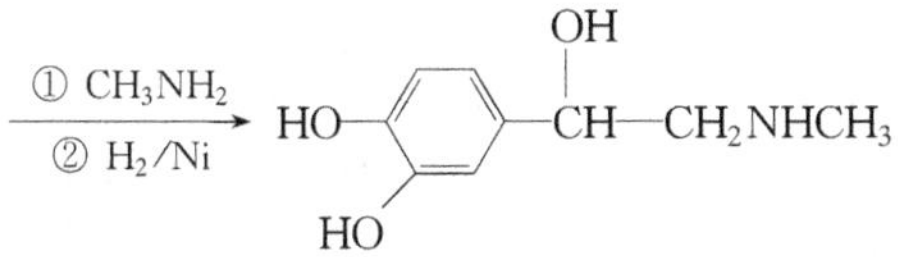

第 十 三 章

1.（1） 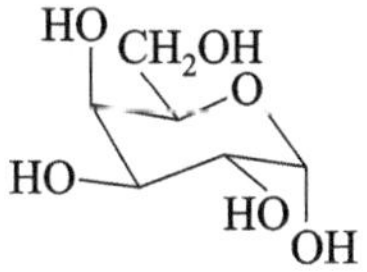　（2） 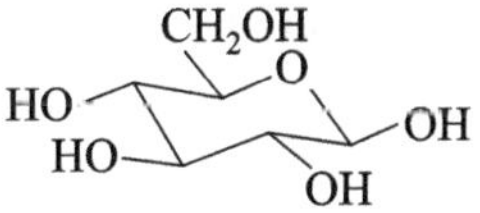

2. 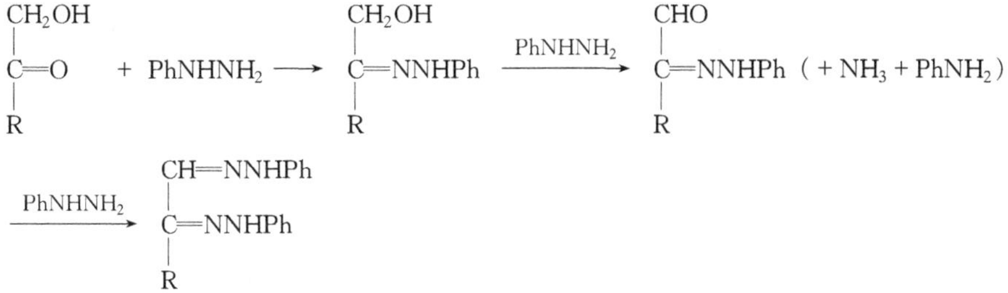

3. 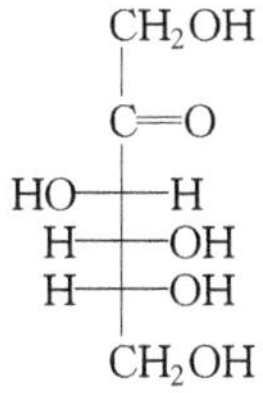

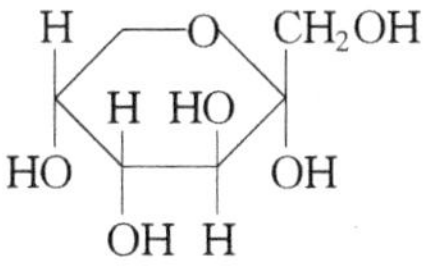

α－D－吡喃果糖

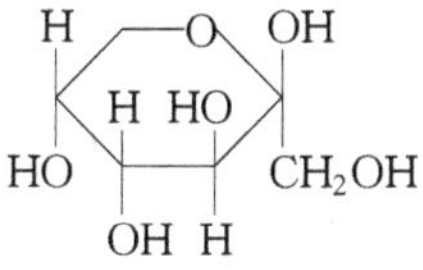

β－D－吡喃果糖

4.（1） 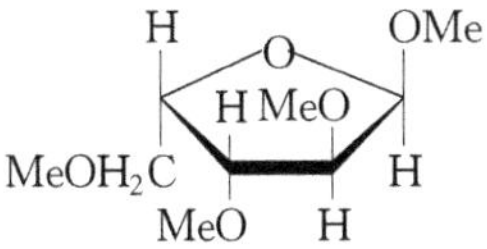 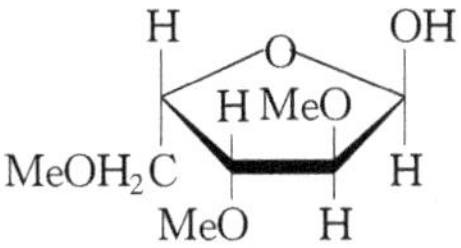 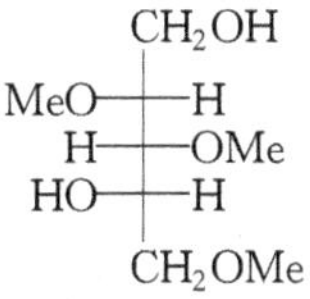

（2） 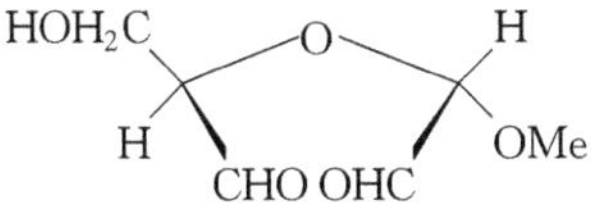 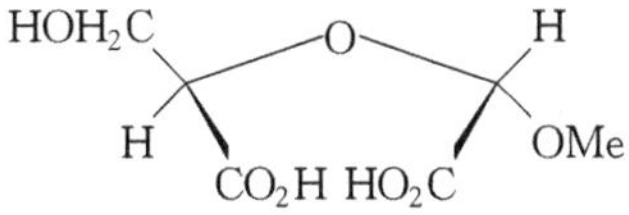

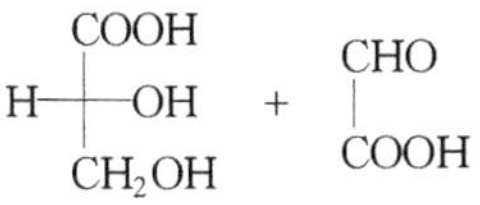

（3） 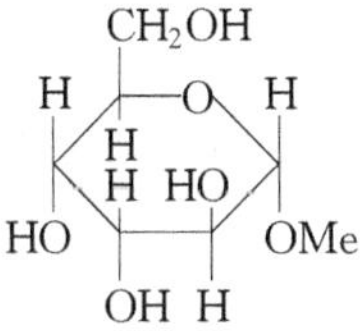

5. 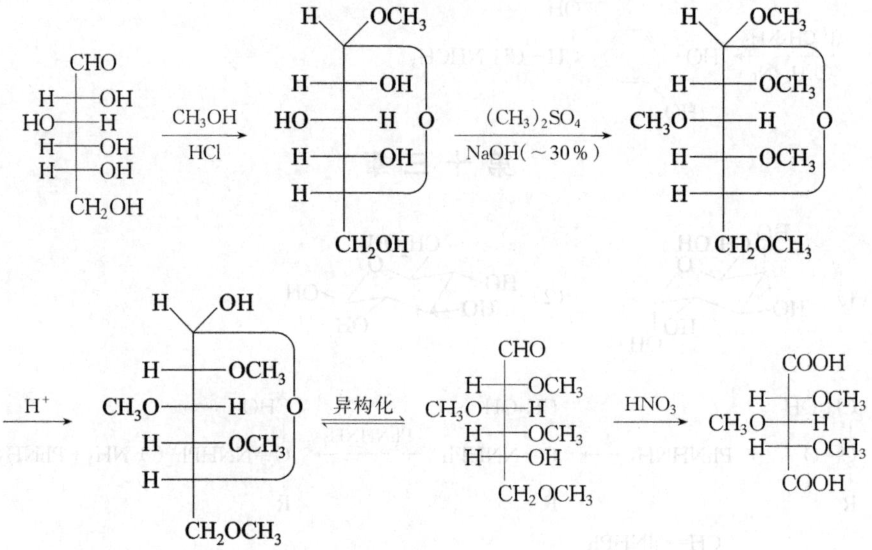

三甲基木糖二酸的存在证实了葡萄糖的结构。

6. 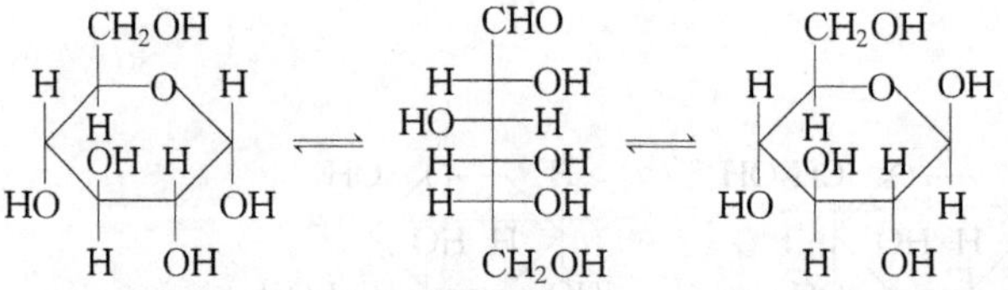

α－D－葡萄糖　　　　　　　　　　β－D－葡萄糖

~37%　　　　　　　~0.1%　　　　　　　~63%

$[\alpha]_D = +113°$　　　$[\alpha]_D = +52.7°$　　　$[\alpha]_D = +17.5°$

7. 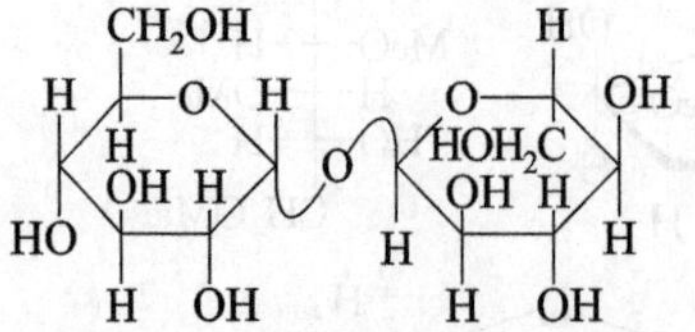

(α－1,1)－D－吡喃葡萄糖

8. 由于 α－环糊精呈筒状结构，能与苯甲醚形成络合物，此时甲氧基的邻、间位全部在筒状结构中，只有对位露在筒外，因而取代发生在甲氧基的对位。

9. (1) 淀粉与碘作用生成深蓝色的淀粉－碘络合物，蔗糖不能；

(2) 麦芽糖是还原糖，能发生银镜反应，蔗糖是非还原糖；

(3) 麦芽糖起银镜反应，甲基葡萄糖苷无反应；

(4) 甲基葡萄糖苷不起银镜反应，无成脎反应；2－甲基葡萄糖不起成脎反应，但能起银镜反应，3－甲基葡萄糖起成脎反应。

10．A 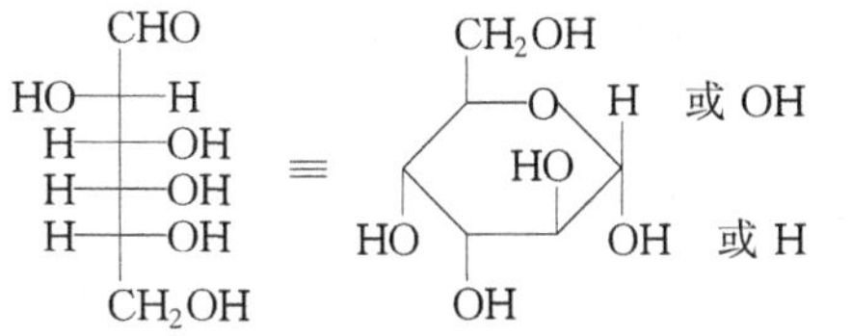

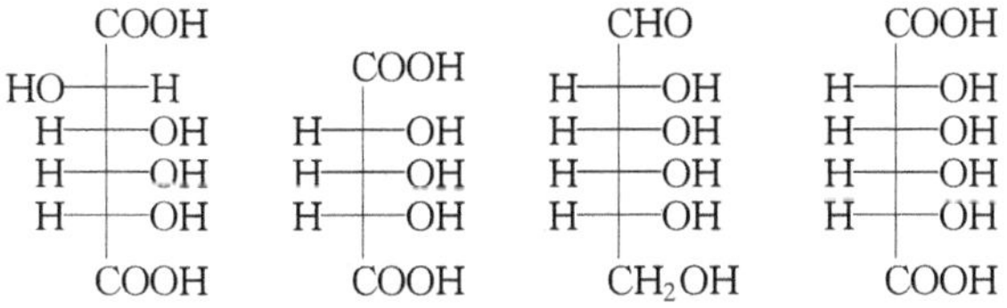

B　　C　　D　　E

11．化学式为 $C_{11}H_{20}O_{10}$ 的双糖 A，可被 α－葡萄糖苷酶或 β－核糖苷酶水解，生成 D－葡萄糖及 D－核糖，此双糖是由 D－葡萄糖的 α－糖苷键及 D－核糖的 β－糖苷键连接起来的。

由于 A 中的葡萄糖及核糖均用半缩醛羟基失水结合，失去了潜在的羰基，是非还原糖；A 用硫酸二甲酯甲基化生成七甲基醚 B，B 酸性水解生成 2,3,4,6－四－*O*－甲基－D－葡萄糖及 2,3,5－三－*O*－甲基－D－核糖，说明葡萄糖是 C_5 羟基与醛基形成六元的吡喃环状结构，核糖是用 C_4 羟基与醛基形成五元的呋喃环状结构。

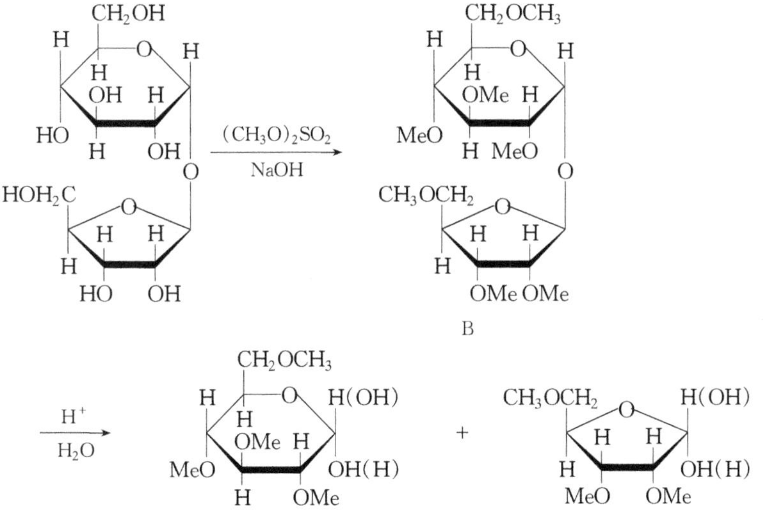

B

2,3,4,6－四－*O*－甲基－D－葡萄糖　2,3,5－三－*O*－甲基－D－核糖

12．(1) 茚三酮　(2) I_2/OH^-

13．$CH_3(CH_2)_4CH{=}CHCH_2CH{=}CHCH_2CH{=}CHCH_2CH{=}CH(CH_2)_3COOH$

14． 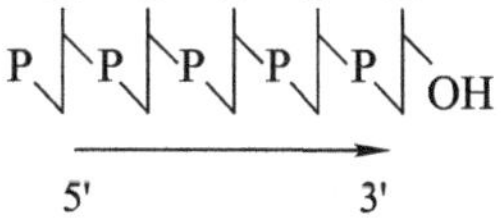

15．甘－甘－天冬－苯丙－脯－缬－脯－亮

16. DNA 相对分子质量非常庞大，由脱氧核糖组成；在 RNA 中，核糖代替了脱氧核糖；DNA 含胸腺嘧啶，RNA 中含尿嘧啶。

第十四章

1. (1)  （电环化，$4n+2$）

(2) 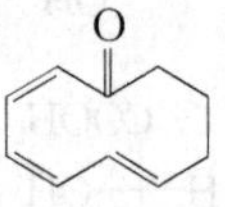 （[3,3]迁移）

(3) 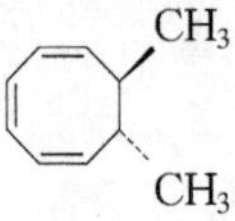 ，△（电环化，$4n$ 体系）

(4) 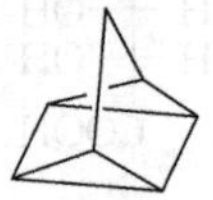

(5) 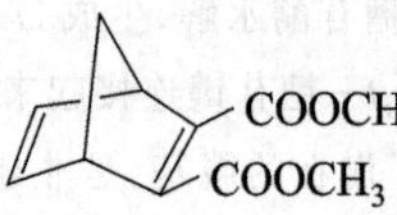

(6) 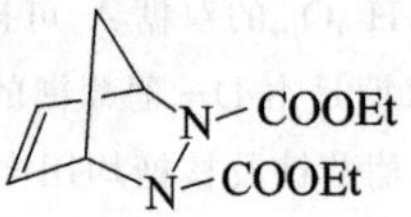

（[4+2]环加成后再[2+2]环加成）

(7) 顺旋，热反应（$4n$ 体系）

(8) 顺旋，热反应（$4n$ 体系）

(9) 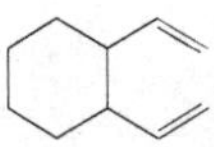

(10) 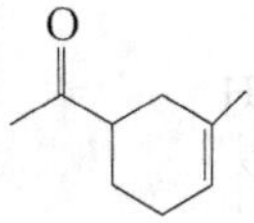

(11) 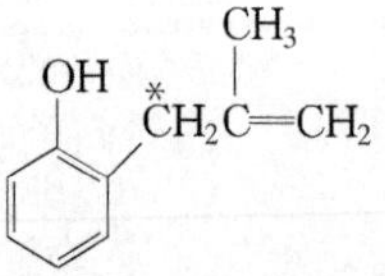

(12) 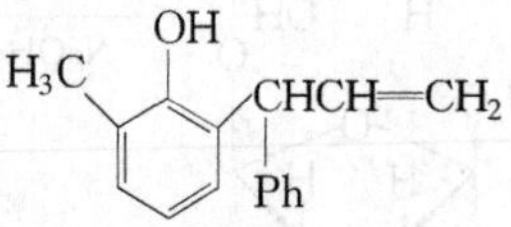

(13) 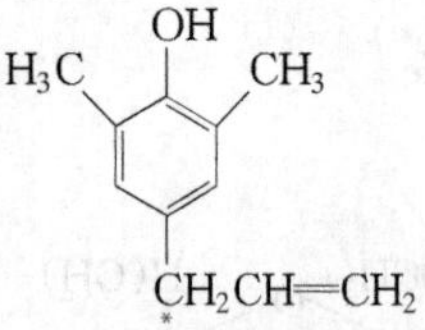

(14) 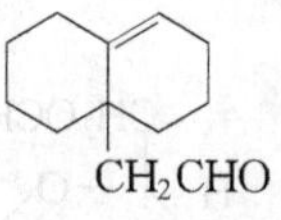

2. (1) $4n$ 体系，热反应，顺旋；1,5-H 同面迁移。
   (2) 分子内[4+4]同面-同面加成；[4+2]顺旋开环。
   (3) [1,5]-H 迁移，热，同面；电环化开环，$4n$ 体系，热，顺旋。
   (4) [1,5]-H 迁移，热，同面。

3. (1) 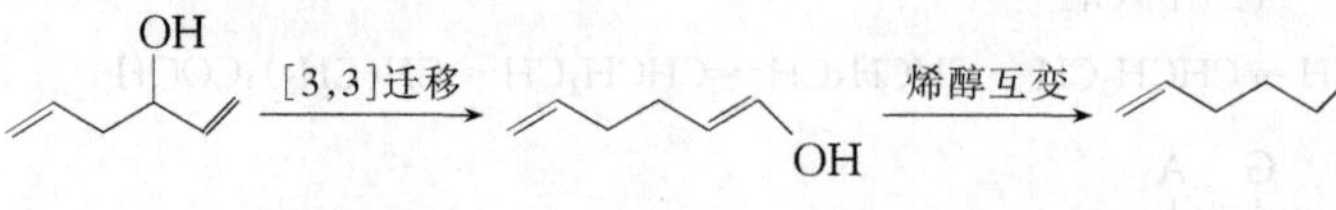

(2) 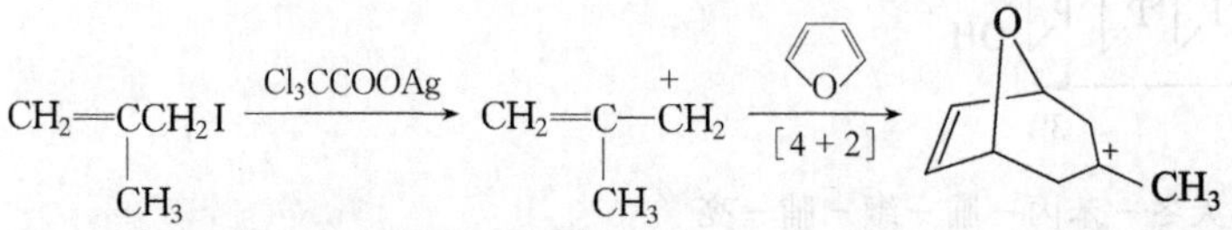

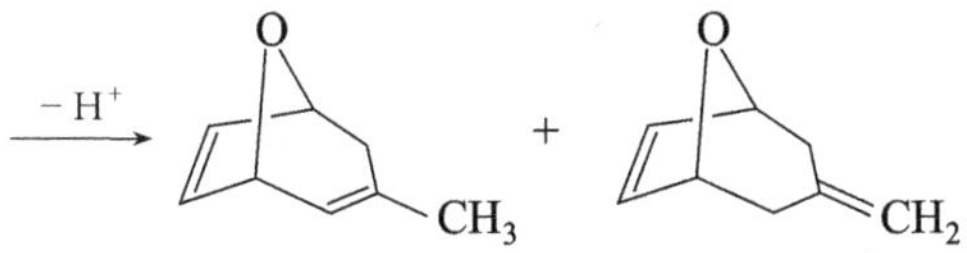

(3) 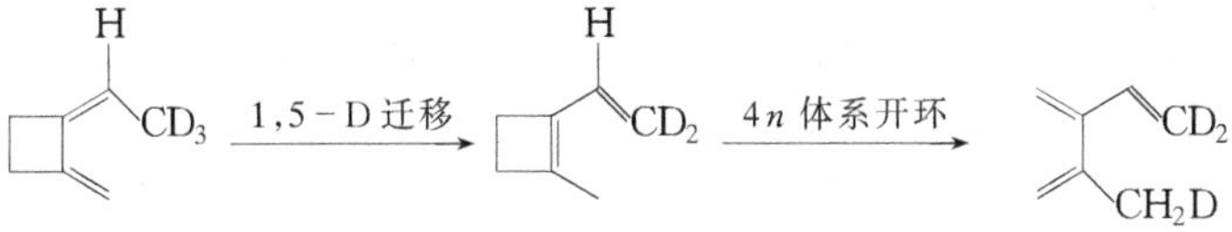

(4) 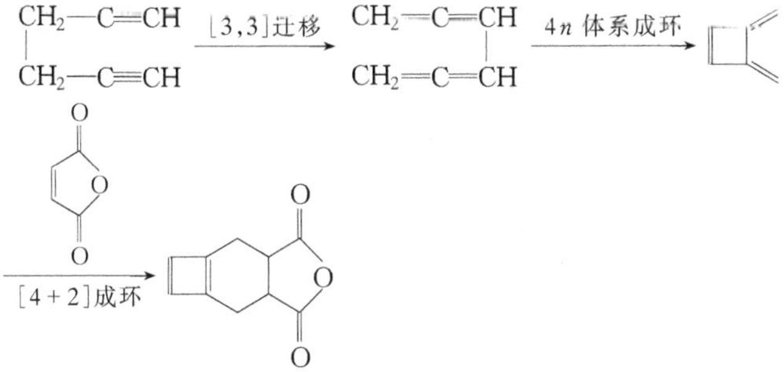

第十五章

1.(1) 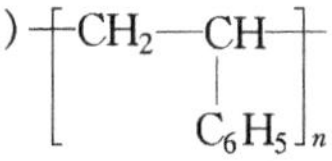 (2) 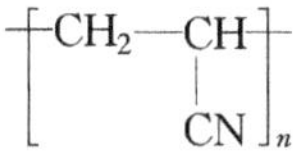 (3) 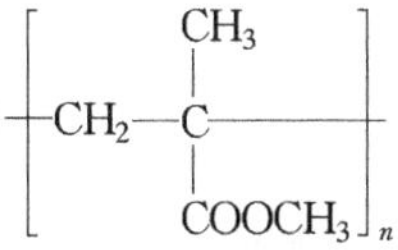

(4) 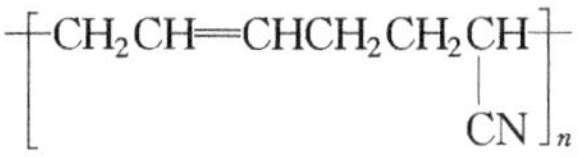 (5) 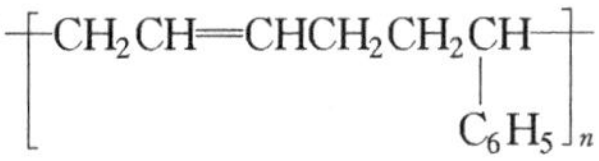

(6) 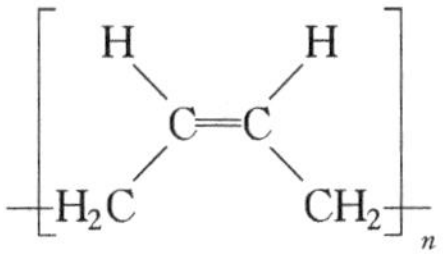

2.(1) 

(2) 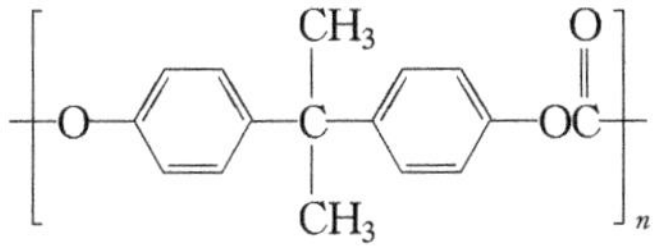

(3) 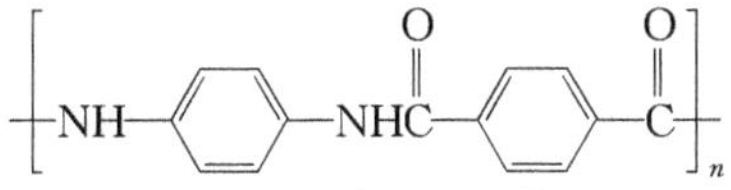

(4) 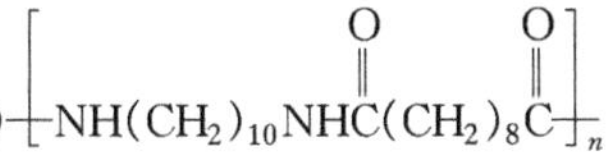

3,4,5,6. 答案省略。

7. 提高塑料的耐热性能可采用以下主要措施：

(1) 引入极性基团,增加分子间作用力； (2) 主链上引入芳环；

(3) 主链上引入 N,S,Si 等原子； (4)增加结晶区。

8. 用于制备合成纤维的高聚物应具备的主要条件：

(1) 适当高的相对分子质量;(2) 线型分子结构;(3) 有部分结晶区;(4) 能溶解或熔融。

9. $CH_2{=}CH{-}CH_3 + NH_3 + \frac{2}{3}O_2 \xrightarrow[500℃,0.2MPa]{磷钼酸铋} CH_2{=}CH{-}CN$

$n\ CH_2{=}CH{-}CN \xrightarrow{聚合} \left[CH_2{-}\underset{\displaystyle CN}{\underset{|}{CH}}\right]_n$

10. $5CH_4 + 3O_2 \xrightarrow{电弧} HC{\equiv}CH + 3CO + 6H_2 + 3H_2O$

$HC{\equiv}CH + CH_3COOH \xrightarrow[150℃]{OH^-} CH_2{=}\underset{\displaystyle OCOCH_3}{\underset{|}{CH}}$

$n\ CH_2{=}\underset{\displaystyle OCOCH_3}{\underset{|}{CH}} \xrightarrow{聚合} \left[CH_2{-}\underset{\displaystyle OCOCH_3}{\underset{|}{CH}}\right]_n$

11. 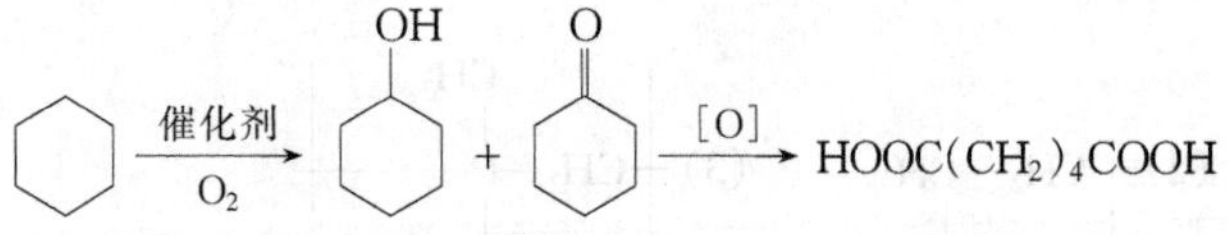

$HOOC(CH_2)_4COOH \xrightarrow[\triangle]{NH_3} NC(CH_2)_4CN \xrightarrow{H_2/Ni} H_2N(CH_2)_6NH_2$

$n\ HOOC(CH_2)_4COOH + n\ H_2N(CH_2)_6NH_2 \xrightarrow{缩聚} [NH(CH_2)_6NHCO(CH_2)_4CO]_n$

12. 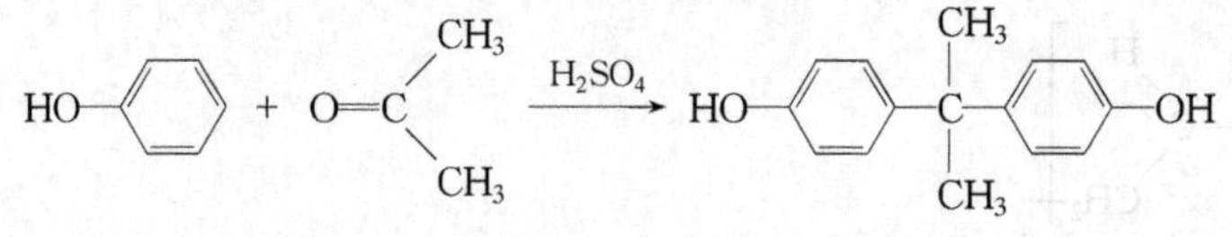

双酚A

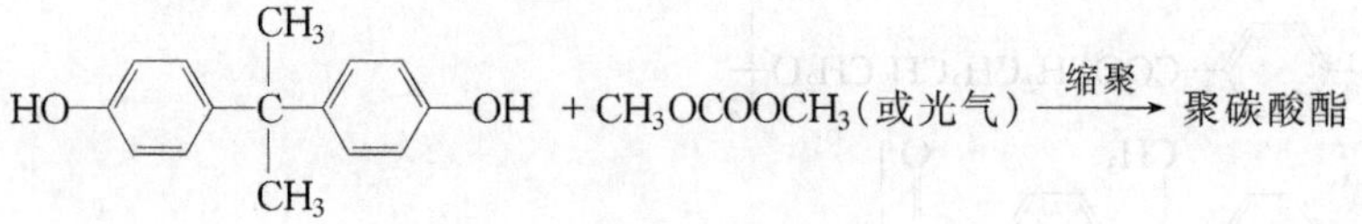

第十六章

1. HI＞HBr＞HCl。酸性越强,越容易形成碳正离子。

2. 溴分两步加成,第一步形成溴鎓离子,然后反式加溴,所以得到一对外消旋的产物。如果底物为反式 2－丁烯,则生成内消旋的产物。

3. $CH_3{-}\underset{\displaystyle CH_3}{\underset{|}{C}}{=}CH_2 + H^+ \longrightarrow (CH_3)_3C^+$

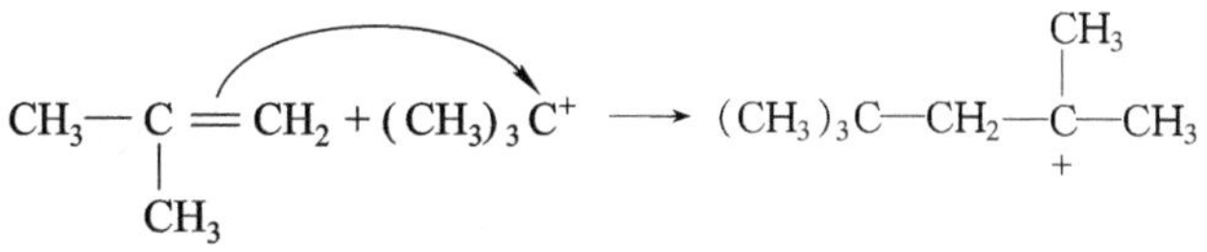

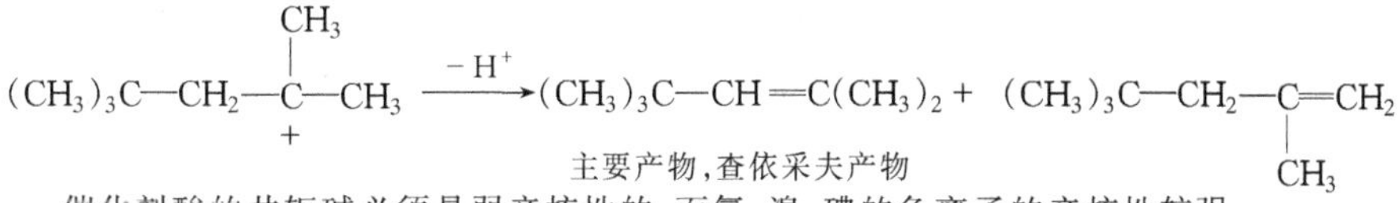

催化剂酸的共轭碱必须是弱亲核性的,而氯、溴、碘的负离子的亲核性较强。

4. 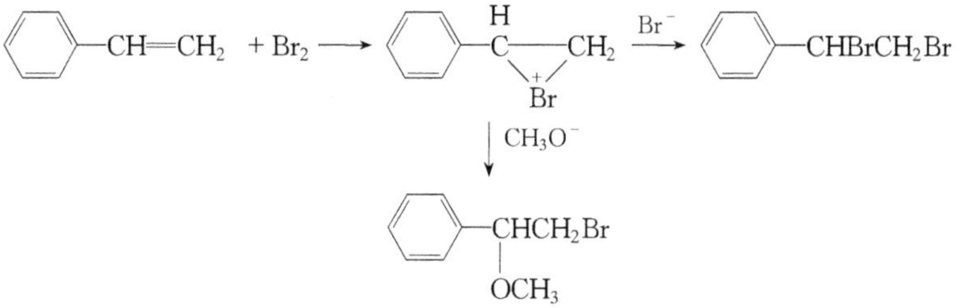

5. 经过碳正离子中间体: 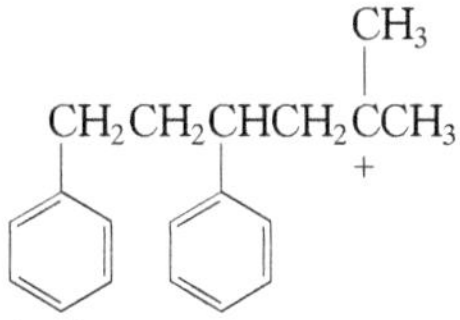 ,芳环亲电取代反应,得到产物。

6. 它们分别经过了如下中间体:

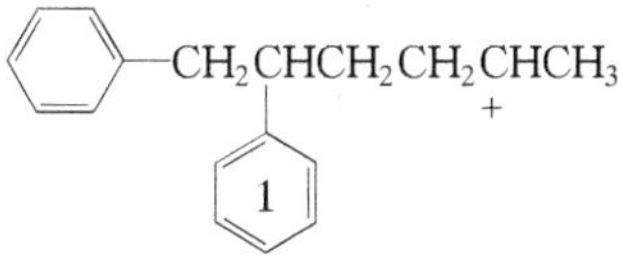

A

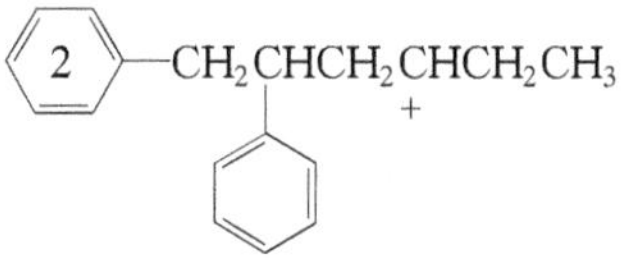

B

A 中间体碳正离子对 1 苯环亲电取代,得 87% 的产物;B 中间体碳正离子于 2 苯环亲电取代,得 13% 的产物。

7. (1) 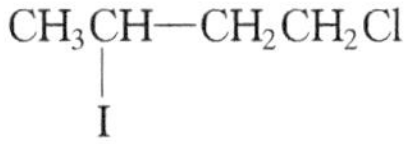

(2) 

(3) 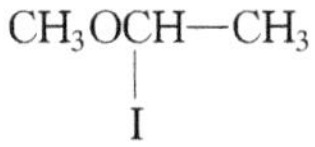

(4) 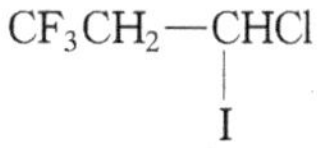

(5) 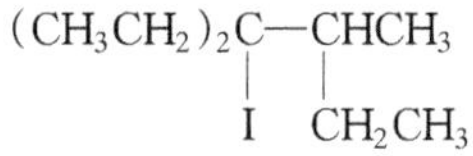

(重排产物为主)

8. (1) 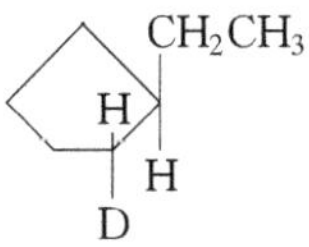

(2) 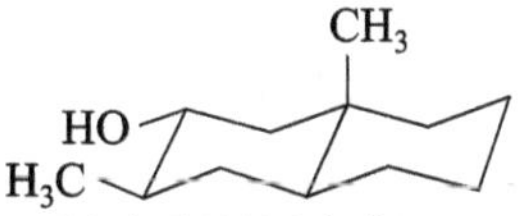

(注意甲基的空间位阻,从甲基的反面进攻)

(3) 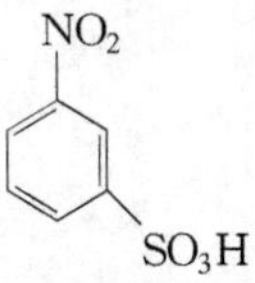

(4) CH_3CONH—$\bigcirc$—SO_3H 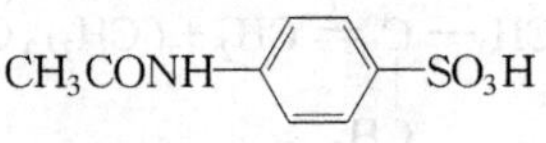

(5) HO—$\bigcirc$—NO_2 + 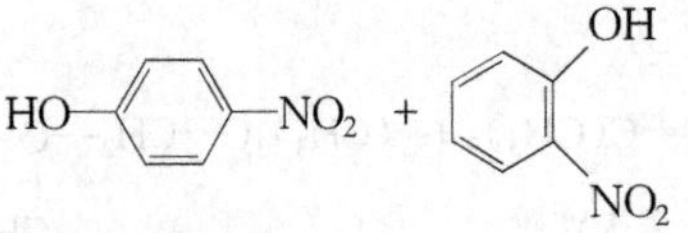

(6) 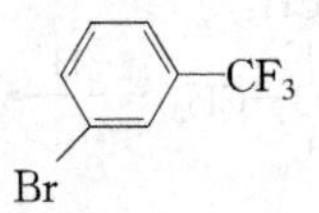

(7) $(CH_3)_3C$—$\bigcirc$—$COCH_3$ 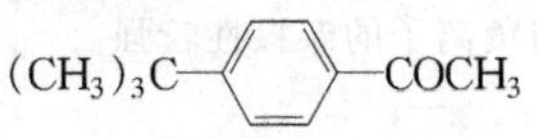

(8) 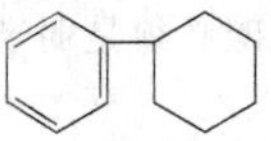

(9) 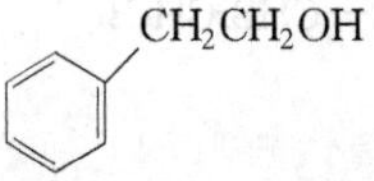

(10) 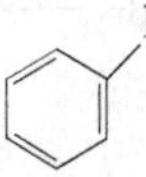

(11) 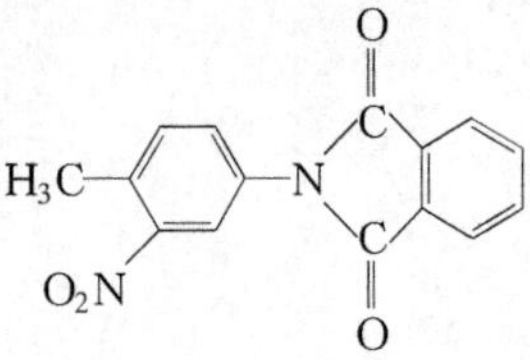

(12) 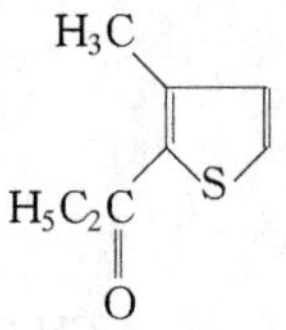

(13) 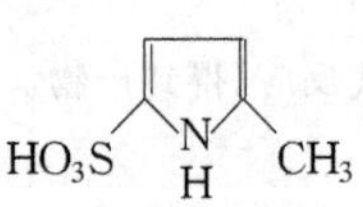

(14) 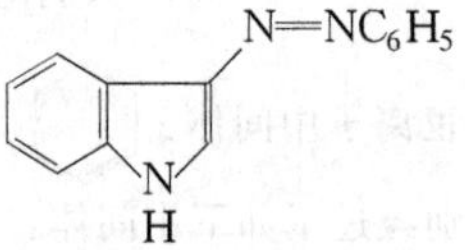

(15) $(CH_3)_3C$—$COOC_2H_5$
   法沃斯基重排

(16) $C_6H_5\underset{O}{\overset{|}{C}}$—$\underset{CH_2C_6H_5}{\overset{|}{CH}}$—$N(CH_3)_2$ 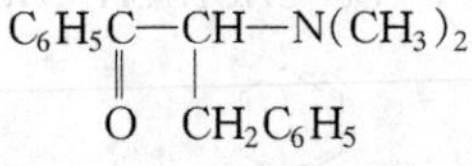
   斯蒂文斯重排

第 十 七 章

1. (1) $CH_3COCH_2CH_2CHO + HCN \longrightarrow CH_3COCH_2CH_2\underset{CN}{\overset{OH}{\underset{|}{CH}}}$ 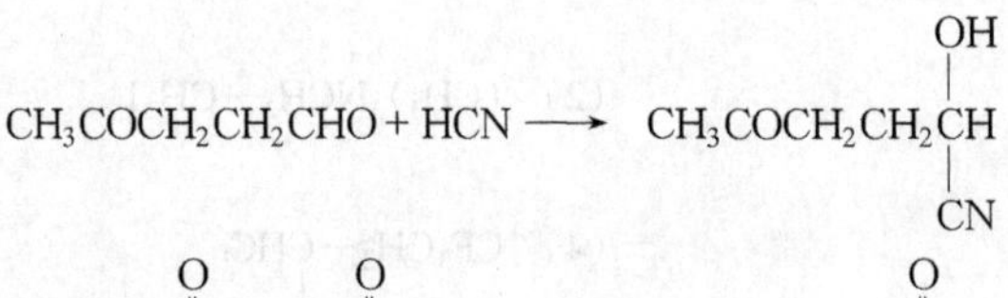

(2) + HCN $\longrightarrow$ 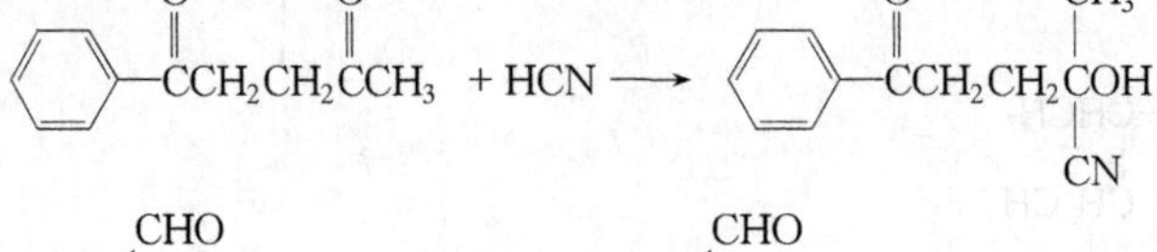

(3) + HCN $\longrightarrow$ 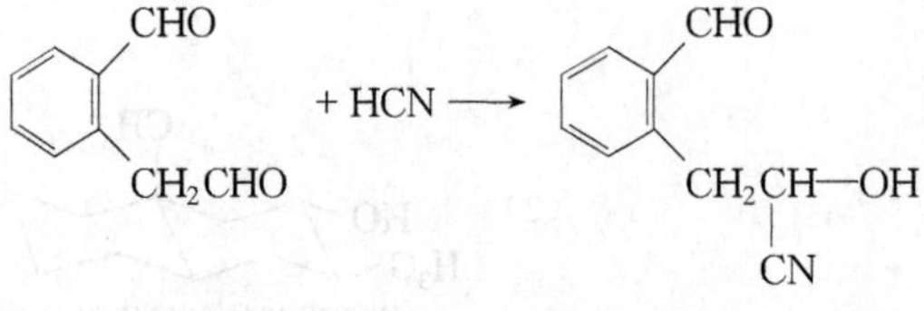

（4）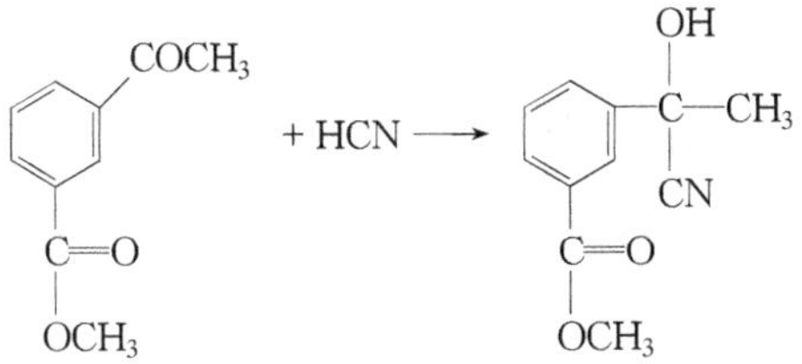

（5）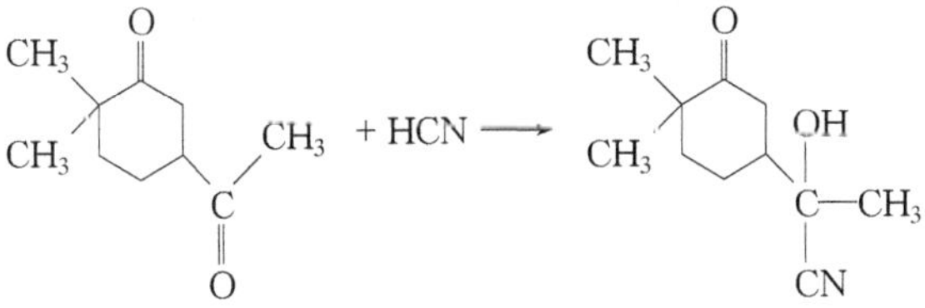

2.（1）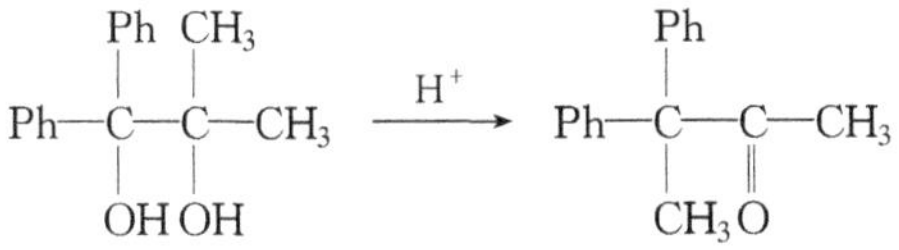

（2）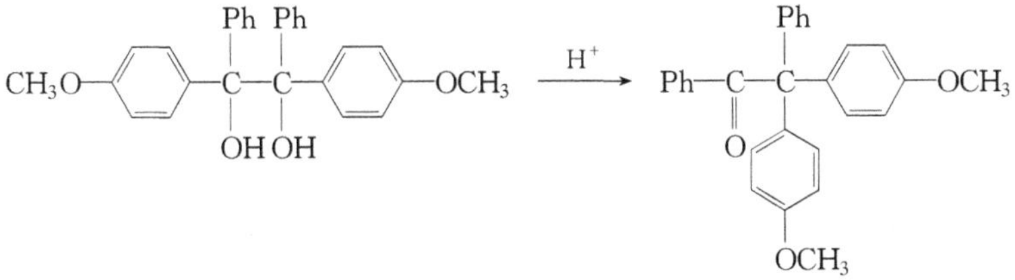

3.（1）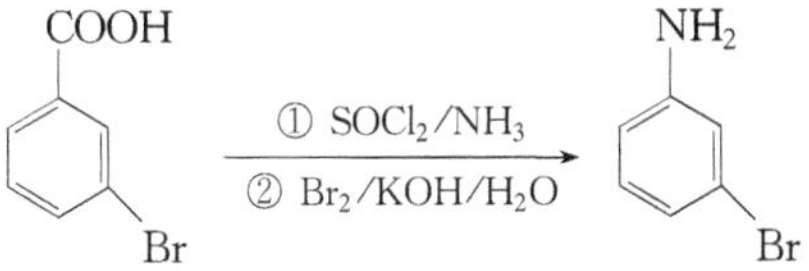

（2）$Ph—CH_2COOH \xrightarrow[②\ NaN_3]{①\ SOCl_2} \xrightarrow[④\ H_2O]{③\ CHCl_3,\triangle} Ph—CH_2NH_2$

（3）$EtO—C(=O)—(CH_2)_4—C(=O)—OEt + 2NH_2NH_2 \xrightarrow[②\ \triangle]{①\ HNO_2} H_2N—(CH_2)_4—NH_2$

（4）$Ph—CHO \xrightarrow{NH_2OH/H_2O_2} Ph—C(=O)—NHOH \xrightarrow[\triangle]{NaOH/H_2O} Ph—NH_2$

4．水是弱亲核试剂，一般情况下，水和羰基化合物的加成产物都不稳定，不能分离得到。当在羰基的附近有强吸电子基团时，使羰基碳原子的电子云密度降低，使其活泼性增强，与水的加成产物变得稳定。三者都是这种情况。

5.（1）$p-CH_3C_6H_4SO_3^- > H_2O > PhO^- > MeO^-$　（2）$Br^- > Cl^- > MeCOO^- > HO^- > H^-$

6.（1）$NH_3 > NH_4^+$　（2）$PhO^- > PhOH$

（3）$Me_3P > Me_3N$　（4）$n-C_4H_9O^- > t-C_4H_9O^-$

（5）$MeSH > MeOH$　（6） $>(C_2H_5)_3N$

7.（1）$CH_2=CH_2$　　（2）$CH_3CH=CHCOOH$

8.（1）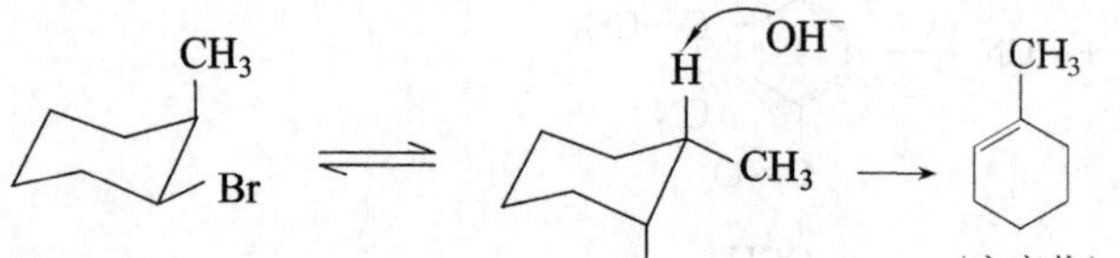

（主产物）

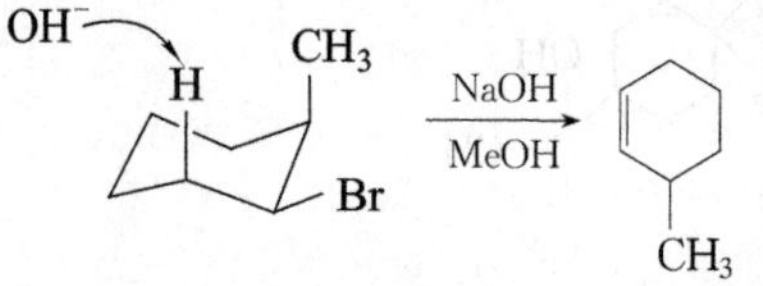

（2）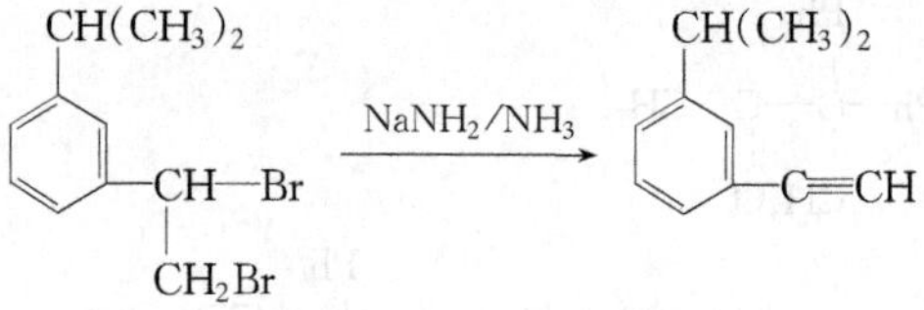

（3）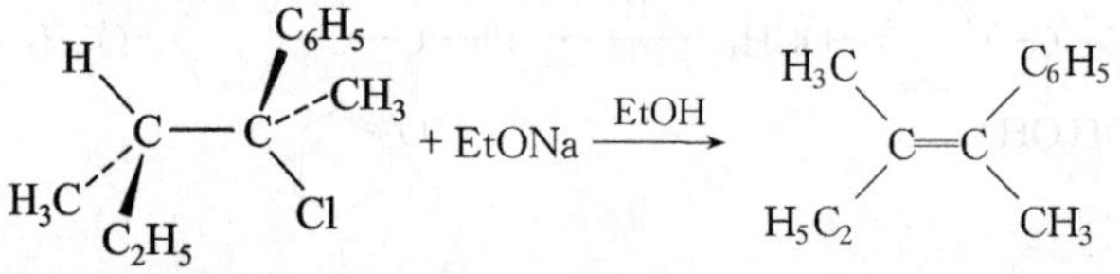

9. 反应的第一步为 S_N2 反应，构型发生翻转，由 *R* 构型变为 *S* 构型，第二步为叠氮基的还原反应，反应不涉及手性碳原子，因此构型保持不变。

10.（1）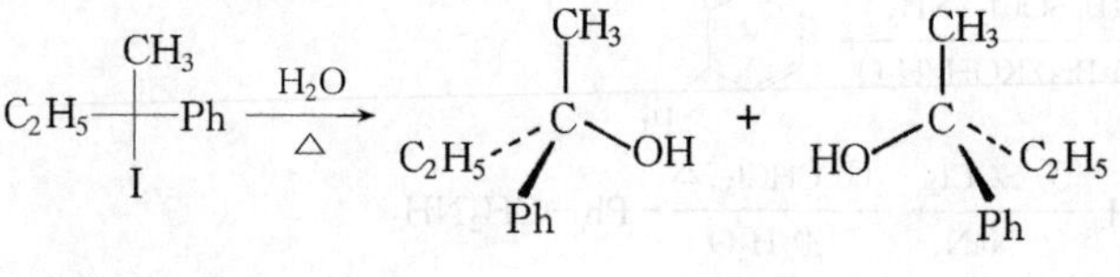

3°碘代烃 S_N1　　*R*　　*S*

（2）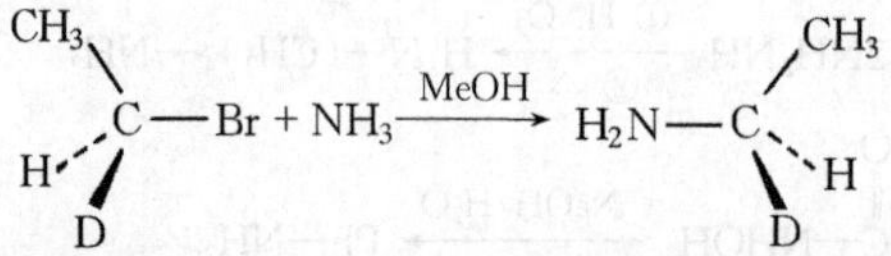

1°溴代烃 S_N2　　*R*

11. 第二种方法的产率高，因为醋酸根负离子比氢氧根负离子碱性弱亲核性强，消除反应的产物比直接水解时少。

12. 第一对反应以 S_N1 进行，碳正离子的生成是整个反应的决速步骤，由于甲基的给电子作用，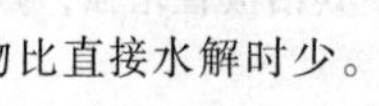 的稳定性大于 ，所以反应速率与试剂浓度无关。

第二对反应均以 S_N2 进行，由于甲基的给电子作用，使溴原子更易离去，所以后者反应比前者快。

13.（1）2,4,6－三硝基氯苯＞2,4－二硝基氯苯＞间氯硝基苯＞氯苯

（2）氯苄＞氯乙烷＞氯苯

14．硝基的 $-I$ 和 $-C$ 效应使其邻对位电子云密度降低较多，有利于亲核取代反应，当两个甲基的邻位有一个硝基在两者之间时，由于空间拥挤使硝基与苯环不能共平面，共轭作用减弱，吸电子作用不明显，对位电子云密度减小不多，因此对亲核取代反应不利。

15．

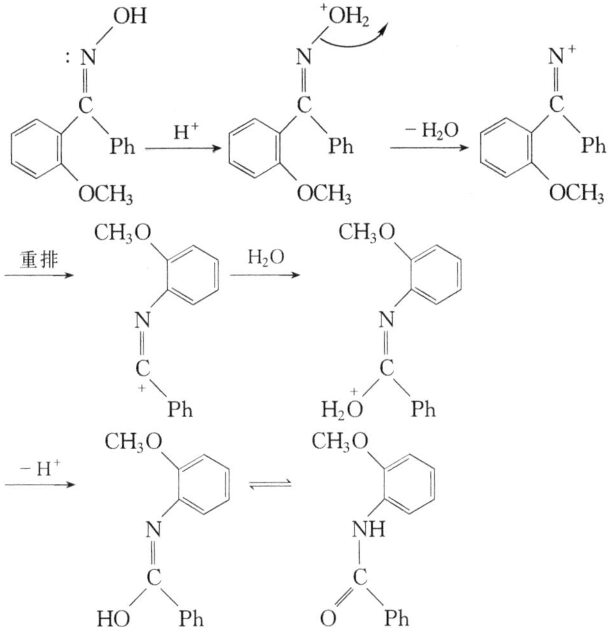

16．（1）

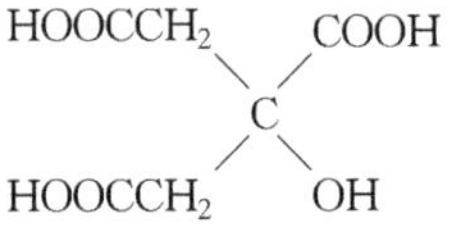

，反应机理如下：

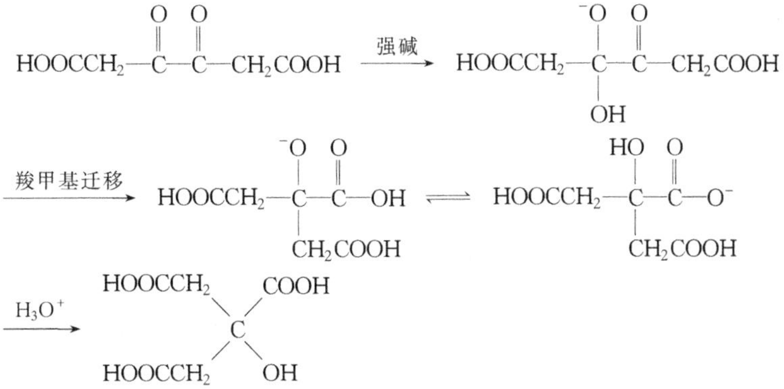

（2）

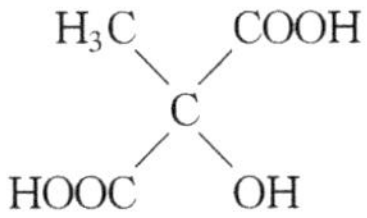

机理略

（3）

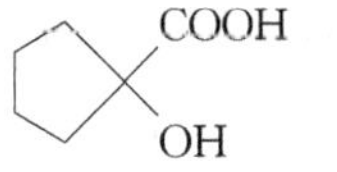

机理略

17. 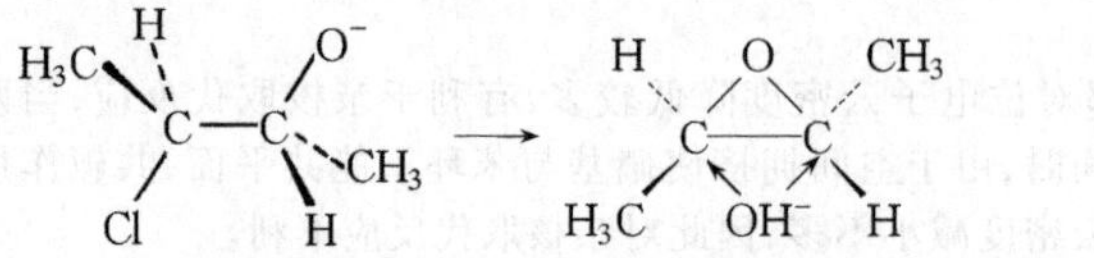

赤型

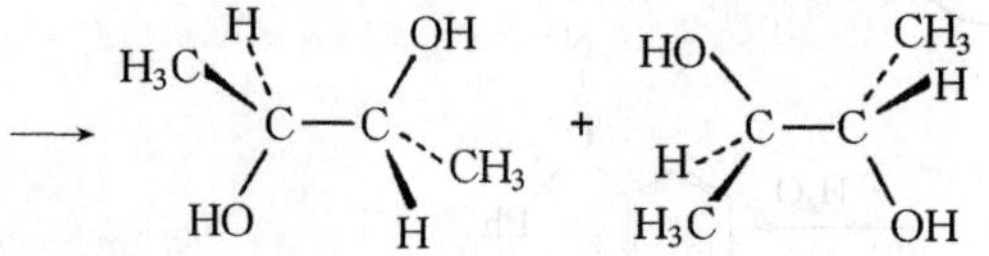

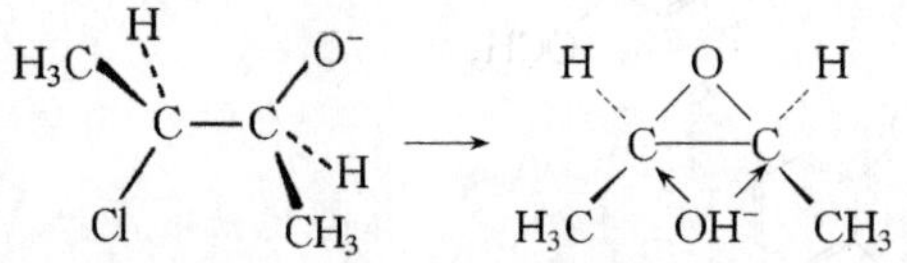

苏型

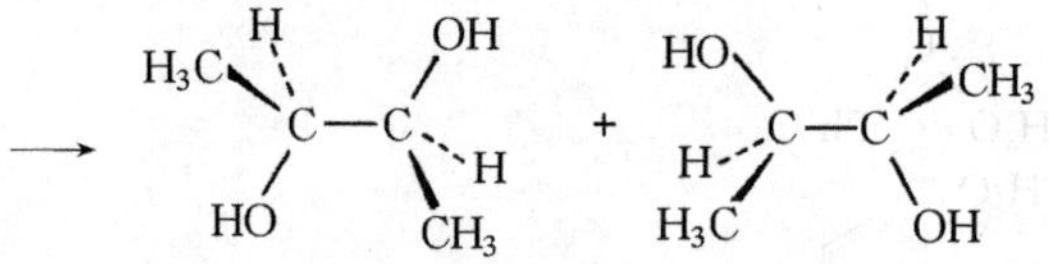

18. 这个结果正好说明这个消除反应是按 ElCB 机理进行的。

$$F_3CCHCl_2 \xrightarrow{CH_3ONa} F_3\bar{C}Cl_2 \qquad F_3\bar{C}Cl_2 \xrightarrow{CH_3OD} F_3CCDCl_2 + CH_3O^-$$

反应在碱的作用下,生成碳负离子,由于 F_3C 的吸电子能力强而变得稳定。因为反应是在重氢甲醇中进行,因此碳负离子可以夺取 D^+ 生成 F_3CCDCl_2。

19. 这两个反应都是频哪醇重排反应。通过立体化学的研究证明正离子的形成和基团的移位是通过一个碳正离子的桥式中间状态完成的,重排基团和离去基团相互处于反式位置。顺-1,2-二甲基-1,2-环己二醇在稀酸作用下迅速重排,甲基移位得到环己酮。而在反-1,2-二甲基-1,2-环己二醇中,甲基和羟基不处于反式位置,在这种情况下,不是甲基发生迁移,而是发生环缩小反应,故反应速率慢。

第十八章

1. (5) 答案如下,其余略。

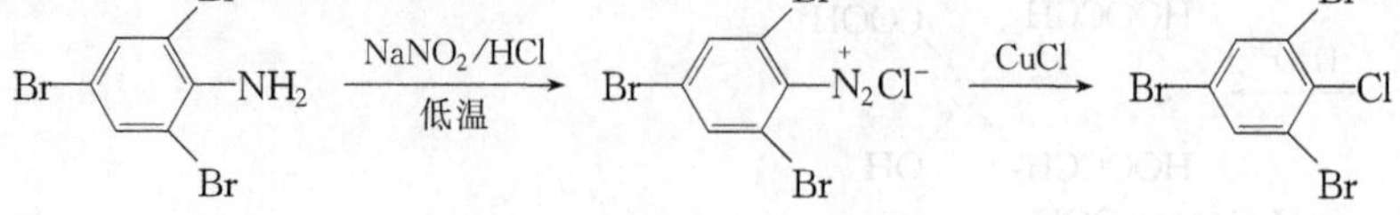

2. A 为 2,2-二甲基丁烷,反应式如下:

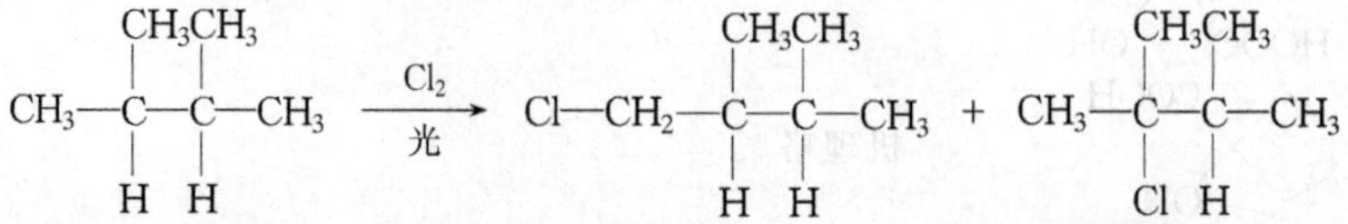

因为 A 分子中具有两种等性氢，所以一元氯化产物有两种。

3. 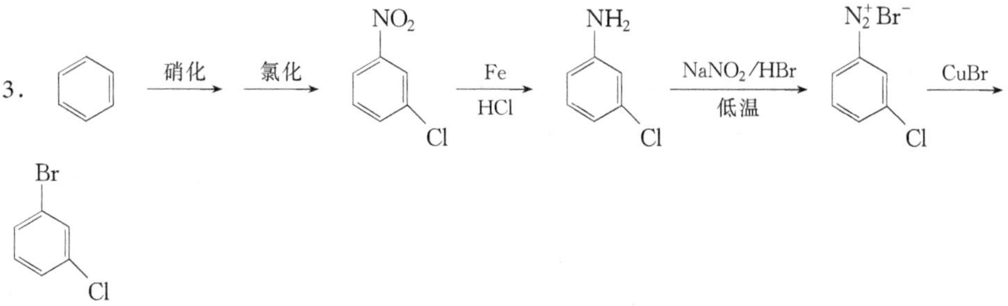

4. 四乙基铅中由于 C—Pb 键比较弱，在 150℃ 会发生均裂，产生乙基游离基，从而引发氯产生氯游离基，使氯化反应顺利进行的关键步骤如下：

$$(CH_3CH_2)_4Pb \xrightarrow{150℃} 4CH_3CH_2\cdot + \cdot\dot{\underset{\cdot}{Pb}}\cdot$$

$$CH_3CH_2\cdot + Cl_2 \longrightarrow CH_3CH_2Cl + Cl\cdot$$

5. $(CH_3)_3C—O—O—C(CH_3)_3 \xrightarrow{\triangle} 2(CH_3)_3C—O\cdot$

$(CH_3)_3C—O\cdot + (CH_3)_3CH \longrightarrow (CH_3)_3COH + (CH_3)_3C\cdot$

$(CH_3)_3C\cdot + CCl_4 \longrightarrow (CH_3)_3CCl + Cl_3C\cdot$

$Cl_3C\cdot + (CH_3)_3CH \longrightarrow CHCl_3 + (CH_3)_3C\cdot$

6. (1) 从 Br·开始：

$$Br\cdot + CH_3—CH{=}CH_2 \longrightarrow CH_3—\underset{\cdot}{C}H—CH_2Br \quad ①$$

$$CH_3—\underset{\cdot}{C}H—CH_2Br + HBr \longrightarrow CH_3—CH_2—CH_2Br + Br\cdot \quad ②$$

(2) 从 Cl·开始：

$$Cl\cdot + CH_3—CH{=}CH_2 \longrightarrow CH_3—\underset{\cdot}{C}H—CH_2Cl \quad ①$$

$$CH_3—\underset{\cdot}{C}H—CH_2Cl + HCl \longrightarrow CH_3—CH_2—CH_2Cl + Cl\cdot \quad ②$$

(1)和(2)反应热：

在(1)中，$\triangle H_{①} = 261(\pi\ 键) - 286(C—Br) = -25(kJ\cdot mol^{-1})$

$\triangle H_{②} = 365(H—Br) - 416 = -51(kJ\cdot mol^{-1})$

在(2)中，$\triangle H_{①} = 261 - 340(C—C) = -79(kJ\cdot mol^{-1})$

$\triangle H_{②} = 431 - 416 = +15(kJ\cdot mol^{-1})$

从上看出在反应(1)中，两个基元反应①、②都是放热反应，所以反应能顺利进行。在反应(2)中，有一步②为吸热反应，使反应不能顺利进行，所以 HBr 有过氧化物效应，而 HCl 没有。

第十九章

1\. (1) 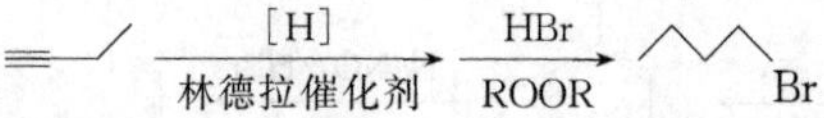

(2) $(CH_3)_3CCl \xrightarrow[EtOH,\triangle]{EtONa} \xrightarrow{HBr} (CH_3)_3CBr$

(3) 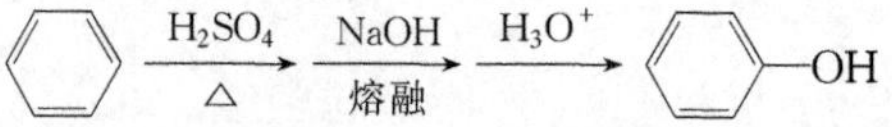

(4) 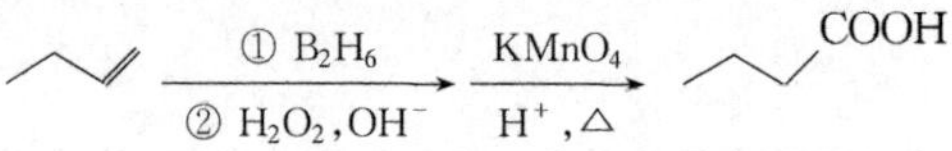

(5) 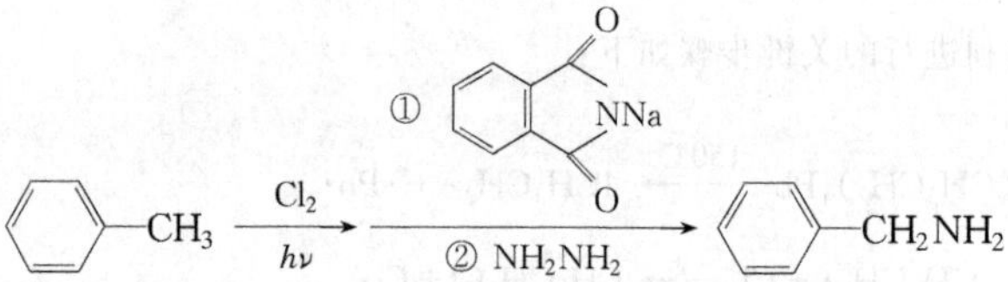

(6) 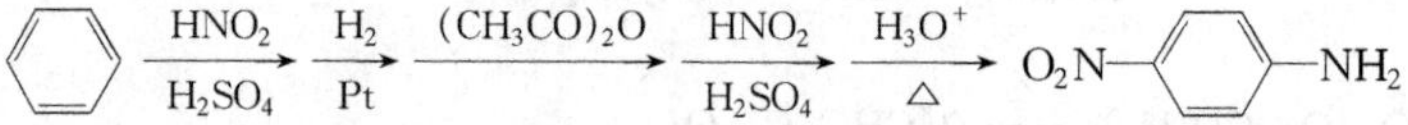

(7) 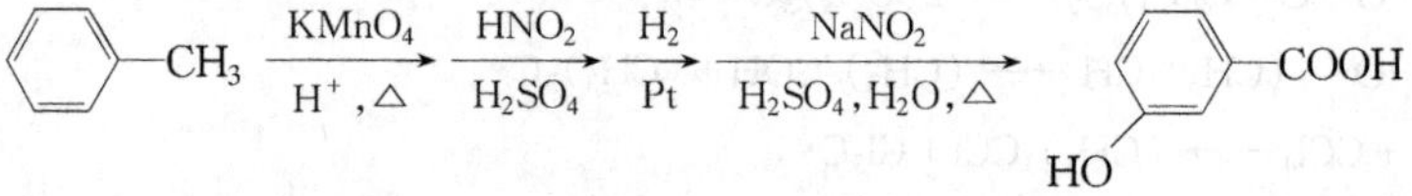

(8) 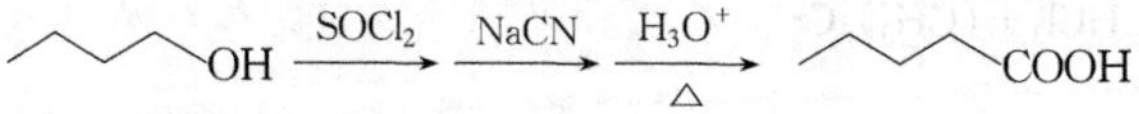

2\. (1) 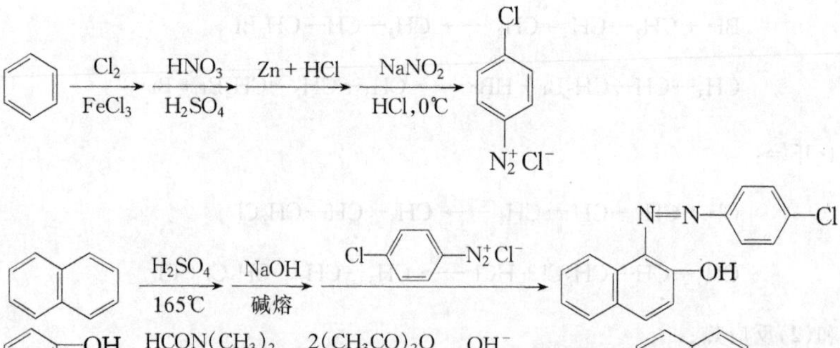

(2) 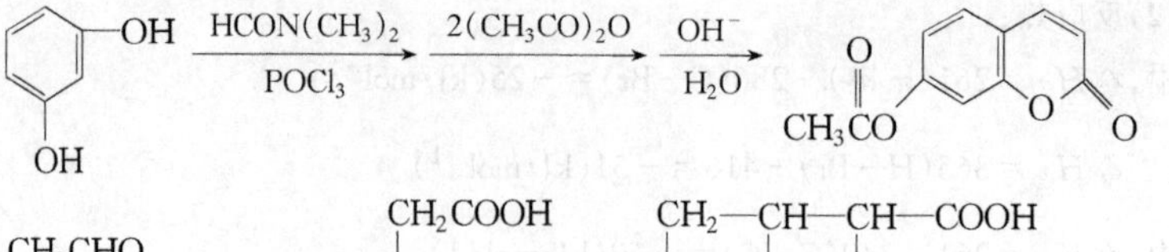

(3) 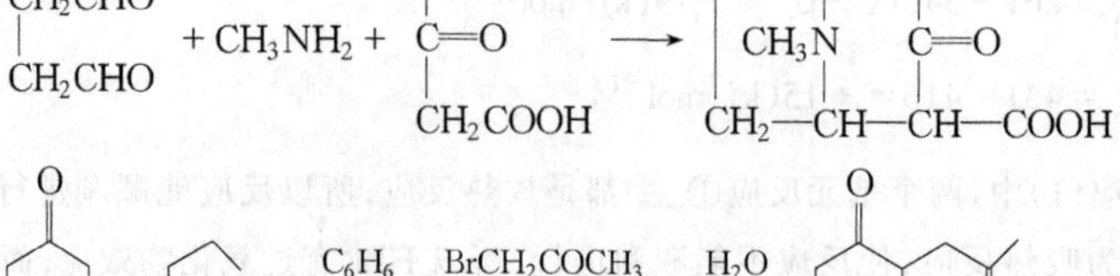

(4) 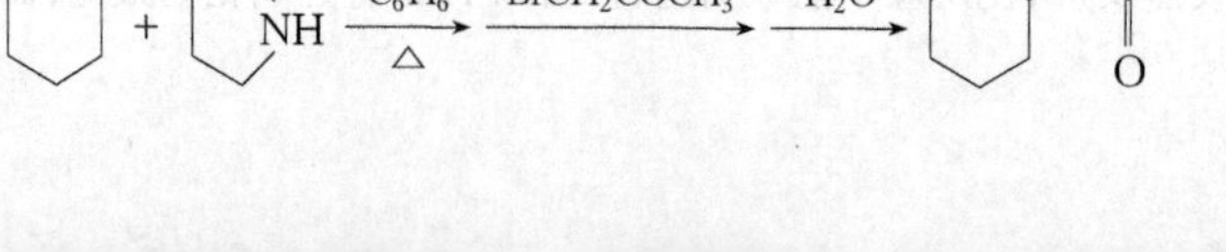

3. (1) $\xrightarrow{HN(CH_3)_2}\xrightarrow[\text{② } H_2O]{\text{① } PhMgCl}\xrightarrow{CH_3CH_2COCl}$

(2) $\xrightarrow[EtOH]{EtONa}\xrightarrow[PhCH_2Cl]{EtONa}\xrightarrow[\text{② } H_3O^+,\triangle]{\text{① } OH^-}$

(3) $\xrightarrow[C_2H_5ONa,C_2H_5OH]{CH_3COCH_2COOC_2H_5}\xrightarrow[BrCH_2COOC_2H_5]{CH_3ONa}\xrightarrow[C_2H_5OH,\triangle]{C_2H_5ONa}$

(4) $\xrightarrow[EtOH,NH_4OAc]{CH_3COCH_3}\xrightarrow[\text{② } H_2O]{\text{① } LiAlH_4}\xrightarrow[py]{SOCl_2}\xrightarrow[C_2H_5ONa,C_2H_5OH]{CH_2(COOC_2H_5)_2}$

$\xrightarrow[\text{② } H_3O^+,\triangle]{\text{① } OH^-}\xrightarrow[\text{② } C_2H_5OH]{\text{① } SOCl_2,py}\xrightarrow[C_2H_5OH]{C_2H_5ONa}$

(5) $\xrightarrow[NH_4OAc,HOAc]{CH_3COCH_3}\xrightarrow[C_2H_5ONa,C_2H_5OH]{CH_2(COOC_2H_5)_2}\xrightarrow[\text{② } H_3O^+,\triangle]{\text{① } OH^-}$

$\xrightarrow[\text{② } C_2H_5OH]{\text{① } SOCl_2}\xrightarrow[\text{② } H_2O]{\text{① } Mg,C_6H_6}\xrightarrow{NaBH_4}$

(6) 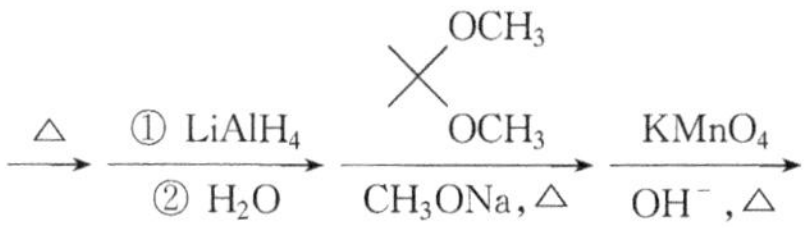

$\xrightarrow[\text{② } C_2H_5OH,py]{\text{① } SOCl_2,py}\xrightarrow[EtOH]{EtONa}\xrightarrow[-CO_2]{OH^-,\triangle}$

4. (1) 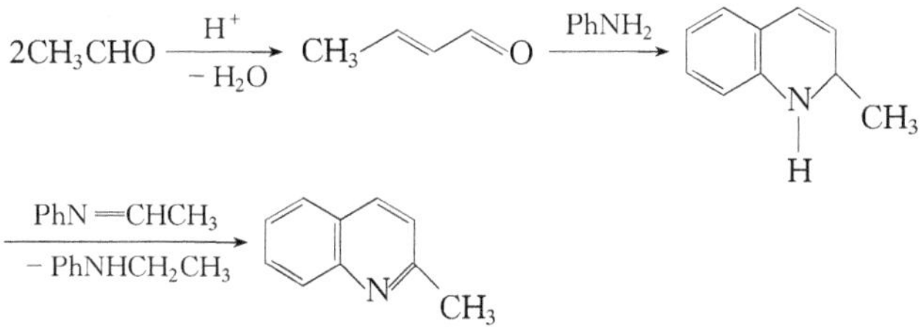

(2) 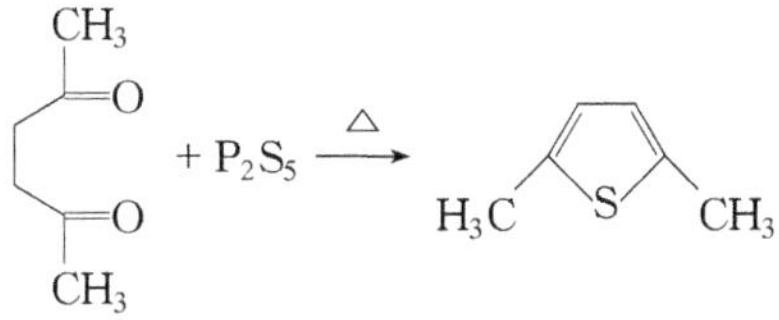

(3) 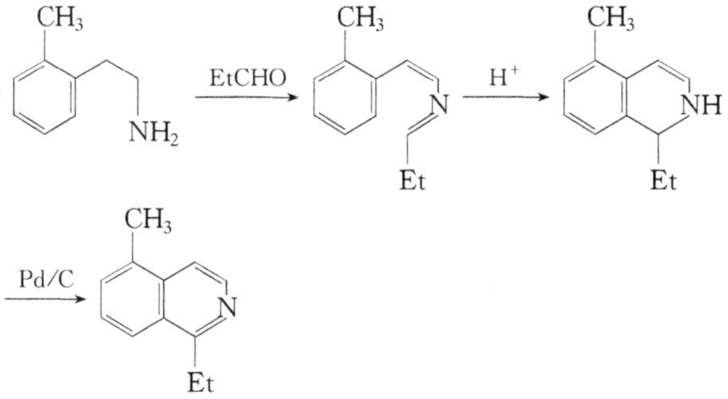

(4) 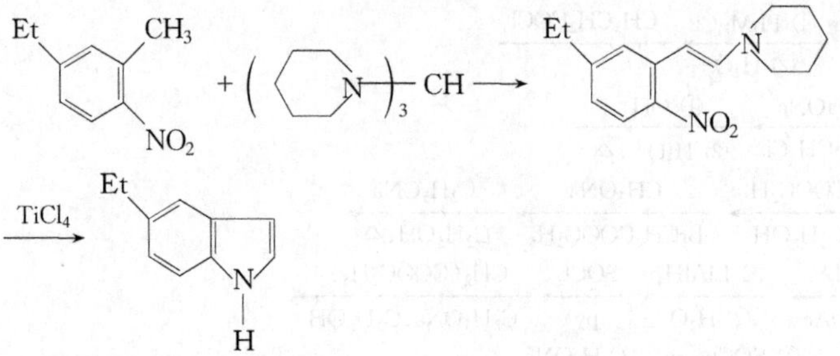

(5) 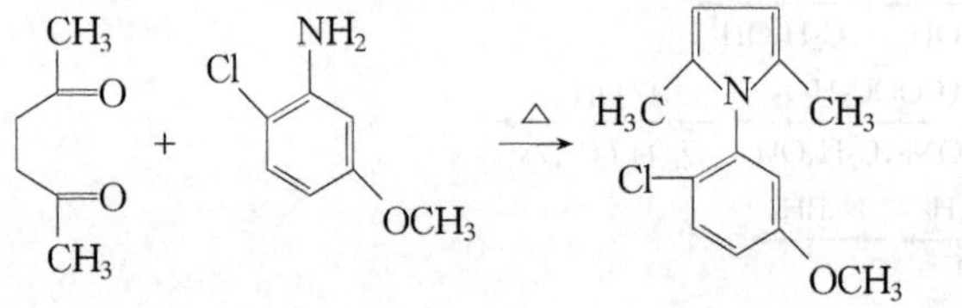

(6) 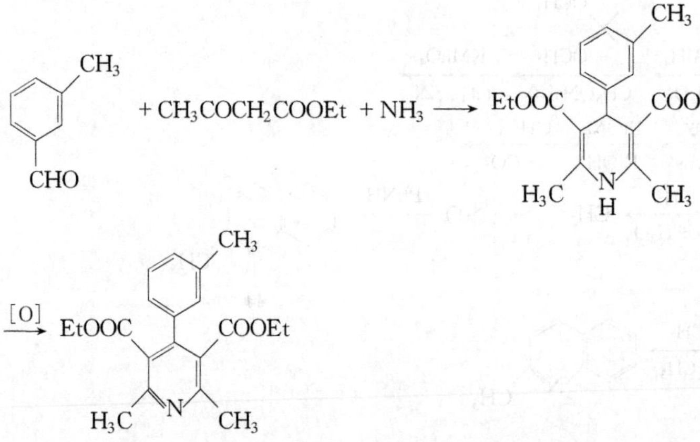

5. (1) $CH_3COCH_2COOEt \xrightarrow[\text{② } PhCH_2Br]{\text{① } EtONa} \xrightarrow[\triangle]{NaOH/H_2O} \xrightarrow[\triangle,\ -CO_2]{H_3O^+}$ 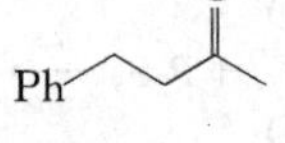

(2) $2(CH_3)_2CHCH_2Br \xrightarrow[Et_2O]{2Mg} \xrightarrow{HCOOEt} \xrightarrow{H^+} CH_3CH(CH_3)CH_2CH(OH)CH_2CH(CH_3)CH_3$

(3) 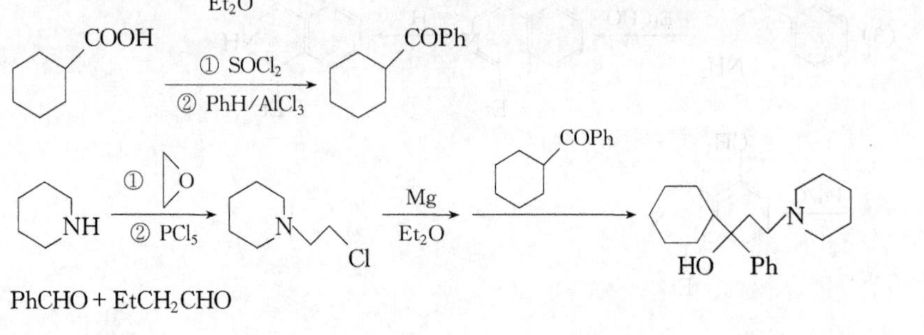

(4) $PhCHO + EtCH_2CHO$

(5) 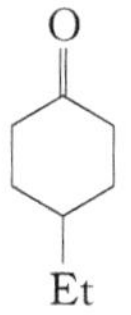

, 

, 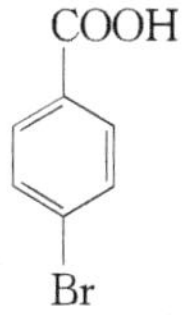

为主要原料

(6) 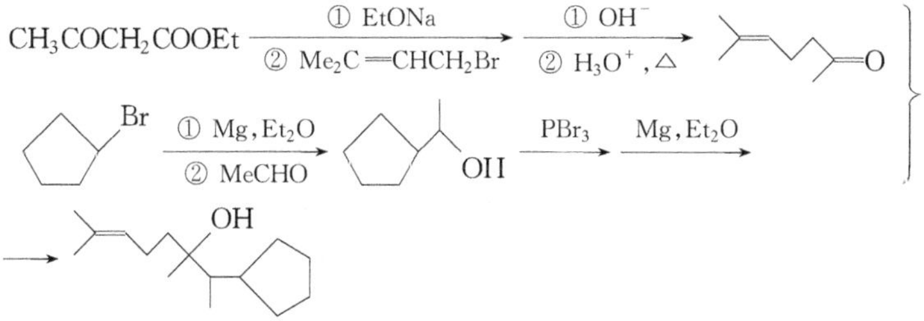

6.

A. 

B. 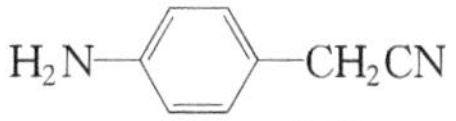

C. $CH_3COOCOCH_3$

D. 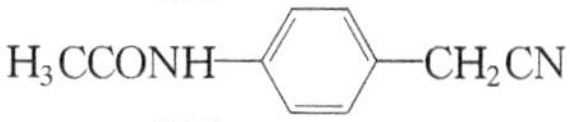

E. $HNO_3—H_2SO_4$

F. 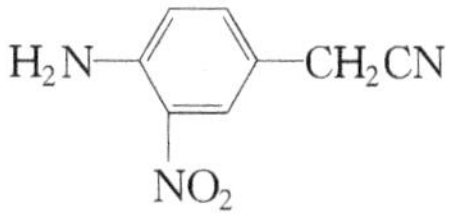

G. 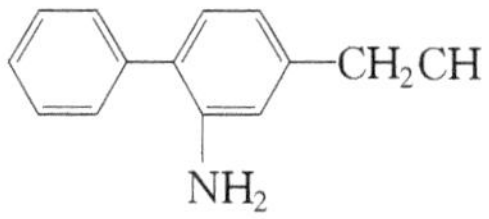

H. 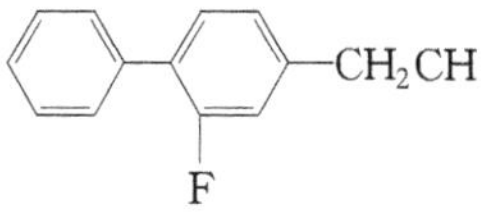

I. 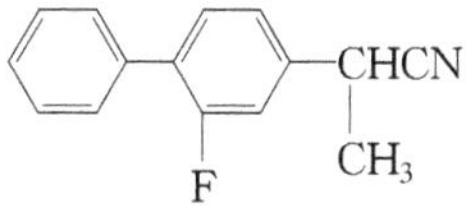

J. H_2O, H^+

7.

A. HCl, $NaNO_2$

B. 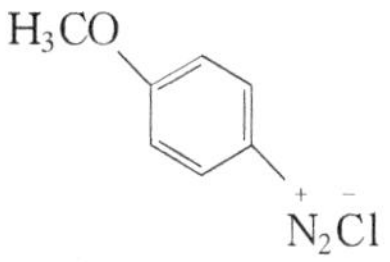

C. (1) $SnCl_2$, HCl (2) $NaHSO_3$ 饱和水溶液

D. 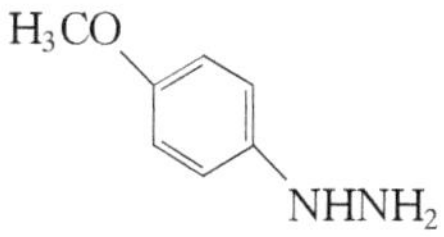

E. $CH_3COCOOH, -H_2O$

F. $ZnCl_2/PCl_5$,加热

G. 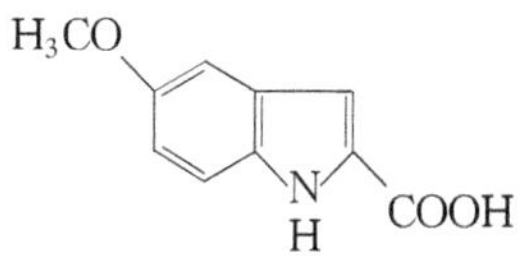

H. 加热,脱酸

I. $(CH_3CO)_2O$

8.

A. 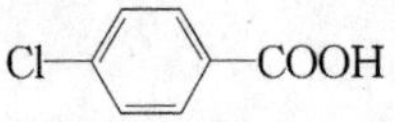

B. HNO_3

C. 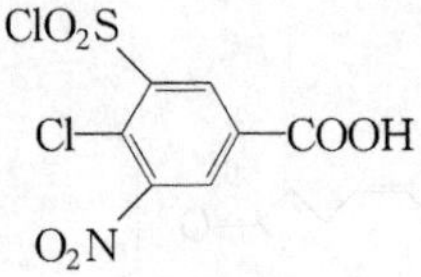

D. NH_3

E. 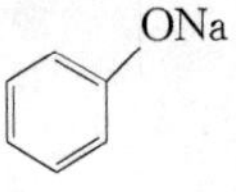

F. 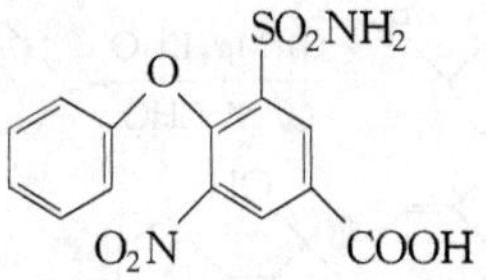

9.

A. CH_3OH/H_3O^+

B. 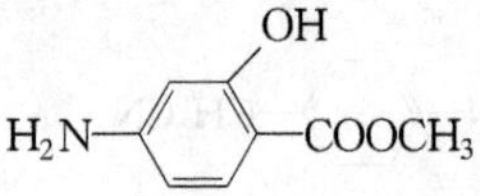

C. 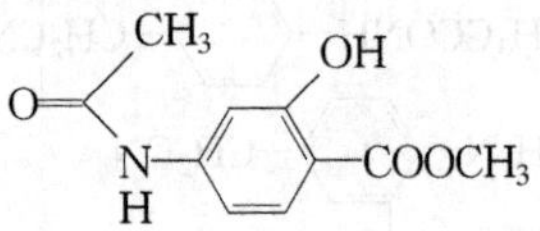

D. 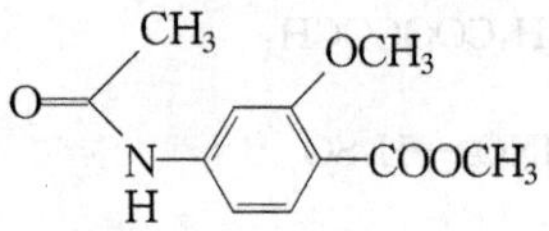

E. 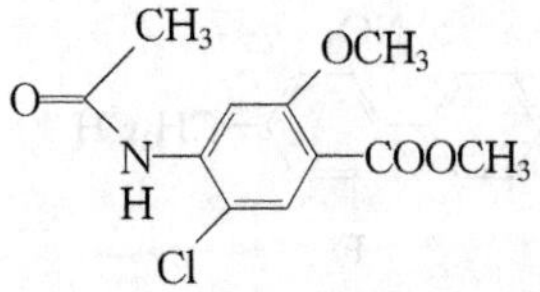

10.

A. 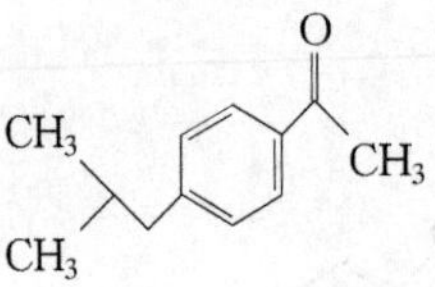

B. 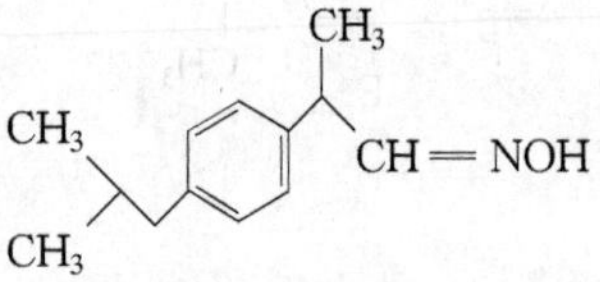

C. 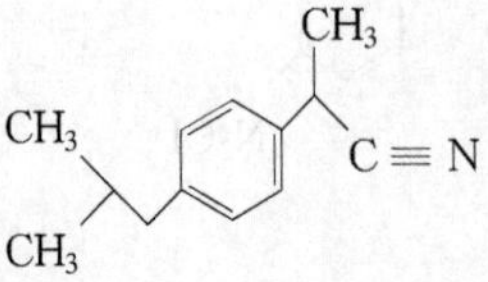

D. 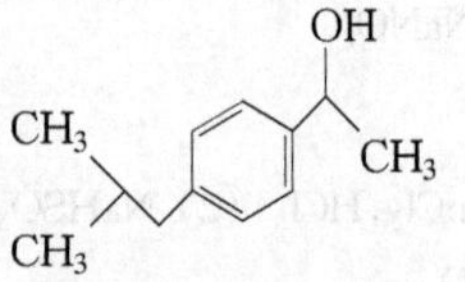

读者意见反馈

为收集对教材的意见建议,进一步完善教材编写并做好服务工作,读者可将对本教材的意见建议通过如下渠道反馈至我社。

咨询电话　400-810-0598

反馈邮箱　hepsci@ pub. hep. cn

通信地址　北京市朝阳区惠新东街4号富盛大厦1座
　　　　　高等教育出版社理科事业部

邮政编码　100029

配套资源